東京湾

東京湾海洋環境研究委員会 編

人と自然のかかわりの再生

TOKYO BAY

恒星社厚生閣

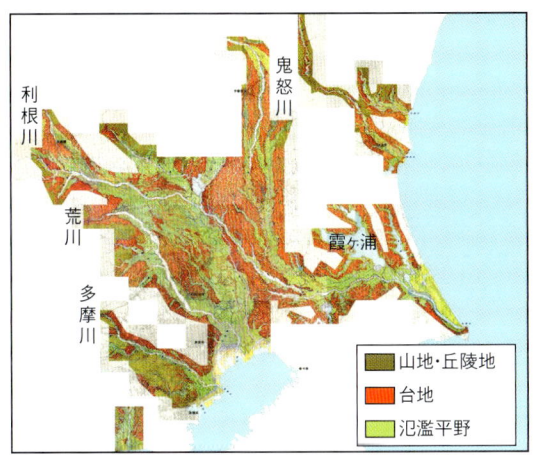

図1・1・4　関東全域の治水地形分類図
　　　　国土地理院・治水地形分類図を一部改変して作成.

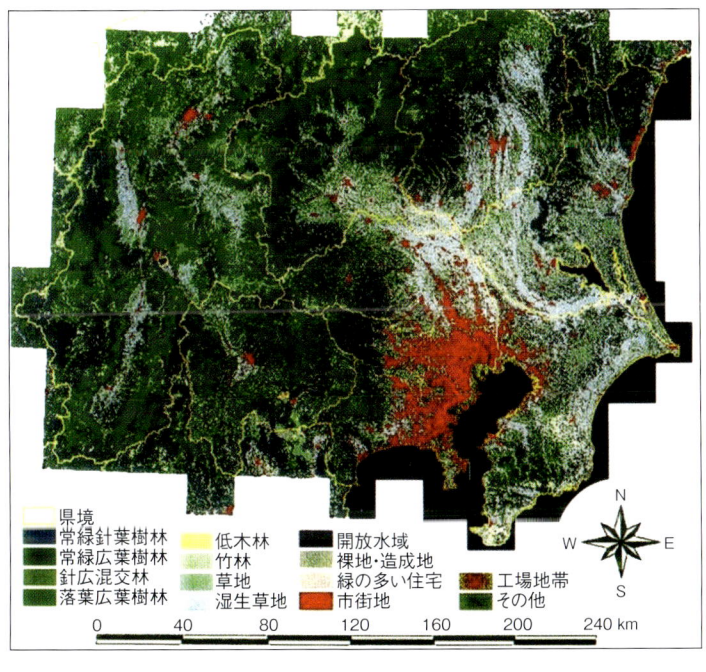

図1・1・6　現在の東京湾陸域の土地利用
　　　　環境省「環境GISの都市と植生」より改変.

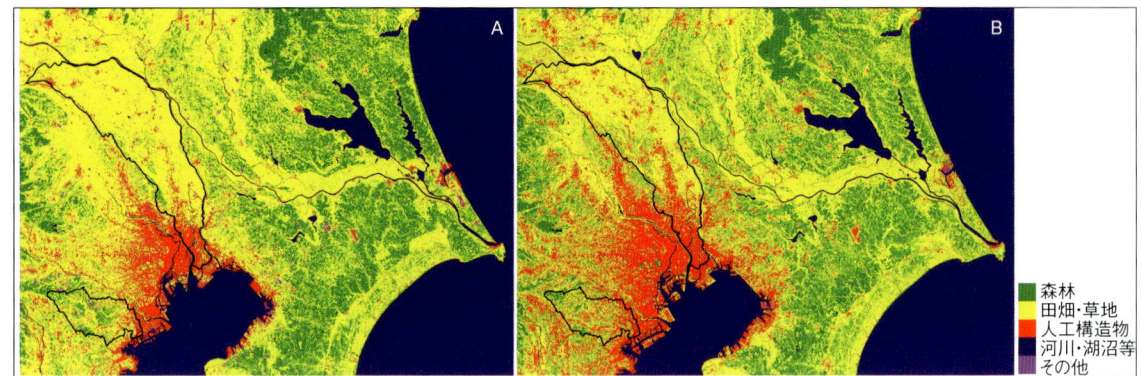

図1・2・6 衛星写真にみる東京湾にかかわる首都圏の都市化その2
A：1972年, B：2000年. ©2005 Land Information Technology Lab. Co. Ltdより一部改変して引用.

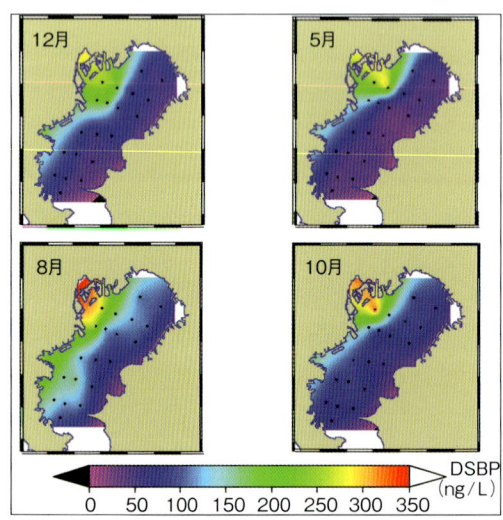

図1・4・8 東京湾表層海水中のDSBPの平面分布

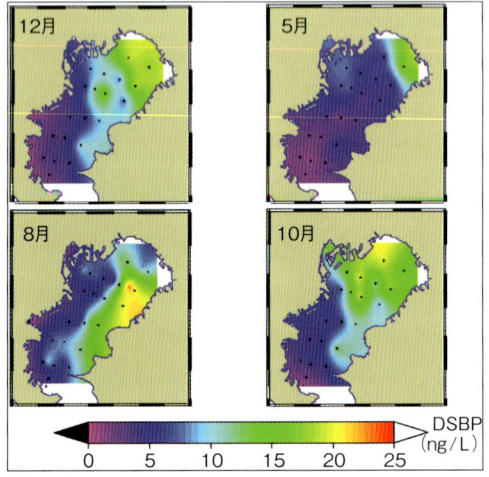

図1・4・9 東京湾底層海水中のDSBPの平面分布

はじめに

東京湾とは

東京湾という名称は1868年7月17日に江戸を東京と改めてからの呼び名であり，明治以前はこの海湾に総体的な固有名詞はなかったようだ．ただし，武江とか江湾の語があり，幕末の欧米地図には江戸湾という呼称がある．また，沿岸の普通の人々は，江戸浦とか江戸前などの呼称が採用されていた（高橋，1993a）．高橋（1993b）は江戸前がどこをさすかについて，池田弥三郎の著作を引用しつつ，おおよそ以下のように述べている．相模の走水と，上総の富津洲との間へ引いた一線から内の東京湾一帯を内海と唱え，その中に羽根田海・上総海などがあり，魚河岸膝下の漁場をなしていた．したがって，「江戸日本橋の魚河岸に集まる魚の捕れる海域は江戸前の海」であり，「広義の江戸前は東京湾内湾一帯」としている．

前出の相模の走水とは，浦賀水道であり「古事記」や「日本書紀」では走水ノ海とか馳水と記載して（高橋，1993a），海域としては東京湾とは区分けされていた．行政上の区分では，神奈川県剱崎から千葉県洲崎を結んだ線の内側を東京湾としている．この海域は神奈川県観音崎と千葉県富津岬を結んだ線で二分され，北側を東京湾内湾，南側を東京湾外湾としている．これは港湾管理上の行政的な線引きであり，本来の呼称に従えば，東京湾内湾が「東京湾」であり，東京湾外湾は現在「浦賀水道」という名称が与えられている．したがって，本書では特別な断りがない限り，東京湾といえば，観音崎と富津岬を結んだ線の北側の内湾を指している（右図）．

東京湾は，日本で最も早くから人間活動の影響を受けた内湾である．埋立による海岸線の改変は江戸時代から始まってはいたが，化石燃料で動く大型重機による大規模埋立が進行したのは，1955–73年の日本経済が年平均10%を超えた高度成長期である．

東京湾は，本州の面積228,000 km^{2}の約3.3%（7,628 km^2）の流域面積をもち，そこに約2,600万人の人々が暮らしている．この人口は日本全体の21.2%，本州人口の26.3%（厚生労働省ホームページ，2001年調べ）に当たり，東京湾面積922 km^{2}では，流域人口1人当たりわずか35.4 m^{2}の面積しかない（付表1より）．東京湾の流域にいかに高い密度で人が生活しているかがわかる．

東京湾海洋環境研究委員会

1996年11月28日，東京神田で「東京湾海洋環境シンポジウム」が開かれた．このシンポジウムは，日本海洋学会の海洋環境問題委員会が世話人となって，東京湾の水域環境に関係する学会に働きかけ，東京湾海洋環境シンポジウム実行委員会（後に名称を東京湾海洋環境研究委員会，以後，本委員会）として，日頃会する機会の少なかった複数の学会の共同主催という形で実現した．シンポジウム終了後，各学会派遣委員の間から，この東京湾の海洋環境を考えるシンポジウムを継続して，10年後には社会

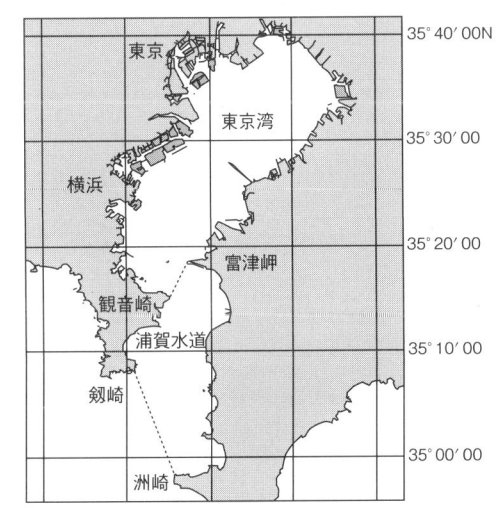

はじめに

に向けて東京湾の水域および流域の環境再生に向けた提言をしよう，ということになった．これが本書出版の発端である．それとともに，東京湾に関するまとまった内容の本は，1993年出版の「東京湾－100年の環境変遷－（小倉紀雄編）」以来ないことから，本委員会は東京湾の現状を整理することとした．

これまで本委員会が行ったシンポジウムとその成果報告を以下に紹介する．

- 第1回東京湾海洋環境シンポジウム(委員長：風呂田利夫東邦大学教授，1996年11月28日，東京都千代田区・神田パンセホール)：「東京湾研究の歴史」をテーマに講演と，パネル討論「東京湾の環境保全と研究展望」．翌1997年「海洋と生物」（第19巻第2号）の誌上に「特集：東京湾－21世紀の環境保全に向けて－」を報告．
- 第2回東京湾海洋環境シンポジウム(委員長：小倉紀雄東京農工大学教授（当時），1998年12月7日，東京都品川区・船の科学館内オーロラホール)：「貧酸素水塊－その形成過程・挙動・影響そして対策－」をテーマに講演と，パネル討論「貧酸素水塊のない東京湾－我々にできることは何か－」．「総特集：東京湾の海洋環境－貧酸素水塊－」（月刊海洋，第31巻8号，1998年）を出版．
- 第3回東京湾海洋環境シンポジウム(委員長：小倉紀雄東京農工大学教授（当時），2000年12月8日，東京都品川区・船の科学館内オーロラホール)：「東京湾の沿岸埋立と市民生活」をテーマに講演と，パネル討論「沿岸の埋立地と市民生活を考える」．「総特集：東京湾の沿岸埋立と市民生活」（月刊海洋，第33巻第12号，2001年）を出版．
- 第4回東京湾海洋環境シンポジウム(委員長：清水誠東京大学名誉教授，2003年1月16日，東京都中野区・東京大学海洋研究所講堂)：「東京湾の環境回復の目標と課題」をテーマとして講演と，パネル討論「東京湾の環境回復の目標」．「総特集：東京湾の環境回復－目標と課題－」（月刊海洋，第35巻第7号，2003年）を出版．
- 第5回東京湾海洋環境シンポジウム(委員長：風呂田利夫東邦大学教授，2006年10月27日，東京都中央区・浜離宮朝日ホール)：「東京湾：人と自然の関わりの再生－提言と政策－」をテーマとして全4部構成14講演および総合討論．

シンポジウムでは，まず1996年にこれまでの東京湾の研究史をレヴューした．そして1998年には貧酸素水塊解消のための方向として，東京湾への物質流入負荷を削減するために東京湾の流域の「総合的沿岸管理」を提唱し，そのための機構として東京湾を専門に研究する「中核的研究機関の創設」を提言した．この当時，流域の総合的管理を視野に入れた東京湾再生構想は，まだ本格的に論じられていなかった．2000年には流域からの負荷とともに重要な課題，沿岸の埋立地における市民と海の水と接する海岸線の確保を論じるとともに，ゴミ埋立の深刻さに関して検討した．さらに2003年には東京湾の再生目標を議論し，数値としての仮の目標に1950年代中頃を基準に再生を進めることで，各参加学術団体およびシンポジウム参加者の間で合意が諮られた．2006年にはこれらをまとめる再生の方針として「人と自然の関わりの再生」を掲げたシンポジウムを開催し，再生の目標の達成度を測る尺度としての1950年代の東京湾が再確認され，再生の方向として流域の総合的管理とそれを支えるための，市民，行政，大学等研究機関それぞれの取り組みを連携する緩やかなネットワークの形成と，東京湾とその流域を管理するための要となる研究機関をネットワークの中心に据えることとした．

本委員会は単独の学会や団体では越えられな

はじめに

い専門分野を横断して東京湾の環境問題に関するシンポジウムを共催すること，そして，研究者以外の行政関係者や住民など様々な人たちに参加してもらい，科学者の成果や考え方を知ってもらって，最終的には東京湾の環境回復につなげていくことを目的に活動してきた．本委員会は科学者としての公平中立な立場からの社会貢献をめざしており，利益を求めない自主運営による科学者の学会連合体であり，任意団体である．参加学会・団体数は，第1回のシンポジウム時は11，現在では17となっている．

参加学会・団体：応用生態工学会，水産海洋学会，東京湾学会，土木学会海岸工学委員会，日仏海洋学会，日本海洋学会，日本海洋学会沿岸海洋研究会，日本環境学会，日本魚類学会，日本水産学会，日本水産工学会，日本地球化学会，日本付着生物学会，日本プランクトン学会，日本ベントス学会，日本水環境学会，日本陸水学会（アイウエオ順）

本委員会の構成は，自然科学系に偏りはあるが，これだけの数の学会団体が集結して，東京湾という一地域の場の環境再生を学際的に論じたことは，これまでの日本では前例がない．それだけ本委員会に参加した学術団体は，東京湾の水域および流域環境に対し大きな危惧の念を抱いている．

東京湾を取り巻く再生に向けた取り組みとして様々な行政，市民の取り組みが注目を集めている．取り組みの一例を挙げるとするなら，内閣官房都市再生本部において決定された都市再生プロジェクトの一つに海の再生がある．そしてその推進の先行例として，東京湾が取り上げられており，そのための協議機関として東京湾再生推進会議が2002年に設置された．2003年には以後10年間の行動計画がとりまとめられている．このように注目度の高い東京湾ではあるが，残念なことに，東京湾沿岸のほとんどは立入禁止区域の港湾で，本当の東京湾を見知っている人はあまり多くない．東京湾の置かれている状況を，一般の人に知ってもらうことが，東京湾の再生に向けた第一歩である．これまで5回のシンポジウムを行い，毎回コンスタントに200人程度の参加があったが，より多くの人に東京湾への関心をもってもらえるよう活動することが必要である．

本書について

本書に参画した学会団体は，自然科学系で，主体は生態学と水産学である．もともと，東京湾再生をめざしたこれらの学会は，海からの発想に立っている．これらの学会にまたがる構成員と委員によって，本書では東京湾の状況の詳細を示すことができた．本書の成果であり特徴となっているのは，東京湾再生の目標を評価するための物差しとして，「1955年前後の東京湾の数値を用いる」という点にある．後述するが，これまでの再生の論議では，再生後のイメージが，それをめざす主体によって別々の将来像になっている．しかし，東京湾の生態系を精査した時，これまでの生態系からえられる自然の恩恵を最大限に引き出すには，思い込みだけで再生はできない．本委員会は，再生目標について12年前のシンポジウムから，各方面の科学者による論議を重ね，最終的に今回の合意できる目標を設定できたことは大きな成果と考えている．

本書に参画している学会団体の構成には，社会科学系の学会が含まれていない．そのため本書の提案には，とくに経済学的なコスト計算や，経済効果から見た実現可能性に関する論議が不十分であることは否めない．しかし，これまでのシンポジウムの中で，市民団体等から，実現の可能性の有無を別にして，できるだけ様々なレベルでの問題提示と対策を挙げるよう要望があり，これまでのシンポジウムの中で出されたものをできる限り拾い，盛り込むことを心がけている．

はじめに

本書の構成は7つの章からなっている．第1〜3章では東京湾の現状を様々な角度から紹介して理解を深めるとともに，できるだけ東京湾のたどってきた道がわかるように努めた．執筆者は本委員会に参加する学会団体からの推薦，あるいは，事務局から直接依頼している．実際の東京湾は，本書を読んでいただくとわかるが，わからない現象が山積みの海域でもある．第4章ではこれまでの委員会活動やシンポジウム会場からいただいた声をもとに，東京湾をどのように再生するかの目標を示す．第5章ではその目標に向けての具体的対策や取り組みというよりは，できることできないこと含めて，どのような態度で再生に臨むのかを論述した．したがって，具体性に欠けるかもしれないが，対策における重要な視点は盛り込んでいる．第6章は，再生の先，あるいは再生にあたって，私たち社会が，今後どのように進んでいくのがもっとも望ましい姿なのか，そこで科学者はどのような役割を担っていくのかを論述する．そして付録として第7章では，科学者が東京湾の再生と正対する場合，どのようなことを考え，どのような役割を自らに課しているのか，科学者として東京湾とのかかわり方を記載した．そのことによって，これから科学者をめざす人たちや，東京湾の再生という長い道のりをともに歩み，受け継いでくれる人たちをリクルートできればとの思いが込められている．

本書のタイトルは「東京湾－人と自然のかかわりの再生」とした．私たちの社会がこれからも持続していくには，私たちの生存を可能にしている自然環境への負荷を緩和し，自然の利用と保全のバランスをかなり厳密に考えていかなければならない．人間活動の影響が大きい沿岸・流域においては，とくにそれが大切であるが，一方で，私たちの社会は過去に自然とうまく共存し，自然の恵みを最大限に引き出していた社会でもあった．それが開発に走り，自然との距離が離れた時期が続いていた．しかし，過去の知恵をもう一度見直し，利用して，新たな知恵を加えることで発展させることは可能である．そして，自然との距離をうまくとることで社会自体が持続する，そういう将来像を描きたいということから，本書のタイトルはつけられた．

かつて平野の農耕を営む人々が，大切な水源である山麓さらには源流にまでその生活基盤を見つめていたように，今日の東京湾でも，関東地域の山々，丘陵，平野，林，森，農地，市街地，都市，工業用地，港湾などの流域は水を通した物質循環でつながっていることを再認識する必要がある．本書では水循環を基にした流域単位での環境の健全化がなければ，一番川下に位置する東京湾の再生は不可能であるという視点から，目標を設定し対策案を提出した．この本の刊行が，東京湾の水域環境を今一度見つめ直す一助となれば幸いである．

2010年12月15日
東京湾海洋環境研究委員会
委員長　風呂田利夫
事務局長　野村英明

参考文献

高橋在久（1993a）：1-1 東京湾学の構想と可能性．「東京湾の歴史」（高橋在久編），築地書館，東京, 1-10.

高橋在久（1993b）：2-1 江戸前の地理と景観．「東京湾の歴史（高橋在久編）」，築地書館，東京, 11-23.

執筆者一覧(五十音順)
※は編者

荒山和則　　　茨城県内水面水産試験場
　　　　　　　コラム(東京湾から消えたシラウオ)

石井晴人　　　東京海洋大学海洋科学部
　　　　　　　2.3.1.B.c

宇野木早苗　　日本海洋学会名誉会員
　　　　　　　2.1／7.1

大富　潤　　　鹿児島大学水産学部
　　　　　　　2.3.2.B

岡本　研　　　東京大学大学院農学生命科学研究科
　　　　　　　2.3.3

奥　修　　　　ミクロワールドサービス
　　　　　　　1.4／7.2

柿野　純　　　株式会社東京久栄
　　　　　　　2.4.1／7.3

風間真理　　　東京都環境局
　　　　　　　2.4.2

片山知史　　　独立行政法人水産総合研究センター中央水産研究所
　　　　　　　2.4.1

神田穣太　　　東京海洋大学海洋科学部
　　　　　　　2.2.6

木内　豪　　　東京工業大学大学院総合理工学研究科
　　　　　　　1.9

工藤孝浩　　　神奈川県水産技術センター
　　　　　　　2.3.4／7.4

佐々木克之　　元 独立行政法人水産総合研究センター中央水産研究所
　　　　　　　2.2.1～2.2.5／7.5

白木原美紀　　東邦大学理学部東京湾生態系研究センター
　　　　　　　コラム(東京湾におけるスナメリの生息状況)

鈴木　武　　　国土交通省国土技術政策総合研究所
　　　　　　　1.7

高田秀重　　　東京農工大学大学院共生科学技術研究院
　　　　　　　1.4／2.2.9

土井　航　　　独立行政法人水産総合研究センター遠洋水産研究所
　　　　　　　2.3.2.C／7.6

中村俊彦	千葉県立中央博物館・生物多様性センター／千葉大学大学院理学研究科	
	第3章／7.7	
中村由行	独立行政法人港湾空港技術研究所	
	2.2.8	
※野村英明	東京大学大気海洋研究所	
	1.4／1.5／2.3.1.B.a／2.4.2／第4〜6章／7.8	
林　縉治	東京湾の環境をよくするために行動する会／人間総合科学大学	
	コラム（東京湾の自然再生に向けた，市民レベルの活動）	
福岡弘紀	独立行政法人水産総合研究センター西海区水産研究所石垣支所	
	2.3.1.B.b	
古川恵太	国土交通省国土技術政策総合研究所	
	1.6／1.8	
※風呂田利夫	東邦大学理学部	
	2.3.2.A／補論2	
堀　義彦	元（社）漁業情報サービスセンター	
	2.4.1	
堀越彩香	東京大学大学院農学生命科学研究科	
	2.3.3／7.9	
村野正昭	東京水産大学名誉教授	
	2.3.1.B.b	
村松修次	元 東京都環境局	
	1.5	
森田健二	株式会社東京久栄	
	2.3.5／7.10	
山口征矢	東京海洋大学名誉教授	
	2.2.7／2.3.1.A	
山田真知子	福岡女子大学人間環境学部	
	補論1	
吉川勝秀	日本大学理工学部	
	1.1〜1.3／7.11	
渡邉　泉	東京農工大学大学院農学研究院	
	2.2.9／7.12	
渡邊精一	東京海洋大学名誉教授	
	2.3.2.C	

目　次

はじめに
執筆者一覧

第Ⅰ部　東京湾のすがた

第1章　流域

1.1　東京湾の流域とは？ ……………………………………………………………………2
 1.1.1　東京湾の流域（2）
 1.1.2　東京湾の流域の都市化（4）
 1.1.3　現在の東京湾流域（7）
1.2　人口，土地利用の変遷 …………………………………………………………………8
 1.2.1　東京・首都圏の都市化の経過（9）
1.3　陸域水系の変化 …………………………………………………………………………12
 1.3.1　都市化による河川の形態の変化（12）
 1.3.2　流域・湾の水質変化と改善（14）
1.4　水循環と生活排水 ………………………………………………………………………19
 1.4.1　東京湾流域における水循環の変貌（19）
 1.4.2　生活排水の影響（23）
1.5　首都圏のゴミ問題と最終処分場－東京都の取り組みを中心に ……………………35
 1.5.1　法律によるゴミの区分（36）
 1.5.2　廃棄物に関連する法律（38）
 1.5.3　東京湾岸部における埋立処分場の概要（38）
 1.5.4　処分総量と埋立処分量の推移（38）
 1.5.5　ゴミ埋立処分場の延命化－処分量削減の取り組み（41）
 1.5.6　埋立処分場における環境保全の取り組み（43）
1.6　沿岸の埋立・干潟の消失や海岸部の立入禁止区域の拡大過程 ……………………44
 1.6.1　江戸時代以降の埋立と変遷（44）
 1.6.2　干潟の消失（45）
 1.6.3　干潟の現状（46）
1.7　港湾開発の歴史，現在 …………………………………………………………………47
 1.7.1　高度経済成長後期（47）
 1.7.2　オイルショック以降（48）
 1.7.3　バブル経済期（49）
 1.7.4　平成不況（49）
 1.7.5　構造改革以降の東京湾開発（50）
 1.7.6　東京湾が果たす経済的役割（51）

- 1.8 海底地形の変遷 52
  - 1.8.1 東京湾の地形改変（52）
  - 1.8.2 底質の変化（54）
- 1.9 陸域気象に及ぼす海域の役割 56
  - 1.9.1 東京湾と沿岸域の気象・熱環境との関係（56）
  - 1.9.2 東京湾沿岸域の気象の特徴（57）
  - 1.9.3 東京湾の改変と都市気象への影響（61）
  - 1.9.4 沿岸都市が東京湾に与える影響－水・エネルギー輸送の視点から（62）
- 参考文献

第2章　海域
- 2.1 東京湾の物理環境 69
  - 2.1.1 形状と流動（69）
  - 2.1.2 物理特性と海洋環境（80）
- 2.2 東京湾の海洋環境 80
  - 2.2.1 水温と塩分の分布と経年変化（80）
  - 2.2.2 CODの分布と経年変化（83）
  - 2.2.3 溶存酸素濃度の分布と経年変化（89）
  - 2.2.4 青潮（94）
  - 2.2.5 透明度（99）
  - 2.2.6 栄養塩（100）
  - 2.2.7 赤潮・基礎生産（107）
  - 2.2.8 堆積物（110）
  - 2.2.9 有害化学物質（117）
- 2.3 東京湾の生き物 126
  - 2.3.1 浮遊生物（126）
  - 2.3.2 小型底生動物（136）
  - 2.3.3 付着生物（150）
  - 2.3.4 魚類（157）
  - 2.3.5 海草，大型藻類（アマモ場・ガラモ場など）（161）
- 2.4 東京湾の利用形態 165
  - 2.4.1 漁業（165）
  - 2.4.2 水辺の行楽（177）
- 参考文献
- コラム：東京湾から消えたシラウオ 195
- コラム：東京湾におけるスナメリの生息状況 199
- コラム：東京湾の自然再生に向けた，市民レベルの活動
   －横浜におけるアマモ場再生活動を中心として 204

第3章　東京湾と人のかかわりの歴史

- 3.1　古東京湾の時代（約10万年以上前） ... 216
- 3.2　古東京湾川の時代（約10～1万年前） ... 216
- 3.3　漁労・採集の時代（約1万～1,000年前） ... 217
  - 3.3.1　自然環境の変化（217）
  - 3.3.2　人々の生活と資源利用（217）
  - 3.3.3　里山海の資源循環（218）
- 3.4　漁業・水運の時代（約1,000～100年前） ... 219
  - 3.4.1　漁村の生活と生業（219）
  - 3.4.2　東京湾の水運（220）
  - 3.4.3　土地利用と資源活用（220）
  - 3.4.4　海付き村の景相（221）
- 3.5　埋立・開発の時代（約100～10年前） ... 223
  - 3.5.1　東京湾の恵みの一つであった埋立用地（223）
  - 3.5.2　陸のはての東京湾と子どもたちの環境（225）
  - 3.5.3　自然環境の消失と汚染（226）
- 3.6　保全・再生の時代（約10年前から） ... 227
  - 3.6.1　多様な価値の再認識と施策展開（227）
  - 3.6.2　多様な人々の価値の共有と将来に向けての協働（227）
- 参考文献

第II部　東京湾再生に向けて

第4章　再生の目標：自然の恵み豊かな東京湾

- 4.1　現状認識の共有 ... 232
  - 4.1.1　日本および東京湾における環境問題の変遷（233）
  - 4.1.2　環境意識の高まり（238）
  - 4.1.3　東京湾再生における認識の共有（240）
- 4.2　東京湾の再生目標と達成基準としての1955年頃 ... 241
  - 4.2.1　2つの東京湾再生像（241）
  - 4.2.2　生態系が健全に機能している東京圏（241）
- 4.3　目標の段階：水質改善と湾形状修復 ... 244
  - 4.3.1　中期目標（244）
  - 4.3.2　長期目標（246）
- 4.4　科学的合理性のある環境再生 ... 249
- 参考文献

第5章　東京湾を再生するために

- 5.1　東京湾再生の背景－生物多様性と私たちの生活 ... 251
- 5.2　東京湾再生の背景－自然の恵み：「食」の視点 ... 253
- 5.3　東京湾漁業の再生 ... 255
  - 5.3.1　世界の水産資源動向 (255)
  - 5.3.2　国内漁業を取りまく状況 (255)
  - 5.3.3　東京湾の漁業環境：資源と経営 (258)
  - 5.3.4　漁業マネージメントの導入：
    『東京湾漁業機構』と『江戸前漁師ライセンス』(261)
- 5.4　陸域での対策 ... 263
  - 5.4.1　越流水と雨水 (263)
  - 5.4.2　都市生活の中での対策 (266)
  - 5.4.3　ヒートアイランド化（熱大気汚染）の低減 (268)
  - 5.4.4　田畑から海への負荷と田畑の機能 (270)
- 5.5　海域での対策 ... 275
  - 5.5.1　自然，景観を保全する保護区の設定 (275)
  - 5.5.2　水辺へのアクセス確保 (276)
  - 5.5.3　土砂採取深掘りの埋め戻し (277)
  - 5.5.4　海底の化学汚染除去 (278)
- 5.6　陸域生態系と海域生態系を結び直す ... 279
  - 5.6.1　森林，水源の保全 (280)
  - 5.6.2　生態系を区切る道路網のリストラクション (280)
  - 5.6.3　河川を通じた海と陸のつながり (281)
  - 5.6.4　河川構造物（ダム，堰）と海 (282)
- 5.7　対策の相互作用と対立 ... 284
- 5.8　市民・行政・科学者による『東京湾・流域再生ネットワーク』 ... 287
- 5.9　総合科学としての取り組み『中核的研究機関』 ... 288
  - 5.9.1　東京湾を診断する定期モニタリング研究体制の拡充 (288)
  - 5.9.2　東京湾のデータバンク (291)
  - 5.9.3　東京湾環境・産業・文化インフォメーションセンター (293)
  - 5.9.4　国際社会への発信 (294)

参考文献

補論1　内湾環境再生事業としての北九州市洞海湾での事例 ... 298
補論2　環境修復に関する行政の取り組み事例 ... 309

第6章　人と自然のかかわりの再生
6.1　日本社会の転換期 319
6.2　東京湾と流域の統合的管理と『里山里海コンソーシアム』..............321
- 6.2.1　里山里海コンソーシアムにおける『入会地（日本型コモンズ）』の重要性（322）
- 6.2.2　今日の入会地の危機を招いた外的要因と内的要因（325）
- 6.2.3　新しい入会（327）
- 6.2.4　入会制度の利点と課題（328）
- 6.2.5　土地の公共性の再検討（330）
- 6.2.6　統合的管理のアウトライン（332）
- 6.2.7　科学者の役割と課題（334）

6.3　自然に関する世代間格差と社会の持続可能性 335
- 6.3.1　自然の恵みを後世に伝える社会観（335）
- 6.3.2　埋立地を海に戻すことは非現実的か：持続可能な国土の利用（336）
- 6.3.3　日本の世界観の海外発信：東京湾モデル（338）

参考文献

第III部　付録

第7章　研究者として東京湾再生に向けて望むこと 342
- 7.1　東京湾との付き合い，その再生を願って（宇野木早苗）
- 7.2　都市環境問題の改善が東京湾を再生する（奥　修）
- 7.3　東京湾漁業の今後は？（柿野　純）
- 7.4　アマモ場と干潟で「きれいで豊かな東京湾」を（工藤孝浩）
- 7.5　（東京湾の）漁業生産の回復めざして（佐々木克之）
- 7.6　カニ研究者として東京湾再生に思うこと（土井　航）
- 7.7　湾岸都市の里やま・里うみサンドイッチプラン（中村俊彦）
- 7.8　東京湾生態系の再生は陸域の再生から（野村英明）
- 7.9　これからも，東京湾（堀越彩香）
- 7.10　東京湾再生はアマモ場の再生から（森田健二）
- 7.11　湾の再生は流域（陸域）の再生から（吉川勝秀）
- 7.12　健全な生態系，食の安全も含めて（渡邉　泉）

参考文献

付表 368

おわりに

索引

第Ⅰ部

東京湾のすがた

第1章

流　域

1.1　東京湾の流域とは？

　東京湾の流域は，東京湾に隣接する地域のみならず，湾に水や物質の循環としてかかわりがある地域を包含した地域である．その流域内での人々の経済活動や暮らしぶり，土地利用などが歴史的に東京湾の環境悪化の原因となってきたのであり，東京湾の再生においても，その流域圏・都市を自然と共生していく視点が必要である．

　その東京湾とそれにかかわる流域を鳥瞰したものが図1・1・1である．東京湾を取り囲むように東京，横浜，千葉等の市街地が広がり，その上流域の平野部には市街地と混在しつつ水田や畑地が広がり，さらにその上流には里山や奥山とそれを覆う森林が広がっている．

1.1.1　東京湾の流域

　約1万2千年から3千年前の縄文時代の東京湾の状況は図1・1・2に示すように，深く内陸に入り込んだ形をしていた．海が内陸に侵入して

図1・1・1　東京湾とその陸域の鳥瞰図（東京湾，主要河川，都市域）
写真：© 2005 Land Information Technology Lab. Co. Ltd を一部改変して引用．

いたことから，縄文の海進と呼ばれ，その時代の陸地と海域あるいはその湿地の境界の部分には貝塚が広く分布している．この内陸深くまで海が入り込んでいた部分はその後，利根川，渡良瀬川，荒川，多摩川等の運んだ土砂が堆積して氾濫平野となった．

16世紀末から17世紀前半になって氾濫平野に大きな変化があった．東京湾に流入していた利根川と渡良瀬川を東の鬼怒川に付け替えるという大事業が，江戸幕府の発足当初から短期間で進められたのである．すなわち，図1·1·3A, Bに示すように，かつて東京湾に流入していた利根川と渡良瀬川は，現在の茨城県や千葉県を流れていた鬼怒川に付け替えられ，東の太平洋に銚子で流入することとなった（吉川，2005b；2008b）．

かつて東京湾に流入していた利根川と渡良瀬川の様子は，図1·1·2と図1·1·3A, Bから推察されるとともに，図1·1·4（口絵）に示した関東地域の治水地形分類図に明瞭にみることができる．現在の利根川，江戸川，荒川に囲まれた埼玉平野（大宮台地を除く），すなわち中川・綾瀬川流域は利根川の氾濫で形成された氾濫原である（一部は荒川の氾濫原）．その名残は，中川・綾瀬川の上流支川の古利根川，元荒川という名前として残っている．

この利根川の東遷事業により，利根川上流の山地から洪水とともに流出する土砂，とくに浅間山の噴火から供給されてきた大量の土砂などは，ほとんど東京湾に流入しなくなり，かつての鬼怒川（現在の利根川下流部）を通じて太平洋に流出することとなった．そして，河川流量や栄養塩類の多くも鬼怒川へと流れ，太平洋に流出するようになった．

この利根川の東遷事業とともに埼玉平野（中川・綾瀬川流域）では湿地や沼の排水と農業用水の確保が行われ，新田が開発され，この地域の米の生産高は大幅に増加した（図1·1·5）．

そして，この利根川の東遷事業により，東京湾の流域であった利根川の上流域や渡良瀬川流域は，この事業によって鬼怒川（現在の利根川下流部）を通じて銚子に至る流域となり，洪水時の水や土砂などの多くが東京湾には流入しなくなった（しかし，洪水時も平常時も，ある程度の水や土砂などは今でも東京湾にも流入している）．このため，利根川の上流域や渡良瀬川流域は，かつては東京湾の形成や水質等にも大

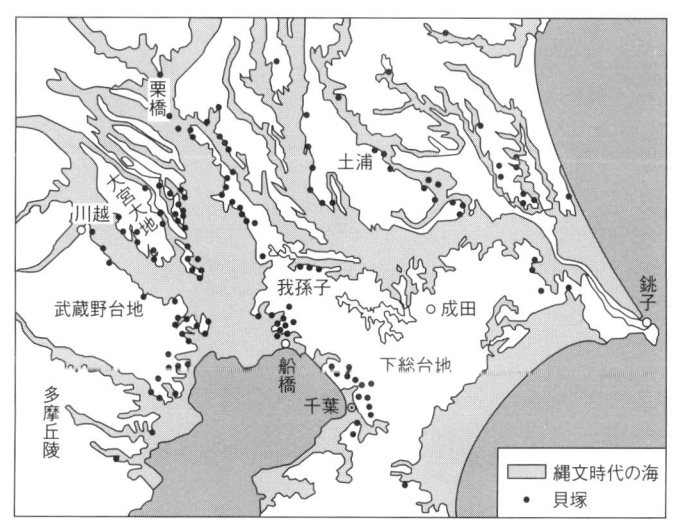

図1·1·2　東京湾の変遷（縄文の海進の時代）
豊田ほか（1978）を参考に作図．

きな影響を与えてきたが，今では東京湾の直接的で完全な流域とはいえないものとなった．

1.1.2　東京湾の流域の都市化

最近の100年は，急激に人口が増加し，流域の都市化が進展した時代であった（吉川，2005b；2008a）．その結果，東京湾には東京を中心とする首都圏への約4,000万人の人口の集中と都市化の進展，工業化，農業形態の変化等により，大きな負荷がかかることとなった．

そのようなインパクトの例として流域の都市化の状況を図1・1・6（口絵）に，湾岸の埋立の進行経過を図1・1・7に示した．東京湾の流域の都市地は，現在では都心部から30 kmを超える範囲にまで広がっている．この都市化の時代に，東京湾岸では遠浅の海浜で埋立が行われ，工業地帯となった．湾岸の埋立は，明治・大正時代から始まり，その後川崎を中心とした京浜工業地帯が，そして1960年代以降には千葉県の工業地帯などへと広がり，東京湾の内湾の湾

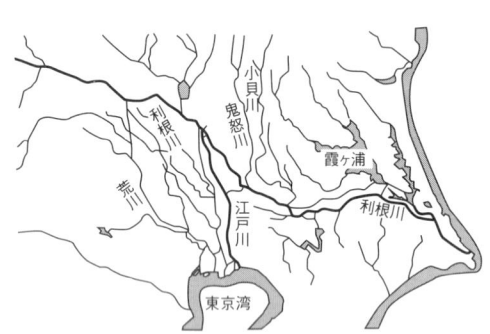

約千年前の河道と主要な河道の付け替え　　　　　　　現在の利根川

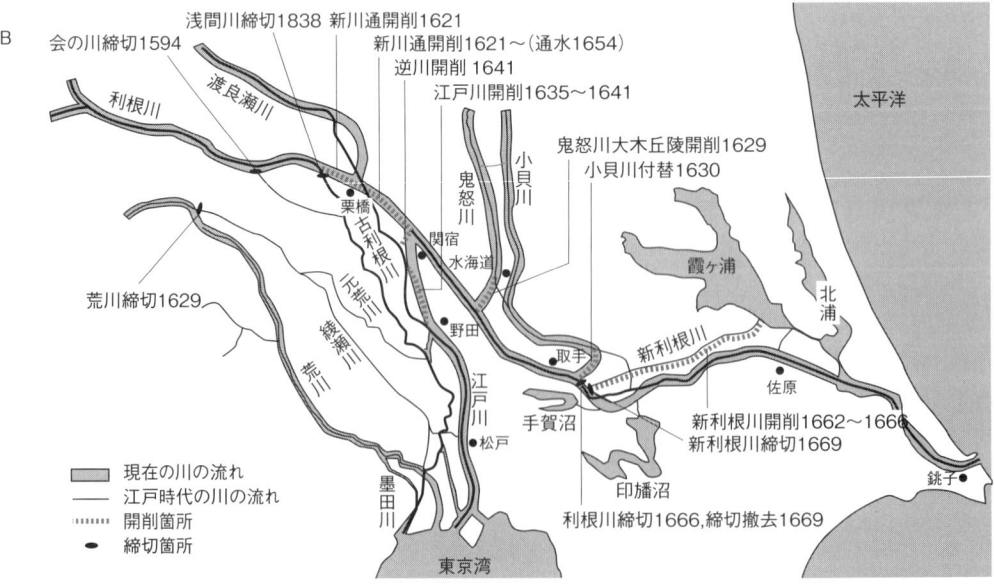

図1・1・3　利根川の東遷
　A：鬼怒川への付け替え（左：吉田（1910）より加筆・作成．右：利根川百年史編集作業部会（1989）より作成）．
　B：鬼怒川・小貝川の整備と利根川の鬼怒川への付け替え（吉川（2008b）より引用）．

1.1 東京湾の流域とは？

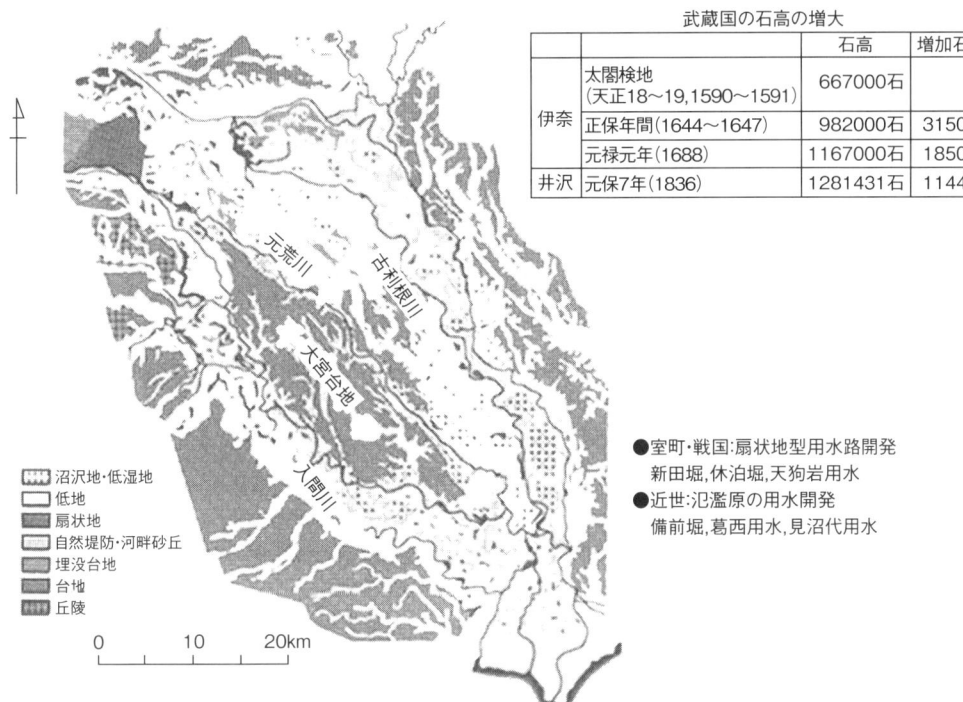

武蔵国の石高の増大

		石高	増加石高
伊奈	太閤検地 (天正18〜19,1590〜1591)	667000石	—
	正保年間(1644〜1647)	982000石	315000
	元禄元年(1688)	1167000石	185000
井沢	元保7年(1836)	1281431石	114431

● 室町・戦国:扇状地型用水路開発
　新田堀,休泊堀,天狗岩用水
● 近世:氾濫原の用水開発
　備前堀,葛西用水,見沼代用水

図1・1・5　利根川の東遷と流域の開発（中川・綾瀬川流域）
　吉川（2005b）より引用．石高の増大は玉城（1984）による．

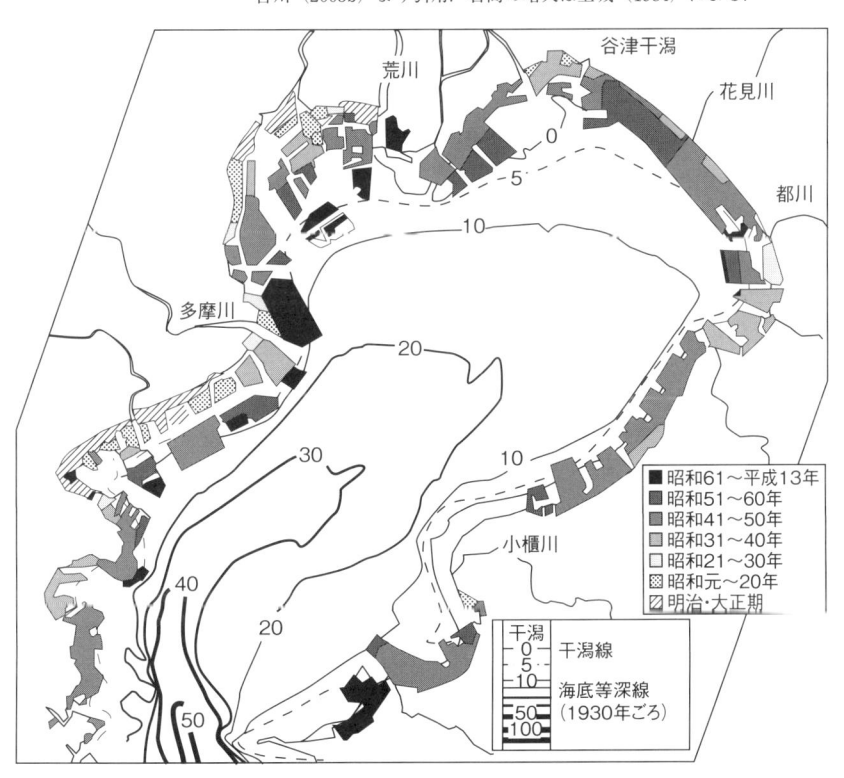

図1・1・7　東京湾の埋立
　千葉県企業庁資料等より作成．

岸は千葉県の木更津の盤洲干潟や富津岬周辺を除き，ほぼ全域が埋め立てられた．

そのような都市化の進展や工業化等に対応するために水資源の開発が急務となった．この問題に対応するために，1950年代後半以降現在まで，利根川，荒川，多摩川などで水資源の開発が進められた．多摩川の大河内ダム，利根川上流の八木沢ダム，荒川上流の二瀬ダム等，多数のダムの建設が急ピッチで行われてきた．そ
れと同時に，利根川から水を取水して東京等の都市用水や埼玉平野等の農業用水を供給する利根大堰の整備や，以前からあった農業用水取水堰（頭首工）の改良・整備，そして農業用水，都市用水，工業用水の取水・排水系統の整備が行われてきた．現在では，図1・1・8に示したように，東京湾の流域に広がる東京・首都圏の水需要を満たすために，多摩川や荒川のみでなく利根川（利根導水路，北千葉導水路，江戸川等）

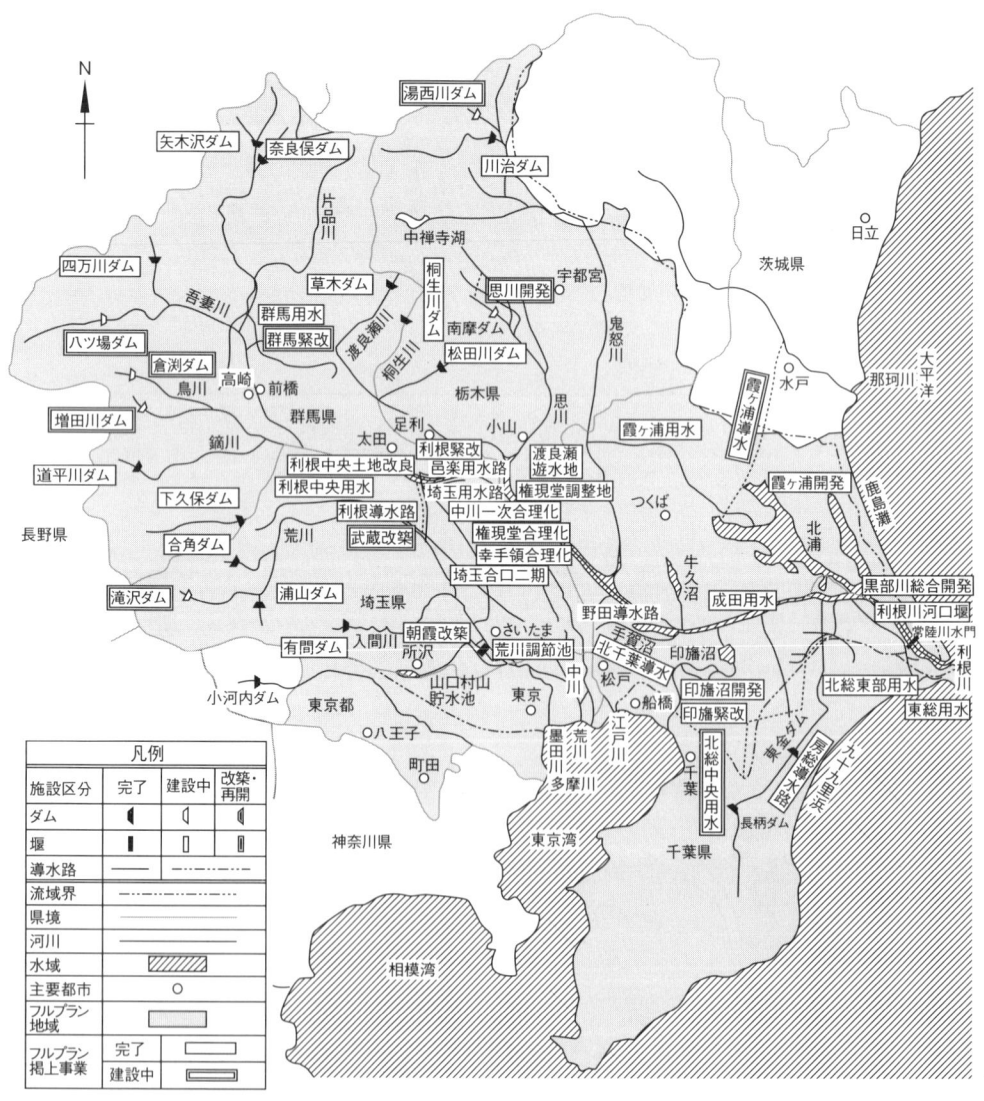

図1・1・8　東京首都圏（関東地域）のダムと取水排水系統図
　　　　　国土交通省土地・水資源局資源部（2009）を改変．
　　　　　注：一重枠はフルプラン事業として完成した事業．二重枠は建設中，調査中あるいは中止のもの．

や相模川(相模川からの導水路)からも水が供給されるようになっている(石川ほか,2005).

1.1.3 現在の東京湾流域

東京湾流域の範囲といった場合の流域,そして流域圏のとらえ方としては,いくつかの考え方がある(石川ほか,2005).図1・1・9の中央部に示すように,降った雨が川に流入し,海に排水される範囲(集水域)を流域とするのが最も単純で,通常の場合の流域,流域圏の範囲である.しかし,水の利用という面では利水域というとらえ方もあり,東京・首都圏などでは流域を越えて水が運び込まれていることから,その範囲がさらに広がることとなる.このように,水資源が開発された流域を含めた利水域に着目する場合や,水利用とその水が排水される範囲(排水域に)まで拡大する場合,さらには氾濫域や地下水域も視野に入れる場合がある.これらはいわゆる水文学的なとらえ方といえる.さらには,流域のランドスケープ(都市,水田,畑地,里山,奥山,山岳地等の土地の地形や地質,河川や湿地などの水の存在などとともに,その土地で行われている農業等の土地利用も含めた地域基盤であり,生態系がよって立つ地域基盤でもある.景域あるいは広域生態複合とも呼ばれる)に対応する生態系に着目した場合,第三次全国総合開発計画における流域圏構想のように,地域の暮らしや産業といった面から流域圏をとらえる場合もありうる(石川ほか,2005).

東京湾にかかわる具体的な流域の範囲について2～3の具体の例を示しておきたい.まず,流域に降った雨の主要な部分が直接東京湾に流入する範囲を東京湾の流域としてとらえる場合である.これは,流域総合下水道計画や東京湾への汚濁負荷量の削減計画など,東京湾に流入する汚濁負荷を取り扱う場合に対象とされる範囲で,図1・1・10に示すような範囲となる.この図では,前述の利根川上流域や渡良瀬川流域は除いてある.しかし,東京湾には,利根川上流域や渡良瀬川流域からの水や汚濁物質の一部が江戸川を経て流入する.さらに,埼玉平野の農業や東京の都市用水などへの水供給のために,利根川上流域からの水が利根川大堰で取水され,その水が上述の東京湾に直接流入する河

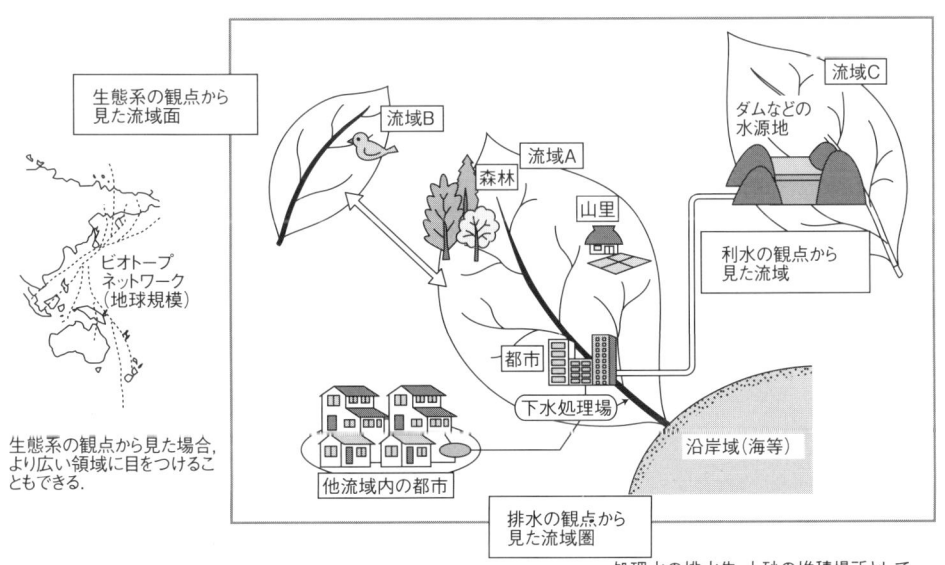

図1・1・9 流域,流域圏のとらえ方
右:石川ほか(2005),左:桜井(2003)よりそれぞれ改変して引用.

第 1 章 流域

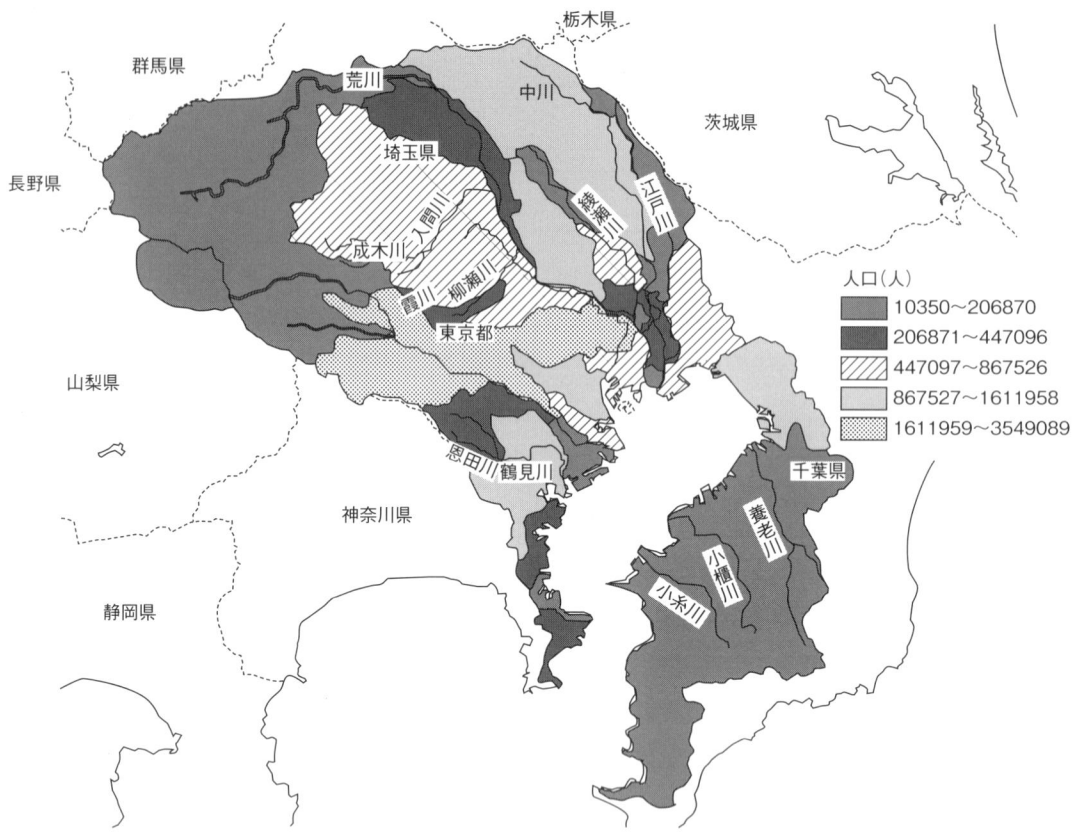

図 1・1・10 浦賀水道も含めた東京湾に直接流入する河川流域（利根川上流域，渡良瀬川流域は除く）
国土交通省関東地方整備局（2002）等より作成．

川流域内で利用され，排水システムを経て水や汚濁物質が結果的に東京湾に流入する．したがって，厳密には利根川の上流域や渡良瀬川も東京湾にかかわる流域であるともいえる．

まとめると，東京湾流域を図 1・1・10 の範囲としてみた場合は，東京湾の流域の主要な指標は図 1・1・11 に示すように，流域面積約 7,600 km^2，流域人口約 2,600 万人となる．

利水域まで含めると，東京湾にかかわる流域は，前述の図 1・1・8 に示したように，利根川上流域，渡良瀬川流域，利根川下流部の流域（鬼怒川，小貝川流域等）や霞ヶ浦流入河川流域，相模川，さらに将来は那珂川流域（導水路により霞ヶ浦と結ばれる予定）までかかわることとなる．

1.2 人口，土地利用の変遷

ここでは，東京湾にかかわる流域における人口や土地利用の変遷などについて詳しくみておきたい（吉川，2004；2005b；2008a，b；石川，2001；石川ほか，2005）．

東京湾にかかわる流域に関連して，関東 1 都 6 県の人口の変化を 1920 年以降現在までについてみたものが図 1・2・1 である．この 80 年間に，関東地域の人口は約 1,000 万人から約 4 倍に増加し，4,000 万人となった．そのうち，図 1・1・11 に示した東京湾への直接流入流域の人口は，現在約 2,600 万人となっている．これに前述の間接的な利根川上流域と渡良瀬川流域の人口（群馬県の全人口と栃木県の半分程度の人口）

1.2 人口,土地利用の変遷

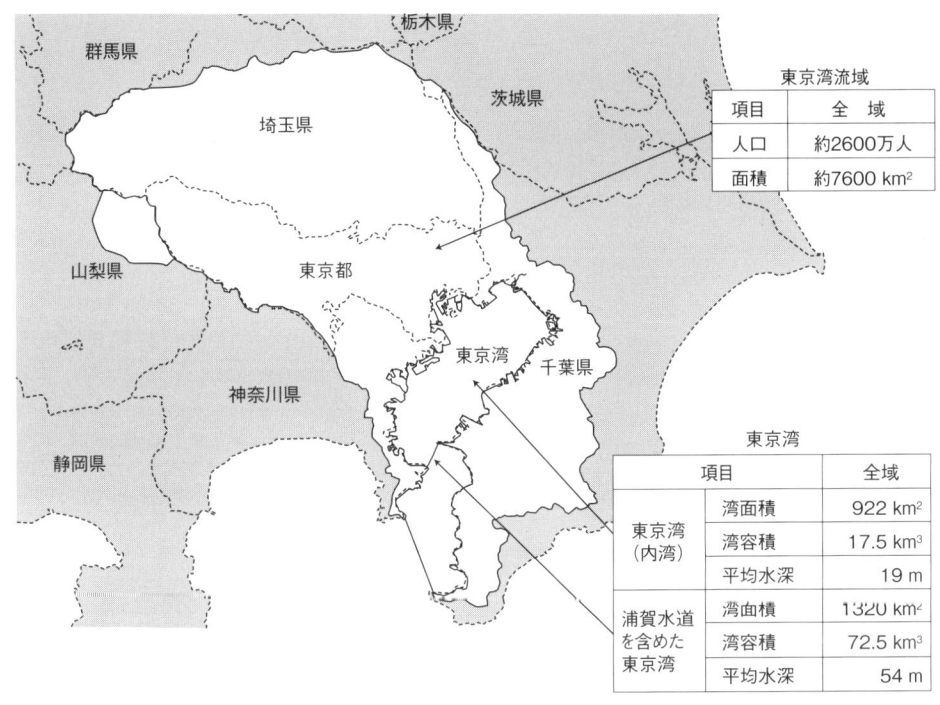

図1・1・11 東京湾の流域(利根川上流域,渡良瀬川流域は除く)と湾の主要な指標

を加えると,約2,900万人程度となる.

東京湾にかかわる流域の土地利用の変遷についてみたものが図1・2・2～1・2・4である(丹保,2004).図1・2・2は1都6県の土地利用の変化をみたものであるが,都市化の進展とともに宅地が大幅に増えていることがわかる.図1・2・3は水田面積の変化を,図1・2・4は畑地面積の変化を示している.水田面積の減少はそれほど多くないが,畑地面積が大幅に減少していること,そして図1・2・2と対比することにより畑地面積の減少が,1950年代以降の人口増加に伴って増加してきた宅地面積に対応していることがわかる.水田面積があまり変化していないのは,農業振興地域にある水田の転用が,農業振興地域の整備に関する法律(農振法)により容易ではなかったこと,そしてそのような水田地域は都市計画法では市街化調整区域に指定され市街化が抑制されてきたことに対応している(稲本ほか,2004;吉川・本永,2006).

1.2.1 東京・首都圏の都市化の経過

明治時代以降100年の都市化の広がりを詳しくみたものが図1・2・5であり,左と右の図を比較すると都市域(色の濃い部分)の広がりがわかる.そして,隅田川(荒川,中川,綾瀬川等が流入して一つの川となっていた)の放水路として現在の荒川下流部分が開削されたことがわかる(現在の荒川下流部は人工的に開削された河川である).同様に,東京湾の三番瀬に流入している現在の江戸川の下流部分も人工的に開削されている.

近年の都市化の急激な進展は,図1・2・6A,B(口絵)を比較するとよくわかる.1970年以降の30年間に,土地のバブルといわれる時代も含めて都市化が急激に進展した.そして,この時代の初期の頃は河川の水質が最も悪化した時代であり,湾岸の海浜の埋立が大きく進められた時代でもあった(図1・1・7,5ページ参照).

都市化が進展した時代には,それぞれの時代

第1章 流域

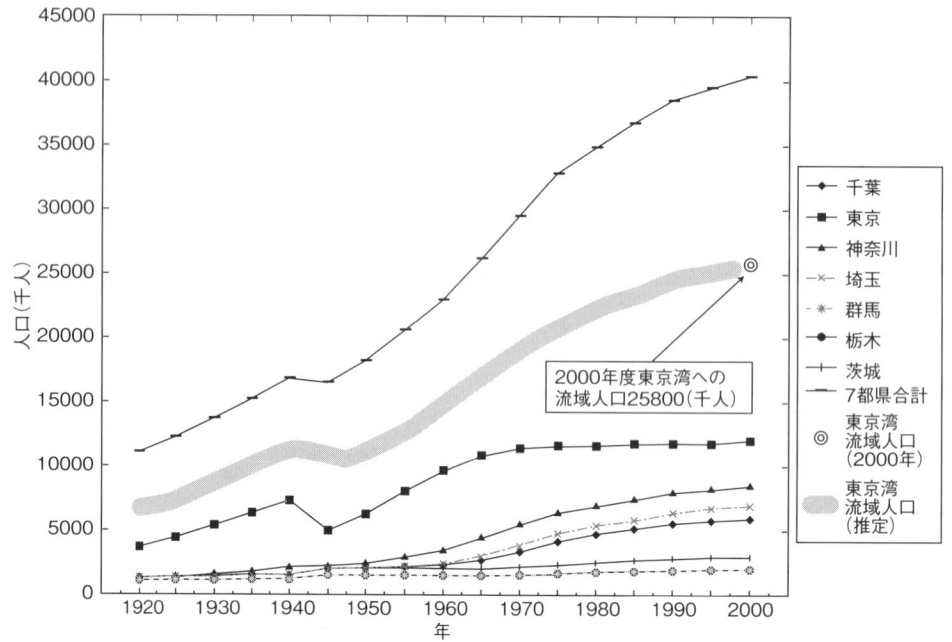

図1・2・1 関東1都6県の人口と東京湾への直接流入流域人口の推移

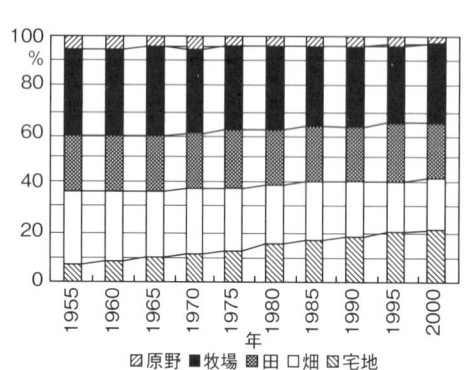

図1・2・2 土地利用の変化（1都6県）
丹保（2004）より引用.

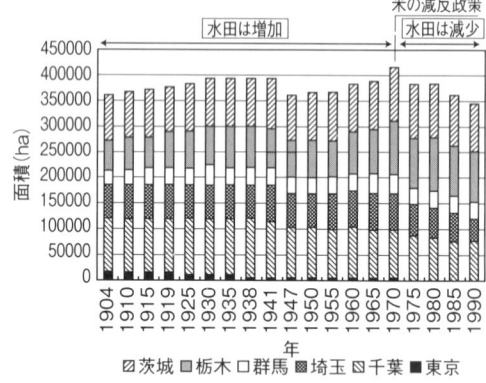

図1・2・3 水田面積の変化（1都6県）
丹保（2004）より引用.

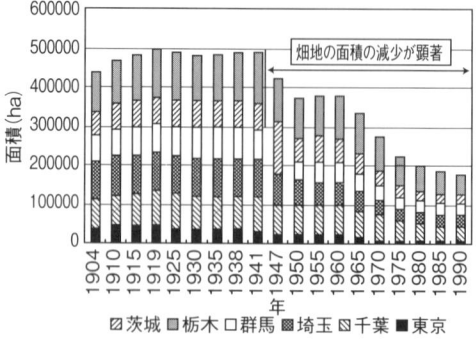

図1・2・4 畑地面積の変化（1都6県）
丹保（2004）より引用.

において，世界の他の都市とも同様に土地利用を計画的に進めることが試みられた．すなわち，関東大震災の後の帝都復興計画（1923年），東京緑地計画（1939年：図1·2·7）をはじめとして，それを引き継ぐ形で，戦時中の東京防空計画（1943年），戦後の戦災復興計画（1948年），第一次首都圏整備計画（1958年：図1·2·8）へとその思想の一部は引き継がれつつ，新たな状

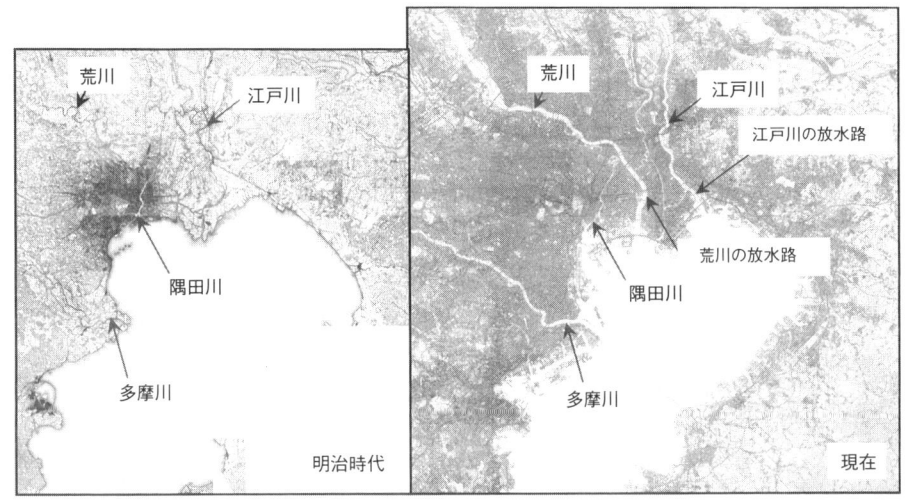

図1·2·5　東京湾にかかわる首都圏の都市化その1（100年の変化）
吉川（2005b）より引用．

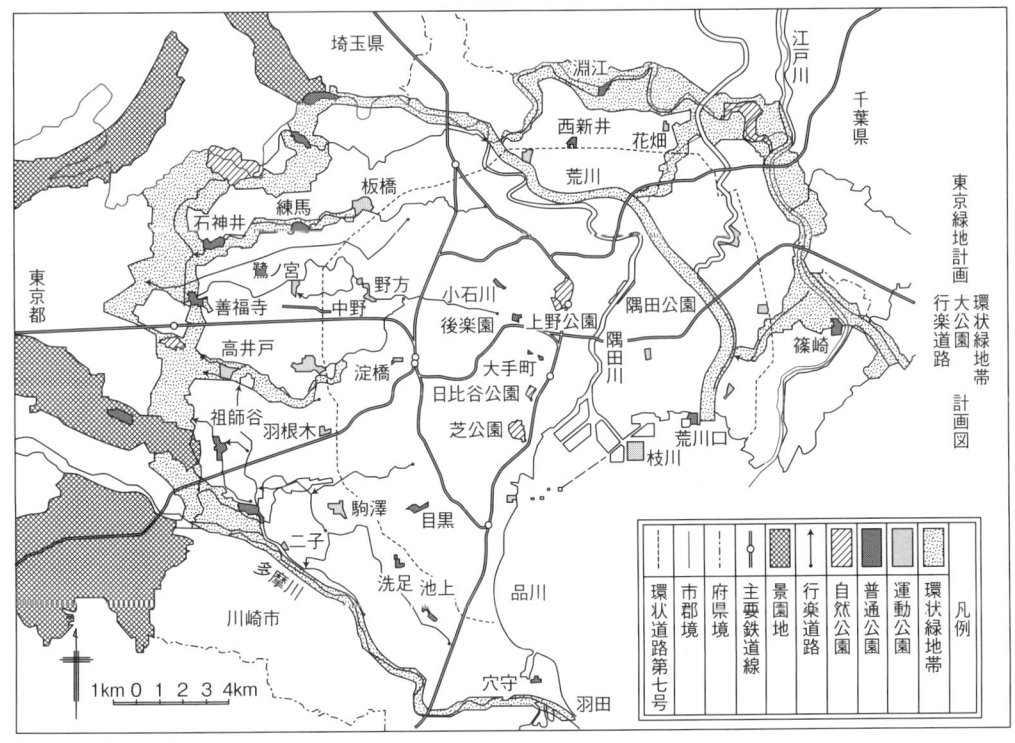

図1·2·7　土地利用にかかわる計画の変遷図：東京緑地計画
石川（2001）を改変して引用．

第1章 流域

況への対応が試みられた(石川, 2001). しかし, 結果としてみると, 東京・首都圏へのその後の急激な人口の集中と都市化の進展には対応することはできなかった. すなわち, 第一次首都圏整備計画でも, 東京区部の将来人口を350万人程度と想定しており, 現在の東京都の1,200万人に達するような都市化の時代に対応できるものではなかったのである.

そのような経過を経て, 東京・首都圏の人口もほぼピークに達した今(図1·2·1, 10ページ参照), 土地利用の計画としては, 新しい国土計画(国土形成計画)や首都圏の整備計画においても, 自然と共生する流域圏・都市がテーマとされる時代となっているといえる.

1.3 流域水系の変化

1.3.1 都市化による河川の形態の変化

この100年の流域の都市化とともに, 流域水系は大きく変化した. その端的な例の1つとして, 図1·3·1A, Bに, この100年の都市化により消失した河川や農業用水路を示した. 両図を比較することで, 河川・水路の消失や増加がわかる. 都心地域やその東方の中川・綾瀬川流

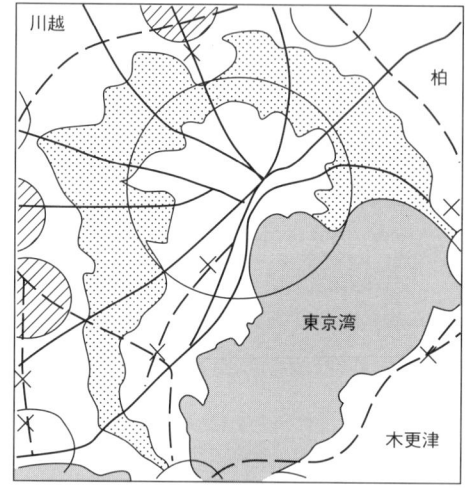

図1·2·8 第一次首都圏整備計画

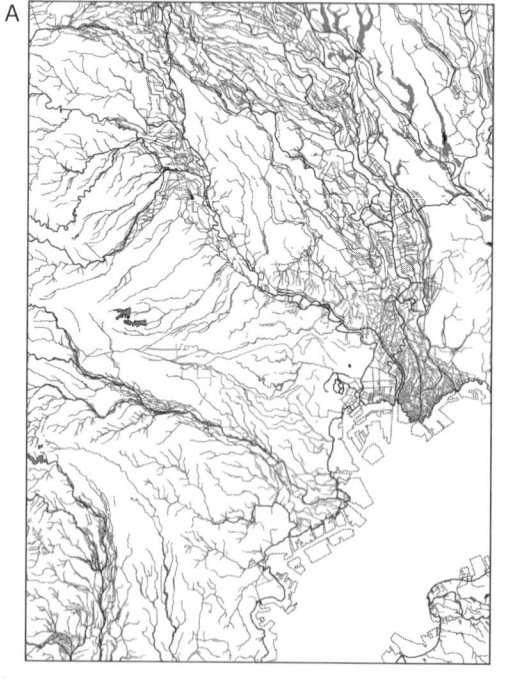 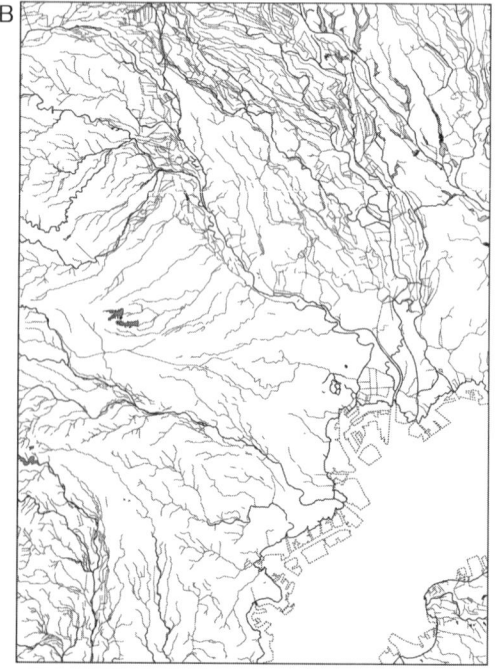

図1·3·1 都市化に伴う水路網の消失
A:100年前の河川・水路等. B:現在の河川・水路等.

域下流部では，水路の大半が消失した．それら水路の多くは暗渠化して下水道となり，また，ある部分は埋め立てられた．元の水路の部分の上空は，多くが道路となっている．

このような河川や農業用水路，運河の消失は，都市化とともに水質が悪化したこと，水害が頻発したこと，下水道の整備が急がれたこと，また水田が消失して農業用水が不要となったこと，舟運の衰退したことなどが重なって生じた．その消失の多くは，とくに都市化の進展が著しく，またクルマ社会への転換（モータリゼーションの進展）に伴った道路整備が急ピッチで進められた1960年代から80年代頃にかけて発生している．

一方，この100年のうちには増加した水路もあり，例えば，前述の荒川下流の荒川放水路（現在の荒川本川．1911～30年に整備），江戸川と中川の放水路（いずれも現在の江戸川，中川本川）といった放水路の建設や，農業用水路の整備等により，増加した河川もある．しかし，全体としてみると東京・首都圏では膨大な数，区間の水路網が消失した．

残された河川でも，その形態は大きく変化した．都市化による河川の形態の変化を図1・3・2に概念的に示した．すなわち，東京等の台地や丘陵部を流れる河川では，図1・3・2に示したように，都市化の進展とともに洪水の氾濫を許容できなくなり，また，都市化（その結果としての地表面の不浸透化，河川・下水道・道路側溝の整備等）に起因して増大した洪水流量を限られた河川用地で処理するために，両岸に急な法勾配の護岸（多くの場所で直立護岸）を設け，

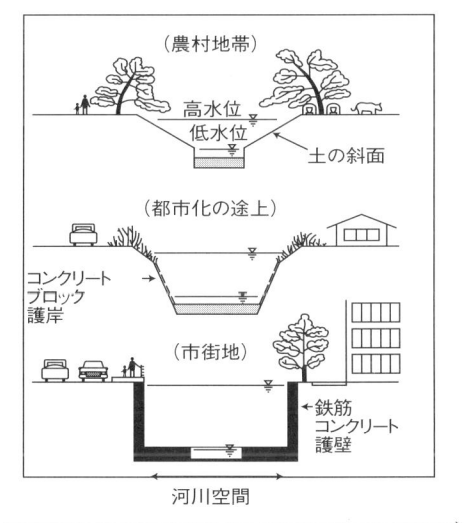

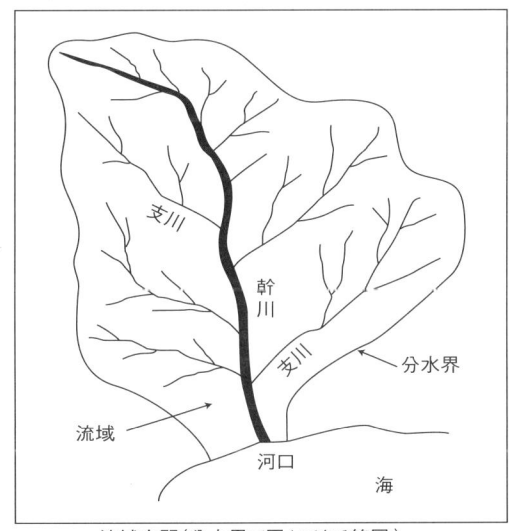

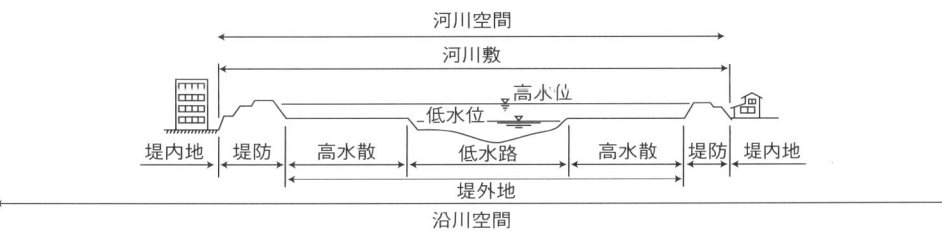

図1・3・2　都市化に伴う河川形態の変化
リバーフロント整備センター（2000）を改変．

深く掘り込んだ河川が出現することとなった．また，堤防を有する低平地（氾濫原）の河川では，同様の理由から堤防を高くするとともに，川底を深く掘り込んだ河川となった．東京東部の隅田川を例にとると，地下水のくみ上げや天然ガスの採取により地盤沈下が進行したことにより，海抜ゼロメートル地帯が出現した．地盤沈下は1920年頃から徐々に発生し，とくに1930年頃から70年頃にかけて著しく進行した．その結果として，1950年代後半には，江東区を中心に海抜ゼロメートル地帯での水害が深刻なものとなった．そして，1959年の伊勢湾台風による名古屋周辺の高潮での大災害後，東京湾の流域においても，高潮災害に備えるために隅田川等の河川にはコンクリートの薄いカミソリ護岸堤防（パラペット堤防と呼ばれる）が，そして海岸に沿っても同様の高潮堤防が急ピッチで設けられた．そして，この川沿いに設けられたコンクリート堤防は，当時の悪化していた河川水質とともに，人や街と川とを分断する要因となった．

変貌した典型的な都市の河川の様子をみたものが図1・3・3である．そして，隅田川，日本橋川について，都市化以前の川と現在の川を対比してみたものが図1・3・4，1・3・5である．

1.3.2 流域・湾の水質変化と改善

この時代を経て形成されてきた現在の東京・首都圏の水システム（水資源開発施設，取水排水施設網）のうち，取水排水施設網について，東京の上水道，下水道を例にみたものが図1・3・6，1・3・7である．上水道についてみると，東京を流れる多摩川と荒川のみならず，利根川や相模川にまで依存したものとなっていることがわかる（図1・3・6）．下水道についてみると，後年の整備された周辺部の流域下水道網と，古くから整備されてきた都心部の合流式下水道（家庭などからの汚水の排水と雨水の排水を同じ水路・管路で行う下水道）網があることがわかる（図1・3・7B）．流域下水道は汚水の排水系統と雨水の排水系統が別に整備されている分流式下水道である．一方，合流式下水道網の区域では，最近は降雨時に下水処理場の処理能力（通常は平常時の処理量の約3倍）を超える流量が未処理で放流されることによる河川下流部や海域の水質悪化（大腸菌，オイルボール，長期的な富

図1・3・3 典型的な都市河川の事例（左上から時計回りに，東京の隅田川，神田川，渋谷川，呑川）

栄養化など）が問題とされるようになり，この問題への対策も進められるようになっている．すなわち，洪水時に河川等に未処理で放流していた汚水を一時的に地下に設けた貯水槽等に貯留し，洪水後にそれを下水処理場で処理した後に放流する新しいタイプの下水道整備が，2000年頃より徐々にではあるが進められるようになった．

隅田川を例に，事業所や工場からの排水の水質規制，利根川からの浄化用水の導入，下水道の整備，工場等の都心部から郊外への移転等によりどのように水質が変化してきたかをみたものが図1・3・8である．流域での水質改善への取り組みとその結果を知ることができる．図1・3・9は，隅田川以外で東京湾に流入する1級河川の江戸川，多摩川，綾瀬川，鶴見川について，その水質の近年の変化をみたものである．最も水質が悪化した1970年前後より，徐々に改善されてきたことがわかる．

東京湾と流入河川の水質改善のための対策は，現存する工場・事業所からの排水の水質規制と下水道の整備による汚水の水質処理がその中心である．その下水道の整備について，首都圏も含む全国の進展状況をみたものが図1・3・10A，Bである．Aからは下水道整備が年々進められてきたことが，Bからは人口規模の大き

図1・3・4　都市の川の変化その1－隅田川
　　　　左：過去（横浜開港資料館所蔵），中：近年，右：現在（再生後）．

図1・3・5　都市の川の変化その2－日本橋川
　　　　上：過去（「東京名所日本橋真景并魚市全図」），左下：近年，右下：現在．

第1章　流域

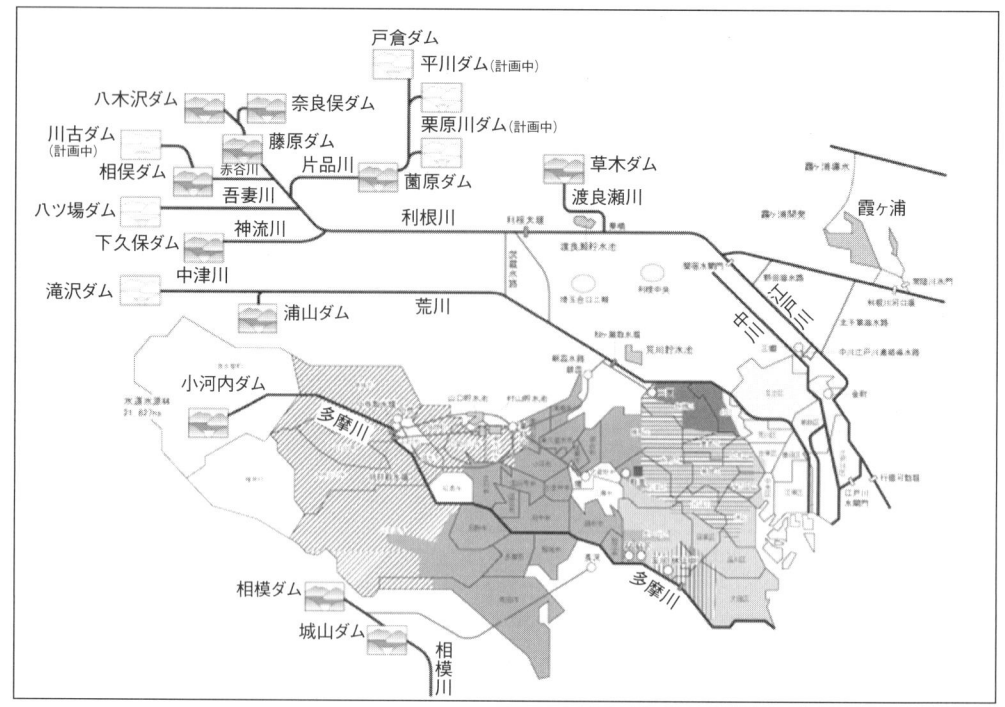

図1・3・6　東京の上水道システムの事例
東京都水道局資料より作成．

な都市ほどその整備率（下水道普及率）が高いことがわかる．東京湾の直接流入流域全体についてみると，人口ベースで1984年時点の50％から1994年時点には75％程度にまで急ピッチで下水道整備が進められてきている．

東京湾の水質汚濁の元となる流入汚濁負荷量（日量）は，1999年度についてみると，COD負荷量で247トン，総窒素TNで254トン，総リンTPで21.1トンであり，1984年度から1999年度の間にCODの総負荷量は約170トン削減されたとされている（詳細は1.4.2参照）．流入負荷量の約7割は家庭からの負荷量である（表1・3・1）．

なお，この負荷量は発生源での負荷量をベースに推計されているが，雨天時には面源や排水路等に堆積していた負荷の流入があり，それらの正確な計測がなされていないことから，平常時の負荷量を中心とした総量削減計画のための推計値であるとみたほうがよいであろう．雨天時の流入負荷量については，合流式下水道からの越流水のみならず，河川を通じて流入する面源負荷量（自然負荷量，農地や都市表面からの負荷量，水路網に蓄積していた負荷量など）の具体的な測定と推計が必要である（山口ほか，1980）．

東京湾の流域での下水道整備は急ピッチで進められてきたが，表1・3・1で示したような窒素（TN）やリン（TP）の処理は通常の下水道処理では十分に除去されない．

東京湾に排出される汚濁負荷量の源は，消費都市江戸の時代はもとよりその後も，流域内で生産されるもの以外に，物資が流域外から食料，原材料，農地への肥料等として搬入されてきたものがあり，それらが流域内の農業を含めた産業活動，人々の生活の結果として排出されている（丹保，2004）．近年は食料の海外依存等から，大量の物資が域外から搬入され，それが水質汚濁の源となっている．

1.3 流域水系の変化

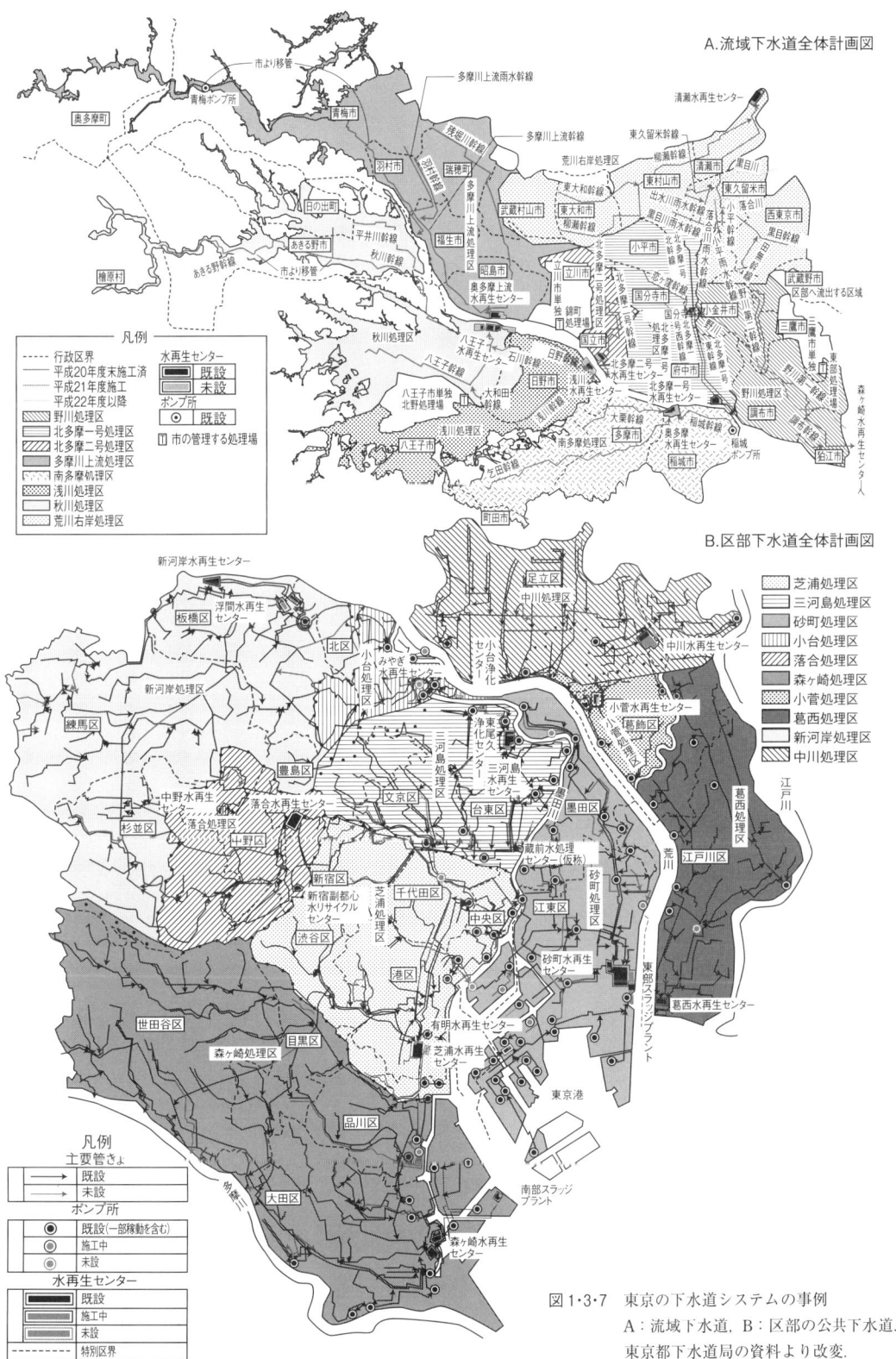

図 1·3·7 東京の下水道システムの事例
A：流域下水道，B：区部の公共下水道．
東京都下水道局の資料より改変．

第1章 流域

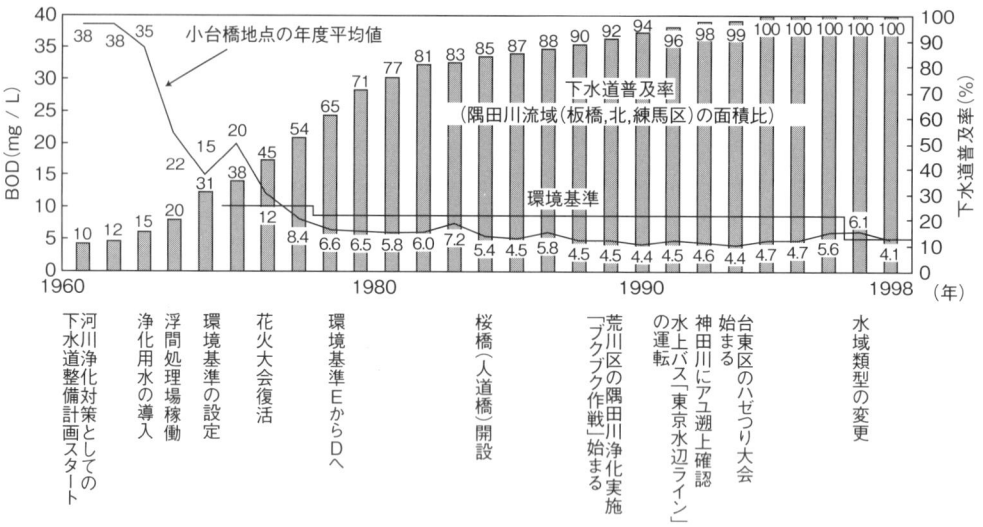

図1·3·8 河川水質の変化その1－隅田川
吉川（2005b）より引用.

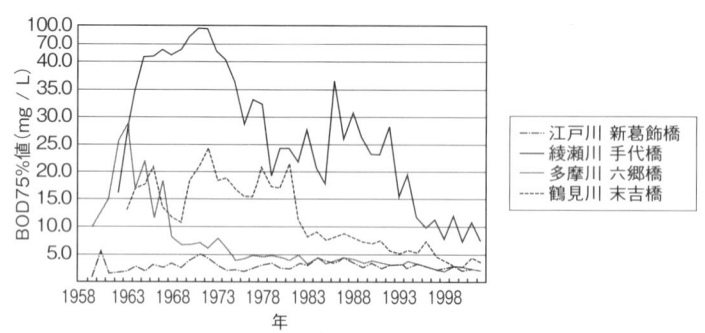

図1·3·9 河川の水質変化その2－江戸川・多摩川・綾瀬川・鶴見川
国土交通省河川局資料より作成. 吉川（2005b）を改変.

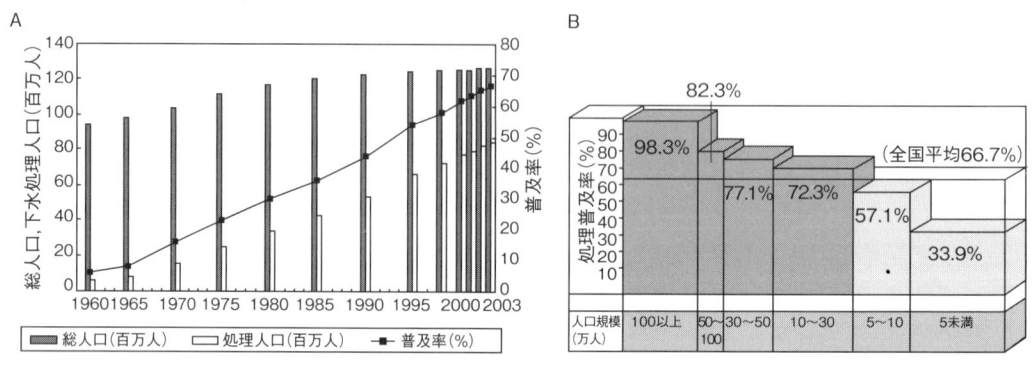

図1·3·10 下水道普及率
A：全国, B：都市規模別.（社）日本下水道協会資料より一部改変して引用.

表1·3·1 発生源別汚濁負荷量（1999年度）
単位：トン／日．

	生活系	産業系	その他系	合計
COD	167	52	28	247
TN	164	41	49	254
TP	13.5	3.5	4.1	21.1

以上が東京湾の流域のこれまでの経過と現在の概要である．今後の東京湾の再生においては，その本質である流域（広い意味での東京湾流域圏）の再生とその流域での対策が求められる．すなわち，首都圏および東京湾流域圏について，自然と共生する流域圏・都市への再生が重要なテーマとなる．この面での具体的な対応事例としては，世界ではイギリスのマージ川流域再生（マージ川流域キャンペーン），アメリカのチェサピーク湾とその流域再生が，日本では印旛沼とその流域再生（流域水循環健全化行動計画）や鶴見川流域再生にかかわる計画（水マスタープラン）などが参考とされてよいであろう（吉川，2004；2005a；2008a, b；石川ほか，2005；吉川ほか，2005；吉川，2007）．　　（吉川勝秀）

1.4 水循環と生活排水

1.4.1 東京湾流域における水循環の変貌

A. 水循環と流域

水循環とは，図1·4·1に示すようにとぎれもなく起こっている海洋・大気・陸域間での水の流れ（フロー）をいう．陸地に降った水は，標高の低い方へ流れていく．ある地域に降った降水が別々の水系に流れていくとき，その水が別れる境の部分を分水嶺という．分水嶺は山脈の場合もあれば，わずかな起伏のこともある．分水嶺に囲まれ，軸となる河川に注ぐ水が集まる範囲が集水域である．一般にこの集水域を流域といっている（図1·3·2右上，13ページ）．本稿では地表流水を対象とした集水域を流域とする．流域の面積はその基になる河川の本流であれば河口地点で，支流なら合流地点で最も大きく，その値をその河川の流域面積という．

B. 流域の水の流れ今昔

東京湾に淡水を供給するおもな河川は，利根川・荒川・多摩川・相模川・鶴見川である（吉川，2005a）．利根川の水の一部（利根川上流と渡良瀬川の水の一部）は，江戸川を経て東京湾に注ぐ．本稿では，東京湾の流域あるいは流域圏といった場合，江戸川分流点より上流域の東京湾（東京湾内湾）に流入する河川の流域をすべて合わせたものを指す．

河川とその流域は，昔から人間が生活したり，生産活動を行うのに適しているという特性をもっている．東京湾の流域は関東1都6県にまたがり，本州の面積（228,000 km^2）の約3.3%である．その東京湾の流域には人口が集中して，約2,600万人が暮らしている．この人口は日本全人口の約21%，本州人口の約26%（厚生労働省HP，2001年調べ）にもなることを考えると，東京湾流域は非常に人口が密集していることがわかる．

1950年頃と近年を比較したとき（図1·4·2），水循環で大きく異なる点は，山間部に降った雨が海に至るまでの経路が人間の手によって変わってしまったということである．本来ならば降水は流域内を流れていた．河川はしばしば氾濫し，その形状も蛇行していた．河川水の一部は田園地帯や脇の水路を流れ下るとともに，川底や水路の土手から地下に浸透していた．都市部においても地面の舗装部分が少なく，庭，空き地や公園が点在していたため，雨水は地面が吸収して地下に浸透していた．1950年頃の水の循環は，経路の複雑さと循環の速度に自然な健全さを保っていたと考えられる．

1961年，水資源開発促進法と水資源開発公団法が国会を通ってからは，ダム建設は最も重要な国の政策となった．1957年に小河内貯水池（通称，奥多摩湖）が，1967年に矢木沢ダムが完成した頃から，東京湾流域の水循環は人

第1章 流域

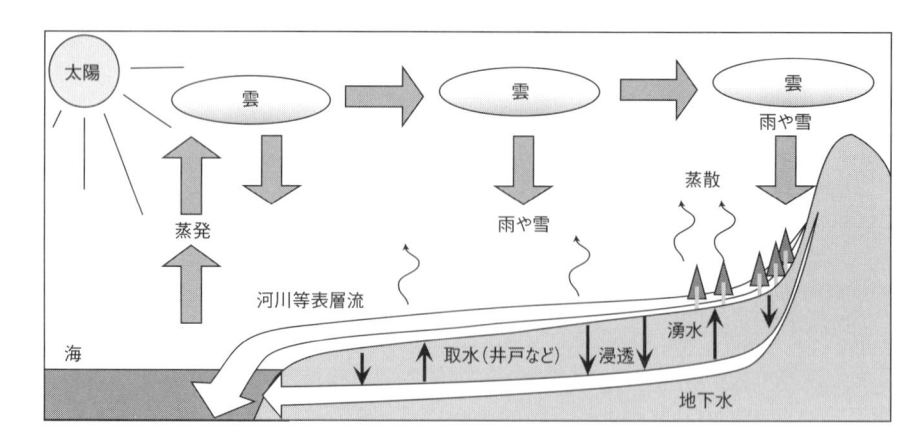

図1・4・1 水循環の概略

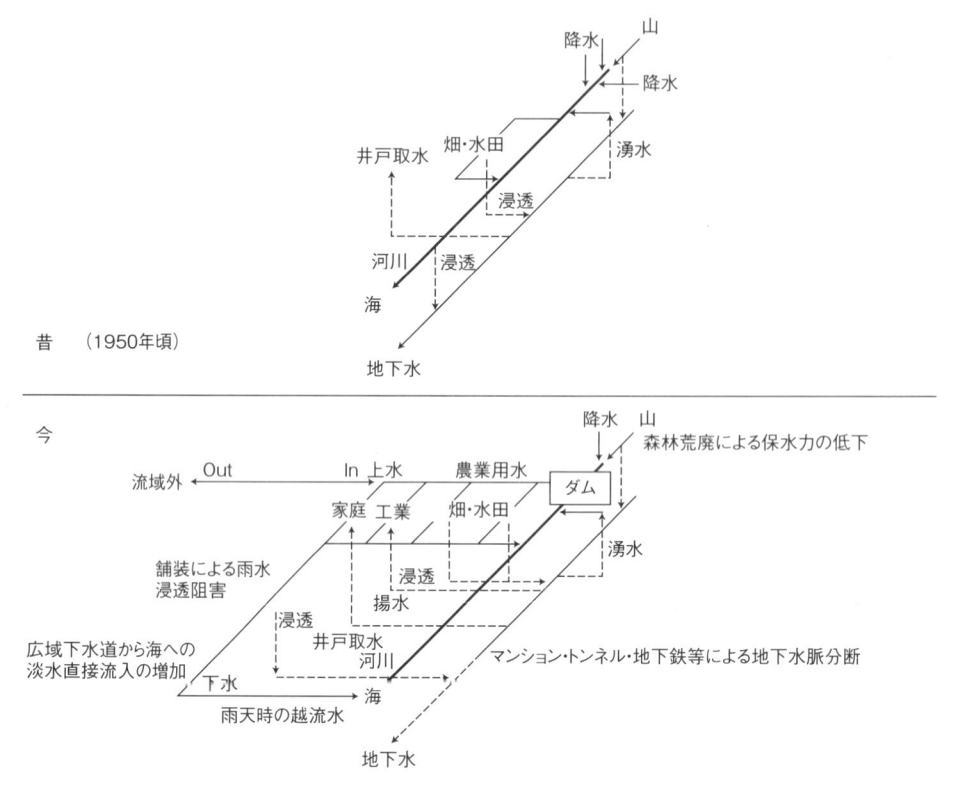

昔 （1950年頃）

今

図1・4・2 流域における水の流れの昔（上）と今（下）
上流のダムを基点に，流域内の水の流れが，人為的に大きく変えられ，複雑化している．

為的制御が進んだ．上流にいくつもダムが建設され，ダムから直接取水することで，河川水量が減少した．中・下流域では，河川や水路がコンクリートで護岸され，小河川の多くは埋立・暗渠化され，下水道システムに組み込まれていった．舗装面が増えたことにより地面に浸透しなくなった雨水は，側溝に流れて最終的に下水管に流入する．また，ビルやトンネル等の建設によって地下水脈は各所で分断されるようになった．東京湾流域内におけるダム開発に加えて，東京湾の流域以外からも都市部に多くの導水がなされるようになっている．したがって，

都市部で利用される水は，必ずしも本来の集水域の中だけでまかなわれてはいない．このように現在の東京湾流域での水の流れ方は昔とは大きく変わっている（1.1.3）．

C. 上水道

東京都の一般家庭における上水道のみの使用量を見ると，1982年には207 L／人／日が，2001年には246 L／人／日に増加している．それを支えるために東京湾流域の上水道は，東京流域圏外からも導水している（ここでいう東京流域圏とは従来の東京湾流域圏，図1・1・10，8ページの範囲にほぼ等しい）．すでに，相模湾に注ぐ相模川（神奈川県）の水の一部は，東京湾の流域で使用されている．また，将来的には栃木県・茨城県・福島県を流域とする那珂川水系をも東京湾流域は取り込みつつある（1.1.3参照）．

上水送水量は1日当たり623万 m^3 で，平均するとその構成は，利根川・荒川水系から78％，多摩川水系から19％，相模川から2.8％，地下水0.2％である（東京都水道局HP）．1964年当時，多摩川水系が54％，江戸川（利根川水系を含む）が37％，相模川8％，地下水1％（高橋，1988）であったことを考えると，水源としての利根川水系に依存する割合が高くなってきている．

こうして配水された水の家庭での使われ方で最も比率が大きいのは水洗トイレで28％，つづいて風呂が24％，炊事に使われるのは23％である（東京都水道局HP）．つまり，配水される水の大部分は，上水本来の目的の飲料としてではなくその使命を終えている．こうした水の使い方を可能にしているのが，各河川の上流に建設された多数のダムの存在である．丹保（2005）は，水の使い方を改めて，ほかの動植物と水を分け合うような工夫が必要であり，それなくしてダム建設に反対してもたち行かないとしている．一方，嶋津（1999）は表流水偏重がダム依存の原因であるとして，地下水利用や積極的な地下水涵養が必要なことを指摘している．

D. 広域下水道システム：合流式と分流式

下水道に関しては，すでに触れられているので，ここでは簡単に述べる．東京湾に面する大都市圏の広域下水道システムは，主として合流式下水道で構成されている．下水道には合流式と分流式があり，両者の違いは家庭排水と雨水を同じ下水管に集めるか別に分けるかにある（図1・4・3）．合流式下水道網の整備は1系統なため，埋設が楽で安価にできる．そのため，社会基盤整備が早くから進んだ都市部は，ほぼこの形式で下水道網が整備されてきた．しかし，その一方で欠点もある．管径が大きく管勾配が小さいので，管内に物が溜まりやすく，雨天時にそれらが一気に押し流されること，また，降雨により晴天時下水量の3倍程度を超えると下水の処理能力を超え，その水が施設から未処理のまま水域に放流される雨水吐きと呼ばれる現象がある．その現状等は次で述べるが，こうした未処理で放出される水を合流式下水道雨天時越流水（CSO：Combined Sewer Overflow）という．本稿では雨によって合流式下水道から処理されずにあふれ出ることを越流，あふれ出る未処理下水を越流水と呼ぶことにする．

分流式は雨水が雨水管を通ってそのまま水域へ放流されるため下水処理場への負担が軽く，越流水が起こりづらいので，環境への汚濁負荷のリスクが低くなる．しかしながら，分流式は排水系統が2系統になるため，配管スペースが必要なために細い路地にまで埋設することが難しいうえ，整備自体が高価なものとなってしまうという難点がある．

東京都および全国の下水道普及率を図に示す（データは東京都下水道局HP）（図1・4・4）．1970年代までは下水道普及率は，都区部ですら50％を下回っていたが，その後着実に普及し，1994年度にはほぼ100％となった．同年度の全国平均が51％である（2001年度で64％）．横浜市・川崎市の両市においてもほぼ100％と

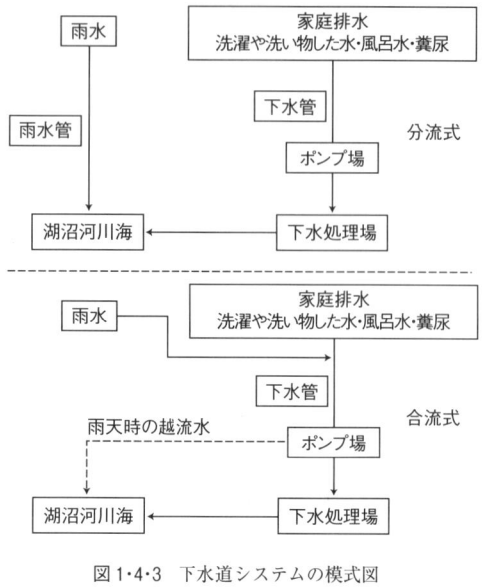

第1章 流域

図1・4・3 下水道システムの模式図
分流式（上）と合流式（下）．

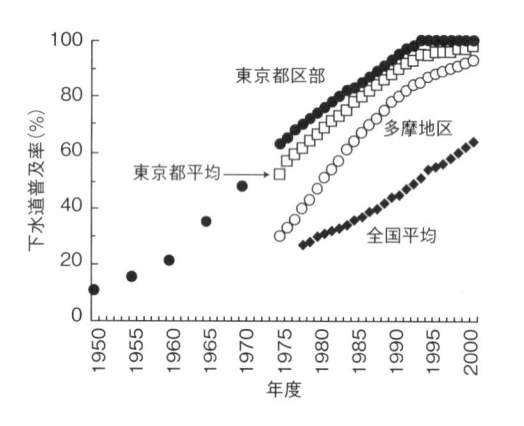

図1・4・4 東京都における下水道普及率
図中には全国平均を併記した．

なっている（高橋，2003）．

　下水道網は，首都圏における急速な人口増加に対応して都市部において先行して整備する必要があったことから，安価な合流式が選択された．そして水道利用量の増加は結果として下水放流水量の増加につながる．そのため，1980年代から下水処理施設にかかる負荷は大きくなっている．加えて舗装面の拡大は下水処理のシステム全体への負荷をさらに大きなものとしている．

E. 越流水

　この100年で，降雨の状況が変化し，1日平均で見た場合，弱い雨の日が減り，雨の降り方が強くなってきている．とくに都市部のヒートアイランド化による局所的な強い雨は，合流式の都市部広域下水道に大きな負担となっている．都市は基本的に1時間に50 mmの雨に耐えられるように設計されている．しかし，近年では100 mmを超える雨もしばしば観測されている．首都圏，とくに都区部は土面が少なく，降雨時には雨が地下に浸透しないで短い時間で合流管へ流れ込む．このため，下水処理場は流入する水量に耐えられず処理能力を超えてしまい，合流管から雨水吐きやポンプ場を介して，直接，河川や海域に未処理の下水が放出される．急激な水量増加のために家庭からの排水や糞尿，合流管内の沈殿物は一気に押し流される．降雨時には，東京湾に急激な淡水および場合によっては高濃度の化学物質の環境水域への流出が起こる．こうした環境への負荷は，回数は少なくても，1回当たりの出水時のインパクトは大きいと考えられる．

　越流水の水域への影響としては，オイルボールの漂流や海岸への漂着が問題となっている．オイルボールとは下水道に流された油脂（ラーメンスープの残りなど食品の残渣を起源とする）などが固まって下水道管の壁面にたまっていたもので，雨天時の急な増水で下水管の壁面からはがれ水域に放出されたものである．お台場等の海岸に雨天後に漂着することから問題となり，東京都下水道局では様々な対策を行っている．越流水はオイルボールだけでなく病原性微生物や有害化学物質を水域へ運ぶことからも問題視されている．とくに問題となるのは，通常の下水処理では除去されている成分が未処理のまま水域へ放出される点である．越流水が東京湾の環境汚染にどの程度寄与しているのかについて，越流水に特異的に含まれる物質（アルキルベンゼンやコプロスタノールという越流

マーカー物質）を使って調査が行われた．調査は複数のポンプ所から越流水が流入する湾岸の京浜運河や東京港で行われた．その結果，下水処理場の放流口やポンプ所の周辺に越流由来の下水粒子が高濃度で堆積していることが明らかになった（図1・4・5）．また，堆積物中の下水粒子の半分以上が雨天時の越流由来であると推定された．下水粒子には有害化学物質も吸着されているので，越流は有害化学物質の水域への負荷になる．下水処理場の放流口やポンプ所の周辺で越流マーカー物質が堆積物から高濃度で検出された地点では，ノニルフェノールも高濃度で検出された（図1・4・6）．ノニルフェノールは生殖異常を引き起こす環境ホルモンであり，洗浄剤に使われる界面活性剤に由来する汚染物質である．ノニルフェノールは下水処理によって通常は70％程度除去されているが，越流により水域へ負荷されているものと考えられる．さらにノニルフェノールは嫌気的な環境で前駆物質から生成するので，下水管路内の堆積物中で生成したものも越流時に運ばれていると推察される．運河堆積物では堆積物がもつ環境ホルモン活性のうちの半分以上をノニルフェノールが占めることがあることもわかった．このように越流水は東京湾への有害化学物質の負荷源となっている．

1.4.2 生活排水の影響

A. 有機汚濁と富栄養化

a. 河川水質の変遷

河川における水質汚濁の原因は，図1・4・1で述べた水循環のフローに図1・4・3で示したような物質負荷のフローが加わることである．河川には好気分解や希釈等の自浄作用が備わっているために，水系の外部（陸域）から相当量の負荷が連続的に与えられないと①有機汚濁（高BOD（生物化学的酸素要求量），高COD（化学的酸素要求量）など）や②富栄養化（窒素・リ

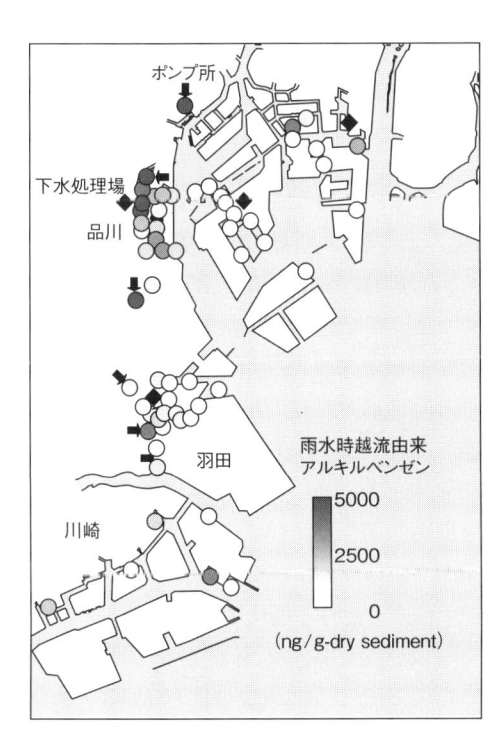

図1・4・5　京浜運河および東京港堆積物中の越流マーカー物質アルキルベンゼン濃度（中田・高田，2006）

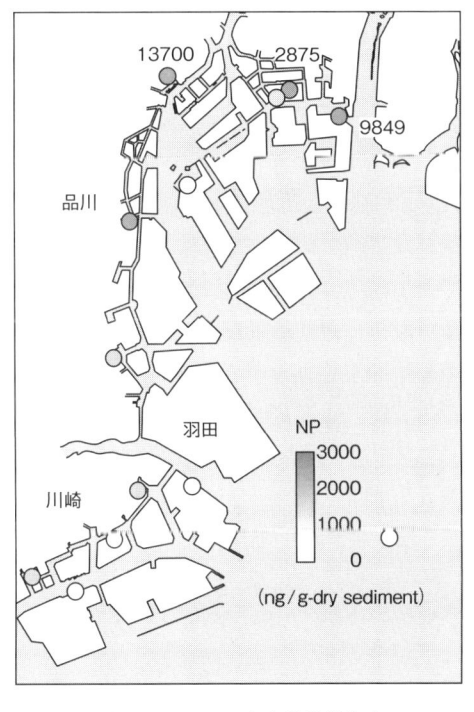

図1・4・6　京浜運河および東京港堆積物中のノニルフェノール濃度（中田・高田，2006）

ン濃度の上昇など）は起こらない．しかし多摩川や隅田川，荒川といった東京湾に流入する代表的な都市河川では，流域人口の多さから大量の有機物等が水系に排出され，いずれの水域においても高度な有機汚濁や富栄養化が見られるに至った．日本における河川水質は，①有機汚濁は1960～70年にかけて急激に悪化してしばらくそのレベルを保ったのちに汚濁レベルがゆるやかに下がるというパターンをたどり，②富栄養化は1960～70年にかけて急激に悪化し，以後，汚濁レベルは概ね横這いというパターンをたどっている．東京湾に注ぐ主要河川の汚濁状況もほぼこの傾向であった．一例として多摩川下流部（田園調布付近）の状況について整理してみると次のようである．

アンモニア態窒素は1945～47年頃まで0.005 mg/L程度の値であり，渡し船の船頭が川の水をそのまま飲んでいたという記述が残っている．その後アンモニア態窒素は1956～57年に0.05 mg/L，1963～64年に5 mg/Lと急上昇している．亜硝酸態窒素，アルブミノイド窒素についても類似の傾向が見られており，1955～60年台前半の間に汚濁が急激（濃度で100倍）に進行したことを表している（小島，1985）．この高レベルのアンモニアは1980年代にも続いたが，1990年代からゆるやかに減少傾向をたどり，下水処理場がアンモニア窒素の硝化促進運転を始めた1990年代後半からは大きく値を下げている．反面，硝酸態窒素は1960年代から現在まで一貫して濃度上昇が起きており，この40年で約5倍，濃度にして5 mg/Lにもなっている．アンモニア，亜硝酸，硝酸態窒素の総和は1970年代前半にピーク（～6 mg/L）に達して以来，現在に至るまで高濃度の状態が続いている．全窒素（6～7 mg/L）についても同様である．リン酸，全リンについては無リン洗剤の普及により1980年代中頃にかけて値を下げたが（～0.4 mg/L），以後は改善が進んでいない（大垣，2005）．このようなことから，窒素，リンについて見れば現在でも依然として高度に富栄養な状態である．

珪素（溶存態珪酸）については，経年的あるいは流下に伴っての大きな濃度変化は見られない（小林，1971；奥，2002）．これは人間活動による珪素の付加（珪酸カリ肥料や洗剤のビルダー，地下水の河川への排水など）が，河川水中の珪素濃度を大きく上昇させるほどのレベルにはないことを示している．また排水等で珪素が負荷される場合でも，通常それ以上に窒素，リンが負荷されるため，窒素やリンに対する珪素の存在比率は低下することが知られている（井上・赤木，2006）．加えて，ダムの建設によって本来流入すべき珪素の一部が，上流のダム湖の中で珪藻プランクトンに消費され，それがそのまま堆積してしまうために，ダム下流で珪酸濃度の低下が起こることが指摘されている（野村，1995）．この現象による珪酸の除去量は多摩川の場合14％程度と試算されている（井上・赤木，2006）．

CODの年間平均値についてみると，1960年には1.3 mg/Lであったものが68年には5.2 mg/L，72年には5.5 mg/Lと急上昇している．この3つの年について年間での最大値はそれぞれ，11，31，380 mg/Lとなっている（市川，1978）．この激しい有機汚濁を裏付けるかのように，当時の釣り雑誌には"釣り糸に汚物が巻き付く"といった報告が寄せられ，玉川浄水場の水質事故記録には1966年から68年にかけて数回，"溶存酸素ゼロにより魚浮上"とある（加藤，1973）．CODはその後1970年代をピークとして減少傾向となるが，50％削減されるのに約20年を費やしている．BODは1970年代前半からデータがとられているが，同地点では約8 mg/Lの高い値をしばらく維持した後，4 mg/Lに半減するまでやはり20年を要している（大垣，2005）．このような各水質項目の経年変化は，多摩川本流についてみれば上流域から感潮域近くまではほぼ同じパターンである．しかし汚濁の程

度は下流に行くほど大きく，人為的な負荷が累積的に効いていることを示している．

以上で述べた経年変化は東京湾に注ぐ他の河川でも類似している．1961 年に測定された中川・高砂橋，江戸川・葛飾橋，隅田川・白鬚橋のBOD（mg/L）の値はそれぞれ 3.0, 0.5, 10 で（鈴木，1993），1972 年には 17, 3.7, 10 となり汚濁が進んでいる（測点は多少異なる）．荒川についても測定が開始された 1970 年代前半に BOD のピーク値（15 mg/L，1971 年）が見られる．そしていずれの河川も 1970 年代中頃から BOD 値がゆるやかに減少し（東京都，1998），易分解性有機物の側面からは水質の改善が進んできていることを示している．なお丘陵地など下水道の整備が遅れているところでは，宅地開発が進むにつれて生活排水の流入が増加し，水質汚濁の進行や高レベルの汚濁が続いている場所が今なお存在している（鶴見川，南浅川，川口川，谷地川など）．

b．河川の汚濁メカニズムと対策の推移

かつては清澄であった河川が 1960 年代に入り短期間のうちに激しい有機汚濁にさらされ，その改善が進まないまま約 20 年が過ぎ，現在は徐々に改善されてきている．なぜこのようなことが起こったか？ これからはどうなるのか？ ここで過去の歴史を整理しつつまとめてみよう．旧来，東京湾域においても糞尿の多くは農地還元されていた（菊池，1974）．しかし昭和初期から戦局が悪化するにつれ，都市部の人口は急減し，燃料不足で自動車で運ぶこともできず，下肥を農村に運ぶ人手が得られなくなった．行き先を失った糞尿を桶にため，神田川や目黒川に投げ捨てるというようなことも現実に起きはじめた（日本下水文化研究会 HP）．このようななか，東京都の強い要請により民間鉄道会社による糞尿輸送が行われ 1944 年から約 10 年間，農村部に糞尿の一部を還元し続けた（岡，1985）．この頃はまだ水系への糞尿流入は少なかったので河川は清冽であった．

一方，戦後になると化学肥料の普及により糞尿が利用されなくなったこと，都市部に人口流入が続いたこと，水需要の増大により河川からの取水が増えたこと，水洗便所と単独浄化槽，下水道が普及しはじめたことなどにより，それまで農地に向かっていた糞尿が河川に向かうことになった．屎尿処理場や下水処理場が次々に建設されたが，当時の処理水は多量のアンモニア態窒素を含み，その放流先も河川であった（小島，1985；宇井，1996）．また各家庭に取り付けられた単独浄化槽（全国で 400 万機といわれる）は生活雑排水を無処理で垂れ流したため汚濁の一因となった．水洗トイレの糞尿を薄めた程度の処理水を垂れ流したことから，この浄化槽は別名 "糞粉砕器" とまで呼ばれた（松井，1992）．このような糞尿処理や雑排水の問題と並行して工場排水問題も深刻であった．戦後復興期に入ると工場排水が一気に増加して河川の汚濁を助長し，全国各地で公害問題が顕在化した．繰り返される魚浮上事件は汚濁の恐ろしさを多くの人に知らしめた．セミケミカルパルプ排水による漁業被害（本州製紙江戸川事件）を契機として制定された水質二法（1958 年）は，適用先が限定されたため個々の企業が汚濁負荷を排出することに関して効力がなかった．そのため，法制定後も化学薬品や有機汚濁による多くの水質事故が起きている（加藤，1973）．これが戦後から 1970 年頃にかけての状況であるが，要するに物質循環系が大きく変化して陸域で処分されるはずのものが水系に流出したことと，産業排水が回収利用されずワンウェイフローで捨てられたことが汚濁の要因である．この時期は処理レベルの低い生下水に近い汚水が河川に流入したことが特徴的で，BOD，COD，アンモニア態窒素のデータがそのことを示している．

1970 年代に入ると水質汚濁防止法が制定され，また公害防止条例が国の基準より厳しい規制を都道府県で独自に決められるようになった．これにより工場排水に規制をかけることが

可能になり，企業は水処理に一定の費用をかけ，また排水を回収して再利用するなど水利用を徹底的に合理化した．この条例による効果は大きく，工場排水の浄化は下水道の普及に先行して1970年代に大きく前進した（宇井，1996）．

1990年代に入ると大都市部の下水道整備はほぼ完了し，郊外部においても下水道整備が進む状況となっている（図1・4・4）．BODや浮遊物質が除去されれば目視上はきれいになるので，"下水道の普及により川がきれいになった"ということになる．しかしすでに述べたように現在の河川水質は決して良好といえるものではなく，高濃度の無機栄養を含む下水処理水が加わった状態である．水質汚濁への取り組みは功を奏したが，それは目に見える有機汚濁（高BOD）から目に見えない富栄養（窒素，リン）型汚濁への転換過程でもあった．現在，東京湾に与える負荷の大きさで見ると，工場排水3割，生活排水7割である（東京都環境局HP）．

都市化が極度に進み都市機能の一部として下水道の整備が進んだことにより，都市の水循環系は人間活動を通過し，下水道または流域下水道に入り処理を受けた後に河川あるいは海洋に放流されるという一つの固定された経路を描くことになった．これにより越流水や河川の慢性的な高栄養状態などの新たな問題が生じることとなった．今後は，次に述べる事情も考慮すれば，東京湾に注ぐ各河川の水質は下水処理場の性能，運転状況に委ねられているといっても過言ではない．

最近5ヵ年の食料自給率（カロリーベース）についてみると，日本全体では40％程度だが，東京湾のおもな流域圏である埼玉，千葉，東京，神奈川各都県の値はそれぞれ，12，30，1，3％となっている（食糧庁HP）．これら1都3県3,450万人分の食料はほとんどが外部からもち込まれる．また農地に入る栄養もすべて化学肥料であり，系外からのもち込みである．糞尿の農地還元分はない．これら都県の下水道普及率（人口比）はそれぞれ，73，64，98，95％である（日本下水道協会HP，2006年3月現在）．他方，水資源賦存量（降水量から蒸発散量を差し引き当該地域の面積を乗じたもの）に対する実際に使用する総使用水量を水資源利用率というが，関東各都県の水資源利用率は渇水年の賦存量に対し60％を超えている（高橋，1990）．これらの数値を総合して考えると，外部からもち込まれた汚濁負荷のほとんどは下水道に入り処理後に河川に放流され，河川水に占める下水処理水の割合は50％超となることが想像される．実際，東京都下水道局（2004）によれば多摩川の水に占める下水処理水の割合は調布市付近で50％となっており，同地点での別の調査（大垣，2005）によると流量の少なかった1995年で82％，多かった2000年でも65％という数値が得られている．

c. 東京における汚濁負荷の構図：一次汚濁と二次汚濁

海に有機物が直接流れ込む汚濁を一次汚濁というが，このような状況は下水処理網が広がるにつれ減少した．現在の状況は，下水処理された水の中に含まれる無機物を栄養として，植物プランクトンが異常増殖し，生産された有機物による水質汚濁であり，これを二次汚濁という（植物プランクトンは光を利用して，溶存態の無機栄養物質を取り込み合成して有機物を作る．この有機物生産が湾の内部で起こるので内部生産といういいかたをするが，二次汚濁とはこの内部生産による汚濁を指す）．東京湾の二次汚濁状況は次のようにまとめられる．

植物プランクトンは河川を通じて流入した豊富な栄養塩を使って盛んに分裂・増殖する．植物プランクトンの大増殖に動物の捕食が追いつかず，赤潮が起こる．増え過ぎた植物プランクトンは枯死して海底に沈む．沈んだ有機物（おもに死んだ植物プランクトン）は，海底で細菌によって分解される．その結果酸素が消費され，海底が無酸素化して硫酸還元が起こる．無酸素水あるいは貧酸素水は，魚介類などの好気性生

物の生息を妨げるため,東京湾の海底では夏季を中心に無生物域(巨視的な生物が生息していない水底域で,細菌などの生命体が全く存在しない状態ではない)が形成される.東京湾の海底の貧酸素あるいは無酸素水塊は,このような機構で発生している.海底の無酸素化は次のようなメカニズムによって汚濁維持機構としても働いている.東京湾の堆積物中にはすでに多量のリンが存在しているが,底層が無酸素化すると鉄に吸着していた固相のリンが溶存態となって水柱に放出される.このリンが植物プランクトンの増殖に利用されるため,内部生産が増加することとなる(鈴村ほか,2003;松村ほか,2004;神田,2.2.6).

表層で生産された有機物は,東京湾のどこに沈むのであろうか? この問いは湾内の汚濁分布を考えるうえで重要である.Tanimura et al. (2001)は,珪藻が羽田沖から多摩川河口のあたりを中心として堆積していることを報告した.もちろん,珪藻が内部生産される有機物のすべてを担っているわけではないが,下層に有機物を運ぶ役割は大きいと考えられる.2002年度の貧酸素水塊の季節的消長を見てみると(安藤ほか,2005),植物プランクトンの堆積しやすい場所と貧酸素水塊形成場所はよく一致している.すなわち,貧酸素水塊は5月に羽田沖で発生し,湾奥全体に拡大する.11月に解消するものの,12月まで羽田沖には低酸素濃度の水塊が観察された.湾奥北西岸は,東京湾への生活排水のおもな放流先となっている水域でもあるが,有機汚濁(二次汚濁)・貧酸素水塊が頻発する水域となっている.

有機汚濁の主因となる,河川水や海水の栄養塩の経年変化は神田(2.2.6)にあるが,水循環に関連する国内外から東京湾の流域にもち込まれる物質,食料や肥料について以下の点を指摘しておきたい.流域で発生するすべての窒素の量は,1950年代から70年代にかけて大きな伸びを示した(川島,1993).1980年代に入って,流域で発生する全窒素(TN)と全リン(TP)を見てみると,発生する量(発生負荷量)は減少し,これを受けて東京湾への流入する量(流入負荷量)は減少してきている(松村・石丸,2004)(図1・4・7).とはいっても,その総量はかなり大きく,具体的には全窒素・全リンの1日当たり発生負荷量は,1979年にそれぞれ365トンと41.4トンであったが,1999年にはそれぞれ254トンと21.1トンに(松村・石丸,2004),2004年にはそれぞれ208トンと15.3トンに減少している(東京湾再生推進会議,2010).そして,流入負荷量についてみてみると,1979-80年(Matsukawa & Sasaki, 1990)と1997-98年(松村・石丸,2004)では,全窒素と全リンの1日当たりの東京湾への流入量は,それぞれ300トンと20トンが,285トンと16.5トンに減少している.しかし削減量としては不十分で,湾内の有機汚濁が収まったという状況には至っていない.

また,現在の東京湾ではN/P比やN/Si比が高く,系全体として窒素過剰の状態にある(2.2.6).窒素過剰の状態は相対的にリンや珪素の減少を意味しており,湾内の窒素・リン・

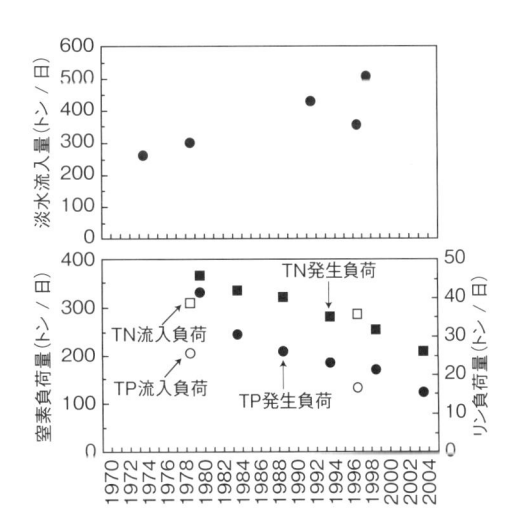

図1・4・7 東京湾における淡水流入量と(上)と全窒素(TN)・全リン(TP)の発生負荷量および流入負荷量の経年変化
松村・石丸(2004)より改変.2004年の発生負荷量は東京湾再生推進会議(2010)による.

珪素のバランスは崩れている．

そのほか水系の栄養塩組成比に変化を及ぼす可能性がある要因として地下水を挙げておく．地下水は表層に出て河川に入るものや，直接海底から海に流出するものがある．流域から海底地下水流出による陸域から海域への淡水負荷は，淡水とともに運ばれる栄養塩の供給を伴う点が重要視されてきており（Zektser & Loaiciga, 1993; Tappin, 2002; Jickells, 2005），肥料や飼料により，畑作地帯の施肥や畜産地帯の畜産廃棄物が地下水に浸透する．リン酸は土壌に吸着されやすいので地下水に移動しにくいが硝酸態窒素は吸着性に乏しく容易に地下水に移行する．結果的に高濃度の硝酸態窒素を含む地下水が形成される．最終的には地下水は地表水として現れるので，水域の富栄養化の有力な原因となるといわれている（熊澤，1999）．地下水の窒素濃度は降雨や脱窒に左右されることがわかってきているが（Uchiyama *et al.*, 2000; 齋藤・小野寺，2009 など），東京湾でも検討すべき課題である．

B. 湾内の化学汚染：人工有機化合物を例に

陸上の人間活動に伴い様々な化学物質が環境へ放出される．それらはおもに河川を通して東京湾へ運ばれている．一例として蛍光増白剤の一種 DSBP の濃度分布（Managaki *et al.* 2006）を考える．DSBP は洗濯用の合成洗剤の多くの製品に含まれている化学物質である．DSBP は生分解性の極めて低い物質であるため，下水処理場での除去率も 30 ～ 60％ と低く，下水処理水中に数 μg/L の濃度で存在する汚染物質である．蛍光増白剤濃度は湾奥西部で高濃度で，湾東南部へと濃度は低下していく（図 1・4・8，口絵）．湾奥西部の河川（隅田川，荒川，江戸川，多摩川）から供給され，湾の南東に向かって汚染が拡散していっていることを意味している．また，湾奥西部には東京湾へ直接下水処理水を放流している下水処理場も複数存在し，それらも寄与している．2003 年 8 月の観測時には他の観測時に比べて高い濃度が観測され，観測時の数日前に大雨が降り，流域内の下水処理場において雨天時越流が起こり，その寄与が現れたと考えられる．海水中の蛍光増白剤濃度と下水処理水中の濃度の比較から，下水処理水がどれくらい希釈されて東京湾海水中に存在するかの計算を試みた．その結果，岸から 10 km 以内の海域では下水処理水の希釈倍率は 200 倍程度と計算された．下水処理水中に含まれる他の汚染物質も，輸送の過程で除去されなければ，この程度の希釈倍率で東京湾海水中に存在すると考えられる．一方，東京湾底層（海底から 2 m 直上）海水中の DSBP の分布は湾東部で相対的に高濃度になっている（図 1・4・9，口絵）．この分布の理由は不明な部分が多いが，湾奥東部水深が浅いことと関係があるように考えられる．

河川を通して陸から運ばれた汚染物質の一部は海底に堆積する．汚染物質の種類により海底への堆積の仕方に特徴がある．一例としてアルキルベンゼンの東京湾海底堆積物中の分布を考えてみる（図 1・4・10）．アルキルベンゼンは家庭用合成洗剤に含まれている物質で下水粒子に吸着して，下水処理水，雨天時越流水，河川を通して東京湾に流入する．隅田川，荒川，多摩川の河口から 5 ～ 10 km の海底に高濃度にアルキルベンゼンが堆積している海域がある．この海域は水理学的な条件により湾奥に流入する河川から運ばれてきた比重の軽い粒子が溜まりやすい．すなわちアルキルベンゼンのように比較的比重の軽い下水粒子に吸着している汚染物質である．一方，道路粉塵等比重の重い粒子に吸着している汚染物質（例えば多環芳香族炭化水素類）は河川の河口域が高濃度となり東京湾沖合に向かって濃度は単調に減少していく．いずれの場合も河口域と東京湾が汚染物質のトラップになっていることは確かである．しかし，このトラップ作用も 100％ というわけでなく，一部の汚染物質は東京湾で堆積しきらずに外洋へと運ばれている．Managaki *et al.* (2006) によれば，東京湾口の外，すなわち相模湾の水深 1,000

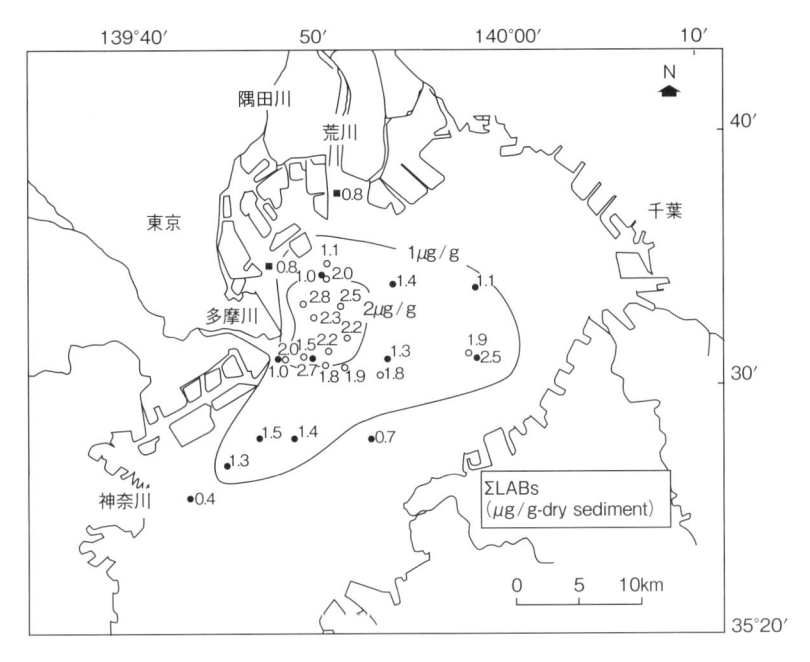

図1・4・10 東京湾表層堆積物中のアルキルベンゼンの平面分布

mを超える深海堆積物中からも蛍光増白剤が検出されている.

C. 淡水の流入量の増加が湾内の物質循環に及ぼす影響

a. 鉛直循環流の強化と栄養塩トラップ：河口域は海の入り口

河口域（エスチュアリー estuary）は河川と海が接する広い水域を指し示す言葉である．エスチュアリーはもともと，大陸を流れ下る大河川の河口部にできる広大な汽水域を指すが，日本の河川は急勾配で流程が短い（高橋, 1990）．そのため，河口域というと潮汐の影響が伝わり水位や流速に干満に応じた周期的な変動が起こる河川の下流部から河口までの河川感潮域（感潮河川）が（奥田・西條, 1996）イメージされるが，本稿では河川感潮域から東京湾湾口までの水域を含めて河口域とする．

河口域の特徴は，淡水流入の影響を強く受け，密度分布がほぼ塩分分布によって決まっている（外洋は水温分布に規定される）（柳, 1988）．そして図1・4・11に示すように，表層から流入した

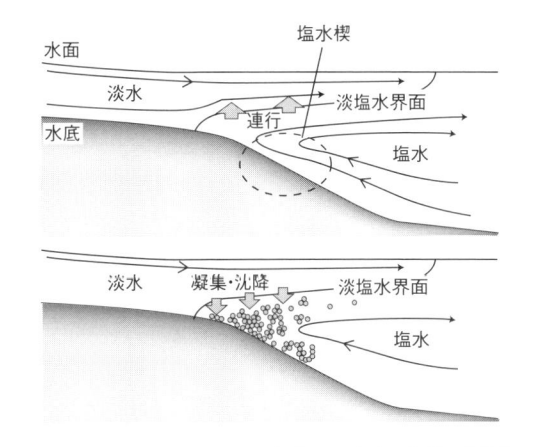

図1・4・11 河口域における鉛直循環流（上），物質の粒状化過程（下）
奥田（1996）を改変．

淡水は，密度が軽く浮力があるため，水面を覆うようにして分布する．このため表層と低層に密度差ができ，上下層の間の躍層が発達し，水柱の二層構造を強化する．上層の軽い水は沖に流出し，それを補うように下層から密度の高い外洋系水が引き込まれる．こうした水の流れを鉛直循環流（河口循環流，あるいはエスチュア

第1章 流域

リー循環流,詳しくは2.1参照)という.

野村(1995)は長期間の表層塩分を整理し,1980年代以降の塩分低下傾向に着目した.そして多摩川の流量データから,流域と周辺の降雨量が変化していないにもかかわらず湾への淡水流入流量が増加していることを示し(図1・4・12),このことが湾の上下層間の密度差を大きくすることで成層構造を強化し,鉛直循環流の働きを強めていると指摘した.

松村・石丸(2004)は,東京湾への淡水流入量を28河川のデータを用いて,平均淡水流入量が1960-74年の毎秒239 m^3 に対し(宇野木・岸野,1977),1997年度で毎秒356 m^3,1998年度で511 m^3 と変動し2ヵ年の平均では毎秒433 m^3 と流入量が大幅に増加したことを示した(図1・4・7上).同様に高尾ほか(2004)も2002年から03年にかけて1年間の淡水流入量を計算し,441 m^3 の値を得ている.

多摩川下流では最渇水期の冬季だけを見ても流量が増加しており,これは中下流域における

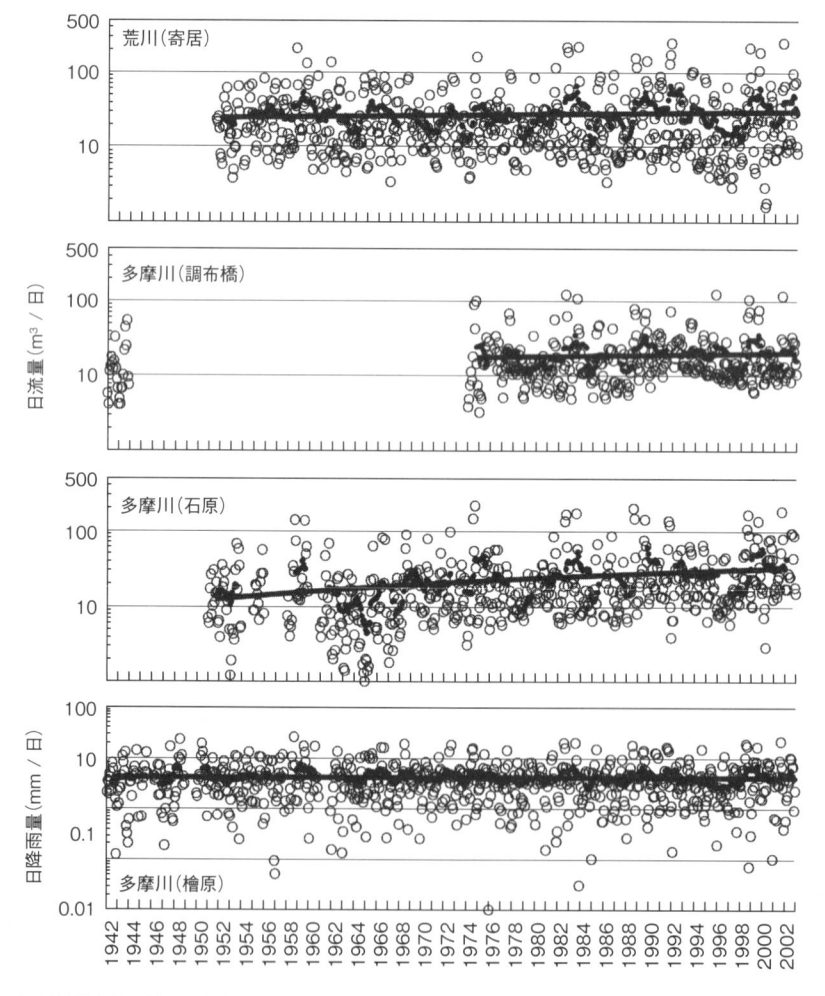

図1・4・12 河川流量と降雨量の経年変化
　　荒川上流寄居(上),多摩川上流調布橋(中上)では流量に,経年的に大きな変化は見られない.また,多摩川上流檜原での降雨(下)も同様に変化していない.多摩川下流石原(中下)では流量が増加傾向にある.多摩川(石原)は野村(1995)に加筆.データの出典はいずれも,流量年表および雨量年表.太横線は最小自乗法による13ヵ月移動平均の回帰直線,黒点は月間平均値を示す.

下水処理場からの排水が多摩川に流れ込んでいるためとされる（小椋，1996；大垣，2005）．東京都下水道局HPのデータを見ると，2002，2004年の都区部水処理放水量は年間を平均した値として毎秒50 m³である．河川からの淡水流入に加えて，都区部最大級の森ヶ崎水処理センター（大田区）からの排水のように，運河を通じて海域に直接放出されている部分も増加していると考えられる．

柳・阿部（2003）によれば，近年の有明海は潮汐振幅が減少したために，鉛直混合が弱くなって成層が強化され，そのために鉛直循環流が強く働き，河川水の滞留時間が短くなっている．東京湾の場合，1960年代（高度成長期）から80年代にかけて，浅海部を中心に広大な埋立地が造成された．1923年と1983年で湾の構造を比較すると（柳・大西，1999），埋立により5 m以浅の干潟や浅場は81%が，水面の面積も25%が失われた．そして，浅海部の埋立によって，湾の平均水深は15 m弱から約19 mに深くなった．こうした湾構造の物理的な改変によって潮汐が弱くなっている（宇野木・小西，1998）．先の有明海の例を見ると，東京湾では潮汐振幅の減少に加え，淡水流入量の増加が鉛直循環流の働きをさらに強めており，東京湾の河口域としての性格は1970年代よりも強化されていると考えて良さそうである．

河口域は天然・人工にかかわらず陸起源物質が海に入る入り口である．これらの陸起源物質は，河口域の淡塩水界面で凝集（あるいはフロック形成 flocculation）によって溶存態の化学物質は粒状態に変わったり，コロイドのような微小粒子になって大型のフワフワした羽毛状の粒子に成長する．この現象は，河川の流量の変化や潮汐によって経時的に変動する塩水楔（河川からの淡水の下に，海水が楔状に潜り込む状況をいう）の界面で起こっている．そのために河口域では物質が濃縮されたり，長くとどまるようになる．物質が有毒であれば河口域の生態系は汚染される．河口域は，物質の単なる通り道ではなく，物質の動態に影響する重要な水域であることがわかってきた（前田，1991）．

東京湾へ放流される下水中の窒素やリンの負荷は減少している（図1・4・7）．にもかかわらず，底生生物にとっての底質環境はよくなっていないとされる（風間，2006）．そこで間接的ではあるが，底層に形成される貧酸素水塊の分布域の経年変化を，年間で最も拡大する9月に関してみてみると，1990年代の初めまでは厳しい貧酸素水塊は湾奥，とくに湾奥北西部を中心に分布していたが，1990年代中頃からは北西部に分布するのと同じレベルの水塊が湾奥北東部にも出現するとともに，神奈川県沿いに湾口付近まで南下するようになった（安藤ほか，2005）．すなわち，酸素濃度から判断すれば，底層の水域環境は改善されるどころか，むしろ悪化していると言えよう．

こうした底層の貧酸素水塊の東進南下傾向は，何によって起こっているのであろうか？この点は栄養塩トラップ（nutrient trap：獲物が罠（トラップ）に陥った状態あるいは陥るメカニズムを比喩した言葉で，溶存態の栄養塩が水の動きと離れて，ある特定の空間あるいは場所に留まっている状態あるいは留まるメカニズムをいう．Redfield（1956）が示した概念（Ryther et al., 1966）.）が働くことで説明できそうである（図1・4・13）．淡水が安定的に流入し成層化していれば，淡塩境界面の水平的な広がりのなかでは盛んに凝集が起こり，フロック形成によって生成した粒状物質が沈降・堆積する．その際には栄養塩の一部も吸着等によってその過程に入るであろう．また，表層水では豊富な溶存態の栄養塩を取り込んだ植物プランクトンは活発に増殖し，湾口方向へ拡散していくが，増殖活性が低下するなどして沈降したプランクトンは下層の湾内方向への鉛直循環流によって湾奥方向に沈みながら押し戻され，分解し溶存態に戻って行く部分もあり，残りは海底への有機

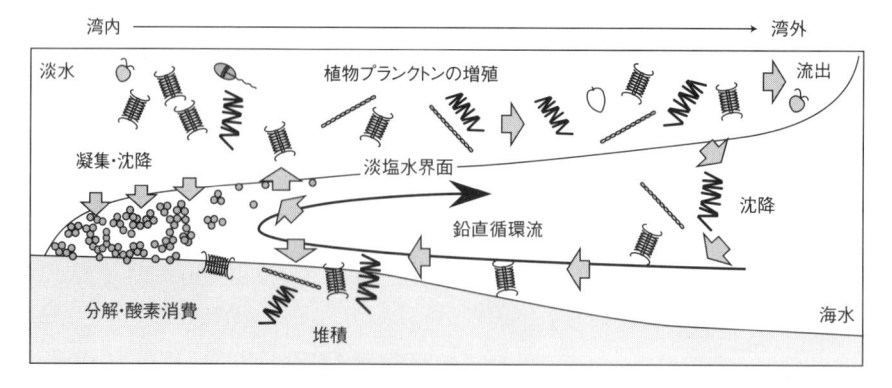

図 1・4・13　栄養塩トラップ機構の模式図

b. 外洋系水の流入

近年，東京湾がきれいになってきているのではないかといわれている．はたして本当であろうか？ 浅海域ではアマモ場が移植により拡大している．こうした努力によって生物群集の中の一部の個体群が再生産可能になってきているだろう．しかし，同時に近年しばしば起こっている，内湾部における湾外の生物の観察例の増加が，それらの再生産と一緒に扱われ，あたかも東京湾の水域環境全体が好転してきているかのように思われている節がある．実際には，これまで述べてきたように赤潮の発生件数を見ても，有機汚濁は十分に改善されてはいない．

鉛直循環流が駆動すると，湾外から湾内に下層を通じて外洋系水が連行され入ってくる．野村（1996）は，1981年から10年間毎月観察し，湾外起源の動物プランクトンの年平均出現種数が徐々に増加してきていることを示し，鉛直循環流にのって湾外水とともに運ばれてくる湾外種の採集頻度の上昇が，年平均出現種数を押し上げているとしている．このことはモデル実験によっても支持されている（Guo & Yanagi, 1998）．湾外生物の観察頻度の上昇は，流域から湾への淡水流入量の増加が鉛直循環流を強めるためと説明される．

安藤ほか（2005）は，1980-2002年度の公共用水域水質測定データを用いて，東京湾の水質の変化に関して興味深い解析結果を発表している．彼らによれば，上層CODや全窒素濃度などで見た全般的な水質汚濁状況は，湾軸東岸で湾奥方向に改善，西岸で湾口方向に悪化しているとしている．東京湾の水の流れは，表層水は神奈川県岸に沿って南下流出し，下層から入った湾外水は千葉県岸に北上するというものである（図 1・4・14）．したがって，基本的な流れの構造は変化していないものの，安藤ほかの示したCODや全窒素濃度の分布は，流れの構造が強固なものになっている印象を与える．彼らも，水質の濃度分布の変化が流況を表している可能性を指摘している．

東京湾における生活排水流入量の増加の影響が波及するのは，こうした定常的に起こっている現象ばかりではない．野村（1996）は湾外起源の動物プランクトン種がどういう時に多く出現するかを，非定常時の2つのパターンに大別した．1つめは，北方成分の風が連続的に吹くことで表層水が湾外に押し出され，下層を流入する湾外水の連行（entrainment：2つの流体が接触する時，相対的な運動によって流体が界面を通じて一方から他方に引き込まれていく現象）を強める時である．2つめは，黒潮流路の変動に伴い外洋系水が湾内に進入してくる時である．これらの2点，とくに2つめは，陸域から湾に入った物質が外洋に拡散するメカニズムという点で注目すべきである．

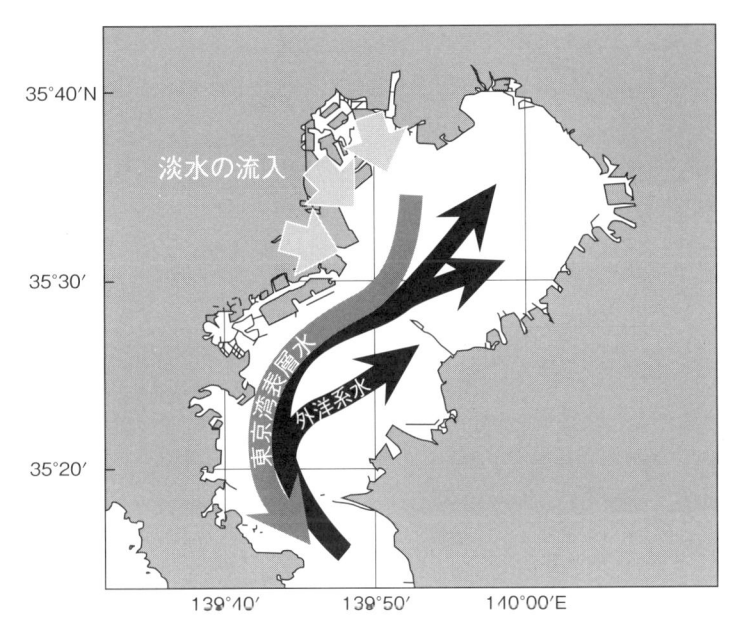

図 1·4·14 東京湾における水の流れの模式図

　Yanagi *et al.*（1989）によれば，夏季に黒潮が接近すると，成層した水柱の等密度層に外洋系水が進入する．この外洋系水は東京湾では中層に貫入することになり，上層と下層の水を湾の外に押しやるような形になることを観測した．彼らはこうした現象はしばしば起こっていると予想している．日向ほか（1999，2000，2001）は，黒潮流路の変動に伴う外洋系水流入発生時の流動構造を三次元的に調査している．彼らの調査によれば，黒潮の接近に伴い外洋系水が進入する時には，①中層の等密度面に貫入し上下層から湾水を流出させること，②この現象は成層期ばかりでなく冬季にも起こっていること，③こうした外洋系水の影響が波及する時に湾内の物質が効果的に湾外に排出されていることが示されている．このような外洋海況変動の波及は，安藤ほか（2005）の示した水質の分布変化は 1990 年代に生じていることを勘案すれば，波及頻度が上昇傾向にあるものと考えられる．

　c. 湾全域および湾奥部での水温変化
　東京湾の水温上昇に関しては，木内（1.9）と重複する部分もあるが，重要な環境影響なので本節でも若干言及する．これまで述べてきたように，東京湾において，淡水流入量の増加（と埋立による潮汐振幅の減少）は成層化を進め，鉛直循環流をより強く駆動していると考えられる．またそれとともに，淡水流入量の増加は直接的（高温排水の流入）間接的に湾の水温を変えている．

　近年，東京湾の水温は，夏季に低下し，冬季に上昇する傾向が全湾的に見られ，とくに湾央部西岸の川崎-横浜沿岸で昇温傾向が強いことから，経年的に外洋からの影響を受けやすくなっていると考えられている（安藤ほか，2003；八木ほか，2004）．つまり，夏季は水深が浅く熱せられた東京湾に水温の低い外洋水が入り込むため水温が下がり，冬季は逆に冷却された東京湾に暖かい外洋水が流入してくることで湾が温められるということで説明される．こうした水温変化で注目したいのは，とくに冬季の水温上昇である．なお，こうした顕著な水温変化は伊勢湾や大阪湾ではみられていない（八木ほか，2004）．

冬季の水温上昇は全湾だけではなく，湾奥においても生じている．近年では，都市域の拡大やライフスタイルの変化に伴って人が使う家庭排水や事業排水の水量と水温が上昇し，下水道システムを通じた水域への放流熱量が増大している（木内，2004）．そのために冬季における東京湾湾奥部表層の水温が経年的に上昇している（木内，2003a）．下水処理場からの放流水が増加しているために，河川流量が年間で最も少ない時期である冬季にはとくに影響が顕著に表れると思われる．

放流水温上昇の主因は，家庭排水（浴槽の大型化や温水便座の普及，とくにシャワーの多用による温排水）や飲食店といった業務用の給湯・厨房へのエネルギー投入と考えられている（木内，2003a）．放流水温の上昇には下水ばかりでなく，上水の給水温度の上昇も影響している．都区部の給水温の上昇は平均気温と傾向が一致し，都市のヒートアイランド現象が，地中温度の上昇を介して，水利用に伴うエネルギー消費や熱輸送にも影響を及ぼしている（木内，2004）．

高尾ほか（2004）は，宇野木・岸野（1977）のデータと比較し，冬季（1-3月）の淡水流入量は1956-65年の162 m^3/秒が，2002年には約2倍の317 m^3/秒になり，冬季の鉛直循環流は1960年代には2,952 m^3/秒であったが，2002年では3,898 m^3/秒と試算している．淡水流入が増え，しかもその水が温かい場合，表層水の密度は軽くなり，水柱の成層は強化される．従来，夏季（成層期）と冬季（混合期）というように，季節的に分けてきた海況であるが，冬季の東京湾では周年成層状態ともいえる．

成層状態で北東風が連続的に吹くと，鉛直循環流が強く働き（鈴木ほか，1997），湾水は応答よく表層水が流出し，底層から入った湾外水が北東岸で沿岸湧昇を起こす（鈴木ほか，1997；日向ほか，1999）．したがって，冬季には千葉県側に栄養塩濃度の低い湾外沖合水が流入してくるため，突然透明度がよくなったり，平均的には栄養塩濃度が低下するであろう．下水放流水量自体は季節性がほとんどないので（木内，2003a），淡水流入が海況に与える影響は冬季の方が大きい可能性がある．

実際に，湾水の滞留時間は，1947-74年と2002-03年では，冬季は約90日から40日へと半分以下になった（2002-03年の年平均滞留時間は28日）（高尾ほか，2004）．このことは湾内の物質輸送の様子を一変させている可能性がある．また，それとは別に懸念される問題もある．全湾における湾外から流入してくる温かい海水と湾奥部における人工排熱による水温上昇は，冬季に水温によって制御されている細菌の活性を高めることにつながるうえ（野村ほか，2007），成層強化が進んだことで，本来なら鉛直混合により大気から補給される酸素が深層にまで達しなくなり，底層の貧酸素水塊形成時期を早めたり長期化させたりといった悪影響を及ぼす効果をもつからである．

これらのことを見ても，淡水流入は様々な過程を通して生態系や流況に影響を及ぼしている．東京湾の流況は時代とともに変化しており，その時系列変化を把握しなければ，今後の東京湾における事業の環境影響評価や環境再生活動に支障を来すことになろう．

D. 堆積作用と浸食作用のアンバランス

河口域に形成される干潟は，潮汐による水位差の大きな内湾に存在し，河川からの土砂の堆積作用と波浪による浸食作用のバランスで成り立っている（図1・4・15）．土砂の流入がなかったり，潮汐が弱ければ，干潟という地形は存在しない．流域の上流部にダムが多く建設されると，ダムそのものの堆砂効果と，ダム取水による河川流量低下により，土砂が河口に到達する量が減る．逆に，浸食されるよりも土砂の供給が多ければ干潟は沖に向かって張り出すことになる．東京湾では，養老川河口干潟は土砂の供給が浸食に勝るために年10 mの早さで沖に張

り出している（図5・5・3，278ページ）．逆に，小櫃川河口干潟は徐々に浸食されている（図1・4・16）．いずれにしても，堆積と浸食のバランスが成立していないために，安定した地形になっていない．

さらに，流域外の河川のダムや取水堰から東京湾の流域に導水されることから，取水される河川では流量が減る．したがって，取水される河川では流砂系が変化して河口で浸食が起こる，あるいは流量が減って沿岸河口域における生態系の生産形態が変化するなどの影響を受ける．首都圏の水需要による流域外からの導水は，遠く離れた別の流域の河川生態系や河口域の生態系にまで影響を及ぼすのである．

東京湾流域において，高い水資源利用率を保ちつつ，流域の流砂系を健全な状態に戻し，干潟域の堆積と浸食のバランスをとることは至難といわざるを得ない．今後の水資源開発においては流砂系への対策も念頭に置くことが求められる．

（野村英明・高田秀重・奥　修）

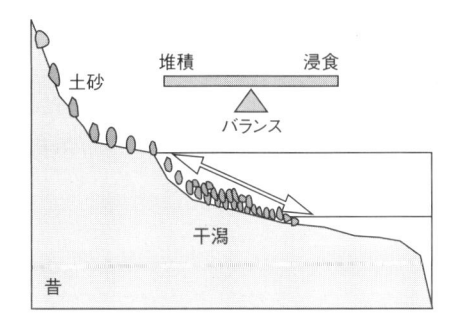

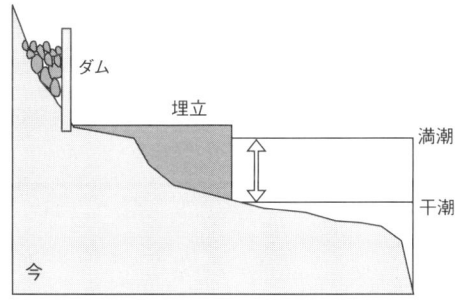

図1・4・15　流域から河口域にかけての流砂系の変化，昔（上）と今（下）
昔は土砂が河口に流れ込み，堆積と浸食がバランスして，地形が安定していた．今は土砂が流れ込まないものの，埋立によって護岸を築いているので，自然な浸食も起こらないようになっている．ただし，護岸は人工構造物なので，老朽化すれば修復を続けなければならない．

図1・4・16　浸食されヨシ群落が後退する千葉県小櫃川河口干潟
提供：風呂田利夫氏．

1.5　首都圏のゴミ問題と最終処分場
　　　—東京都の取り組みを中心に

家庭から出されるゴミは，所定の日に所定の場所へもって行けば回収され，また，産業廃棄物（産廃）は市民の目に触れることはあまりない．話題となるのは，産廃の不法投棄であろう（石渡，2002；佐久間，2002）．ゴミの処理は埋立という形で東京湾の環境問題とも直結している．

ゴミが集められてから埋立処理されるまでの過程を，板橋区の資料を基に作成した概略図を示す（図1・5・1）．収集されたゴミは，まず中間処理施設で焼却・破砕され，減容する．ゴミ全体の容積を小さくすることで，埋立処分場の使用可能年数を延ばすことができる．その際に再資源化できるものは選別して再利用するが，それ以外は埋め立てられる．東京都の場合，東京港湾区域の海面にゴミを捨てるための最終処分地として埋立を行っている．東京都の海面に依存している．神奈川県や千葉県の海面は使用できない．ゴミ埋立処分場の残余年数はきちんとした推定はないが，2000年頃の埋立処分計画のベースで単純に試算すると，あと30〜40年，延命化しても100年とされている（伊東，2001）．東京都のゴミの海上埋立処分には物理的な限界がある．

1.5.1　法律によるゴミの区分

廃棄物という言葉が法律上に登場したのは1970年に制定された「廃棄物の処理及び清掃に関する法律（以下，廃掃法）」においてである（寄本，2003）．廃掃法によれば，廃棄物は一般廃棄物と産業廃棄物（産廃）の2つに分けられる（図1·5·1）．一般廃棄物はゴミと屎尿の2つに分かれ，さらにゴミは，家庭系廃棄物（以後，家庭系ゴミ）と事業系一般廃棄物（事業系一廃）に分けられる．この区分だと，小さい事業所（例えば個人商店程度の規模）が，段ボール等を家庭系ゴミとして排出している場合，事業系一廃も家庭系ゴミに含まれることになる．一般廃棄物は大きく分けると，可燃ゴミ・不燃ゴミ・粗大ゴミ，その他に直接資源回収に回す資源ゴミなどがある．一方，産廃とは，産業活動によって排出される，例えば廃油，汚泥，製紙業や木材製造業から出る紙くずや木くず，建設廃材，家畜の糞尿や死体などである．

環境省のデータ（http://www.env.go.jp/）から全国の動向を見てみる．一般廃棄物に関してみれば，全国の年間排出量は漸増傾向にあり，現在およそ5千万トン/年で推移している（図1·5·2）．また，国民1人当たり日当たり排出量は約1.1 kg/人/日でほとんど変わっておらず，

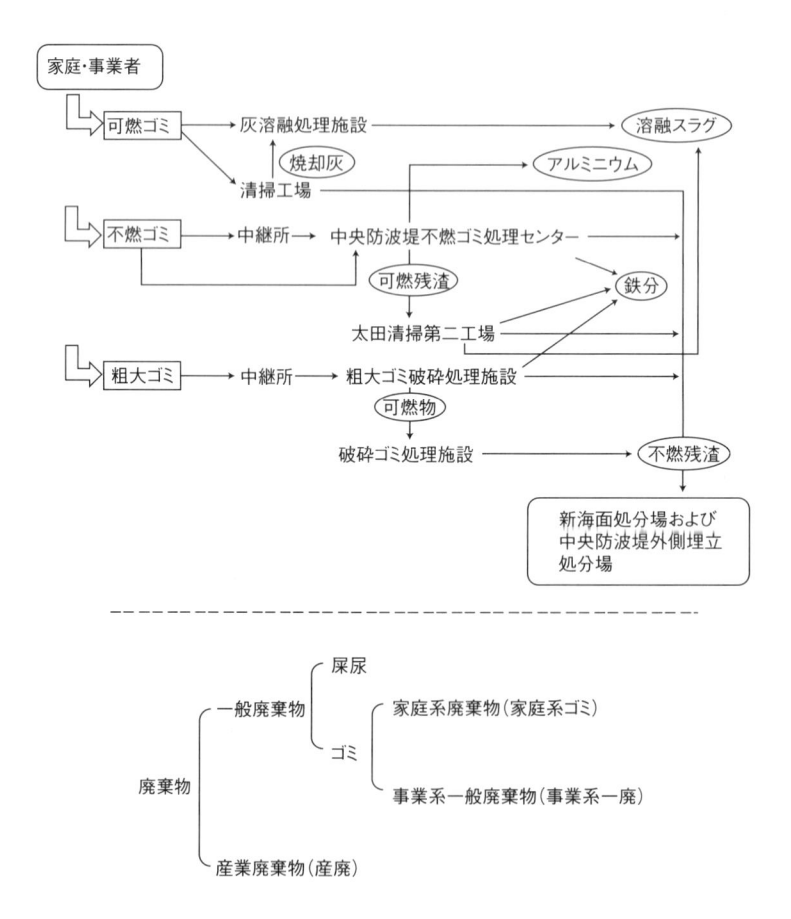

図1·5·1　ゴミが集められてから埋立処理されるまでの流れと廃棄物処理および清掃に関する法律によるゴミ（廃棄物）の区分
上図において，中央防波堤不燃ゴミ処理センターの役割を少し詳しく説明すると，ここで不燃ゴミは破砕され容積減量処理されたうえ，不燃ゴミの中から鉄・アルミニウムを資源として回収する．

一般廃棄物の排出量は全国レベルで見ても減少していないのが現状である．東京都清掃局の冊子「清掃事業のあゆみ」によれば，東京都の個人が1日に出すゴミの量は，1920年に0.3 kgであったが，2000年には1.2 kgで約3.5倍であり，全国平均よりもやや多い．

図1・5・3は，国民1人当たり年間にかかるゴミ処理費の経時変化を示している．この期間平均すると約16,500円であるが，2001年の20,500円をピークに低下している．これは2000年に施行されたダイオキシン類対策特別措置法に基づく規制の強化に対応して，中間処理施設の整備が進み，それにかかる建設改良費が減少したためと説明されている．

産廃と一般廃棄物の排出量の割合は，全国で8：1，東京都でおよそ5：1である．全国に比べ，東京都では一般廃棄物の比率が高いが，この比率から見る限りゴミの多くは産廃によると思われがちである．廃掃法による区分では一見して廃棄物の多くは産廃と見なせるが，この区分は必ずしも実情を反映していない．なぜならば，東京では産廃排出量の約半分が上下水道の処理の際に出る汚泥だから，切実である（伊東，2001）．

東京都の廃棄物中間処理を行っている東京都23区清掃一部事務組合（東京都23区が中間処理を共同で行うために設立した）によれば，廃棄物の処理原価は1トン当たり平均57,000円で（図1・5・4），2003年度の実績では収集運搬にかかる経費が54％，残りは処理処分にかかる経費である．

1994年から2005年の10年間で，1997，1998年を除くと，首都圏マンション販売戸数（1都3県，不動産経済研究所調べ）が毎年，8万戸を超えた（2005年は予想：2005年6月5日，日本経済新聞）．都心回帰の傾向は，都心部における職住接近した高層マンション建設に拍車をかけている．都市人口の増加は，事業系一廃の増加を予想させる．

事業系一廃で主要なものは，オフィス，デパート，スーパーから出るOA用紙や段ボールなどの紙ゴミ，レストラン，ファーストフード店，

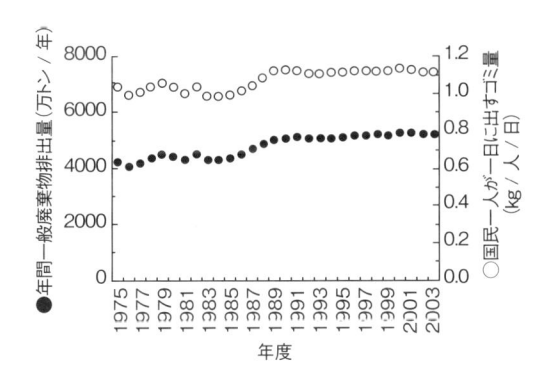

図1・5・2 全国のゴミ（一般廃棄物）排出量と国民1人当たり1日当たりゴミ排出量の経年変化

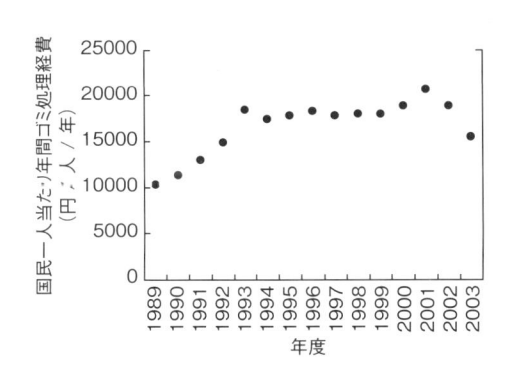

図1・5・3 国民1人当たりが年間に出すゴミの処理経費の推移

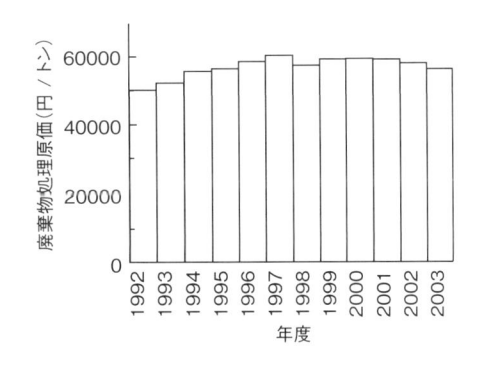

図1・5・4 東京都区部における廃棄物の処理にかかる原価の推移

居酒屋から排出される生ゴミである．さらに，ライフスタイルの変化や外食・中食産業の発展が，排出ゴミ量を増加させる可能性がある．

東京都区部では，廃棄物に占める一般廃棄物の割合が高いが，その理由として，都区部ではオフィスなどの第三次産業のウエイトが高いことがあげられる．都区部では昼夜で人口が異なり，都区部以外から昼間流入する人口が増加する．また，都区部には地方あるいは海外から，食品などの加工品や原材料が，系外からもち込まれ，消費されている．

1.5.2 廃棄物に関連する法律

2000年，「循環型社会形成推進基本法（以下，循環基本法）」が公布された．この法律では，廃棄物などの発生を抑制し（リデュース reduce）し，発生した廃棄物のうち，有用なものを循環資源として再利用し（リユース reuse），再生利用できるものは再生利用し（リサイクル recycle），その後に残ったものを熱回収することを提示している．リデュース，リユース，リサイクルは，あわせて"3R"と呼ばれている．

循環基本法が注目される点は，事業者に対して拡大生産者責任を明確に示したことである（寄本，2003）．それまでは，製品が消費者の手に渡った後は，消費者自らが適正に処理できない場合，消費者の住む地方自治体に対応が求められていた．つまり，ビール瓶の回収・再利用などの一部の例を除けば，基本的には生産者は製品を売ったら売りっぱなしで，ゴミになっていた．

それまでの廃掃法では，各自治体の行政的枠組を越える企業や業界に権限を行使することは困難で，事業者の責任を徹底させるには法的規制が不十分であった．しかし，1991年の改正によって国が自治体で適正処理できない廃棄物を指定できるようになった．そのため，1994年には一部の処理困難物が指定され，さらに1998年に制定された「特定家庭用機器再商品化法（通称，家電リサイクル法）」によってテレビや冷蔵庫などについては，回収の仕組みができあがった．この家電リサイクル法は，その他のリサイクル法や廃棄物処理法などとともに，循環基本法および環境基本法と一体的に運用されるようになった．

1.5.3 東京湾岸部における埋立処分場の概要

江戸幕府は1655年，川筋にゴミを捨てないように触書を出し，今の江東区永代島に捨てることを命じた．1724年には本所猿江材木蔵跡入堀，1730年には深川越中島へ投棄場所を変えている．江戸はゴミで海を埋め立てて街を拡大していったのである（鬼頭，2002）．しかし，その進行が急激に進んだのは，日本経済の高度成長期である（読売新聞社会部，2001）．

東京では，土地利用が高度に進み，内陸部に多量の廃棄物を埋め立てられる大規模な処分場を建設することは困難であり，1927年から現在の江東区潮見に位置する8号地から東京地先水面を埋め立ててきた．なお，8号地では河川改修等により発生する土砂とともに関東大震災の瓦礫等も埋め立てられている．東京都が管理する1927年以降の東京湾内の埋立処分場の位置と埋立処分量等を図1・5・5と表1・5・1に示した．ゴミ埋立地は7ヵ所あるが，高度成長期初期にあたる1955年以後の半世紀での埋立が6ヵ所を占めている．

1.5.4 処分総量と埋立処分量の推移

処分総量とは，処分のために収集されたすべてのゴミの総量である．これは，東京23区で行政回収した廃棄物（一般廃棄物に区分）と，上下水道汚泥（産廃に区分），道路・河川清掃廃棄物（都市廃棄物と呼ばれる，一般廃棄物に区分）や，一定量ではあるが都内中小企業から排出され，受入基準に適合した産業廃棄物などの持込廃棄物の総計である．埋立処分量は，最終的に埋立処分されるゴミの量で，焼却灰，中

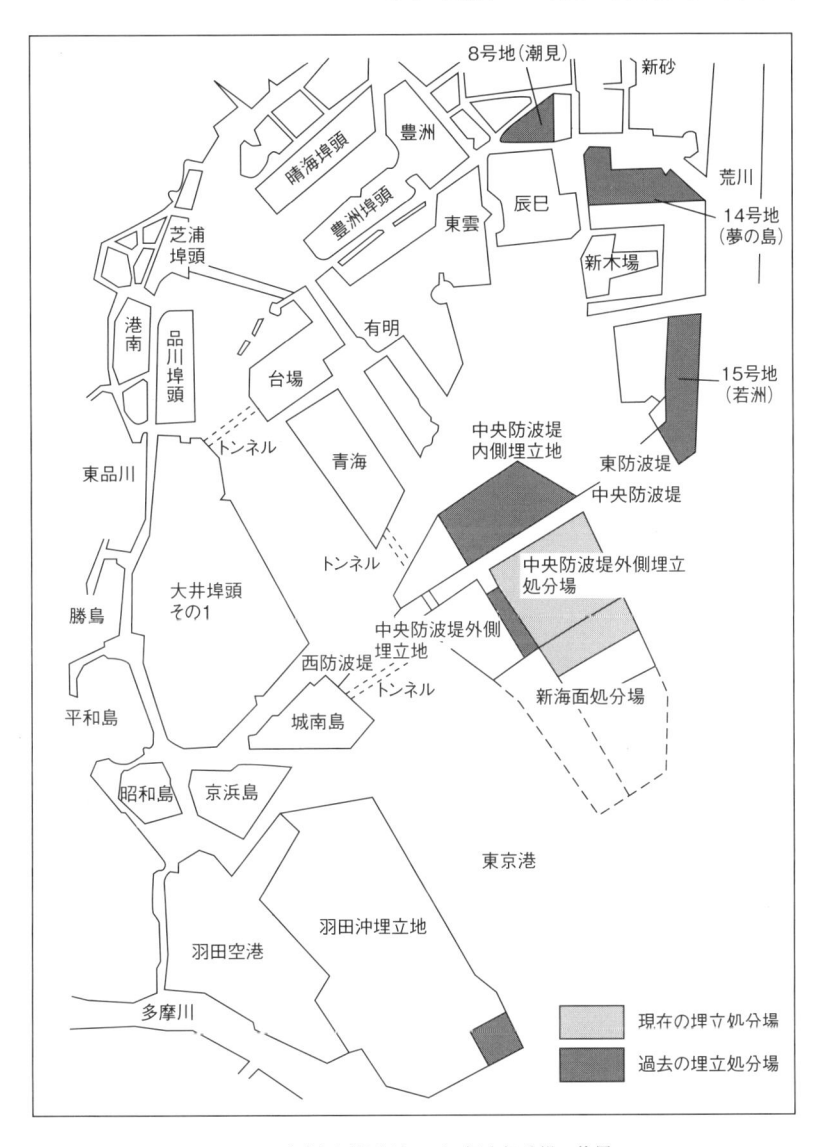

1.5 首都圏のゴミ問題と最終処分場 – 東京都の取り組みを中心に

図1・5・5 東京都区部海域のゴミ埋立処分場の位置

間処理後の不燃ゴミや，持込廃棄物など埋立処分された量の総計である．図1・5・6に1948年度から2003年度までのゴミ処分総量および埋立処分量を示した．おもなゴミ処分総量と埋立処分量等の状況は，以下の通りである．

A. 戦後復興期（1948～1960）

1948～60年度の13年間は，右肩上がりにゴミ処分総量が徐々に増加した．この間の平均処分総量は74万トン/年であり，このうち15万トン/年が「焼却による減量」や「資源回収によるリサイクル量」であり，59万トン/年が埋立処分された．埋立処分率は約80％に上った．これは清掃工場は稼動していたが，工場数および規模が小さいためであり，ゴミ処理の中心は埋立処分であった．

この期間は，戦後復興期であり，1960年頃には戦前の経済水準まで回復した．ちなみに，パッカー車と呼ばれるテールゲートの回転板が

第1章 流域

表1・5・1 ゴミ埋立処分場の概要

	埋立面積 (ha)	ゴミ埋立面積 (ha)	埋立ゴミ量 (万トン)	埋立開始/終了年月	埋立後の利用
8号地（潮見）	50.2	36.4	371	1927年/1962年12月	野球場や事務所，住宅地など
14号地（夢の島）	45.8	45.1	1034	1957年12月/1967年3月	公園，清掃工場，ヨットハーバー，熱帯植物園など
15号地（若洲）	80.8	71.2	1844	1965年11月/1974年5月	ビキニ環礁で被爆した第5福竜丸を展示ゴルフ場や海浜公園（キャンプ場等）
中央防波堤内側埋立地	106.0	78.0	1230	1973年12月/1987年3月	区部最大級の公園「海の森（仮称）」の整備を計画
中央防波堤外側埋立処分場	314.0	199.0	5160	1977年10月/	環境・リクリエーション機能をもたせた大規模緑地，大型埠頭などを計画
羽田沖	809.0	12.4	168	1984年4月/1991年11月	
新海面処分場	480.0	319.0	200	1998年12月/	

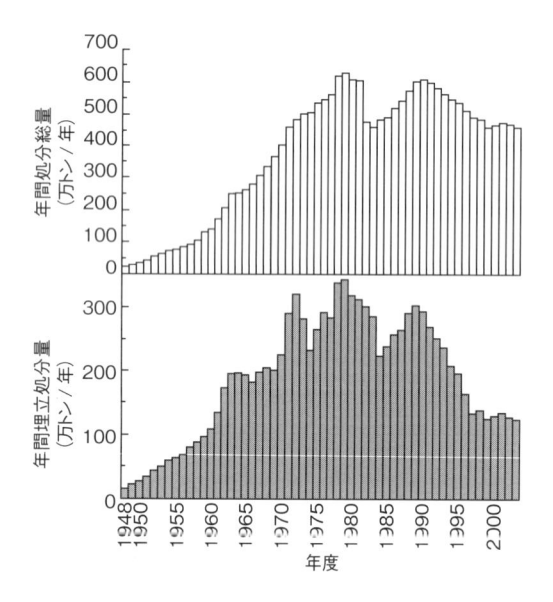

図1・5・6 東京都区部における年度別ゴミ処分総量（上）と埋立処分量（下）の動向

ゴミを荷箱におしこむ現在の形のゴミ収集車が導入されたのは1955年頃であった．

B．ゴミの高度成長期（1961～1980）

1961～80年度の20年間は処分総量の伸びが大きく，1979年度が今回の調査期間中で最大の629万トンであった．この期間の平均処分総量は415万トン/年で，1948～60年度と比較すると5.6倍増加し，減量リサイクル量は41％の172万トン/年であり，埋立処分量は243万トン/年であった．焼却施設等が整備され，最終埋立処分率は62％まで下がったが，それでも最終的なゴミの処分はかなりの部分が埋立に依存していた．

1964年には，東京オリンピックが開催され，環境衛生の万全を期するため，清掃対策本部が設置された．

C．ゴミ減量対策推進期（1981～2000）

1981～2000年度の20年間のうち，バブル期の1990年度が最大処分総量608万トンであった．その後，微減しこの期間の平均処分総量は531万トン/年で，1961～80年度と比較すると1.3倍の増加であった．施設整備が進み減量リサイクル量は56％の300万トン，埋立処分は231万トン/年で，埋立処分率は43％まで低下した．

1990年以後，廃棄物処理手数料の改定，1996年には"事業系ゴミ全面有料化"といった経済的手法がとられたことで，東京23区の事業系ゴミは減少したと考えられる．また，1996年度には，可燃ゴミの全量焼却体制が整った．さらに，1997年度には東京ルールが開始され

た。東京ルールとは次の3つからなり，東京ルールIは家庭系ゴミの資源回収を行うため，週3回の可燃ゴミ回収のうち1日を資源回収日と定めたもので，対象となる資源ゴミはビン・カン・古紙である（資源回収事業）．ルールIIは販売店やメーカーなどの事業者に回収や資源化の責任を求めたものである．ルールIIIはペットボトルの店頭回収のことで，市民がペットボトルを洗浄し，フタやラベルをはずして店頭に設置された回収ボックスに出すことができるように定めた．

2000年には，清掃事業が都から特別区に移管された．また，各種リサイクル法が制定され，循環型社会形成に向けた法整備が行われた．

D. 3Rの定着期（2001～2004）

1996年度の処分総量512万トンに対し2003年度では460万トンと，処分総量の減少速度は鈍い．2001～04年度の4年間は，処分総量・埋立処分量とも，ほぼ横ばいであり，平均処分総量は468万トン/年であった．1981～00年度の期間と比較するとゴミ量は，わずかではあるが0.9倍と減少に転じている．処分総量が同じレベルの1983～03年度を比べると，この20年間で，埋立処分率は62%から27%と半分以下になった．これは焼却による減量，施設整備および資源回収が進み，減量リサイクル量が339万トン/年まで上昇した結果である．2001～03年度までの平均埋立処分量は129万トン/年で，埋立処分率は28%であった．

年間埋立処理率および積算ゴミ総量とそれに対する積算埋立処理量を図1・5・7に示した．先述したように，全国では，例えば一般廃棄物の排出量は漸増している．それに対し，東京は減少傾向にある．これは年間埋立処理率の低下からもわかるように，処理総量に占める埋立処理量の低下に起因している．これはゴミ処理への行政の取り組みばかりでなく，社会全般の環境や省エネルギー化に対する認識が向上しているためと考えられる．

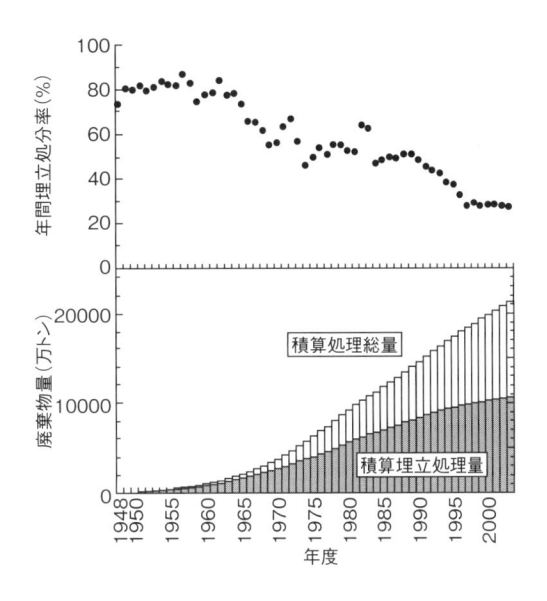

図1・5・7 東京都における年間埋立処分率（上）と廃棄物の積算処理総量と積算埋立処理量（下）の推移

1.5.5 ゴミ埋立処分場の延命化－処分量削減の取り組み

2000年度以降2004年度までの5年間，埋立処分量は2001年度の134万トンを最高に，それ以下で推移しているが，その内訳を見てみたのが，図1・5・8である．埋立処分量の40%以上が廃プラスチック類を多く含む不燃ゴミや，粗大ゴミの破砕物，また，燃え殻が25%以上占めており，両者で65%を超えており埋立処分量削減の大きな課題となっている．

東京都では，「東京都廃棄物処理計画」を策定し，埋立処分量を削減（中間減量を促進）するため，以下のゴミの発生抑制・リサイクルを進めている．

A. 廃プラスチック類のサーマルリサイクル

東京都23区内では，マテリアルリサイクルに向かない廃プラスチック類は埋め立てていたが，その量は廃プラスチック排出量の5割を占め，嵩張るため処分場の貴重な空間を消費していた．そこで東京都廃棄物審議会は，2006年2

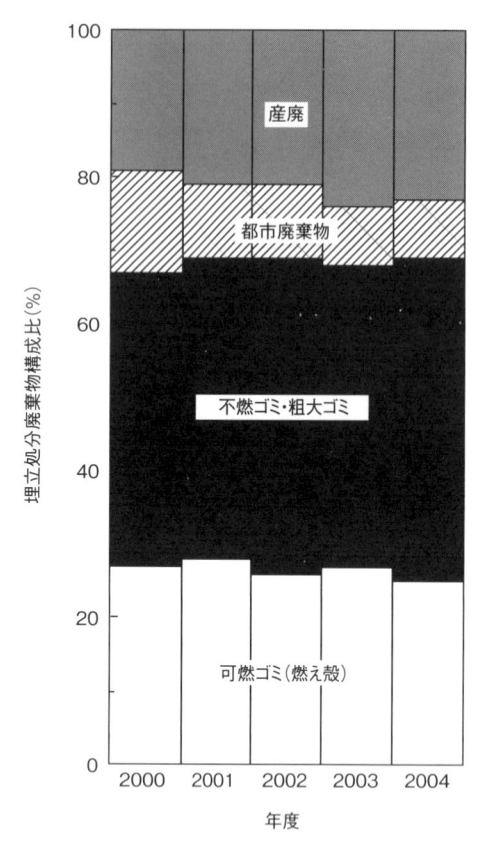

図1・5・8 東京都区部海域における2000年度から2004年度までの埋立処分したゴミ種類別の構成

月に公表した「東京都廃棄物処理計画の改定について（中間取り纏め）」において，発生抑制に努めつつマテリアルリサイクルに適さない廃プラスチック類をエネルギー資源ととらえ，エネルギー回収を行うサーマルリサイクルを促進するよう求めた．品川区など23区の一部では，2006年7月から，2009年からは23区全域でマテリアルリサイクルできない廃プラスチック類を清掃工場の発電燃料とすることになった．また，東京都は，国の都市再生プロジェクトの一環として，産業廃棄物中のマテリアルリサイクルできない廃プラスチック類を燃料とする，民間事業者主体による発電事業（ガス化溶融炉発電施設）を推進している．

　サーマルリサイクルには2つの課題がある．

1つは，効率を上げる技術の高度化である．サーマルリサイクルと名乗る以上，熱と電気を極限まで取り出す努力を心がけなければ，ただの体の良い焼却処分といわれても仕方がない．そうならないように技術開発は怠れない．そのための産官の共同研究・技術導入や新施設の建築・維持にかかる費用に対する国や民間からの応分の補助も必要であろう．

　もう1つは，これまでやっと進んできた市民のゴミの分別が，サーマルリサイクルの実施によって，ゴミを分別しなくなり，ゴミ排出量が逆に増えてしまうのではないかということである．全国のゴミリサイクル率は16.8％（2003年度）とされているが，人口10万人以上で50万人未満の市町村の中には，鎌倉市のように48.6％という自治体もある．リサイクル率が高いということは，それだけゴミの減量に成功しているといっていいのではないだろうか．つまり，リサイクル率はゴミ減量のバロメーターである．その向上が，焼却ゴミの減量につながり，最終的には埋立地の延命につながるという構図である．

　例えば，有害物質の無毒化技術に優れ，東洋一の焼却炉をもつという横浜市では，2003年から2010年度までに，ゴミ排出量を2001年度に対して30％減らす運動を「ヨコハマG30」と名付けて行っている．大本の家庭からの排出量を減らすために家庭系ゴミを6分割することを始めた．この取り組みは予想外に進展し，2005年度のゴミ排出量が年間106万トン（家庭系65万トン，事業系41万トン）と，すでに予想より早く2001年度比で33.9％減少した．これは，ゴミ分別の細分化を全市で一斉に実施したことが効果を生んだと考えられている．このようにゴミの分別をできる限り行ったうえで，どうしても出てくるゴミをサーマルリサイクルすることが，資源リサイクルを促すとともに，埋立地の延命をする．

　ところが，東京23区の場合，分別を行って

いるのは10区と半分にも満たず,残り13区は大半を焼却している(朝日新聞調査,2007年12月8日付朝日新聞).その理由としては,保管場所の不足に加え,収集・保管による金銭的負担増が挙げられている.東京は,都市機能が一極集中し,昼間の人口が多いことから,自治体の取り組みをさらに強化しても限界があろう.ここは自治体だけが責任を負うのではなく,国や民間企業も一緒になって,昼夜の人の動きを読み,その場その場のライフサイクルに基づいた施策を用意し,資源リサイクル率を高めてゴミを減量化することを考えていく必要がある.

B. 焼却灰の資源化施設

焼却灰中のダイオキシン類の分解や埋立処分量の削減を図るため,焼却灰を電気や都市ガスで1,200℃以上の高温で焼結し1/2に減容(可燃ゴミでは1/40)できる溶融スラグ化施設(灰溶融処理施設)の整備が進められている.スラグは,土木資材として利用ができ,23区では,現在4施設が稼動しており,2007年12月には全8施設が完成し,焼却灰の全量をスラグ化できる体制が整う.全施設が稼動すると,都内から年間約26万トンのスラグが生産されることとなる.東京23区清掃一部事務組合ではスラグを安全性・信頼性の高い土木資材として市場に流通させるため,「焼却灰溶融スラグの利用促進に関する方針」を策定し,利用用途の拡大を図り,埋立量の削減を図っていく計画である.

1.5.6 埋立処分場における環境保全の取り組み

東京都では,環境保全策が確実に運用されるように,環境に配慮した処分場運営に努めている.信頼される処分場をめざし,浸出水などの測定結果や処分量等をホームページで情報公開するとともに,処分場内の見学案内も行っている.

A. 埋立地から出るメタンガス対策

埋立地からはゴミの分解に伴いメタンを主成分にするガス(発熱量 14.6×10^6 J/N m^3(ノルマル立法メートル:0℃で1気圧の状態に換算した気体の体積),ガス利用量 1.5×10^6 m^3/年)が発生している.このメタンガスは炭酸ガスの21倍の地球温暖化効果をもつといわれているが,発電燃料として利用することで地球温暖化防止に貢献するとともに,場内電力として活用している.図1・5・9に稼動状況を示した.1987年度から2002年度までの総発電量は,56.0×10^9 Wh にのぼる.近年,発電量が低下しているのは,時間を経るにしたがい埋立地のメタンガス排出量が低下してきたためである.

B. 浸出水対策

廃棄物埋立処分場では,雨水がゴミ層に浸透し,有機物を多量に含む「浸出水」が発生する.この浸出水が場外に流出するのを防止するため,全周囲の護岸を不透水層まで達する二重鋼管矢板式護岸や,砂や鉱さいを内部に詰めたケーソン式護岸を採用している.浸出水は,年間365万 m^3(2004年度実績)排出され,処分場内の排水処理施設で浄化処理を行い,下水処理場へ放流している.

おもな処理フローは,生物学的脱窒処理→凝集沈澱処理→フェントン酸化処理→活性炭吸着処理となっている.処理施設の原水と放流水のおもな項目の測定結果は表1・5・2の通りで下水排除基準を下回っている.なお,COD(化学

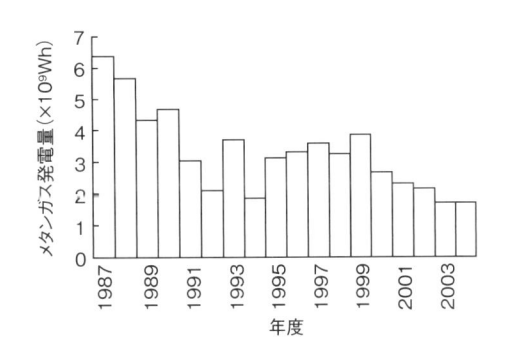

図1・5・9 東京都区部のゴミ埋立処分場におけるメタンガスによる発電量の推移

表1·5·2 ゴミ最終処分場における浸出水と放流水の測定結果

調査項目	単位	2002年度		2003年度		2004年度		下水放流基準
		原水	放流水	原水	放流水	原水	放流水	
水素イオン濃度	–	8.1	7.2	8.1	7.2	8.1	7	5 – 9
化学的酸素要求量	mg/L	490	97	290	82	340	73	180 未満
生物化学的酸素要求量	mg/L	78	10	64	5	95	5	600 未満
浮遊物質量	mg/L	4	2	7	1	7	2	600 未満
全窒素	mg/L	550	50	380	43	410	30	120 未満
全リン	mg/L	1.6	0.05	1	0.07	0.91	0.09	16 未満
銅	mg/L	0.04	0.09	0.02	0.06	0.04	0.05	3 以下
PCB	mg/L	不検出	不検出	不検出	不検出	不検出	不検出	0.003 以下
ダイオキシン類	pgTEQ/L	20	0.04	21	0.059	0.002	0.002	–

的酸素要求量）値については，下水道局との協定値で，排出基準より厳しい値である．

C．飛散防止対策

廃棄物の飛散防止，害虫発生防止，火災発生抑制等のため廃棄物の上に覆土するセル方式により埋め立てている．また，焼却灰については掘った穴の中に落とし込む額縁方式で埋め立てることで灰の飛散防止を図っている．さらに，処分場外周に高さ7mのネットフェンスを設け飛散防止を図っている．

これまでは，ゴミによる埋立に関して述べてきたが，都市から出るゴミは他にも様々なものがある．その中で地下鉄建設などの残土や，ビルの解体に伴い発生するコンクリート破片などで資源回収に向かないけれども安全の担保可能な廃棄物は，東京湾で停滞水域形成による貧酸素化が問題になっている深掘れ浚渫窪地を埋める資材に利用することも可能である．廃棄物の分別や処分方法の検討を法改正も含めて進め，必要以上に埋立地にもち込まないことで，できるだけゴミ最終処分場の延命を図るとともに，東京湾に負荷をかけないようにしなければならない．

（村松修次・野村英明）

1.6 沿岸の埋立・干潟の消失や海岸部の立入禁止区域の拡大過程

1.6.1 江戸時代以降の埋立と変遷

江戸時代以前の海域における具体的な変遷について，詳細は不明であるが，潮水は罪や穢（けがれ）を洗い流す浄化力があると考えられ，祭りや神事を前に神官などの祭りの奉仕者が浜降り（海浜や河辺に行ってみそぎをすること）をし，潮水で家の周囲や神棚を清める風習があったといわれている（高橋，1993b；児玉・杉山，1997）．例えば，荏原天王祭（品川区北品川 荏原神社）は，1274年（宝治元年）から行われている牛頭天王の祭りとして，天王洲（昭和初期までは海）で浜降りをしていた．現在でも，お台場においてかっぱ祭りとして都内唯一の海中渡御が行われている．住吉神社例大祭（中央区佃 住吉神社）は，1798年（寛政年間）に始まっているが，1962年には，海域の汚濁などを理由として海中渡御は中止された．このように，元来海は特別の地位をもっていた場所であり，物理的な立入の可不可以前に，社会通念的な立入の制限があったと考えられている．

東京湾における埋立の記録は，1600年代（江

戸時代）から日比谷入江の埋立，御浜御殿（現在の浜離宮恩賜公園）の干拓造成などに遡る．1800年代には，台場の築造，1900年代には，佃島の伸延等が行われていた．この時代の海辺は，芝浦，高輪，品川沖，佃島沖，深川洲崎，中川の沖などが砂地でアサリやハマグリなどの貝が拾える場所として認知されており，潮干狩りがすでに庶民の海とのつながりの一つの形態であった．一方で，日本橋から江戸橋までの北岸が，通称「魚河岸」と呼ばれ，経済活動の場として栄えており，さらには，品川には遊郭を中心とする「悪所＝妓楼」が形成されていた（川田，1990）．このように，東京湾が市民生活，社会・経済活動の場として多様に利用されていたことが推察されるとともに，様々な形で市民が海辺にアクセスしていた時代と考えられる．

明治から現在に至るまでの埋立については，図1・1・7（5ページ）のように整理されている．明治・大正期に約1,900 ha の埋立が行われ，それ以降，1955年までに約2,300 ha，1985年までに約18,700 ha，その後現在までに約2,100 ha の合計約25,000 ha が埋め立てられ，そのピークは1965〜74年（竣工年を基準とした算定）

にある（図1・6・1，国土交通省関東地方整備局港湾空港部，2003）．

1.6.2 干潟の消失

こうした埋立に伴い，浅場が消失し，海岸線は護岸で仕切られることとなり，自然海岸（干潟・藻場）の消滅が始まった．明治後期には，富津から横浜まで，東京湾沿岸に連続的な干潟が存在しており，有用な漁場であったことが記載されている（図1・8・2，54ページ）．明治後期の干潟の総面積は13,600 ha（環境庁水質保全局，1990）といわれている．

変遷の詳細を年代別に見てみると以下のように概説できる．1905（明治38）〜1945（昭和20）年にかけては，京浜地区での埋立が始まり，鶴見川，多摩川などの河口干潟が消失した．1946（昭和21）〜1965（昭和40）年にかけては，京浜地区での埋立が拡大し，多摩川以南の海域において干潟が消失した．また，この期間は戦後の復興期にも当たり，海域に先行して河川の改修（例えば，江戸川放水路の整備）などによる河道の直線化・コンクリート護岸整備が行われ，水辺へのアクセスが失われていった．1966（昭和41）〜1985（昭和60）年にかけては，

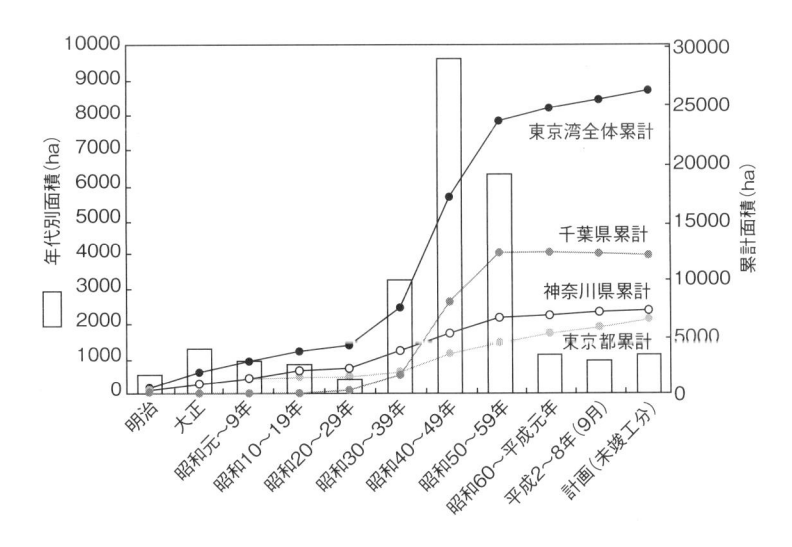

図1・6・1　東京湾における埋立面積の変遷（国土交通省関東地方整備局港湾空港部，2003）

京葉地区においても埋立が始まり，東京湾の湾岸のほぼ全域における市街地化が進行した．三番瀬が船橋側からも浦安側からも囲い込まれ，三番瀬の背後地を網目状に流れていた小河川が形成していた湿地（図1・6・2）は，河川の暗渠化・直線化に伴い消失した（三番瀬再生計画検討会議，2004）．また，谷津干潟が内陸に取り込まれたのもこの時期であり，浅海域の急速な減少期として位置づけられる．その後，1976年～現在に至る期間においては，埋立はさらに拡張し，羽田空港拡張により多摩川河口周辺の干潟が大幅に縮小し，1973年に自然干潟として残存している湾内の干潟の総面積は，千葉県の盤洲，富津，東京都の三枚洲，横浜の野島など約1,000 ha（環境庁水質保全局，1990）と報告されている．

1.6.3 干潟の現状

それ以降，自然干潟の大規模な減少は報告されておらず，1997年における干潟の現存量は1,640 haと増加している（環境庁自然保護局，1997）．これは，横浜の海の公園や稲毛海浜公園，葛西海浜公園西なぎさ等の人工海浜，羽田沖の浅場造成，東京港野鳥公園，大井ふ頭中央海浜公園，葛西海浜公園東なぎさ，船橋海浜公園等の人工干潟等，人工の海岸線の回復の結果と見ることができる．こうした変遷を海水浴場，潮干狩り場，人工海浜の数により比較すると，表1・6・1のようにその総数は1950年39ヵ所，1965年25ヵ所，1975年10ヵ所と減少し，その後，1989年には人工海浜の増加により18ヵ所に回復してきていることがわかる（渡辺・増山，1984）．

すなわち，江戸時代に多様に活用されていた自然の海岸線が，その後の埋立により消失し（図1・6・3），立入禁止区域の増大とともに，市民が利用する場としての役割を失ってきた．しかし，そうした自然の海岸線の減少は1970年代をピークに鈍化し，人工の海岸線の造成という新たな形態により，海岸線は再び市民に開放される兆しが見られる．1993年は，パブリックアクセス可能水際線の延長が総延長（882.1 km：一部外湾を含む領域で集計されているため，表1・6・2の総延長と整合しない）に対して，26.3％（231.9 km）とある（国土庁大都市圏整備局，1993）．その内訳は，公園や海水浴場など積極的に開放されている分が12.7％，漁港やマリーナのような準積極的に開放されている分が3.4％，道路沿いの開放区間が5.6％，自然海岸が3.5％である．現在は東京湾再生のための行動計画（東京湾再生推進会議，2003）などにも記載されているように，海域における自然の再生を目標の一つとし，多様な主体の協働により自然再生とともに市民の海辺へのアクセスの回復への努力が行われている．（古川恵太）

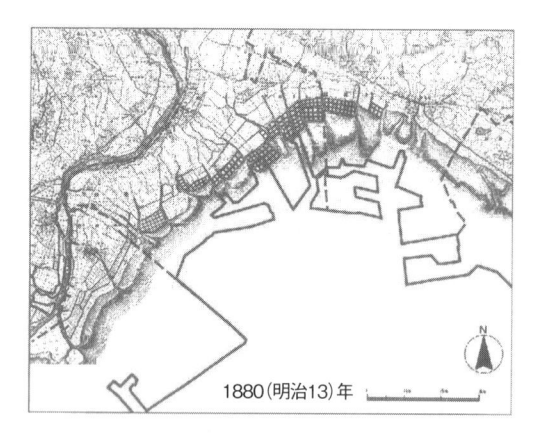

図1・6・2 三番瀬の背後地の湿地（1880年）（三番瀬再生計画検討会議）
図中実線は現在の海岸線．

表1・6・1 東京湾の海水浴場・潮干狩り場の推移
渡辺・増山（1984）らの整理をもとに集計．

年代	海水浴・潮干狩り場	潮干狩り場	人工海浜	総数
1950年	28	11	0	39
1965年	18	7	0	25
1975年	3	7	0	10
1989年	3	7	8	18

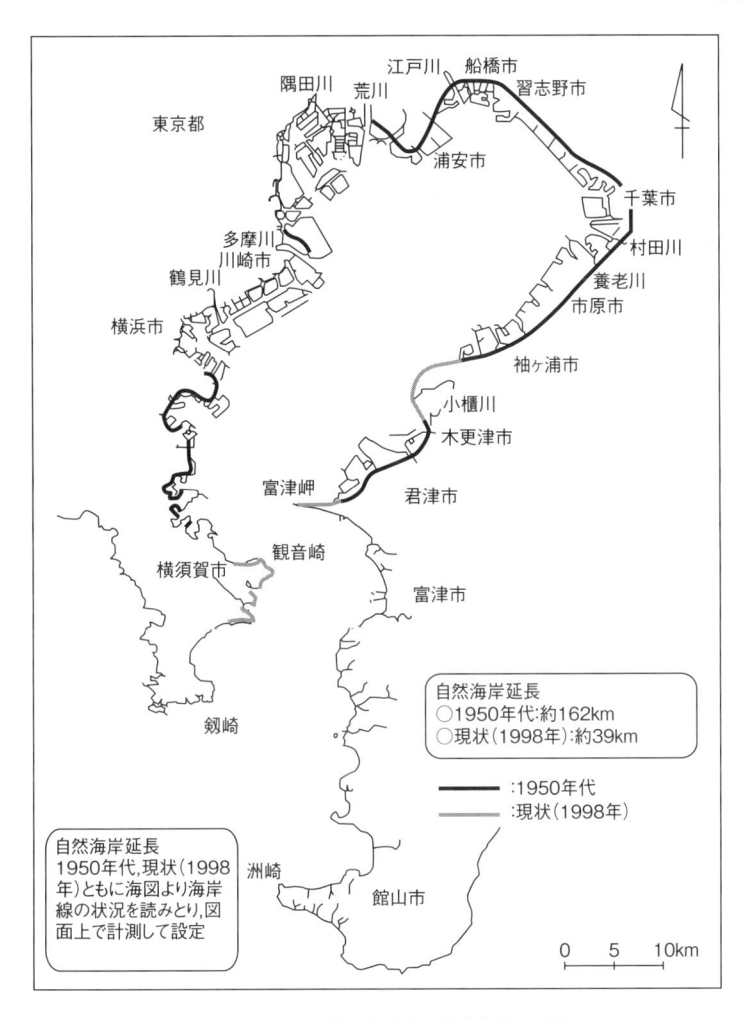

図 1・6・3 東京湾における自然海岸線の変遷
高橋 (1993) を一部改変.

表 1・6・2 東京湾の地形

項目	内湾 (富津・観音崎以北)	外湾 (洲崎・剱崎以北)
面積	922 km²	1320 km²
最大水深	75 m	800 m
平均水深	19 m	54 m
海岸線延長	639 km	774 km
流域面積	7549 km²	
流域人口	約 26000 千人	
埋立面積	250 km²	

1.7 港湾開発の歴史，現在

1.7.1 高度経済成長後期

高度経済成長後期に運輸省第二港湾建設局によって第一次の東京湾港湾計画の基本構想がまとめられた（運輸省第二港湾建設局, 1967). この基本構想は, 東京湾諸港の港湾計画を改訂する際に, 各港の計画改訂の基礎となる東京湾諸港の開発の全体的な方向をとりまとめたものである. その内容は, ①環境保全と公害予防を考慮したうえで計画的に空間の用途を定めて開

発を行う，②各港の特性に応じて機能の効果的な分担を図り相互の重複を避ける，③湾内の商港施設は背後地との関連を考慮して貨物の流通が合理的になるように配置する，④湾内に造成する用地のうち重化学工業用地は千葉港南部および木更津港周辺に限り，その他は物流用地もしくは都市再開発用地にあてる，⑤港湾施設の利用効率向上と荷役の合理化のため埠頭の物資別専門化を図る，⑥流通の円滑化および都市交通の混雑緩和のため沿岸に幹線交通施設を配置できるよう配慮する，⑦港湾内における安全確保のため危険物施設はできる限り一般施設と分離する，⑧東京湾口航路の改良計画は別途検討する，というものであった．

この構想は，公害が激化し社会問題化するのを受け，開発にあたり環境保全と公害予防に十分配慮することと，公害の拡大を抑制するために環境負荷を発生させるものと負荷の影響を受けるものをできるだけ分けて配置することをめざしたのが一つの特徴である．この時期には高度経済成長が続き，様々な施設や空間の需要が大きく伸びた．それらの旺盛な開発需要になんとか対応するために，諸港の重複開発を排除し，貨物の背後地への陸上輸送の距離短縮と交錯解消をめざしたことも特徴の一つである．また，人口集中が進んでいた東京湾西岸では住宅難や交通渋滞や環境悪化が深刻になっていたため，それらの問題に対応するための物流用地や都市再開発用地が求められた．一方で，この時期の工業発展の主役と期待されていた石油化学コンビナートを中心とした開発は，東京湾東岸で受け止めることが想定されていた．それは，このような大規模な開発需要に応えることができるのは地形や地域の情勢などからみて東京湾東岸しかないと目されていたからではないだろうか．

1.7.2 オイルショック以降

オイルショック以降の減速経済期に第二次の東京湾港湾計画の基本構想が策定された（運輸省第二港湾建設局，1981）．この構想は，①湾内諸港の整備を進めるとともにそれと連携をとりながら日立港から鹿島港にかけての北関東諸港の整備を進める，②千葉港および川崎港の商港機能を拡充強化する，③船舶航行安全対策のため湾口航路を整備する，④港湾再開発を推進する，⑤エネルギー施設は必要なものだけを湾内に整備し，それ以外は湾外に誘導する，⑥臨海公園，海釣り施設，人工海浜等を整備する，⑦海域浄化施策を推進する，⑧耐震バース（耐震性を高めた船舶の係留施設をいう）の整備等の防災対策を推進する，⑨海面に処分を求めざるをえない廃棄物に対応するための廃棄物埋立処分場を整備する，⑩土地造成は適切な選択のもとに行い，土地利用はできるだけ混在を避ける，というものであった．

この構想が作られた時期は，2度にわたるオイルショックによってそれまでの高度成長から安定成長に経済がシフトする時期であった．産業の成長の重心が基礎素材型産業から加工組立型産業に移り，それに伴い，港湾開発の重点がそれまでの臨海工業地帯開発から自動車や産業機械や電気製品などに対応した商港の整備にシフトしたことが特徴の一つである．そのため，輸送経路の短縮等による物流の合理化を狙い，湾内では千葉港と川崎港に商港機能を拡充強化し，湾外では北関東自動車道の整備と連動させて常陸那珂港を整備することを目標としていた．また，産業構造の転換を受けて土地造成を縮小するとともに，土地利用を純化して公害等の問題の発生を抑制することも掲げられていた．構想策定の以前には，1974年にLPGタンカー「第10雄洋丸」が大型外国船と木更津沖で衝突し，炎上．翌75年には23万トン原油タンカー「栄光丸」が中の瀬で座礁し重油が流出，と湾内で危険な事故が相次いでいた．このため，東京湾の航行安全の確保と湾岸地帯の防災強化が重要課題となり，エネルギー施設の湾外誘導，中の瀬航路の整備，耐震バースの整備が構想さ

れた．また，高度経済成長時代の環境悪化のツケが残されていたため，企業に占有された水際線を市民に開放するための公園整備や悪化した底質の改善が目標とされた．

1.7.3 バブル経済期

その後やってきたバブル経済期には，①活発化する人と情報の交流に対応した国際会議場等を整備する，②港湾の公共貨物の15％を湾外で受けもつとともに東京港・横浜港の湾内のシェアを1割減少させる，③親水水際線延長の3倍増，港湾文化交流施設，海洋性レクリエーション施設等の整備を行う，④底質および水質改善施策を推進する，⑤災害時の緊急物資輸送を確保するための耐震バースの整備，防災情報システムの確立等を行う，⑥港湾空間の再開発や埋立地の造成を行うとともに，跡地利用を精査したうえで広域処分場を整備する，⑦研究・情報施設等を備えた高質な生産空間を整備するとともに，質の高い湾空間を形成し，将来世代に継承する，を内容とした第三次の東京湾港湾計画の基本構想が策定された（運輸省第二港湾建設局，1988）．

この時期は，国際化と情報化の進展により大都市部に人と情報と資金が集まり，金融緩和を背景に不動産投機が盛んに行われるなど経済が過熱した時期であった．こうした状況を受けて，老朽化した内港地区を再開発しあるいは開発用地として残されていた埋立地を利用し，都心を国際化や情報化に対応した構造に再構築していくための戦略拠点として，東京臨海副都心，みなとみらい21地区，幕張新都心といった商業・業務の拠点の形成や都心近接型住宅の供給が構想された．この時期のもう一つの大きな社会潮流はリゾート開発であった．リゾート開発の思想は自然環境を生かして人々が贅沢に時間を過ごすことのできる質の高い空間を整備するというものであり，そうした思想を受けて東京湾内でも人工海浜（いわゆる人工干潟のようなもの

も含まれる），ヨットハーバー，臨海公園などの整備が構想された．また，経済活動が活発化した結果，廃棄物の発生量が大幅に増大していた．廃棄物の増大は最終処分場の確保の見通しを困難なものにし，それによって東京湾の海面が最終処分場確保のための空間としてそれまで以上に大きく期待されることになった．防災面では，1983年に日本海中部地震津波があり，日本海北部沿岸が大きな被害を受けていたため，耐震バースの整備が引き続き重要な課題となっていた．

1.7.4 平成不況

平成不況のなかで第四次の東京湾港湾計画の基本構想が策定された（運輸省第二港湾建設局，1996）．この構想は，①広域港湾としての物流体系の構築，高度な国際物流ターミナルの整備，複合一貫輸送の推進，総合的な交易・交流ゾーンの形成，物流機能の湾外展開，②良好な海域環境の保全と創造，環境と共存共栄する港湾の形成，多様な親水空間（水域に面した公園・緑地，海浜・磯場，遊歩道，釣り桟橋などで人々が容易に立ち入り，水域に接近することができる空間を指す）の形成とそのネットワーク化，海洋性レクリエーション拠点の形成，廃棄物問題への対応，③海上交通の安全性の向上，地震に強い物流拠点の整備，地域防災への貢献，④臨海部の特性を活かした空間の再整備，高度な産業空間への再整備，長期的な視点に立った再編の促進，を内容とするものであった．

長引く不況と旧来型社会システムの下で大胆なリストラクチャリングができずにいた日本の港湾は，急速に拡充が進むアジア諸港のまえに，人件費や地価の不利も手伝い，国際海上コンテナ輸送の拠点としての地位を低下しつつあった．そこに1995年の阪神・淡路大震災で神戸港が壊滅的ダメージを受け，その流れは無視できないものとなっていた．そうした状況を打開するための国際海上コンテナ

輸送拠点の機能強化が重要な課題になっていた．また，この時期は，上述の阪神・淡路大震災のほか，1996年に日本海で発生した重油タンカー「ナホトカ号」の沈没による油流出，また同年に東京湾で発生した原油タンカー「ダイヤモンドグレース号」座礁による油流出によって，地震への備えの強化と海上交通の安全確保が強く意識されていた．そのため，基本構想では，耐震コンテナ埠頭，海上防災拠点の整備，東京湾口航路の整備が重要な課題とされた．東京湾口航路の整備は，1974年の「第10雄洋丸」事故以来の懸案であったが，第三海堡（53ページ脚注参照）を巨大な魚礁として残したい漁業者の反対によって着手に至らずにいた．1996年のダイヤモンドグレース号の原油流出油事故で航路整備未着手を橋本首相から叱責され，それを機に事業が動き出すことになった．1992年のリオサミットによって社会の環境に対する関心は大きく盛り上がっていた．そうした時代背景を受け，それまでは水質改善が中心であった水環境改善施策が，生態系までを視野に入れたものに軌道が修正された．

1.7.5 構造改革以降の東京湾開発

小泉首相の構造改革路線の下で行財政改革，省庁再編，公共事業改革，規制緩和，地方分権などの政府の改革が押し進められるなか，2002年に国土交通省関東地方整備局によって首都圏港湾の基本構想が策定された（国土交通省関東地方整備局港湾空港部，2002）．この構想が現在の東京湾諸港の開発の方向を示すものである．その内容は，①国際海上コンテナターミナルを中心に多様な施設が高度に集積し，IT技術が導入された国際交易空間を中枢・中核拠点港湾に形成する，②水辺の魅力を広く享受することができる質の高い親水空間を形成するとともに，様々な地域の人々との交流が展開され，地域の活性化につながる交流空間を形成する，③東京湾地域を将来世代に継承するにふさわしい自然と共生する豊かな空間にする，④海上交通体系の効率性と安全性を向上するとともに，湾全体の防災機能の高度化を進める，⑤東京湾地域の特徴やポテンシャルを活かした活力のある臨海部空間を形成する，というものである（図1·7·1）．

この構想では，国際物流拠点の強化が引き続き課題とされているほか，環境面の内容が充実されているのが特徴である．全国各地で盛り上がっていた生態系保全の動きや化学物質対策の動きを受け，構想では，干潟造成，汚泥浚渫，覆砂（海底面に良質な土砂を撒き，悪質な土砂の表面を良質な土砂で覆うことをいう）が以前に比べて大きく取り上げられている．また，循環型社会の形成に向けた時代のうねりを受け，従来から取り組んできた廃棄物海面処分場の整備に加え，廃物の輸送，いわゆる静脈物流の海陸の結節点を担う物流拠点と廃物の分別・解体・再製品化を行う工場が集まったリサイクル工業団地を組み合わせたリサイクルコンビナートを形成していく方向が盛られた．その他，防災面では，小泉内閣成立時に経済活性化の切り札と位置づけられた都市再生の盛り上がりのなかで，2001年に東京湾臨海部に広域防災拠点を設置することが決定されていた．これを受け，首都圏港湾の基本構想に広域防災拠点の整備が盛り込まれた．また，1999年の台風18号で九州や瀬戸内海周辺の各地が高潮や波浪による甚大な被害を受け，海岸防災施設の点検・強化が求められていた．加えて，2001年のIPCC第三次評価報告書によって海面上昇による水害の増大に対する危機意識が高まっていたこともあり，東京湾における高潮対策施設の機能強化が重要な課題と位置づけられた．さらに，都市再生政策の下で民間都市開発の促進が強い要請となっていたことを受け，居住等の高集積な拠点の開発を臨海部でも受け止めるという方向が首都圏港湾の基本構想のなかで位置づけられた．

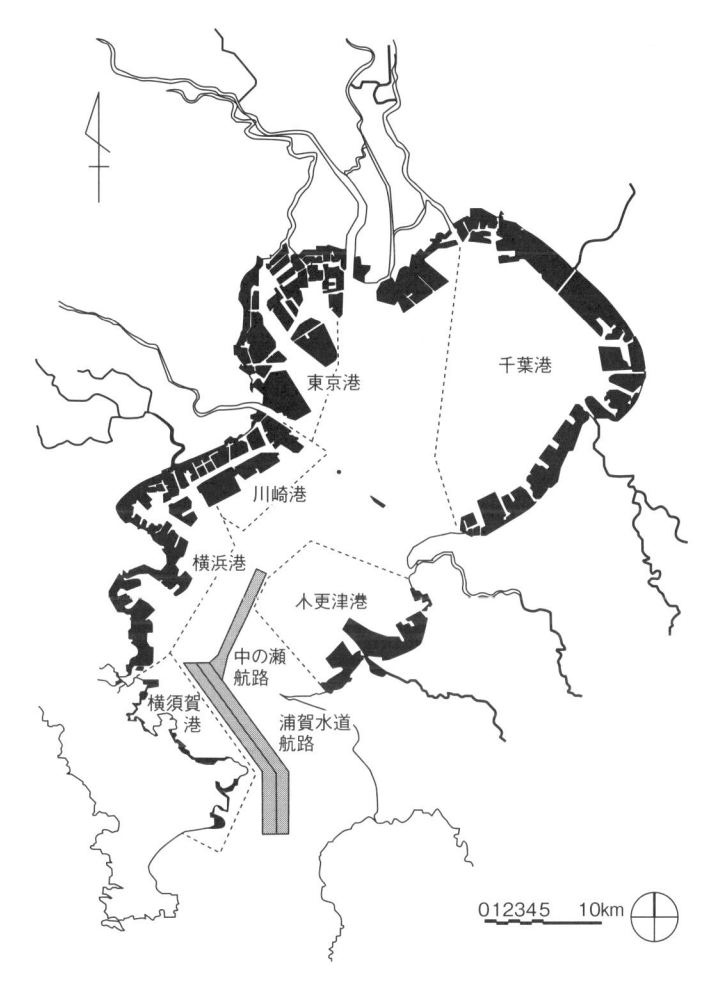

図 1·7·1 東京湾における港湾の位置

1.7.6 東京湾が果たす経済的役割

このように東京湾臨海部は，首都圏地域の多様な要請を満たすために様々なかたちで利用されてきた．東京湾に水際線を有する市区(以下，東京湾臨海市区という)の面積(2003年10月，全国都道府県市区町村別面積調)は 2,123 km^2 で，そのうち埋立地の面積 248 km^2（明治〜2002年）の占める割合は 12% である．また，東京湾臨海市区の面積は，東京圏(1都3県)の面積 9,760 km^2 の 22% である．こうした東京湾臨海地域の空間割合に対して，人口(2002年3月末，住民基本台帳人口要覧)では東京湾臨海市区は 613 万人と，東京圏 3,330 万人の 18% を占めるに過ぎない．しかし，製造品出荷額等(2002年，工業統計)では東京湾臨海市区が 14.6 兆円と，東京圏 53.0 兆円の 28% を占め，商業販売額(2002年，商業統計)では東京湾臨海市区が 98.4 兆円と，東京圏 224.1 兆円の 44% を占めている．下水処理場の晴天時最大処理能力(1997年，下水道統計)においても東京湾岸が 388 万 m^3/日と，東京圏 1,186 万 m^3/日の 33% を占めている(図 1·7·2)．基礎素材産業では，粗鋼生産能力(2000年末)で

第1章 流域

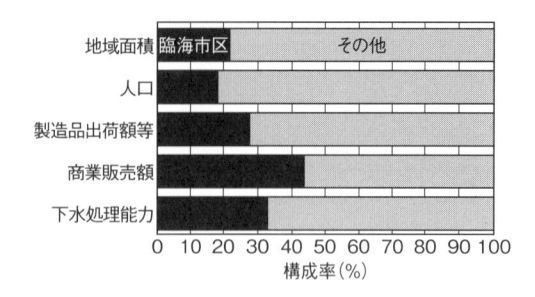

図1・7・2 東京圏の経済指標における東京湾臨海市区の占める割合

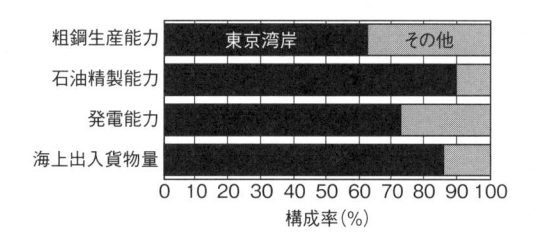

図1・7・3 関東の経済指標における東京湾岸の占める割合

東京湾岸が1,736万トン/年と,関東2,764万トン/年の63%を占め,石油精製能力（2001年4月）では東京湾岸が169万バーレル/日で,関東187万バーレル/日の90%を占める.また,発電能力（2001年7月）では東京湾岸が2,769万kwと,関東3,793万kwの73%を占める（国土交通省関東地方整備局港湾空港部,2002）.海上出入貨物量（2003年,港湾統計）では東京湾が561百万トンで,関東649百万トンの87%を占めている（図1・7・3）.以上のように,東京湾臨海部は,その空間の大きさや人口集積に比べると,経済活動や都市の公益施設が多く集まっている.そのような意味では,首都圏の経済活動や人々の生活を維持するうえで東京湾臨海部が果している役割は非常に大きいといえよう.
　　　　　　　　　　　　　　　　（鈴木　武）

1.8 海底地形の変遷

東京湾は利根川・荒川などの大河川から運ばれる土砂が堆積した沖積平野を背後にもち,海水面の上昇・下降に伴って浸水・干出により,その姿を大きく変化させてきた（国土交通省港湾局・環境省自然環境局,2004）.河口域で網目状に広がる多数の川筋が作る湿地帯,それに続く干潟,そして浸食谷である古東京川につながる流軸に沿って,+2～-50mと徐々に深くなっている地形が東京湾がもつ地形の特徴であった.

東京湾を富津岬・観音崎で結ぶ線以北の内湾と,洲崎・剱崎を結ぶ線以北を外湾と分けた場合に,面積,水深等は表1・6・2（47ページ）（図1・8・1）のように整理される.日本の中では,伊勢湾,大阪湾に次ぐ第3番目の面積（922 km^2）をもち,最大の流域人口（約2,600万人）を抱えている湾である.

東京湾の地形を明治時代と現在で比較してみると,昔の緩やかな勾配をもつ地形が,埋立,浚渫などにより変化してきた様子がよくわかる.

1908（明治41）年当時の漁業図を図1・8・2に示す.地形に沿った漁業活動が行われていたことがわかる.地形も,陸地側をタカ,沖側をオキと呼ぶだけでなく,水際にはアシが生え,アサリやニラ藻（コアマモ）やアジ藻が茂るアサセ（浅瀬）,ウナギやカレイの類がいるスナンチ（砂地）,急に深くなるケタ,ケタをさらに沖に行くと,小段になっていてカカリ（障害物）をおいてイカ藻場など,細かく地形を呼び分け利用していた様子がうかがい知れる.さらに,深い部分には,ネタ（粘性質の土）がたまっていたといわれている（国土交通省港湾局・環境省自然環境局,2004）.

1.8.1　東京湾の地形改変

こうした連続的な地形が,埋立や航路浚渫に

1.8 海底地形の変遷

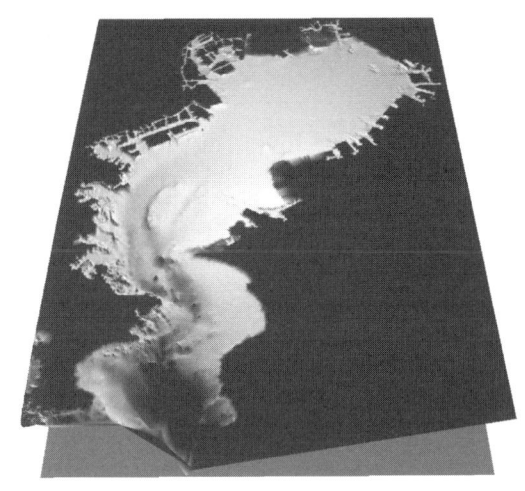

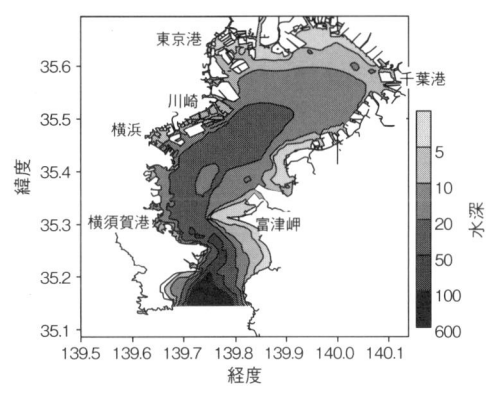

図1・8・1 現在の東京湾の地形

より失われ，分断された（図1・8・3）．この結果，埋立地による浅瀬の喪失とともに，埋立地周辺の水路の浚渫によって水深の増加が起こり，岸沖方向に伸びる航路はかつて東京沿岸の湿地帯をつらぬいていた水路（みずみち）の様相を呈している．しかし，この新たな水道（みずみち）は，-5〜-20 m など深い部分に掘られていることが特徴であり，場合によっては澪筋（みおすじ）*1 として海水交換を助け，場合によっては貧酸素水塊の湧昇を助長するといわれている．

こうした地形変化を三番瀬から沖合に向かう断面で比較すると図1・8・4のようになっている（1908年当時の断面と2004年時の断面の比較）（国土交通省港湾局・環境省自然環境局，2004）．海岸線の前進は，埋立による地形改変の直接的な結果である．海岸線から数 km のところの凹部は，維持浚渫されている航路であり，前述の水路（みずみち）である．さらには，全体的な海底面の沈下が見られるが，これは地下水の汲み上げによる地盤沈下などが原因と考えられている．地盤沈下は，海域の地形改変の直接的な影響ではないが，埋立により誘致されてきた事業所や人口集中による水不足が原因であることを考えると，海の地形改変というインパクトが，社会・経済活動

の要求を介在して，地盤沈下というレスポンスとして現れていると考えることもできる．

また，京葉地区の埋立の際に海底の土砂が浚渫され，浦安・日の出沖（3,400万 m^3），習志野・幕張沖（5,600万 m^3），検見川・新港沖（1,000万 m^3）に，-15〜-30 m に達する深掘れが形成され，その容量は約1億 m^3 に達する．現在，港湾工事から発生する土砂だけでなく，リサイクル材の活用なども視野に入れた埋め戻しの推進が図られている（国土交通省港湾局，2005）．

こうした湾奥部の地形改変に加え，湾口部においては，開発保全航路として，中の瀬航路（2001〜08年，幅員 700 m，計画水深 -23 m），浦賀水道航路（2000〜07年，幅員 1,400 m，計画水深 -23 m）が整備されるとともに，航行安全のための第三海堡*2 の撤去（2000〜07年）などにより，水深の増大，湾口部の面積拡大といった地形改変が進行している．

---

*1 澪筋：干潟や海底にできる河道状につながる深い溝．深いために水の抵抗が少なく，海水が流動しやすい．

*2 第三海堡：1892（明治25）年に着工，1921（大正10）年に竣工した東京湾湾口に位置する3つの人工要塞のうちの1つ．投石，防波方塊，コンクリート函の投入などにより埋め立てて造成された．現在は，東京湾湾口航路整備事業の一環として，平成19年8月に撤去が完了している．

第 1 章　流域

図 1・8・2　1908（明治 41）年の東京湾漁業図
国土交通省港湾局・環境省自然環境局（2004）を改変.

1.8.2　底質の変化

　湾全体の地形改変の影響は，浅場の喪失などの局所的な影響だけでなく，湾内の循環の変化を通して海底に堆積している底質にも及んでいる可能性がある．そこで，貝塚（1993）による 1950 年当時の海底地質図と，2000 年現在の底質の含水比（粒径が細かいほど含水比が大きくなる）の測定結果（Furukawa & Okada, 2005；岡田，2005）を比較してみる（図 1・8・5）．2000 年の底質調査では，地形の複雑化による影響を詳細に観察するために，空間的な解像度を高くできる音響探査法で調査した．1950 年当時の沿岸方向に縞状に形成されている砂や砂泥の分布や湾央部の泥の堆積は，緩やかな勾配の海底地形が連続して存在していたことと対応するほか，ケタなどでの地質の変化が環境の勾配を作り出していたことが原因と推察される．一方 2000 年現在の底質分布には，沿岸部での縞状の堆積物の連続性はなくなり，全体的に泥化していること，東京－市原を結ぶ線上に極大値をもつ高含水比の底質の堆積が進んでいるこ

1.8 海底地形の変遷

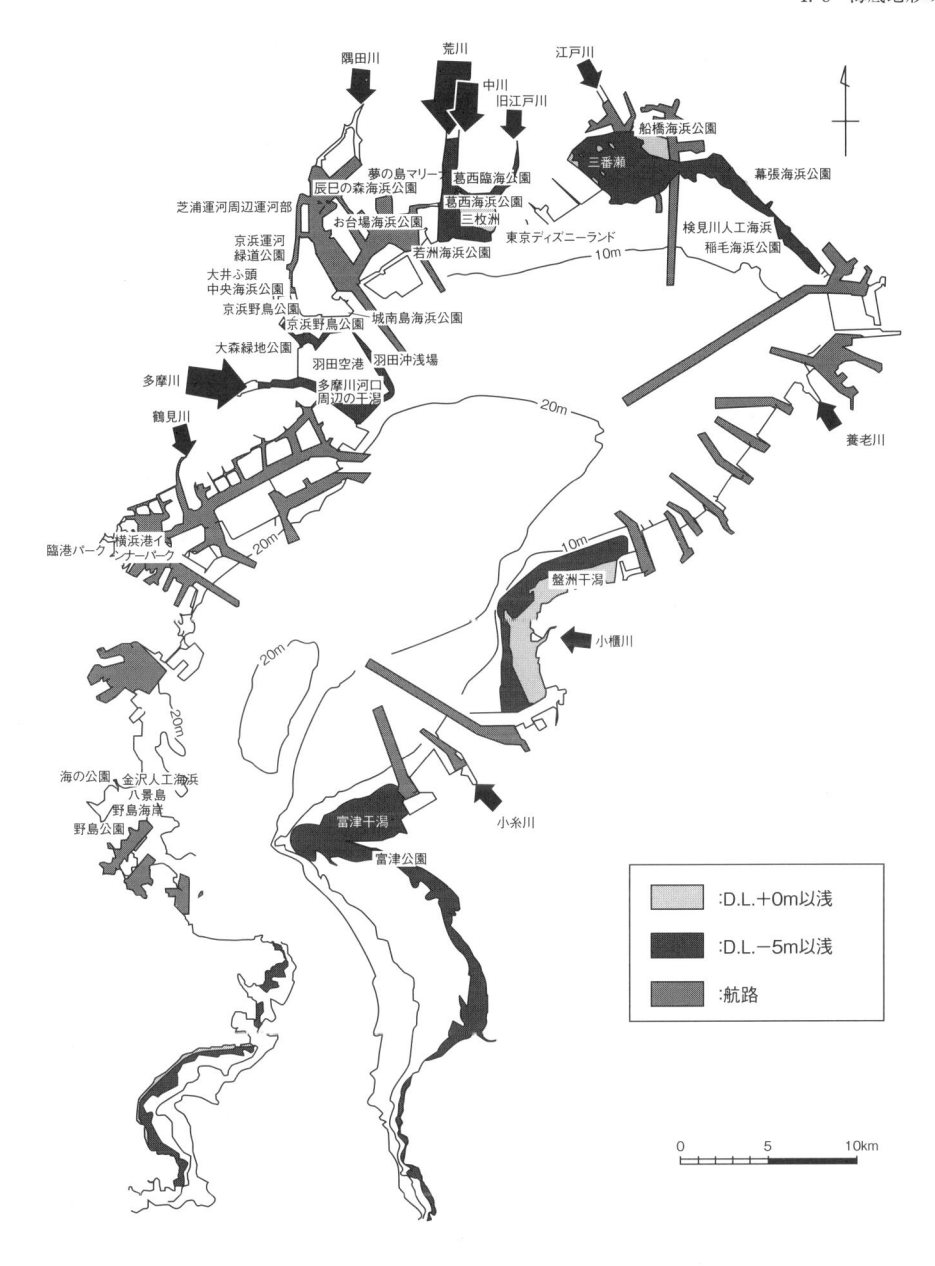

図1・8・3 東京湾の現況
国土交通省港湾局・環境省自然環境局 (2004) に加筆.

となどが観測された．ただし，沿岸部においては，すべての領域で高含水比化しているわけではなく，水路の角部や河口の前面海域，さらには，港湾域の周辺においても，低含水比の領域が存在していることがわかった．これが，1950年当時の東京湾の沿岸部の砂や砂泥の分布の残存なのか，新たな堆積物かは不明であるが，近年の地形変化に順応した場である可能性が高いとともに，自然再生の候補となる場として調査・検討が進められている． (古川恵太)

第1章 流域

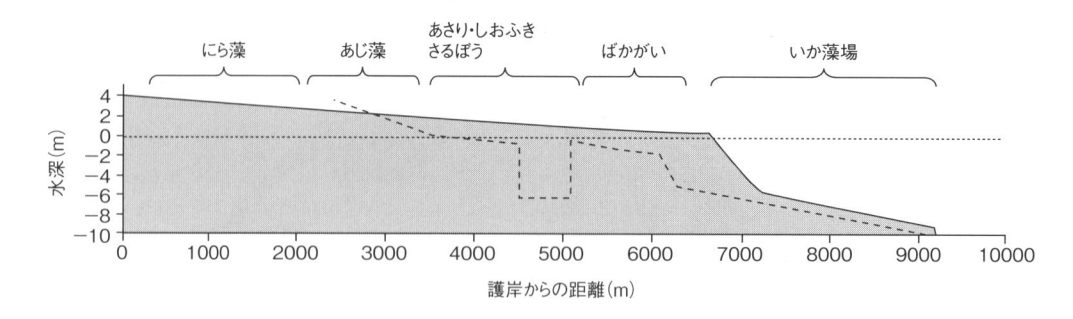

図1・8・4 三番瀬付近の海底断面の比較（1908（明治41）年と2004（平成16）年）
国土交通省港湾局・環境省自然環境局，（2004）を一部改変して引用.
グレーの部分：1908年，点線：2004年.

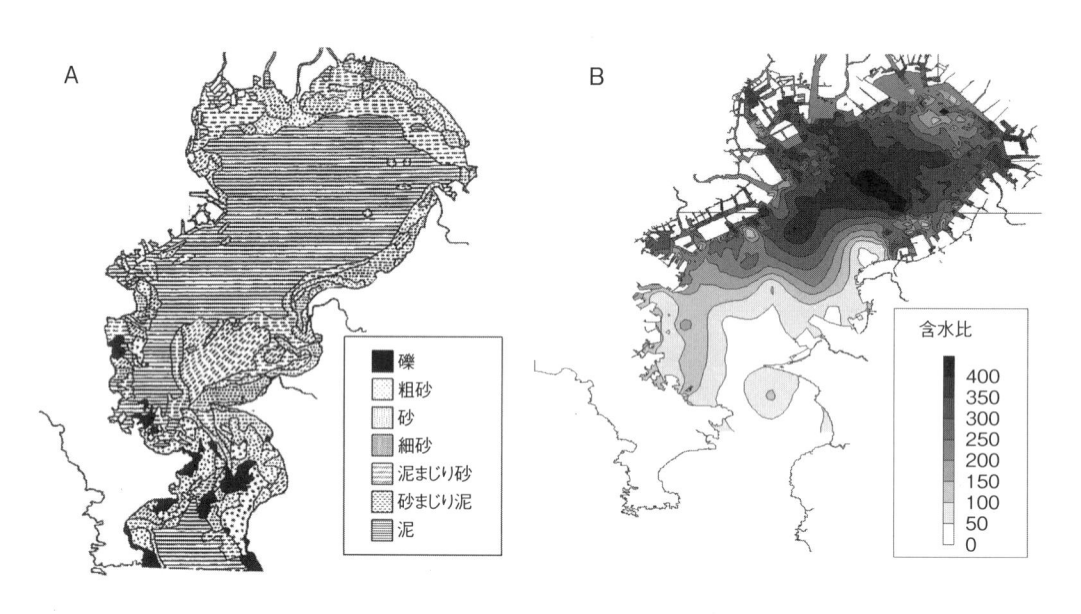

図1・8・5 東京湾の底質
A：1950年代の底質（貝塚（1993）を改変）とB：現在の含水比（岡田・古川，2005）.

1.9 陸域気象に及ぼす海域の役割

1.9.1 東京湾と沿岸域の気象・熱環境との関係

東京湾を取り囲むように発展してきた沿岸域は，東京湾から多くの恩恵を授かってきた．その一つとして，湾の広大な水面が沿岸域に及ぼす気象作用が挙げられる．ヒートアイランド現象による夏期の熱環境悪化が近年社会問題化しているが，夏期に東京湾から沿岸都市に吹き込む冷涼な海風によって，このヒートアイランド現象が緩和されていると考えられる（図1・9・1）．

ヒートアイランド現象を引き起こしている原因としては，①都市の成長に伴う土地利用変化（コンクリートやアスファルトにより被覆された面積の増大とそれに反比例する緑被面や水面の減少）により地表面が高温化してきたこと，②建物の高密度化や高層化により熱がこもりやすく風通しの悪い都市構造となったこと，③人

1.9 陸域気象に及ぼす海域の役割

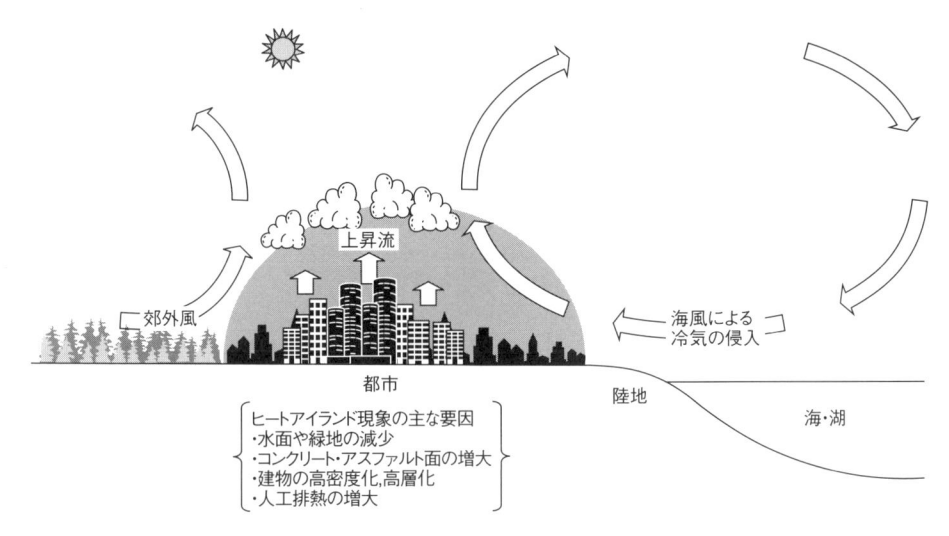

図1・9・1 ヒートアイランド現象と海風の模式図

口の集積・社会経済活動の拡大によりエネルギー消費量が増大し，大気中へ放出される人工排熱が増えたことが挙げられる．したがって，東京湾の埋立などの土地利用変化により，東京湾が陸域に及ぼす気象作用にも変化が生じていると考えられる．

東京湾の大気環境に関しては湾岸域の自動車交通等で発生する物質による大気汚染が中心に扱われている（河村，1996）が，ここでは夏期の熱環境との関連から，東京湾が沿岸域の気象に及ぼす作用および都市の存在や東京湾の変化による気象への影響について紹介する．また，東京湾や沿岸域の気象とも関連し，かつ，水圏の生態系にも影響すると考えられる東京湾とその流入河川の水温の実態に関する知見を紹介する．

1.9.2 東京湾沿岸域の気象の特徴

A. 関東平野の風系

沿岸域や内陸に及ぼす東京湾の気象作用を理解するにあたって，まずは関東平野全体の気象場について見てみる．関東平野の風系（風の場）と気温に着目して整理した事例としては，河村（1982）や藤部（1993）の研究がある．河村（1982）は，冬の季節風が関東平野を吹走するときの地上風系の分布型4種類と，春〜秋の暖候期における地上風系の分布型5種類に対して，気温分布と風系との対応を整理している．冬期は分布型によって一般風向が西より，北西，北東と異なるが，最低気温発生時の気温分布は，概して沿岸域で比較的高く，風の強弱や東海地方からの西南西の風の有無などにより，沿岸域の気温の高低や東京都心部のヒートアイランドの発達度合いが異なる．暖候期では，朝6時には陸側から東京湾に吹く風に覆われ（南西よりの一般風のときを除く），気温も東京湾沿岸域で最も高い分布を示す．日中15時の気温分布は，東京湾，相模湾，鹿島灘，九十九里からの風向きによって異なるが，概して風下となる関東平野西側の内陸部で高温になる傾向が見られる．

暖候期には，東京湾が風上となって陸域上空の大気に影響を及ぼす海風（弱風時の海陸風も含む）が吹くことから，暖候期における都市ヒートアイランド現象の緩和という点で東京湾の気象的役割は重大である．藤部（1993）は1979〜1990年4〜8月のアメダス資料を用いて関東平野における晴天日の気温分布の推移を海風の時間発展と対比させて分析している．4〜8

第1章　流域

月は他の期間に比べて北西風が少なく，東〜南風が多く，最も多い平均の風系は南風であった．また，弱風日（6〜18時の平均風速0.8 m／秒未満）では，9〜12時に沿岸で海風が吹きはじめるが，その範囲は海岸線から30 km程度までで，大部分はまだ海風の範囲外にある．15時頃には，海風が関東平野全体に広がった状態になるが，風速2 m／秒以上の領域は海岸から30〜40 km以内にとどまる．18時になると，沿岸域の風速が弱まる一方，内陸で南東〜南風が強まる．また，海風前線の通過に伴う気温の急降下や昇温抑制の様子および海風の影響の地域差が示されている．

B. 東京湾と海風

海から陸地に向かって吹く風をもたらす現象として，海陸風がある．陸地と海では同じ気象条件の下でも熱特性の違いから表面温度に差が生じるが，海陸風とは，このような表面温度差が生み出す陸地と海上の気圧の違いによって発生する局地的な大気の循環現象である．一般的に午前中に海風（海から陸へ向かう風）が吹きはじめ，夕方から夜間には凪となって，その後，陸風が朝方まで続く．海陸風の発生や前線（海風と陸風との間の収束線のことで，図1・9・2のStage 2, 3, 5で見られる）の侵入速度・到達距離は，天気の状態（海陸風よりも大きなスケールの現象で吹く一般風や日射量など）や海岸と内陸の地形や地表面の物性，建物の高さ・密度に影響され，一般的には海陸風の侵入速度は1〜5 m／秒，侵入距離は20〜50 kmの範囲内にある（吉野，1990）が，100 km以上内陸に侵入した例も報告されている（Stull, 1988）．海陸風の研究事例については浅井（1977）や中山（1975）等により詳しく紹介されている．

河村（1975）は，暖候期の高気圧に覆われた一般風の弱い晴天日の観測資料から，東京湾周辺地域における地上風系の日変化のモデルを作成した（図1・9・2）．これによると，9時頃から海風が出現し陸風との間に海風前線を形成し，

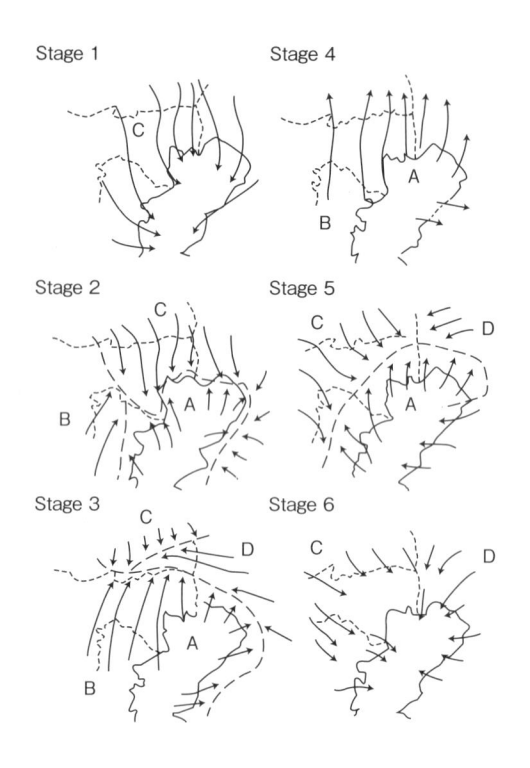

図1・9・2　一般風が弱い晴天日における東京湾周辺地域の局地風の日変化のモデル
Stage 1：早朝〜朝，Stage 2：9〜10時頃，Stage 3：正午頃，Stage 4：14時〜夕刻，Stage 5：21時〜夜半，Stage 6：夜半〜早朝．
風系　A：東京湾の海風，B：相模湾の海風，C：関東平野西部の陸風，D：関東平野南部の東風．
河村（1975）より引用．

13〜14時頃には東京湾沿岸域全体が海風に覆われるようになる．夜半過ぎには全域が陸風に変わる．

わが国の大都市や中核都市は沿岸域に位置している場合が多いため，海陸風が気象や大気汚染といった都市の大気環境に大きな影響を及ぼすと同時に，都市の建物が海風の侵入時刻を遅くしたり，都市の高温化が海陸風の逆転する時刻を遅くしていると指摘されている（吉野，1990）．また，沿岸域に東京のような大都市が存在することによって，海風に変化が生じる場合があることがわかっている（吉門，1990；Yoshikado & Kondo, 1989）．すなわち，都市の

高温化が気圧場に変化をもたらし，結果として，海風が午前中に都心部に停滞して（図1·9·3），停滞域の高温化をもたらすとともに，午後には海風前線が大気汚染物質とともに急激に侵入する現象が確認されている．また，汐留地区に代表される臨海部の中高層ビル群が海風の侵入や後背市街地の熱環境に及ぼす影響も懸念されている（ニュートン編集部, 2004）．

東京湾から沿岸域に風が吹き込むときの各都市の気温変化の例を気象庁のAMeDASデータに基づき図1·9·4に示した．いずれの日も，午前10時頃より南南西〜南南東の風が吹きはじめており，東京湾からの海風が侵入することにより，沿岸域の新木場（江戸川臨海），千葉，横浜では気温上昇が抑えられ，日中の気温の変化が小さい特徴が見られる．一方，最も内陸に位置する熊谷では，他の地点よりも最高気温が高く，発生する時刻も遅れている．これには，高温化した沿岸都市における海風停滞の影響や，風下に行くほど都市地表面により大気が加熱されることが関係している．

沿岸都市で温度上昇が抑制される様子は，

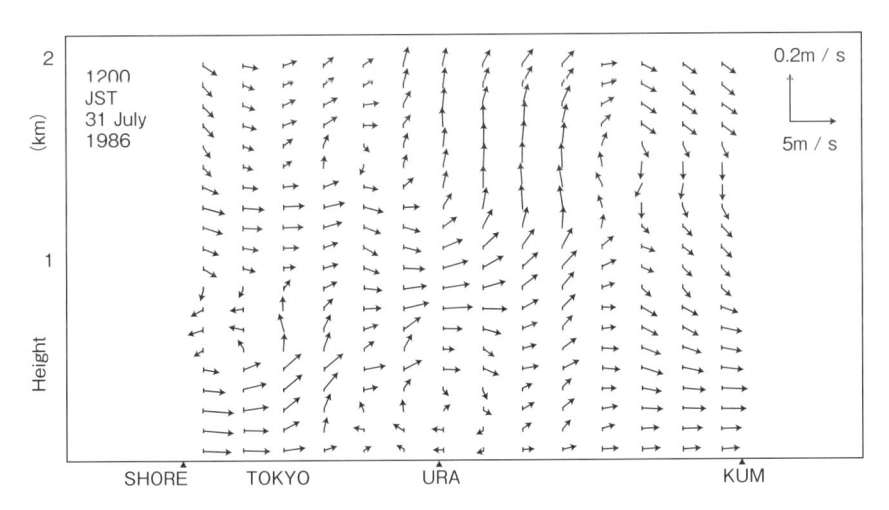

図1·9·3 海風が東京（TOKYO）に停滞し浦和（URA）付近に静穏域が持続するときの上層風分布10地点のパイバル観測の内挿結果
Yoshikado & Kondo（1989）より引用．

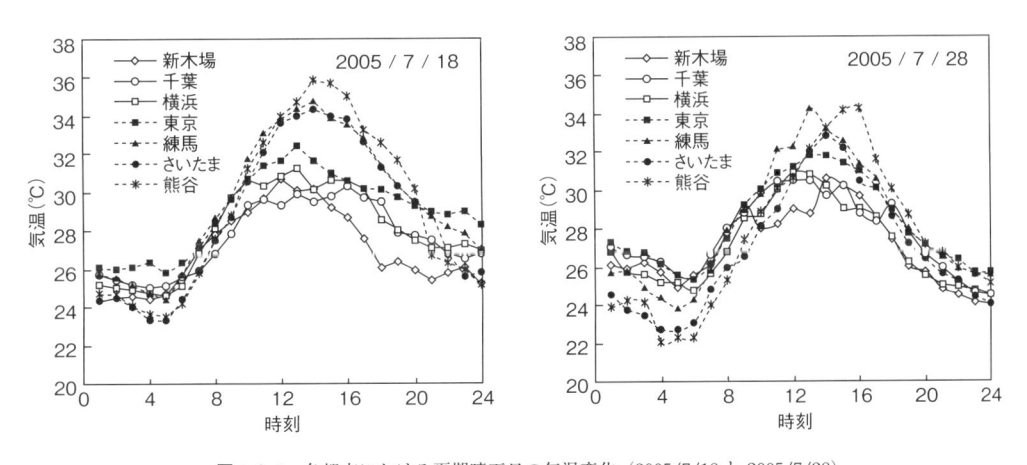

図1·9·4 各都市における夏期晴天日の気温変化（2005/7/18と2005/7/28）

Yoshikado & Kondo（1989）によっても報告されている．温位と比湿の鉛直分布の時間変化を東京湾岸から関東平野の内陸およそ70 kmまでの3地点（神田，浦和，熊谷）で調べた結果によると，神田においては，混合層内における早朝の急激な温度上昇があるものの，その後，海風の侵入に伴い温度上昇が止まり，正午までには浦和，熊谷の気温が上回る．浦和でも14時頃には海風前線の通過によって混合層内の気温上昇が抑制される．

夏期の弱風日においては，夜間から翌日午前の海風が発達する前までは，東京湾からの冷気侵入は少ないと考えられる．一方，河村（1982）や藤部（1993）の風系図に示されているような陸風によって郊外の冷気が都心部に向かって吹くことにより，沿岸都市の最低気温形成に影響を及ぼしていることが想像される．都心を中心とした熱帯夜が近年，顕著になっていることからすると，海陸風循環における夜間の陸風や都市郊外から都市に向かう郊外風による気候緩和の実態解明が望まれる．

C. 東京湾と水蒸気

東京湾は大気を冷却する働きのほかに，大気への水蒸気の供給源であるという特徴を有する．このため，一旦減衰した雷雲が東京湾上で水蒸気の補給を受けて活性化したり，東京湾沿岸に沿って海風の前線部で雲が発生するという現象が現れることがある（日野，1992）．これには，海風による海からの水蒸気の補給のほかに，大気汚染物質による凝結核の存在が関連していると考えられる．一方，東京の年平均相対湿度の長期的変化を整理した結果によると，1940年代半ばから1960年代にかけて，東京の相対湿度は約10％減少した（河村，1996）．これには，ヒートアイランドによる気温上昇と，地表面がコンクリートやアスファルトなどの人工構造物で覆われたことによる水蒸気圧の低下の双方が影響している（河村，1996）．

東京湾の表層水温は，水蒸気の供給量や東京湾上を流れる大気の温度に影響を及ぼす．図1・9・5は，1998〜2002年度における公共用水域データに基づき整理した東京湾上の3地点の平均水温と沿岸域（AMeDAS新木場）の日平均気温と日最高気温の月平均値を表している．東京湾の表層水温は，8月に最も高くなり，2月に最低となる．6〜8月には，湾奥部（東京22）の方が内房地点（千葉19）よりも2℃以上水温が高く，1〜3月では逆に湾奥部が低くなる．また，それ以外の季節では，それほど大きな違いはない．6〜8月の新木場における日最高気温の月平均値は日平均気温よりも3℃程度高いものの，夏期の南風が吹いている日や海陸風の発生する静穏な晴天日には海風が通る東京湾の表層水温の影響を強く受け，気温の上昇が抑制されていると考えられる．

D. 東京湾上の気象

東京湾の沿岸都市におけるヒートアイランド現象については数多くの研究が行われてきたが，陸域気象との関連で東京湾上における気象や熱収支を調べた研究は少ない．森脇ほか（2000）は，東京湾上の大気を測定し，湾上空における鉛直流や温位の鉛直分布などを調べた．これによると，東京湾と関東平野における海陸風の循環によって，都市域の気塊が東京湾上空に移流した後，下降流を形成していた（図1・9・1の模式図参照）．また，この下降流によ

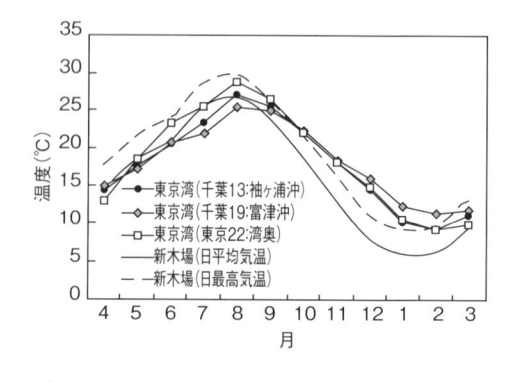

図1・9・5 東京湾の表層水温と沿岸域の気温

る断熱昇温によって，日中，高度0～1,400 mまでの温位が上昇したと説明している．すなわち，このような海陸風循環によって，都市で加熱された大気の一部は東京湾上に流れた後，東京湾の水面によって温度上昇が緩和されているということになる．

1.9.3 東京湾の改変と都市気象への影響

A. 東京湾と沿岸域の改変

東京湾沿岸の都市気象に影響を及ぼす可能性のある改変として，沿岸域の土地利用変化や東京湾の埋立がある．また，東京湾内の海水温変化によっても，陸域気象に影響が現れると考えられる．東京湾の埋立が始まったのは江戸時代初期に遡り，東京内湾（観音崎と富津岬を結ぶ線以北）の埋立面積は内湾面積の1/5強に相当する（森・土屋，1995）．埋立面積の増加は，昭和40年代から50年代の前半にピークを迎え，すでに250 km^2 が埋め立てられた（国土庁大都市圏整備局，1993）．また，内湾の埋立のほか，干潟の減少も著しく（小倉，1993），河川や湖沼が埋立や暗渠化されたことによる内水域の減少も生じてきている（国土交通省土地・水資源局，2004）．

B. 東京湾の埋立が都市気象に及ぼす影響

沿岸域の自然な干潟やアシ原がコンクリートの護岸に変わるだけでも，微気象への影響は避けられない．例えば，夏期の海岸では海風の発生とともに内陸部に向かって大気が下層から加熱されていく．水際から70 m程砂浜に侵入しただけで気温が3℃程度上昇するという観測結果が報告されている（灘岡ほか，1996）．したがって，大規模な埋立によって都市と海岸線との距離が長くなれば，相当な影響が陸域気象にも起こることが想像できる．

大規模な水面減少がもたらす気象影響の事例としては，東京湾の大規模埋立による影響を数値シミュレーションにより定量化した研究（Kimura & Takahashi, 1990/1991）やメキシコの内陸湖消失を例にした報告（Jazcilevich et al., 2000）がある．Kimura & Takahashi（1990/1991）によると，東京湾を全域埋め立てることにより，昼間で気温が2℃上昇する範囲は都心部を中心に520 km^2 に及ぶ．また，実際に過去行われてきた東京湾の埋立が沿岸域の気象にどのような影響を及ぼしてきたのかに着目して解析を行った事例がある（木内，2003b）．以下ではこの解析結果を詳しく紹介する．

東京湾沿岸において過去100年間に埋め立てられた海水面を復元した場合の夏期の気温低減効果をメソスケールの大気シミュレーションモデルによって定量化した．ただし，現象を単純化する意味で，東京湾のうち東京都の沿岸域の埋立のみを考える．現状の土地利用，海岸線のデータには，国土地理院作成の細密数値情報（1994年版）を用いた．また，過去の東京都沿岸湾奥部の水面は，1万分の1地形図（1909（明治42），1910（同43年））より作成したデータを利用した．これらのデータに基づく計算上の東京湾内水面積の差（埋立面積）はおよそ37 km^2 となる．埋立地に住宅地や商業施設，工場などができれば，それらは新たな人工排熱の熱源となるが，ここでは排熱の影響は考慮しない．用いた計算モデルはMM5を基本にしている．MM5は非静力学方程式等に基づいて3次元の大気流れと圧力，気温，水蒸気量分布等を予測できるメソスケールモデルである（Grell et al., 1994）．計算対象領域は関東平野を含む366 km四方の母領域と，母領域の内部で，より高解像度で解析を行うためのネスト領域（東京23区を含む114 km四方と38 km四方のネスト領域1，2）である．母領域の解像度は6 km，ネスト領域1と2はそれぞれ2 kmと0.67 kmである．鉛直方向は100 hPaの等圧面までを25層に分割した．母領域の初期条件，境界条件には計算対象日を含む全球解析データを用いた．ネスティング手法には2-Way nestingを用いた．シミュレーションは，1995年8月23日21時

～26日5時を対象期間とした．

a．気温変化の空間分布

埋め立てられた海水面の復元（水面の保全）による地上気温（地上高さ1.5 m）の低減量分布を図1·9·6に示す．水面を保全したエリアとその風下に気温低減域が見られる．沿岸域の埋立地を海水面に復元した場合，現状の埋立地での気温低減量が4℃を上回り，その効果は，中央区，千代田区，港区など東京都区部の広い範囲に及ぶ．なお，これらの効果が出現するエリアは風向きとも関係するが，今回の計算では東京湾からの南よりの海風と相模湾からの南西よりの海風がぶつかり合う部分で，効果が急変するラインが形成されている．また，夜間の気温変化は日中に比べるとそれほど見られない．

b．風系に及ぼす影響

シミュレーションにより得られる地上20 mにおける風ベクトル（風速と風向を示したもの）を図1·9·7（左図）に示す．前述のように，東京湾からと相模湾からの海風がぶつかり合う収束帯が見られる．ケース間の変化量（海域埋立なしからありのケースの風ベクトルを引いたもの）を図1·9·7（右図）に示す．沿岸域の埋立がないことによって，東京湾からの海風がより強く内陸に侵入しており，埋立地の空間スケールを越える領域で海風に影響が現れている．このように，沿岸水面の保全により，粗度や表面温度分布が変化するため，海風の侵入や都市上空の風の吹き方にも影響が生じることがわかる．

1.9.4　沿岸都市が東京湾に与える影響
　　　　―水・エネルギー輸送の視点から

A．沿岸都市の排水と東京湾

江戸川，荒川，多摩川などの東京湾に流入する河川は，上流域から運ばれてくる栄養塩を含む淡水を東京湾に供給すると同時に，沿岸都市を通過することによって，そこで消費・廃棄される大量の水・汚濁物質・熱を受け入れ，東京湾に排出している．汚濁物質の実態については，これまでにも多くの研究が行われている（例えば小倉，1993；松村・石丸，2004）が，沿岸都

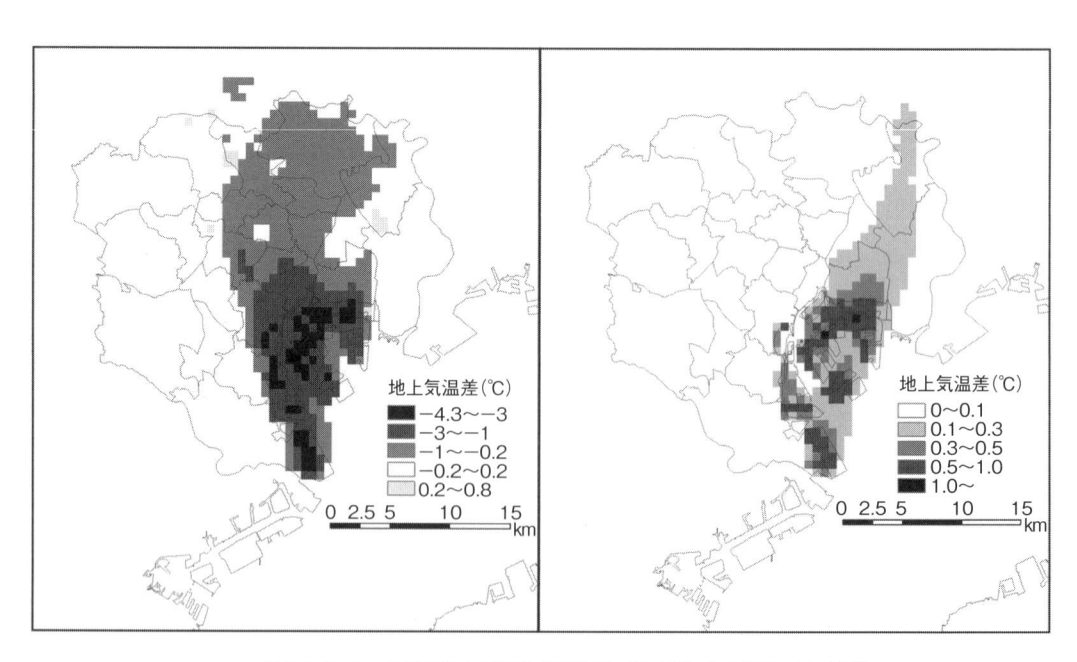

図1·9·6　ケース間の地上気温差（8/25 12：00（左）と8/25 0：00（右））

市から淡水に伴って流入する熱についてはあまり着目されていない．しかし，この熱量が大きくなると，東京湾湾奥部等の海域の温度場を変え，生態環境に影響を及ぼす可能性がある．

そこで，都市で大量に消費され捨てられていく水と熱の視点で沿岸都市と東京湾の関係をとらえ，東京都区部と荒川下流域を対象に現状を整理してみる．また，都市排水の最終的な受け入れ先である東京湾における水温の実態についても既往研究例を紹介する．

B. 東京都区部と荒川下流域における水・熱輸送

荒川は，東京湾に流入する1河川当たりの年間総流量が江戸川に次いで多い河川である．また，埼玉県南部や東京都区部の荒川沿いには多くの下水処理場があり，大量の処理水が排水されている．とくに，冬期には降雨が少ないため，河川流量を上回る下水処理水が荒川に流入している．同時に，様々な都市活動においてエネルギーを多量に消費するようになったため，その一部が排熱となって下水道に流れ込み，最終的には処理場を経由して河川に放出される（木内，2004）．これらが主因となって，荒川下流部では河川水温の長期的な上昇傾向が確認されている（Kinouchi et al., 2007）．

図1·9·8は，公共用水域水質データを用いて整理した1978〜1998年の1月における荒川下流域の河川水温の長期上昇量と東京都区部と埼玉県南部における1970年と2001年の1月の下水放流熱量を示したものである．下水放流熱量の長期的な変化が大きかった都区部と埼玉県の境界域で河川水温上昇量が大きく，過去20年間では4℃以上上昇していることがわかった（Kinouchi et al., 2007）．図1·9·8の右図は荒川（秋ヶ瀬取水堰下流〜新荒川大橋）と新河岸川の平均的水温上昇量と同エリアの気温上昇量，下水放流水温上昇量を比較したものであるが，冬期は気温上昇量よりもはるかに大きな河川水温上昇量で，下水放流水温のそれに近いことがわかる．このことは，数値シミュレーションによっても確認されている（宮本・木内，2007）．

図1·9·9は東京23区における上下水道システムを経由する水の流れに伴う熱輸送量の分析結果で，1970〜2001年における年平均熱輸送量の変化を示す．処理場から水域に放流される熱量（処理場放流熱量）の長期的な増大には，家庭部門や業務部門において入浴や給湯のため

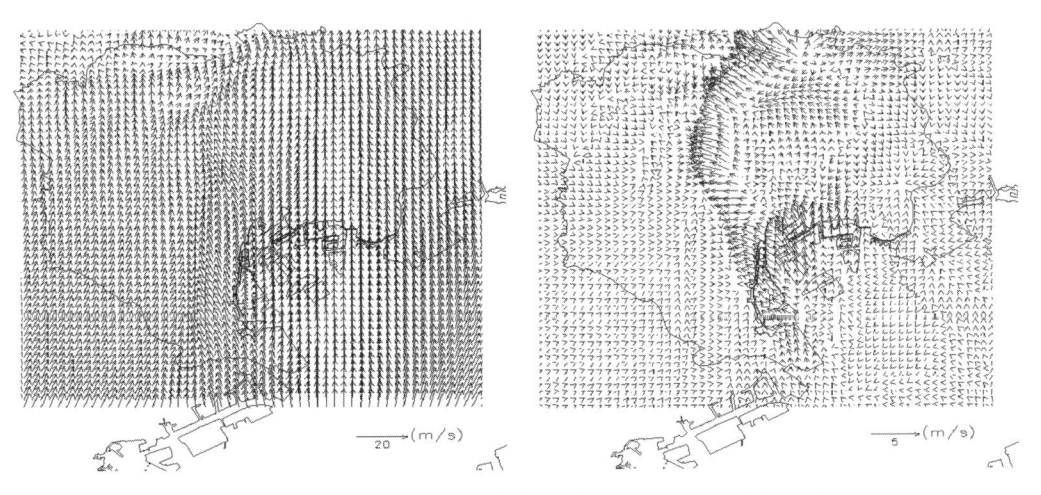

図1·9·7 現状の風ベクトル平面分布（左）と風ベクトルの変化量（右）
地上高さ20 m，25日12時．

第1章　流域

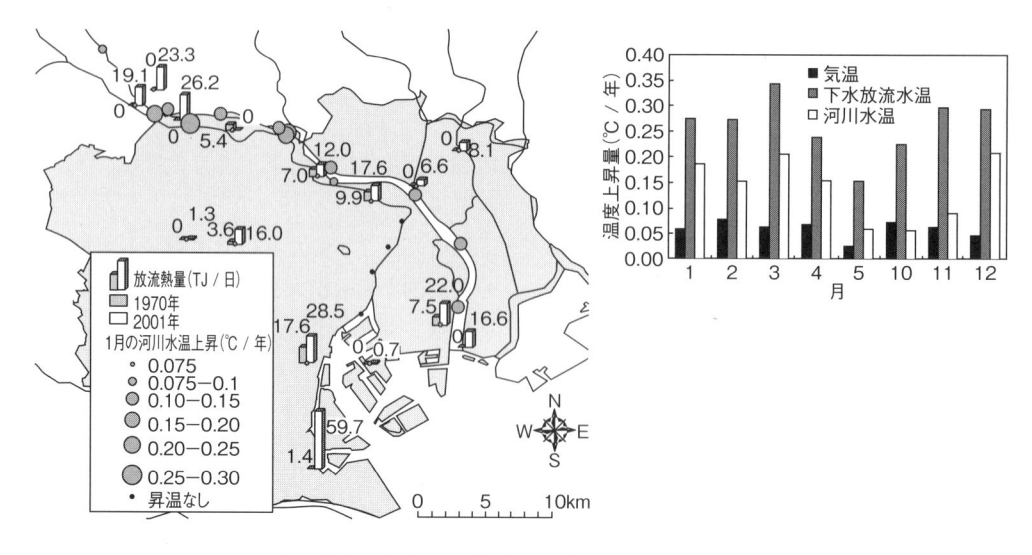

図1・9・8　荒川下流域（荒川，新河岸川，隅田川）における河川水温の上昇量

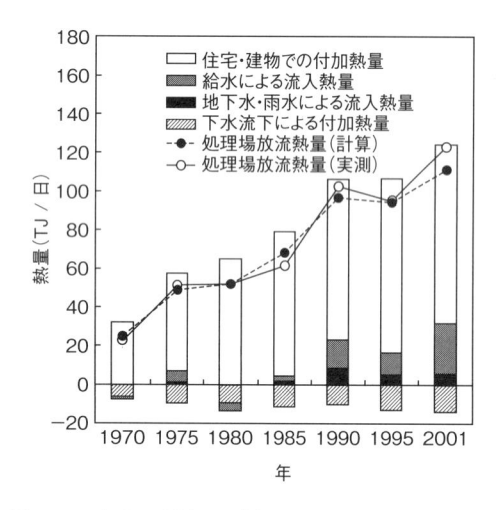

図1・9・9　東京23区内の下水処理場から放流される処理水の熱量とその要因分析

に淡水に付加される熱エネルギーが増加したことと，近年の給水温度（水道水の温度）上昇に伴う流入熱量の増大が大きく関係していることがわかる．なお，2001年における住宅・建物での付加熱量は，都区部における業務部門・家庭部門のエネルギー消費量全体の約11％で，2001年1月では15％に達することがわかっている（木内，2004）．これらの分析から，都市の成長とそれに伴う人工系水・エネルギー輸送の肥大化が上下水道システムを通じた水域への放流熱量の増大をもたらし，長期的な河川水温上昇の主因となっているといえる．

C. 東京湾の水温変化

非常に大きな熱容量を有するはずの東京湾も，熱収支のバランスによって水温が決まっていることから，熱収支に関連する要因の一つでも大きく変化すれば，温度場にも影響が現れる可能性がある．

東京湾の水温の長期的な変化を分析した研究によると，東京湾の表層水温の経年変化傾向について，初夏には表層の低温化傾向が，また，冬期に高温化傾向があることを報告している（安藤ほか，2003；八木ほか，2004）．図1・9・10は，東京湾湾奥部から湾口域にかけての水温鉛直構造の長期的な変化を1966～1975年，1993～2002年のそれぞれ10年間平均値で比較したもので，湾奥部から湾口部にかけて長期的な水温上昇が確認される．3月だけでなく，対流期（10～4月）にも最大2℃程度の全水深的な水温上昇が見られる（八木ほか，2004）．このような水温上昇の原因に関しては，塩分の高濃度化と水温上昇の相関から，外海による影

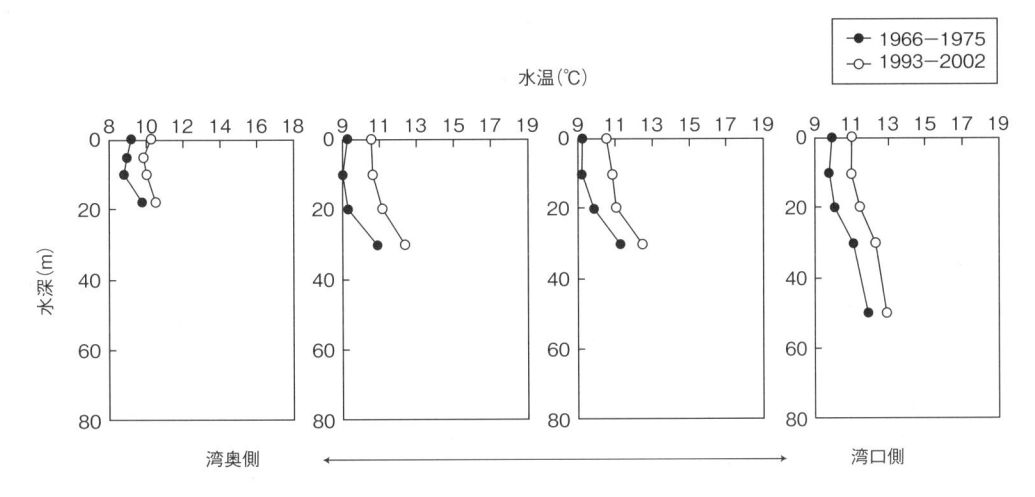

図 1・9・10　3月の東京湾における水温鉛直分布の長期的な変化
八木ほか（2004）より引用.

響の可能性が高いことや，9月から東京湾の貯熱量増大が現れており，これが冬期の水温上昇に影響していることが示唆されている（八木ほか，2004）.

また，東京湾湾奥部に関しては，都市の下水排水も影響していると考えられる（安藤ほか，2003）. 従来，東京湾に流入していた冬期の河川水は東京湾の水温よりも冷たかったが，最近では東京湾湾奥部とほとんど変わらない水温となっていることから，河川からの流入水が冬期の東京湾湾奥部における新たな熱源になっているといえる. 河川水温の長期的な上昇量を3℃とし，1月に荒川と隅田川の河口部から東京湾に流れる水量として上流域の観測流量に下水処理水の放流量を加えた計算値（約665万 m³/日）を用いると，1998～2000年の3ヵ年平均で2,600 TJ/月の熱量が余分に東京湾に流入したこととなる. これを例えば10 km²の水面が受け取る熱量に換算すると約100 W/m²となる. 冬期の湾奥部で計測された正味放射量の日平均値は非常に小さくゼロに近い（小田ほか，2005）ことを考えると，湾奥部に流入する河川は膨大な熱をもたらしていることになる. （木内　豪）

参考文献

安藤晴夫・柏木宣久・二宮勝幸・小倉久子・山崎正夫（2003）：東京湾における水温の長期変動傾向について. 海の研究，12（4）：407-413.

安藤晴夫・柏木宣久・二宮勝幸・小倉久子・川井利雄（2005）：1980年以降の東京湾の水質汚濁状況の変遷について－公共用水域水質測定データによる東京湾水質の長期変動解析－. 東京都環境科学研究所年報 2005，141-150.

浅井富雄（1977）：海陸風. 別冊サイエンス「自然現象に挑む」，87-93.

藤部文昭（1993）：関東平野における春・夏季晴天日の気温分布の日変化. 天気，40：759-767.

Furukawa, K. and T.Okada（2005）: Tokyo Bay: itsenvironmental status -past, present, and future. *In*: "The Environment in Asia Pacific Harbors", Wolanski, E. （ed.）, Springer, The Netherlands, 15-34.

Grell, G., J. Dudhia and D. Stauffer（1994）: A Description of the Fifth-Generation Penn State/NCAR Mesoscale Model （MM5）, NCAR/TN-398+STR.

Guo, X and T. Yanagi（1995）: Variation of residual current in Tokyo Bay due to increase of fresh water exchange. *Continental Shelf Research*, 18: 677-694.

日向博文・灘岡和夫・田淵広嗣・吉岡　健・古川恵太・八木　宏（1999）：東京湾における成層期流況の動的変動過程について. 海岸工学論文集，46：451-455.

日向博文・灘岡和夫・八木　宏・田淵広嗣・吉岡　健（2001）：黒潮流路変動に伴う高温沿岸水波及時における成層期東京湾内の流動構造と熱・物質輸送特性. 土木学会論文集，No. 684/II-56：93-111.

日向博文・八木　宏・吉岡　健・灘岡和夫（2000）：黒潮系暖水波及時における冬季東京湾湾口部の流動構造と熱・物質フラックス. 土木学会論文集，No. 656/II-52：221-238.

日野幹雄（1992）：ヒートアイランドとクールアイランド.「地

第1章　流域

球環境と流体力学」, 日本流体力学会（編）, 朝倉書店, 275pp.

市川　新（1978）：5. 多摩川における汚濁物質の収支.「水汚染の機構と解析－環境科学特論－」, 日本地球化学会（編）, 産業図書, 85-124.

市川市・東邦大学東京湾生態系研究センター（2007）：「干潟ウォッチング・フィールドガイド」. 誠文堂新光社, 144pp.

稲006本洋之助・小柳春一郎・周藤利一（2004）：「日本の土地法」. 成文堂, 107-111, 124-126.

井上直也・赤木　右（2006）：多摩川におけるケイ素収支にあたえるダムおよび下水処理場の影響. 地球化学, 40: 137-145.

石川幹子（2001）：「都市と緑地」. 岩波書店, 252pp.

石川幹子・岸　由二・吉川勝秀（2005）：「流域圏プランニングの時代」. 技報堂出版, 99-113.

石渡正佳（2002）：「産廃コネクション」. WAVE出版, 253 pp.

伊海和憲（2001）：ゴミ問題と埋立. 月刊海洋, 33: 876-881.

Jazcilevich, A., V. Fuentes, E. Jauregui and E. Luna (2000): Simulated Urban Climate Response to Historical Land Use Modification in the Basin of Mexico. *Climatic Change*, 44 (4): 515-536.

Jazcilevich, A., V.Fuentes, E.Jauregui and E.Luna (2000): Simulated urban climate response to historical land use modification in the basin of Mexico. *Climatic Change*, 44: 515-536.

Jickells, T. (2005): External inputs as a contributor to eutrophication problems. *Journal of Sea Research*, 54: 58-69.

貝塚爽平（1993）：「東京湾の地形・地質と水」. 築地書館, 211pp.

環境庁自然保護局（1997）：「日本の干潟, 藻場, サンゴ礁の現況」. 海中公園センター, 291pp.

環境庁水質保全局（1990）：「かけがいのない東京湾を次世代に引き継ぐために」. 大蔵省印刷局, 70pp.

加藤　迪（1973）：「都市が滅ぼした川」. 中公新書325, 中央公論社, 207pp.

川蒸気合同展実行委員会（編）（2007）：「図説 川の上の近代－通運丸と関東の川蒸気船交通史. 物流博物館, 200pp.

河村　武（1975）：都市における気候の変化,「人間生存と自然環境3」, 佐々　学・山本　正（編）, 東京大学出版会, 16-27.

河村　武（1982）：関東平野における風系と気温分布. 筑波の環境研究, 6: 182-189.

河村　武（編）（1996）：「東京湾の汚染と災害」. 築地書館, 208pp.

川島博之（1993）：3. 流域と湾内での窒素の動き.「東京湾－100年の環境変遷－」, 小倉紀雄（編）, 恒星社厚生閣, 123-137.

川田　壽（1990）：「江戸名所図会を読む」. 東京堂出版, 289pp.

風間真理（2006）：底生生物を主とした水生生物から見た東京都内湾の水環境評価. 用水と廃水, 48: 741-746.

菊池利夫（1974）：「東京湾史」. 環境科学ライブラリー8, 大日本図書, 214pp.

Kimura F. and S. Takahashi (1990/1991): Climatic effects of land reclamation in Tokyo bay-numerical experiment. *Energy and Buildings*, 15: 147-156.

木内　豪（2003a）：都市の水利用が公共用水域に及ぼす熱的影響の長期的変化－東京都区部下水道と東京湾を事例として－. 水工学論文集, 47: 25-30.

木内　豪（2003b）：都市が東京湾に与える影響－水・熱輸送の視点から－. 月刊海洋, 総特集「東京湾の環境回復－目標と課題－」, 35 (7): 508-515.

木内　豪（2004）：都市の水・エネルギー利用が水域に及ぼす熱影響のモデル化と東京都区部下水道への適用, 水文・水資源学会誌, 17 (1): 13-21.

Kinouchi, T., H. Yagi and M. Miyamoto (2007): Increase in stream temperature related to anthropogenic heat input from urban wastewater. *Journal of Hydrology*, 335: 78-88.

鬼頭　宏（2002）：「環境先進国・江戸」. PHP研究所, 東京, 217pp.

小林　純（1971）：「水の健康診断」. 岩波新書777, 岩波書店, 206pp.

児玉幸多・杉山　博（1977）：「東京都の歴史」. 山川出版社, 82pp.

小島貞男（1985）：「おいしい水の探求」. 日本放送出版協会, 127pp.

国土交通省関東地方整備局（2002）：東京湾総合環境改善対策検討業務報告書. 14pp.

国土交通省関東地方整備局港湾空港部（2002）：首都圏港湾の基本構想. 国土交通省関東地方整備局港湾空港部, 21pp.

国土交通省関東地方整備局港湾空港部（2003）：東京湾環境データブック. 国土交通省関東地方整備局港湾空港部, 44pp.

国土交通省港湾局（2005）：港湾行政のグリーン化. 国立印刷局, 48-49.

国土交通省港湾局・環境省自然環境局（2004）：干潟ネットワークの再生に向けて. 国立印刷局, 119pp.

国土交通省土地・水資源局水資源部（2004）：日本の水資源（平成16年版）. 29pp.

国土交通省土地・水資源部（2009）：日本の水資源（平成21年版）. 57pp.

国土庁大都市圏整備局（1993）：東京湾－人と水のふれあいをめざして. 大蔵省印刷局, 115pp.

厚生労働省ホームページ：http://www.mhlw.go.jp/toukei/saikin/hw/jinkou/tokusyu/03/index.html

熊澤喜久雄（1999）：地下水の硝酸態窒素汚染の現況. 日本土壌肥料学雑誌, 70: 207-213.

前田　勝（1991）：3-6 河口は物質のフィルター.「海と地球環境：海洋学の最前線」, 日本海洋学会（編）, 東京大学出版会, 175-180.

Managaki, S., H. Takada, D.-M. Kim, T. Horiguchi and H. Shiraishi (2006): Three-dimensional Distributions of Sewage Markers in Tokyo Bay Water: Fluorescent Whitening Agents (FWAs). *Marine Pollution Bulletin*, 52: 281-292.

松井覺進（1992）：「水」. 朝日新聞社, 246pp.

Matsukawa, Y. and K. Sasaki (1990): Nitrogen budget in Tokyo Bay with special reference to the low sedimentation to supply ratio. *Journal of Oceanography*, 46: 44-54.

松村　剛・石丸　隆（2004）：東京湾への淡水流入量と窒素・リンの流入負荷量（1997, 98年度）, 海の研究, 13 (1):

25-36.

松村　剛・石丸　隆・今村正裕 (2004)：東京湾におけるリンの溶出と海洋構造の季節変動. 沿岸海洋研究, **41**：143-151.

宮本　守・木内　豪 (2007)：感潮域における都市河川の水・熱輸送特性と下水処理水が河川水温に与える影響. 水文・水資源学会誌, **20** (4)：291-302.

森　真朗・土屋隆夫 (1995)：東京湾の環境 (その1) －東京湾の埋立および漁業史－, 用水と廃水, **37** (6)：26-34.

森脇　亮・石井宏和・神田　学 (2000)：東京湾上の大気構造に関する集中観測, 水工学論文集, **44**：79-84.

灘岡和夫・内山雄介・山下哲弘 (1996)：海岸空間アメニティ構成要素としての微気象および温熱環境の解析. 土木学会論文集, No.533/II-34, 193-204.

中田典秀・高田秀重 (2006)：エストロゲン様内分泌かく乱物質の分布・動態－東京湾.「環境ホルモン－水産生物に対する影響実態と作用機構」,「環境ホルモン－水産生物に対する影響実態と作用機構」編集委員会 (編), 恒星社厚生閣, 19-39.

中山　章 (1975)：海陸風現象の概要と問題点. 気象研究ノート, **125**. 65-83.

ニュートン編集部 (2004)：暑くなる巨大都市. ニュートン, 2004年10月号, 100-105.

日本下水文化研究会ホームページ：http://www.jca.apc.org/jade/index.htm

日本下水道協会ホームページ：http://www.jswa.jp/05_arekore/07_fukyu/index.html

野村英明 (1995)：東京湾における水域環境構成要素の経年変化. うみ, **33**：107-118.

野村英明 (1996)：内湾と外洋の相互作用, 生物学からの視点「動物プランクトンを例として」. 沿岸海洋研究, **34**：25-35.

野村英明・石戸義人・石丸　隆・村野正昭 (2007)：富栄養化型内湾の東京湾における従属栄養性細菌密度の時空間分布. 海の研究, **16** (5), 349-360.

小田僚子・森脇　亮・神田　学 (2005)：東京湾および都市における冬期の大気－表面間熱収支の相違. 土木学会第60回年次学術講演会, II-016.

小倉紀雄 (編) (1993)：「東京湾－100年の環境変遷－」. 恒星社厚生閣, 193pp.

小椋和子 (1996)：8.2 多摩川河口域.「河川感潮域－その自然と変貌－」, 西條八束・奥田節夫 (編), 名古屋大学出版会, 211-229.

大垣眞一郎 (監修) (2005)：「河川と栄養塩類　管理に向けての提言」. 技報堂出版, 179pp.

岡　並木 (1985)：「舗装と下水道の文化」. 論創社, 282pp.

岡田知也・古川恵太 (2005)：東京湾沿岸における音響装置を用いた詳細な底質分布図の作成とベントス生息状況. 海岸工学論文集, **52**：1431-1435.

奥　修 (2002)：「吸光光度法ノウハウ」. 技報堂出版, 東京, 137pp.

奥田節夫・西條八束 (1996)：序章 河川感潮域の自然と人間活動.「河川感潮域－その自然と変貌－」, 西條八束・奥田節夫 (編), 名古屋大学出版会, 1-8.

奥田節夫 (1996)：第2章 感潮河川における流れと塩分分布.「河川感潮域－その自然と変貌－」, 西條八束・奥田節夫 (編), 名古屋大学出版会, 47-83.

Redfield, A. C. (1956)：The hydrography ot the Gulf of Venezuela. *Deep-Sea Research*, **3** (suppl.)：115-133.

リバーフロント整備センター (編) (2000)：「河川と自然環境」. 理工図書, 137-146.

Ryther, J.H., J.R. Hall, A. K. Pease, A. Bakun and M.M. Jones (1966)：Primary organic production in relation to the chemistry and hydrography of the western Indian Ocean. *Limnology and Oceanography*, **11**：371-380.

齋藤光代・小野寺真一 (2009)：沿岸農業流域における地下水による硝酸性窒素流出の季節変動特性. 陸水学雑誌, **70**：141-151.

佐久間　充 (2002)：「山が消えた」. 岩波書店, 221pp.

桜井善雄 (2003)：「川づくりとすみ場の保全」. 信山社サイテック, 16pp.

三番瀬再生計画検討会議 (2004)：三番瀬の変遷. 三番瀬再生計画検討会事務局, 千葉県, 118pp.

嶋津暉之(1999)：「水問題原論(増補版)」. 北斗出版, 292pp.

食糧庁ホームページ：http://www.kanbou.maff.go.jp/www/jikyu/jikyu_10.htm

Stull, R. B. (1988)：An introduction to boundary layer meteorology, p.20, Kluwer Academic Publ., 594pp.

鈴木静夫 (1993)：「水の環境科学」. 内田老鶴圃, 305pp.

鈴木　亨・松山優治・長島秀樹 (1997)：成層期の東京湾における北東風による循環流および湧昇域の形成過程に関する数値実験. 沿岸海洋研究, **35**：99-108.

鈴村昌弘・國分治代・伊藤　学 (2003)：東京湾における堆積物－海水間のリンの挙動. 海の研究, **12**：501-516.

高橋在久 (編) (1993)：「東京湾の歴史」, 築地書館, 239pp.

高橋　裕 (1988)：「都市と水」. 岩波書店, 215pp.

高橋　裕 (1990)：「河川工学」. 東京大学出版会, 311pp.

高橋　裕 (2003)：「地球の水が危ない」. 岩波書店, 216pp.

高尾敏幸・岡田知也・中山恵介・古川恵太 (2004)：2002年東京湾広域環境調査に基づく東京湾の滞留時間の季節変化. 国土技術政策総合研究所資料, No. 169, 78pp.

玉城　哲 (1984)：「川の変遷と村　利根川の歴史」. 論創社, 13, 20.

丹保憲仁 (監修) (2004)：「変革と水の21世紀」. 山海堂, 173-174.

丹保憲仁 (2005)：都市の水使いと流域.「流域圏プラニングの時代－自然共生型流域圏・都市の再生－」, 石川幹子, 岸　由二, 吉川勝秀 (編), 技報堂出版, 3-46.

丹保憲仁ほか (「自然と共生した流域圏・都市の再生」ワークショップ実行委員会編著) (2005)：「自然と共生した流域圏・都市の再生」. 山海堂, 307pp.

Tanimura, Y., M. Kato, C. Shimada and E. Matsumoto (2001)：Distribution of planktonic amd tychopelagic diatom species in surface sediment of Tokyo Bay. *Memories of the National Science Museum, Tokyo*, **37**：35-51.

Tappin, A. D. (2002)：An examination of the fluxes of nitrogen and phosphorus in temperate and tropical estuaries：current estimates and uncertainties. *Estharine, Coastal and Shelf Science*, **55**：885-901.

「東京エコシティ」展実行委員会ほか (編著) (2006)：「東京エコシティ－新たなる水の都市へ」, 鹿島出版会, 144pp.

東京都 (1998)：東京都水環境保全計画－人と水環境のかかわりの再構築を目指して－. 東京都, 220pp.

第1章　流域

東京都下水道局（2004）：特集　輝きを増す多摩川．ニュース東京の下水道, **190**: 2-3.

東京都下水道局ホームページ：http://www.gesui.netro.tokyo.jp/gijyutou/jp14/jp14_003.htm#1_2_5

東京都環境局ホームページ：http://www2.kankyo.metro.tokyo.jp/kaizen/kisei/mizu/seikatuhaisui/index.htm

東京都環境局中央防波堤埋立処分場：http://www2.kankyo.metro.tokyo.jp/tyubou/

東京都水道局ホームページ：http://waterworks.metro.tokyo.jp/pr/index.html#PP

東京湾再生推進会議（2003）：東京湾再生のための行動計画．東京湾再生推進会議, 東京都, 21pp.

東京湾再生推進会議（2010）：東京湾再生のための行動計画 第2回中間評価報告書. 82pp.http://www1.kaiho.mlit.go.jp/KANKYO/TB_Renaissance/RenaissanceProject/Handouts/6th/H_01_decided.pdf（2010年8月13日閲覧）

利根川百年史編集作業部会（編）（1989）：利根川百年史. 建設省関東地方整備局, 77-81.

豊田　武ほか（編）（1978）：「流域をたどる歴史　3. 関東編」. ぎょうせい, 8.

Uchiyama, Y., K. Nadaoka, P. Rölke, K. Adachi and H. Yagi (2000): Submarine groundwater discharge into the sea and associated nutrient transport in a sandy beach. *Water Resources Research*, **36**: 1467-1479.

宇井　純（1996）：日本の水はよみがえるか. NHKライブラリー 36, 日本放送出版協会, 317pp.

宇野木早苗・岸野元彰（1977）：東京湾の平均的海況と海水交流. Technical Report of the Physical Oceanography Laboratory, The Institute of Physical and Chemical Research, No. 1, 89pp.

宇野木早苗・小西達男（1998）：埋め立てに伴う潮汐・潮流の減少とそれが物質分布に及ぼす影響. 海の研究, **7**: 1-9.

運輸省第二港湾建設局（1967）：東京湾港湾計画の基本構想. 運輸省第二港湾建設局.

運輸省第二港湾建設局（1981）：東京湾港湾計画の基本構想. 運輸省第二港湾建設局.

運輸省第二港湾建設局（1988）：東京湾港湾計画の基本構想. 運輸省第二港湾建設局.

運輸省第二港湾建設局（1996）：東京湾港湾計画の基本構想. 運輸省第二港湾建設局.

渡辺貴介・増山和弘（1984）：東京湾における海浜レクリエーションの可能性. 公害研究, **14**: 32-39.

八木　宏・石田大暁・山口　肇・木内　豪・樋田史郎・石井光廣（2004）：東京湾及び周辺水域の長期水温変動特性. 海岸工学論文集, **51**: 1236-1240.

山口高志・吉川勝秀・輿石　洋（1980）：河川の水質・汚濁負荷量に関する水文学的研究. 土木学会論文報告集, No. 151.

柳　哲雄（1988）：「海の科学－海洋学入門」. 恒星社厚生閣, 126pp.

柳　哲雄・阿部良平（2003）：有明海の塩分と河川流量から見た海水交換の経年変動. 海の研究, **12**: 269-275.

柳　哲雄・大西和徳（1999）：埋め立てによる東京湾の潮汐・潮流と底質の変化. 海の研究, **8**: 411-415.

Yanagi, T., T. Tamaru, T. Ishimaru and T. Saino (1989): Intermittent outflow of high-turbidity bottom water from Tokyo Bay in summer. *La mer*, **27**: 34-40.

読売新聞社会部（2001）：「東京今昔探偵」. 中央公論新社, 218pp.

寄本勝美（2003）：「リサイクル社会への道」. 岩波書店, 207pp.

吉田東伍（1910）：「利根川治水論考」, 付図, 日本歴史地理学会.

吉門　洋（1990）：海岸の都市が海風と汚染質拡散に与える影響の数値実験. 天気, **37**: 681-68.

Yoshikado, H. and H. Kondo (1989): Inland penetration of the sea breeze over the suburban area of Tokyo. *Boundary-Layer Meteorology*, **48**: 389-407.

吉川勝秀（2004）：「人・川・大地と環境」. 技報堂出版, 24-30, 56-67.

吉川勝秀（2005a）：流域, 流域圏のとらえ方について. 「流域圏プランニングの時代－自然共生型流域圏・都市の再生－」, 石川幹子・岸　由二・吉川勝秀（編）技報堂出版, 97-113.

吉川勝秀（2005b）：「河川流域環境学」. 技報堂出版, 6, 40-41, 92-93, 113.

吉川勝秀（編著）（2007）：「多自然型川づくりを越えて」. 学芸出版社, 267-283.

吉川勝秀（2008a）：「流域都市論」. 鹿島出版会, 7-11, 123-168.

吉川勝秀（編著）（2008b）：「河川堤防学」. 技報堂出版, 76-78.

吉川勝秀ほか（リバーフロント整備センター編）（2005）：「川からの都市再生」. 技報堂出版, 43-109.

吉川勝秀・本永良樹（2006）：低平地緩流河川流域の治水に関する事後評価的考察. 水文・水資源学会誌, **19**（4）: 267-279.

吉野正敏（1990）：「新版小気候」. 地人書館, 1-9.

Zektser, I. S. and H. A. Loaiciga (1993): Groundwater fluxes in the global hydrologic cycle: past, present and future. *Journal of Hydrology*, **144**: 405-427.

第2章

海　域

2.1　東京湾の物理環境

2.1.1　形状と流動

A．形状

東京湾は平野面積が日本で最大の関東平野を背にし，東の房総半島と西の三浦半島に囲まれて南に口を開き，太平洋に面している．ただし直接にではなく，S字状に屈曲した幅狭い浦賀水道，さらに非常に深い相模灘を介して，外洋に連絡している．浦賀水道は幅が5～10 kmと狭く，通常はその北部の最も狭い富津岬と観音崎を結ぶ線以北を東京湾（内湾）と称する．すなわち狭義の東京湾である．これに対して，広義の東京湾として，浦賀水道（外湾）を含めて，房総半島南西端の洲崎と三浦半島南端の剱崎を結ぶ線より以北の海域を指すこともある．

狭義の東京湾は，日本海洋データセンターによれば2002年の時点において，海岸線延長は約890 km，面積は約922 km^2，容積は約17.5 km^3，奥行きは約50 km，湾の平均幅は約18 kmである．最大の水深は観音崎北北東沖の約75 mであるが，平均では約19 mと浅い（付表1）．

一方，広義の東京湾においては，海岸線延長は約1,070 km，面積は約1,320 km^2，容積は約72.5 km^3，平均水深は約54 mの大きさである．ただし外湾の湾口部には，相模トラフに連なる約800 mもの深い谷が突入していて，水深は著しく大きい．ここではとくに断らない限り本書の定義にしたがって，東京湾は狭義の東京湾を指すものとする．

東京湾は20世紀の半ば過ぎから開発が顕著に進み，巨大都市域と臨海工業地帯を控えた世界有数の港湾になった．この過程での激しい埋立と浚渫のために，東京湾の海岸と浅海域の地形は顕著な変化を受け，今では元の自然の姿を見出すことは著しく困難である．図2·1·1は，まだ開発が激しくなかったかつての東京湾の姿を理解するために描かれた，1934年当時の東京湾と周辺の地形である（貝塚，1993）．水深は海図の基本水準面からの深さであって，船舶運航の安全を図るために，これ以上は水が退くことはないように定めてある．それゆえ，ゼロ水深線より陸岸までが干潟である．当時の東京湾周辺には広大な干潟が発達していたことが認められる．現在の東京湾の干潟面積は17 km^{2}で（付表1），そのうち最大は木更津の約11 km^{2}である．

これに対して図2·1·2に，環境庁の報告に基づいて近年の東京湾における埋立の進捗状況と，現在の海岸線の位置が示されているが，そ

第2章 海域

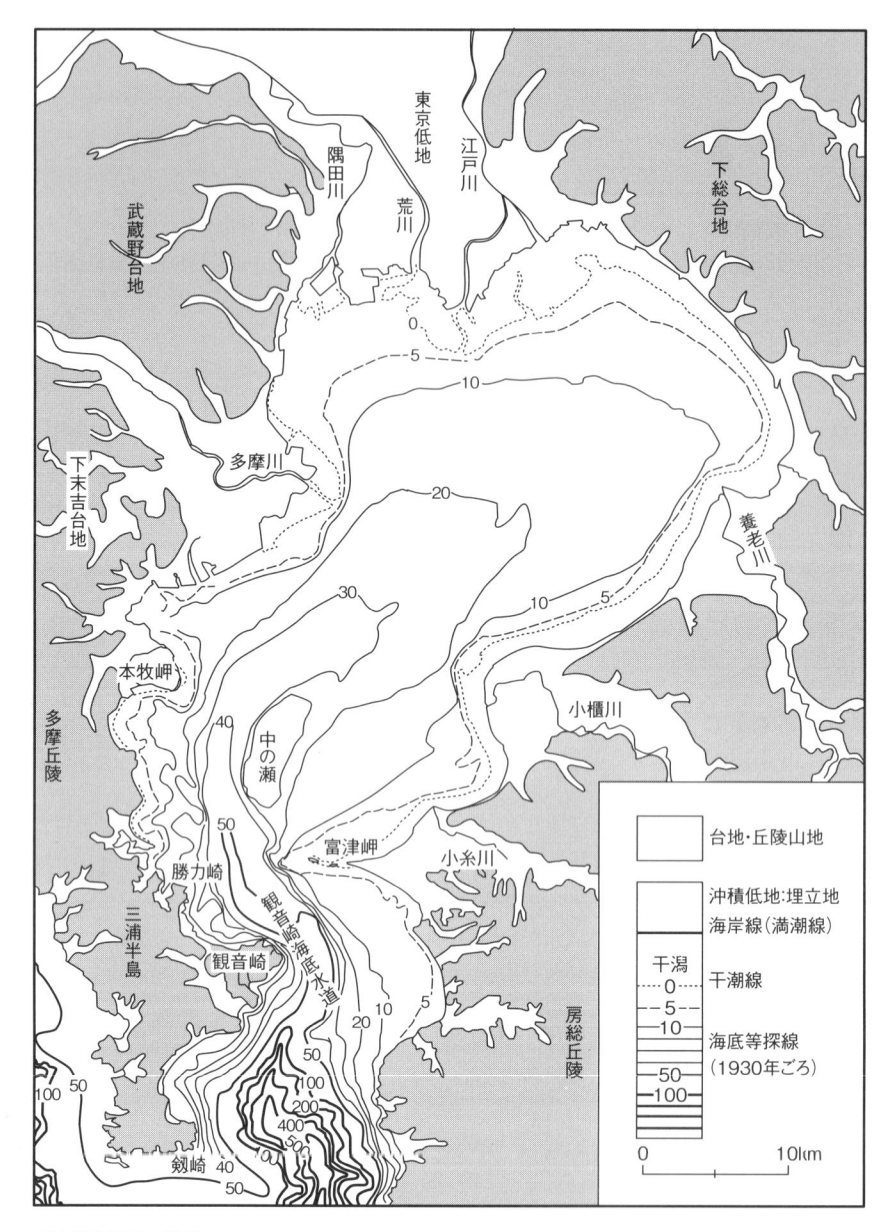

図2・1・1 東京湾と周辺の地形
貝塚（1993）を一部改変．水深（基本水準面に準拠）の分布は1934年の海図第87号を基に作成されている．

の地形改変は凄まじい．表2・1・1には，過去（1936年）と現在（2002年）の東京湾の面積と干潟面積が比較されている．この60数年の間に，内湾の面積は約22％も減少している．とくに注目すべきことは，かつては136 km²あった干潟面積が88％減少し，現在はわずかに17 km²の干潟しか残されていない．

なお参考のために表2・1・1には，水面下の面積と流域人口に関して，昔と1990年当時とを比較したものも加えてある．近年に至り埋立のために0〜10 mの面積が大きく減少する一方で，浚渫のために10〜20 mの面積が増加していることがわかる．このような状況であるにもかかわらず，開発のテンポはやや遅くなった

2.1 東京湾の物理環境

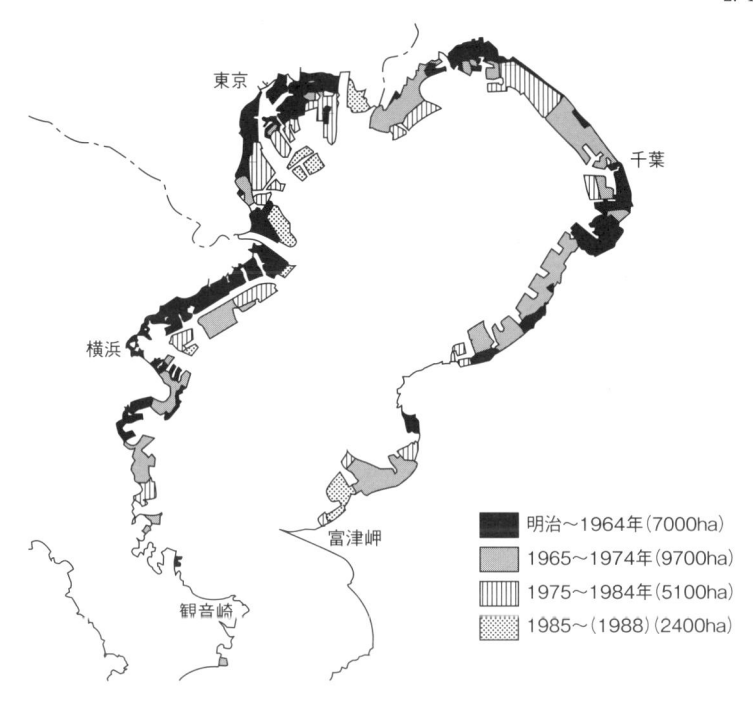

図2・1・2 東京湾の埋立の変遷
環境庁資料，鎌谷（1993）による．

表2・1・1 東京湾の過去と現在の姿

	1936年	2002年	変化率
内湾面積（km^2）	1186	922	−0.22
干潟面積（km^2）	136	17	−0.88
水面下面積（km^2）	1936年	1990年	
0〜10 m	381	188	−0.51
10〜20 m	371	473	+0.27
流域人口（万人）	900	2600	+1.89

出典：1936年と1990年は鎌谷（1993）に，
2002年の内湾面積は日本海洋データセンター，干潟面積は本委員会見解による．

ものの，羽田空港の拡張工事の例に見られるように，沿岸開発のインパクトは依然として強く，東京湾の規模は縮小しつつある．

B．流入河川

内湾の環境の形成や変化にとって，河川から流入する河川水やそれが運び込む物質は基本的に重要である（宇野木，2005）．東京湾に注ぐおもな河川には，東岸側に小糸川，小櫃川と養老川，北西部に江戸川，中川，荒川，隅田川，西岸側に多摩川と鶴見川などがある．これらのなかで流量が多いものは，江戸川，荒川，多摩川である．流量は，江戸川水系，荒川水系，多摩川および鶴見川に関しては河川管理者により公表されているが，中流地点の測定値であるので，海に注ぐ流量を知るためには適当な補正が必要である．これ以外の河川については流域面積や降水量などを用いて推定しなければならない．流量については1.4で述べている．

C．潮汐

潮汐は月や太陽の引力に起源をもつ起潮力が，地球上の海水に作用して発生するものである．しかし2つの天体の作用を受け，また天体の運動も完全には周期的でなくて多少の変動を伴っているので，潮汐は多くの周期的な成分から構成されている．その成分を分潮という．東京湾において，最も重要な分潮は月に起因するM_2分潮（周期12.42時間）であり，これは1日にほぼ2回の山と谷をもつ半日周潮に属する．太陽に起因する半日周潮にはS_2分潮（周期12.00時間）がある．一方，1日にほぼ1回

の山と谷をもつ日周潮も存在して，その主要なものは K_1 分潮（周期 23.93 時間）と O_1 分潮（周期 25.82 時間）である．これらを潮汐の主要4分潮という．各分潮の大きさは振幅（山と谷の高度差の半分）で表され，その山や谷の発生の時刻を，周期的な三角関数の角度で表したものを位相と呼ぶ．なお注目する地点で，分潮に対する起潮力が最大になった時刻を基準にして，分潮の山が現れるまでの位相を遅角ということがある．

図 2・1・3 に浦賀水道を含む広義の東京湾における M_2 分潮の振幅と位相（遅角）の分布を示す．振幅は湾口から湾奥に向けて次第に大きくなっていて，M_2 分潮振幅の湾口に対する湾奥の増幅率は約 1.4 倍である．内湾の潮汐は，外海の潮汐波が内湾に進入して，湾水を強制的に揺れ動かしたもので，共振潮汐と呼ばれる．一般に振動体では，ブランコの振動の例からわかるように，それが自由に振動する周期（固有周期）と，それに加えられる強制力の周期とが接近すると，共振（共鳴）のために振動は発達する．

湾内の潮汐すなわち共振潮汐の場合にも，湾水の自由振動の周期（固有周期）が，外海から強制力として進入する潮汐波の周期に近い場合には振動は大きくなる．湾の幅と水深が一様な1次元矩形湾の共振潮汐の理論によれば，湾口に対する湾奥の振幅増幅率 R は

$$R = 1 \bigg/ \cos\left(\frac{\pi}{2}\frac{T_0}{T}\right) \quad (1)$$

で与えられる．ここで T は潮汐周期，T_0 は湾に存在する多くの固有周期の中で最も長い周期（基本振動周期）である．M_2 分潮の場合は T = 12.42 時間で，T_0 は 6.0 時間であるので，R = 1.38 となり，実際とよく一致している（宇野木，1993）．

また図 2・1・3 の位相の分布によれば，湾口から湾奥に向けて潮汐が進行していること，および東岸側が西岸側に比べて進みが速いことが認められる．本来定常波としての共振潮汐では，湾内同時に満潮または干潮になるのであって，このような潮汐の進行が生じるのは摩擦とコリオリの力の作用である．しかし今の場合はその作用はそれほど大きくはない．すなわち湾口から湾奥までの位相の遅れは 15 度で，360 度の 1/24 になる．これは時間でいえば，1 周期 12.42 時間の 1/24 の約 30 分に過ぎず，近似的には湾内同時に満潮または干潮になるという共振潮汐の特性は，本質的には保持されている．

外海境界から湾奥にかけての M_2 分潮の振幅は 40～51 cm の範囲にあるが，他の主要分潮の振幅は S_2 分潮が 17～25 cm，K_1 分潮が 23～26 cm，O_1 分潮が 18～20 cm の範囲にある．このように東京湾では半日周潮が卓越しているので，われわれは通常 1 日に 2 回の満潮と干潮

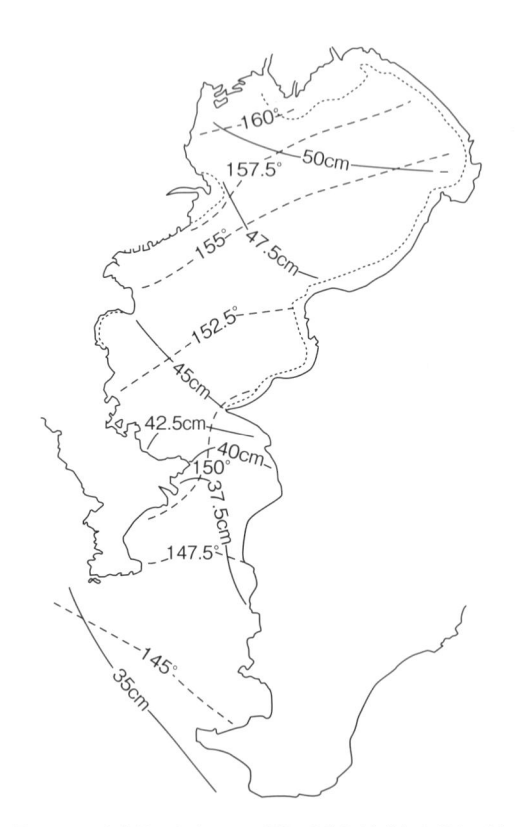

図 2・1・3　東京湾における M_2 分潮の振幅（実線）と位相（破線）の分布
磯崎・宇野木（1963）による．

を経験する．しかし日周潮と半日周潮の大きさを比較して $(K_1 + O_1)/(M_2 + S_2)$ の比を求めると，これは房総先端の0.78から湾奥に向けて減少して千葉で0.60になる．このように1日周期の成分もかなり大きいので，1日2回の満干潮の高さが等しくない日潮不等が生じる．ただしその程度は湾奥に向けてやや減少する．

M_2 分潮と S_2 分潮の周期には約25分の違いがあるので，両分潮の重なり具合が次第にずれてきて，ほぼ半月の周期で満干潮の高さが変化する．両分潮の位相が一致して強めあったときが大潮で，逆に弱めあったときが小潮である．大潮のときは月と太陽と地球はほぼ一直線に並んで，両天体の起潮力は同じ方向に作用している．ただし実際には新月または満月よりも，大潮は2，3日遅れて現れることが多い．大潮時における平均の満潮と干潮の高さの差，すなわち（平均）大潮差は湾奥で2mの程度である．個々の大潮差には他の分潮も重なり，季節的に変化して春秋の彼岸の頃に大きく，最大潮差は約2.6mになる．

ところで図2·1·4に描かれているように，伊勢湾や大阪湾と同じように，近年東京湾の潮汐が減少の傾向にあることが注目される（宇野木・小西，1998）．これは埋立が進行したためである．1次元矩形湾において湾の長さを L，水深を H としたとき g を重力加速度として，湾の基本振動周期 T_0 は次式で与えられる．

$$T_0 = 4L/\sqrt{gH} \qquad (2)$$

すなわち T_0 は，湾長（2次元的には湾の面積）が小さいほど，また水深が大きいほど小さくなる．ゆえに埋立が進んで湾の面積が減少し，浚渫によって水深が増大すると，T_0 は小さくなる．すると T_0/T の値が小さくなって共振効果が弱まり，(1)式が与える増幅率 R が小さくなるのである．

埋立を伴う沿岸開発によって，海域の環境は一般に悪化しているのであるが，これはまた潮汐の，ひいては潮流の減少を生じて，海域の環境悪化を加速させる可能性が高いことを教える．このことはすでに岸ほか（1993）が，東京湾に対する潮流の数値シミュレーションの結果に基づいて指摘していることである．

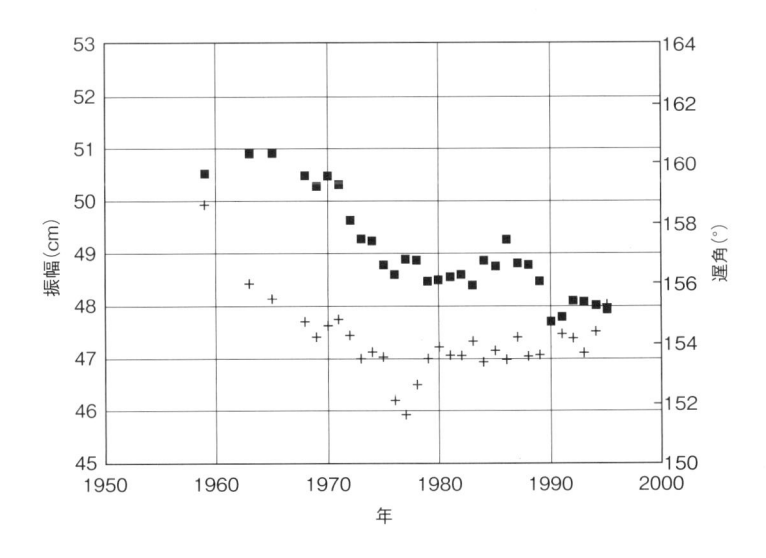

図2·1·4 東京湾における M_2 分潮の振幅（■）と位相（遅角，＋）の経年変化
宇野木・小西（1998）による．

D. 潮流

内湾にはいろいろな流れが存在するが,その中で最も卓越するのは,潮汐に対応する水平流の周期的潮流であり,1日に2回の上げ潮と下げ潮が見られる.共振潮汐の特性として,湾内ほぼ同時に満潮または干潮になるとすでに述べたが,干潮から満潮までは湾内全体が一斉に上げ潮になる.潮が上げきって満潮になると流れは止まり,やがて湾内全体が一斉に下げ潮に転じて,干潮に至るまで下げ潮が続くことになる.また潮流は湾口で最も強く,湾奥に向かうにつれて弱まり,湾奥では流れはなくなる.なぜならば,湾の任意の横断面を考えたとき,断面の通過流量はそれより奥における海面変動に伴う海水の変化量を補わねばならないからである.したがって通過流量は湾口で最大になる.それゆえ湾奥付近の開発に伴って潮汐が小さくなると,最大の通過流量の減少は,開発地域から最も離れた湾口に生じることを,十分に念頭に置く必要がある.ただ実際には,地形変化や摩擦・コリオリの力などの効果で多少の変化は生じるが,幅が広くない内湾の潮流は,基本的に以上のような性格をもっている.

東京湾の上げ潮と下げ潮における最盛期の流れの分布が,水路部の潮流図に基づいて図2・1・5に描かれている.いずれの場合も流れはおおむね湾の主軸方向を向き,幅が狭くなった狭義の東京湾口の観音崎・富津岬間で最も強く,1.5ノット(1ノットは0.5m/秒)以上もあり,場所によっては2ノットに達することもある.なお広義の東京湾の湾口における流れはそれほど強くないが,それは最大水深が800mと深くて断面積が著しく大きいためであって,断面流量は最大になっているはずである.

図2・1・5 東京湾の潮流(湾口最強時,単位ノット)
海上保安庁水路部の東京湾潮流図(1972年刊)に基づいて作成,宇野木(1993)による.左:上げ潮,右:下げ潮.

潮流も多くの分潮流からなっていて，最も重要なものはやはり M_2 分潮流である．各分潮流の時々刻々の流速ベクトルを，それが得られた地点から描き，その先端を結ぶと楕円図形が得られる．これを潮流楕円という．すなわち分潮流ベクトルの先端は，分潮の周期でもって，潮流楕円の上を1回転する．回転の向きは条件によって異なる．図2・1・6に，挿入図の7つの断面における M_2 分潮流の振幅（潮流楕円の長軸の長さ）の平均値が示されている（図中の恒流については後で述べる）．潮流は湾奥から湾口に向けて増大している．

潮流のように周期の長い波では，一般に鉛直方向に流れは一様な傾向が強い．ただ海底付近においては，海底摩擦のために流速がやや弱くなっている．なお暖候期のように表層に軽い水が下層に重い水が重なった密度成層が強い状態では，通常の潮汐（表面潮汐という）のほかに，潮流が深さ方向に変化する内部潮汐が加わっている可能性があり，流れの鉛直分布は単純ではなくなる．内部潮汐に伴う海水運動は，海面付近では非常に微弱で目につかないが，密度の鉛直変化が大きい層で発達する．東京湾の潮流に対する密度成層の影響は，宇野木ほか（1980）に述べてある．

E．循環流

周期的な潮流は，流速が大きいので鉛直混合に対する効果は大きいが，水粒子は1周期後には元の位置に戻るので，物質の水平輸送に対する効果はそれほど大きくない．一方，実際の流れから周期的な潮流を除いた残りの流れは残差流と，またその平均は恒流と呼ばれている．残差流は何か余りものという語感を伴うが，決してそうではなく，一方向に流れ去って行くので，流れは弱くても物質輸送にとって本質的な役割を果たし，その重要性は流れの計測法が進歩した近年になって認識されたものである．図2・1・6には，東京湾内の7断面のそれぞれについて，複数地点における恒流の絶対値の平均値も示されているが，数 cm／秒から 10 cm／秒の範囲の大きさをもっていて，湾奥から湾口に向けて値が増大している（宇野木ほか，1980）．

残差流あるいは恒流は循環流を形成するが，これには海水の密度が空間的に一様でないために生じた圧力勾配に起因する密度流，風によって生じる吹送流，および潮流と地形の相互作用に基づいて生じる潮汐残差流とが含まれる．東京湾において最も重要な残差流は密度流の性格をもつエスチュアリー循環で，その次は季節的にまた短期間に大きく変動する吹送流であり，順に後で解説する．潮汐残差流は，地形が急激に変化し，また流れも速い富津岬周辺の東京湾南部に顕著に認められるが，全域的には顕著でない（宇野木，1993；長島・鈴木，1996）．なお潮流そのものは，鉛直混合の大きさを支配し，密度成層の強弱に深く関係するので，密度流や

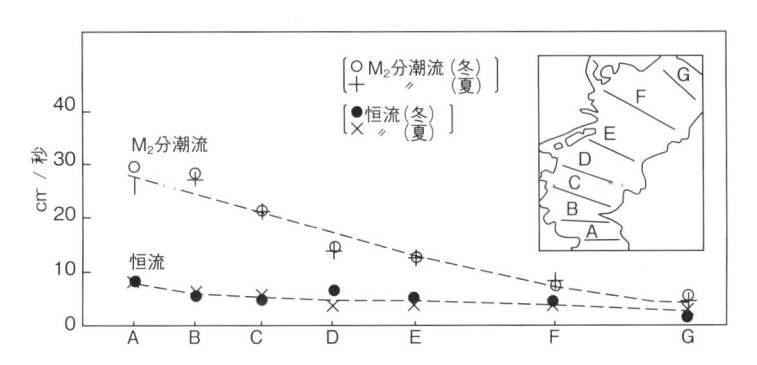

図 2・1・6　断面平均で求めた M_2 分潮流の振幅と恒流流速の湾主軸に沿っての分布　宇野木ほか（1980）による．

吹送流にも影響を及ぼしている．その結果，大潮のときよりも小潮のときに循環流が発達することが，観測および数値実験によって確かめられている（例えば長島・岡崎，1979；清水ほか，2001）．

F．密度流とエスチュアリー循環

河川水の流入によって生じたエスチュアリー循環は密度流の性格をもち，内湾の環境形成に極めて重要な役割を果たしている．なおエスチュアリーは，河川水の影響が及ぶ海域を指していて河口域と訳されることもあるが，一般にこれよりも範囲が広く，東京湾のような塩分低下がある内湾もこれに含まれる．エスチュアリー循環は図2・1・7に模式的に示すように，表層は湾奥から湾口に，下層は湾口から湾奥に向かう鉛直循環である．この鉛直循環の強さは理論的には，水深の3乗に比例し，鉛直渦動粘性係数に反比例するとともに，河川流量が多いと発達することがわかっている．なおこの循環にもコリオリの力が作用し，また地形変化のために，実際には3次元構造をもつことになる．

東京湾における循環流量の大きさを，宇野木・岸野（1977）のデータをもとに淡水と塩分の収支から具体的に見積もると，夏は2,201 m^3/秒で，河川流量396 m^3/秒の約6倍である．一方，冬は1,635 m^3/秒で，河川流量124 m^3/秒の13倍に達している（宇野木，1998）．エスチュアリー循環流量の河川流量に対する倍率が，冬に大きく夏に小さいのは，密度成層の強弱による．成層が強い夏は鉛直混合が制限を受けるからである．ただし鉛直循環流量そのものは，河川流量の大きさを反映して夏が冬より多い．これらの季節的特性は他の内湾においても認められる．なお近年東京湾においては，淡水の流入量が増加していることに伴って，とくに冬季において鉛直循環流量が多くなっているという報告がある（高尾ほか，2004）．

河川流量の数倍から十数倍もあるような大きな流量をもつ鉛直循環が生じる理由は，河川水

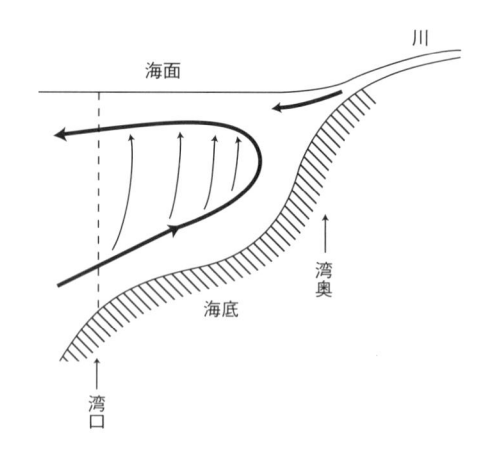

図2・1・7　河川水流入に伴う内湾の鉛直循環模式図

の流入によって圧力場の不安定が生じて，質量の再配置が行われ，それによる位置エネルギーの減少が，運動エネルギーに転換されるためである．なおこの過程には，流速・流向・密度が異なる上下2層の境界面が乱れて，下層の水を上層に取り込む連行作用も加わっている．上層流出・下層流入の流れの鉛直分布は，とくに水深が深くなった東京湾南部から浦賀水道にかけての測流結果に顕著に認められる．そこで何らかの原因で河川流量の減少があると，これに対応して河川流量の何倍にも及ぶ鉛直循環流量の減少が生じ，これが内湾の海水交換や物質循環に強い影響を与えることに留意しなければならない．

河川流量が多くて風が弱い夏季に注目すると，とくに伊勢湾や大阪湾に顕著であるが，東京湾においても湾奥の表層に時計回りの循環が出現することがある．これは上記の上層流出・下層流入の循環に，渦位保存の法則*を考慮するとほぼ説明できる．この循環の存在は，村上・森川（1988）が観測によって，また蔵本・中田（1991）が数値計算によって示している．数値計算によれば，このとき東京湾中央部は沈降域

---

* 力学の基本原理である角運動量保存の法則を，コリオリの力が作用する地球流体に適用したもの．

になっていて，底質の分布や貧酸素水塊の形成に密接に関係するとみなされる．

これまでは定常状態または平均状態について説明した．しかし実際には気象の擾乱，河川流量の変動，さらに外海の海況変動の湾内への波及（後述）などにより，密度場も流れの場もそれに伴って変化していることが，個々の事例で認められて，重要視されねばならない．ただ系統的な観測は容易でないため，その変動の実態は明らかとはいえない．

G. 吹送流と湧昇

東京湾には冬季は北よりの，夏季には南よりの季節風が卓越する．この結果湾軸方向の縦断面では，基本的には冬季には図 2·1·7 のエスチュアリー循環と同じ向きの，夏季には逆向きの吹送流の鉛直循環が生じる．高低気圧の通過に伴う風の場合にも，同様な流れが現れる．ただし実際には，海岸地形と水深の変化，密度成層の強弱，風の連吹時間，コリオリの力の作用などによって，流れの状況は単純でない．

冬季の東京湾には時計回りの循環の存在が注目されるが，これは北よりの季節風によるものである（蓮沼，1979）．北東風が連吹した場合の流れを理論的に求めた結果を図 2·1·8 に示す（長島，1982）．図中の B 図は深さ平均の吹送流であるが，観測された時計回りの循環をよく表現している．また等深線を描いた左の A 図と比較すれば，この循環が水深分布と密接な関係があることがわかる．水深変化が流れに及ぼす影響を理解するために，横浜－木更津の断面における流速分布を図 C に示す．浅い東岸側では表層に最大流が現れ，全層で風と同じ方向を向いて外海に向かっている．深い西岸側では大部分は風と反対の向きで，強流部は下層にあって湾内へ流入している．これらは観測事実とよく一致し（宇野木ほか，1980；佐藤，1989），また 3 次元の数値実験結果でも再現されている（長島・鈴木，1996）．

しかし夏季には，同じ風でも流れの状況は冬

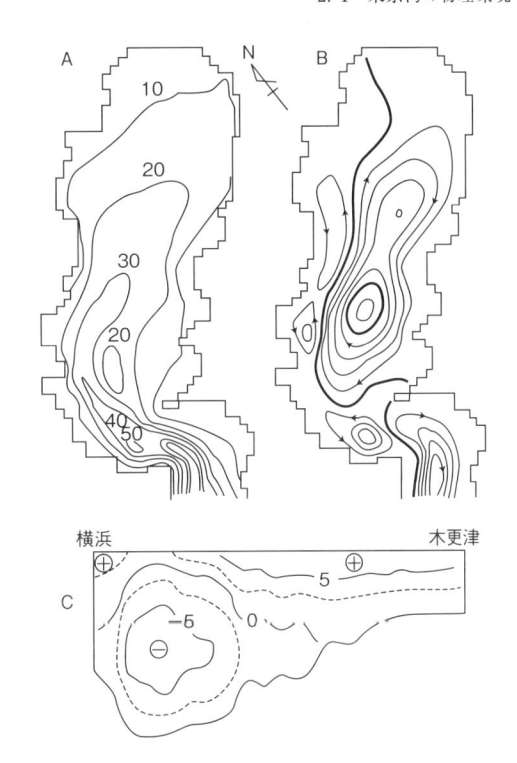

図 2·1·8 東京湾の水深分布と北東風による吹送流
A：東京湾の水深分布 (m)，B：北東風による深さ平均の吹送流の分布，C：横浜－木更津断面の流速分布（＋は風と同方向，－は逆方向，流速は相対値）．長島（1982）による．

季と著しく異なる．図 2·1·9 の左図は北よりの風が吹いた場合の，上層（実線）と下層（点線）の観測流を示したものである（宇野木，1993）．上層では全域で湾口に向かう強い流れが，下層でも全域に湾奥に向かう流れが卓越していて，図 2·1·7 に似た流系がきれいに形成されている．これは冬季と相違して，夏季には密度成層が発達しているために，海底地形の影響が上層に及びにくいためである．

ただし，この風と流れの最盛期における上層の水温と塩分の分布を描いた図 2·1·9 の中央と右の図を眺めると，この循環はきわめて特徴的な海洋構造をもっていることがわかる．すなわち低温・高塩分の水は，漠然とした常識から予測される北部沿岸ではなくて，東岸側に沿う幅狭い帯状の水域に出現していて，その沖側には

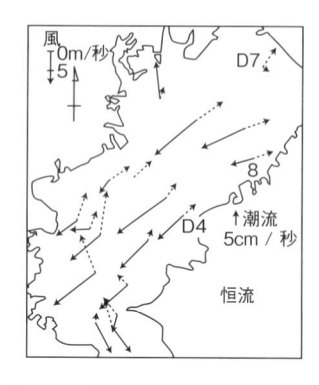

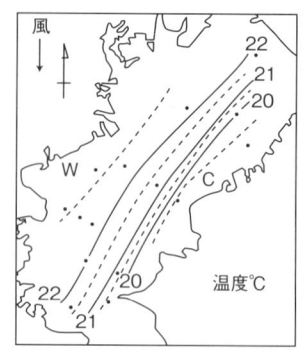

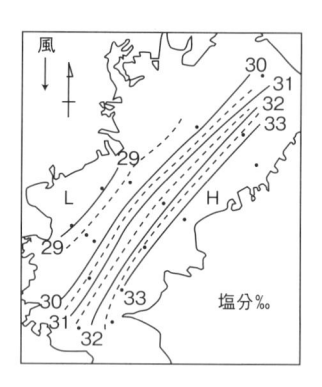

図 2・1・9　東京湾成層期に北風が吹く場合の恒流（左，実線は上層，点線は下層），および上層の水温（中）と塩分（右）の水平分布
1979 年 7 月 19 日 6 時，宇野木（1993）を一部改変．

湧昇フロントが岸に平行に細長くのびている．これは北米や南米などの大陸西岸に発達する典型的沿岸湧昇の特徴と一致している．北半球で風が岸を左に見て吹き続けるとき，コリオリの力を受けて水は沖の方に押しやられるので（エクマン輸送という），これを補うために下層の低温・高塩分の水が湧昇してくるのである．そして東京湾の場合にも，湧昇速度や湧昇域の幅などは理論から推定される値とほぼ一致している（宇野木，1993）．一方，図 2・1・9 において，東京湾の西半分の表層にはエクマン輸送によって，西方に押しやられた高温低塩分の表層水が広く堆積していることが認められるが，これは日向ほか（1999）の観測結果ともよく一致している．

風が弱まってくると，この構造が崩れて湧昇域は内部ケルビン波として，反時計回りに岸を右に見て湾奥へ，さらに西方へと伝わって行く．したがって北側沿岸における湧昇のピークは東岸側よりかなり遅れ，北よりの風の最盛期より 1 日半程度遅れて現れる．これらのことは松山ほか（1990）の数値実験の結果によってもほぼ確認されている．

ただし以上のような湧昇は，風の連吹時間が少なくとも慣性周期より長く，海岸線が単調な場合である．成層期において，風の連吹時間が短いとき（または風の吹きはじめ）や，海岸地形が複雑な場合には，船橋沖に見られるような岸から沖に向かう風によって，湧昇になることも少なくない（例えば，柿野ほか（1987））．しかしこの現象は広い範囲で見れば，図 2・1・9 で示されるような湧昇現象の中の一部分であることを認識しておく必要がある．いずれにしても，富栄養化して底層の貧酸素化が著しい海域に湧昇が現れると，無酸素水が岸近くに押し寄せて魚介類が大量に斃死する青潮が発生して大被害を与える．

H．海水交換

東京湾は閉鎖性内湾といわれる．そこで図 2・1・10 A に示すように，海域を 3 つのボックスに分け，淡水と塩分の収支を考慮して，海水交換の速さを見積もった（宇野木・岸野，1977）．ボックス 1 は川崎と盤洲より湾奥部，ボックス 2 はボックス 1 の南から観音崎と富津岬を結んだ線の内側部，ボックス 3 はボックス 2 の南から剱崎と洲崎を結んだ線までの内側部である．そして，ボックス 1 と 2 を合わせたものが狭義の東京湾である．この狭義の東京湾の容積を，ボックス 2 から単位時間に外へ出て行く流出量で割った交換時間は，図 2・1・10 B に示されている．交換時間は寒候期に長く，暖候期に短く，最大値は 1～2 月の 3.5 ヵ月，最小値は 9～10

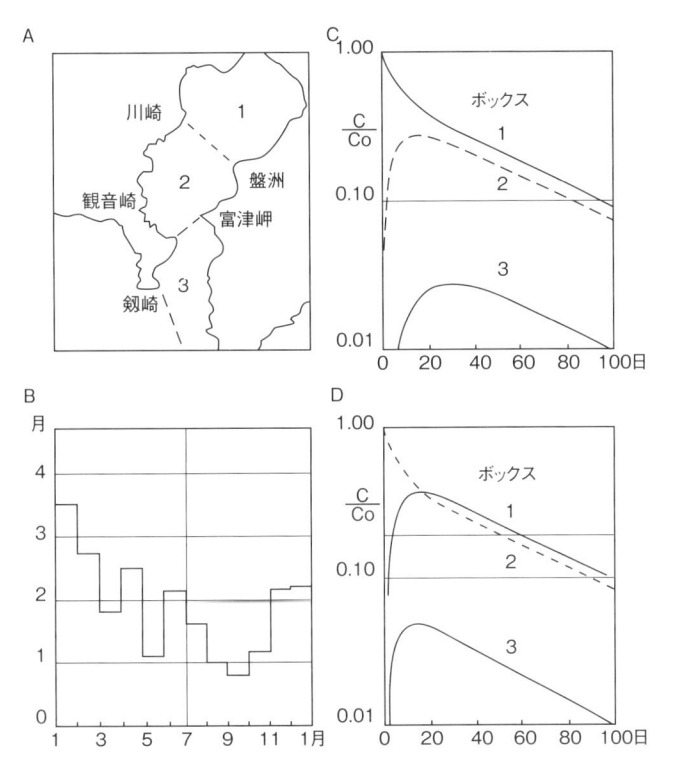

図 2・1・10 東京湾をボックスに区分(A)した際の,B:東京湾の月ごとの滞留時間の年変化,C:ボックス1に物質を瞬間放出した場合の濃度変化(相対値,C_0 は初期濃度),D:ボックス2に瞬間放出した場合
宇野木・岸野(1977)を一部改変して引用.

月の 0.8 ヵ月である.この違いは,河川流量と密度成層の強さを反映していて,エスチュアリー循環の重要性を示唆している.

次に,海水交換率に年平均値を用いた場合に,1 つのボックスに物質を瞬間投入したときの各ボックスの濃度変化を計算した.図 2・1・10 C の図はボックス 1 に,D の図はボックス 2 に投入した場合である.この計算では外海の物質濃度はゼロとしているが,外から戻って来るものもあるので,実際の濃度変化はこれよりも緩やかになるはずである.この結果から,ボックス 1 と 2 の濃度は接近していて,ボックス 3 の濃度より著しく濃度が高く,狭義の東京湾は閉鎖性が強いことがわかる.一方,ボックス 2 に投入した場合には,約 20 日を経過した後からはボックス 1 の濃度が高くなり,ボックス 1 に投入した場合と同じ経過をたどり,湾奥部の閉鎖性がとくに強いことが理解できる.このような特性から東京湾は閉鎖性が強くて汚濁に弱い湾と考えられる.

一方,内湾の環境にとって外海の海況変動の影響は重要であり,東京湾の場合にも,黒潮変動の影響は浦賀水道まではしばしば観測される.しかし観音崎と富津岬を結ぶ線より内側の東京湾内では,外海水の間歇的な進入を示唆する報告は存在するが(例えば Yanagi et al., 1989;野村,1996),湾の閉鎖性と観測の困難性のために,その進入を示す具体的な観測例は乏しい.このとき日向ほか(2001)は,暖候期の観測に基づいて,平常時にはすでに述べた上下 2 層のエスチュアリー循環が卓越するが,黒潮変動に伴って暖水が波及する場合には,湾口

第2章 海域

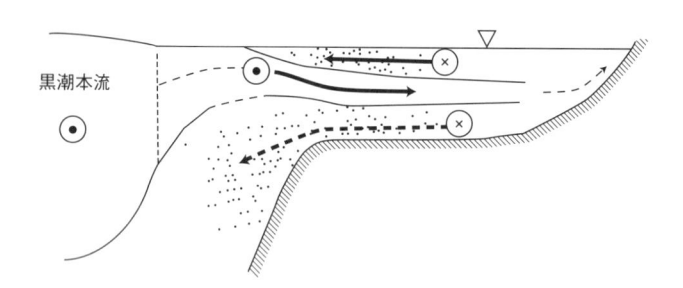

図2・1・11 黒潮変動に伴う暖水波及時の東京湾縦断面における流動模式図
⊙はこちら向きへの流れ、⊗は反対方向への流れを示す．日向ほか（2001）による．

から湾内にかけて3層の流動構造になることを示し，この結果を模式的に図2・1・11に描いた．すなわち海水密度の大小関係で，沖合の高温・高塩分の海水は湾内中層に貫入し，湾表層では高温・低塩分・高濁度の湾水が，底層では低温・高濁度の湾水が外海へ流出する．この流系の可能性は，Yanagi et al.（1989）が指摘していたことであり，東京湾の海水交換にとって，注目すべき現象である．なお成層期に外洋水が湾の中層へ貫入することは，伊勢湾においてはしばしば観測されている（藤原ほか，1996）．

2.1.2 物理特性と海洋環境

これまで，東京湾の地形，流入河川，流動などの物理環境の実態と近年の変化について述べてきた．これが海洋環境にどのようにかかわっているかを簡単にまとめておく．

① 東京湾は，閉鎖性が強く，外海との交流は弱く，汚濁しやすい体質の湾である．これに膨大な汚濁負荷が加わって，水質は悪化し，海底には広くヘドロが広がっている．
② 最近，他流域からの河川水導入がおもな原因と思われるが，東京湾に流入する河川流量が増大した．これはエスチュアリー循環を強化し，海水交換を強める作用をする．
③ 広大な埋立による海面積の減少と浚渫による水深の増大によって，外海潮汐との共振作用が弱まり，潮汐と潮流が減少した．これは海水の混合と交換を弱めて海域の環境

の悪化に寄与している．
④ 干潟・浅瀬の激しい減少は，この水域の顕著な生産力を弱めるとともに，浄化機能を著しく弱めて水質汚濁を加速している．
⑤ 多数の深い浚渫跡の窪地は，貧酸素水塊の発生源になり，湾奥部の屈曲の多い港湾区域は，きわめて閉鎖的で海水交換が悪く，海水は停滞して水質汚濁源になっている．
⑥ 暖候期の北よりの風は湧昇を生じて青潮の原因になっている．ただし東京湾の湧昇は単に湾奥部の局所的現象だけではなく，湾の東岸から北岸に及び，さらに西岸域を含めて，地球自転の影響が強い現象であることを認識しなければならない．
⑦ 以上の東京湾の特性を考えると，今後は原則として埋立を禁止することが望まれる．

（宇野木早苗）

2.2 東京湾の海洋環境

2.2.1 水温と塩分の分布と経年変化

1950年から74年までの東京湾における水温，塩分などの分布と経年変化は，宇野木・岸野（1977）に詳しく述べられている．ここでは，水温と塩分の季節変化や海洋構造に関しては宇野木・岸野（1977）を引用し，近年の東京湾の状況に関しては，公開されている近年のデータベース（東京湾環境情報センター：http://

www.tbeic.go.jp/index2.html）を用いて紹介する．

A．水温と塩分の季節変化

宇野木・岸野（1977）の表2-1のデータを用いて，東京湾を3つのボックスに分けて（図2・1・10A参照，79ページ），図2・2・1と2・2・2に水温と塩分の変化を示した．ボックス1の表層水温は，陸域の影響を受けて冬季には最も低く（約8℃），夏季に高い（約28℃）．一方沖側のボックス3では逆に冬季に高く（約13℃），夏季に低い（約26℃）．塩分[*1]はボックス1では冬季に約31，夏季に約26で，冬季と夏季の差が5程度である．一方沖側のボックス3では冬季に約34，夏季に32で差は2程度と小さい．ボックス1表層にみられる大きな塩分変化は，流入する淡水供給量の影響である．淡水供給量は，河川水量に海面への雨量と蒸発量の差を加えたものである．図2・2・3では，宇野木・岸野（1977）の月単位の値を秒単位に換算した淡水供給量を示す．冬季のボックス1への淡水供給量は約100 m^3/秒なのに対して，夏季は約400 m^3/秒で4倍近いことが，このボックスの大きな塩分変化の原因と考えられる．

水温と塩分の鉛直分布も大きな季節変化を示す．図2・2・4は東京湾の川崎－盤洲ラインにある東京湾中央部の水温，塩分，密度[*2]および溶存酸素濃度（DO）の月変化を示す．水温は冬季（2月）には鉛直的に均一で9～10℃であるが，夏季（8月）の表層は26℃で底層は20℃であり，約6℃の差が生じている．冬季の塩分は上層から中層にかけては鉛直的に均一で約31～32，底層では少し高い32.5で，差は約1.0である．夏季には表層では28，底層では33.4でその差は5.4になる．したがって，密度は冬季には上層と下層の差がほとんどないが，夏季には差が大きくなる．これは，冬季には上層と下層の水がよく混ざっているが，夏季にはほとんど混ざらないことを示している．海水の鉛直混合は底層のDOに大きな影響を与えるが，これについては後に触れる．

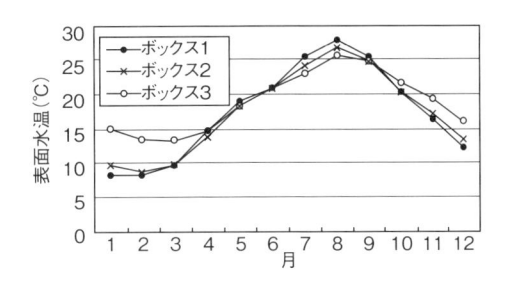

図2・2・1　東京湾表層水温の季節変化
宇野木・岸野（1977）から引用．

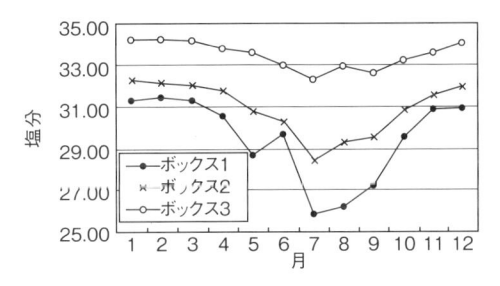

図2・2・2　東京湾表層塩分の季節変化
宇野木・岸野（1977）から引用．
塩素量に1.80655を乗じて塩分に変換した．

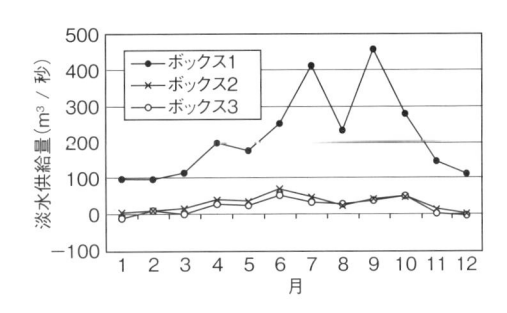

図2・2・3　東京湾への淡水供給量
宇野木・岸野（1977）から引用．

[*1] 以前は海水1 kgに含まれている塩の量を表したが，現在は標準の塩化カリウム（KCl）溶液に対する電気伝導度の比で求める．これを実用塩分といい，実際には以前の海水に含まれる塩とほとんど変わらない．単位はないが，psu（practical salinity unit）を用いる場合がある．

[*2] 海水の密度は1.0よりわずかに大きい．密度をわかりやすく示すために，1,000倍して1,000を引いた値とする．例えば密度が1.025とすると，密度は25と示されることになる．

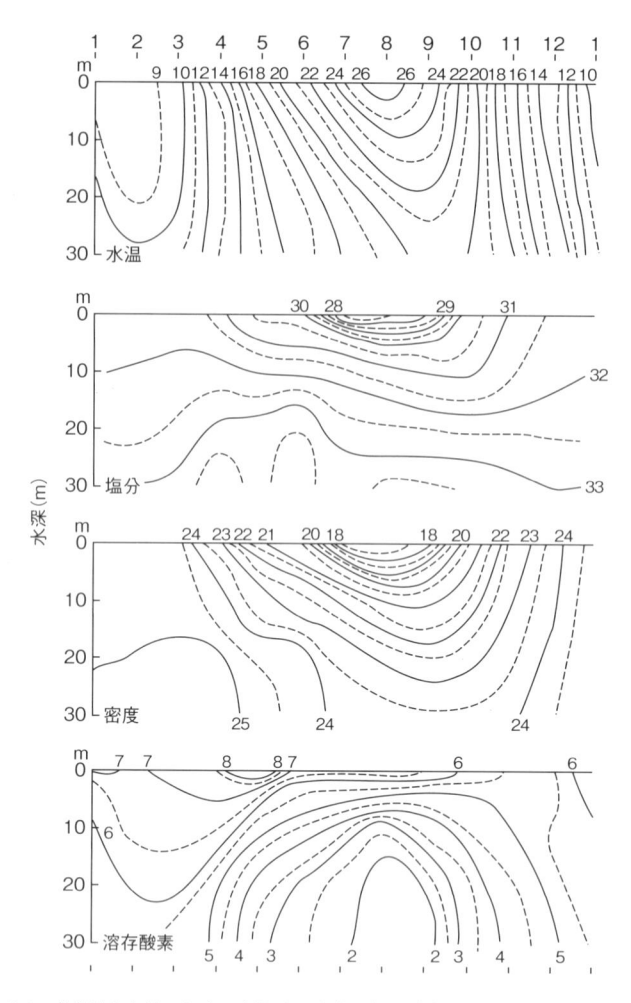

図 2・2・4　東京湾中央部における水温 (T, ℃), 塩分 (S), 密度 (σ_t), 溶存酸素 (DO, mL/L) の鉛直分布の経月変化
宇野木 (1993) から引用.

　図 2・2・5 に宇野木・岸野 (1977) が用いた代表海区とブロック区分を示した. 図 2・2・6 には東京湾の水温, 塩分および密度の縦断面分布の季節変化が示されている. 川崎－盤洲ラインは No.23 付近, 観音崎－富津ラインは No.49 付近である. 冬季 (2月) には, 観音崎－富津ラインの沖側はよく混合しているが, 湾奥では十分混合していない. とくに塩分では成層構造を示している. これは, 冬季もある程度河川から淡水が供給されているためである. 8月には強い成層が見られて, およそ 10 m 付近を境として上層と下層に分かれる. 11月になっても成層構造は崩れない. 東京湾は, 河川水量が比較的豊富で, 潮流もそれほど強くないので成層しやすい湾であるということができる.

　水平分布を見ると (図 2・2・7), 水温の冬季 (2月) および夏季の湾奥と浦賀水道の観音崎周辺では 2℃ ほどしか差がない. 塩分の冬季のこの差は約 2 であるが, 8月の表層塩分は湾奥の江戸川から多摩川にかけて 23 であるのに対して観音崎付近では 31 で, 湾奥と湾口の間で 8～10 も塩分差があることが特徴的である.

B.　水温と塩分の経年変化

　宇野木・岸野 (1977) によると, 東京湾のブ

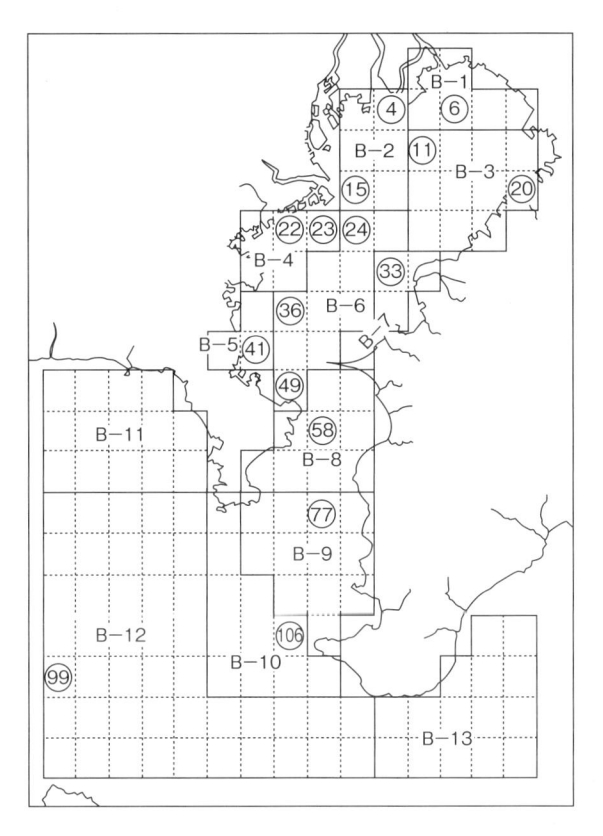

図 2・2・5　代表海区とブロックの区分
宇野木・岸野（1977）を改変．

ロック 1（船橋沖から千葉市沖にかけての水域）の表層の塩素量[*]には変化が見られない．しかし 1950 年頃の水温は約 16 ℃ であったが，1970 年に入ると 17〜18 ℃ へ上昇している（図 2・2・8）．それ以降の 1976 年から 2002 年にかけての東京湾千葉県測点 C 8（位置は図 2・2・13 参照）表層の水温を年平均値と 1〜3 月の冬季平均値の経年変化を図 2・2・9 に示した．千葉県測点 C 8 は川崎−盤洲ラインより湾奥の中央部に近い観測点である．年平均値を見ると経年変化は見られず，18 ℃ 弱で推移しているが，冬季水温は徐々に上昇している．図の回帰式を当てはめると，観測期間 27 年間で 1.4 ℃ 上昇したことになる．東京都の砂町および落合下水処理場に流入する水温は 1965 年から 2001 年までの間に 16 ℃ から 22 ℃ へ 4 ℃ 上昇している（図 2・2・10；曽根，2003）．当然，下水場から河川へ流入する水温も上昇していると考えられる（1.9.4）．図 2・2・11 に同じ測点 C 8 における表層塩分の経年変化を示した．年平均値の変動は大きいが傾向的変化は見られなかった．1〜3 月の冬季表層塩分は減少傾向に見えるが，相関係数は小さく，経年的変化は小さいと考えられる．

2.2.2　COD の分布と経年変化

A．季節変化と水平分布

1950 年代から 70 年代初めまでの COD の経

---

[*] 海水は多量の塩素イオンを含んでいる．塩素イオンの分析は容易なので，海水 1 kg 中のこの量を塩素量と呼び，海水の指標とした．塩素量を塩分に変換するには，塩素量に 1.80655 を乗じる．

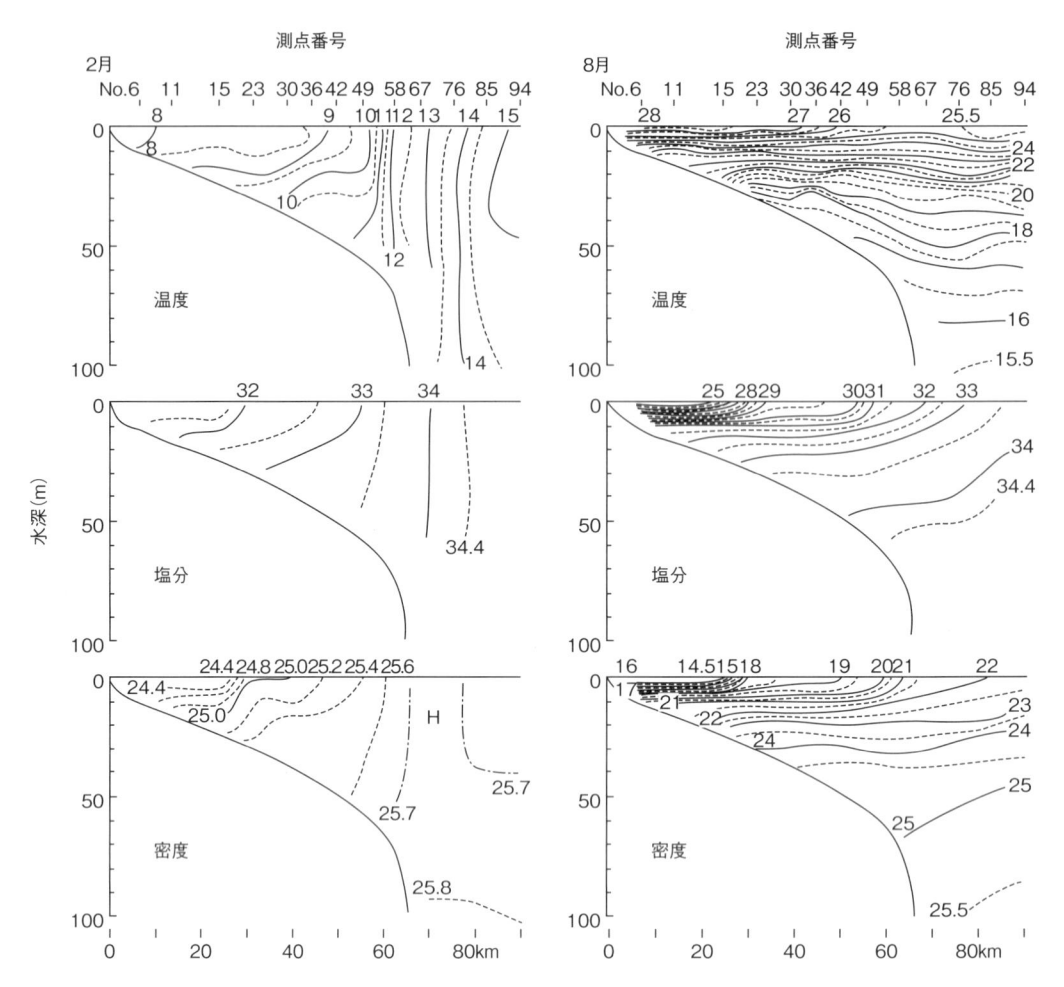

図 2・2・6 東京湾縦断面における2月（左）と8月（右）における水温（上，℃），塩分（中），密度（下）の分布
図の一番上の No. 数字は図 2・2・5 の観測点に対応．宇野木（1993）を一部改変して引用．

月変化を図 2・2・12 に示した．COD は表層で最も高く，また湾奥ほど高い．湾奥から湾央にかけては，7月に最高値を示し，冬季に低い．夏季に高い値を示す．

最近の COD などの水質について東京湾水質調査報告書（平成 15 年度）に記されている，東京湾流域自治体が実施している水質調査点を示す（図 2・2・13）．東京湾の A 類型（環境基準：2 mg/L，中の瀬付近の湾中央部から湾口側），B 類型（環境基準：3 mg/L，湾奥沖側と湾央の千葉県と神奈川県沿岸部）および C 類型（環境基準：8 mg/L，湾奥沿岸部）水域の 2003 年度の経月変化を図 2・2・14 に示した．上層では C 類型水域を除いて環境基準を達成していない．B および C 類型水域では 5 月に最も高い値を示している．

Kawabe & Kawabe（1997）は，1980〜89 年の 10 年間の観測データを整理した．その結果によると，観音崎－富津より奥部を四つに分けて調べた COD の経月変化では，湾奥の千葉県および東京都側と中の瀬付近の神奈川側沖の水域では COD は 5 月が最高値を示し，湾奥では 8 mg/L に達していた．千葉県の盤洲から富津にかけての沖では 6-8 月が最高値（約 4 mg/L）を示した．

1950〜70 年頃の観音崎－富津より中の

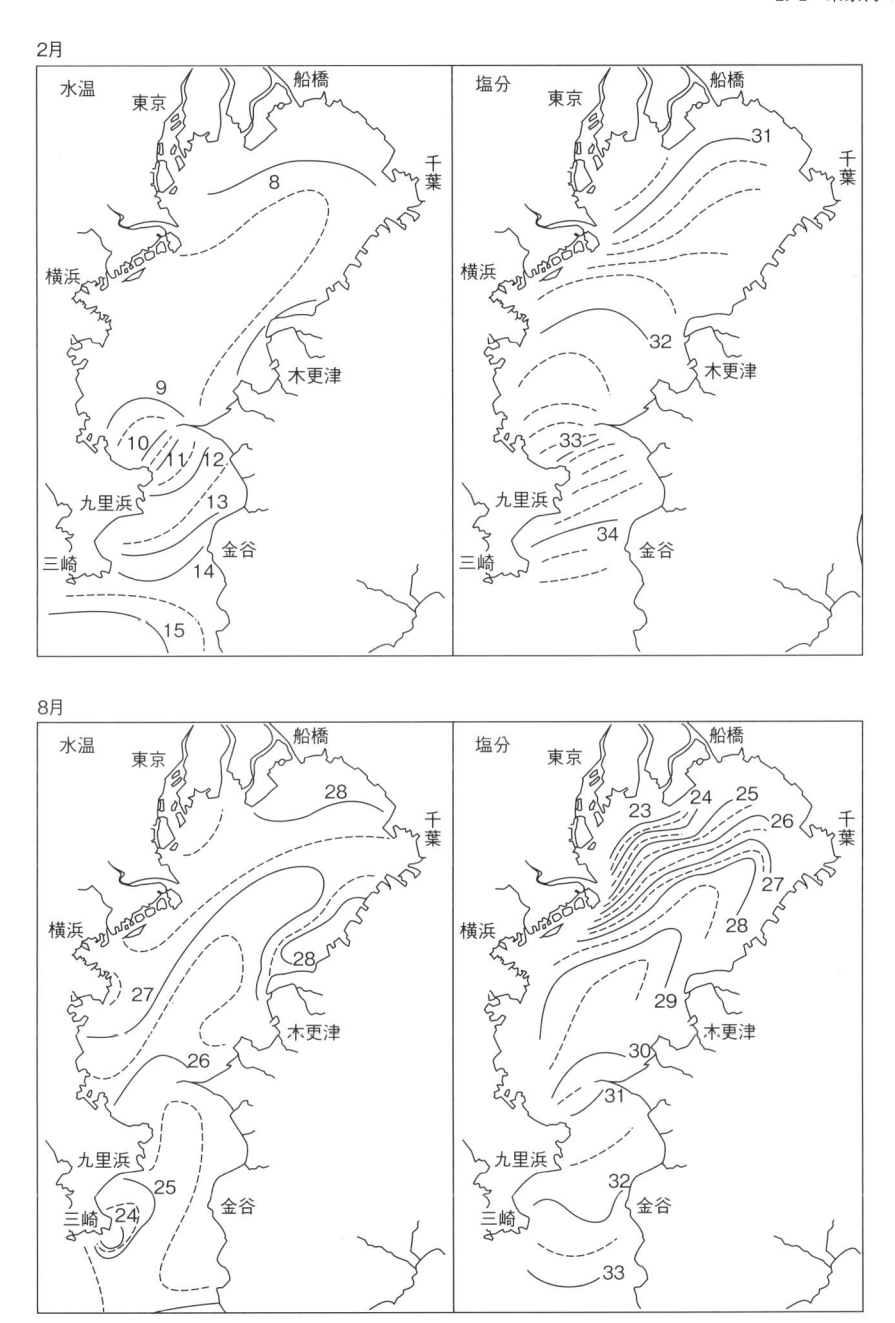

図2・2・7 東京湾の2月と8月における表面の水温(℃)と塩分の水平分布
宇野木(1993)を一部改変して引用.

第 2 章　海域

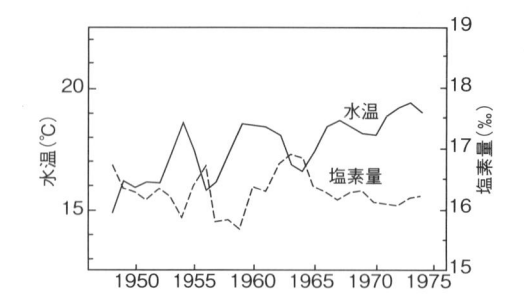

図 2・2・8　東京湾ブロック 1 の水温と塩素量の経年変化
　　　　　宇野木・岸野（1977）を改変.

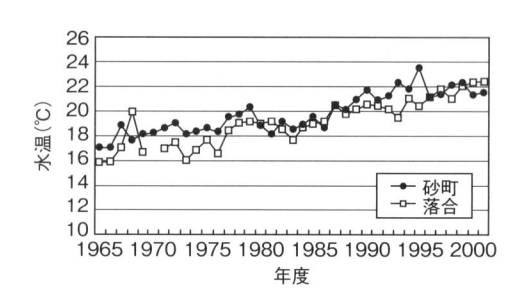

図 2・2・10　東京都の砂町および落合下水場へ流入する水の水温の推移

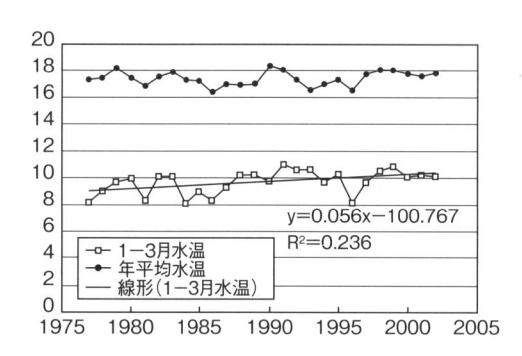

図 2・2・9　東京湾千葉県測点 C 8 表層水温の経年変化

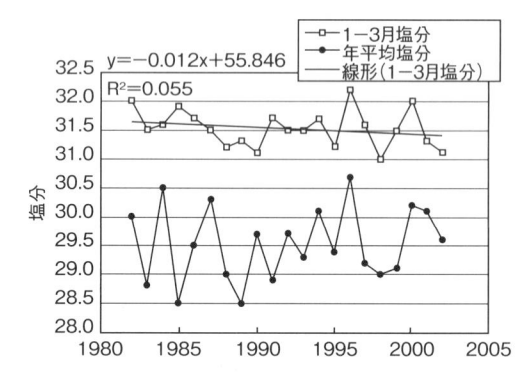

図 2・2・11　東京湾千葉県測点 C 8 表層塩分の経年変化

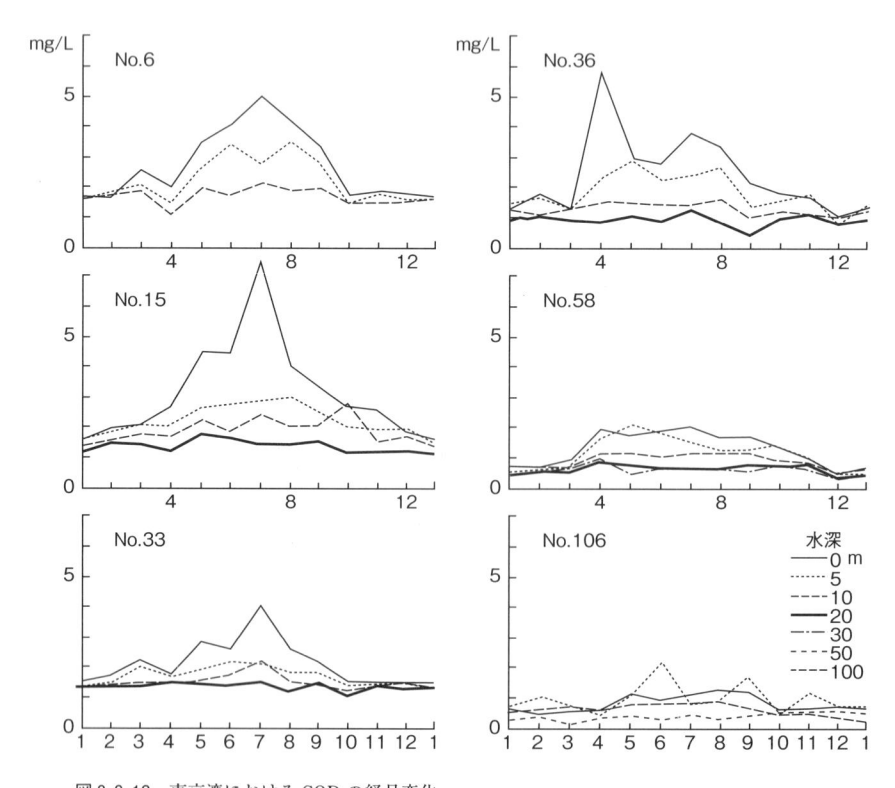

図 2・2・12　東京湾における COD の経月変化
　　　　　宇野木・岸野（1977）を改変. 図中の No. については図 2・2・5 説明参照.

図 2・2・13　東京湾の水質調査点と COD にかかわる水域区分
東京湾水質調査報告書（平成 15 年度）から引用．

COD 平面分布を見ると（図は省略），冬季は 1.0 〜 1.5 mg/L で分布はほぼ一様であるが，夏季（8 月）には船橋・市川沖で最も高く（5.5 mg/L），横浜沖で 4 mg/L，観音崎付近では 2 〜 3 mg/L であった．COD は東京 – 神奈川側で高く，千葉側で低かった．2003 年度の上層 COD の水平分布を見ると，5 月に最も高く，湾の半分以上が COD：5 〜 8 mg/L で占められていた．冬季（2 月）には COD：2 〜 3 mg/L の範囲が大半を占めていて，先に述べた 1950 〜 70 年の夏季の値が 5.5 mg/L，冬季の値が 1 〜 1.5 mg/L であったことと比較すると，最近は全体的に濃度が上昇している．

B. 上層 COD の経年変化

東京湾では 1955 年以降 COD が急激に増加した（図 2・2・15）．ブロック 3（千葉市沖水域）では，1955 年に表層 COD が約 1 mg/L であったが，1960 年に約 2.5 mg/L に急激に増加して，その後 1970 年前半に約 3.5 mg/L へさらに増加した．ブロック 6（中の瀬周辺水域）でも傾向はほぼ同様である．水深が深くなると COD 値は減少するが，経年的な増加傾向は表層とほぼ同じであった．

Kawabe & Kawabe（1997）は東京湾表層の

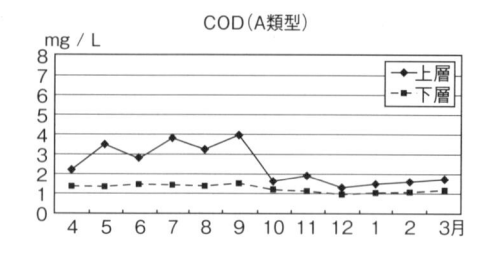

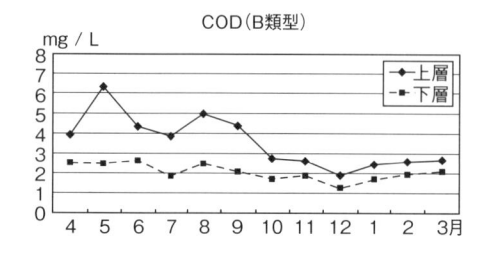

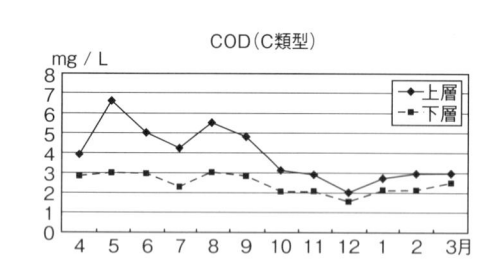

図 2・2・14　東京湾の水域類型別 COD の経月変化
　　　　　東京湾水質調査報告書（平成 15 年度）から引用．

COD，日射量，表面水温，無機態窒素および無機態リンの 1980－89 年の間の経時変化を調べた（図 2・2・16）．この図を一見すると，COD は日射量と表面水温と良い相関があるように見える．より詳しく調べると，COD と COD の 1 ヵ月前の日射量の相関が最も高く（r = 0.76），COD と COD の 1～2 ヵ月後の日射量の相関が高かった（0.74～0.76）．図 2・2・17 には，年変化を見るために図 2・2・16 のデータを 12 ヵ月移動平均したものを示した．COD，日射量，表面水温および無機態リンが傾向的に減少して，無機態窒素だけが増加した．全変化幅に対する傾向的変化量を見ると，COD と日射量が最も大きく（0.53 と 0.54），表面水温と無機態リンは小さかった（0.28）ので，COD の減少の最も大きな原因は日射量の減少であると結論付けられている．

　このように，COD の季節変化および年変化と日射量の変化の関係が最も大きく見られた．東京湾では，植物プランクトンの指標クロロフィルと COD の間の相関が強く，植物プランクトンの成長には日射量が必要なことを考えると，栄養塩が十分存在している東京湾の場合，COD 変化が日射量によって決められていると

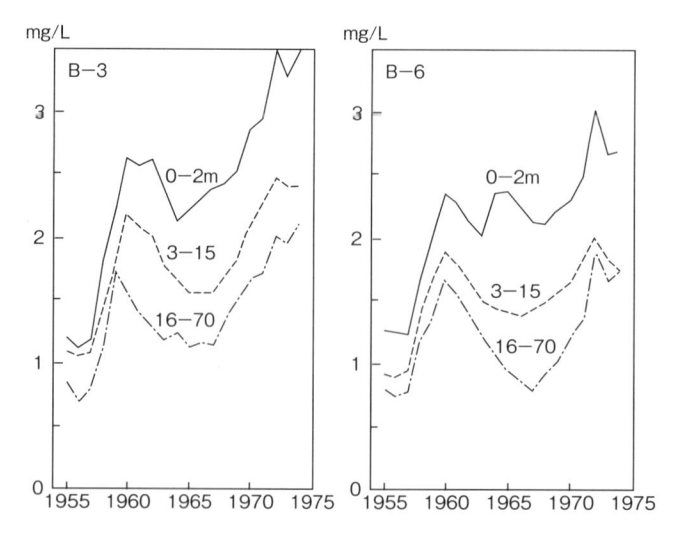

図 2・2・15　東京湾ブロック 3 と 6 における深度別 COD の経年変化
　　　　　宇野木・岸野（1977）を一部改変して引用．

考えられる.

1982年以降の類型別水域のCOD経年変化を図2·2·18に示した.CODは1993年までは徐々に減少しているが,1994年度に上昇して,その後安定している.そこで,1994年にCODがどの水域で上昇したのか検討するために,千葉県側,東京都および神奈川県側に分けて上層CODの経年変化を調べた.

図2·2·19に東京湾奥の3点の表層のCOD調査結果を示した.東京港に近い測点T25で最も高濃度（4〜5 mg/L）で,測点T35およびC8はそれより低い.1990年の値と比較すると,どの調査点でもCODの経年変化は見られない.図2·2·20に川崎市沖測点K2と市原市沖C13における経年変動を示したが,両点ともほぼ4 mg/Lで推移した.図2·2·21に中の瀬周辺の測点C14,K9およびK10における経年変動を示した.千葉県側の測点C14では変化が見られないが,湾央の中の瀬北と神奈川県側の本牧では明らかに1994年からCODが上昇している.中の瀬南周辺海域でも千葉県側の測点C18では変化が見られないが,湾央と神奈川県側の測点K12とK13では1994年からCODが上昇している（図2·2·22）.南浦賀水道周辺でも,千葉県側の測点C19では変化がないが,神奈川県側の測点K14ではやはり1994年からCODが上昇して,90年代前半と後半では両点の濃度が逆転した（図2·2·23）.全体を整理すると,本牧から南側の神奈川県側と湾央で1994年からCODが上昇している.一方千葉県側ではCODの上昇は見られなかった.神奈川県側の観測点のCOD経年変化の比較を図2·2·24に示したが,本牧（K10）とその南の測点K13のCOD濃度が上昇して,90年代後半には本牧とその南側の濃度が北側の濃度より高くなった.湾中央部ラインに沿ったCOD経年変化の比較を図2·2·25に示した.90年代はじめには湾奥に近い測点C13における濃度が高かったが,1994年以降,中の瀬周辺のCODが増加して,90年代後半には中の瀬の北と南の濃度は測点C13より濃度が高くなり,観音崎−富津より沖でも濃度が増加している.これらの結果から,本牧より南の神奈川県よりの水域では,何らかの環境変化が起きて,COD濃度が増加したのではないかと考えられる.

2.2.3 溶存酸素濃度の分布と経年変化

A. 季節変化と水平分布

東京湾では他の内湾と同様に夏季に下層で溶存酸素濃度（DO）が減少する.この状態を貧酸素と呼び,どの程度DOが減少すると貧酸素とするのかについての明確な定義はない.魚類のようにある程度高濃度のDOを必要とする場合と,一部の貝類のように低濃度のDOでも斃死しないなど,生物の酸素対応が異なるので,目的によって貧酸素のDO濃度が異なることが多い.例えば,蔵本・中田（1992）は,漁場形成と貧酸素水塊の分布と関連を検討して,3 mL/L（4.3 mg/L）以下のDOの場合を貧酸素としている.東京湾の漁場環境を考える上でひとつの目安となる.

夏季に下層でDOが減少するのは,①成層状態となり,下層に酸素が供給されなくなる,②下層に多くの有機物（主として赤潮などのプランクトン起源物質）が沈降して,微生物によって分解される（このとき酸素が消費される）,の2点が原因である.図2·2·4で示したように,冬季に上下の水は混合しているが,春季から夏季,秋季にかけて東京湾では成層構造となる.とくに夏季には,密度の差が大きく,上層から下層への酸素供給はほとんどなくなり,さらに水温の上昇によって赤潮の発生や微生物の分解活性が強まることによって,貧酸素となる（図2·2·4では夏季の下層でDOは2 mL/Lとなっている）.宇野木・岸野（1977）が示したDOの縦断面分布（図2·2·26）を見ると,5月から11月にかけてDOは上層で高く,下層で低い分布をしている.下層では沖側ほど高く,陸側

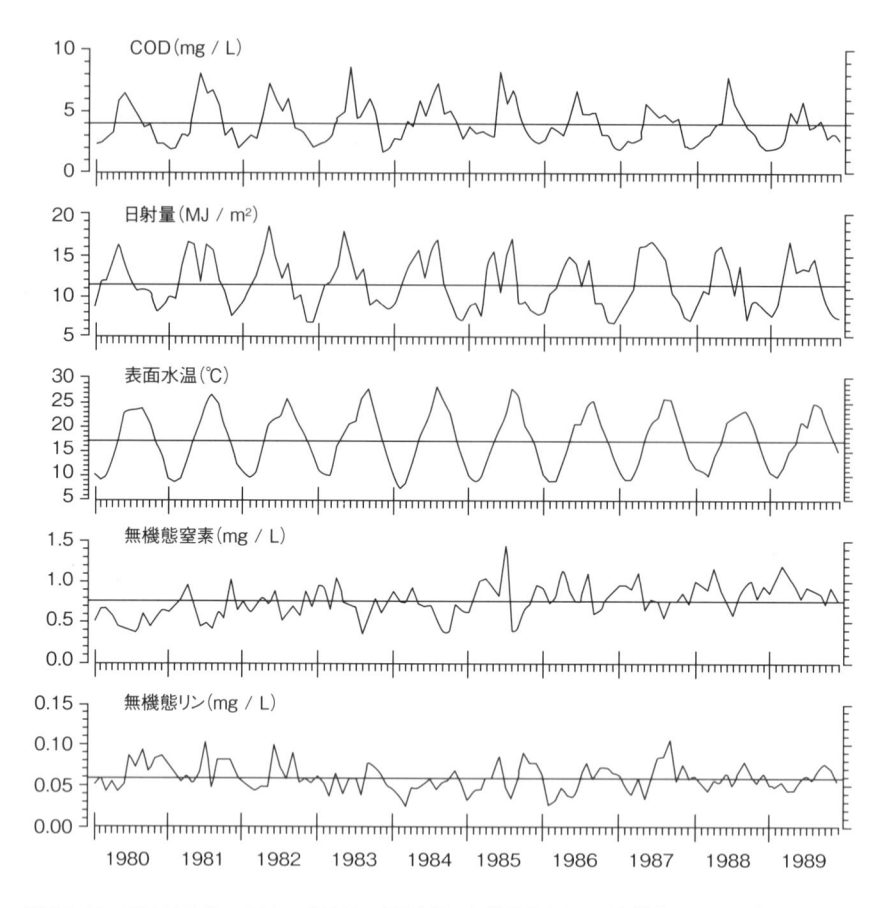

図 2·2·16 1980-1989 年の COD，日射量，表面水温，無機態窒素および無機態リンの時系列
日射量を除いて，湾内 40 点の平均である．水平線は 10 年間の平均値である．Kawabe & Kawabe（1997）を改変．© 日本海洋学会の許可を得て引用．

で低い．成層して二層構造となり，下層では沖側から DO の高い水が流入するが，下層で酸素が消費され，上層からの供給はないので，陸側にいくほど DO 濃度は低くなる．8 月の下層で DO が 2 mL/L 以下となっているのは，川崎－盤洲ラインより奥部（一般的に東京湾奥部と呼ばれる）である．

近年の下層 DO の季節変化として 1998 年の経月変化を図 2·2·27 に示す．湾奥中央部の C8 では 7 月から 9 月にかけてほとんど無酸素状態にあり，6 月から 10 月にかけても 3 mL/L（4.3 mg/L）以下で漁場環境としてふさわしくない環境にある．東京湾の重要な漁場である K9 でも 7 月から 9 月にかけて漁場は悪化しているが，浦賀水道（K14）までくると漁場としては問題がない．

B．DO の経年変化

宇野木・岸野（1977）によれば，東京湾下層の DO は 1950 年から 70 年へ向かって減少傾向にあり，1970 年から回復傾向にある（図 2·2·28）．図 2·2·15 によれば 1955 年から 1970 年にかけて B-3 でも B-6 でも表層 COD が約 1 mg/L から 3 mg/L に急増しているので，下層の DO の減少はこの急激な COD の増加によって引き起こされたと推定される．

東京湾の縦断面の湾奥（測点 C8），湾央（K9）および湾口（K14）の 1989 年以降の下層 DO の推移を図 2·2·29 に示した．DO は全体的に

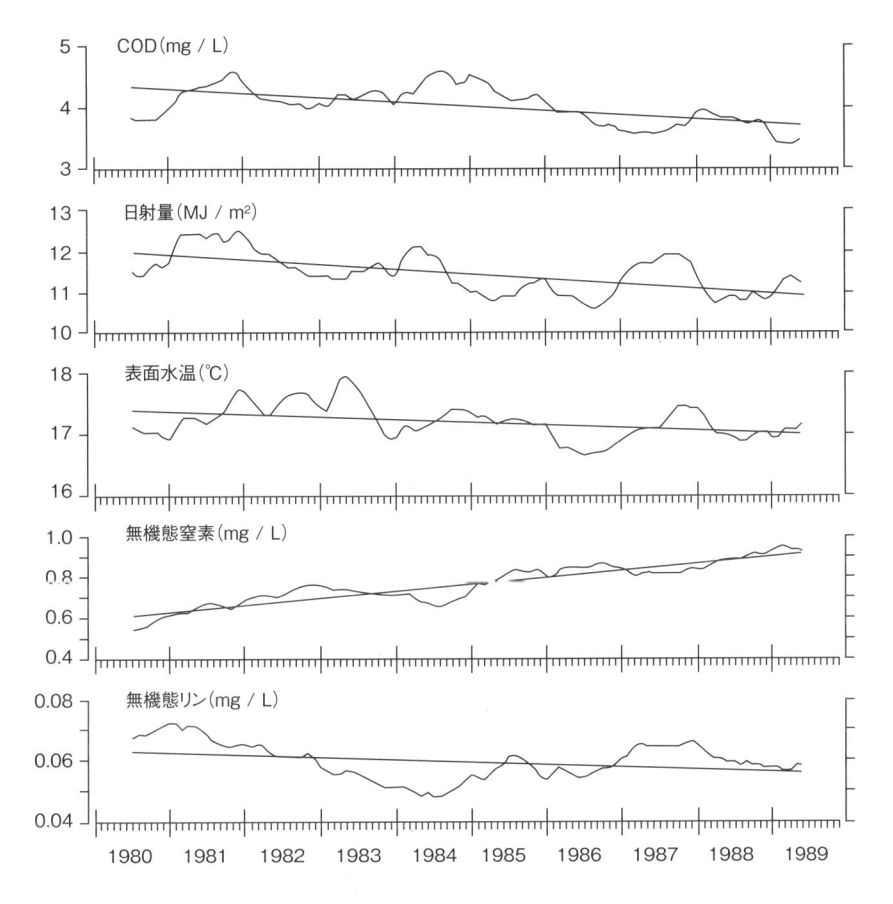

図 2・2・17　東京湾の COD と関連する環境要素の 12 ヵ月移動平均
環境関連要素は図 2・2・16 と同じ．Kawabe & Kawabe（1997）を改変．
© 日本海洋学会の許可を得て引用．

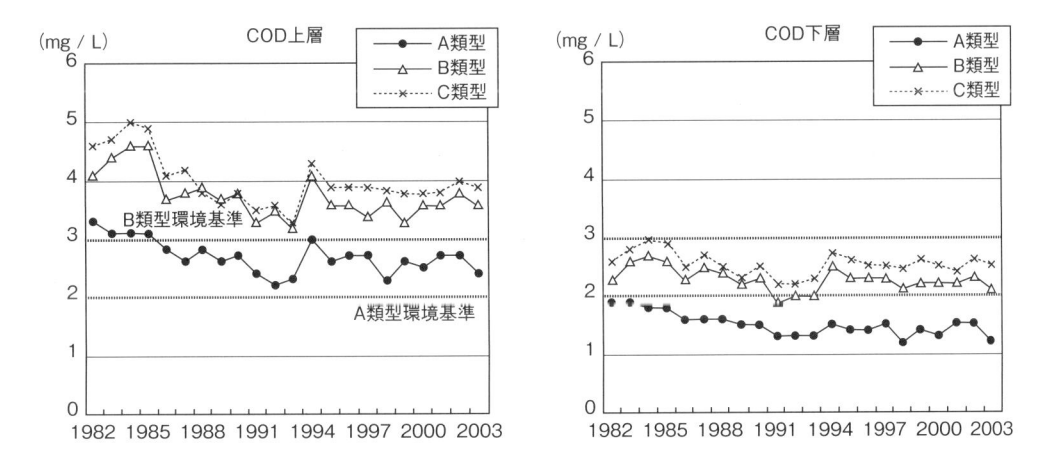

図 2・2・18　東京湾の水域類型別 COD の経年変化
東京湾水質調査報告書（平成 15 年度）を一部改変して引用．

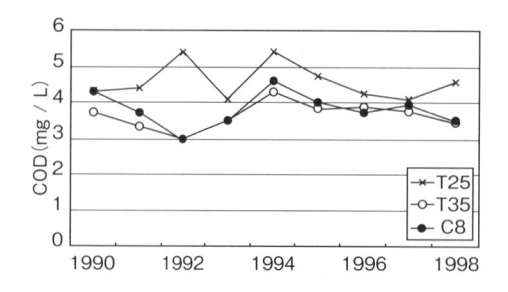

図 2・2・19　東京湾奥部上層 COD の経年変化
多摩川河口（測点 T25），多摩川河口沖（T35），湾奥中央（C8）．

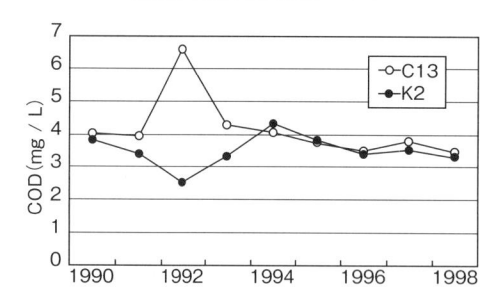

図 2・2・20　東京湾奥中央部上層 COD の経年変化
川崎市と市原市を結ぶラインの中間点（測点 C13），川崎市の沿岸（千鳥町沖）（K2）．

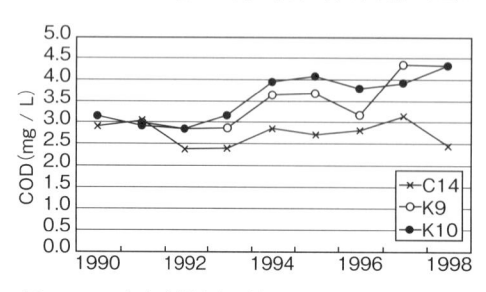

図 2・2・21　東京湾横浜市－袖ヶ浦市水域上層 COD の経年変化
袖ヶ浦市沖（測点 C14），中の瀬北（K9），本牧（K10）．

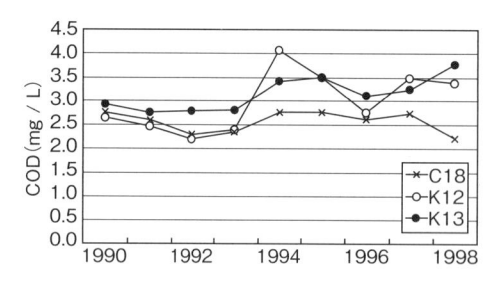

図 2・2・22　東京湾中の瀬南周辺水域上層 COD の経年変化
君津市沖（測点 C18），中の瀬南（K12），富岡沖（K13）．

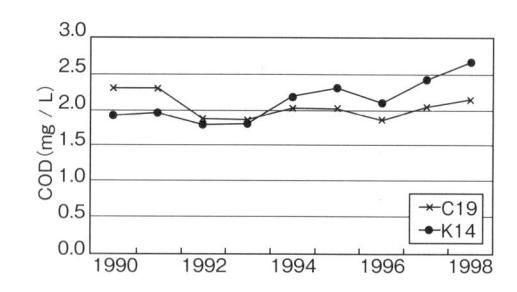

図 2・2・23　東京湾浦賀水道周辺水域上層 COD の経年変化
浦賀水道千葉側（測点 C19），第三海堡東（K14）．

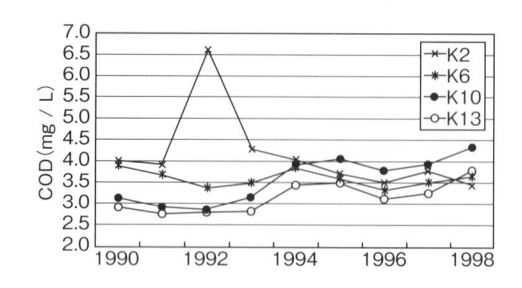

図 2・2・24　神奈川県沿岸の COD 経年変化の比較

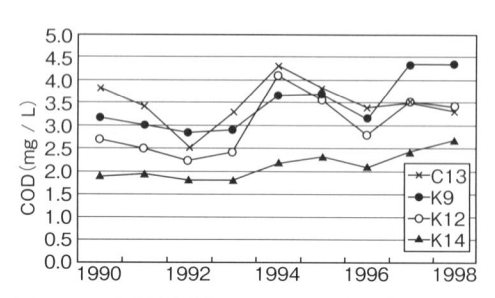

図 2・2・25　東京湾中央部ラインの COD 経年変化の比較

冬季に高く，夏季に低い．湾奥では夏季にほとんどゼロに近い値を示し，10 年間に変化は見られなかった．湾央では最低値が 1993 年までは約 5 mg/L であったが，1994 年以降減少し始めて 90 年代の終わりには約 2 mg/L を示した．湾口の最低値は 1993 年までは 6 mg/L であったが，1994 年以降は 4 mg/L に低下している．前項で述べたように東京湾では 1994 年に COD が増加していて，詳しく調べると，横浜の本牧から以南の神奈川県側で COD が増加していた．このことと DO の 1994 年以降の減少の関連を

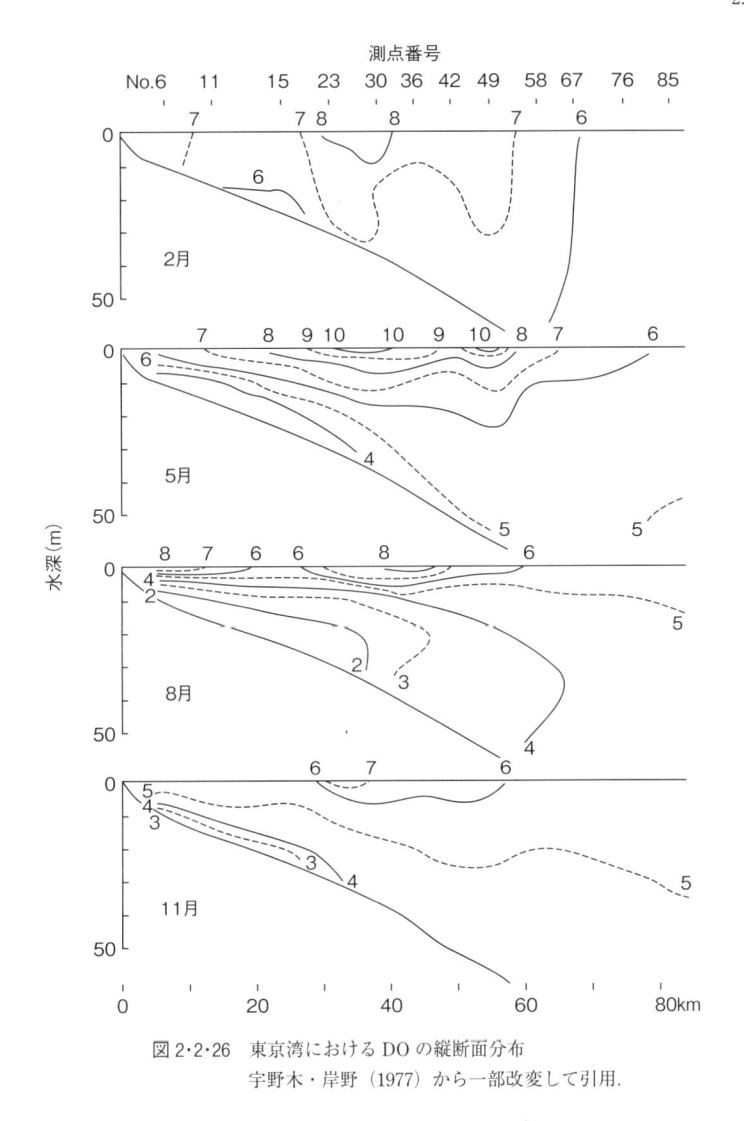

図2·2·26 東京湾におけるDOの縦断面分布
宇野木・岸野（1977）から一部改変して引用．

知るために，1994年以降CODが増加した調査点についてDOの推移を調べた．図2·2·30には図2·2·21に対応する測点C14, K9およびK10のDOの推移を示したが，図2·2·21のCODと対照的にCODが増加した点でDOが減少した．湾央の中の瀬北周辺では千葉県側のC14では経年的な変化が見られないが，神奈川県側のK9とK10では1994年以降DOが減少している．中の瀬南（K12）周辺水域でも，富岡沖（K13）とK12では1994年以降DOが減少しているが，千葉県側のC18では減少傾向は見られない（図省略）．湾口外側水域でも神奈川側のK14では1994年以降DOが減少傾向であるが，千葉県側（C19）では1998年に減少している（図2·2·31）．

C. 90年代の下層DO変化と上層COD変化との関係

神奈川県側で1994年以降に下層のDOが低下して，上層のCODが増加しているので，この間の関連について年平均データを用いて検討した．本牧より北側の海域では上層のCODと下層のDOとの間には相関が認められなかった．中の瀬北周辺水域の関係（図2·2·32）を見ると，神奈川県側の測点K9とK10では両者

の間に良い相関が見られたが，千葉県側では見られなかった．中の瀬南周辺水域の関係（図2・2・33）でも同様であった．観音崎−富津の湾口より外側の千葉県側では上層CODと下層DOの間に相関が見られたが，相関係数は小さかった（図2・2・34）．神奈川県側の第三海堡東では相関係数が大きかった．このように，明らかに本牧より南の神奈川県側 および湾央では上層CODの増加とともに下層DOが減少していて，係数は平均値で−1.1（上層でCODが1.0 mg/L増加すると下層DOが1.1 mg/L減少する）であった．神奈川県側でCOD負荷量が増加したか，神奈川県側水域でCODが増加するような何らかの環境変化があったものと考えられる．

2.2.4 青潮

A. 分布

青潮は，底層の無酸素水が岸近くに湧昇して，海水が緑と白が混合したエメラルド色に近い色に変色することをいう．柿野（1998）は東京湾の青潮について原因や被害について簡潔にまとめている．寒川（1995）は青潮の独特の色について，青潮中の硫化水素と酸素を含んだ海水との反応によって生じると述べている．東京湾ではおもに8月から9月にかけて，湾奥の船橋航路周辺から三番瀬にかけて青潮が生じる．船橋航路は水深が10〜12 mあり，周りの海底の

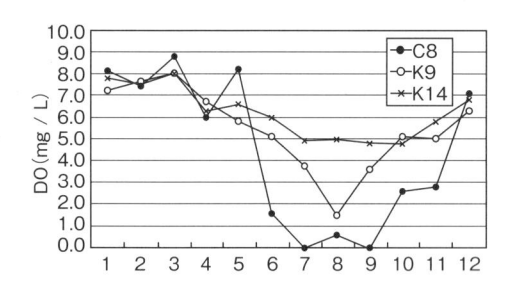

図2・2・27 東京湾湾奥中央（測点C8），中の瀬北（K9）および第三海堡東（K14）における1998年のDOの経月変化

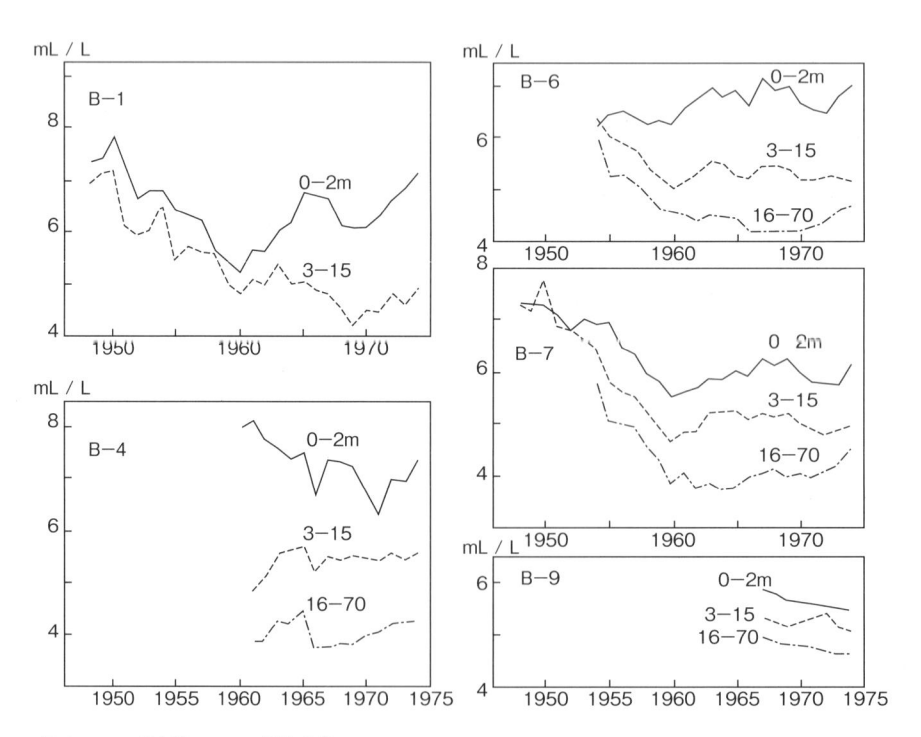

図2・2・28 東京湾のDOの経年変化
B-1：奥部船橋沖，B-4：横浜沖，B-6：中の瀬周辺，B-7：千葉県富津沖，B-9：観音崎−富津より外海域．宇野木・岸野（1977）を一部改変して引用．

2.2 東京湾の海洋環境

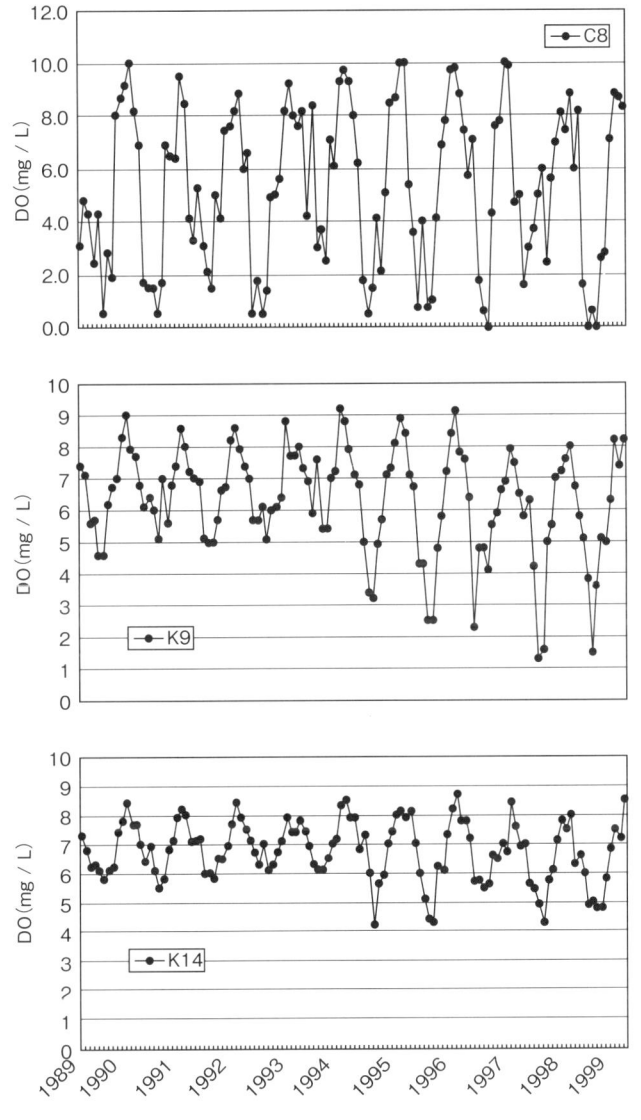

図2・2・29 湾奥中央（測点C8），中の瀬北（K9）および第三海堡東（K14）の下層におけるDOの経年変化
測点は図2・2・13参照．

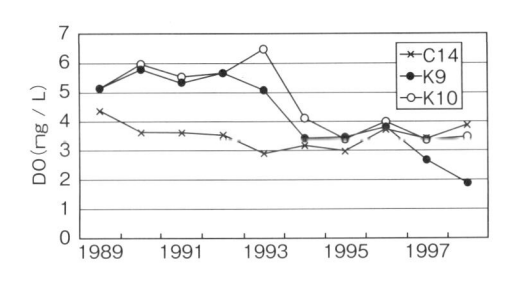

図2・2・30 東京湾横浜市－袖ヶ浦市水域下層DOの経年変化
袖ヶ浦市沖（測点C14），中の瀬北（K9），本牧（K10）．

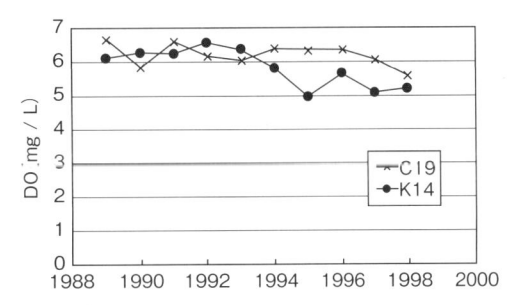

図2・2・31 東京湾観音崎－富津湾口側水域下層DOの経年変化
千葉側（測点C19），第三海堡東（K14）．

第2章 海域

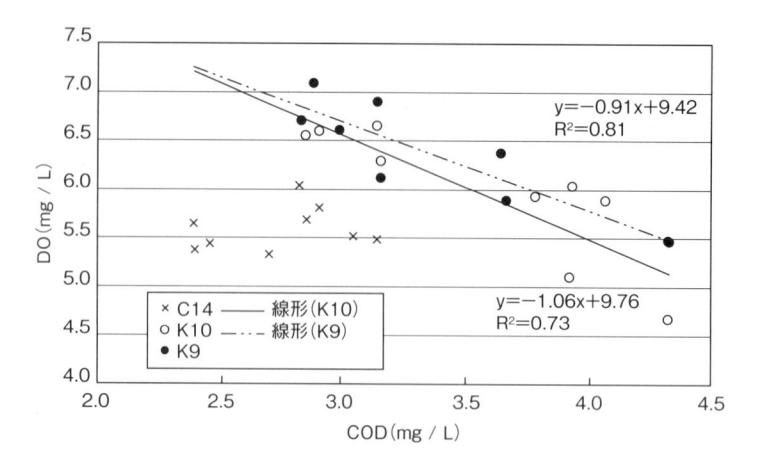

図2・2・32 中の瀬北(測点K9)周辺水域における上層CODと下層DOの関係
本牧(K10), 袖ヶ浦市沖(C14).

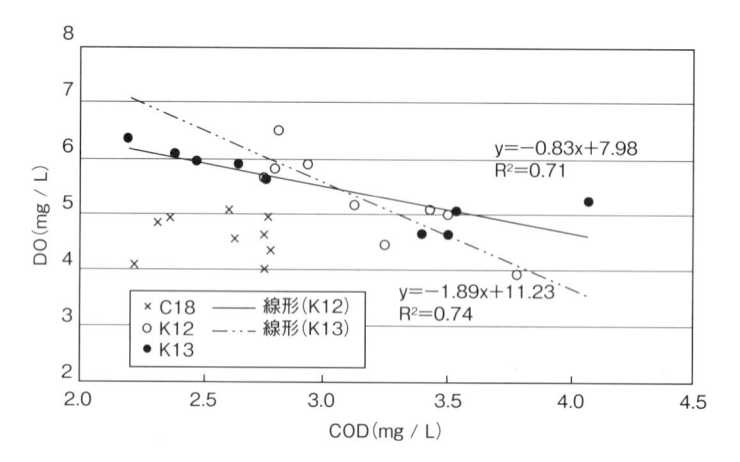

図2・2・33 中の瀬南(測点K12)周辺水域における上層CODと下層DOの関係
富岡沖(K13), 君津市沖(C18).

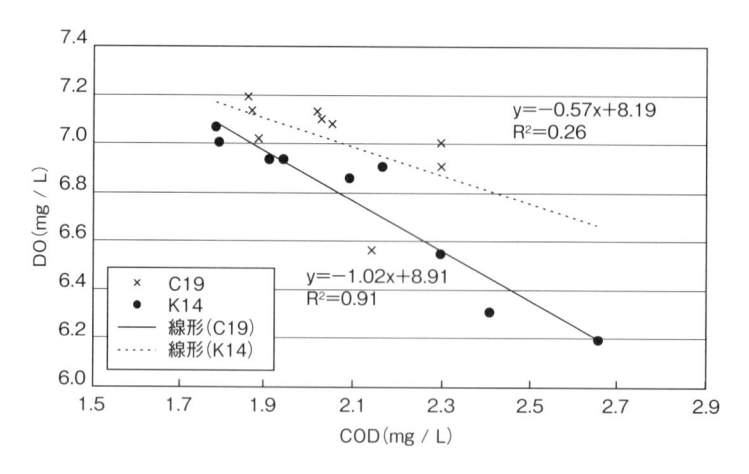

図2・2・34 湾口周辺水域における上層CODと下層DOの関係
第三海堡東(測点K14), 浦賀水道千葉側(C19).

深さが数 m のため，航路の下層では海水交換が悪くて貧酸素・無酸素が生じる．航路の上層水が北東の風によって沖へ輸送されると，これを補う形で下層水が船橋港に向かって流れて，船橋港にぶつかって湧昇することによって青潮が生じる．北東風が弱い場合，吹く時間が少なければ青潮は船橋港周辺に留まる（小規模青潮）が，風がより強いと，湧昇した青潮は三番瀬に流入してアサリなど生物に悪影響（中規模）を与える．さらに強い風の場合には，青潮は三番瀬の沖にまで張り出す（大規模）．船橋航路内の無酸素水だけでは中規模または大規模の青潮を生じさせるには不十分と考えられる．このときには東京湾奥部底層広範囲の無酸素水が湧昇すると考えられる．図 2・2・35 には青潮が発生したときと発生していないときの東京湾縦断面分布を示したものである（柿野，1998）．図の上の測点 P-1 は船橋航路付近で，P-2 〜 P-4 は一番上に距離（km）が示しているように，縦断面の観測点である．P-4 は湾央の川崎 − 盤洲ラインの中央付近に位置する．平常時に湾央に存在していた無酸素水が青潮時に船橋航路まで輸送されていることがわかる．

このように東京湾の青潮は，夏季の低気圧の通過に伴う北東風によって東京湾北東岸にあたる船橋航路から三番瀬周辺に生じていた．しかし，2004 年 8 月 18 〜 19 日には南西風が強く吹いたときに，羽田沖から横浜港沖の本牧の東京湾西岸にかけて発生している（風間ほか，2004）．

B. 青潮の経年的発生回数

東京湾で青潮という言葉を初めて報告したのは菅原・佐藤（1966a）とされる．柿野（1998）はすでに 1950 年代初めには貧酸素水による二枚貝の斃死がしばしば発生していた，と述べている．

柿野（1998）や東京湾水質調査報告書から青潮発生回数の推移を図 2・2・36 に示した．これを見ると，1985 〜 95 年にかけては年に 6 回程度発生していたが，それ以降は約 3 回程度に減少している．

C. 青潮発生機構

すでに述べたように，青潮は陸から海に吹く風によって，上層水が沖に輸送され，これを補う形で下層水が陸側に湧昇することによって生じる．東京湾において青潮の原因となる無酸素水については 3 つの起源が想定されている．1 つはすでに述べたように船橋航路内，2 つめに東京湾央部底層，3 つめに千葉県沿岸域に存在する深い窪地（以前の埋立のために浚渫したもので，深いところでは水深 30 m ほどある）である．柿野ほか（1987）は，1979 〜 80 年にかけて青潮発生機構を定量的に把握するために，船橋地先から湾央にかけて風と流れの関係を調べた．船橋沖の底層水の流れを 19 日間連続観測した．潮汐成分による 1 潮汐の間の流程は 1.3 km 以下であり，1 日にすると 3 km 弱となる．潮汐成分を除去して風と底層水の関係を調べた．夏季には南西風が卓越していて，そのときの底層流は西向きであった．北東風が吹くと，底層の流れは北東になり，岸に向かって流れた．北東を中心とする北西〜東までの離岸風の 24 時間平均値（X：m / 秒）と西北西〜東の方向の底層流（Y：cm / 秒）の 24 時間平均値の関係は，

$$Y = 3.172 X - 3.636, \text{相関係数}：0.73$$

であった．仮に X を 5 m / 秒とすると，24 時間で底層流の流程は 10.6 km となる．船橋付近から湾央までの距離は 15 km 程度なので，風速が 7.5 m / 秒もしくは，5 m / 秒であっても 1 日半北東風が続くと，湾央の無酸素水が船橋付近にくることになる．したがって，中規模以上の青潮の場合東京湾央の無酸素水が青潮の起源となることが明らかにされた．

千葉県が 1996 年に実施した環境影響評価のための補足調査の中で青潮に関連した調査も行

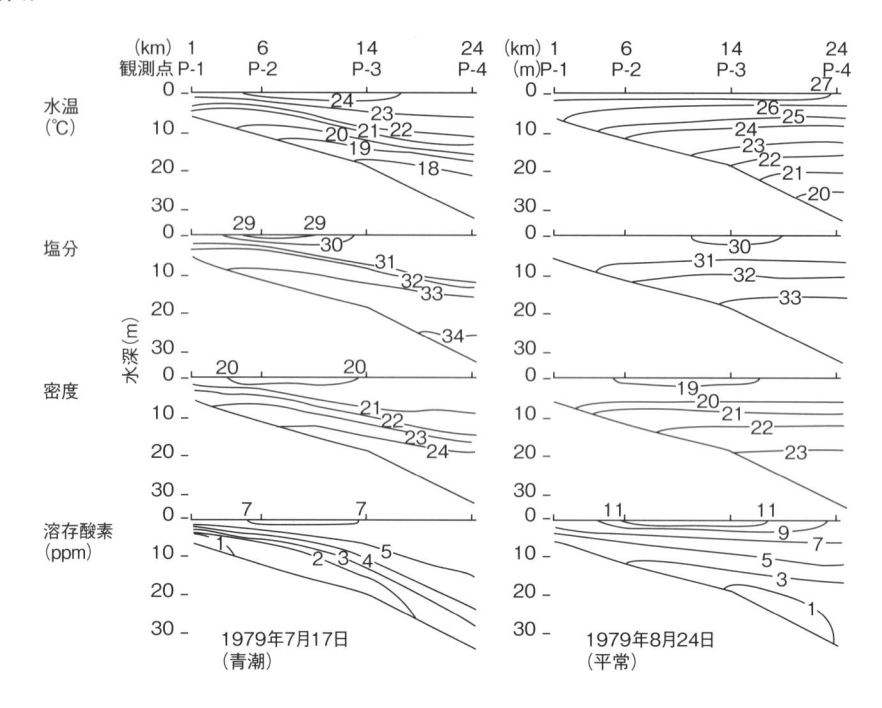

図2・2・35 青潮の発生時(左)と平常時(右)の水温,塩分,密度,DOの縦断面分布
柿野ほか(1987)を一部改変して引用.

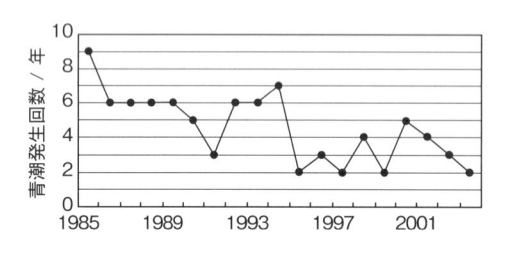

図2・2・36 1985年以降の東京湾青潮発生回数の推移

われた.三番瀬周辺には浦安沖窪地(水深約15 m),茜浜沖窪地(水深約15 m)および幕張沖窪地(水深約25 m)の3つの窪地が存在する.補足調査結果によると,青潮の原因となる北東風が吹くと,船橋航路(水深約15 m)では上層と下層がほぼ均一になり,下層の無酸素水が上層に供給されたことを示した.一方窪地では,10 m付近まで混合する場合や,15 m近くまで混合する場合があったが,15 mよりも深く混合することはほとんどなかった.窪地の下層水の水温は低く塩分が高いため,密度が大きく混合しにくいと考えられる.したがって,窪地の15 mより浅い無酸素水は青潮に寄与すると考えられるが,それより深い無酸素水は大規模な青潮の場合でなければ寄与は小さいと考えられる.

前述したように,2004年8月に羽田から横浜にかけて青潮が発生した.千葉県側でなく羽田水域で青潮が発生することは近年では珍しいことである.東京都の発表によれば,10時30分に京浜運河で表層DOが0.6 mg/Lの白濁海水を発見,12時には東京灯標付近で海水の変色を確認.15時国土交通省が羽田沖の青白い水塊を確認.横浜市でも大桟橋付近で魚類の斃死が見られて,その後魚類の斃死は本牧方面に広がったと述べた.このときは南西の風が吹いていた.

夏季の東京湾では南西風が卓越しているので,南西風が吹いたから青潮が起きたということは考えにくい.したがって,青潮の主原因は風ではなく,羽田沖から横浜港沖に通常よりDO濃度が低い水塊が形成された可能性が高いが,そのような点からの調査がなされていない.

羽田，横浜方面の青潮発生機構は今後の課題である．

2.2.5 透明度

宇野木・岸野（1977）は，湾奥のブロック-1，2，3（現在のBおよびC類型水域に相当）の透明度は1950年代初めには2.5～3.5 mであったが，1956年ごろから低下しはじめて1970年頃には2 m前後となったと述べている（図2·2·37）．

図2·2·38に2001年度，図2·2·39に2003年度の東京湾上層のクロロフィル a と透明度の経月変化を示した．年によってピークの月が異なっているが，クロロフィル a は春から夏にかけて高く秋から冬にかけて低い一方，透明度はその逆となっている．東京湾の場合，透明度を決めているのは植物プランクトンであることが明瞭に示されている．東京湾の自治体関係者では，クロロフィル a が50 mg/m^3 を赤潮判定の目安としていて，これは透明度で1.5 m以下に相当するとしている．2003年度のクロロフィル a の経月変化は，図2·2·14に示したCODの季節変化と類似しているので，東京湾のCODはおもに植物プランクトンによって決まっていると考えられる．1970年頃から最近までの透明度の経年変化は手元にないが，図2·

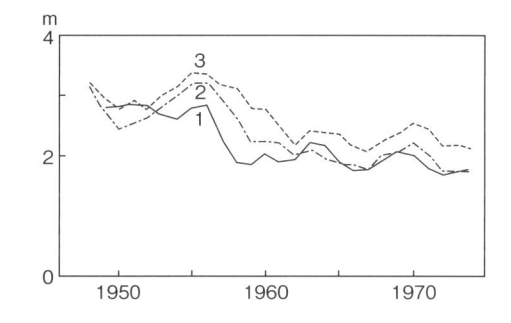

図2·2·37 東京湾奥ブロック1～3における透明度の経年変化
宇野木・岸野（1977）より一部改変して引用．

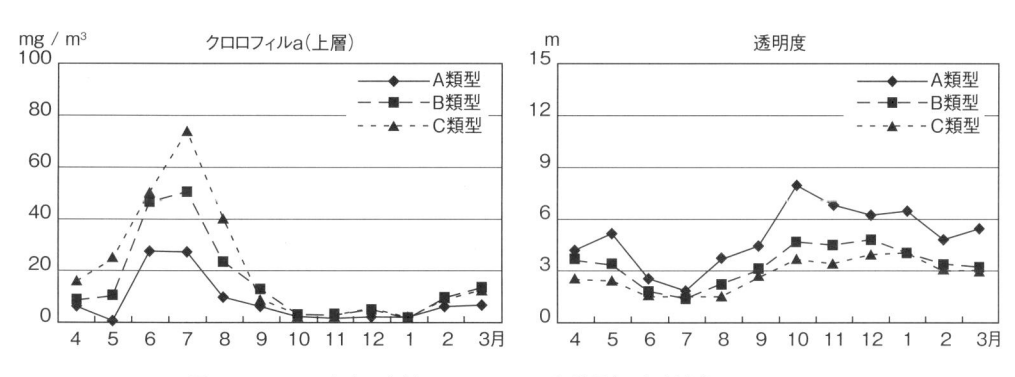

図2·2·38 2001年度の上層クロロフィル a と透明度の経月変化
平成13年度東京湾水質調査報告書から引用．

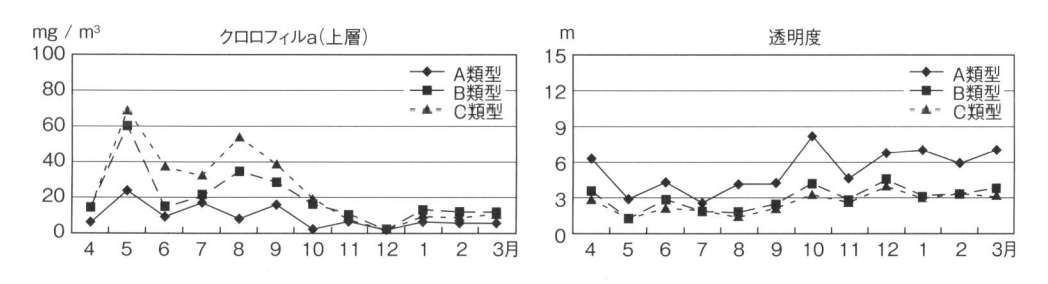

図2·2·39 2003年度の上層クロロフィル a と透明度の経月変化
平成15年度東京湾水質調査報告書から引用．

2·38, 2·2·39を見ると，最近の湾奥部（Bおよび C 類型水域）の年平均透明度は約3mであり，透明度は1970年頃と比較すると改善されたと考えられる． (佐々木克之)

2.2.6 栄養塩

A. 栄養塩とは

植物プランクトンが比較的多量に要求するものの，海洋環境では不足しがちな窒素，リン，珪素の無機塩類を栄養塩と呼んでいる．窒素，リンは生物体を構成する有機物に普遍的に含まれているが，珪素は珪藻類など限られた種類の浮遊生物の無機質（シリカ質）の殻にのみ含まれる．栄養塩濃度は植物プランクトンの増殖を顕著に制御し，基礎生産のポテンシャルや赤潮発生の可能性を考えるうえで有用な情報である．しかし，生物代謝が活発な海域では栄養塩の同化や無機化による再生が速やかに繰り返されており，栄養塩濃度は富栄養化の進行を評価するための水質要素としては必ずしも適当ではない．そこで有機態などすべての形態の化合物を含めた元素の総量が富栄養化の指標とされ，全窒素（TN）や全リン（TP）が用いられる．ただし，東京湾の栄養塩濃度は年間を通じて高く，一次生産を栄養塩類が律速することは稀とされてきた（山口，1999）．したがって，東京湾の余剰栄養塩類レベルの推移は窒素・リン負荷の推移をある程度代表させることができると考えられる．加えて，硝酸塩，亜硝酸塩，アンモニウム塩（アンモニア），リン酸塩，珪酸の供給・消費過程はそれぞれ特徴があり，個別の栄養塩データは物質循環や生物地球化学的プロセスの検討にも利用できる．さらに栄養塩類は古くから定量法が確立していたため，長期にわたるデータが存在し，環境の長期的な変動を解析するうえでも好都合である．

東京湾における栄養塩類については戦前から測定例があるが，分布やその変動について豊富なデータが得られるようになったのは戦後，とくに1960年代以降である（坪田・児玉，1973）．観測データを報告した文献も多数あるが，ここではこれまでに報告されてきた栄養塩動態の概況を整理し，筆者の所属する東京海洋大学による最近の定点観測データも紹介しながら，東京湾の栄養塩動態についてまとめてみたい．

B. 栄養元素収支の全体像

図2·2·40に栄養元素の収支に関与するプロセスを模式的に示す．東京湾のような内湾域では，陸域から流入する淡水が湾内で海水によって希釈されつつ外洋へ流出していく．淡水の影響を受けた低塩分水が表層から流出すると，それを補う形で下層から外洋の海水が流入するが，このような循環過程以外にも様々な物理過程によって外洋と湾内の海水は交換していると考えられる（長島・松山，1999）．東京湾の水の滞留時間は1〜3ヵ月と推定される（服部，1983）が，淡水流入量を湾の水の総量で割って得られる淡水の滞留時間は約2年とされるので（長島・松山，1999），湾外から流入する海水は極めて多いことになる．

陸域から供給される淡水は，海洋への物質供給の主要な担い手である．河川水中の栄養元素は，生物圏由来の供給，人為起源の供給，風化・浸食に伴う地殻由来の供給が考えられる．窒素については大気からの沈着の寄与も注目されているが，人間活動の影響の大きい沿岸域においては大気から供給される窒素化合物よりも人為起源のものが圧倒的に多いと考えられる．海洋に供給される窒素には地殻由来の供給はほとんどない．一方，珪素は地殻を構成する鉱物の主要成分であり，河川経由の供給もほとんどが地殻由来といってよい．リンの鉱物中の濃度はずっと低い（0.01〜1%程度）が，やはり地殻由来の供給が考えられる．しかしリンの場合には，さらに生物圏・人為起源の供給が加わる．東京湾では淡水とともに膨大な量の窒素・リンが負荷されているが，その大部分は人為起源と見なしてよい．一方，珪素は人為起源の供

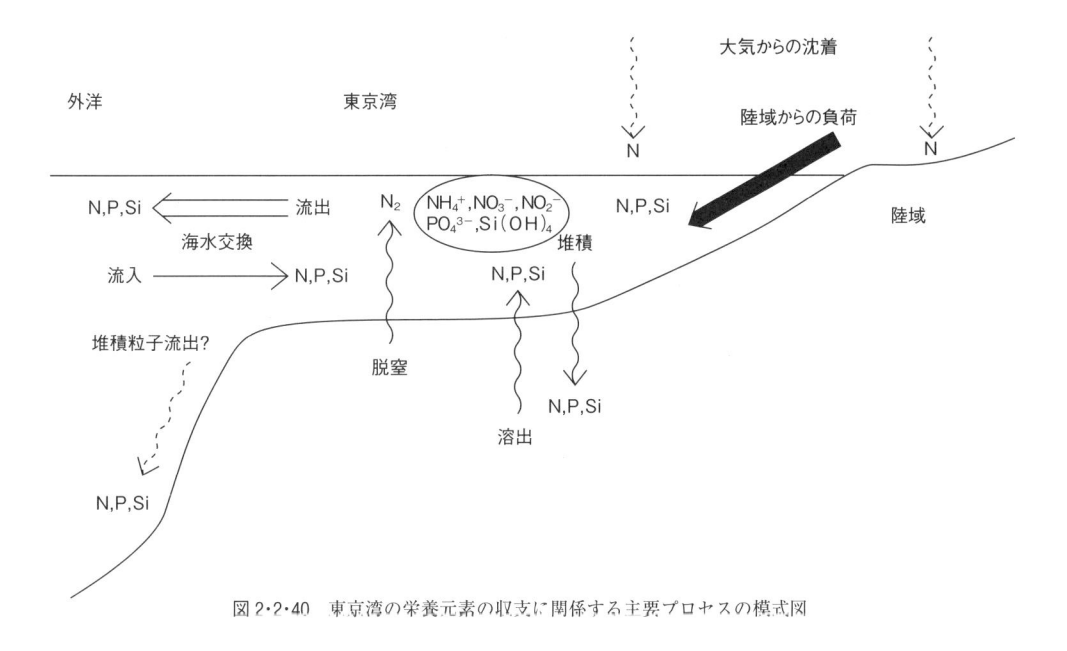

2.2 東京湾の海洋環境

図2・2・40 東京湾の栄養元素の収支に関係する主要プロセスの模式図

給はわずかで、河川の改修やダムの効果を通じて人間活動はむしろ供給量を下げる方向にはたらく。

松村・石丸（2004）の推定による1997～98年度の東京湾における窒素とリンの供給量は，窒素が年間約104,000トン，リンは約6,000トンである．供給のN/P比（原子比）は38：1と算出される．一般に海洋プランクトンの窒素：リンの要求比率は16：1であるから[*1]，東京湾でのN：Pの供給比はこれよりはるかに高く，窒素供給が過剰であることを示している．湾内に流入した窒素やリンは，すべてが外洋に流出するのではなく，一部は湾内で堆積していく．また窒素は微生物の代謝によって窒素ガスとして除去される過程がある．この過程は脱窒と呼ばれ，硝酸塩を電子受容体とする有機物分解過程（異化的硝酸還元）の一種であり，硝酸塩はN_2に還元される．Matsumoto（1985）は210-Pb法[*2]による湾内での堆積速度分布と堆積物（表層）の窒素・リン含量から，湾全体での窒素の堆積量は年4,200トン，リンは年1,000トンと算出している．窒素・リンの単位面積・時間当たり沈降量（沈降フラックス）（佐々木，1991）

はこの堆積速度の3～4倍あり，余剰分は堆積物中での分解・溶出，脱窒，再懸濁による移送などの元になっていると考えられる．脱窒については小池（1993）が堆積物からの脱窒を年3,700トン，貧酸素な底層水中の脱窒を1,000トンと推定している．窒素についてはこれらの堆積・脱窒量は上述の流入量の約9％に過ぎず，リンの堆積量も流入量の約17％に過ぎない．残りは何らかの過程で湾外へ放出されるという計算になる．

栄養塩濃度や全窒素，全リンを用いたボックスモデル解析でも湾外への流出，堆積・脱窒による除去の算出ができる．Matsukawa & Sasaki（1990），柳（1997）は脱窒量を前述の小池（1993）よりかなり高めに算出している．さらに松村ほか（2002）のボックスモデル解析では湾に流入

[*1] 炭素も含めたプランクトンの平均的な要求比（原子比）はC：N：P＝106：16：1とされ，これをレッドフィールド比と呼ぶ．

[*2] 210-Pbは気体の222-Rnを経る放射壊変により大気中で生成するため，堆積した後は半減期22年で減少していくのみである．新たに海底に堆積した粒子に210-Pbが一定量含まれると仮定できれば，堆積物中の210-Pbの鉛直方向の減少率を用いて堆積速度を算出することができる．これを210-Pb法と呼ぶ．

する1日平均307トンの窒素のうち，外洋に流出するのは138トンで，残りの169トンは湾内での堆積および脱窒にあたると推定されている．この相違の原因としては，前述の堆積や脱窒の推定に過小評価がある可能性や，ボックスモデルでは把握しきれない湾外への流出プロセス（例えば堆積粒子の流出など）がある可能性などが考えられている．珪素の収支については，後述のように供給量の推定が難しいこともあって，窒素・リンのような定量的な議論はほとんどない．

C. 陸域からの栄養塩供給

陸域からの栄養元素供給は原単位法（流入域の人口・土地利用・排出源事業所数などからの推定）による間接的な推定が多く，河川水等のデータからの直接推定によるものは少ない．東京湾での最近の栄養塩供給の直接推定例として，松村・石丸（2004）による1997年4月〜1999年3月の期間についての窒素・リンの供給推定がある．それによると陸域からの窒素供給の87％，リン供給の77％を無機態の栄養塩類が占めていた．供給経路は河川経由が約60％で，残りは下水処理場・大規模事業所等から海域への直接放流とされ，大気から海面への窒素沈着等は無視できるほど小さいと考えられた．松村・石丸（2004）の推定における下水処理場の寄与分（窒素27％，リン36％）は海域や河口部への直接放流分のみで，河川へ放流された下水処理水は河川からの供給分に含まれている．処理水量と平均的な放流水の水質を考えると，河川経由の窒素・リンのうち，下水処理場放流水の寄与は窒素で少なくとも1/3以上，リンでは少なくとも1/2以上と思われる（東京都等の公表データを用いた筆者の試算による）．

松村・石丸（2004）は窒素栄養塩をDIN（溶存無機窒素，硝酸塩，亜硝酸塩，アンモニウム塩の合計）としてまとめて扱っており，その内訳は述べられていない．河川水の窒素栄養塩は硝酸塩とアンモニウム塩が主体であり，硝酸塩濃度はどの河川でも高濃度（100〜300 μM程度の場合が多い）含まれるが，アンモニウム塩は変動が大きい．東京都環境局（2004）の報告書データでは，硝酸態窒素に対するアンモニア態窒素の相対比は，例えば隅田川75％（両国橋，2003年度平均），多摩川31％（大師橋，2003年度平均），旧江戸川9％（浦安橋，2003年度平均）などと計算できる．河川水のアンモニア態窒素は下水処理場の放流水起源のものが大きく寄与していると考えられる．東京湾への硝酸態とアンモニア態の供給比率についてまとめたデータはないようであるが，内湾奥部の濃度等も考え合わせると，硝酸塩とアンモニウム塩の供給量はオーダー的にほぼ等しい程度と考えられる．珪素，リンの地殻由来の供給量は不明点が多い．とくに堆積物（鉱物）粒子（および粒子への吸着）による供給については，海域へ入った後の粒子の挙動が必ずしも明らかでなく，どの程度生物に利用可能な形態に移行しうるかも含めた検討が必要であろう．

さて，淡水とともに海域に流入した栄養塩類は生物活動によって濃度が変化していく．塩分に対する物質濃度のプロットをミキシングダイアグラムと呼び，図2・2・41に東京湾央表層水についての例を示した（才野，1988）．河川水が海水と混合して塩分が増加していく過程で，河川水由来の物質が単純に海水と混合されていけばミキシングダイアグラム上では直線として表現される（理論混合直線）．表層水の栄養塩類濃度は理論混合直線の下に分布する場合がほとんどで，生物による速やかな消費で濃度が低下していることがわかる（鈴村・小川，2001）．アンモニウム塩やリン酸塩でこの傾向はとくに顕著であるが，硝酸塩や珪酸では理論混合直線上にプロットされる（すなわち単純に希釈されていく）ように見える場合も多い（才野，1988）．硝酸塩が同化されにくいのは，窒素が過剰なうえにアンモニウム塩の方が優先して利用されるためと考えられる．底層水については，

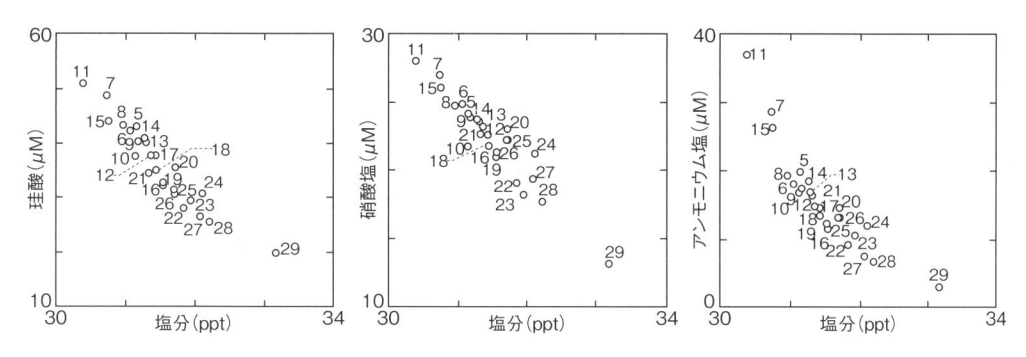

図 2・2・41 東京湾央表層水についてのミキシングダイアグラムの例（才野，1988）
左から珪酸，硝酸塩，アンモニウム塩．図中の番号は観測点番号．

リン酸塩等で堆積物からの溶出によって理論混合直線より高い濃度になることがあり，松村ほか（2004）はこの方法でリンの溶出量を算出している．

D. 鉛直分布と季節変動

湾奥から湾央にかけての表層では，陸域からの栄養塩供給を反映し濃度変動が強く現れる．しかし同時に植物プランクトンなどの同化による濃度低下の影響も明瞭である．底層では表層水との混合，無機化による再生，さらに堆積物からの溶出などの影響で濃度が変化する．図2・2・42に2002年1月，3月，8月に東京海洋大学の定点F3（多摩川沖 35°30.42'N, 139°49.48'E）の観測で得られた栄養塩類の鉛直分布を示す．3月と8月では表層のアンモニウム塩，リン酸塩，珪酸の濃度が低下しており，生物活動による消費が考えられる．とくに3月にはリン酸塩，珪酸がほとんど枯渇した状態になっている．アンモニウム塩は他の窒素栄養塩より優先して同化されることを反映して，夏季に表層での濃度低下が認められることが多い．窒素栄養塩の同化と再生を実測した服部ほか（1983）によるとアンモニウム塩の再生は常に同化と同時に進行しており，春先などに表層で再生によると思われる濃度上昇が起きることがある．硝酸塩，珪酸については淡水流入の影響が表層で強く出る．90年代前半に同じ点で調べられた季節変動データ（魚ほか，1995）でもこの点は共通で

あるが，リン酸塩が枯渇に近い状態まで落ち込むケースが最近やや増えているように見える（神田ほか，2008）．

一般に底層ではリン酸塩，珪酸の濃度が高くなる傾向があり，時にアンモニウム塩濃度が上昇することもある．これらは底層水中・堆積物での栄養塩再生を反映していると考えられる．とくにリン酸塩は溶存酸素濃度の低下と対応した濃度上昇がみられる．これは堆積物からのリン酸塩の溶出が酸化還元状態に強く依存することを反映している（鈴村ほか，2003）．リン酸塩は，底層水の溶存酸素濃度が高い酸化的な条件下では堆積物表層で3価の鉄（おもに水酸化物）などと結合して不溶化するが，還元条件ではこのような捕捉過程が働かず，堆積物から溶出していくことが知られている．図2・2・42の8月のデータはこの傾向がはっきり現れている．冬季には，河川流量の低下と混合の活発化により，表層と底層の濃度差がやや小さくなる．なお東京湾の東京都沿岸の最奥部（東京都内湾）では河川水起源の栄養塩の効果が強く出るため，夏季の低酸素条件で溶出が起こっている場合を除けば，季節を通じて表層の方が高濃度になった鉛直分布が多く見られる（安藤・山崎，2001）．

E. 水平分布

陸域からの供給は栄養塩の水平分布にも明瞭に現れる．湾内での栄養塩類の水平分布につい

第2章 海域

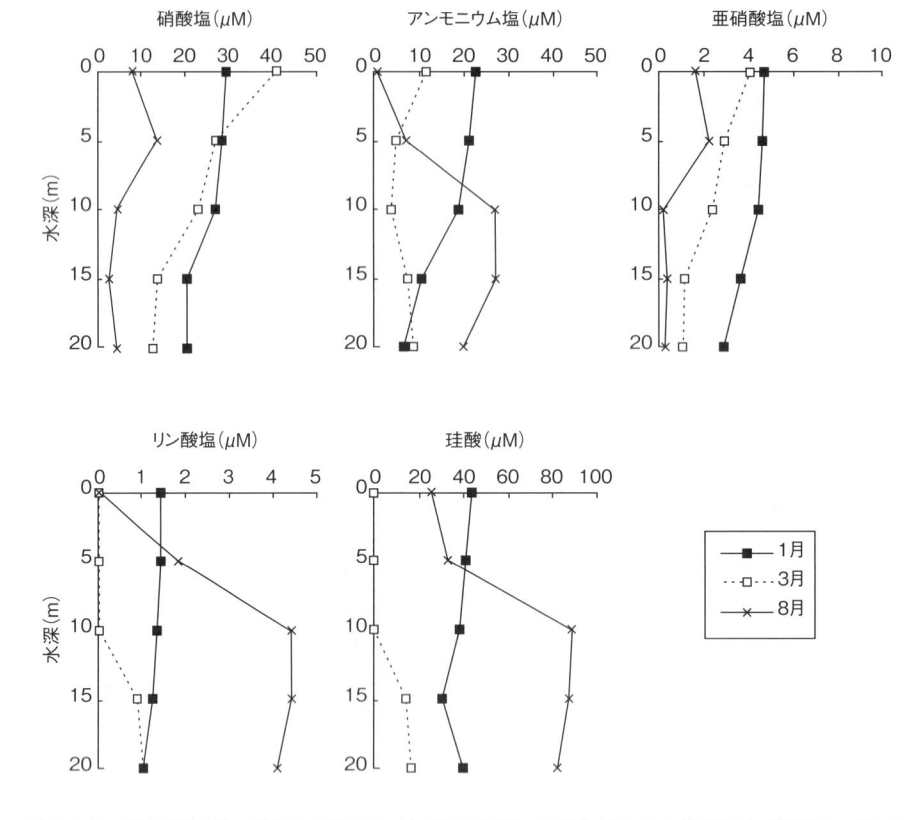

図2・2・42 東京海洋大学の湾奥部の定点F3（多摩川河口沖）の観測で得られた栄養塩類（硝酸塩，アンモニウム塩，亜硝酸塩，リン酸塩，珪酸）の鉛直分布
2002年1月，3月，8月の結果を例示した．

ては，宇野木・岸野（1977）の解析以来いくつかのデータが発表されている．二宮ほか（1997）は沿岸自治体によるデータを統計処理して月ごとの分布をメッシュデータとして整理している．これらのデータからは，東京湾奥部の北西部（東京都区部，川崎市・横浜市沿岸）の濃度が高く，沿岸から南東方向の沖合に向かって濃度が低下していく傾向が示される．北西部には江戸川，荒川，隅田川，多摩川等の流入が集中しており，淡水供給と栄養塩負荷が最も大きい．このような栄養塩の水平分布は塩分分布と多くの場合よく一致し，陸水起源の供給が水平分布に大きな影響を与えていることが示される．また横浜市以南の南西部沿岸でも陸起源の栄養塩の影響を受けて高濃度の栄養塩が分布している

こともわかっている（村井ほか，2003）．

北西部・南西部沿岸の高濃度分布は夏季に著しく，冬季にはやや弱まる．これは淡水供給量の季節的な変化を反映している．また冬季には上下混合が活発になるため陸域から負荷された栄養塩が希釈されやすくなることも影響している．

F．長期変動

栄養塩濃度は観測場所によっても，深度によっても大きく変化し，また短期的な時間変動の幅も大きいため，長期の変動トレンドを見出すのは困難なことが多い．しかし，東京湾の表層水についてはデータが比較的豊富なこともあり，このようなトレンドを整理した例がいくつか報告されている．

川島（1993）によれば1945年以前の東京湾への窒素流入量は1日約60トンであったという．これは松村・石丸（2004）の推定した1997～98年の流入量の約1/5である．流入量が急増したのは1950～60年代で，流入域（首都圏）の人口急増，土地利用形態変化，経済成長などを背景に負荷量（とくに有機汚濁物質）が急増した．水質汚濁防止施策の導入などによって1970年代までに負荷量の急増は一段落し，とくに洗剤の無リン化の効果でリンの負荷はかなり減少した．1980年代から今日まで窒素・リンともに負荷量は漸減していると推定されるものの，東京湾の水質の改善に反映されているとする見解は未だ少ない．

栄養塩濃度についても，1960年代にリン酸塩，硝酸塩，亜硝酸塩，アンモニウム塩ともに濃度が急増したが，1970年代前半頃までにこの急増は一段落した（宇野木・岸野，1977；江角，1979）．東京都による湾奥部観測定点で得られたデータを基にした解析（小川・小倉，1990；高田，1993）によれば，アンモニウム塩は1970年代前半にやや低下した後，70年代後半から80年代前半にかけて再び上昇して横ばい状態となった．一方，硝酸塩は80年代後半まで一貫して増加を続けていた．リン酸塩は70年代後半にかけて濃度が低下し，80年代はほぼ横ばいとなっていた．高田（1993）はこのデータと，それ以前について江角（1979）のまとめた千葉県沖のデータをまとめてグラフとして整理している．

一方，野村（1995）は1990年までの各機関による観測データを整理して，湾央部表層での平均濃度を求めて経年変動を調べた．それによると，湾央部でもリン酸塩濃度の低下とその後の横ばい状態，硝酸塩の増加傾向は湾奥部と共通であった．アンモニウム塩については1970年代前半にわずかに濃度が低下した後は，ほぼ横ばい状態で推移し，湾奥部のような増加傾向は見られなかった．無機窒素栄養塩の合計（DIN）としては湾央部では硝酸塩増加を反映した漸増傾向が認められた（野村，1995）．珪酸は1970～80年代のデータがほとんどないが，湾央部では戦後から1960年代にかけて急激に濃度が低下し（宇野木・岸野，1977；野村，1995），その後はほぼ横ばい状態とみなされた（野村，1995）．同じく1980年代の各機関のデータから湾全体のトレンドについて解析したKawabe & Kawabe（1997）によれば，やはり1980年代の表層水中のDINは増加，リン酸塩は漸減とみなせる．前述の通り，栄養塩濃度は栄養元素の流入のみを反映しているわけではない．Kawabe & Kawabe（1997）は，DINの増加は1980年代の日射量の低下（したがって光合成による消費の減少）とよく対応したものと解釈している．

その後の推移については，湾奥部（東京都内湾）の各観測点における東京都の定期観測データを用いた80年代から90年代後半にかけての統計学的な経年トレンドの推定（安藤ほか，1999），1980～2002年度の東京湾全域の表層についてのTNとTPの空間分布の推移（安藤ほか，2005）が発表されている．また東京海洋大学が維持している湾央部の定点F3，定点F6（木更津沖；35°25.12'N, 139°47.48'E）における1989年から2004年についての経年変化（魚ほか，1995；松村ほか，2001；神田ほか，2008）も公表されている．

安藤ほか（1999）の湾奥部（東京都内湾）における80年代から90年代後半にかけてのトレンド解析では，観測点ごとの異同はあるものの，総じてアンモニウム塩は80年代半ば以降減少に転じ，硝酸塩は90年頃まで増加した後に減少に転じた傾向が見出されている．リン酸塩については80年代半ば以降の減少は緩やかではあるが，長期的には減少傾向とみなせるようである．ただし安藤ほか（1999）では底層水についてのトレンドも報告されており，窒素栄養塩では横ばいないし漸増，リン酸塩では横ばいな

いし漸減となっている．TN，TPのトレンドともあわせて，安藤ほか（1999）は湾奥部では水質全体として目立った改善傾向にはないと結論づけている．安藤ほかはさらに1980～2002年度の東京湾全域の表層について，TNとTPの空間分布の推移を検討している（安藤ほか，2005）．湾奥の高濃度域は80年代半ば以降，縮小傾向にあり，逆に湾口部から低濃度域が拡大する傾向が指摘されている．

図2·2·43は野村（1995）による東京湾の湾央部での1990年までの表層水の平均栄養塩濃度と，東京海洋大学の定点F3および定点F6における1989年から2003年についての表層の栄養塩濃度（神田ほか，2008）を併せて，アンモニウム塩，硝酸塩，リン酸塩，珪酸についてグラフ化したものである．野村（1995）の平均濃度とF3・F6の平均値（図中の点線）はほぼ同じ濃度レベルにみえるが，前者の多数の観測データの平均値と後者の2定点の平均値は全く異なる性質のデータであるから，この図によるトレンドの解釈には注意が必要である．東京海洋大学の観測では，多摩川沖では1990年代にDINと珪酸（統計的には有意でないがリン酸塩も）が漸減する傾向が見出されたが，木更津沖では珪酸が漸減したほかはほぼ横ばいであった（松村ほか，2001）．さらに，表層から5m間隔の深度別データを1989年から2004年までの期間について解析した結果（神田ほか，2008）では，多摩川沖（F3）では全層にわたって窒素栄養塩類濃度の減少が有意であったほか，リン酸塩，珪酸も表層での減少が有意であった．木更津沖（F6）では，アンモニウム塩が全層で有意に減少したほか，表層では硝酸塩以外の各栄養塩類も有意に減少した．アンモニウム塩の減少トレンドはどちらの点でも全層で明瞭であった．松村ほか（2001）の見出したDINの漸減はアンモニウム塩の減少を反映したものと考えられる．これらの観測は現在も継

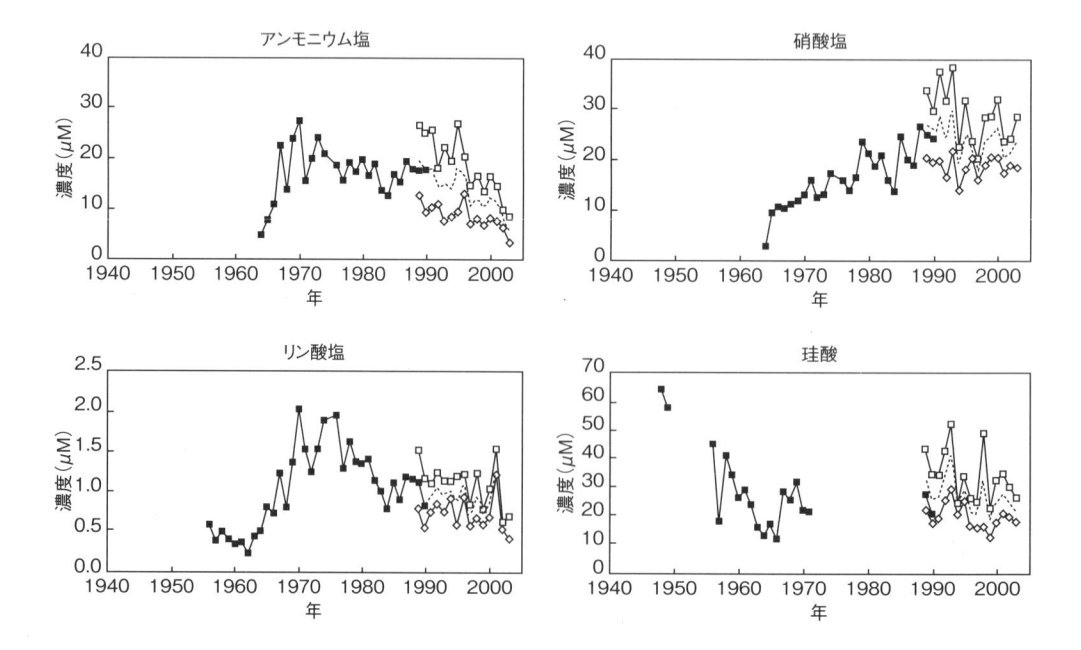

図2·2·43　東京湾湾央部表層の栄養塩類濃度（アンモニウム塩，硝酸塩，リン酸塩，珪酸）の推移
　　野村（1995）による東京湾の湾央部での1990年までの表層水の平均栄養塩濃度（■）と，東京海洋大学の定点F3および定点F6（木更津沖；35°25.12'N, 139°47.48' E）における1989年から2003年についての表層栄養塩濃度（F3：□，F6：◇，点線はF3とF6の平均）（神田ほか，2008）を併せてグラフ化した．

2.2 東京湾の海洋環境

続中であるが，湾央部において東京海洋大学の観測で見出された栄養塩類濃度低下は，例えば光合成の促進による消費の増加等では説明困難で，少なくともその一部は東京湾への負荷量自体が減少した効果によるものと考えている（神田ほか，2008）．

東京湾表層では，洗剤の無リン化を反映して1970年代に減少したリン酸塩に対し，無機窒素栄養塩は1980年代も引き続いて増加傾向にあった．しかし90年代に入ってアンモニウム塩に続いて硝酸塩もわずかに減少に転じたように見えるのは興味深い．リン酸の漸減傾向と無機窒素栄養塩の漸増傾向から1980年代には栄養塩のN/P比は増加傾向が見られた（小川・小倉，1990；Kawabe & Kawabe，1997）．しかし1990年代には栄養塩のN/P比はむしろ減少する傾向が見られている（松村ほか，2001）．珪酸については70年代・80年代のデータが十分ではないが，窒素・リンの急増期には無機栄養塩のSi/N比やSi/P比は低下したものと考えられる．近年は表層で窒素，リン，珪素ともに濃度の低下が認められるため，Si/N等のトレンドについては注意深い解析が必要であるが，少なくとも90年代については有意な変動は検出されていない（松村ほか，2001）．

（神田穣太）

2.2.7 赤潮・基礎生産

A. 赤潮

プランクトンを主とする，海洋微生物の急速な増殖に伴う海色変化を赤潮と呼んでいる．東京湾では1907年に *Gymnodinium* 属の赤潮の発生が初めて報告（岡村，1907）されて以来，赤潮に関する多くの報告がある．これらの資料をもとに野村（1998）は，赤潮の判定基準を一般に透明度が1.5 m 以下，赤潮生物の細胞密度が大型種で 10^3 cells/mL 以上，小型種で 10^4 cells/mL 以上であるとし，この基準を満たすクロロフィル a 濃度は 30 mg/m^3 以上とする

のが妥当であるとして，東京湾における1990年代中頃までの赤潮の変遷を取りまとめている．図2・2・44は東京湾における赤潮の発生回数の推移をまとめたもので，年度内の総発生回数と，東京湾における代表的な赤潮である珪藻類の *Skeletonema costatum* とラフィド藻類の *Heterosigma akashiwo* の発生回数の推移を示している．1920年以前は，赤潮の発生域はごく限られた海域にとどまり，主要な原因種は *Gymnodinium* 属を中心とする渦鞭毛藻類で，平均発生回数も年2回程度に過ぎなかった（野村，1998）．1916年以後1934年までは赤潮の報告は見られないが，この間は赤潮の発生がなかったとは考えにくく，記録されなかったと解すべきである．品川沖におけるクリプト藻類の赤潮に関する松江（1935）の報告以後，再び東京湾における赤潮が記録されるようになったが，1950年代以降頻発するようになった．菅原・佐藤（1966b）の記録によれば，1950～54年に18例，1955～59年29例，1960～64年44例と発生例は年を追って増加し，経済成長に伴って東京湾の汚濁が著しく進行したことを裏付けている．

1950～60年代には発生回数が増加するとともに赤潮原因種が多様化し，*S. costatum* や *Thalassiosira mala* などの珪藻赤潮，*Euglena* 属，渦鞭毛虫類のヤコウチュウ *Noctiluca scintillance*

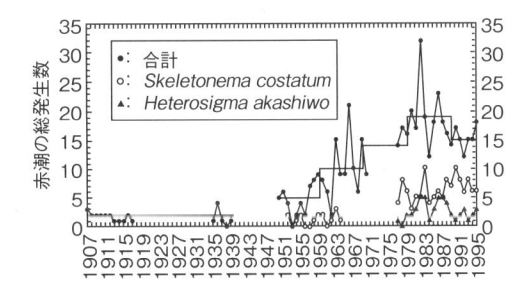

図2・2・44 東京湾における赤潮の総発生数と *Skeletonema costatum* および *Heterosigma akashiwo* 赤潮の発生数の1907年から1997年までの推移
階段状の細線は各期の平均発生数を示す（野村，1998）．

の赤潮が初めて記録されるとともに，東京湾内湾全域に及ぶ赤潮の発生が報告されるようになった（野村，1998）．東京湾の汚濁がピークに達したといわれる1970年代以降はさらに赤潮発生回数が増加し，70年代は年平均14回，80年代は年平均19回に達した．*S. costatum* や *H. akashiwo* の赤潮は最も普遍的となり，冬季には *Rhizosolenia* 属や *Chaetoceros* 属などの珪藻赤潮が，春から秋には渦鞭毛藻類の *Prorocentrum* 属のほか，同定不能の小型鞭毛藻類による赤潮が多発するなど，さらに多様化が進んだ（風呂田，1980）．1990年代に入ると，赤潮の発生回数は年平均15回と減少の傾向が認められるとともに，発生件数の低下傾向に呼応するかのように現存量も低下する傾向が認められ，クロロフィル量 500 mg/m^3 を超えるような濃密な赤潮の発生も減少した（野村，1998）．しかし，東京都内湾域に限れば，赤潮の発生回数は1995年以降も年間16～20回で推移しており，赤潮発生の減少傾向が定着したとはいいがたく，1980年代後半以降発生回数，発生日数ともに横ばいの状態にあるといってよい（東京都環境保全局水質保全部，2004）．

1995年5月にはハプト藻の一種である *Gephyrocapsa oceanica* の赤潮が湾内で初めて発生し，東京湾全域から相模湾まで広がったことが報告された（小倉・佐藤，2001）．2003年度の調査結果では発生回数の61％が *S. costatum*，*Thalassiosira* spp.，*Pseudonitzchia multistriata* を優占種とする珪藻赤潮であり，このほか渦鞭毛虫類のヤコウチュウ，繊毛虫類の *Mesodinium rubrum* が優占した．ラフィド藻類の *H. akashiwo* は，1978年度を除き毎年赤潮の優占種として確認されてきたが，近年は年1回程度と発生回数が減少し，2003年度には1度も優占種とはならなかった（東京都環境保全局水質保全部，2004）．代わりに，同じラフィド藻類の *Fibrocapsa japonica* を優占種とする赤潮が，3年連続で観測されるなど，近年になって東京湾の赤潮の原因種には変化の兆候もうかがえる．

B．植物プランクトンの現存量

東京湾の海水は，今日では冬季を除いて常時着色しており，いわゆる海水の色を呈していることはほとんどないといってよい．洪水や青潮時を除けば，このような着色の原因はその多くが増殖した植物プランクトンによるものである．植物プランクトンの現存量は，通常光合成色素のクロロフィル *a* 量を指標として測定されており，東京湾では1950年代末から測定が行われている（Hogetsu *et al*., 1959；市村・小林，1964）．一般には，季節に無関係に東京湾内湾域で高く，浦賀水道を境に外洋に向かって急速に減少する（山口・柴田，1979；Shibata & Aruga, 1982）．クロロフィル *a* 量を指標とした場合，野村（1998）や Han *et al*.（1992）は 30 mg/m^3 以上を赤潮の目安としているが，東京都では 50 mg/m^3 以上を赤潮として報告している．

東京湾で測定の始まった1960年代初頭には，すでに羽田沖で 100 mg/m^3 を超す高濃度水域が認められ（市村・小林，1964），千葉県沿岸域に向かって，栄養塩類の分布に対応してクロロフィル *a* 濃度が低くなる分布傾向が見られた（Ichimura, 1967）．このような高濃度水域は，年とともに次第に千葉県沿岸域へと拡大し（Terada *et al*., 1974），1970年代には内湾域では一定の分布傾向を認めることができなくなり，しばしば 200 mg/m^3 を超す濃密な赤潮が観察されるようになった（山口・柴田，1979；Shibata & Aruga, 1982）．赤潮時のクロロフィル濃度の最高値は，1940年代に比べて60年代では40倍，70年代では400倍に達したと推定されている（野村，1998）．1969年から91年までの内湾域のクロロフィル濃度の変動をまとめた野村（1995）の資料によれば，観測された年度ごとの最高値は，1987年までは 250～4,760 mg/m^3 と大きな変動を示したのに対して，それ以後は 200 mg/m^3 を超すような高い値は見ら

れなくなり，年平均濃度には大きな変化は見られなくなった．また1990年以降は100 mg/m^{3}以上の濃度が測定されることは稀となっているが，赤潮の目安をクロロフィルa量として30 mg/m^{3}とすれば，夏季には依然として赤潮状態が観察されることになる（山口，1999）．

図2・2・45は，羽田沖の定点で測定された生産層内の積算クロロフィルa現存量の季節変動の経年変化を示したもので，図中1963年のデータは吸光光度法によって測定され，その他は蛍光法によって測定されたものである．調査年によって測定法に違いはあるが，変化のトレンドを読みとることはできる．内湾では生産層内の積算クロロフィルa現存量は通常100〜300 mg/m^{2}で，赤潮時には300 mg/m^{2}以上になり（有賀，1997），とくに鞭毛藻の赤潮が見られるときには1,100〜2,800 mg/m^{2}にも達したとの報告（船越ほか，1974）がある．図から，1970〜80年代の東京湾では，初夏から秋にかけて常時赤潮状態にあったことが読み取れる．

2000年以降は，有光層内の積算濃度は1960年代とほぼ同様のレベルにまで減少してきている．しかし，年変動の様相は大きく異なり，近年は初春から盛夏期に比較的高く，秋季から冬季にかけて次第に減少するものの，月較差の小さい変化を示すようになっているのが特徴である．

C. 植物プランクトンの光合成活性と一次生産力

東京湾における植物プランクトンの光合成の研究は，羽田沖の珪藻 *Skeletonema costatum* 赤潮の光合成活性を測定したHogetsu *et al.*（1959）に始まる．その後，これまでに報告された光飽和条件下の光合成活性についてまとめてみると表2・2・1のようになる．測定によって光合成やクロロフィルa量の測定法が異なるために，単純に比較することには問題があるかもしれないが，光飽和下の光合成活性は純光合成として0.4〜22.5 mgC/Chl a mg/時の範囲にあり，一般には夏季の高水温期に高く，低水温期に低い値

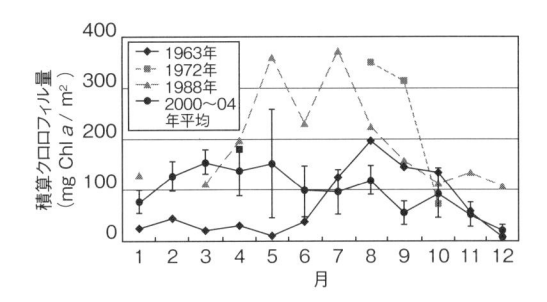

図2・2・45 東京湾羽田沖定点における有光層内積算クロロフィルa現存量の経年変化
1999〜2004年の間に測定された平均値および偏差を示す．

が得られる傾向がある（山口，1999）．植物プランクトンの光−光合成曲線は，強光の下では強光阻害が見られるのが普通であるが，東京湾では赤潮時にしばしば強光阻害のない光−光合成曲線が測定されている（Hogetsu *et al.*, 1959；船越ほか，1974；Brandini & Aruga, 1983）．それぞれの測定時に記録された最大値を見る限り，東京湾における光飽和下の光合成活性は，すでに測定が始められた時点で自然水域で得られる最大値に近いレベルに達しており，以後今日まで一貫してそのレベルが保たれてきているといってよいであろう．

植物プランクトンの光合成活性および現存量と，現場の光条件および温度条件を組み合わせることによって求められる単位水面当たりの基礎生産力（一次生産力）は，一般には内湾で著しく高く，浦賀水道を境に外洋域へ向かって低くなる傾向が見られる（山口・柴田，1979；船越ほか，1984）．羽田沖の定点で得られた生産力の季節変動と経年変化を見れば（図2・2・46），基礎生産は内湾域の汚濁が著しく進んだ1970年代以前には，冬季は著しく低く，夏にピークを示し0.5〜6.5 gC/m^2/日の範囲で変動していた．汚濁が最も進んだ1970〜80年代には，春から秋季まで著しく高い生産が測定され，また変動の様相が複雑になった．とくに1988年7月には14 gC/m^2/日を超える著しく高い値が記録されている（Yamaguchi *et al.*, 1991）．

表2・2・1　東京湾の植物プランクトンの光飽和下光合成活性

測定年代	最大光合成活性 mgC/Chla mg/時	測定水温 ℃	文献
1959	9 ～ 16.9*	20 ～ 25	Hogetsu et al.（1959）
1962 ～ 1963	0.46 ～ 5.18	−	市村・小林（1964）
1962 ～ 1963	0.4 ～ 3.5	6 ～ 28	Ichimura（1967）
1971 ～ 1973	0.56 ～ 5.6*	−	船越ほか（1974）
1976 ～ 1979	0.38 ～ 12.5*	5 ～ 30	Shibata & Aruga（1982）
1979 ～ 1981	0.53 ～ 22.5*	8.1 ～ 26.3	Brandini & Aruga（1983）
1988	2.11 ～ 8.38	10.0 ～ 25.7	Yamaguchi et al.（1991）
1996	3.6 ～ 21.7	9.2 ～ 24.4	武智（1997）
1997 ～ 1998	0.89 ～ 11.06**	8.5 ～ 28.4	工藤（1999）
2000 ～ 2003	1.75 ～ 10.06**	9.4 ～ 27.0	伊藤（2004）

*：酸素法による測定から換算，**：^{13}C法，他は^{14}C法

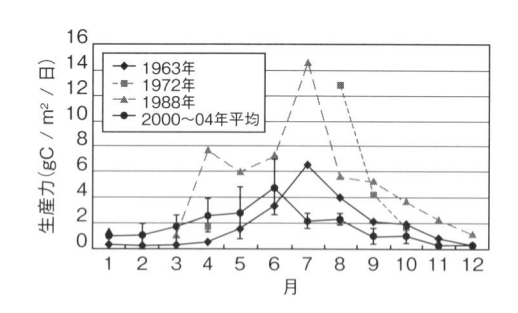

図2・2・46　東京湾羽田沖定点における基礎生産力の経年変化 1999 ～ 2004 年の間に測定された平均値および偏差を示す．

しかし近年になって，単位水面当たりの基礎生産力は低下する傾向にあり，2000年以降の4年間の平均値としては，年間を通して 6 gC/m²/日を超えることはなく，1960年代当時のレベルにまで低下したといえる．しかし，季節変動の様相は1960年代とは異なり，冬季より夏季には1960年代より高めの値が，また秋季から冬季には逆に低めの値を示している．このような季節変動の傾向は図2・2・45で示したように，有光層内の積算クロロフィルa現存量の変化を反映しているものと考えられるが，その原因は必ずしも明らかではない．東京湾では栄養塩類は，植物プランクトンの成長や生産を制限する要因にはなっていないと考えられているが（山口・柴田，1979；石丸，1991），多摩川沖の近年の栄養塩類の減少トレンド（2.2.6）を反映しているのかもしれない．植物プランクトンの組成に見られる近年の変化の兆しとともに，今後とも注意深い観測を続けることが必要である．

（山口征矢）

2.2.8　堆積物

A．海底の堆積物の質（底質）の指標

海底の堆積物の質を表現する指標としては，堆積物粒子のサイズを表す粒度，有機物量の指標としてのCOD，IL（強熱減量）やTOC（全有機炭素量），有機汚濁の結果として生じる硫化物の含有量を表すTS（全硫化物濃度）等が用いられている．

粒子のサイズは，小さい粒径の粒子ほど単位重量当たりの表面積が大きくなり，さらに有機物濃度も高くなる傾向にあるため，吸着性に富む．このため，粒子サイズは有機物や様々な元素の循環，疎水性の強い化学物質の動態に大きく影響している．一般には，底質は粒径ごとに粘土・シルト・砂・れきに区分され，さらに粘土とシルトの合計を細粒分，砂とれきの合計を粗粒分として分類される．表2・2・2にそれらの

表2·2·2 堆積物の粒径による区分

	5μm		75μm		2mm	
粘土		シルト		砂		れき
細粒分			粗粒分			

区分を示す.

底質の有機物濃度を表す指標としてまず，CODは酸化剤により酸化される有機物量を酸素当量で表したもので，過マンガン酸カリウムを酸化剤として用いる方法が標準的な分析手法である．CODには，すべての有機物が分解されるわけではないこと，有機物以外の還元性物質の影響を受けること，1 mg/g以下の分析精度に限界があることなどの課題がある．ILは550～600℃で底質を焼いたときの重量の減量を底質乾重量に対する比で表したものであり，ほとんどの有機物は分解される一方，粘土鉱物の結晶水等の揮発による減量があることなど，有機物以外の物質が測定値に影響を与えるという問題がある．TOCは炭素原子の量を直接分析するものであり，数値の意味内容は明確であるため最近広く普及しているが，過去の分析例は少なく，長期の傾向をとらえようとするときには不向きである．

富栄養化が進行した海域では，底質中のTN（全窒素濃度），TP（全リン濃度），TSが高濃度になりがちである．また，底質中の自然の過程としての有機物酸化剤（電子受容体）としては，酸素，硝酸，マンガンや鉄，硫酸の順に利用される．これらの化学反応の起こりやすさを規定する酸化・還元状態のレベルを表現する指標として，Eh（酸化還元電位）がしばしば用いられる（左山・栗原，1988）．とくに，汚濁の進んだ海域では夏季に還元化が進行し，硫酸還元菌の作用によってTSが高くなり，堆積物は黒色を呈して強い硫化水素臭を伴うようになる．硫化物は大部分の底生生物や水生生物の生息にとって有害であり，水質管理上も問題となる．

B. 東京湾における底質の面的な分布の特徴

一般に，内湾堆積物の粒度分布は海峡部や海岸付近で粗く，湾の中央部では細かい．これは，海峡部では潮流，海岸付近では波浪による攪乱が強く，細かい粒子は巻き上げの弱い中央部でのみ堆積できるからである（杉本・首藤，1988）．また，堆積する有機物の起源としては，河川から運ばれる陸起源のもののほかに，植物プランクトンに由来するものがあり，河口域周辺では陸起源の有機物が主体的であるが，湾中央部では植物プランクトンに由来するものが多くなる．これらの一般的な特徴に加え，流入する河川の位置や潮流の強さ，潮汐残差流の分布などの影響を受けて，内湾堆積物の粒径や有機物量の分布が決まる．東京湾の場合には，浅い沿岸部を除き，海域を観音崎−富津を結ぶライン，および横浜市と袖ヶ浦市を結ぶ東西のラインによって，湾口部，湾中央部，および湾奥部という3つの海域に区分すると，有機汚濁に関する底質分布の現状や歴史的な変遷をそれぞれ特徴づけることができる．

図2·2·47に，1994年に測定された東京湾における粒度分布の結果を示す．まず湾口部では，水深が深く，粒度の組成をみると，砂分やれきが大部分を占めている．湾中央部では東西方向に変化が見られる．すなわち，東部の千葉県側では砂分が主体であるが，西部の神奈川県側では一部を除いてシルト・粘土分が主体となっており，中央粒径の値は東高西低である．千葉県側では富津から盤洲に至る海岸線では，君津市周辺での埋立によって一部が寸断されてはいるものの，自然の干潟がほぼ連続しており，干潟の地先には，砂～砂混じり泥質の底質が広がっている．このような底質の分布状況は盤洲干潟の北端にあたる袖ヶ浦市周辺まで続いている．湾奥部ではシルト・粘土分が90％以上を占める泥質の海底がほぼ一面に広がっている．東西方向には顕著な粒度分布の差は見られないが，

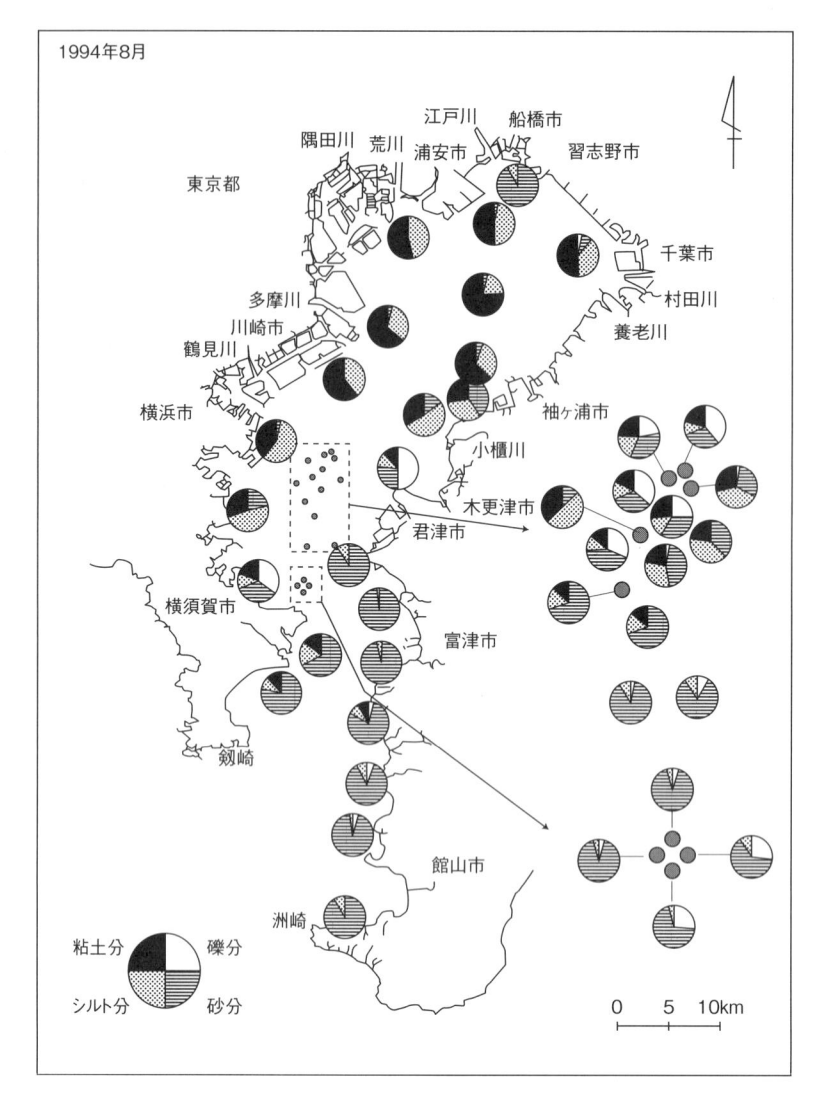

図 2・2・47　東京湾の底質の性状
運輸省第二港湾建設局京浜港工事事務所（1995）より引用．

後に述べる底質の COD では，千葉県側の方にやや高い分布の偏りがみられる．最奥部の船橋市沖三番瀬では，例外的に砂分の多い底質が広がっている．

図 2・2・48 に，1977 年および 1994 年の夏期に測定された底質 COD の分布を示す．底質の粒度分布，COD，IL の分布を以上の 3 つの海域で比較すると，北側の海域ほど粒径は小さく，COD や IL は高い，という明確な南北方向の分布をとっていることがわかる．ただし，船橋市沖の三番瀬周辺では COD や IL ともに低い値をとっており，底質が比較的良好な海底が残っている．

このような南北方向の分布，あるいは各海域内部の東西方向の分布の特性は，夏期における底層水の溶存酸素濃度，底生生物の分布，さらにはダイオキシン類などの有害化学物質の堆積物中の含有量分布とも，ほぼ一致している（中村，2006）．図 2・2・49 に，1994 年の夏期に測定された底生生物の種類数および個体数の分布を

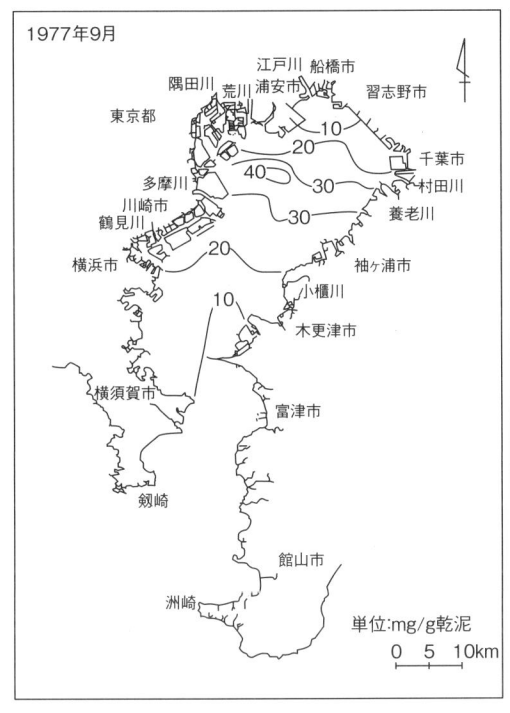

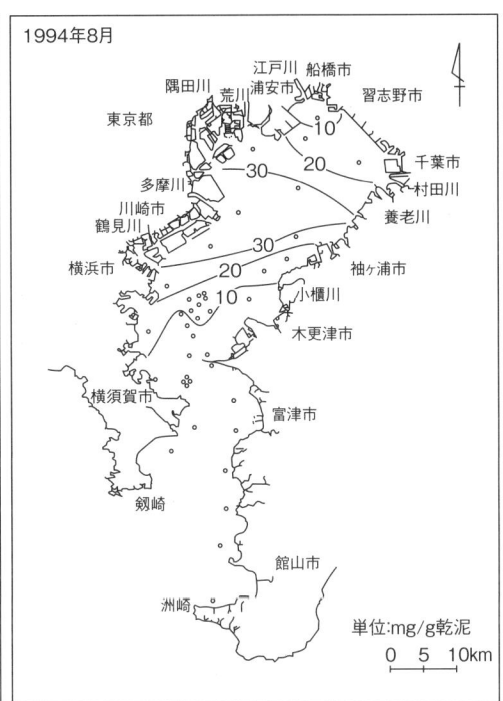

図 2・2・48　堆積物中の COD の分布状況
運輸省第二港湾建設局京浜港工事事務所（1995）より引用.

示す．盤洲干潟沖合を除き，COD が 10 mg/g 以上の底質では夏期にほとんど底生生物が出現していないことがわかる．東京湾の底質の分布特性は，流動や陸域からの負荷の影響を受けている一方で，水質や生態系に対しては酸素の消費や栄養塩の溶出などを介して大きな影響を与えていると考えられる．

C. 沿岸部の局所的な分布の特徴

以上のような分布特性は，東京湾全域を，数 km 程度の分解能で測定された底質の値から判断して得られた特性である．もっと岸に近接した水域では，海底や護岸等の地形，河川や下水道からの排水などの影響を直接受け，より小さなスケールで底質の変化が考えられる．岡田・古川（2005）は，音波探査データについて，底面反射時の音波形状を幾何学的に解析する手法を用い，東京湾全域とともに，京浜地区の運河など，岸沿いの底質の詳細な分布を調べている．音響データの出力値は含水比と良い相関があること，さらに含水比は，COD など様々な有機物指標値と良い相関があるため，この手法の有用性が認められる．さらに音響データは，空間的に詳細な分解能で比較的容易にデータを取得できるため，底質の詳しい分布図を得ることができる．調査結果の一部を図 2・2・50 に示した．京浜運河等の閉鎖的な海域の内部においても必ずしもシルト・粘土分ばかりでなく，砂質を含んだ底質が点在していること，護岸周辺の底生生物調査結果と比較すると，比較的良好な環境が残されており，再生可能なポテンシャルを有していることが指摘されている．

D. 底質の変遷

1970 年頃の東京湾の底質の状況をみると（貝塚，1993），横浜－袖ヶ浦ライン以北にも，かつては，現在の三番瀬周辺のような砂分に富んだ底質を有する浅い海底が岸沿いに広がっていたことがわかる．すでに戦前にも京浜地区を中心に埋立が行われていたが，戦後，埋立は一層

第2章 海域

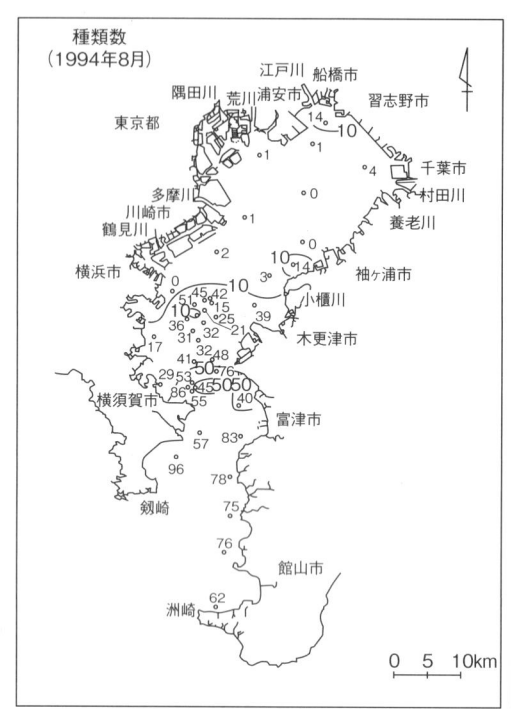

図 2・2・49　東京湾の底生生物の分布状況
運輸省第二港湾建設局京浜港工事事務所（1995）より引用．

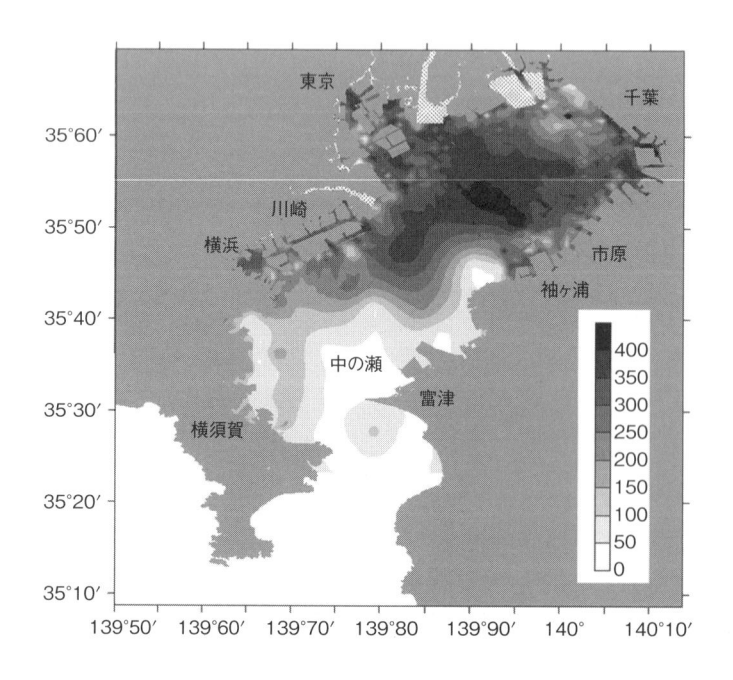

図 2・2・50　音響装置および採泥データを用いて作成した含水比の分布
岡田・古川（2005）より引用．

加速して東京都域では沖合に展開し，また京葉地区は主として高度成長期に岸沿いに次第に進行した．千葉県側では，埋立地の地先海底土砂を浚渫して埋立材料等に用いたため，大規模な窪地が現在も散在している．窪地内部は極度に有機分が多い堆積物で占められており，無酸素水塊を生じやすく，青潮発生の原因ともなっている（2.2.4）．

底質のCODの分布について，1964，1977年の8月および9月，1994，2002年の測定結果（いずれも夏期のデータ）を比較してみる*．各測定年のデータについて，分析が高密度に行われ，かつ底質COD値が比較的高い東京湾横断道路周辺およびそれよりも湾奥側のデータを平均化し，時系列で比較したのが図2·2·51である．ただし，水深10m未満の地点のデータは除外している．各年とも，30mg/gの等値線の南端は横浜－袖ヶ浦ラインの周辺にある．30mg/g以上をとる領域の範囲や，最近の分析値には以前測定されなかった50mg/g以上の領域が広がっていることなどから，底質の改善傾向は見られず，むしろ悪化傾向が続いているように見て取れる．なお，図2·2·51には，一部のデータに欠損があるが，ILおよびTSについても同様な整理をした結果を示した．CODに見られたような近年の増加傾向は明確ではない．とくにTSについては測定時期や年ごとの変動性が大きく，その影響が経年変化を抽出しにくくしている一因であると考えられる．

底質は一般に地点間のばらつきが大きいこと，赤潮の直後には有機物沈降量が増加し，有機物指標の値が大きくなることがあるなど，季節変動やイベントの影響にも注意が必要である．さらに，底質のCODの分析にはいくつかの方法があり，それぞれ異なった値を示すことに注意が必要である（細川・三好，1981）．測定値が同じ測定手法を使ったのかどうかを確認する資料がないこと，地点間の変動や季節変動の影響については十分な吟味がなされていない

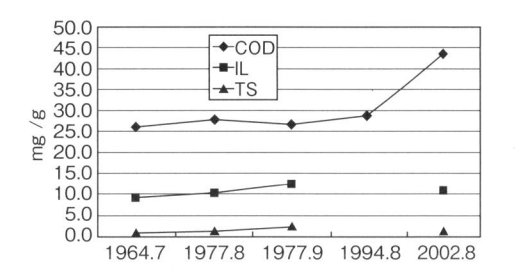

図2·2·51　東京湾奥部における夏季の底質平均COD，IL，TSの変遷

など，図2·2·51内のデータの相互の厳密な比較には問題があるものの，以上述べた特性の概略の傾向は見て取ることができると思われる．

E. 堆積物からの溶出

堆積物の有機汚濁は，堆積物の上に存在する水質の履歴を反映している一方で，CODや窒素/リンの内部負荷として，逆に水質に影響を与えている．内部負荷されるCODとしては，間隙水中の溶存有機炭素や還元物質がある．閉鎖性海域の水質汚濁現象を改善するために，下水道の整備や総量規制など，陸域からの負荷削減対策が図られてきたが，一層改善を進めるためには内部負荷と呼ばれる堆積物からの溶出を削減する必要性があり，底質の改善策が検討されている．

堆積物からの窒素・リン溶出速度は，堆積物中の窒素・リン含有量や堆積物の温度・Ehや溶存酸素濃度のみならず，直上水の流動の影響を受けて複雑に変化する．そのため，場所によって，また同じ地点においても季節的にも大きく変動する．現場の溶出速度を測定する場合においても，これらの環境条件を注意深く制御した測定系で実験する必要がある．

いくつかの機関によって，東京湾における溶

---

* 1964年については青木（1965），1977年8月については東京湾横断道路海洋生態調査報告書（1978），1977年9月および1994年については東京湾口航路海域環境調査報告書（1995），2002年のデータについては国土技術政策総合研究所横須賀庁舎のホームページによる．

出速度の調査が行われてきた．なかでも環境省は，1982年から数回，東京湾の全域的な調査を，それぞれ夏期および冬期に実施している．1996年から97年にかけて行われた調査（環境庁，1997a）では，富津－観音崎以北の東京湾海域を5つに区分し，それぞれの地点で，1996年度は7，8，9，11，1月，1997年度については5，6，8月に堆積物を採取して溶出実験が行われた．海底堆積物のコアサンプルを採取後，速やかに現場の水温や溶存酸素濃度に近似した条件で室内培養を行い，直上水をサンプリングして水中の窒素・リン濃度の時系列データから溶出速度が算定された．実験期間中，通気法のリフト効果により堆積物を巻き上げない程度に攪拌された．それらの調査結果を，他の調査結果とあわせて表2・2・3に示す．底層水が高温で貧酸素化しがちな夏期において，窒素・リンともに溶出速度が高くなっていることがわかる．なかでもリンの溶出が夏期に顕著に高くなっている．

上述の溶出速度の結果から，環境省は東京湾全域からの年間の平均的な溶出量を算定している．それによると，窒素が31〜36トン/日，リンが9〜10トン/日となっている．陸域からの負荷量推定値（平成6年度）との比は，窒素が約1：9，リンが約2：8とされており，リンの内部負荷の割合がやや高くなっている．

環境庁（現：環境省）は，CODの溶出についても，1988年度の実験値を基に，東京湾全域からの溶出量の試算を行っている（環境庁，1989）．それによると，溶出による負荷と陸域からの流入負荷の比は，平成11年度に約1：9という結果であった．

F. 底質環境のモニタリングと評価

底質や底生生物については，従来あまり広域的かつ継続的な調査が行われてこなかった．しかしながら，東京都をはじめとする沿岸自治体や国土技術政策総合研究所では，最近，継続的に調査が実施され，情報が公開されている（例えば，東京都環境保全局水質保全部（1999），国土技術政策総合研究所横須賀庁舎ホームページ）．これらのデータは底質の現状を知り，必要な環境対策を行ううえで重要な情報を与える．

東京湾の沖合部は有機汚濁の著しい海域であり，底生生物の生息にも大きな影響を与えている．木村（2000）は東京都内湾域における底層溶存酸素濃度（DO）や底質に対する底生生物

表2・2・3 東京湾堆積物からの窒素・リンの溶出速度（室内実験による）
小倉（1996）および環境庁（1997a）を基に作成．

測定年月	COD ($mg/m^2/$日)	TN ($mg/m^2/$日)	NH_4-N ($mg/m^2/$日)	TP ($mg/m^2/$日)	PO_4-P ($mg/m^2/$日)	出典
1982.7	48〜158 (平均112)	−28〜27 (平均15.7)	−20〜26 (平均11.0)	−2.4〜9.4 (平均2.8)	0.2〜2.0 (平均0.8)	環境庁（1983） 全域11地点
1983.1	41〜266 (平均121)	−4.5〜39 (平均17.5)	−1.9〜27 (平均11.1)	0.4〜2.6 (平均1.0)		
1986.9	72.8〜592 (平均413)	12.8〜964 (平均289)	15.7〜124 (平均81.1)	0.73〜19.5 (平均11.1)	0.39〜19.7 (平均10.3)	曽田・安藤（1998） 湾奥4地点
1987.1	14.7〜61.9 (平均44.2)	10.4〜24.5	16.1〜30.1 (平均23.4)	−0.83〜0.42 (平均0.10)	−1.2〜0.18 (平均0.04)	
1996.7〜9 1996.11, & 1997.1		13.5〜172 (平均59.9) −1.4〜47 (平均20.7)		4.7〜28.4 (平均16.6) −0.2〜5.2 (平均2.4)		環境庁（1997a） 全域5地点

種類数の関係を調べ，DO が 2 mg/L 以下では種類数が 10 種類以下に減少すること，また底質との関係は，底質 COD 20 mg/g，IL 14％，TS 2 mg/g 前後では，出現種が 10 種類以下に減少する閾値となっていることを見出した．同様の結果は，東京湾の他の海域についてもまとめられている．このような結果をふまえ，木村賢ほか（1997）は，海域の底層水域環境を生物的要素と物理的要素とを組み合わせて評価する基準を提案している．生物学的要素には，底生動物の総出現種類数やその中の甲殻類比率が評価項目に選定されており，底質としての要素には IL とシルト・粘土分が選ばれている．東京湾岸の七都県市の底質改善部会（1999）ではこのような評価法をさらに簡素化し，底生生物の生息状況と底質評価項目から底質環境を評価する基準を作成している．この評価基準は底質の現状を評価するばかりでなく，底質の改善を行うべき水域を特定し，浚渫・覆砂等の底質改善事業を実施する際の判断基準として活用することが期待されている． （中村由行）

2.2.9 有害化学物質

東京湾の一般的な水質は改善してきている．有害化学物質による汚染についても 1960 年代末のように奇形の魚が高頻度で観測されるような状況からは改善されてきている．一例として東京湾の中央付近で採取した柱状堆積物（海底にパイプを押し込み堆積物を筒状に採取したもの）中のポリ塩化ビフェニル（以下 PCBs と略す）の鉛直分布を示す（図 2・2・52；奥田ほか，2000）．1950 年代から PCBs 濃度は上昇し始め，1970 年代前半にピークを迎え，それ以降 1980 年頃までに急減したことがよくわかる．PCBs はコンデンサーやトランスの絶縁油等として工業用途を中心に広く使われていた化学物質である．しかし，その有害性と生物蓄積性が明らかになったことから 1972 年以降 PCBs の生産および開放系での使用は禁止されている．この規制措置を反映して堆積物中の PCBs 濃度は 1970 年代前半以降減少している．1960 年代に汚染が問題になったその他のいくつかの有害化学物質についても使用禁止や規制の強化により，東京湾における汚染は 1970 年代前半をピークに減少傾向にある．それでは，東京湾の有害化学物質による汚染は安心・安全な状況にあるのだろうか？　まずはダイオキシン類による汚染を例に汚染の現状について考える．

A. 魚貝類のダイオキシン汚染の現状

東京都福祉保健局の 2005 年度のモニタリング結果によれば，東京都民のダイオキシン類の曝露量は 1.57 pg-TEQ/kg/ 日である（東京都福祉保健局，2006a）．この値は世界保健機関（WHO）が算出した当面の最大耐容摂取量の 4 pg-TEQ/kg/日を下回っている．しかし，WHO は「究極的には 1 pg-TEQ/kg/ 日未満となるように努めるべき」という勧告値を出しており，東京都民のダイオキシン類の曝露量はそれより高い．東京都（2000）の「東京構想 2000」においても 2015 年までにダイオキシン類の曝露量を 1 pg-TEQ/kg/ 日とすることが政策目標とされている．とくに，ダイオキシン類の曝露量の 99％は食物経由であり（東京都福祉保健局，2006a），その中でも魚貝類の割合が 64％を占めており，魚貝類のダイオキシン類汚染の現状，トレンド，汚染源の把握は重要である．

東京湾産魚貝類のダイオキシン類濃度も東京都福祉保健局によりモニタリングが行われている．東京湾（東京都内海域）で 2005 年に採取された 4 種の魚貝類（ボラ，スズキ，マアナゴ，マコガレイ）の平均ダイオキシン類濃度は 4.4 pg-TEQ/g と報告されている（東京都福祉保健局，2006b）．東京都民が内湾産（東京湾産）魚貝類と遠洋沖合魚貝類を 1：3 の割合で摂取すると仮定して計算すると，食事全体からのダイオキシン類摂取量は 2.43 pg-TEQ/kg/ 日と計算される（東京都福祉保健局，2006b）．この値は WHO の究極的な目標値よりは高いが現行の

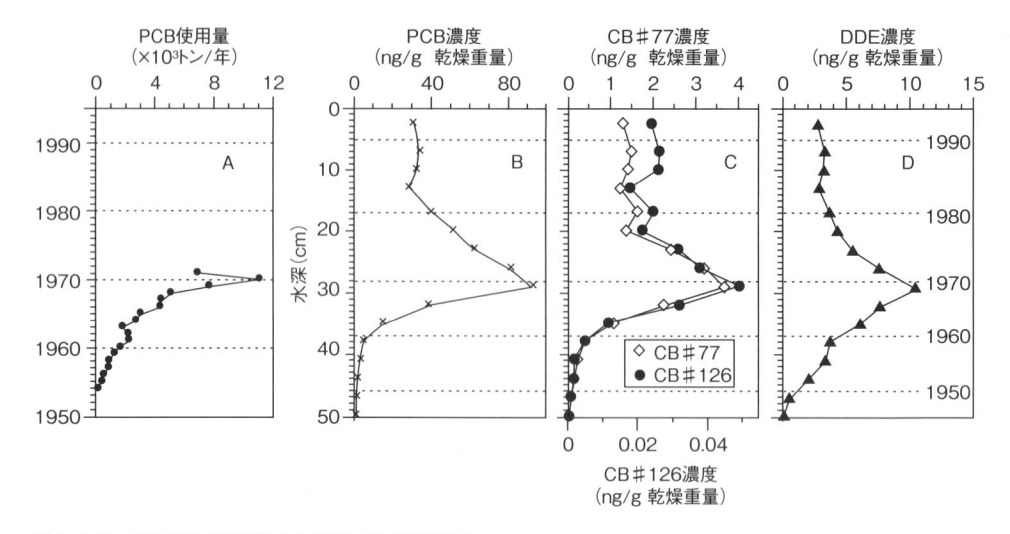

図 2・2・52 東京湾柱状堆積物中の PCBs 等の鉛直分布
A：PCBs の使用量の経年変化，B：柱状堆積物中の PCBs の鉛直分布，C：柱状堆積物中のコプラナー PCBs の鉛直分布，D：柱状堆積物中の DDE の鉛直分布．点線の両脇の数値は泥が堆積した年代（西暦）を示す．試料採取地点は図 2・2・53A の観測点 A2．奥田ほか（2000）を一部改変して引用．

勧告値よりも低い．しかし，東京都民が魚貝類として東京湾産魚貝類だけを食べると仮定するとダイオキシン類摂取量は 7 pg-TEQ/kg/日と計算され，現行の勧告値を上回る．新鮮な江戸前の魚貝類を毎日安心して食べられるように，ダイオキシン類の汚染レベルは現状の 55%，究極的には 10% 程度まで低減させていく必要があろう．

B．ダイオキシン類の発生源と低減策

ダイオキシン類はポリ塩素化ジベンゾダイオキシン（Polychlorinated dibezodioxins：PCDD）とポリ塩素化ジベンゾフラン（Polychlorinated dibezofuran：PCDF），コプラナー PCBs の 3 種から構成される．PCDD と PCDF は同じような発生源をもつが，コプラナー PCBs はそれらとは異なる発生源から供給される．それゆえ，東京湾の魚貝類中のダイオキシン類の組成を知る必要がある．前述の東京都福祉保健局の調査によれば，東京湾産の魚貝類のダイオキシン類の 80% 以上をコプラナー PCBs が占める（東京都福祉保健局，2006b）．

コプラナー PCBs のおもな起源としてはカネクロール等の PCBs 製品の中に含まれるもの（以下，PCBs 製品起源）とゴミ焼却等で有機物が塩素の共存下で燃焼した際に発生するもの（以下，燃焼起源）が考えられる．これらの起源はコプラナー PCBs の組成から識別が可能である．東京湾の堆積物中の 3 種のコプラナー PCBs の組成を比べると，CB#77 が大部分（98〜99%）を占め，CB#126 は 1〜2%，CB#169 は 0.2% 以下であった．この組成比は PCBs 製品起源のコプラナー PCBs の組成比に類似していた．CB#126 の CB#77 に対する比（CB#126/CB#77 比）は東京湾柱状堆積物中では 0.012〜0.018 であった．この比は PCB 製品中での比率（0.010）に近く，ゴミ焼却ガスやゴミ焼却灰中の比率（それぞれ 0.14〜0.81，0.66〜1.83）よりはるかに小さい．すなわち東京湾堆積物中のコプラナー PCBs の起源はおもに PCBs 製品であることを示唆している（奥田ほか，2000）．柱状堆積物中のコプラナー PCBs の鉛直分布も，1960 年代の堆積層で急増し，1970 年付近

にピークをもちその後表層へと緩やかに減少し，表層でもピークの30％程度の濃度で検出された（図2・2・52）．この鉛直分布はPCBsの鉛直分布とも類似しており，コプラナーPCBsの汚染がおもにPCBs製品に由来していることを支持している（奥田ほか, 2000）．東京湾のダイオキシン類のおもな発生源がゴミ焼却ではなくPCB製品由来であるという点は，魚貝類中のダイオキシン類濃度が2000年代からほぼ一定であることとも整合性がある．

1999年以降ダイオキシン類対策特別措置法によりゴミ焼却に対して規制が行われた結果，ゴミ焼却由来のダイオキシン類の発生量は大きく減少し，1997～2004年度の間に10％以下となった．しかし，東京都福祉保健局によるモニタリング結果によれば東京湾魚貝類中のダイオキシン類濃度は1999年の6.4 pg-TEQ/gから2004年度の4.7 pg-TEQ/gまで73％にしか減少していない．東京湾の魚貝類中のダイオキシン類濃度を減らすためにはPCBsの発生源・負荷源対策を講じる必要がある．

PCBsは1972年に開放系での使用が禁止され，現在では使われていない物質である．それにもかかわらず表層堆積物や魚貝類からコプラナーPCBsを含むPCBsが検出されるのは，河川－河口－内湾系でPCBsが再移動しているためと解釈されている（真田ほか, 1999）．実際に東京港，横浜港の港湾，京浜工業地帯等の運河，隅田川等の湾奥へ流入する河川の河口の堆積物中に高濃度のPCBsが蓄積されている（図2・2・53）．これらが増水時に再懸濁・再移動することにより長期間表層堆積物中からPCBsが検出されるものと推察される．このプロセスは数値モデルにより再現され，河川・河口・港湾に堆積しているPCBsの除去（例えば浚渫）を行わない限り東京湾堆積物のPCBs汚染は今後も高いレベルが続くと推定されている（橋本ほか, 1998）．海上保安庁による長期間のモニタリングの結果でも東京湾の表層堆積物中のPCBs濃度の減少は1980年代以降遅くなっていると報告されている（清水・野口, 2006）．

C. ムラサキガイを使った有害化学物質のモニタリング

東京湾の汚染は日本の他の沿岸域に比べてどのくらいのレベルなのか？ また，東京湾のどの水域が汚染されているのかについて，東京湾を含む日本の広い海域で行ったモニタリング結果（高田ほか, 2004）を基に述べる．図2・2・54に日本全国の沿岸域から採取されたムラサキガイ中のPCBs濃度を示す．東京湾が高濃度海域の一つであることがわかる．また，図2・2・55の東京湾内での濃度の比較からは，東京湾全域が汚染されているわけでなく，湾口から横浜および湾口から千葉に至る湾の南部は汚染レベルは低く，湾奥が高濃度域であることが明らかである．前述した東京都福祉保健局によるモニタリングも東京都管内，すなわちこの高濃度域で行われたものである．図2・2・56に示す経年変化からは過去10年でイガイ中のPCBs濃度は徐々に減少しているという傾向が得られた．ただし，同一地点での比較ではないために半減期までは計算できない．精密な半減期の見積もりが東京湾のPCBs・ダイオキシン汚染の将来予測とそれに基づく対策立案には不可欠である．また，図2・2・55からは東京湾奥のムラサキガイにはPCBs以外にもノニルフェノールやビスフェノールA（BPA）など様々な汚染物質が高濃度で蓄積されていることがわかる．

D. 柱状堆積物に刻まれた東京湾の汚染のトレンド

図2・2・57に東京湾の柱状堆積物中の環境ホルモンの鉛直分布を示す（奥田ほか, 2000）．1970年代初頭以降，様々な規制によりPCBs同様にノニルフェノール等いくつかの汚染物質の濃度が減少していることが明らかである．一方でPAHsのように緩やかな減少しか示さないもの，ビスフェノールAのように増加傾向を示すものも観測された．

第 2 章　海域

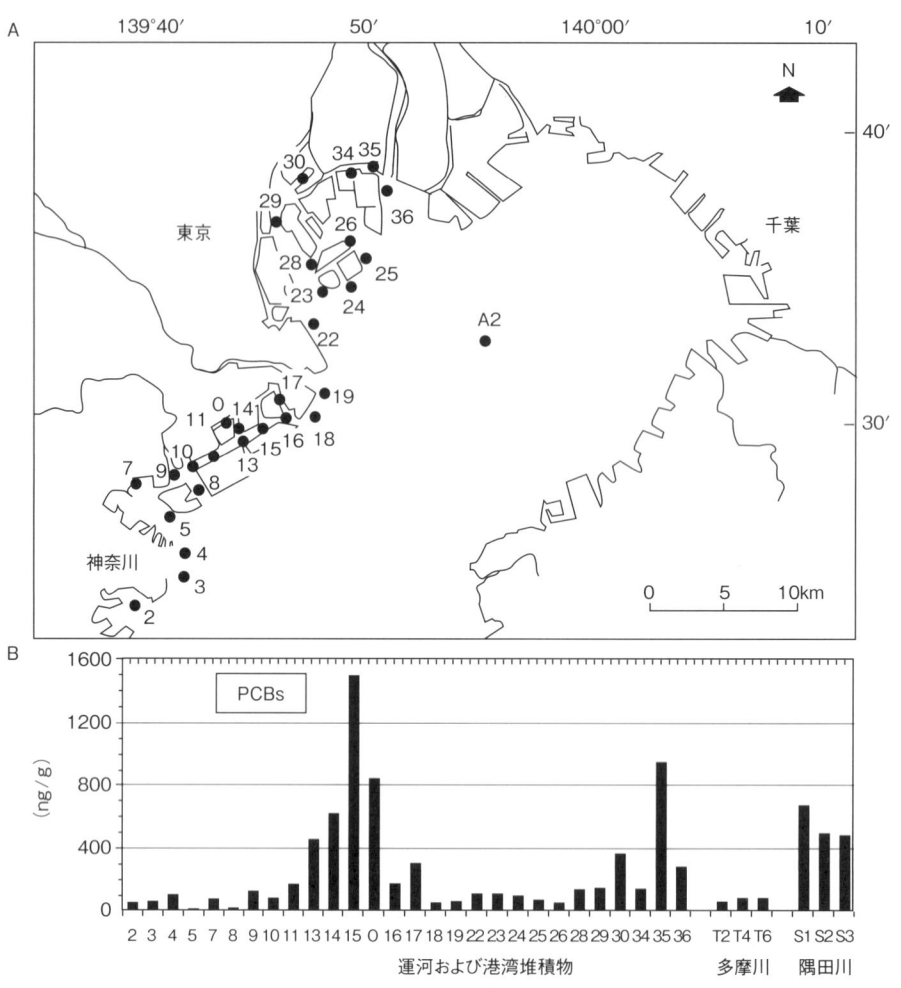

図 2・2・53　東京湾岸堆積物採取地点 (A) と堆積物中の PCBs 濃度 (B)

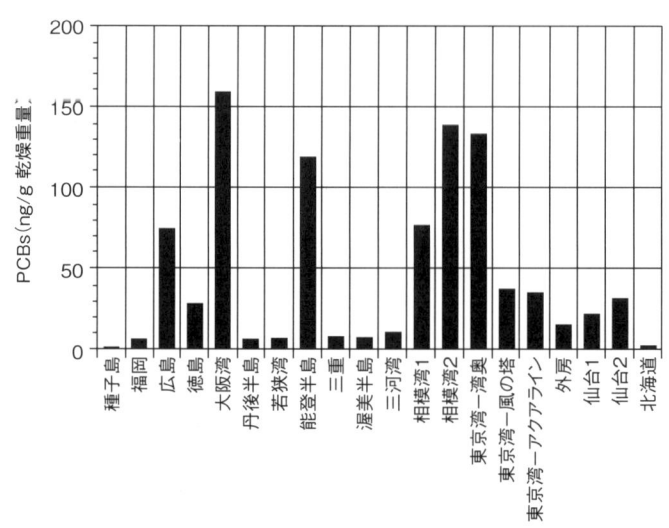

図 2・2・54　日本全国で採取したムラサキイガイの PCB 濃度
高田ほか (2004) より引用.

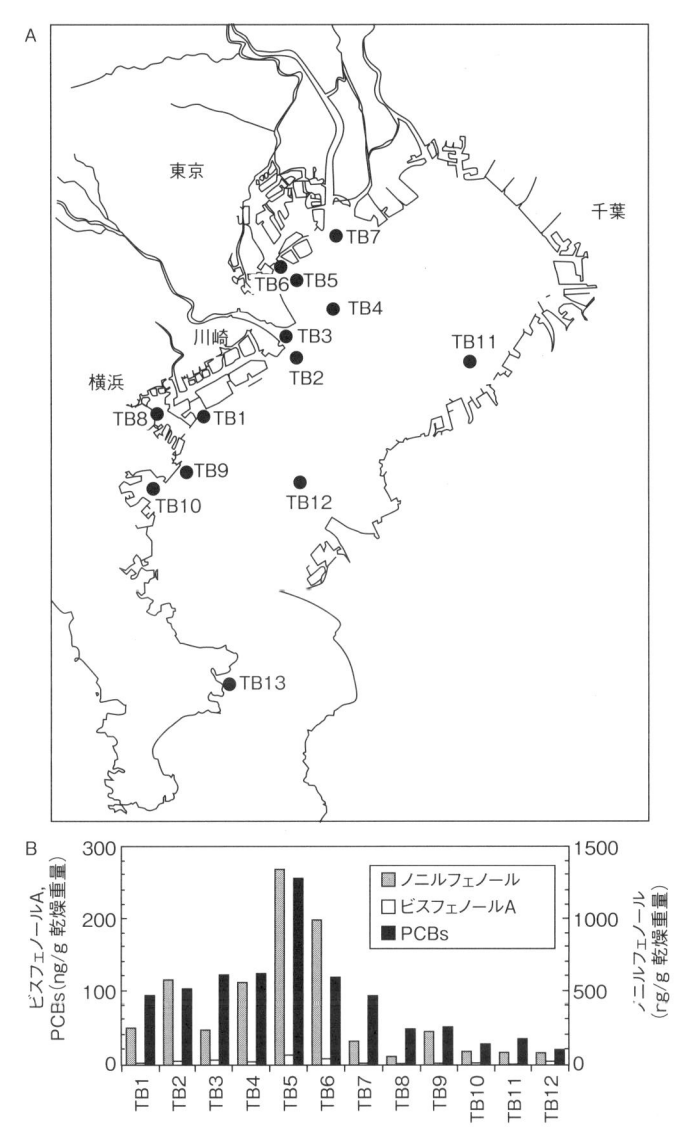

図 2・2・55 東京湾におけるムラサキイガイ採取地点 (A) とムラサキイガイ中の有害化学物質濃度 (B)
高田ほか (2004) より引用.

　本稿ではおもにダイオキシン類とPCBsに焦点を当てて述べてきたが，ムラサキイガイを用いたモニタリング結果が示すようにPCBs以外にも多くの汚染物質が東京湾には流入し，魚貝類に蓄積されている．またなかにはビスフェノールAや臭素系難燃剤のようにその濃度が増加傾向のものも存在する．複合的な汚染の影響については不明な点が多く，複合汚染の野生生物や人への影響を明らかにしていくことは今後の課題である．

E. 重金属類（微量元素）

　過去に起きた，いくつかの深刻な公害事件の原因物質である重金属類は，いまだわが国におけるトップ・クラスの汚染物質である．生物に対して強い毒性をもつ鉛やカドミウム，水銀などの重金属類を含む元素群を，近年は「微量元

第 2 章　海域

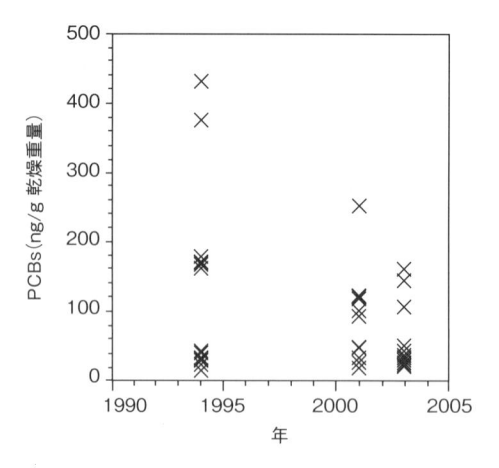

図 2・2・56　東京湾ムラサキイガイ中の PCB 濃度の経年比較
　　　　　　高田ほか（2004）より引用.

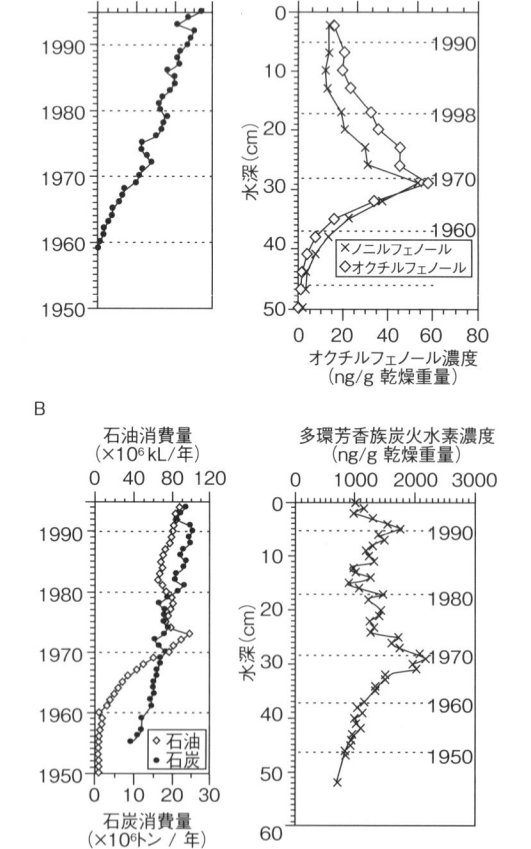

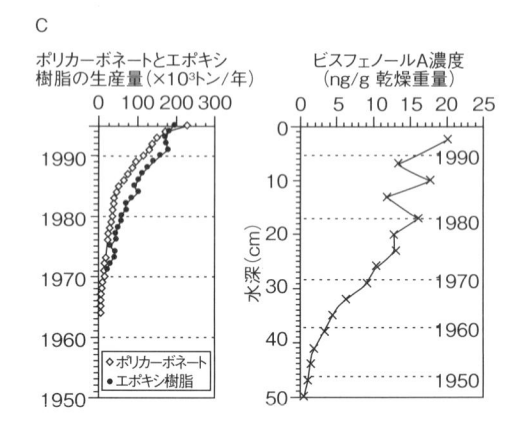

図 2・2・57　東京湾柱状堆積物中の環境ホルモンの鉛直分布とそれらの起源となる工業製品の生産量・販売量の経年変化
　　A：アルキルフェノール生産量の経年変化（左）と柱状堆積物中のアルキルフェノールの鉛直分布（右），B：石油および石炭の販売量の経年変化（左）と柱状堆積物中の多環芳香族炭化水素類（PAHs）の鉛直分布（右），C：ポリカーボネートおよびエポキシ樹脂生産量の経年変化（左）と柱状堆積物中のビスフェノールAの鉛直分布（右）．点線の両脇の数値は泥が堆積した年代（西暦）を示す．奥田ほか（2000）より引用.

素」というグループでまとめることもあり（ヒ素やセレン，ホウ素など半金属を含むため），以降では微量元素の名称も使用する．

微量元素の汚染物質としての特徴は，まず，人類の産業活動に欠かすことのできない材料であるため，数々の規制が設けられているものの，その使用量が膨大であることが挙げられる．また，それらの中には極めて強い毒性を有するものがあり，さらに，一度，環境中に放出されると，分解されることがなく半永久的に残留するという厄介な特徴がある．とくに近年は，ハイテク製品やIT機器の普及が代表するように，多くの微量元素が様々な製品に使用され，我々に身近なものとなっている．

これらの微量元素は最終的に，有機汚染物質と同様，海へと到達し，そこの生態系へインパクトを与えることが予想される．生物増幅を通して高次生物へダメージを与える水銀のような元素は稀といえるが，その環境動態には慎重な留意が求められる．

a. 東京の微量元素レベル

アジアを代表する大都市・東京は，当然，人間活動によってもたらされる環境影響も甚大となる．とくに人為起源の化学物質に着目すれば，東京湾は各種の人間活動によって放出された化学物質のシンク（溜まり場）として機能する．つまり，東京都を含めた首都圏で放出された微量元素は，主要河川を経由するなどして，そのまま東京湾に負荷されることになる．では，近年における東京の微量元素レベルはどの程度であろうか？

道路脇に堆積する粉塵は，沿道環境の汚染レベルを反映することが知られ，これまでいくつもの都市部でその濃度が報告されている（Garcia-Miragaya et al., 1981; Banerjee, 2003）．道路は，産業を支える流通において主要な役割を果たし，その上を通過する車の台数，つまり交通量は都市の規模を反映するパラメーターとなる．また，沿道に堆積する道路脇粉塵は，雨が降れば下水道を経由し，最終的には東京湾に負荷される汚染物質の起源になると考えられる．

2000年から05年までに，東京都内の主要な道路で採取された道路脇粉塵の微量元素レベルを，韓国のソウル，中国の香港，そしてイギリスのバーミンガムと比較した（表2・2・4）．東京の微量元素レベルは，東アジアの大都市とほ

表2・2・4　2000年から05年までに東京都内で採取された道路脇粉塵の微量元素レベル（μg/g 乾燥重量）と他都市との比較

	東京 平均値 ± S.D.	(Min - Max)	n	ソウル（韓国）平均 (Lee et al., 2005)	香港（中国）平均 (Yeung et al., 2003)	バーミンガム（英）平均 (Charlesworth et al., 2003)
V	124 ± 27	(69 - 211)	209	-	-	-
Cr	214 ± 104	(85 - 1040)	209	182	124	-
Mn	947 ± 190	(603 - 1460)	209	-	-	-
Co	18 ± 9.3	(9.0 - 116)	209	-	-	-
Ni	74 ± 41	(25 - 286)	209	90	29	41
Cu	414 ± 245	(84 - 1910)	209	446	110	467
Zn	1370 ± 625	(361 - 3330)	209	2665	3840	534
As	7.4 ± 3.1	(2.0 - 36)	209	-	-	-
Se	1.1 ± 0.3	(0.6 - 3.1)	106	-	-	-
Cd	0.79 ± 0.29	(0.35 - 1.8)	195	4.3	-	1.6
Tl	0.29 ± 0.16	(0.16 - 1.9)	200	-	-	-
Pb	197 ± 174	(50 - 1870)	209	214	120	48

ほぼ同レベルであったが，とくに強毒性の元素に注目すれば，カドミウムでやや低く，鉛は香港より高濃度でソウルよりやや低い平均値であった．しかし，鉛は一部の交差点で 1,000 ppm（乾重当たり）を超過する高濃度が認められ，現在も深刻な汚染が存在することが明らかとなった．なお，この鉛の起源として道路表示用塗料（黄色）の寄与が大きいことが指摘されている（Ozaki *et al.*, 2004）．

次に，都内の下水処理場で採取された，活性汚泥の脱水ケーキの微量元素レベルを表 2・2・5 に示す．脱水ケーキとは汚泥や水中混濁物質などを脱水機にかけ，水分を除去したあと残った固形物のことである．下水汚泥や屎尿消化汚泥等の含水率は約 80〜98％であり，各種脱水器でそれを 55〜75％までにしたケーキは，おもにセメントや肥料の原料，厚層基材吹付材料として再利用されている．表に示した汚泥のデータは，2003 年秋季のみのものであり，下水が人々の生活を反映し，変化することを考慮すれば，参考程度に留める必要がある．しかし，カドミウムなど一部の元素で比較的高い濃度がみられたこ

とから，東京湾へ負荷される微量元素の起源の一つとして下水由来のものが考えられた．

このように，東京では首都圏の産業や人間の生活によって多様な微量元素が排出され，東京湾へ負荷し続けている現状がある．

b．魚類の微量元素レベル

1995 年に東京湾で採取されたクロダイ *Acanthopagrus schlegelii*，アイナメ *Hexagrammos otakii*，スズキ *Lateolabrax japonicus*，マコガレイ *Pleuronectes yokohamae* の 4 種の海産魚類の筋肉（おもな可食部）の微量元素レベルをアジアの主要都市（フィリピン・マニラ，タイ・バンコク，インド・コルカタ）に隣接した海域で採取されたものと比較した（表 2・2・6）．東京湾の魚類 4 種には，微量元素の顕著な高濃度は認められなかったが，マコガレイのヒ素濃度で，他海域と比較して高い個体がみられた．魚類体内のヒ素は，無機ヒ素と比べて極めて毒性が低い有機ヒ素態（アルセノベタインなど）で保持していることが知られている（柴田・森田，2000）．その他，比較的高い濃度の水銀が肉食性の強いスズキとクロダイから，また鉛がアイナメから検出されている．他の微量元素では，アルカリ土類金属のストロンチウムとバリウムが高く，アルカリ金属のセシウムも比較的高い傾向がみられた．これら元素は，マコガレイとアイナメで高く，一方で強い肉食性のスズキとクロダイは低いという種間の特徴も認められた．水銀とセシウムは，東京湾産魚類で体サイズの増加に伴い，体内の金属レベルも増加するという年齢蓄積もみられている（渡邉・田辺，2003）．

c．底質の水銀レベルについて

水銀は，微量元素の中でも比較的毒性が強く，一方で，産業素材として非常に古い時代から人類に利用されてきた．その毒性は，無機態と有機態で著しく異なり，後者の一つ，メチル水銀が水俣病を引き起こした事実はあまりにも有名である．汚染物質としては，多くの微量元素の

表 2・2・5 2003 年秋季に東京都の下水処理場で採取された活性汚泥の脱水ケーキの微量元素レベル（μg/g 乾燥重量，n=3）

元素	平均値 ± S.D.	元素	平均値 ± S.D.
Li	1.5 ± 0.005	Se	2.2 ± 0.06
Mg	2348 ± 49	Rb	2.4 ± 0.05
Al	6575 ± 79	Sr	48 ± 0.2
V	3.9 ± 0.05	Ag	<0.001
Cr	9.4 ± 0.12	Cd	1.8 ± 0.001
Mn	71 ± 0.9	In	1.7 ± 0.04
Co	0.91 ± 0.02	Cs	2.3 ± 0.01
Ni	7.6 ± 0.9	Ba	998 ± 2.4
Cu	101 ± 1.6	Tl	1.7 ± 0.01
Zn	230 ± 22	Pb	<0.001
Ga	69 ± 0.4	Bi	1.3 ± 0.1
As	3.3 ± 0.01	U	3.2 ± 0.02

表 2·2·6 アジアの主要な都市部に隣接した海域で捕獲された魚類の筋肉における微量元素濃度（最小〜最大値：μg/g 乾燥重量）

	東京（日本）	マニラ（フィリピン）	バンコク（タイ）	コルカタ（インド）
種数	4	11	5	6
検体数	15	43	19	26
Li	0.013〜0.13	<0.001〜1.6	0.10〜0.41	<0.001〜0.15
V	<0.001〜0.05	<0.001〜1.7	<0.001〜0.11	<0.001〜1.1
Mn	0.40〜1.8	<0.01〜2.6	<0.001〜5.54	<0.01〜5.1
Co	0.003〜0.016	0.004〜0.48	<0.001〜0.10	<0.001〜0.31
Cu	0.47〜1.9	<0.01〜270	<0.001〜0.10	<0.001〜0.31
Zn	15〜28	11〜1390	10〜36	2.7〜406
As	3.5〜116	0.03〜19	<0.01〜61	0.69〜15
Se	1.7〜4.5	<0.001〜11.6	0.7〜3.5	0.4〜52
Rb	2.9〜5.9	<0.001〜6.9	0.37〜6.4	0.43〜14.3
Sr	0.45〜9.1	0.28〜20	0.65〜6.5	0.06〜11
Ag	<0.001〜0.05	<0.001〜0.35	<0.001	<0.001〜0.16
Cd	<0.001	<0.001〜6.8	<0.001〜0.06	<0.001〜0.11
Cs	0.06〜0.13	<0.001〜0.14	<0.001〜0.08	<0.001〜0.11
Ba	0.013〜3.4	<0.001〜0.12	<0.001〜0.14	<0.001〜0.18
Hg	0.07〜0.96	<0.001〜0.87	0.09〜1.40	<0.001〜0.65
Tl	0.0001〜0.0004	<0.001〜0.008	<0.001〜0.004	<0.001〜0.006
Pb	0.009〜0.052	<0.001〜0.12	<0.001〜0.054	<0.001〜0.19

中でも，生物濃縮が起こる金属として突出している．つまり，水や底質など環境中に低いレベルでしか存在しなくても，食物網を通じて濃縮され，栄養段階が高次の生物になると著しい高濃度に達する．このような特徴から，とくに慎重な監視を要する有害化学物質といえる．

東京湾で採取された柱状堆積物の分析から，重金属類の負荷がどのような歴史トレンドをたどったかを明らかにした報告がなされている（松本，1983；Sakata et al., 2006）．それらによれば，水銀，カドミウム，ヒ素，鉛といった強毒性の微量元素および亜鉛，クロム，銅といった重金属類も，先に示したPCBsや各種環境ホルモン類と同様に，1970年前後に明らかなピークを示し，その後，約10年間で減少している（図2·2·58）．このトレンドは，1990年代に分析された東京湾の魚類の水銀レベルが高値でなかったという前述の結果を裏付け，近年の東京湾のレベルが顕著でないことを示している．しかし，筆者らは1999年に多摩川河口周辺で採取した底質から比較的高いレベルの水銀を検出しており，とくに特定の地域ではそのほとんどが有機態であった（図2·2·59）．加えて，前出の東京湾の底質分析は，湾全体の約20cmの深さに，1970年前後の複合汚染された高レベル蓄積層が保存されていることを示している．このことは，今後の東京湾開発において，浚渫など海底の処理を計画する場合，十分な留意を払う必要を示唆していよう．広域に及ぶ浚渫は，特定の深さに貯蔵された高レベル汚染物質を海水中へ再分配させる可能性があり，それが生物濃縮により高次の生物へ濃縮され，意外な時期に影響が現れる可能性は否定できない．

以上のことから，今後も東京湾において氷続的に"江戸前"水産物を利用する場合，水銀を含めた重金属類のきめ細かい，継続的なモニタリングが重要となると考えられる．

（高田秀重・渡邉　泉）

図2・2・58 東京湾内への水銀負荷量の歴史トレンド Sakata *et al.* (2006) より引用.

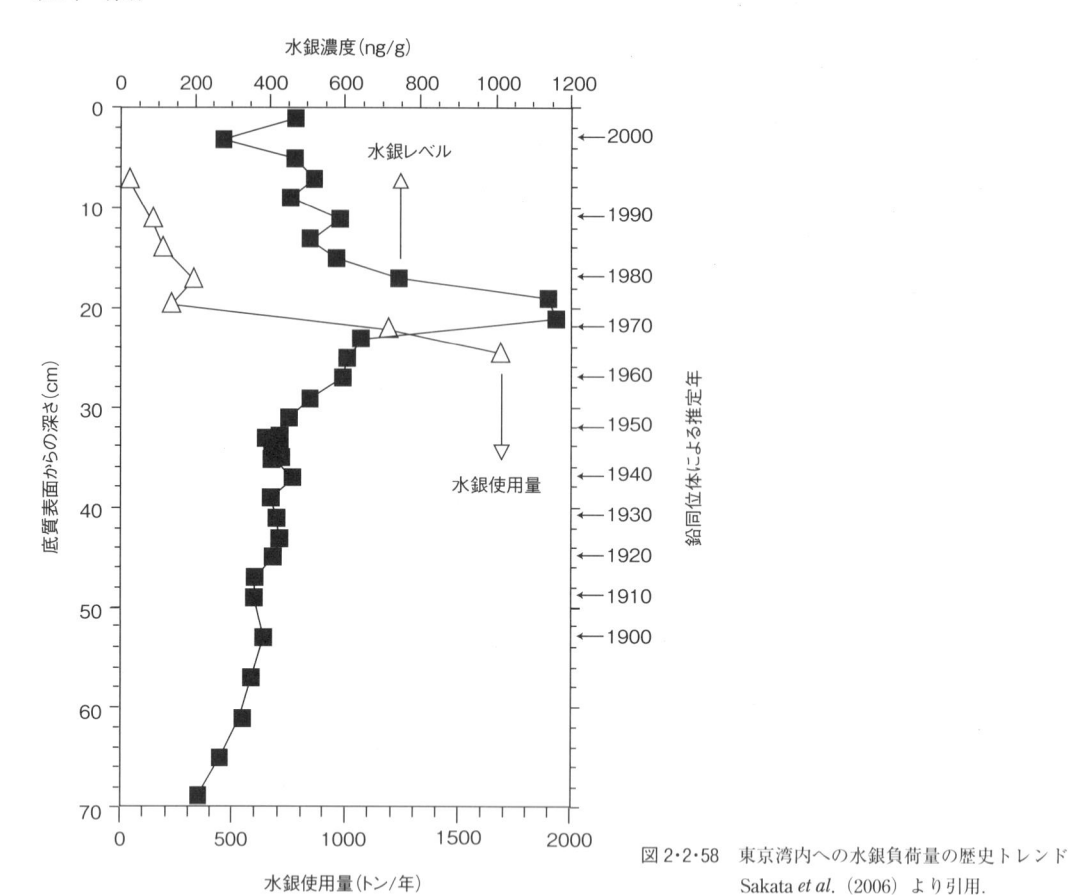

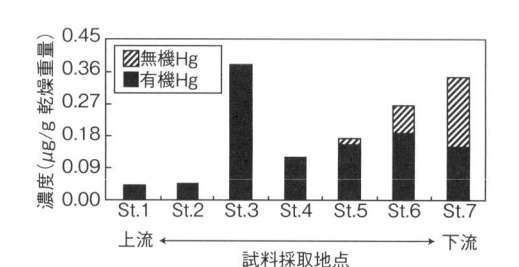

図2・2・59 多摩川河口周辺の底質における Hg 濃度とその化学形態

2.3 東京湾の生き物

2.3.1 浮遊生物

A. 植物プランクトン

a. 生息環境

海藻類や海草類が繁茂できるごく浅い水域を除けば，植物プランクトンは水界生態系の主要な基礎生産者であり，動物プランクトンとともに水界の低次生産を担う重要な生物群である．植物プランクトンはまた，しばしば大増殖を行うことによって赤潮を形成し，場合によっては，魚介類や人間の健康にまで深刻な被害をもたらすものが含まれている点でも重要である．

東京湾では1950年代以降の急速な経済成長に伴い，臨海域への急激な人口の集中や工業地帯の拡大，および人々の生活様式の急変によって，大量の有機物や無機栄養塩類が流入するようになり，急速に富栄養化が進行した（宇野木・岸野，1977）．また人口の増加に伴って淡水需要も急増し，東京湾への淡水流入量が著しく増加した（魚，1994；野村，1995）．栄養塩類の増加がとくに目立つのは1960年から65年にかけてであり（高田，1993），植物プランクトンをめぐる東京湾，とくに内湾域の環境は1960

年代半ばを境に大きく変化している．

東京湾に出現する植物プランクトンに関する報告は，1900年代初頭にまで遡ることができるが，70年以前の研究では珪藻に関する資料が比較的整っており，珪藻を中心として長期変動が論じられている（丸茂・村野，1973；丸茂ほか，1974）．1920年代には，東京湾ではプランクトンは冬季に多く夏に少ない季節変動を示し，おもに珪藻よりなる植物プランクトンが全プランクトンに占める割合は，海水1L当たりの個体数として，冬季に89％，夏季に36％程度であり，夏季には動物プランクトンの捕食圧が高いために珪藻の増殖が起こりにくく，現存量も低かったと推測されている（丸茂ほか，1974）．このことは，当時の東京湾では動物プランクトンによる捕食圧が現在よりずっと大きく，捕食−被食のバランスのとれた生態系が維持されていたことを示している．

b. 出現種と分布

内湾域では，1960年代半ばを境に植物プランクトンの出現種数は著しく減少し，その種組成も大きく変化した（付表2，3参照）．珪藻類を指標としてみれば，1947年に浦賀水道では47種，湾奥部では35種の珪藻類が記録されたが，このうち外洋種はそれぞれ15種と12種が出現し，*Bacteriastrum comosum*, *B. sinensis*, *Chaetoceros atlanticus* v. *neapolitana*, *C. peruvianus*, *C. tetrastichon*, *C. decipiens*, *Corethron criophilum*, *Rhizosolenia acuminata*, *R. styliformis* の9種が共通であった．沿岸性種はそれぞれ20種と23種で，両水域間で著しい差は見られず，出現種の多くは共通種であった．これに対して1971〜72年の調査では，全出現種は浦賀水道では50種で，1947年当時と変わりがなかったが，湾奥部では13種と激減した．出現種中の沿岸性種は浦賀水道では28種を数えたのに対し，湾奥部では11種に過ぎず，外洋性種はほとんど消失し，上記のうち *Chaetoceros atlanticus* v. *neapolitana*, *C. decipiens* および *R. styliformis* の

みが浦賀水道で記録された（丸茂・村野，1973；丸茂ほか，1974；村野，1980）．

湾奥部における沿岸性種の減少や外洋性種の消失は，この時期東京湾の内湾性が著しく強くなり，植物プランクトン群の多様度が著しく減少したことを示している．珪藻群集の変化は，東京湾堆積物表層中の珪藻遺骸，および中の瀬北部域の堆積物コア中の珪藻遺骸を調査した Tanimura *et al.*（2001, 2003）によってもまた示されている．彼らは，コアにおける珪藻遺骸中の優占種が，より下部の *Thalassionema nitzschiodes* から上部の *Skeletonema costatum* ＊ への明瞭な遷移が認められることを指摘し，優占種の変化が1965年を中心とする数年の間に生じたことを明らかにした．このような珪藻フロラの変化は，北太平洋から湾内へ流入してきた外洋水に見られる典型的な群集から，高栄養塩で低塩分水域に特有な珪藻群集へ移行したことを示しており，急速な経済成長に伴って拡大した人為活動の増大によって，湾内への栄養塩と淡水供給が急激に増加した結果引き起こされたものであると考えることができる．

1981〜82年に調査を行った小川（1982）によれば，東京湾表層中の珪藻類の分布は，季節的に変化する風向に強く影響されており，内湾性の群集は冬季には広く浦賀水道まで分布するが，夏季には湾奥部に限られ，この時期には黒潮性の群集が湾奥にまで侵入する場合がある．優占する珪藻類は *Skeletonema costatum*, *Chaetoceros deblis*, *C. radicans*, *C. didymus*, *Dactyliosolen fragilissimus*（=*Rhizosolenia fragilissima*），*Thalassiosira* spp. などであり，年間を通して *S. costatum* が卓越していた．1991〜93年に東京湾湾央部で調査を行った野村・吉田（1997）の報

＊ *Skeletonema costatum* として従来記載されてきた種は，Saruno *et al.*（2005, 2007）らの研究により，現時点では8種で構成されていることが明らかにされた．東京湾においてもこれらのうち少なくとも3種が分布することが最近報告された（河村，2010）が，本書では従来通り *Skeletonema costatum* として記述した．

告では，主要な植物プランクトンとして，*S. costatum, D. fragilissimus, Rhizosolenia setigera, Thalassiosira rotula, Thalassiosira* spp. などのほか，*Nitzschia* 属および *Navicula* 属などが挙げられている．これらの主要珪藻種はすでに丸茂・村野（1973）において観察されており，東京湾の植物プランクトン相は1970年代から90年代まで，基本的にはほとんど変化していないと考えられる（野村，1998）．これらのうち，各地の内湾で赤潮を形成する種として知られる *S. costatum* は，東京湾では1930年頃はきわめて出現密度が低かったが，52年に初めて広範囲の同種の赤潮の発生が報告され（菅原・佐藤，1966b），70年代以降はラフィド藻類の *Heterosigma akashiwo* や，小型渦鞭毛藻類の *Prorocentrum minimum* などとともに，東京湾の赤潮の主要原因種となった（野村，1998）．また1995年には，これまで東京湾で発生の報告のなかったハプト藻類の *Gephyrocapra oceanica* による大規模な赤潮の発生が初めて報告（小倉・佐藤，2001）されるなど，湾内の植物プランクトンの小型化の傾向が指摘されるようになった（山口・有賀，1988）．佐々木（1996）は，富栄養化が進行して，夏季の成層期でも表層の栄養塩が豊富な現今の東京湾においては，動物プランクトンによる摂食圧が大きくなければ，小型なもののうちとくに鞭毛藻類が卓越するのは必然であると述べている．東京湾央の定点（35°25'N, 139°48'E）において，1981～2000年の20年間に採集された，フォルマリン固定による植物プランクトン試料を解析した吉田・石丸（2007）は，この間の出現種は珪藻綱25属94種，渦鞭毛藻綱9属32種，ディクチオカ藻綱3属3種，およびユーグレナ藻綱であり，最優占種は細胞数，炭素現存量ともに *S. costatum* であったことを報告している．クラスター解析によれば，冬季は *S. costatum* や *Eucampia zodiacus* が優占する珪藻グループの出現が多く，春季はユーグレナ藻，夏季は *Prorocentrum pellucidum* や *P. triestirum*，秋季は *S. costatum* や *Thalassiosira rotula, Ceratium furca* が優占するグループが多く出現した．夏季に珪藻綱の優占率が低い理由は，*Heterosigma akashiwo* など，フォルマリンでは固定できないラフィド藻類の植物プランクトンが多く存在したためであると考えられる（吉田・石丸，2007）．このように近年の東京湾の植物プランクトン群は，外洋域の植物プランクトン群とは明らかに切り離された独自の群集であり，剣崎沖や横須賀沖に形成されるフロントが，これらの群集の分布を分けるうえで大きな役割を果たしているものと考えられている（Han, 1988）．

以上，東京湾の植物プランクトン群の出現状況は，1965～70年頃を境に大きく変化し，70年代以降は基本的には変わってはいないということができる（野村，1998）．しかし，記録された種数は1970年代の60種から80年代には187種，そして90年代は119種と増加している．このような出現種数の増加の理由としては，植物プランクトンの分類作業に対する努力量やデータ数が増加したことや，東京湾内外での海水交換が促進され，内湾に運ばれてくる種が採集される機会が増加し，新たに東京湾に定着した種が記録された可能性があることなどが考えられる（野村，1998）．このような出現種数の変化が東京湾生態系の変動の兆しなのかどうかは，今後の注意深い調査の結果を待って判断されなければならない． 　　　　　　（山口征矢）

B. 動物プランクトン

a. 微小中・大型動物プランクトン

1. 生息環境の変遷

東京湾における動物プランクトンは，冬季を中心に中・大型種（おもにカイアシ類の *Acartia omorii*）が，春季から秋季に繊毛虫類などの微小種と小型のカイアシ類（*Oithona davisae*）が卓越する（穴久保・村野，1991；野村・村野，1992；野村ほか，1992；Itoh & Nishida, 1993）．こうした東京湾の動物プランクトンの基本的群集構造が形成されてきた過程

には，人間活動の影響をみることができる．なぜなら，現在の動物プランクトンの群集構造は高度成長期の間，1950年代末から70年代初頭の10～15年という短期間に形成されたと推定できるからである．そのことは植物プランクトンの変遷（野村，1998）からも裏付けられる．

東京湾の動物プランクトン群集構造を変化させた生息環境の変化として，①底層の貧・無酸素化，②淡水流入の増加に伴う二層構造の強化，③植物プランクトン現存量中の鞭毛藻の比率の上昇，を指摘したい．植物プランクトンの異常増殖による二次汚濁の結果としての底層の貧酸素化，原生動物の増加などは，湖沼にも共通する極度な富栄養化過程である．人間活動による急激な環境改変は，プランクトン群集では短期間で基礎生産者から上位消費者に波及し，種組成の変化を通して生態系の基幹的構造を変化させるのにさほど時間を要さなかったことを示している．

2. 出現種と分布

付表4に東京湾における動物プランクトンの出現種をリストアップした．この表は，東京湾中央部において，1981年から1995年の間に，東京水産大学（現・東京海洋大）研究練習船"青鷹丸"あるいは実習艇"ひよどり"により行われた月例調査と（野村・村野，1992；野村ほか，1992；野村，未発表），Itoh & Nishida (1993)，唯杉・伊東 (1999) を参照して作成した．一見して多様な種が出現しているように見える．しかし，原生動物が主体の微小動物プランクトンと一時プランクトン（おもには，生活史の一時期を浮遊生活する底生生物の幼生，例えばアサリやシャコの幼生）を除いた動物プランクトンのうち，自生種（東京湾内で繁殖成長しているものは●で示す）は17種である．自生しているカイアシ類には，多摩川河口の汽水域に分布する Sinocalanus tenellus, Pseudodiaptomus inopinus 等が含まれている（唯杉・伊東，1999）．ミズクラゲを除く，東京湾自生の中・大型種（枝角類・カイアシ類・毛顎類・尾虫類）の種数は，汽水域の2種を加えても16種であり，瀬戸内海（25種；Hirota (1979) の図から参照）と比べて半分程度しかない．とくにカイアシ類は，本湾で10種に対し，瀬戸内海では18種出現している．また，同様に出現量を年平均値で比較すると，東京湾（$2,700/m^3$）は瀬戸内海（$9,300/m^3$）の約1/3と少ない．一方，小型種の O. davisae は瀬戸内海の8～30倍の高密度である（野村，1993）．瀬戸内海で中・大型種の出現密度が高いのは，枝角類が多く出現することや，カイアシ類の Paracalanus 属が A. omorii 以上に多産するためである．これらのことは，瀬戸内海では小型種に比べ，Paracalanus parvus や A. omorii などの中・大型種が二次生産者として，より重要な地位を占めていることを示している（野村・村野，1992）．

東京湾の動物プランクトン群集の構造は，瀬戸内海に比べ，小型で単一のカイアシ類が多量に出現することで種間の均衡性が低く（群集としての多様性が低く）（野村，1993），サイズが小さい方に偏った構造になっている（野村ほか，1992；Uye, 1994）．これは極度に富栄養化した水域に特有の群集構造といえよう．しかし，東京湾の群集構造は昔からこうした特徴をもっていたのではない．1950-60年代に動物プランクトンの研究はないが，それ以前と以後では主要種や出現密度にかなりの違いが認められる．

有鐘繊毛虫類（以後，有鐘類）に関してみてみると（表2・3・1），その主体は1920年代から70年代初頭まで，Tintinnopsis 属であった（Aikawa, 1936；下村，1953；丸茂ほか，1974）．1970年代初頭におもな種は Tintinnopsis beroidea と T. tubulosa であった（丸茂ほか，1974）．しかし，1970年代中頃には，Amphorellopsis acuta であり，次いで Stenosemella parvicollis, Helicostomella subulata となった（鈴木，1979）．1990年前後には，A. acuta が主要種，次いで Helicostomella 属である（野村ほか，1992）．また，有鐘類の

最高密度の比較から，細胞密度は，1940年代は現在の1/7と推定された（野村，1993）．

カイアシ類の種の豊富さに着目すると，第二次世界大戦前の1929年と直後の1948年ではそれぞれ一回の調査にもかかわらず，湾奥や多摩川河口沖で多くの Calanus 属が出現し，Euchaeta marina，Oithona plumifera が湾央にも広く分布した（須田ほか，1931；Yamazi, 1955）．

東京湾は1940年代にはすでに富栄養状態とされるが（丸茂，1975），湾奥北西岸に位置した品川湾（かなり埋め立てられたが，東京港はその名残）を除けば，隣接する浦賀水道との環境的な傾斜がほとんどなく，湾内では様々な種が再生産していたか，あるいは外湾水の影響を強く受けていたものと考えられる．そして，東京湾の環境悪化が顕著となった1970年代初頭にはすでに出現種は明らかに減少していたとされ（丸茂・村野，1973），当時のカイアシ類種組成は現在と類似している．

カイアシ類主要種は，1920～40年代は Microsetella norvegica と Oithona similis であった（表2・3・2）．1940年代末に O. davisae が加わった．70年代になると O. similis が，80年代に M. norvegica も減少し，O. davisae のみが主要種となった．1940年代の本種の出現密度は，最高密度の比較から現在の1/5～1/10と推定される（表2・3・3）（野村，1993）．Uye (1994) は7月におけるカイアシ類群集構成を Yamazi (1955) と1989年で比較している．これを見ると，7月という特定の月の1度限りの比較ではあるけれども，東京湾の生態系の鍵ともいえる

表2・3・1 東京湾における有鐘繊毛虫類出現状況の変遷

調査期間	1927-29	1948-49	1971-72	1975-76	1989-91
調査回数	24	12	7	12	26
おもな有鐘繊毛虫類	Tintinnopsis spp.	Tintinnopsis spp.	Tintinnopsis beroidea T. tubulosa Codonellopsis morchella Favella taraikaensis	Amphorellopsis acuta Helicostomella subulata Stenosemella parvicollis	A. acuta H. fusiformis H. longa
最高密度（×10^3/L）		8.3	27.0		54.9（年平均7.1）
引用文献	Aikawa (1936)	下村 (1953)	丸茂ほか (1974)	鈴木 (1979)	野村 (1993)

表2・3・2 東京湾におけるカイアシ類主要構成種の変遷

調査期間		1927-29	1929	1931	1947-49	1948	1970-71	1971	1971-72	1980-82	1981-91
調査方法および	ネット	24	1 (4月)		23	1 (7月)	15	1 (8月)			116
調査回数 (月)	採水				1 (8月)				3	23	26
Microsetella		●*	●*	●	●**	○*	●*	●*	●*	○*	○*
Oithona similis		●	○		●	●		○			
Oithona davisae			○		●	●	●	●	●	●	●
Acartia omorii					●	●	○	○		○	○
Paracalanus parvus					●	○	○	○		○	○
引用文献		A	B	C	D	E	F	G	H	I	J

●：主要，○：出現，*：Microsetella norvegica，**：M. rosea

A：Aikawa (1936)，B：須田ほか (1931)／倉茂 (1931)，C：東京府水産試験場 (1937)，D：藤谷 (1952)，E：Yamazi (1955)，F：山路 (1973)，G：丸茂・村野 (1973)，H：丸茂・村野 (1974)，I：穴久保・村野 (1991)，J：野村 (1993)

種 O. davisae のカイアシ類群集内での占有率が，約 65% から 95% 以上に上昇している．

Acartia omorii は，1948 年 7 月の調査では湾奥部で出現密度が高く（28,000 ～ 38,000/m^3），湾口に向かって減少し，湾央では 3,500 ～ 5,200 /m^3 であった（表 2・3・4）（Yamazi, 1955）．1980 年代における最高出現密度の範囲は，10,923 ～ 23,000 /m^3 であった．また，7 月の最高は 1982 年に 1,275/m^3 であった（野村，1993）．Yamazi（1955）の調査は 7 月で，A. omorii の出現盛期を過ぎていたにもかかわらず，本種はカイアシ類群集内で最も高い場合には 40% を占めており，その占有率は O. davisae に次いで高かった．さらに Yamazi（1955）の値は，野村（1993）および穴久保・村野（1991）と比べて高密度である．本種は 1970 年代初頭までの間に減少したとされており（山路，1973），その頃に減少して現在に至っていると考えられる．

毛顎類出現種は，カイアシ類同様，1940 年代末の方が豊富であった（表 2・3・5）．しかし，1970 年から 89 年までは，Sagitta crassa, S. enflata, S. minima, S. nagae が主であった．1990 年代に入ると Eukrohnia hamata, Sagitta hexaptera や S. pseudoserratodentata などの外湾種の出現種数が増加している．隣接海域の浦賀水道では，毛顎類の出現種は 1940 年代末と 70 年代で変化していない（丸茂ほか，1978）．このことは人間活動の影響を強く受けた東京湾とそうでなかった浦賀水道の間で，1960 年代には水域環境の隔離が成立していたことを物語っている．

毛顎類主要種は，一貫して Sagitta crassa で

表 2・3・3　東京湾における Oithona davisae の出現密度（× 10^3 /m^3）の変遷

調査期間		1948	1971-72	1971-75	1979	1981-82	1989-91
調査回数（月）		1（7月）	3	3	1（7月）	23	26
湾奥	水柱平均密度	169			815	674	
	最高出現密度	515*	470	600	1591	2045	
湾央	水柱平均密度	37				300	1041（240**）
	最高出現密度	113*	800				2500
引用文献		A	B	C	D	E	F

*：推定最高出現密度，**：7月における水柱平均出現密度
A：Yamazi（1955），B：丸茂・村野（1974），C：Nishida（1985），D：Nagasawa & Marumo（1984a, b），E：穴久保・村野（1991），F：野村（1993）

表 2・3・4　東京湾における Acartia omorii の出現密度（× 10^3 /m^3）の変遷

調査年		1948	1981-82	1983	1981-90
調査回数（月）		1（7月）	23	1（2月）	116
出現密度	湾奥	28.0-38.0		13.2	
	多摩川河口沖	11.5-12.5	23.0*		
	Stn. T4	3.5-5.2			10.9*
					（年平均 1.4）
					1.3**
引用文献		Yamazi（1955）	穴久保・村野（1991）	Tsuda & Nemoto（1988）	野村（1993）

*：最高出現密度，**：7月の最高出現密度

第2章 海域

表2・3・5　東京湾における毛顎類出現種の変遷

調査期間	1929	1947-48	1970-71	1971	1971-78	1985	1981-95
調査回数	1	5	15	1	5	1	116
出現種							
S. bedoti ?							●
S. crassa		●	●		●	●	●
S. enflata		●	●		●		●
S. ferox							
S. hexaptera	●						
S. minima		●			●	●	
S. nagae		●		●	●		●
S. neglecta							●
S. pulchra		●					
S. regularis		●					
S. pseudoserratodentata							●
P. doraco		●					
E. hamata							●
K. pacifica		●					
K. subtilis							
引用文献	須田ほか (1931)	村上 (1957)	山路 (1973)	丸茂・村野 (1973)	丸茂ほか (1978)	浦和 (未発表)	野村 (1993) 野村 (未発表)

●：出現，属の略称　E：Eukrohnia，K：Krohnitta，P：Pterosagitta，S：Sagitta

あった．このことは本種が極めて内湾の環境によく適応していることを示す．表2・3・6に示すように出現個体数に関しては，最高個体数密度を比較すると1940年代末は91/m³，70年代初頭が1,389/m³，80年代は1,928/m³（野村，1993；丸茂ほか，1978；村上，1957），90年代前半は693/m³であった（野村，未発表）．1970年代以前の平均出現密度は不明だが，70年代は254/m³（丸茂ほか，1978），80年代が176/m³（野村・村野，1992），90年代前半は194/m³とほとんど変わっていない．おそらく毛顎類の出現量は1940年代までは，70年代の1/10〜1/20であり，以後は大きな変化はないであろう．

3. 東京湾での再生産と生活史

最近，東京湾がきれいになってきたという話を聞く．確かに，1980年後半から採集される外湾起源の生物種の出現頻度は上昇している．しかし，これらは湾内に定着し，再生産しているわけではない．この採集頻度の上昇は，湾外起源のプランクトンが採集されるまでは生残できたことを意味している（1.4.2.B.b）．生

表2・3・6　東京湾における毛顎類出現個体数密度（/m³）の変遷

調査期間	1947-48	1971-78	1981-95
調査回数	5	8	174
調査海域	湾中央部	Stn. T4	Stn. T4
最多出現年月	1948.3	1971.11	1988.10
出現密度　平均	ND	254	178
最高	91	1389	1928
引用文献	村上 (1957)	丸茂ほか (1978)	野村 (1993) 野村 (未発表)

ND：資料なし

残できたとはいえ，1980年代以後の動物プランクトンを取り巻く水域環境は，依然として高い栄養塩濃度や底層の無酸素化から見て，好転していないようだ．

図2・3・1には，生活史・生活空間の異なる2種類のカイアシ類，動物プランクトン群集の卓越種である O. davisae と占有率が低下したとされる A. omorii を例として，これらの生物と貧酸素水塊の関係を四季の時間経過とともに描いたものである．O. davisae は，卵塊を身体に付着させ遊泳し（Uchima & Hirano, 1986），おも

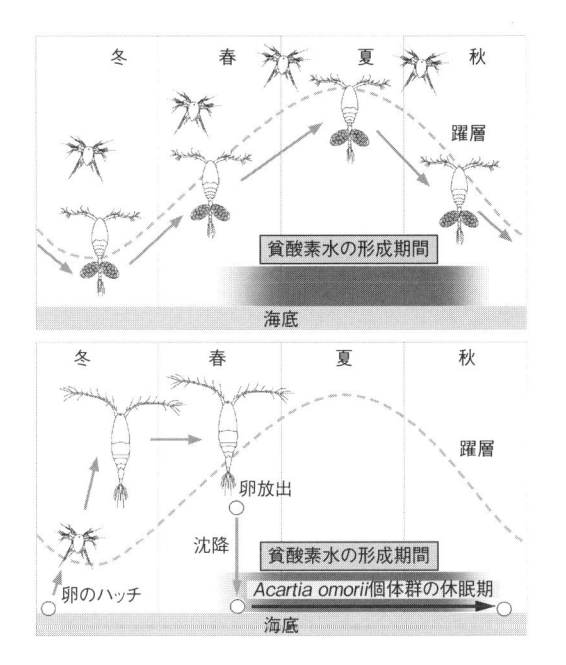

図2・3・1 東京湾における2種のカイアシ類，Oithona davisae（上）とAcartia omorii（下）の生活史や生活空間の利用の仕方の違い

な生活空間を塩分躍層以浅にもち，生息水温・塩分が広いためやエサが十分にあるためと思われるが，周年水柱で再生産をしている．そのため本種は底層の無酸素化の影響を受けにくい生物と考えられる．

一方，A. omorii や P. parvus のように休眠卵や放出卵を生産する種は（上・笠原，1978*），卵が沈降して海底に達した場合に貧・無酸素状態にさらされることで発育が阻害される（Uye et al., 1984）．Uye et al. (1979) は A. omorii* な

* 論文中では A. omorii は A. clausi. Bradford (1976) は，カイアシ類の A. clausi の分類学的再検討を行った．その結果，それまで日本で A. clausi とされていた種を，A. omorii と A. hudsonica として新種記載した．その後，上田 (1986) は，日本でこれまで A. clausi として発表された論文で使用した標本や全国から収集した標本を調べ，日本産 A. clausi は A. omorii と A. hudsonica の2種よりなり，A. clausi のほかの近縁種は存在しないことを示した．A. omorii と A. hudsonica は形態的によく似ているが，A. hudsonica は A. omorii に比べサイズが小さく，塩分の低い水域に出現するといった違いがある．なお，筆者の調査した東京湾沖合海域では，A. hudsonica が出現したことはなかった．

ど6種のカイアシ類の休眠卵が 0.08 mL/L 以下の溶存酸素濃度では孵化しないことを，Lutz et al. (1992) は Acartia tonsa など4種のカイアシ類で 0.02 mL/L 以下の溶存酸素濃度では孵化が抑えられるとした．

卵の生残・発育には底層の還元状態の度合に対する耐久性の強弱も関連する（Uye et al., 1979; Lutz et al., 1992）．海底直上における酸素濃度の測定は方法上の限界があるため，我々が考えている以上に無酸素化が深刻であることは想像に難くない．通常，夏季を休眠卵でやり過ごす内湾性種（Labidocera rotunda, Centropages yamadai など）が再生産していない．こうしたことから，海底の無酸素化が休眠期を海底で過ごすカイアシ類個体群を縮小させる一方，貧酸素の影響を受けづらい生物が増加することによって，東京湾の動物プランクトンの群集組成を変えたと考えられる．また，餌環境として，近年，微細な鞭毛藻類の増加により（村田，1973；山口・有賀，1988），それを摂餌する有鐘類や鞭毛藻食者 O. davisae (Uchima, 1988) にとっては好適な条件にある．また，O. davisae は A. omorii などの Calanoida カイアシ類と比べると全般にサイズが小さいことや遊泳様式の違いから，二次消費者である毛顎類 Sagitta crassa の捕食をまぬがれていると考えられている (Nomura et al., 2007)．こうした種のもち合わせた特徴がかみ合って，O. davisae は本湾の優占種となっている． （野村英明）

b．アミ類

日本近海には約200種のアミ類が出現するが，東京湾（東京内湾）からはサメハダハマアミ（Orientomysis aspera），ミツクリハマアミ（O. mitsukurii），クロイサザアミ（Neomysis awatschensis），ニホンイサザアミ（N. japonica），Parastilomysis paradoxa のわずか5種のみが報告されていたが，近年の調査で Rhopalophthalmus longipes, Erythrops minuta, Hypererythrops spinifera, H. zimmeri, Pleurerythrops secunda,

Pseudomma japonicum, *P. marumoi*, *P. surugae*, *Orientomysis rotundicauda*, *Mysidella nana* などの生息も確かめられた．今後も近底層調査の進展により出現種類数の増加は十分予想される．

上記の出現種の中での重要種はニホンイサザアミである．本種は汽水性種で，京浜運河沿いの天王洲そばにある東京海洋大学海洋科学部の係船場で濃密な群れを見ることもある．1960年頃までは漁獲され，1950年の品川湾のアミ類漁獲量は1,125トンで，漁獲物は佃煮等に利用されていた．品川付近の本種の生態については松本（1952）により報告されている．

クロイサザアミも大森沖で豊富に採集された記録があるから，前種と混獲あるいは単一の群れとして漁獲されていた可能性がある．サメハダハマアミ，ミツクリハマアミ，*O. rotundicauda* は，これまで *Acanthomysis* 属の種として知られていたが，この属の見直しが行われた結果，*Orientomysis* 属に移された（Fukuoka & Murano, 2005）．これらの種の分布量は多くはないと思われる．サメハダハマアミは，北米サンフランシスコ湾からも記録されているが（Modlin & Orsi, 1997），バラスト水と一緒に東アジア海域から運ばれたものと考えられている．

〔村野正昭・福岡弘紀〕

c．クラゲ類

東京湾，とくに内湾域における代表的なクラゲ類といえば，刺胞動物門の鉢クラゲ綱に属するミズクラゲ（*Aurelia aurita*），アカクラゲ（*Chrysaora pacifica*），さらにヒドロ虫綱のカミクラゲ（*Spirocodon saltator*）等である．湾口付近では，立方クラゲ綱のアンドンクラゲ（*Carybdea rastoni*）等も夏〜秋季にかけて大規模に出現するが，内湾域で見かけることはほとんどない．これらの種類は，肉眼でも容易に観察され，とくにミズクラゲは海面を真っ白に変えるほどの大規模なパッチを形成し，沿岸の岸壁近くにも襲来することがある．また，肉眼では観察できない大きさのクラゲ類では，いずれもヒドロ虫綱に属する，シミコクラゲ（*Rathkea octopunctata*），カラカサクラゲ（*Liriope tetraphylla*），ヒトツクラゲ（*Muggiaea atlantica*）等が内湾域においても出現する．とくに，シミコクラゲは春先に極めて大量に発生する．一方，刺胞動物ではないクシクラゲ類（有櫛動物門）は動物プランクトンとしては大型の部類に入るが，からだが全体的に透明でしかも壊れやすく脆弱であるため，肉眼での観察はネット等による採集後でも非常に困難である．内湾域における代表的なクシクラゲとしては，有触手綱のカブトクラゲ（*Bolinopsis mikado*）と無触手綱のウリクラゲ（*Beroe cucumis*）が挙げられる．ともに夏の終わりから秋季にかけて出現するが，ウリクラゲの方が若干遅れて出現する．カブトクラゲは時として大量に発生するが，その後に出現するウリクラゲの摂餌活動によりカブトクラゲ個体数は急激に減少していくものと推察されている（Kasuya *et al*., 2000）．

東京湾におけるクラゲ類の個体群動態に関する定量的な研究は，最近まではほとんどなされていなかった．これは，他のカイアシ類などの動物プランクトンと異なり，プランクトンネット等による採集では個体が大き過ぎること，ゼラチン質で壊れやすいこと等によるものと思われる．また，ミズクラゲなどは濃密な群れをところどころに形成する，いわゆるパッチ状の分布構造であることも定量的な調査を困難にしている一因であると思われる．したがって，古い文献では出現記録の記載にとどまり，定量的な調査も小型個体を中心に行われてきた．このため，実際にクラゲ類の増加が本当に東京湾で起きているのかどうかは，過去の観察記録と動物プランクトンを含めた海洋環境の変動から推測するしかないのが現状である．

1．生息種の変遷

戦前の東京湾におけるクラゲ類の記録によると，クシクラゲ類の大量出現と内湾域においてアカクラゲが頻繁に観察され，アンドンクラゲ

も出現している様子が記述されている（平坂，1915；駒井，1917）．一方で，現在，頻繁に観察されるミズクラゲの出現はそれほど多くなく，局所的な分布にとどまっているようである．現在では，アカクラゲは春期の限られた時期に局所的に観察される程度であり，アンドンクラゲにいたっては内湾域ではほとんど出現しない．そして，内湾域ではミズクラゲのみが突出して出現している．以上のことからクラゲ類の中でもかなり種類組成の変遷があり，とくに内湾域における種の多様性が低下していることが推察される．クシクラゲ類は現在でも数多く出現しており，最大個体数ではカブトクラゲで0.9個体/m^3，ウリクラゲで0.2個体/m^3という記録もある（Kasuya et al., 2000）．このことからクシクラゲ類は恒常的に数多く出現してきた種類であると推測される．

現在，東京湾において出現する代表的なクラゲといえばミズクラゲであろう．しかし，前述したように，戦前は現在ほど際だった出現記録はなく，東京湾における海洋環境の変遷に巧みに適応して徐々に現存量を増加させていったのであろう．表2・3・7に，現在までに報告されている東京湾におけるミズクラゲ個体数密度の一覧を示す．エフィラ幼生を除いた成体クラゲの出現記録では，1967年にすでに25個体/m^3に達する大規模なパッチが観察されている（桑原ほか，1969）．その後，大型ネットを用いた定点調査におけるミズクラゲの最高個体数密度は，1～3個体/m^3の範囲で変動している（表2・3・7）．このことから，大規模なパッチ内でのミズクラゲの出現密度は非常に高く，逆に，通常の定点観測によるネット採集では個体数密度は低く見積もられてしまうおそれがあることが示唆された．また，魚探による調査では，パッチ内でも最大個体数密度は5.7個体/m^3であり，全体的にネット採集から得られた個体数密度より低く見積もられる傾向があると指摘されている（Toyokawa et al., 1997）．一方，船体の一部を尺度とした船舶からの目視観察調査では，表層から水深2m程度までの結果ながら，パッチ内の個体数密度の平均値は，54個体/m^3と極めて高い値を記録した（石井，未発表）．いずれにしても，高度経済成長期の1960年代に

表2・3・7　東京湾内湾域におけるミズクラゲの個体群動態に関する研究例

調査年月	海域	個体数密度（個体/m^3）	ステージ	傘径（cm）	調査方法	文献
1966.6 - 1967.7	北東部内湾	0.046 - 24.9	成体	21-26	パッチ内上層水平曳き	桑原ほか（1969）
1977.12 - 1978.11	晴海埠頭	最大6.9*	エフィラ	-	定点表層水平曳き	杉浦（1980）
1981.1 - 1996.6	内湾全域	最大2.6	成体	-	定点鉛直曳き	野村・石丸（1998）
1988.2 - 1989.2	船橋港沖	0.1 - 0.7	エフィラ・稚クラゲ	最大5.2	定点表層水平曳き	Toyokawa & Terazaki（1994）
1990.5 - 1992.12	北部内湾域	最大1.53	エフィラ・成体	最大31	定点表層水平曳き	Omori et al.（1995）
1990.4 - 1992.5	内湾全域	0.002 - 1.6	稚クラゲ・成体	3.8 - 27.4	定点上層水平曳き・傾斜曳き	Toyokawa et al.（2000）
1991.11 - 1992.5	台場	最大2.4	エフィラ・稚クラゲ	最大6.3	定点表層水平曳き	〃
1990.7, 1991.9	内湾全域	0.9 - 13.4	成体	18.2, 15.2	パッチ内上層水平曳き・鉛直曳き	Toyokawa et al.（1997）
〃	〃	0.004 - 5.65	〃	17.0	計量魚探	〃
2001.12 - 2002.4	内湾奥部	最大2.8	エフィラ	最大2.4	定点傾斜曳き	Ishii et al.（2004）

*：ろ水効率を90%と仮定して計算

2. ミズクラゲの増大と海洋環境

東京湾におけるミズクラゲ群集の増大をもたらした要因の一つとして，富栄養化と並行して起きた餌としての動物プランクトン個体数密度の増加が挙げられる．とくに，ミズクラゲの主要な餌である動物プランクトンの群集構造が *Acartia omorii* 等の中型カイアシ類から，*Oithona davisae* 等の小型カイアシ類へ移行したことが（野村, 1993），ミズクラゲの増大に大きく寄与しているものと思われる．すなわち，東京湾においても，かつては，*A. omorii* 等の中型カイアシ類が優占しており，体サイズが大きいため魚類等の視覚的捕食者の好適な餌料となっていた．しかし，近年最優占種となった *O. davisae* の体サイズは視覚的捕食者には小さ過ぎ，餌料として利用しにくい結果となってしまっているのではないだろうか．逆に，ミズクラゲのような接触捕食者にとって，*O. davisae* の卓越は，何ら負の要因にはならず，そのまま利用可能な餌量の増加につながっているものと考えられる．実際に，東京湾で採集したミズクラゲの胃腔内容物の主体は，ミズクラゲ現存量の低下する冬期を除いて *O. davisae* で占められており，とくに10月は胃腔内容物の実に94％が *O. davisae* であった（Ishii & Tanaka, 2001）．このことは，現存量の増加する春〜秋季にかけてミズクラゲが高次捕食者として重要であると同時に，*O. davisae* や時には微小動物プランクトン等も介したミズクラゲへと連なる食物連鎖が，東京湾生態系内では極めて卓越した食物連鎖となっていることを示唆している．

ミズクラゲをはじめとする多くのクラゲ類は，ポリプ世代という付着生活期をもっている．ポリプの付着基盤としては，容易に流されてしまう砂泥上よりしっかりとした人工構造物の方が適していることは明らかであるため，沿岸域の埋立による干潟などの海岸線の消失と人工護岸の増加，さらに繋留船舶の増加も，ミズクラゲ等のポリプの繁栄に大きく貢献してきたものと思われる．また，底層域の貧酸素化が，ポリプに生息場所を与えていることも報告されている（Ishii *et al.*, 2008；Ishii & Katsukoshi, 2010）．このような傾向は，最近のさらなる埋立地の増加，メガフロート等の建設により，ますます強まるものと考えられる．　　　（石井晴人）

2.3.2　小型底生動物

A．底生動物とその生息環境

東京湾のような内湾生態系では，陸域からの流入物や栄養塩類は植物プランクトン生産を通して有機物として速やかに海底に移送堆積される．そして，潮間帯である干潟や海底に生息する動物ベントスは生物生産ならびに物質循環において重要な役割を果たしている．また，これらの動物ベントスは水深や底質などの生息環境の差異により構成が大きく変化し，局所的な環境に応じた独自の群集構造をもっている．

なかでも干潟は，干満による海水交換が盛んであり，干潮時の高い保水力により微小付着藻類や動物ベントスの生息が豊かである．そしてその生物群集の活動の結果として生物生産と海水浄化力が高く，内湾生態系において干潟はとくに重要な水域となっている．しかし，東京湾においては，沿岸部の埋立により干潟域の92％がすでに消失し，人工護岸の造成により海岸生物の生息基質が砂や泥の堆積底からコンクリートや置き石の固形基質へと大きく変化した（1.6）．また沖合部では富栄養化による過剰な有機物供給とその消費により底層の貧酸素化が著しく，在来のベントス個体群の衰退さらには消滅が生じている（大越・風呂田, 2000）．その一方このような環境のもとで生活場を確保できる外来種の侵入が続いている（岩崎ほか, 2004；風呂田・木下, 2004）．このように東京湾のベントス群集は地形改変と水質悪化双方の

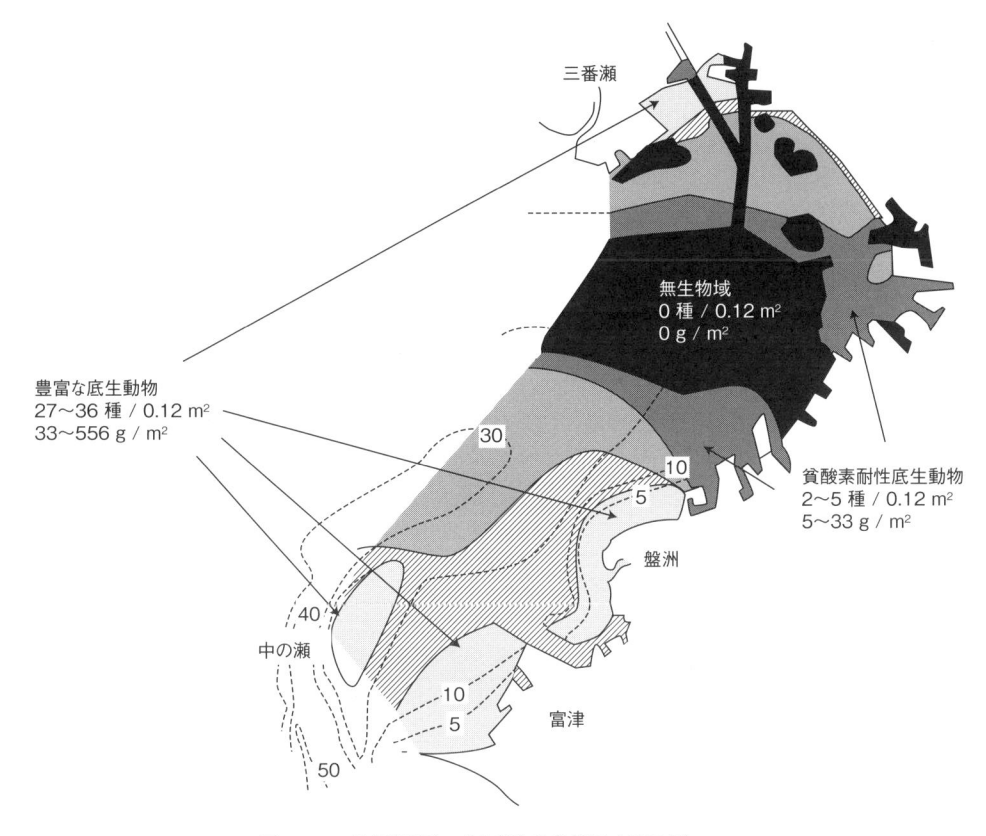

図2・3・2 東京湾夏季の底生動物生息状況（1985年）．
風呂田（1986）を一部修正．点線と数字は水深．

人為的な環境負荷のもとで形成されている．

a. 貧酸素化とベントス

東京湾の生態系における最大の環境的課題は，夏季成層期に生じる底層の貧酸素化による水質ならびに底質環境の劣化である．結果として湾奥の広範囲が夏季の終わりまで動物ベントスがみられない無生物域となる（石川ほか，1999；大越・風呂田，2000）．東京湾全体で見れば，貧酸素化は湾口から湾奥への方向と，海底水深増加の2つの方向で強まり，湾口から湾奥へ，また干潟や浅海部から湾奥海底（平場）に向かって底生動物の多様性と現存量の低下が生じている（風呂田，1983；1986）（図2・3・2，2・3・3）．

この貧酸素化に起因した底生動物無生物域の形成は第二次世界大戦終結以前の1941年に羽田沖を中心にすでに認められていたが，47年か らの調査では，一時的に消失した（大越・風呂田，2000）．しかし，1960年代後半以降はその範囲を増して毎年のように形成されている（石川ほか，1999；大越・風呂田，2000）．この無生物海底でも，冬季を中心とした秋から春にかけては海水の鉛直混合により海底の貧酸素化は解消し（宇野木，1993），多毛類のシノブエラハネスピオ*，二枚貝のシズクガイなどの動物ベントスの回復が見られる（石川ほか，1999）．したがって，東京湾奥部では秋から春は回復期，夏季はベントスの死滅期に相当する．

1. 平場ベントスの死滅

夏季，東京湾奥部に形成される無生物域は約300 km^{2}に達し（図2・3・2），東京都の貧酸素開始前（1968年は6月，1987から98年は5月，

---

* かつてはヨツバネスピオ（A型）と呼ばれていた．

第2章 海域

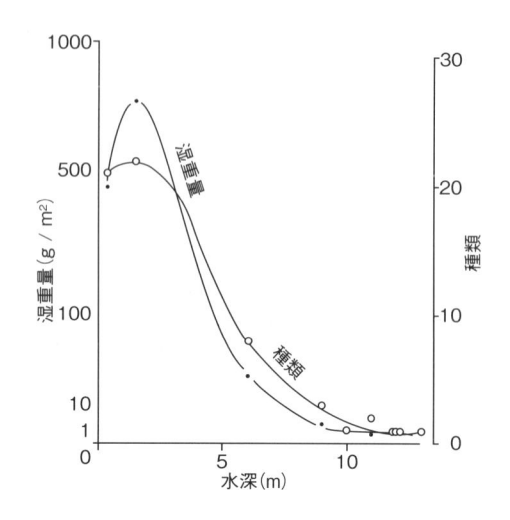

図2・3・3 東京湾奥部における水深と底生動物種数ならびに現存量の関係
1982年8月, 船橋沖. 風呂田 (1986) より引用.

1999年から2002年は4月）と貧酸素最終期（9月）の湾奥部夏季無生物域内3測点の小型ベントス定量データ（東京都環境保全局水質保全部, 1988-90）の平均を用い，この2調査期間の生物減少量を貧酸素化による死滅とすると，各年の単純平均では動物ベントスの夏季死滅湿重量は約16,000トンと見積もられる．

2. 護岸付着生物の落下堆積

東京湾の海岸線のほとんどは埋立地や港湾となっており，護岸を構成するコンクリートなど固形基質には多くの付着生物が生息している（詳細は2.3.3参照）．付着生物の優占種であるムラサキイガイ集団の現存量は東京港周辺の潮間帯と水深3mの平均で10 kg/m^{2}に達する（東京都環境保全局, 1988-2000）．垂直的な護岸では，成長した付着生物集団は淡水流入や貧酸素の湧昇（風呂田, 1987），夏季の高温さらには自重の増加などで剥離し，海底に堆積死亡する（矢持ほか, 1995）．東京湾の海岸線は埋立や港湾造成による複雑化で人為的に延長されており，現在の総延長は890 kmと見積もられている（2.1）（付表1）．このうち盤洲や富津の干潟域ならびに葛西，三番瀬，稲毛などの人工海浜部の総距離を50 kmとして残りを護岸とすると，総護岸延長は840 kmに及ぶ．ムラサキイガイが優勢的に生存する水深は，開放的な垂直面では7mを超えている（日本水産資源保護協会, 1994）．仮に護岸の平均的水深について潮間帯部を含み5 m（840 km × 0.005 km = 4.2 km^2）とし，そこにはムラサキイガイの付着が起こり，そのムラサキイガイは毎年剥離落下すると仮定すると，年間の落下堆積量は42,000トンと見積もられる．潜水による観察では護岸面直下は死亡したムラサキイガイ等の付着生物遺骸で盛り上がっており，落下堆積したムラサキイガイのほとんどは死亡すると考えられる．

付着生物はムラサキイガイのみではなく，ミドリイガイ，カンザシゴカイ類，カタユウレイボヤ，シロボヤ等も豊富に生息する．これらもいずれは剥離落下し，海底に堆積する．これらの生物の落下堆積を考慮すると，ムラサキイガイのみから推定された堆積量は，付着生物群集由来の量としては過小評価の可能性が高い．

3. 青潮によるベントスの死滅

海底の無酸素水が，湾奥での沖出し吹送流により海岸部に湧昇すると青潮が形成され，海岸浅海部の生物の大量斃死を引き起こす．1985年の青潮では，湾奥部の浅海漁場となっている三番瀬のアサリだけでも約30,000トンが斃死した（柿野, 1996）．この斃死は東京湾における1回の青潮による水産生物の被害記録としては最高の値ではあるが，三番瀬にはアサリ以外にもバカガイやシオフキそして多毛類の現存量も高く（風呂田, 1983），さらに大量の魚類の斃死も見られ，そのうえ青潮は年複数回生じることから，東京湾全体での青潮による生物斃死量を毎年30,000トン程度と見積もるのは決して過大な評価ではないだろう．

4. 有機物供給過剰による貧酸素化のスパイラル

上記で紹介した海底の貧酸素化，付着生物の剥離落下，そして青潮，これらに起因した動物

の年間斃死推定量の総計を積算すると約 88,000 トンに達する．この値は護岸の水深等多くの仮定が含まれているものの，魚類や水産資源になるようなシャコやトリガイなどの大型ベントスは含まれておらず，過小評価の可能性が高い．それでもこの斃死量は近年の東京湾漁獲量約 40,000 トン（清水，2003）を大幅に上回っている．このような生物の大量斃死は生物多様性や資源量の損失という被害的視点としても重要な問題であるが，視点を変えると東京湾の深刻な有機汚濁源でもある．

無生物域の形成や青潮など，東京湾の生態系に決定的な影響を与えている海底の貧酸素水塊形成の根本原因は過剰な有機物供給であり，その供給は一般的には，

① 流入河川や下水処理水，産業排水からの直接的供給（一次汚濁）
② 流入や底質からの供給さらには有機物分解由来の高濃度の栄養塩類による植物プランクトンの大量増殖（二次汚濁）

として理解されている．そのうえ上記のように，

③ 貧酸素化や付着生物剥離による生物の斃死も重要な汚濁源（三次汚濁）

ともなっている（風呂田，2000a）．三次汚濁は東京湾の有機物のうち食物連鎖を通して動物体に取り込まれたものが，死亡有機物として経路をかえて海底に供給される過程である．

このような毎年の生物死滅の繰り返しは大量の有機物を底質中に供給し続け，東京湾における食物連鎖構造を生物の摂食活動を通して成立する生食連鎖から，非生物態有機物の分解による腐食連鎖に変質させ，結果として有機物の分解によるさらなる貧酸素化を導く悪循環，「貧酸素化スパイラル」に陥っているのが現状の東京湾である（図2・3・4）．

b. 干潟浅海底のベントスと個体群の衰退

海底の貧酸素化による底生動物群集の衰退が顕著な東京湾において，植物の光合成と大気からの酸素の溶け込みにより貧酸素化が抑制される干潟や浅場は，底生動物の種多様性と生物量を確保するうえで重要な場となっている．盤洲や三番瀬などの干潟や浅海域の底生動物現存量はしばしば 1 kg/m^2 を超え，アサリだけで 10 kg/m^2 を超えることもある（柿野，1996）．また河口部や干潟最上部に形成される塩性湿地では，このような干出する環境でのみ生息するいわゆる干潟固有の生物種も多く，東京湾における生物多様性の保持空間として重要な役割を果たしている（風呂田，2000b）．

これらの干潟浅海域は，河川により供給された土砂の堆積台地としての前置層上に形成されている．前置層上は陸域では後背湿地を含む平

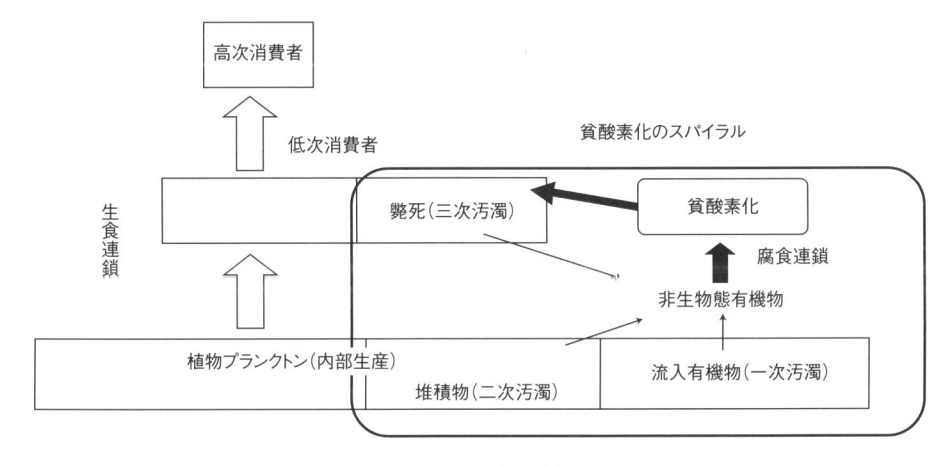

図2・3・4　三次汚濁を伴う貧酸素化スパイラル
風呂田（2000a）を改変．

第 2 章　海域

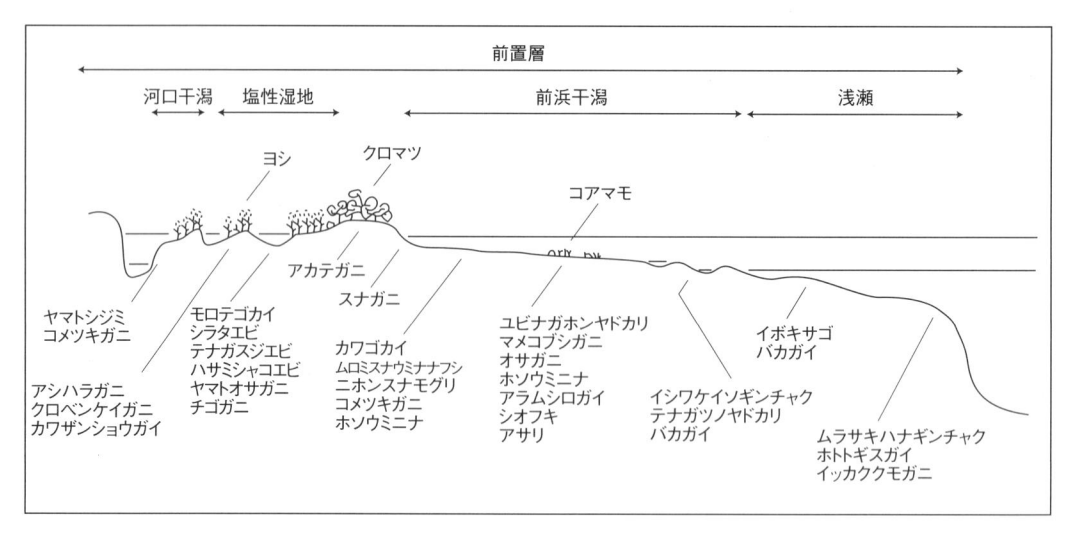

図 2・3・5　自然形状の干潟断面とベントス群集の変化（小櫃川河口干潟）
大嶋・風呂田（1980）を改変.

野部になり，干潮域の河口では塩性湿地や河口干潟，その前面に前浜干潟，その沖部には浅海域が連続的に連なり，陸から海へと環境が連続的ながら大きく変化する移行地帯を形成する（大嶋・風呂田，1980；貝塚，1992）．この干潟をとりまく海岸地形に対応した動物ベントスの分布パターンを図 2・3・5 に示す．陸域，湿地，干潟，浅瀬と陸域から海への連続的に変化する中で，干出時間，底質，塩分濃度，植生などの環境の局所的な変化に応じて生物の種構成が変化し，結果としてその環境の多様性が干潟周辺部の種多様性を形成している．

東京湾の河口湿地や干潟部は，干拓ならびに埋立により大規模に減少し，20 世紀初頭まで湾岸全域で連続的に存在した湿地や干潟は，今では分断され散在的に存在するようになり（図 2・3・6），結果としてベントス各種の個体群は湾内全体での規模を大きく縮小させるとともに，残された生息地間で分離的に生息するようになった．残る干潟でも塩性湿地や海岸部での部分的消失は著しく進んでおり，平野から湾への移行地帯としての本来の地形要素を残しているのは小櫃川河口干潟に限られている．

残存する干潟の地形的特徴を表 2・3・8 に示す．河口干潟とは河道内に形成される干潟，潟湖干潟は潟湖内の干潟，塩性湿地は塩性植生と感潮クリークならびに小規模な干潟を伴う湿地，前浜干潟は湾に面して直接開いている干潟，また浅瀬域は前浜干潟に連続する干出しない前置層上面を指す．

図 2・3・6 ならびに表 2・3・8 に示す干潟の残存状態は大規模開発が終了した 1970 年代以降大きな変化はないが，生息するベントスの中には，その後も個体群のさらなる衰退が続いている種が多い．環境省（2007）の干潟生物調査結果を分析すると，東京湾での 34 種の干潟固有種[*]のうち，20 世紀に生息が確認されているが 21 世紀に入って確認されない「絶滅種」が 5 種，近年生息地が減少もしくは生存している干潟での個体群規模の減少が著しい「危機種」が 13 種，生息地や個体群規模が限られる「希少種」が 9 種で，各生息地で安定的に個体群が維持されている「安定種」は 7 種に過ぎない（表 2・3・9）．

---

[*] 干潟や塩性湿地とその周辺部を生活場所とし，干出しない潮下帯部には生息しない種．

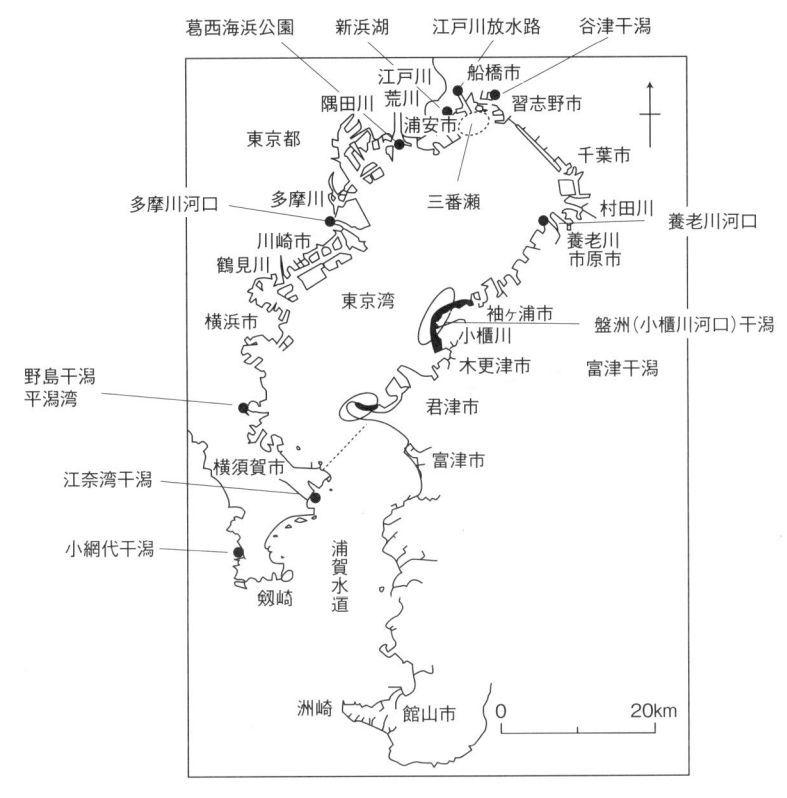

図 2・3・6 東京湾とその周辺の干潟

表 2・3・8 東京湾に残る干潟とそこに含まれる地形

地形	河口干潟	潟湖干潟	塩性湿地	前浜干潟	浅瀬域
盤洲（小櫃川河口）	○		○	○	○
三番瀬				○	○
谷津干潟		○?*	○		
新浜湖			○		
江戸川放水路			○		
葛西（三枚洲）			○	○	○
多摩川河口	○		○		
養老川河口	○				
富津				○	○
野島				○	○
平潟湾		○			

＊：もともとは前浜干潟だったが，周辺の埋立により陸域に囲まれた潟湖干潟的な構造になった

また，干潟依存種＊では絶滅種はなく，「危機種」が3種，「希少種」が3種，「安定種」が10種となる．このように残存した干潟動物ベントス種は，時間経過に伴う個体群の衰退と絶滅の危機にさらされている．

この個体群の衰退に関して，1960年代から1970年代にかけての大規模な干潟埋立によりこれらの生息場が大きく消失したことが直接的に影響していることは疑いの余地がない．しかし，残存していた干潟や塩性湿地に生残していた局所的な個体群の消失，あるいは密度低下が時間とともに進行している原因について，風呂田（2000c）は，個体群の衰退が著しいベントスは干潟固有種に多くみられ，これらは生活史の初期にプランクトン幼生として湾内を広く分散する生態を有していることから，幼生の分散を通した生息場所間の個体群更新相互依存による東京湾での個体群（メタ個体群）維持機構，いわゆる「干潟ネットワーク」が沿岸開発によ

＊ 干出しない潮下帯にも生息するが干潟部をおもな生息場としている．

第2章 海域

表2·3·9 東京湾干潟生物個体群の絶滅と衰退（環境省, 2007）

	干潟固有種	干潟依存種
絶滅種	イボウミニナ, ヘナタリ, イソシジミ, ユウシオガイ, アリアケモドキ	なし
危機種	ツボミ, ウミニナ, フトヘナタリ, カワアイ, カワグチツボ, カワザンショウ, ハナグモリ, ムロミスナウミニナナフシ, ベンケイガニ, ウモレベンケイガニ, ヒメアシハラガニ, ハマガニ	イボキサゴ, ハマグリ, テナガツノヤドカリ
希少種	ウミゴマツボ, サビシラトリ, ソトオリ, ハサミシャコエビ, クシテガニ, アカテガニ, カクベンケイガニ, アシハラガニ, オサガニ	オキシジミ, ヤマトシジミ, オオノガイ
安定種	ホソウミニナ, キタフナムシ, ニホンスナモグリ, クロベンケイガニ, コメツキガニ, チゴガニ, ヤマトオサガニ	カワゴカイ類（cf. ヤマトカワゴカイ）, コケゴカイ, スゴカイイソメ, アラムシロ, アサリ, シオフキ, マテガイ, アナジャコ, ユビナガホンヤドカリ, マメコブシガニ

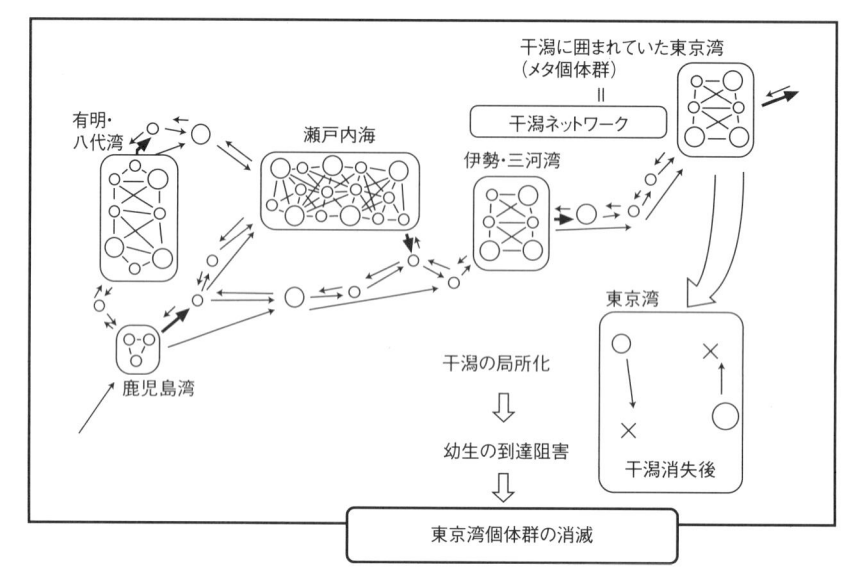

図2·3·7 干潟ネットワークの崩壊による干潟個体群の衰退
風呂田（2000c）を一部改変.

り崩壊したことにも起因すると推察している（図2·3·7）.

c. 東京湾の外来種

東京湾には多くの外来種が生息しており，現在では東京湾の主要なベントス構成種となっている（朝倉, 1992；風呂田, 2007）. とくに人工護岸海岸では在来種をしのいで繁栄しており，東京湾在来生物群集の撹乱要因となっている（2.3.3）.

表2·3·10に東京湾で確認されている外来種を示す（岩崎・木下, 2004；風呂田, 2007）. 外来種の多くが護岸などの人工固形基質に生息している反面，東京湾本来の海底基質である干潟砂・泥底，あるいは人工海浜など堆積物からなる海底では比較的少ない. 前述したように人工護岸の海岸線の総延長は840 kmに達する. したがって埋立や護岸工事に伴う海岸部の固形基質の人為的大規模創出が，外来種の侵入と繁栄をもたらした基本要因であることは疑いの余地がない（木村, 2000）.

表2・3・10 東京湾の外来種

(腹足類)	
シマメノウフネガイ *Crepidula onyx*	付着性
(二枚貝類)	
ムラサキイガイ *Mytilus galloprovincialis*	付着性
ミドリイガイ *Perna viridis*	付着性
コウロエンカワヒバリガイ *Xenostrobus securis*	付着性
イガイダマシ *Mytilopsis sallei*	付着性
ウスカラシオツガイ *Petricola* sp. cf. *lithopaga*	付着性
ホンビノスガイ *Mercenaria mercenaria*	内在性
(多毛類)	
カニヤドリカンザシ *Ficoponatus enigmaticus*	付着性
カサネカンザシ *Hydrodes elegans*	付着性
(甲殻類)	
タテジマフジツボ *Amphibalanus amphitrite*	付着性
アメリカフジツボ *A. ebruneus*	付着性
ヨーロッパフジツボ *A. improvisus*	付着性
イッカククモガニ *Pyromaia tuberculata*	自由生活
チチュウカイミドリガニ *Carcinus aestuarii*	自由生活
(ホヤ類)	
マンハッタンボヤ *Mogula manhattensisi*	付着性

　在来種が優勢な湾海底域（平場）では，湾口部では周年多くのベントス種の生息が見られるものの，すでに述べたように湾奥では酸素回復期でも種数の回復は顕著ではない（石川ほか，1999）．そのなかで個体群を回復させる外来種は，イッカククモガニなど生活史特性として個体群復活のもととなるプランクトン幼生の供給と着底が酸素回復期に保証されている種に限定される（風呂田，1985；石川ほか，1999）．またチチュウカイミドリガニは貧酸素期の夏期には生活場を運河や人工潟湖など閉鎖的な海岸部に集中させ，秋から春の酸素回復期に平場に移動して繁殖することで，結果的に貧酸素水底との遭遇が少ないことが，個体群繁栄の一因と考えられている（Furota *et al*., 1999；風呂田・木下，2004）．

　近年では北米太平洋を原産地とする二枚貝ホンビノスガイの増加が顕著である（樋渡・木幡，2005）．ホンビノスガイは高い貧酸素耐性をもち，東京湾の中でも港湾や航路など海水の閉鎖性が強く，貧酸素化に起因した劣悪な海底でとくに多く見られる．東京港お台場の人工海浜では，夏季の底層貧酸素化で在来の二枚貝類のアサリやシオフキ，カガミガイそしてサルボウなどが生息しない海底でとくに濃密な個体群を形成する（風呂田，2007）．

　現在は毎年夏季に無生物化する湾奥であるが，1950年代の東京湾では現在ほど貧酸素化の進行が深刻ではなかったと考えられ，シャコやコイチョウガニなど大型甲殻類の出現があった（Kubo & Asada, 1957）．現代の夏期を中心とした一時的な貧酸素化は多くの在来種個体群にとっては致命的な影響を与え，各種個体群の衰退を招いている．その反面，貧酸素化に対する耐忍性をもつか，貧酸素回復域への素早い回復機構もしくは生活史を通して貧酸素水の影響を受けにくい空間利用特性をもった外来種の繁栄を許している．貧酸素域の形成が在来種の生息空間を奪う反面，外来種への空間ニッチを用意したことになる．したがって貧酸素水域の消滅は，在来生物群集の安定性と多様性回復のみならず，外来種の繁栄を抑制するためにも重要な課題である．

　まとめるとベントスから見た東京湾の環境問題は，沿岸開発による干潟域の消失と海岸の人工護岸化，そして富栄養化の継続による底層の定期的貧酸素化である．干潟域の消失は，干潟固有の動物個体群の絶滅と衰退，海域の有機物浄化力の低下を引き起こし，人工護岸の拡大は付着性の外来種個体群の拡大を導いている．また，海底の貧酸素化は在来動物ベントスの大規模な死滅をもたらし，外来種の繁栄を許している．貧酸素化，青潮，付着生物の剥離脱落による生物の斃死は有機汚染源となり，貧酸素化からの脱却をさらに困難にしている．

（風呂田利夫）

B. 甲殻類（シャコ）

a. 水産資源としてのシャコ

東京湾では，第二次世界大戦前からすでに甲殻類が漁獲の対象となっていた．なかでもクルマエビ（*Marsupenaeus japonicus*），シバエビ（*Metapenaeus joyneri*），ガザミ（*Portunus trituberculatus*），シャコ（*Oratosquilla oratoria*）は小型底曳網漁業の重要種で，1960年代までは年間500トン前後という高い水揚量を誇っていた（清水, 1979）．しかし，1950年代に湾奥部で始まった汚染が60年代にかけて湾内全域に広がり，湾内に生息する生物にとって最悪の環境となった（清水, 1988; 2003）．それに伴い，クルマエビやガザミなど砂質を好む甲殻類の水揚量は1960年代後半に激減し，70年代前半には泥質を好むシャコの水揚量も皆無になった．その後回復の兆しをみせ，シャコの増加はとくに著しかった．ところが，1990年代になると本種の水揚量は再び減少し，近年は70年代の水準に近い深刻な状況である．このように，"江戸前のさかな"として名高いシャコの水揚量はドラスティックな変動を繰り返している．

b. シャコ漁業の変遷

東京湾のシャコは古くから横浜市子安地区を拠点とする小型底曳網漁船を中心に漁獲されてきたが，1971年に水揚量は皆無になった．数年後に劇的な復活を遂げるが，主たる漁業基地は横浜市漁業協同組合柴支所（当時は柴漁業協同組合）に移った（図2・3・8）．復活後，同漁協における本種の水揚量は1980年代前半まで増加を示し，同年代後半にピークを迎えたが，90年代以降に再び低下し，近年の減少傾向は著しい．本種の漁業は，復活後1984年までを回復期，1985〜90年を好漁期，92年以降を不漁期と位置付けることができる（図2・3・9）（清水, 2002）．

c. シャコ資源の生物学的特性

ここで，シャコの水揚量が一時皆無になる前，つまり1960年代以前をシャコ漁業の第1期，復活後を第2期とし，これまでに得られた知見をもとに，第1期と第2期，あるいは第2期の好漁期と不漁期との間で本種資源の生物学的特

図2・3・8　東京湾のシャコ漁業
横浜市漁業協同組合柴支所では，5トン未満のビームトロール漁船（a）で漁獲したシャコ（b, 体長134 mm）を素早く塩ゆで（c）した後にむき身にし（d），サイズ（銘柄）別に10個体前後ずつ小型のプラスチックケースに並べて（e）出荷する．

性を比較してみる.

1. 成熟体長と産卵期

各年代に行われた本種の繁殖に関する研究の結果を表2·3·11に示す. 第2期, 1980年代の回復期および好漁期の成熟体長は80 mm, 産卵期は4～8月で, 一産卵期中に4～5月と7～8月の2回のピークがあった（大富ほか, 1988）. さらに, 前半のピークではおもに体長100 mm以上の高齢で大型の個体が産卵し, 後半のピークでは体長80～100 mmの若齢で小型の個体も産卵に加わることがわかった（大富ほか, 1988）. 一方, 第1期の1920年代（Komai, 1924）と50年代（Kubo *et al.*, 1959）の成熟体長は100 mm, 産卵期は5～7月でピークは5月ないし6月, 60年代の産卵期は5～8月でピークは5月下旬から7月上旬であった（原ほか, 1963）. このように, 第1期は第2期よりも成熟体長が大きく, 産卵期が短く, 第2期の後半に相当するピークがみられなかった. これらの結果をもとに, 大富ほか（1988）は産卵開始年齢の低下を確認した. Kodama *et al.*（2004）は, 第2期の不漁期の標本から本種の成熟体長を70～80 mm, 産卵期を4～9月と推定した. 成熟体長は好漁期に比べてさらに小さく, 産卵終了の時期が遅いが, 彼らは資源量の減少に伴う成熟サイズの低下と考えた.

主たる漁業基地や漁法が異なるため, 第1期と第2期で資源の状態を直接比較するのは難しいが, 体長組成を比較したところ, 第1期に比べて第2期には体長140 mm以上の大型個体の割合が低くなった（大富, 1991）. 本種資源における成熟サイズの低下と産卵期後半のピークの出現は, 生残率の低下に対する補償作用なのかもしれない.

2. 幼生の出現時期

Ohtomi *et al.*（2005a）は, 1990～91年, つまり第2期の好漁期から不漁期への移行期（図2·3·9）における本種幼生の出現時期を調べた. その結果を, 好漁期および不漁期における研究の結果とともに表2·3·12に示す. 幼生の出現時期は産卵期および産卵のピーク（表2·3·11）に対応するが, 好漁期から移行期を経て不漁期に至るなかで, 出現のピークが前半から後半に移行していることがわかる. つまり, 好漁期に

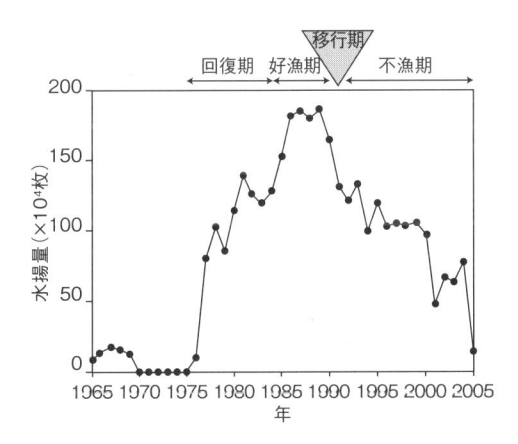

図2·3·9 横浜市漁業協同組合柴支所におけるシャコ水揚量の経年変化
同漁協では加工後のシャコを小型のプラスチックケースで出荷するため, 単位はその枚数とした. 1960年代以前には, 本種の水揚は横浜市子安地区が中心であった.

表2·3·11 年代別にみた東京湾におけるシャコ雌の成熟体長, 産卵期および産卵のピーク

年代	成熟体長(mm)	産卵期	産卵のピーク	文献
1920（第1期）		5月中旬から7月上旬	5月下旬から6月	Komai（1924）
1950（第1期）	100	5月中旬から7月上旬	6月	Kubo *et al.*（1959）
1960（第1期）		5月から8月	5月下旬から7月上旬	原ほか（1963）
1980（第2期の回復期と好漁期）	80	4月から8月	4月から5月と7月から8月	大富ほか（1988）
2000（第2期の不漁期）	70-80	4月から9月		Kodama *et al.*（2004）

第2章 海域

はおもに高齢で大型の雌が産卵する産卵期前半に生まれた幼生が卓越していたが（中田，1986），移行期から不漁期にかけては若齢で小型の雌も参加する産卵期後半に生まれた幼生が卓越するようになった（Kodama et al., 2004；Ohtomi et al., 2005a；清水, 2000）．

3．幼生の分布

本種幼生は11（I〜XI）期の幼生期をもつ（Hamano & Matsuura, 1987）．I〜II期は親シャコの巣穴付近に留まる前浮遊期，III期以降は浮遊期の幼生で，とくにIX〜XI期は浮遊生活から底生生活への移行期である（Ohtomi et al., 2005b）．本種の主産卵場は湾南部で（Ohtomi & Shimizu, 1991），孵化後の経過時間の短いI〜III期の幼生は南部に集中分布するが，着底直前のXI期の幼生は湾内広範囲に分布する（図2・3・10）．したがって，本種は浮遊期間中の湾奥方向への分散により，湾内のほぼ全域に着底すると推察される（大富ほか，2006）．

4．着底後の分布

第2期，1980年代の研究によると，本種の着底後の分布には季節変化がみられた（大富ほか，1989）．すなわち，着底のピークでもある秋には湾奥部を含む湾内広範囲に比較的一様に分布するが，産卵期を迎える春から夏にかけて，分布は著しく南部に偏る（図2・3・11）．湾南部はシャコを主対象とした小型底曳網の主漁場となるので（大富ほか，1989），秋から冬に比べ，春から夏に本種は高い漁獲圧にさらされることになる．

d．個体群維持機構

東京湾の湾奥部底層では夏に貧酸素水塊が出

表2・3・12　研究が行われた年別にみた東京湾におけるシャコ幼生の出現時期および出現のピーク

研究年	幼生の出現時期	出現のピーク	文献
1983-84（好漁期）	6月から12月	6月中旬から7月下旬	中田（1986）
1990-91（移行期）	6月から11月	7月（副）と9月（主）	Ohtomi et al.（2005a）
1992-98（不漁期）	5月下旬から10月下旬	7月中旬（副）と8月下旬から9月上旬（主）	清水（2000）
2002（不漁期）	6月から10月	8月から9月	Kodama et al.（2004）

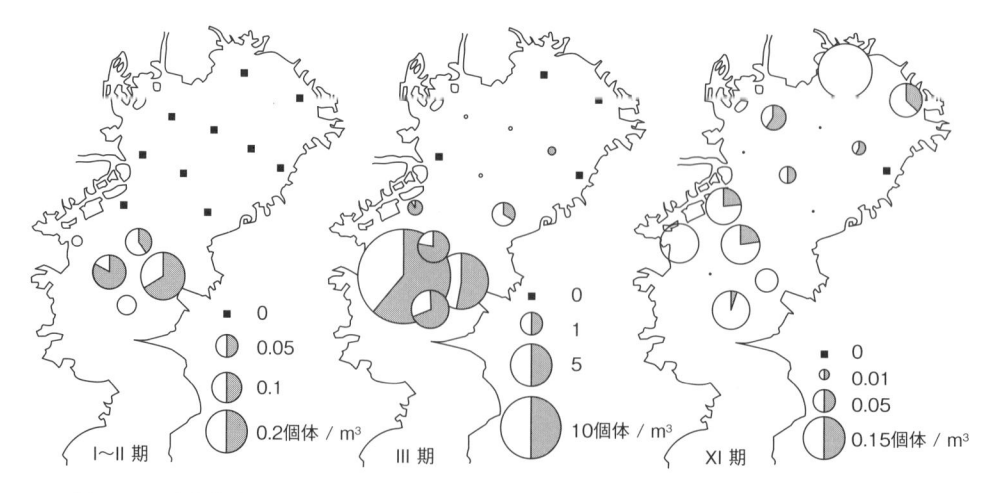

図2・3・10　東京湾におけるI〜II期（左），III期（中央）およびXI期（右）のシャコ幼生の分布
口径50 cm，側長170 cm，目合0.497 mmの円錐型プランクトンネットによる傾斜曳き（グレー）および底層水平曳き（白）（大富ほか（2006）参照）の採集密度で示す．

現することが知られているが，その過酷な環境の中で個体群を維持している底生動物がみられる（風呂田, 2001）．シャコもその一つで，本種個体群の維持機構には湾内の酸素条件が大きくかかわっている．

標識放流試験の結果，本種の分布の南偏は湾奥部底層の貧酸素水塊を避けるための南下移動によることがわかった（大富ほか, 1989）．一方，第1期である1950～60年代には，本種は湾内一様に分布し，着底後の長距離の移動はみられなかった（原ほか, 1963；Kubo & Asada, 1957）．したがって，湾奥部の水質悪化を避ける行動が定常化したのは第2期以降のことである．なお，第2期にみられる秋の分布域拡大は，酸素条件の回復に伴って南部から湾奥部へ進入するためとされている（風呂田, 1985）．

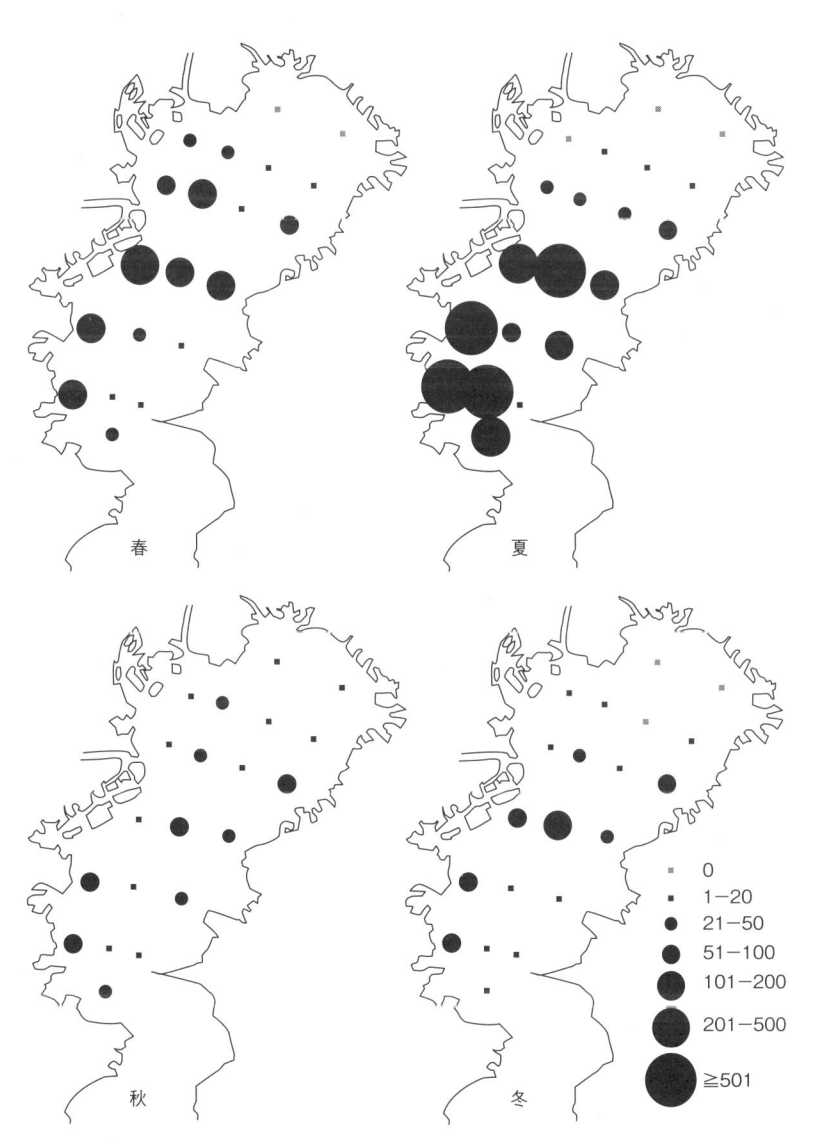

図2・3・11　東京湾における着底後のシャコの季節別分布
　　　　　　3～5月を春，6～8月を夏，9～11月を秋，12～2月を冬とし，試験底曳網1曳網（10分間）当たりの平均採集個体数（大富ほか（1989）参照）で示す．

このように，本種では貧酸素水塊の消長に対応した移動が個体群の維持に大きく貢献すると考えられている．しかしながら，貧酸素水塊を回避できずに死亡する個体の存在も否定できないため，その定量評価が必要となるであろう．一方，着底後の稚シャコが湾内広範囲に分布することも個体群維持に寄与すると考えられる．すなわち，主産卵場である湾南部で孵化した幼生が湾奥方向へ分散して着底すること，そして着底の時期が湾奥部の酸素条件の回復期に当たることも，本種個体群の維持に貢献している可能性が高い．

e．シャコ資源と生息環境

東京湾で1970年代前半にみられたシャコ水揚量の激減の原因としては，漁獲圧よりも高度経済成長期の漁業を取り巻く社会情勢の変化に起因する水・底質環境の悪化が大きいと考えられている（清水，2002）．一足早く起きたクルマエビやガザミなど砂質を好む甲殻類の水揚量の激減も，沿岸域の埋立などによる生息環境の悪化の影響が大きいと考えられる．シャコの第2期における好漁期から不漁期への移行は極めて深刻な問題である．原因の詳細は明らかではないが，小型の個体への過剰な漁獲圧による生残率の低下，つまり大型の個体の減少が一因である可能性はある．上で述べた幼生出現のピークの前半から後半への移行は，これを示唆する現象である．

クルマエビのように砂質干潟を成育場とし，底質の選択性が高い種では，ひとたび生息環境が悪化すると資源の回復は困難である．一方，これまでの研究の結果より，シャコは可変的な生息環境への順応性が極めて高いと考えられる．東京湾という半閉鎖的な環境の中で，繁殖特性の変化や貧酸素からの逃避行動が数十年という極めて短いタイムスケールで起こる事実は大変興味深い．シャコ資源をより適正な状態に導くために，漁具の改良（石井ほか，2001）などによる小型の個体の混獲防止は必要であろう．また，単一種に対する漁獲圧や環境の適合性の評価に加え，本種を含めた底生生物群集全体を対象とする水・底質環境の修復，群集内の種間関係の全容把握も課題となるのではなかろうか．

(大富　潤)

C．外来甲殻類

a．東京湾の外来甲殻類

1955年頃の東京湾の甲殻類については，Kubo & Asada (1957) が1954年の春・夏・秋の合計3回，浦賀水道から湾奥にかけて設置した53定点で，底曳網の調査を行っている．その結果，合計84種の甲殻類を確認し，エビジャコ類（*Crangon* spp.），モエビ類（*Heptacarpus minutus*, *H. rectirostris*, *Latreutes planirostris*），小型のカニ類（*Charybdis bimaculata*, *Carcinoplax vestita*），サルエビ（*Trachysalambria curvirostris*），シャコ（*Oratosquilla oratoria*）などの9種の在来種を優占種とし，個体数が少ない普通種・希少種もすべて在来種であった．1950年代以降の東京湾の底生動物相を扱った報告のなかで甲殻類が多く登場するものとしては，時村（1985），時村・清水（1998），中田（1988），風呂田・大越（1997），奥井・清水（2002），土井ほか（2004）などがある．これらの資料では，東京湾大型甲殻類の優占種として近年外来種のイッカククモガニ（*Pyromaia tuberculata*）が定着していることが示されている．また，もう1つの外来種チチュウカイミドリガニ（*Carcinus aestuarii*）も東京湾に定着し湾奥の海岸域を中心に高密度で生息している（渡邊，1995）．ここでは東京湾に産する多数の十脚甲殻類のなかから，これら外来種について触れる．

東京湾の甲殻類に関しては外来種の記録が多く，高密度で生息することが1つの特徴である．日本に定着した自由生活をする外来甲殻類としては，北中米太平洋原産のイッカククモガニと地中海原産のチチュウカイミドリガニ（図2・3・12），北米大西洋原産のミナトオウギガニ

図 2・3・12 チチュウカイミドリガニ
ワタリガニ科に属するが第4歩脚の指節は遊泳肢とならない.

(*Rhithropanopeus harrisii*) の3種のカニが挙げられる. 前2種は日本での初記録も, 最初に安定した個体群を形成したのも東京湾とその周辺の海域である.

b. イッカククモガニとチチュウカイミドリガニ

イッカククモガニのわが国での初記録は1970年で (酒井, 1986), 60年代には東京湾に定着していたと考えられている(風呂田・古瀬, 1988). チチュウカイミドリガニの初記録は1984年で (酒井, 1986), その後94年に湾奥のコンクリート護岸で囲まれた運河や人工潟湖で大発生しており (渡邊, 1995; Furota *et al*., 1999), 日本中に分布域を拡大しつつある (陳ほか, 2003). イッカククモガニとチチュウカイミドリガニの生活史特性は在来のカニといくつかの点で異なる. 在来種の繁殖期が主として春から秋の間のある一定期間に限られるのに対し (Doi *et al*., 2007; 2008), イッカククモガニは周年にわたって産卵, 幼生の孵化・成長が可能で (Furota, 1996a), チチュウカイミドリガニの抱卵雌は11月から5月と秋から冬にかけて出現する(Furota *et al*., 1999). さらに, イッカククモガニは1世代当たりの期間が約6ヵ月で, 着底後3ヵ月で成熟する (Furota, 1996b). これは, 在来種のなかで短いライフサイクルをもつ種でさえ成熟するまで着底後半年かかり,

寿命が1年以上であることに比べると非常に短い. 風呂田・木下 (2004) は, これらの生活史特性に加え, 成体の季節的移動・幼生の分散機構などの外来種の生態的要因が, 東京湾で毎年夏に発生する貧酸素海域によって捕食者と競争者が排除された空間の効率的な利用を可能にしており, 個体数の増加に寄与していることを示した. そこで外来種の定着防止と排除には在来種個体群が維持できるような環境回復が必要だとしている. なお, 分子系統解析により日本のチチュウカイミドリガニは近縁種ヨーロッパミドリガニ (*C. maenas*) との交雑個体であることが示唆されている (Darling *et al*., 2008).

イッカククモガニとチチュウカイミドリガニはともに東京湾で最初に定着し, その後, 日本国内での分布を拡げていることから, 東京湾は日本国内への外来種供給源となっている可能性がある. 一方, 東京湾に生息する甲殻類が他国の海域で定住し外来種となっている可能性もある. イソガニ (*Hemigrapsus sanguineus*) は東京湾の海岸でも普通にみられる東アジア原産のカニで, 北アメリカとヨーロッパに侵入・定着している. Schubart (2003) がイソガニのミトコンドリアDNAの16S領域の塩基配列を調べたところ, クロアチア, アメリカ, 日本産の個体の塩基配列が完全に一致したのに対し, 台湾産の標本には2塩基対の置換がみられ, ヨーロッパへの供給源が日本である可能性は排除されていない. 同じイソガニ属のカニで, これまでケフサイソガニ (*H. penicillatus*) とされていた種が, 東京湾産の標本を基に *H. penicillatus* とタカノケフサイソガニ (*H. takanoi*) の2種に分けられた (Asakura & Watanabe, 2005). このうちタカノケフサイソガニはドイツやオランダ, ベルギー, フランス, スペインなどに移入・定着している (朝倉, 2006). また, 最近では東京湾内湾部にも多く生息し, 1960年代にはサンフランシスコ湾への侵入していたユビナガスジエビ (*Palaemon*

第2章　海域

macrodactylus）が，ヨーロッパ（Cuesta *et al.*, 2004）や南アメリカ（Spivak *et al.*, 2006）から相次いで新たに記録されている．東京湾は海底の貧酸素化による在来種個体群の衰退のなかで多くの外来種の侵入を受け，またこのような環境のもとで生き残れる在来種が外国で外来種となっていることも多い．外来種，在来種を問わず，環境が劣化した東京湾で繁栄している種の多くが世界的規模で分布域を拡大している．

（土井　航・渡邊精一）

2.3.3　付着生物

東京湾内湾の海岸線はほとんどが人工護岸となっており（鎌谷，1993），このほかにも橋脚や航路標識用灯浮標（以下浮標と記す），転石など多くの"固い"構造物が存在している．これらを生活の基盤としているのが付着生物である．湾の付着生物に関しては，これまで数々の調査（齋藤，1931；Miyazaki，1938；馬渡，1967；日本造船研究協会，1973；1974；梶原，1977；1994；山口，1982；1983；古瀬・風呂田，1985；木村ほか，1998；西，2003など）が行われており，これらは梶原（1977），風呂田（1997a）などがまとめている．本項では，2004～05年に行われた調査（堀越・岡本，2007a；b）の結果をもとに，湾の付着生物相の現状を記述し，その変遷について述べる．なお，記述は動物を中心に行っており，海藻類に関しては宮田・古崎（1997）の総説を参照されたい．

A.　付着生物群集の現状

著者らは東京湾の付着生物群集の現状を記載するため，2004年から05年にかけて海岸調査と浮標調査を行った（堀越・岡本，2007a；b）．海岸調査では内湾の9地点（図2・3・13）を調査地とし，徒歩観察により潮間帯およびごく浅い潮下帯の付着生物相を記録するとともに，コドラートを用いた被度測定により潮間帯における鉛直分布を調べた．浮標調査では内湾と外湾の計24基の浮標（図2・3・13）を対象とし，試料採集によりおもに海面下の付着生物相を調べた．海岸および浮標調査により得られた生物相を表2・3・13に示す．

海岸調査の結果，調査地は付着生物相の類似度によって，大型河川の影響を受ける湾奥西岸部，湾外水の影響を受ける湾口部，その中間的性格の湾奥東岸部，の3海域に大別できた（堀越・岡本，2007a）．以下，それぞれの代表的な地点における鉛直分布の例（図2・3・14）とともに，海岸の付着生物相の特徴を概説する．基本的な構成種として，潮間帯上部を中心にイワフジツボ（*Chthamalus challengeri*），シロスジフジツボ（*Fistulobalanus albicostatus*），潮間帯中部を中心にマガキ（*Crassostrea gigas*），タテジマイソギンチャク（*Haliplanella lineata*），タテジマフジツボ（*Amphibalanus amphitrite*），潮間帯下部を中心にコウロエンカワヒバリガイ（*Xenostrobus securis*），ムラサキイガイ（*Mytilus galloprovincialis*）が出現した．また非固着性巻貝のタマキビ（*Littorina brevicula*）が潮間帯上部を中心に分布していた．湾奥西岸部（図2・3・14a）ではこれらの基本構成種に加えヨーロッパフジツボ（*A. improvisus*），ドロフジツボ（*F. kondakovi*），アメリカフジツボ（*A. eburneus*）が潮間帯下部を中心に出現した．またイワフジツボが少なくシロスジフジツボが多いという特徴を示し，後者では殻が磨耗して本種の特徴である肋が不明瞭な個体（図2・3・15）が多く確認された．ムラサキイガイは少なく，かわりにコウロエンカワヒバリガイとマガキが多いこと，海藻類は種数・量ともに非常に少なく，出現するのはアオノリ属の一種（*Enteromorpha* sp.）やオゴノリ（*Gracilaria verrucosa*）等に限られること（表2・3・13）も特徴であった．これに対し，湾奥東岸部（図2・3・14b）と湾口部（同図c）では基本構成種に追加される種類が多く，そのうち比較的被度が高かったのがアオサ属の一種（*Ulva* sp.）とエゾカサネカンザシ（*Hydroides ezoensis*）で，いずれも潮間帯下部

2.3 東京湾の生き物

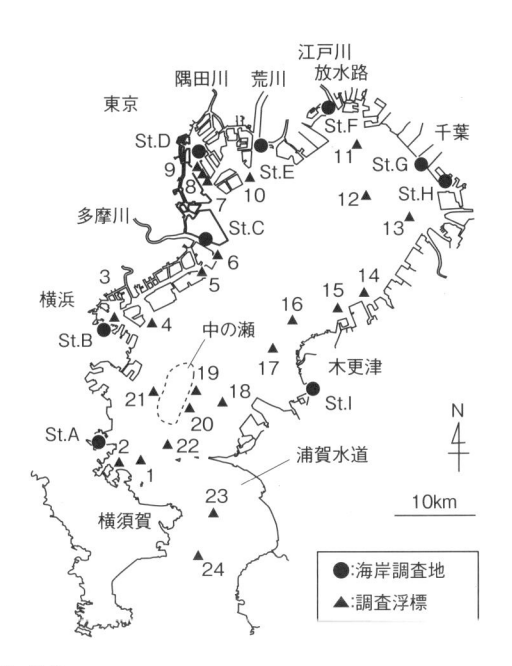

図 2・3・13　海岸調査地および浮標の位置
　●：海岸調査地．St. A：野島公園（神奈川県横浜市），St. B：山下公園（同横浜市），St. C：多摩川河口（東京都大田区），St. D：お台場海浜公園（同港区），St. E：葛西海浜公園（同江戸川区），St. F：江戸川放水路河口（千葉県市川市），St. G：稲毛海浜公園（同千葉市），St. H：千葉ポートパーク（同千葉市），St. I：木更津港（同木更津市）．▲：浮標．1：横須賀港第一号，2：横須賀港第六号，3：横浜東水堤，4：鶴見第一号，5：川崎航路第三号，6：多摩川口，7：東京西第十号，8：東京西第十二号，9：東京西第十四号，10：東京東第四号，11：千葉港市川第二号，12：船橋第二号，13：市原第一号，14：千葉港北袖ヶ浦第一号，15：盤洲沖C，16：盤洲沖B，17：盤洲沖A，18：木更津港富津第四号，19：中の瀬航路第六号，20：中の瀬航路第四号，21：中の瀬西方第一号，22：浦賀水道航路第六号，23：浦賀水道航路第四号，24：浦賀水道航路第一号．

を中心に出現した．また湾奥に比べてムラサキイガイとイワフジツボの被度が高く，マガキとコウロエンカワヒバリガイ，シロスジフジツボの被度が低くなることも特徴であった．このうち湾口部では潮間帯中部を中心にイボニシ（*Thais* (*Reishia*) *clavigera*）やヒメケハダヒザラガイ（*Acanthochitona achates*）などタマキビ以外の非固着性貝類（図2・3・14c）や，紅藻類を主とした多種の海藻類（表2・3・13）が出現することも特徴であった．以上は潮間帯の出現種であるが，潮下帯を中心に出現したおもな種類には，ミドリイガイ（*Perna viridis*），マンハッタンボヤ（*Molgula manhattensis*），シロボヤ（*Styela plicata*），カタユウレイボヤ（*Ciona intestinalis*）などがあった．また，この海岸調査は親水性の海浜公園などで行われたもので

あるため，海に直接面した垂直護岸ではその種組成は多少異なると考えられ，木村ほか（1998）の垂直護岸における調査では，ムラサキイガイが圧倒的に優占していることが示されている．

　浮標調査の結果からは，海面下の付着生物群集についても，その生物相の類似度によって湾奥亜群集と湾口亜群集に分けられた（堀越・岡本，2007b）．どちらの亜群集でもムラサキイガイが圧倒的な優占種となっており，夏季には本種に次いでミドリイガイが多く出現した．両種ほど多くはないが，ホトトギスガイ（*Musculista senhousia*）も湾の全域にわたり出現した．これに対し，コウロエンカワヒバリガイとウスカラシオツガイ（*Petricola* sp. cf. *lithophaga*）は湾奥亜群集で，サンカクフジツボ（*Balanus trigonus*）とアカフジツボ（*Megabalanus rosa*）は湾口亜群

第2章 海域

表 2・3・13　2004～05 年の東京湾の付着生物相

堀越・岡本（2007a：b）に山口ほか（2010）を加え，改変。＋：出現。死殻のみの場合は出現とはみなさなかった。また，海岸調査は各季節ごとに行ったが，一度でも出現していれば＋と記した。調査地および浮標名は省略しており，詳細は図 2・3・13 に記した。

門	出現種 和名	学名	野島下公園	山下公園	お台場海浜公園	多摩川河口	葛西沖	江戸川河口	稲毛	千葉ポート	木更津	横須賀港一六	横須賀東港一六	横浜鶴見一航路	多摩川河口三	東京西十三	東京西十四	市川船橋三	北原袖ケ浦	盤洲沖二	盤洲沖二	富津沖一	中ノ瀬西四	中ノ瀬西四	中ノ瀬西六	浦賀水道四	浦賀水道一
	藍藻植物 藍藻綱	Cyanophyceae									+																
緑藻植物	アオサ属	Ulva sp.	+	+	+	+	+	+	+	+		+	+	+	+	+			+	+						+	+
	アオノリ属	Enteromorpha sp.	+	+	+	+	+	+	+	+		+	+	+	+	+				+						+	+
	シオグサ属	Cladophora sp.		+			+			+										+							
	ハネモ属	Bryopsis sp.	+					+																			
	ミル	Codium fragile	+					+		+																	
	ニセマユハキ（?）	Pseudochlorodesmis furcellata (?)		+																							
褐藻植物	カヤモノリ	Scytosiphon lomentaria	+				+																				
	ワカメ	Undaria pinnatifida	+	+			+																				
紅藻植物	ウシケノリ（?）	Bangia fuscopurpurea (?)	+				+																				
	アマノリ属	Porphyra sp.	+	+	+	+	+		+	+									+								
	テングサ科	Gelidiaceae	+				+																				
	ニクムカデ	Grateloupia carnosa	+							+																	
	ツルツル	Grateloupia turuturu	+							+																	
	キントキ属	Carpopeltis sp.	+																								
	イソダンツウ	Caulacanthus ustulatus	+	+			+																				
	オゴノリ	Gracilaria verrucosa	+			+	+	+																			
	フタツガサネ	Antithamnion nipponicum			+			+		+																	
	ウスイトグサ	Polysiphonia tokidae	+	+		+	+	+	+	+																	
	ミルヒビリダマ（?）	Tiffaniella codicola (?)					+																				
海綿動物	ケツボカイメン科（?）	Sycettidae (?)	+			+	+																				
	ナミイシカイメン	Halichondria panicea											+														
	ムラサキカイメン（?）	Haliclona permollis (?)						+																			
刺胞動物	ヒドロ虫綱	Hydrozoa			+			+							+			+			+		+		+	+	+
	ウミヒドラ科	Tubulariidae					+								+												
	クロガネイソギンチャク	Anthopleura kurogane							+	+					+												
	タテジマイソギンチャク	Haliplanella lineata			+				+	+																	
	イソギンチャク目	Actiniaria			+		+	+	+	+		+		+	+	+	+	+	+	+	+		+	+		+	+
曲形動物	ペディケリナ科	Pedicellinidae													+												
触手動物	ヒラハコケムシ	Membranipora serrilamella					+					+			+	+	+	+	+		+	+	+	+		+	+
	シロアミメコケムシ	Conopeum reticulum	+												+												
	フサコケムシ属	Bugula neritina																						+			
	フサコケムシ属	Bugula sp.			+																						
	ホンフサコケムシ	Tricellaria occidentalis							+																		
	ニホンコケムシ（?）	Hippopetraliella magna (?)			+			+																			
	チゴケムシ	Watersipora subtorquata													+												
	モンガチコケムシ科	Cryptosulidae								+																	
軟体動物	ヒザラガイ	Acanthopleura japonica	+																								
	ヒメハバヒザラガイ	Acanthochitona achates						+																			

2.3 東京湾の生き物

	和名	学名
	ケハダヒザラガイ	Acanthochitona defilippii
	コモレビコガモガイ	Lottia tenuisculpta
	コシダカガンガラ	Omphalius rusticus
	アラレタマキビ	Nodilittorina radiata
	タマキビ	Littorina brevicula
	シマメノウフネガイ	Crepidula onyx
	イボニシ	Thais (Reishia) clavigera
	アラムシロ	Reticunassa festiva
	カラマツガイ	Siphonaria japonica
	フネガイ科	Arcidae
	ムラサキイガイ	Mytilus galloprovincialis
	ミドリイガイ	Perna viridis
	コウロエンカワヒバリガイ	Xenostrobus securis
	ヒバリガイ	Modiolus nipponicus
	タマエガイ属	Musculus sp.
	ホトトギスガイ	Musculista senhousia
	ナミマガシワ	Anomia chinensis
	マガキ	Crassostrea gigas
	イガイダマシ	Mytilopsis sallei
	ウネナシトマヤガイ	Trapezium bicarinatum
	ウスサラシオツガイ	Petricola sp. cf. lithophaga
	キヌマトガイ	Hiatella orientalis
環形動物	ケヤリムシ科	Sabellidae
	エゾカサネカンザシ	Hydroides ezoensis
	ヤッコカンザシ	Pomatoleios kraussii
	カニヤドリカンザシ	Ficopomatus enigmaticus
	イバラカンザシ属	Spirobranchus sp.
	ウズマキゴカイ科	Spirorbidae
節足動物	カメノテ	Capitulum mitella
	エボシガイ	Lepas anatifera
	イワフジツボ	Chthamalus challengeri
	ミネフジツボ	Balanus rostratus
	サンカクフジツボ	Balanus trigonus
	タテジマフジツボ	Amphibalanus amphitrite
	アメリカフジツボ	Amphibalanus eburneus
	ヨーロッパフジツボ	Amphibalanus improvisus
	シロスジフジツボ	Amphibalanus aff. variegatus
	ドロフジツボ	Fistulobalanus albicostatus
	ココポーマアカフジツボ	Fistulobalanus kondakovi
	アカフジツボ	Megabalanus coccopoma
		Megabalanus rosa
脊索動物	カタユウレイボヤ	Ciona intestinalis
	イタボヤ科	Botryllidae
	シロボヤ	Styela plicata
	エボヤ	Styela clava
	マボヤ科	Pyuridae
	マンハッタンボヤ	Molgula manhattensis
	ホヤ綱	Ascidiacea

※：アカフジツボまたはココポーマアカフジツボ

第2章 海域

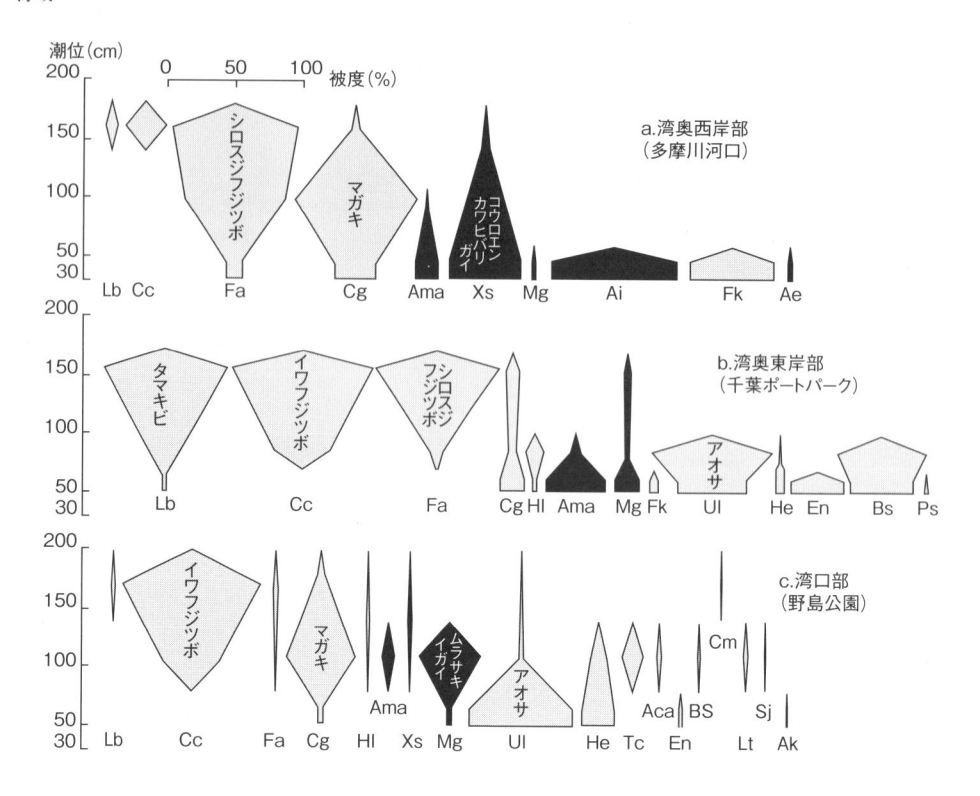

図2・3・14 東京湾潮間帯におけるおもな付着生物の垂直分布
　　　　2004年夏季の例. 28cm×28cmのコドラートを49マスに分け，各生物種について，出現したマスの割合を被度とした．Lb：タマキビ，Cc：イワフジツボ，Fa：シロスジフジツボ，Cg：マガキ，Hl：タテジマイソギンチャク，Ama：タテジマフジツボ，Xs：コウロエンカワヒバリガイ，Mg：ムラサキイガイ，Ai：ヨーロッパフジツボ，Fk：ドロフジツボ，Ae：アメリカフジツボ，Ul：アオサ属，He：エゾカサネカンザシ，Tc：イボニシ，Aca：ヒメケハダヒザラガイ，En：アオノリ属，Bs：フジツボ類幼個体，Ps：ウスカラシオツガイ，Cm：カメノテ，Lt：コモレビコガモガイ，Sj：カラマツガイ，Ak：クロガネイソギンチャク．移入種は黒で示した．

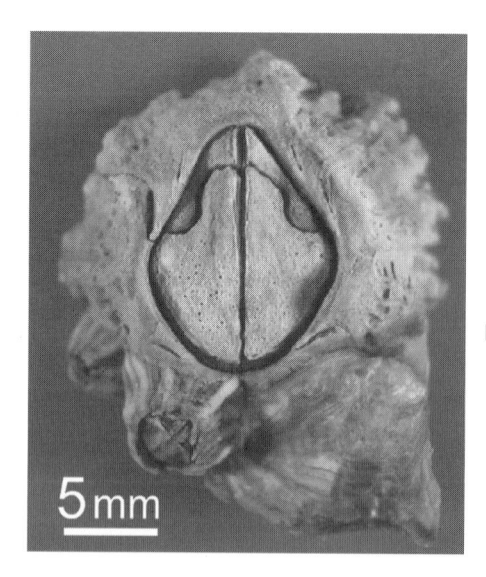

図2・3・15 湾奥部でよく見られるシロスジフジツボ（*Fistulobalanus albicostatus*）の形態
　　　　殻が磨耗し，本種の特徴である肋（「シロスジ」）が不明瞭になっているため，他種と誤同定されている場合がある．写真の個体は2004年に葛西海浜公園で採集したもの．左下に付着しているものは本種の幼個体で，肋が明瞭である．右下はマガキ．

集でとくに多く出現した．また種数は湾口亜群集の方が多かった．

B. 付着生物群集の変遷

このような現在の構造に至るまで，東京湾の付着生物群集は何段階かの変化を経てきた．その変化の大きな要因となったのは外来種の移入である．これまでに13種の移入付着生物が発見されており，表2・3・14には初記録の情報をまとめた．移入種の移入年代や出現状況，分布の変遷などに関する報告や総説は多く（梶原，1977；1996；荒川，1980；朝倉，1992；風呂田，1997b；大谷，2002；岩崎ほか，2004；堀越・岡本，2007b），以下これらを基に付着生物群集の変遷を述べる．

江戸時代初期の自然な東京湾の海岸は遠浅の浜であった（鎌谷，1993）ことから，東京湾に付着生物が多く生息するようになったのは，埋立と港湾整備により新たな付着基盤が創出された明治時代以降と考えられる．しかしながら，1930年代までの付着生物相は現在とは異なり，在来の小型フジツボ類，管棲多毛類，ホヤ類が主要な種類だったと推定されている（梶原，1977）．この初期の群集から現在の群集への変遷は，3つの主要な出来事で概説できる．

第1は，移入種ムラサキイガイの繁栄である．本種は東京湾の移入付着生物のうち最初に発見されたもので，その初記録は1935年であった．初発見時には付着量が比較的少なかった（Miyazaki, 1938）ものの，1960年代になるとその著しい繁殖が確認され（馬渡，1967），70年代には湾の付着生物量の8割以上を占めると推測された（梶原，1977；1985）．

第2は，フジツボ群集の種組成の変化である．1950年以降数種の移入フジツボ類が記録された（表2・3・14）が，このうちタテジマフジツボ・アメリカフジツボ・ヨーロッパフジツボの3種は分布拡大と出現量増加が顕著にみられた．この変化は1960～70年代に進行し，80年代には湾内全域でほぼ完了したと思われる．3種の うち最も増殖に成功した種はタテジマフジツボで，1960年代前半には高い被度を示すようになった（馬渡，1967）．アメリカフジツボは1980年代前半（古瀬・風呂田，1985；山口，1982；1983），ヨーロッパフジツボは1970年代中頃（梶原，1977）～80年代後半（梶原，1994；朝倉，1992）には湾内に広く分布するようになった．これら3種とは反対に，在来フジツボ類の主要種であったサラサフジツボ（*Amphibalanus reticulatus*）（齋藤，1931；Miyazaki, 1938）は，海岸では1960年代に激減し（馬渡，1967），その後は79年の一例（山口，1982）を除き報告がない．さらに浮標においても1970年代後半から少なくとも2000年代前半までに消失し，東京湾で絶滅した可能性が示唆されている（堀越・岡本，2007b）．

第3は，1980年代以降に移入したミドリイガイ，コウロエンカワヒバリガイ，ウスカラシオツガイの3種の分布拡大と出現量増加である．このうちミドリイガイは熱帯性の二枚貝で，湾での分布拡大や越冬の可否には温排水などによる水温の上昇が関与していると考えられる（梅森・堀越，1991；植田，2001；堀越・岡本，2007b）．ウスカラシオツガイ（図2・3・16）はおもに潮下帯に分布し，イガイ類など他の付着生物の間隙に生息している原産地不明の小型のイワホリガイ科の貝であり，種小名は確定していない．1990年代には東岸側の各地で確認され（岩崎ほか，2004），とくに千葉市の人工海浜で大量に記録された（岡本・黒住，1997）が，現在では湾全域に広く分布している（堀越・岡本，2007b）．

これら3つの主要な出来事のほか，現在までに6種の移入付着生物が記録されている（表2・3・14）．このうちカサネカンザシ（*Hydroides elegans*）以外は現在初記録地から離れたところでも出現がみられ（表2・3・13），湾における分布の拡大が示されているが，先に述べた7種ほど顕著ではない．ただしココポーマアカフジツ

第2章 海域

表2・3・14 東京湾の移入付着動物

岩崎ほか（2004）により国外移入種と判断されたものに、ココポーマアカフジツボ（Yamaguchiほか、2009；山口、2009；山口ほか、2010）を加えた。アミメアマジツボ（Amphibalanus aff. variegatus）は発見当初は移入種と考えられていた（堀越・岡本、2005：2007b）が、その後山口ほかの研究（未発表）により、本種はオーストラリア南部に分布するA. variegatusとは別の未記載の新種（在来種）として扱うのが適当であるとされている（山口、2009）。外来種の移入年代やその後の出現状況などに関しては、梶原（1977、1996）、荒川（1980）、風呂田（1997b）、大谷（2002）、岩崎ほか（2004）のレビューがあるが、ここでは初期記録の情報について再検討を行い、生存個体の採集年と採集場所が明記されているものを採用したので、初記載の文献が従来と異なっている場合がある。調査期間が複数年にわたり探集年を特定できない場合は、可能性のある中で最も遅い年を初発見年とした。原産地はココポーマアカフジツボは山口（2009）、残りは大谷（2004）より引用。

種名	初発見年	場所	文献	備考	原産地
ムラサキイガイ Mytilus galloprovincialis	1935	横浜市金沢	Miyazaki (1938)	斉藤（1931）より、1929年にはまだ移入していなかったと推定（梶原、1977）	地中海、東大西洋
タテジマフジツボ Amphibalanus amphitrite	1950	横須賀港	Henry & Mclaughlin (1975)		不明
アメリカフジツボ Amphibalanus eburneus	1950	横須賀港	Henry & Mclaughlin (1975)		西大西洋
シマメノウフネガイ Crepidula onyx	1968	三浦半島	間瀬 (1969)	当初はネコゼフネガイと記載、のちに訂正（間瀬、1971）。内湾では1977年までに横須賀・金沢で採集	東太平洋
カサネカンザシ Hydroides elegans	1968	油壺	今島・林 (1969)	当初はH. norvegicaと記載。内湾では1976年以前に隅田川河口で出現（Imajima, 1976）	不明
ヨーロッパフジツボ Amphibalanus improvisus	1972	横須賀港	日本造船研究協会 (1973)		北東大西洋
マンハッタンボヤ Molgula manhattensis	1975	東京港	Nakauchi & Kajihara (1981) 中内 (1997)		北東・北西大西洋
カニヤドリカンザシ Ficopomatus enigmaticus	1975	東京港沖、横浜港沖	今島 (1980)	従来初記録として引用されてきた木下・平野 (1977) では、1977年以前に帰化と推定	不明
コウロエンカワヒバリガイ Xenostrobus securis	1983	東京港、隅田川河口	古瀬・風呂田 (1985)		オセアニア
イガイダマシ Mytilopsis sallei	1983	隅田川河口	古瀬・風呂田 (1984) 古瀬・長谷川 (1984)	京浜運河では1975年以前から生息との情報（岩崎ほか、2004）	カリブ海
ミドリイガイ Perna viridis	1986	京浜運河	青野 (1987)	丹下（1985）は1985年に江東区と船橋で死殻を採集	インド洋、東南アジア
ウスカラシオツガイ Petricola sp. cf. lithophaga	1992	千葉市	岡本・黒住 (1997)	初発見年には千葉市の人工海浜で完全に定着（岡本・黒住、1997）。京浜運河では1989年に発見との情報（岩崎ほか、2004）	不明
ココポーマアカフジツボ Megabalanus coccopoma	2000	川崎市	山口 (2009)		パナマ太平洋岸

このほかに、移入の可能性がある起源不明種としてホンダワラコケムシ（Zoobotryon pellucidum）ヒナギサコケムシ（Bugula californica）。情報不足の起源不明種としてカタユウレイボヤ（Ciona intestinalis）がある（岩崎ほか、2004）。

図2・3・16 東京湾産のウスカラシオツガイ（*Petricola* sp. cf. *lithophaga*）
2004年に浮標上から採集した個体．色彩や形態には個体変異があるが，右の個体のように白色の地で前背縁側が褐色になっているものが多い．

ボ（*Megabalanus coccopoma*）は日本では2007年に初めて生息が認識された移入種であり，保管標本の再同定によって2004～05年にはすでに東京湾内に広く分布していたことがわかっている（山口ほか，2010）が，分布の変遷や移入年代を論じるには今後の研究が必要である．なお，移入種は付着面をめぐる競争で在来種を圧迫していると考えられる（風呂田，1997b）が，湾から消失したと思われる在来種はサラサフジツボだけであり，最近20年間では在来種のマガキとシロスジフジツボの量が増えたことも示唆されている（堀越・岡本，2007a）．

以上のことから，1950年頃までは，数種の外来種が移入していたものの，それらの著しい増殖は記録されておらず，概ね在来種からなる群集であったと推察される．したがって移入種優占型の群集へと本格的に変化しはじめたのは1960年代と考えられ，これは湾の水質汚濁の進行時期（高田，1993）と一致する．移入種の多くは水質汚濁への耐性が強く（風呂田，1986；朝倉，1992；梶原・山田，1997），極度に富栄養化した東京湾での増殖が可能だったと思われる． （堀越彩香・岡本　研）

2.3.4 魚類

A. 東京湾の魚類相

西村（1992）が提唱した日本近海の海洋生物地理区分によれば，東京湾の海洋生物相は常磐（犬吠埼～松島湾），日本海，伊勢湾，瀬戸内海とともに中間温帯区に属する．これは，隣接する相模湾や外房が黒潮の影響を強く受けた暖温帯区に属するのとは好対照をなす．中間温帯区では，夏季は優勢な暖流の影響でかなり多数の熱帯－亜熱帯性動物の侵入をみるが，冬季は冷却と大規模な鉛直対流が行われ，その結果，温帯性生物の発展・維持に好適な水温環境が広範囲に形成される一方で，寒帯－亜寒帯性動物の出現を可能にする．

工藤（1997）は1997年までに公表された文献情報と自身の調査結果にもとづき，402種から成る東京湾産魚類リストをまとめた．これに，その後著者らが新たに報告した情報（工藤・中村，1999；工藤ほか，2002；工藤，2005；木村喜ほか，1997；岩下ほか，2005）を加えたうえ未同定種，淡水魚や深海魚等を除いた390種についてNakabo（2002）が提唱した浅海性魚類の生物地理的区分にあてはめて検討したところ，暖流起源の温帯種が152種（39.0％）と最も多くを占め，温・亜熱帯種88種（22.6％）がこれに次いだ．一方，東京湾に隣接する三浦半島南西部沿岸域において1988～2004年に記録された455種（工藤・岡部，1991；工藤ほか，1992；岡部・工藤，1993；工藤・山田，2001；2003；2005）について同様の検討を行ったところ，最も多い173種（38.0％）が亜熱帯種で，各要素の構成比率には大きな違いがみられた．とくに，亜寒帯種の出現数には著しい違いがみられ，東京湾でのホッケ（*Pleurogrammus*

第 2 章 海域

azonus), ヌマガレイ (*Platichthys stellatus*), スケトウダラ (*Theragra chalcogramma*) 等 8 種に対し, 三浦半島南西部での出現はなかった. 一方, チョウチョウウオ科 (Chaetodontidae), フエダイ科 (Lutjanidae), モンガラカワハギ科 (Balistidae) 等で代表される亜熱帯種では, 東京湾は三浦半島南西部の約半数にとどまった (表 2·3·15). これは, 陸岸に囲まれて閉鎖性が高く, 水深が浅いうえに湾奥から多くの淡水が流入する湾地形から, 高温・高塩分の黒潮系水の影響を受けにくく, 冬季の水温低下が著しいためである. 黒潮の影響を強く受ける太平洋中南部沿岸においては, これと類似した季節変化をたどる環境は, 内湾域に局所的に見出されるに過ぎない.

B. 干潟域の魚類相

東京湾の環境要素のうち, 干潟は魚類相を特徴づける最も重要なものである. 埋立や浚渫による地形改変が進んだ現在, まとまった面積の干潟は数ヵ所に不連続に残存するに過ぎないが, それぞれの干潟では今なお特徴的な魚類相がみられる.

著者は, 1998～2000 年に湾内 3 ヵ所の干潟において同時に魚類相調査を行った. その結果, 湾奥部の江戸川放水路で 9 科 18 種 808 個体, 湾中部の多摩川河口で 16 科 38 種 18,179 個体, そして湾口部の平潟湾では 24 科 47 種 117,952 個体を採集した. 採集された魚類を, 加納ほか (2002) に従って河口魚, 海水魚, 淡水魚, 遡河回遊魚, 降河回遊魚, 両側回遊魚の 6 生活史型に区分してその構成を示す (図 2·3·17)

3 ヵ所の干潟からは 32 科 59 種が採集され, それぞれは降河回遊魚を除く 5 生活史型に区分された. 江戸川放水路と多摩川河口の魚類相は, トビハゼ (*Periophthalmus modestus*), エドハゼ (*Gymnogobius macrognathos*), シモフリシ

表 2·3·15 Nakabo (2002) の地理的区分にあてはめた種数と割合

生物地理区分	種数 (百分率比)	
	東京湾	三浦半島
亜寒帯性種	8 (2.1%)	0 (0.0%)
寒流起源の温帯種	61 (15.6%)	53 (11.6%)
暖流起源の温帯種	152 (39.0%)	119 (26.2%)
温・亜熱帯種	88 (22.6%)	110 (24.2%)
亜熱帯種	81 (20.8%)	173 (38.0%)
合 計	390 (100.0%)	455 (100.0%)

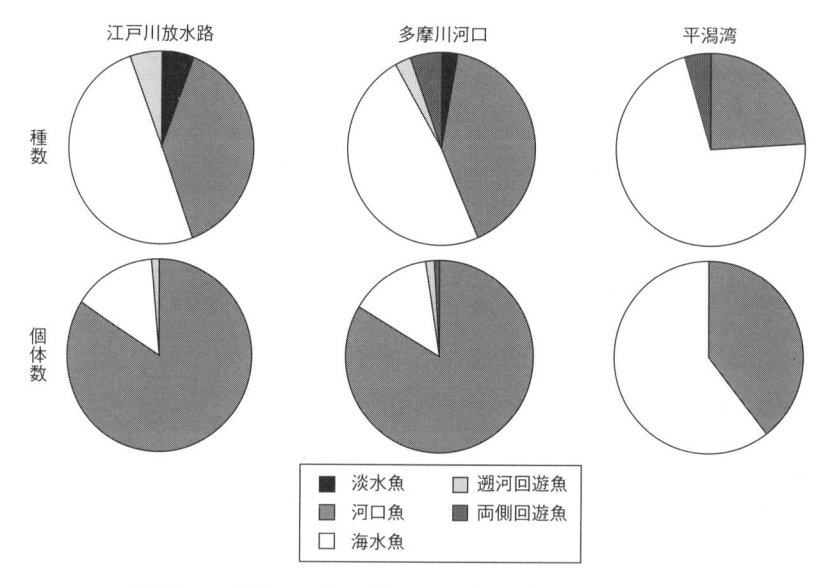

図 2·3·17 東京湾 3 ヵ所の干潟における魚類の各生活史型の割合

マハゼ (*Tridentiger bifasciatus*) といった湾奥に固有な河口魚，遡河回遊魚であるマルタ (*Tribolodon brandti*) や数種の淡水魚によって特徴づけられ，海水魚が約5割，河口魚が約4割を占める類似した生活史型の構成がみられた．一方，湾口に近い平潟湾では淡水魚と遡河回遊魚を欠き，偶来性が高い種を含む海水魚が7割以上を占めた．3ヵ所の共通種はサッパ (*Sardinella zunasi*)，ボラ (*Mugil cephalus*)，マハゼ (*Acanthogobius flavimanus*) 等の10種で，これらが占める割合は江戸川放水路52.6%，多摩川河口27.7%，平潟湾21.7%で，占有率は湾奥から湾口へ向けて減少した．つまり，淡水魚や固有性が高い河口魚・遡河回遊魚は湾奥から湾中央部に分布する一方，海水魚は湾口に近いほど種数を増し，全体の種数としては湾奥から湾口に向けて増加する傾向がみられた．これは，それぞれの干潟が存在する位置と湾奥から湾口に至る水底質の環境勾配とを背景とした個々の種の移動や回遊が，各干潟の魚類相に反映されたものである．

C. 横浜市南部における人為的環境改変と魚類相変化から

1970年代以降，横浜市南部沿岸は，金沢地先埋立事業などにより神奈川県沿岸において最も激しい人為的環境改変が生じた．著者は，海の公園（人工海浜）の竣工直後の1983年から，当該海域において潜水観察をおもな手段として魚類相モニタリング調査を継続してきた（工藤，1995）．またこれ以前から，現横浜市環境創造局は数次にわたる詳細な魚類相調査を実施しており（例えば，岩田ほか，1979；工藤ほか，1986），貴重なデータを蓄積してきた．この間にも，人工島の造成，平潟湾の浚渫と野島水路の開削といった環境改変が引き続き生じており，魚類相に少なからぬ影響を与えた．

神奈川県水産総合研究所（当時）は，1996～2000年に金沢湾内に隣接する海の公園と野島海岸（自然海浜）において，人工海浜と自然海浜の水質浄化機能と生物生産機能を解明するための総合的な調査を行った（神奈川県水産総合研究所，2001）．その結果，両海浜の魚類相に差はみられず，人工海浜の魚類相は造成後20年を経て自然海浜と同等の水準に回復したものと判断された（図2·3·18）．しかし，水産重要種の稚幼魚は少なく，保育機能は未だ自然海岸に及ばない可能性が示された．

そこで，著者は1999～2000年に，両海浜とその後背に2本の水路を介して位置する潟湖型干潟である平潟湾，さらにその流入河川において魚類調査を実施した（図2·3·19）．その結果，平潟湾からは金沢湾を大きく上回る種数と個体

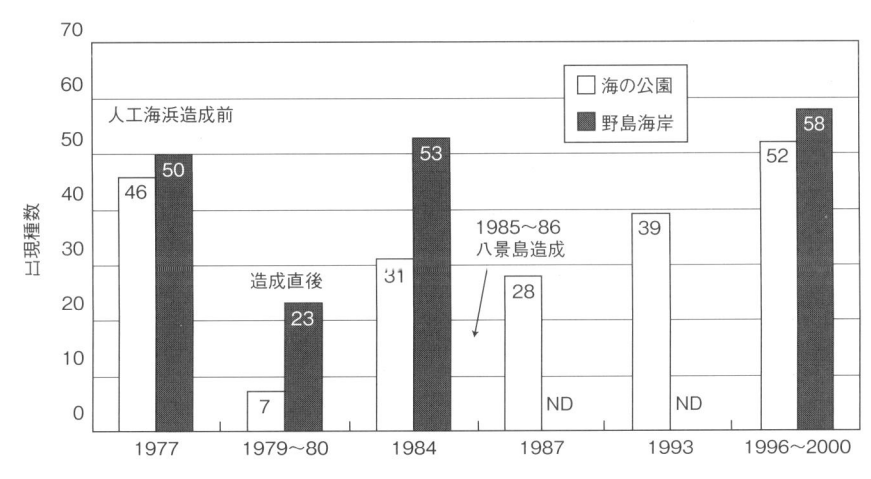

図2·3·18　金沢湾における人工海浜造成以前からの出現種数の経年変化

第2章　海域

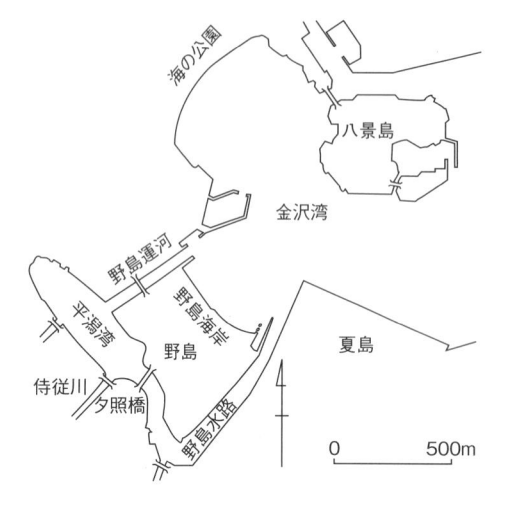

図2・3・19　横浜市平潟湾・金沢湾周辺

数が採集され，その豊かな魚類相が浮き彫りとなった．とくに水産有用種の稚幼魚には，分布の中心を平潟湾と野島水路にもつものが多く，水路に連接する野島海岸に海の公園より多くの水産有用種が分布したものと考えられた．つまり，それが人工海浜か自然海浜かという要因よりも，近傍における汽水域の存在といった地理的要因の関与が大きい可能性が示唆された（工藤, 2002）．

平潟湾は，1950年代には関東有数のハゼ釣り場として賑わっていたが，うち1本の野島水路沿いの工場から垂れ流された廃液によって金沢湾のノリ養殖に被害が生じたため，1966年に野島水路を漁業者が埋め立ててしまった．閉鎖性が高まった平潟湾では，経済成長と都市化に伴う工場・生活排水の増加により水底質の悪化が進行し，生物相が劣化してハゼ釣りも廃れた．横浜市は1985年から同湾の大規模浚渫を開始し，88年からの段階的な水路の開削を経て，94年に水路を完全開放させた．すると，1990年代後半以降には魚類相の顕著な回復が認められ，ハゼ釣りや潮干狩りが復活した．この水路開放による魚類相回復の事例は，河口環境の自然再生といった社会的に大きな問題にも解決の糸口を与えよう（工藤ほか, 2002）．

D. 生物多様性をめぐる課題

2007年8月に環境省が公表した汽水・淡水魚改訂レッドリストの掲載種は，旧リスト（1998年公表）（環境省, 2003）の76種から144種へと大幅に増加した．うち，東京湾に分布する（した）種は，絶滅危惧IA類（CR）のアオギス（*Sillago parvisquamis*），絶滅危惧II類（VU）のシロウオ（*Leucopsarion petersii*），エドハゼ，チクゼンハゼ（*Gymnogobius uchidai*）ならびにマサゴハゼ（*Pseudogobius masago*），準絶滅危惧種（NT）のサクラマス（*Oncorhynchus masou masou*），トビハゼならびにヒモハゼ（*Eutaeniichthys gilli*），情報不足（DD）のウナギ（*Anguilla japonica*），ヘビハゼ（*Gymnogobius mororanus*）の10種で，エドハゼとチクゼンハゼを除く8種に対して旧ランクからの格上げ評価がなされた．

アオギスとシラウオ（*Salangichthys microdon*）は，ともに1950年代以前は漁業・遊漁の対象として広く親しまれたが，最近30年間の確認記録はなく，絶滅がほぼ確実視されている（浦安市郷土博物館, 2001）．両種とも，再生産の場として湾奥に流入する大河川河口域に強く依存しており，高度経済成長期までの河口干潟とそれに連続する後背湿地の破壊，河川と海域の水質汚濁によって再生産が困難になったものと考えられている（シラウオについてはコラム参照，195ページ）．これらと似た生活要求を有するエドハゼ，チクゼンハゼ（加納ほか, 1999），マサゴハゼ，トビハゼ（伊東ほか, 1999），ヘビハゼなどの河口魚も，分布域は局限されている．

また，水産上の重要資源であったイカナゴ（*Ammodytes personatus*）は，1984年の横浜市本牧埠頭における著者らによる採集（工藤ほか, 1986）を最後に記録が絶えており，絶滅した可能性がある．本種は集団で砂に潜って夏眠する習性があり，瀬戸内海や伊勢湾の個体群では限られた浅い砂堆が夏眠場となっている（浜田, 1985）．東京湾の夏眠場は明らかではないが，夏眠場では産卵も行われることから，浚渫や埋

立による夏眠場の破壊が東京湾の地域個体群に致命的なダメージを与えた可能性が指摘される.

2004年の特定外来生物法の制定にみられるように,今日では外来生物の侵入・定着に対する社会的な関心が高まっている.東京湾において,外来種に席巻された感のある付着生物とは対照的に,外来魚の発見例は極めて少ない.西部大西洋に分布するニベ科の1種 *Leiostomus xanthurus* が東京港から (Sasaki *et al.*, 1989),北米大陸東岸に自然分布する遡河回遊魚で特定外来生物に指定されているストライプトバス (*Morone saxatilis*) が港区の運河から採集されている (プラチヤー, 2002).また,中国大陸東岸に自然分布し西日本を中心に養殖されているタイリクスズキ (*Lateolabrax* sp.) の発見情報が近年急速に増えつつある (広田ほか,1999).ストライプトバスとタイリクスズキは魚食性が強いため,ブラックバス類(サンフィッシュ科オオクチバス属 (*Micropterus*)) と同様な生態系の破壊(日本魚類学会自然保護委員会,2002),とくに後者については在来のスズキ属魚類であるスズキ (*L. japonicus*) やヒラスズキ (*L. latus*) との競合・駆逐のおそれが指摘されている (日本生態学会, 2002).(工藤孝浩)

2.3.5 海草,大型藻類(アマモ場・ガラモ場など)

A. アマモ場

a. 東京湾のアマモ場構成種と環境条件

国内に分布する海草類は現在3科17種が確認され(相生,2004),そのうち現在の東京湾にはアマモ科アマモ属3種(アマモ:*Zostera marina*,コアマモ:*Z. japonica*,タチアマモ:*Z. caulescens*)とトチカガミ科ウミヒルモ属1種(ウミヒルモ:*Halophila ovalis*)の計4種が分布している(図2・3・20).アマモ属3種のうち,アマモとコアマモは東京湾全域のごく浅い砂泥質の海底に生育しているが,タチアマモは神奈川県横浜市の野島海岸と千葉県富津市の富津干

図2・3・20 上:東京湾に自生するコアマモ(野島海岸)と下:アマモ(富津海岸).

潟が北限となっており,生育水深もやや深い.これら3種が同じ海域に生育している場合は,一般的に水深の浅い方からコアマモ(大潮の干潮線付近),アマモ(大潮の干潮線付近から水深3m程度まで),タチアマモ(水深2m以深)の順に分布する.ウミヒルモは,千葉県岩井海岸の水深2m付近で確認されている(森田,未発表).

アマモは北海道から九州南端まで全国に広く分布し,単一種で広大な群落を形成することも多い.そのため,アマモの生育適地条件については過去に多くの調査研究報告がなされてきている.しかし,その多くはアマモ場内でのモニタリングデータを個別に集計・併記するのにとどまり,アマモ類自体の生活史や成長様式と経時的な環境変動要因の関係を体系的に検討した例は少ない.

アマモの鉛直分布構造を環境変動要因との関係から体系的に示したのは,電力中央研究所に

第2章 海域

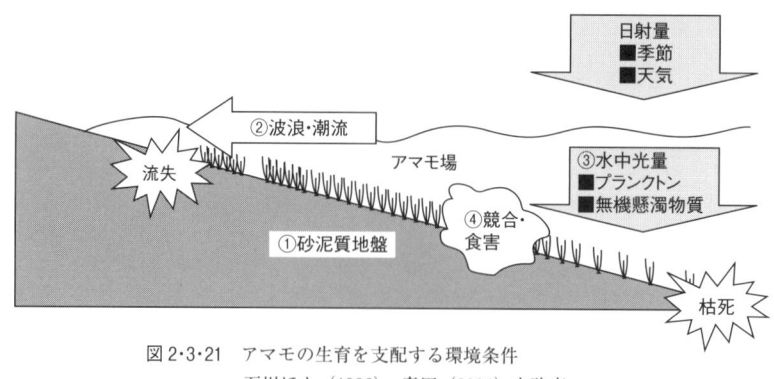

図2・3・21 アマモの生育を支配する環境条件
石川ほか（1986），森田（2004）を改変．

よる一連の研究（川崎ほか，1988；丸山ほか，1988；石川ほか，1986）が初めてである．丸山ほか（1988）によれば，アマモの分布上限水深は高波浪時の生育地盤の安定度合いで決まり，石川ほか（1986）によれば，分布下限水深は年間の平均水中光量で定まるとされる．その後，中瀬ほか（1992），中瀬・田中（1993），島谷ほか（2002）そして森田・竹下（2003）により同様な検証がなされ，アマモ群落形成の上限水深は砂質地盤の安定度を示すシールズ数*によって評価できることを確認している．ただし，シールズ数は波の諸元や潮位・潮流との関係により計算結果が異なり，さらにアマモ根茎の把駐力も生長段階や時期によって異なるため，適用する際は注意を要する．また，分布下限水深は水中光量から補償点光量を差し引いた純光合成光量の月平均値で概ね評価できる（森田・竹下，2003）とされ，神奈川県の野島海岸や千葉県の三番瀬における自生および再生アマモ場の鉛直分布状況と良い対応がみられている．アマモの現存量や生産量に関しては，本多ほか（2004），今村ほか（2004），細川ほか（2006）によってより精度の高いモデル構築が検討されている．

アマモの鉛直分布可能範囲にあっても競合・食害の圧力が再生能力を上回る場合は，アマモ場の形成は困難となる（図2・3・21）．東京湾でその際たるものは人間の漁獲圧力（潮干狩りを含む採貝漁業等に伴うアマモの除去）であるが，富栄養化を反映したアオサ類の堆積やフジツボ等のろ過食性動物の付着も大きな阻害要因となる．低潮線付近では，冬季にヒドリガモの食害を受けることも多い．

b．アマモ場の機能と分布の変遷

アマモ場は，多様な環境勾配をもつ河口周辺干潟とその地先の砂泥底浅所を基本に形成される．また，先に述べたようにアマモ場は比較的静穏な海域に分布することから，汽水域の沿岸生態系において極めて重要な役割を果たしている．その機能を以下に列挙する．

① アマモ場は，葉条の繁茂とその枯死・脱落によって腐食食物連鎖を通じた餌料供給と付着性微小藻類に着生基盤を提供するなど，極めて高い生産力をもっている．

② 高い生産力は，海水・底泥から大量の二酸化炭素と栄養塩を吸収し，同時に酸素を供給することとなり，沿岸砂泥海域の物質循環と環境保全に対する役割も極めて大きい．

③ アマモの葉身は40〜50日程度の寿命で年間を通して常に更新されることから，付着

---

* シールズ数（Ψ）は底質の安定性を表す指標で，底質を動かそうとする流体力と底質の抵抗力の比で表される．一般的には，次式で表される．

$$\Psi = \tau / (\rho_s - \rho) g D$$

ここに，τ：流体力による底面せん断力，$\rho_s \cdot \rho$：砂と流体の密度，g：重力加速度，D：底質の粒径 である．

図 2・3・22　明治時代の東京湾漁場図に示されたアマモ場
明治 41 年東京湾漁業図（1908）を改変．

性の動植物に対して常に新しい着生基盤を提供することとなり，同時に自身は付着生物の過剰な繁殖・繁茂に対する耐性を備えている．

④ アマモ類は葉条部と根茎部の伸張によって海中のみならず海底土壌中にも多様な空間と環境を創出することで，様々な魚介類に対して産卵場と幼稚仔の保育場を提供し，生物の多様性保全に寄与している．

⑤ 枯れた葉は一定期間海面を浮遊して流れ藻となり，浮遊期の幼稚仔の保育場となるほか，漂着してデトリタスとなった後は腐食食物連鎖上の多様な生物の餌料となる．

⑥ 結実した花穂の一部は漂流・拡散して自身の分布域を拡大するほか，遺伝的な多様性も含めて他地先・海域のアマモ場と生態系の保全に寄与している．

明治時代の東京湾漁場図（図 2・3・22）をみると，かつての東京湾には湾央から湾奥にかけて広大な干潟と浅海域が広がっていたことがわかる．その干潟・浅海域にはアジモ（アマモ）・ニラモ（コアマモ）と記されたアマモ場が数多く見られ，周囲には様々な漁場が形成されていた．特徴的なのはアマモ場の沖に広がる「イカ藻」場の記載である．「イカ藻」は江戸時代にアマモに似せて作成された，わが国初の人工魚礁である（堀江，1988）．アマモ場が東京湾の重要な漁場であったことが読み取れる．

そのアマモ場も相次ぐ埋立と水質汚濁によって大きく衰退し，1 ha 以上のまとまったアマモ場は，現在では横須賀市の走水と富津市以南にしかみられなくなっている（図 2・3・23）（環境庁，1994；輪島ほか，2004；庄司・長谷川，2004）．

B．ガラモ場（ワカメ・アラメ・カジメ・ホンダワラ藻場）

a．ガラモ場構成種と環境条件

現在の東京湾内では，一年生のコンブ科藻類

第2章　海域

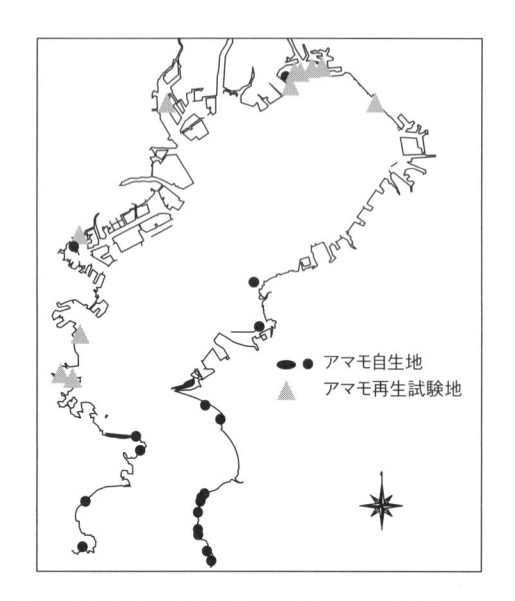

図2・3・23　現在の東京湾のアマモ自生地と再生試験地
　　　　　輪島ほか（2004），庄司・長谷川（2004）をもとに作成．

であるワカメ（*Undaria pinnatifida*）が湾央の横浜港・川崎港や木更津港の岸壁などに着生しているが，その他のコンブ科海藻類は横須賀市と富津市以南に分布が限られる．ホンダワラ科の優占種はアカモク（*Sargassum horneri*），ヒジキ（*Hizikia fusiformis*），オオバモク（*S. ringgoldianum*），ヤツマタモク（*S. patens*），イソモク（*S. hemiphyllum*）で，富津市竹岡より内湾ではヒジキは少なくなり，かわってタマハハキモク（*S. muticum*）とスナビキモク（*S. ammophilum*）が優占する．コンブ科では低潮線付近にアラメ（*Eisenia bicyclis*）が優占するが，低潮線下2～3mになるとカジメ（*Ecklonia cava*）が優占する．

一般に，大型海藻群落の遷移に伴う優占種の系列変化と各種の空間的配置は図2・3・24に示した模式図のようになる（今野，1985）．

東京湾は閉鎖度が高く光条件が厳しいため，浅海部の環境条件に適応した一年生のワカメ，

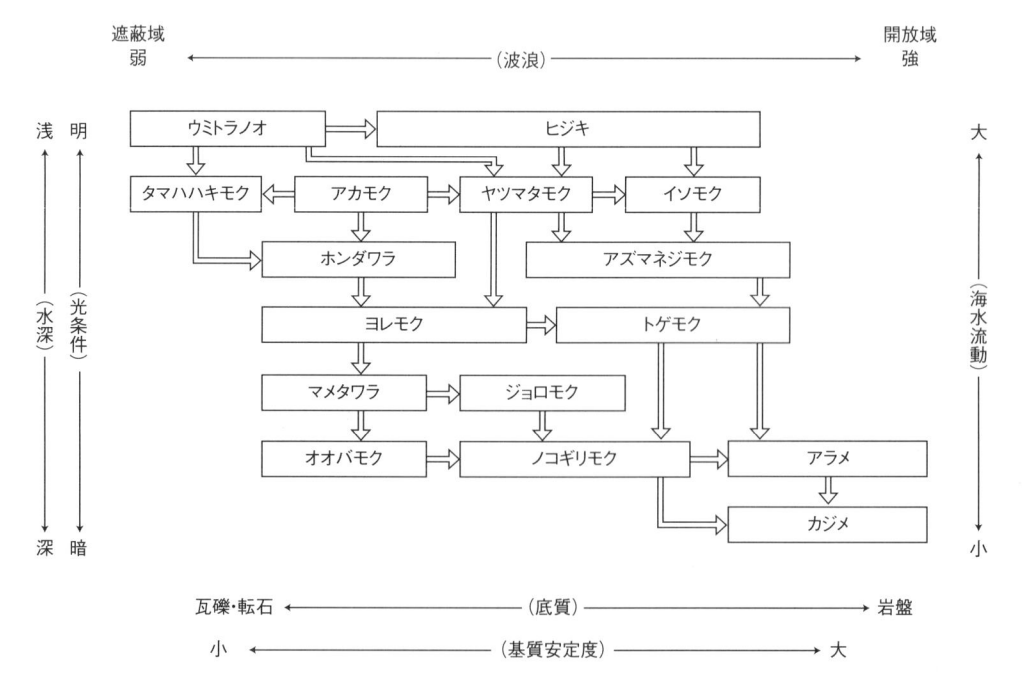

図2・3・24　大型海藻群落の遷移に伴う優占種の系列変化と各種の空間的配置模式図
　　　　　今野（1985）より引用．

164

タマハハキモク，アカモクなどが優占する傾向にある．反対に湾口部では波浪条件が厳しくなり，基盤の安定度が高い岩礁域で多年生のアラメ，カジメが優占するようになる．

近年は海水温の上昇に伴う植食動物（アイゴ，メジナ，ウニ類等）の食圧増加により，大型海藻群落の消失現象である「磯焼け」海域の拡大が社会問題となりつつある．

b．ガラモ場の機能と分布の変遷

ガラモ場の機能は基本的に前述のアマモ場と同様であり，葉体の生長・繁茂とその被食によって食物連鎖を通じた餌料供給を行っている．

ガラモ場構成種の最大の特徴は，直接人の食料になるとともに様々な食品原料になる点である．ワカメはいうに及ばず，アラメ・カジメ等のコンブ科海藻は工業的にアルギン酸やヨードの原料ともなる．

また，ホンダワラ類については流れ藻としての機能が格段に高いことも特徴である．ホンダワラ類には気泡があり，これが「うき」の役割を果たし，岩から離れた藻体が海面を浮遊し，お互いに絡まり合いながらひとつのかたまりになって潮目に集まる．ひとつの流れ藻の群に100種以上の魚類を確認することも珍しくない（大野，2003）．また，流れ藻のなかには仮根をもつ個体も多く，流れ藻となった後も生長・成熟する．東京湾ではそれほど量は多くないが，アカモク，オオバモク，ヨレモク，ヤツマタモクなどの漂着が内湾の人工海浜でも確認されている．

ガラモ場は，底質条件から東京湾では浦賀水道部の外湾（本書は内湾を東京湾と呼ぶとしている）を中心に分布しており，埋立や水質汚濁の顕著な内湾にはもともとほとんど分布していなかった．このため，環境庁（当時）の調査結果においても近年の消失面積は比較的少ない（表2・3・16）． 　　　　　　　（森田健二）

表2・3・16　東京湾のガラモ場消失面積（環境庁，1994）

都　県	1973～78	1978～88	合　計
千葉県	—	6ha（館山市）	6ha
東京都	—	—	—
神奈川県	16ha	—	16ha

2.4　東京湾の利用形態

2.4.1　漁業

現在の東京湾は日本で最も富栄養化現象の顕著な内湾として，一般に漁業はそれほど活発に行われていないように思われている．しかし，東京湾漁業の歴史は長く，江戸時代に幕府が関西から優れた漁法をもつ漁業者を誘致し，積極的に漁業の振興を図った．その当時から現代の高度経済成長期の開発（埋立）によって干潟の約9割が消失するまでの間は，わが国における内湾屈指の豊穣な海として市民に食料を供給し続けた．そして，東京湾の魚介類は江戸前と呼ばれて現在も，様々な問題を抱えているにしても，漁業は続けられている．

本稿では，（社）漁業情報サービスセンター（2004）がまとめた「東京湾の漁業と資源」の内容を紹介しながら，東京湾漁業のおもに戦後の移り変わりについて，統計資料に基づいてまとめる．

統計資料のうち戦後＊の漁獲量や養殖の収獲量についてはおもに東京湾沿岸の一都二県（東京都，神奈川県，千葉県）の農林水産統計年報を，また経営体数や遊漁案内業者数については5年ごとに漁業センサスでまとめられた統計資料を，それぞれ用いた．年次によっては内湾の統計値がないので，その年次の合計値が図中に示されていない場合がある．戦前のノリ養殖や

＊　第二次世界大戦前の1900～45年の間を戦前，後を戦後と呼ぶ．

アサリ，ハマグリの生産量についてもふれたが，これについては水産業累年統計（農林省統計情報部・農林統計協会，1979）を用い，不足分のうち千葉県は千葉県統計書（千葉県中央図書館所蔵），東京都は「東京都内湾漁業興亡史」(1971)の資料などで補完した．また，統計資料には属人データ*のため，別の海域で漁獲されたものが内湾の漁獲量に加算されているケース（まき網の漁獲物など）があり，留意が必要である．

また，内湾の統計資料をまとめるために，神奈川県では横須賀市走水大津までの漁獲統計資料を用いたが，千葉県は富津岬で境界を区分できない統計資料が多かったので，富津市天羽漁協までの統計資料を用いた．したがって，千葉県は内湾のみの漁獲量（収穫量）よりもやや多い数値になっている．

なお，ここでは水揚げした水産物のうち漁船漁業によるものを"漁獲"，養殖および採藻を"収穫"，浅海漁場で種苗放流などの増殖行為も行われる貝類漁業（採貝漁業）を"採貝"，とくに区別しない場合には"生産"として用語を使い分けた．

A. 東京湾における漁業の概要

a. 現在の漁業権漁場

1950年代までは東京内湾の沿岸ほぼ全域で，ノリの養殖やアサリ，ハマグリなどの漁業権に基づく漁業が行われていた．これらの漁場のうち，東京都では海面埋立による開発を目的に1962年に補償金と引き替えに漁業権が全面的に放棄された．同じ頃から神奈川県でも海面埋立による開発によって根岸，初声，本牧，川崎などでノリ養殖が廃業になったり，漁業権が放棄されたりしたが，横浜市の一部や横須賀市地先に漁業権漁場が現在も残されている（図2・4・1）．一方，千葉県でも1960年代以降に千葉市，市原市，浦安町，君津市などで海面埋立による開発のために漁業権が相次いで放棄されたが，1972年に始まった石油ショックを契機として開発に歯止めがかかり，開発途中（富津市地先）や開発予定（市川市，船橋市地先）だった浅海域はそのまま漁場として残った．市川市，船橋市（千葉北部地区），木更津市（木更津地区），富津市（富津地区）の各地先は，東京湾の貴重な干潟・浅海域として現在に至っている（図2・4・1）．これらの漁業権の変遷に関しては，若林（2000）が詳しく解説している．

いずれの地域においても，共同漁業権漁場ではアサリ，バカガイなどの貝類漁業が中心になっているが，湾口部周辺の漁場では，タイラギ，ミルクイ，ナミガイ（シロミル）なども量は多くないが漁獲されている．区画漁業権漁場では千葉県はおもにノリ養殖，神奈川県ではノリ養殖に併せてワカメやコンブの養殖も行われている．

b. 漁船漁業の漁獲量，養殖収穫量の推移

東京湾における養殖収穫量を除いた総生産量の推移（図2・4・2）をみると，最も多かったのは，1956～63年の8年間であり，年間10～14万トンの生産量であった．この頃は，漁業が活発に行われていたが，一都二県の中では千葉県の生産量が多かった．1953年から63年にかけて総生産量が増加したが，これは，東京湾の富栄養化の進行に伴って内湾の生産力が大きくなり，漁業資源，なかでも当初は浅海域のハマグリ，その後アサリの資源量などが増加したことや，漁具・漁法の発達が関係していたと考えられる．この後，1960年代半ばに東京都，次いで，神奈川県の生産量が減少した．千葉県はそれよりもやや遅れて1960年代半ば以降に次第に減少した．これらのうち当初の減少は，漁業権の放棄による漁業者の減少による可能性が高いものの，その後は東京湾の開発（埋立）による浅海漁場の消失や富栄養化が過度に進行したことによって貧酸素水が夏季の内湾に恒常的に発生

---

* 統計値には属人値と属地値があり，属人値はその管内の漁港で水揚げされた量，属地値はその管内の漁場で漁獲（生産）された量を示している．

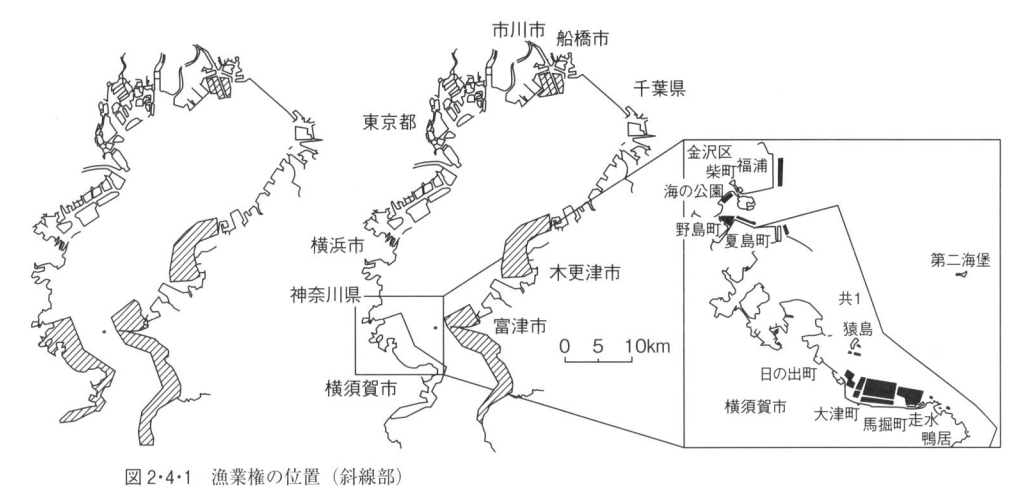

2.4 東京湾の利用形態

図 2・4・1 漁業権の位置（斜線部）
左図は共同漁業権，右図は区画漁業権を示す．□内は神奈川県の区画漁業権を示す．

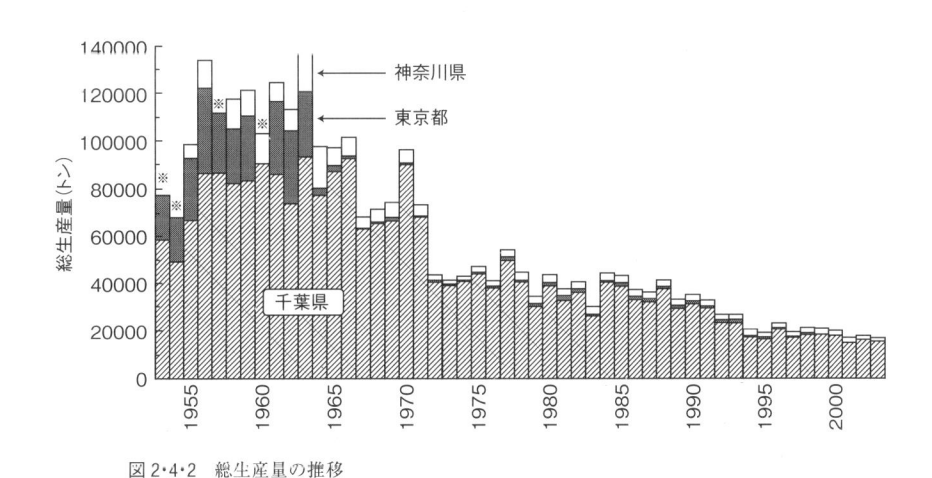

図 2・4・2 総生産量の推移
総生産量の中に養殖収穫量を含まない．
※：1953，1954，1957 年は神奈川県，1960 年は東京都のデータがない．

するなど，漁場環境の悪化による資源の減少が原因と考えられる．

次に，養殖収穫量を加えた類別生産量の推移（図 2・4・3）をみると，最も減少が著しいのは貝類で，これは上記のように浅海域で生産されていたアサリやハマグリなどの二枚貝類および東京湾のなかでも深い場所に生息するアカガイやトリガイ，サルボウなどの二枚貝の漁獲量が減少したことによる．1950 年代から 60 年代初めに採藻による最大 2 万トン強の収穫があり，当時はおもに千葉県でアオサが収穫され，肥料や飼料として利用されていた（殖田ほか，1963）．アオサは現在ではほとんど利用されないために，ノリ養殖やアサリ漁業，潮干狩りなどが行われる際の害藻として，各地域で清掃作業に苦慮している．

養殖海藻類のほとんどはアマノリ属によるものであり，当初はアサクサノリ，近年はスサビノリが養殖されている．収穫量がそれほど減少していないのは，浅海域に支柱柵を立てて養殖を行う方式から深い場所でも養殖が可能な浮き流し方式に技術が進歩したので，埋立による浅

第2章 海域

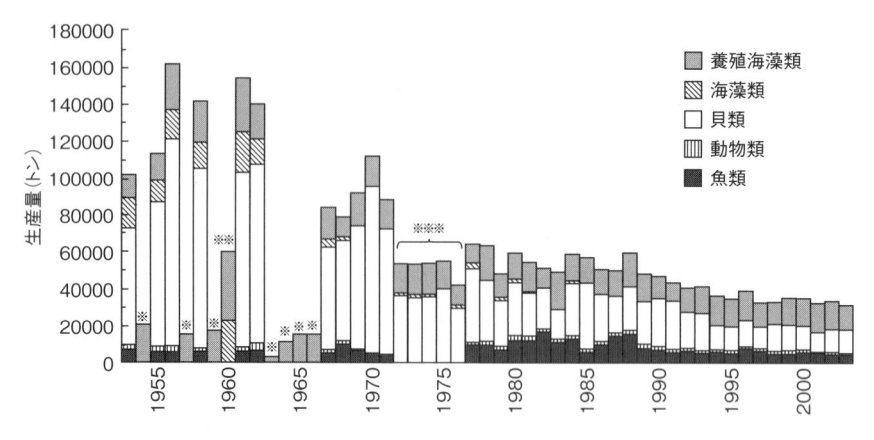

図2・4・3 類別生産量の推移
※：1954, 1957, 1959, 1963〜66年は養殖ノリ以外のデータがない．※※：1960年は海藻類と養殖ノリ以外のデータがない．※※※：1972〜76は養殖ノリ，海藻類，貝類以外のデータがない．データの処理方法が異なっているので図2・4・2とは必ずしも一致しない．

海域消滅の影響を比較的受けにくかったことが関係している．

魚類の漁獲量は他の種類と比較すれば大幅な増減はないようにみえるが，近年はイシガレイなどの漁獲量が大きく減少し，スズキやアナゴ，コノシロなどの魚種にやや偏ってきている．また，マイワシ資源の減少による不漁が1980年代末以降の減少に反映している．動物類（エビ・カニ・シャコなどの甲殻類および軟体動物のうちイカ，タコなどの種類）についてもガザミやシバエビのように魚類と同様に漁獲量が大きく減少した種類がみられる（種類ごとの詳細な状況については後述する）．

いずれにせよ，内湾における生産量の総計は，1950年代に16万トンに達していたが，現在は3万トンを超える程度であり，往時からみると大きく減少している（図2・4・3）．

c．漁業経営体数および遊漁案内業者数の推移

戦後の経営体数の推移（図2・4・4）をみると，1950年代末から60年代初めの内湾の統計資料が不備のためにこの間の詳細は不明であるが，ノリ養殖に従事した経営体がこの当時内湾全体で15,000近くあった．1963年の総経営体数13,102のうちノリ養殖が74％を占めていたので，ノリ養殖が内湾の重要な漁業であったことがわかる．これらの経営体は，東京都が1962年に漁業権を全面放棄したことで大きく減少し，神奈川県でも1971〜72年にかけて同じ理由で減少した．一方，最も経営体数が多かった千葉県でも1960年代から70年代にかけて大きく減少した．2003年現在の内湾の総経営体数は1,543，このうち千葉県が968で最も多い．また，ノリ養殖経営体数は452となっており，ノリ養殖業が内湾漁業の中心的存在であることは，一貫して変わりがない．

また，内湾には遊漁案内業者が多くみられるが，1963年以降の推移（図2・4・5）をみると，73年の約1,000業者数をピークとして，その後漸減し，2003年現在は約400である．

B．漁業種別，魚種別漁獲量，収獲量，生産量の変化の特性

a．漁船漁業生物

東京湾では，養殖および採貝漁業を除いた漁船漁業を約650の経営体が営んでおり（1993年），依然として天然の魚介類を獲る漁業の場として機能している．

東京湾の漁船漁業は，イワシ類，スズキ類，コノシロ等のおもに浮魚を対象にしたまき網，ヒラメ，カレイ，シャコ，アナゴなどの多様な底魚等を対象にした底曳網，刺網，筒に大別で

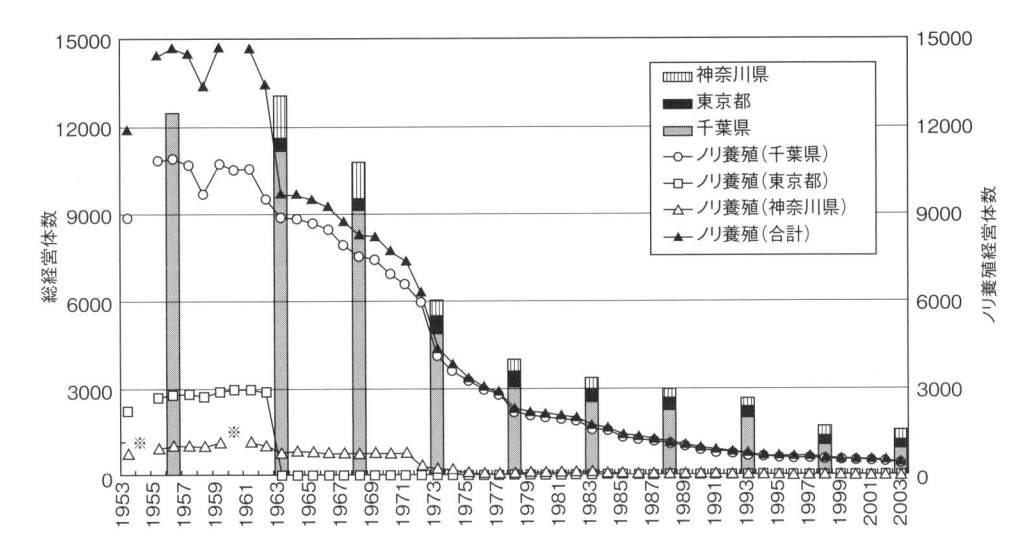

図 2·4·4 経営体数の推移
棒グラフは総経営体数．1956 年の神奈川県，東京都のデータはない．折れ線グラフはノリ養殖経営体数．
※：1954 年の一都二県，1960 年の千葉県と神奈川県のデータがない．

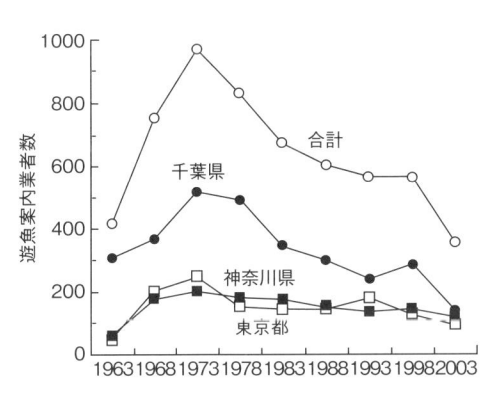

図 2·4·5 遊漁案内業者数の推移

きる．他にはサヨリを対象にした船曳網，マダコを対象にしたたこ壺，多様な魚種を対象にしたはえ縄，釣りの漁業がある．これらの漁業種をまとめて，漁獲物組成の経年変化を図 2·4·6 に示す．なお，サバ類は 1964 年におもにマサバによる 12,000 トンを超える漁獲があったが，これは内湾以外の海域で漁獲されたものが加算されている．以降は 100 トン未満がほとんどとなっている．

イワシ類の年変動も激しい．漁獲量の内容は，しらす（稚幼魚）は少なく，おもにマイワシとカタクチイワシの成魚である．カタクチイワシは 1970 年代半ばに 1,000 トンを超える漁獲があった以外は数 100 トンで安定している．これに対してマイワシは 1980 年代後半に 10,000 トンに迫ったものの近年では 100 トン前後の低水準である．これら浮魚の漁獲量は太平洋にわたる系群全体の資源変動を反映したものである．

イワシ，サバ以外の魚類は，1970 年代の 1973-74 年に 2,000 トン未満に落ち込んだが 78 年には 8,000 トンを超え，大きな変動を見せた．1990 年以降は 4,000～7,000 トンの間で比較的安定している．構成するおもな魚種は，1970 年代から急速に増加し，減少傾向ながらも 500 トン以上あるコノシロ，少ない年でも 400 トン以上で近年では 2,000 トンを超えるスズキ，70 年代まではおもにイシガレイ，それ以降はマコガレイが中心となり，近年では 1,000 トンを割っているが底曳網の主要対象であるカレイ類，常に数 100 トンの漁獲があるマアナゴなどが挙げられる．「その他」が多いのも特徴的であり，ボラ，シログチ，タチウオ，ハタタテヌメリ，クロダイ，マハゼといった多様な魚種が安定した漁業生産を支えている．魚類では

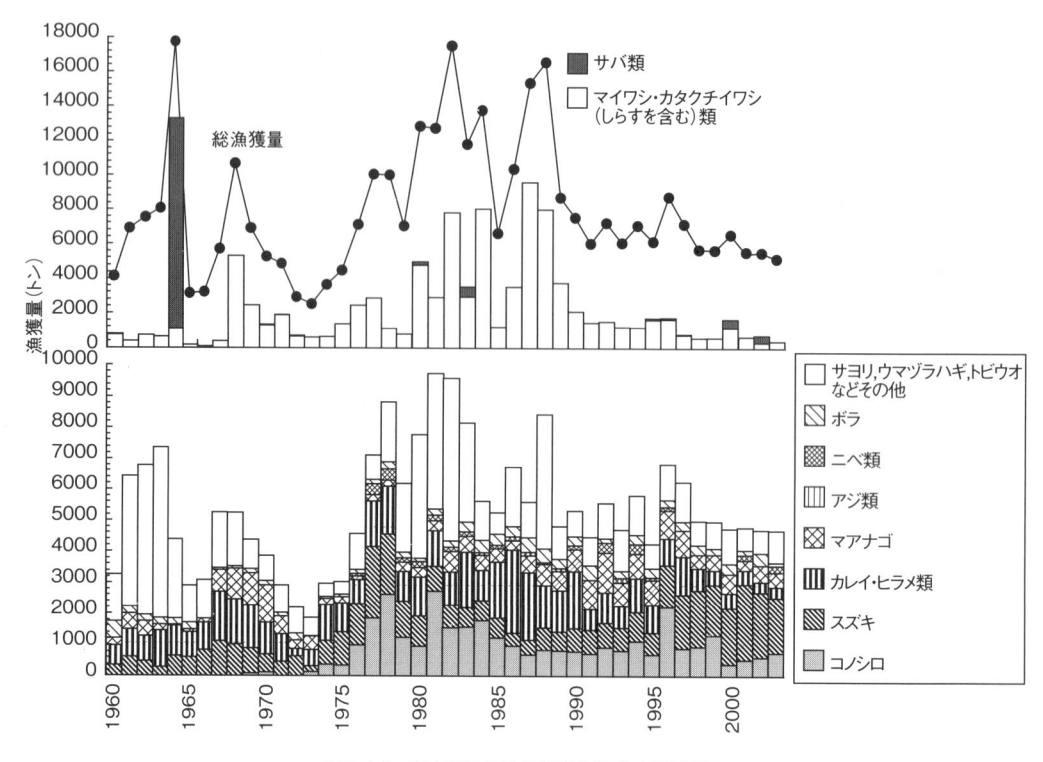

図2・4・6　東京湾における漁獲物組成の経年変化

ないが，シャコも底曳網の重要対象であり数百トンの漁獲がある．またマダコ，コウイカも毎年数10トン漁獲されている．

上記のような東京湾の漁業資源について，現在では漁獲対象になっていない魚種も含めて，各魚種が生活史の中で東京湾をどのように利用しているかをパターン分けして把握し，資源動向を整理する．また，（社）漁業情報サービスセンター（2004）によっておもな漁業生物の資源動向がまとめられているので，これに最近の漁業者からの聞き取りなどによる情報を加えて表2・4・1に示す．

・東京湾への依存度が低い魚種：マイワシ，カタクチイワシ，マサバ

おもに湾外で生活し，個体群の一部が短期間内湾に回遊する．漁獲量は多いが変動が大きい．

・河口干潟域（河川下流域を含む）を生活史の一部で利用している魚種：シラウオ，ウナギ，シロウオ，（イサザアミ類）

いわゆる通し回遊魚であり，淡水域と海水域を往来する生活史をもつ．戦前までは，生活に密着した身近な場所で漁獲できる魚種であったが，シラウオは1970年代から，ウナギは80年代から極めて低水準の資源状態である．シロウオは漁獲統計がないので動向を把握しかねるが，現在まで東京湾の流入河川では稀に発見されるのみであった．イサザアミ類も1960年代にすでに漁獲対象ではなくなっていた．漁業者の聞き取り情報などによると最近になって，江戸川や多摩川周辺の汽水域でシラウオ（東京湾ではシラウオは絶滅したと考えられ，正しくはイシカワシラウオと思われる．本書コラム195ページ参照），シロウオ（スズキ目ハゼ科に分類される食用魚で，透明な体の小魚であるが，シラウオとは別種である），アユ，イサザアミ類，横浜市の2級河川帷子川でウキゴリ，アユ稚魚など，海と川とを行き来する魚類（両側回遊魚）がわずかながら増えてきていることを記してお

表2·4·1 東京内湾におけるおもな漁業資源などの生息域, 産卵場, 資源動向の推定

種類	生息域（成魚）				産卵場					資源動向				資源の動向に関する情報
	河口	干潟	湾奥	湾中〜湾口	河口	干潟	湾奥	湾中〜湾口	湾外	増加	横這	減少	極減	
シラウオ	―	―	―		―							●		△江戸川河口域に分布
ウナギ	―	―	―						―			●		
シロウオ	―	―			―							●		
ハゼ	―	―	―			―						●		
ヤマトシジミ	―				―							●		
ハマグリ		―	―	―		―	―						●	△三枚洲および三番瀬に稚貝が出現
ニホンイサザアミ	―	―										●		○江戸川や多摩川の河口域に分布
アオギス		―	―										●	×絶滅？
アサリ		―	―	―		―	―					●		
バカガイ			―	―			―	―				●		
シバエビ			―	―								●		△湾奥で久しぶりに漁獲
スズキ	―	―	―	―					―	●				
イシガレイ		―	―	―				―				●		
メバル				―				―				●		
コノシロ	―	―	―	―			―	―				●		
ボラ	―	―	―	―					―		●			
マコガレイ			―	―				―				●		
マアナゴ			―	―					―			●		
アイナメ				―				―				●		
シャコ			―	―			―	―				●		
トリガイ			―	―			―	―					●	◎やや回復傾向
アカガイ				―				―					●	△湾中部〜湾口部沖合に発生
タイラギ				―				―					●	○富津地先, 横浜, 横須賀地先に分布
ミルクイ				―				―					●	○富津地先, 横浜, 横須賀地先に分布
マダコ				―				―				●		
コウイカ			―	―			―	―				●		

漁業情報サービスセンター（2004）を一部改変

きたい.

・干潟, 藻場もしくは湾内浅海域を生活史の一部で利用している魚類：マハゼ, アオギス, スズキ, メバル, イシガレイ, コノシロ, ボラ

　生活史初期の段階で浅海域を利用する. とくに, 藻場や干潟がこれらの魚種にとって重要な生育場として機能していることが知られている. アオギスは絶滅したとされ, イシガレイは低い資源水準である. マハゼ, メバルも減少している. スズキの漁獲量は近年増加傾向であるが, 他の魚種の資源減少に伴ってスズキに対する漁獲圧が増加したことや貧酸素水塊の外側縁辺部で漁獲しやすいことなどが把握（石井・加藤, 2005）されたために漁獲量が増加しただけであり, 資源量が増加しているのではない可能性もある.

・湾央部を中心に生息する底魚類など：マコガレイ, マアナゴ, アイナメ,（シャコ, コウイカ, シバエビ）

　マアナゴは, ウナギと同じような浮遊生活期の長い仔魚（葉形仔魚）が外海から来遊し接岸・着底して生活するが, 他の種は東京湾内で生活史が完結する. マアナゴ, シャコ, コウイカなどは現在でも重要な漁獲対象資源である.

　このように, 生活史の中で東京湾への依存度が低い多獲性浮魚を除くと, いずれの魚種も東京湾という内湾環境を利用した生活史を送っていることがわかる. 河口干潟域を利用している

魚種は，資源状態が極度に悪化している．同じく，干潟や藻場もしくは湾内浅海域を生活史の一部で利用している魚種や，湾央部で生活史のほとんどを展開する底魚類もやはり資源状態が悪化しているものの，今でも東京湾の漁船漁業の重要資源である．

以上のことを整理すると，東京湾の漁船漁業は，漁獲物の組成が変化しつつも比較的安定した漁獲量を維持しており，東京湾が内湾性漁業の生産の場として機能していること，ただし河口干潟域を生活史の中で利用する魚種は，やや増加の兆しがみえるものの，資源状態はまだ低水準であることがわかる．無酸素水塊の発生など，1970年代半ばにみられた漁獲量を大きく低減させるような環境の悪化を防ぐことができれば，今後も現状水準の水揚げは可能であろう．

一方貝類については，ハマグリ，ヤマトシジミなどの河口域およびその近傍に生息する種類，および貧酸素水の影響を受けやすい深い場所に生息するアカガイ，トリガイ，タイラギ，ミルクイなど二枚貝類の減少が著しい．ただし，これらの二枚貝類は近年富津市地先や横浜市，横須賀市地先など湾口部や浦安地先，市川・船橋地先で多くはないものの漁獲され，やや回復の兆しがみえているので，今後の動向が注目される．

これらの漁業生物が減少した要因は，汽水域や干潟の減少，富栄養化による貧酸素水の発生に併せて，湾奥部の海域では幼稚仔保育場として重要な藻場（アマモ場）が消失したことも要因と推定される．いずれにせよ，漁業生物の種類数とその資源量が安定した漁業資源といえる領域まで増加するためには，今後も東京湾の富栄養化現象の抑制と干潟や藻場の拡大が望まれる．

東京湾において漁業生物への影響が大きいと考えられる貧酸素水については，青潮による貝類への影響について多くの事例が報告されている（柿野，1992）．一方，沖合域に発生した貧酸素水が直接漁船漁業生物の分布に及ぼす影響についても石井（1992），加藤・池上（2004），児玉ほか（2005）などの報告がみられる．ここでは，加藤・池上（2004）が標本漁家調査によって調べたうち1997年のスズキの月別CPUEの分布（図2・4・7）によって貧酸素水の影響の例を示す．この例では，5月に東京湾北部でやや分布が縮小し，6月，7月には湾央部から北部ではごく沿岸部を除いて貧酸素水の影響によってスズキがいなくなり，操業が行われなくなることがわかる．この貧酸素水については，千葉県水産総合研究センター東京湾漁業研究所で1週間に1回行われる調査に基づいて貧酸素水塊速報としてインターネットで提供されている．貧酸素水の分布とその濃度は年によって異なるが，春から秋季にかけて東京湾央部を中心に発生することはほぼ同様である．また，1週間単位の短期的な分布をみると気象・海象の影響で分布位置や濃度が大きく変動することも示されている．

b．浅海増養殖業の生物

東京内湾の神奈川県川崎大師から東京都，千葉県の沿岸には，かつて広大な干潟が存在し，これらの場所では，ノリ養殖業，アサリ，ハマグリなどの貝類漁業が活発に行われ，ノリの収穫量，採貝量は全国屈指であった（漁業情報サービスセンター，2004）．

ノリ養殖は江戸時代の品川が発祥の地であった．当時から戦後の1950年代まではアサクサノリが養殖され，その後，人工種苗生産技術の普及などとともに汽水性を好むアサクサノリから塩分の広い範囲で養殖が可能なスサビノリに種類が変わった．戦後から現在までにノリ養殖は，人工採苗，冷蔵網，浮流し養殖，多収性品種の普及，乾しのり大型製造機械の普及など，養殖技術が大きく進歩し（図2・4・8），経営体数が大きく減少したにもかかわらず生産枚数は大きな変化がなく，1960年代以降4～6億枚が一貫して維持されている．また東京湾のノリ

2.4 東京湾の利用形態

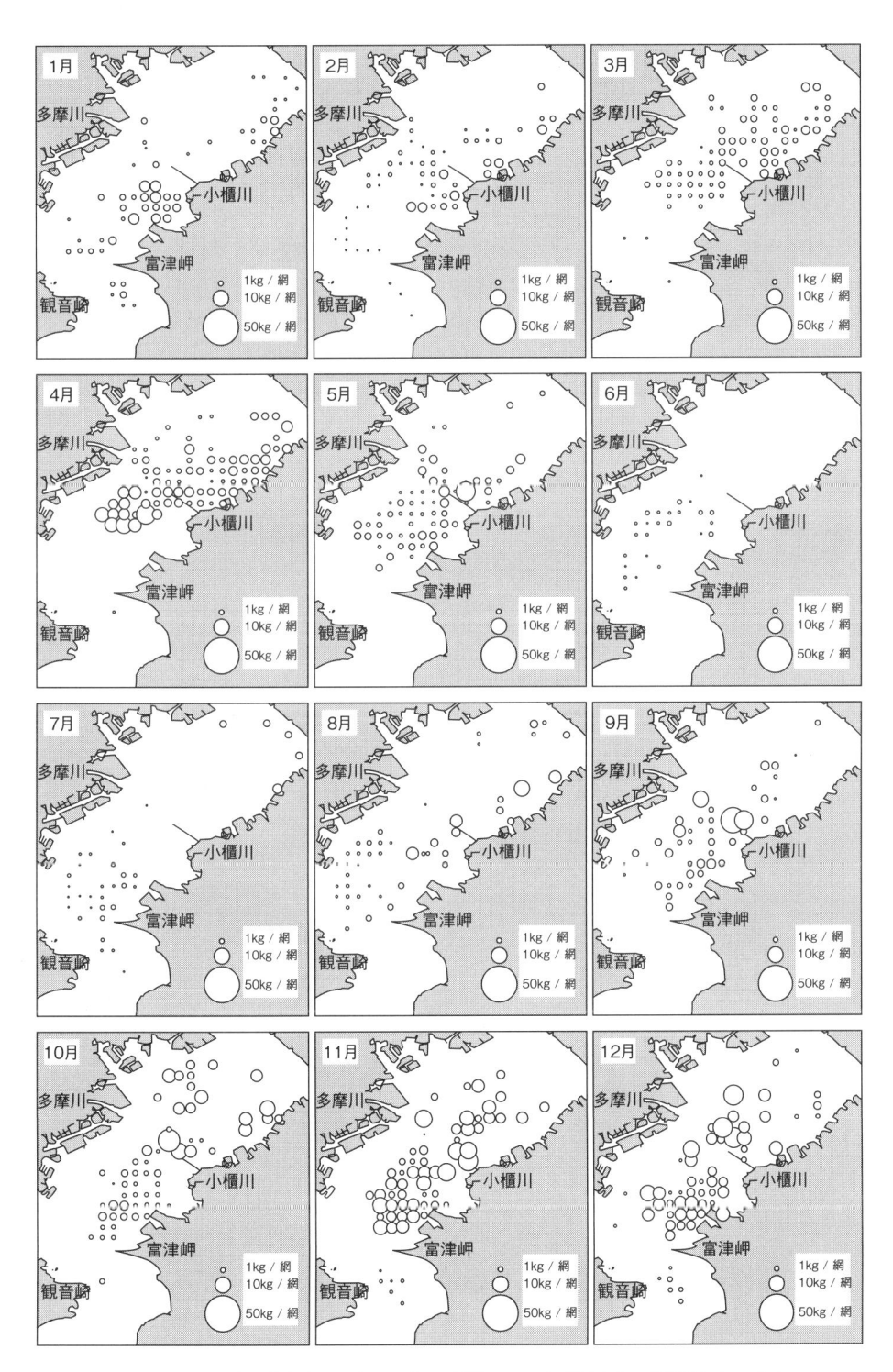

図 2・4・7 1997 年の東京湾におけるスズキの月別 CPUE（1 網当たりの漁獲量 kg）の分布
加藤・池上（2004）より引用.

第2章　海域

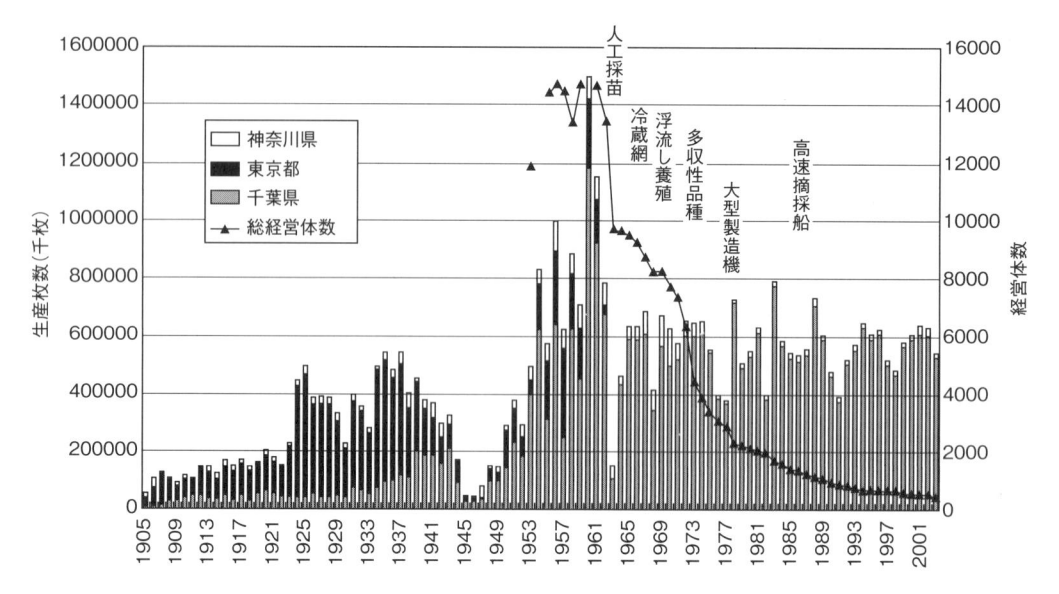

図2・4・8　ノリ生産枚数およびノリ養殖総経営体数の推移
統計値が生重量で表示されている場合は1kg当たり25枚に換算した．

は"味よし，色よし，香りよし"という評価を受け，平均単価は全国一となる年度が多い．

1900年代初頭からのノリの生産枚数の推移（図2・4・8）よりいくつかの特徴がみられる．戦前の東京都（東京府）は全国でも随一のノリ生産地であり，なかでも1920年代中頃に生産枚数が飛躍的に増大した．しかし，東京都前面の海は戦前から京浜運河開削などにより生産枚数が減少し，変わって広大な漁場をもつ千葉県の生産枚数が多くなった．

この京浜運河計画は，1927年に港湾調査会の決議によって認可され，海岸から3km沖合の川崎市東北端から隅田川まで長さ約17km，幅700m，深さ3～9mの運河を掘削し，その土砂で品川湾一帯380万坪を埋め立てるという大きな計画であった．1937年に工事が実施されることが決まり，この事業を引き継いだ東京府と関係各組合との間で1939年に補償契約が成立した．この計画に漁業者が一貫して猛然と反対したので，東京府は当初はこの運河開削を行わず，海岸沿いの埋立をしては売却して府の大きな財源とした．20年近く漁業者が抵抗した後，品川湾の埋立がついに始まり，東京都内

図2・4・9　東京都の最盛期のノリ漁場
「東京都内湾漁業興亡史」（1971）から転載．羽田灯台から北方を望む（原著はサンデー毎日，昭和34年3.29号）

湾では次第に沖合にノリ漁場を求めることとなった（宮下，1970）．

前述のように東京都では1962年の漁業権放棄によりノリの生産は途絶えた．1950年代末当時には，東京都内湾に広大なノリ漁場（図2・4・9）が展開していたが，東京湾漁業の後退が本格的に始まる大きなターニングポイントでもあった．

また，近年は環境面でも秋冬季水温の上昇（石井ほか，2004）による漁期の短縮やリンの減少などいくつかの大きな課題を抱えている．千葉県水産総合研究センター東京湾漁業研究所の約

2.4 東京湾の利用形態

50年間の観測資料では，春季〜夏季の水温上昇はみられないが，秋季〜冬季の水温が約2℃上昇している．そのため，秋季になってノリ養殖の採苗や育苗開始の目安である水温23℃になるのが昭和年代よりも10日前後遅れている．さらに，冬季の東京湾のリンの量が減少（図2・4・10）しているうえに，そのリンが珪藻赤潮の発生によってさらに減少し，ノリの色落ちが発生するなどの問題が生じている．船橋沖表層水のクロロフィルa，DIN（NH_4-N，NO_2-N，NO_3-Nの合計値），PO_4-Pの2005年11月〜06年3月の間における3〜7日間隔で測定された値の変化を図2・4・11に示す．クロロフィルaが増加すると，DINはそれほど減少しな

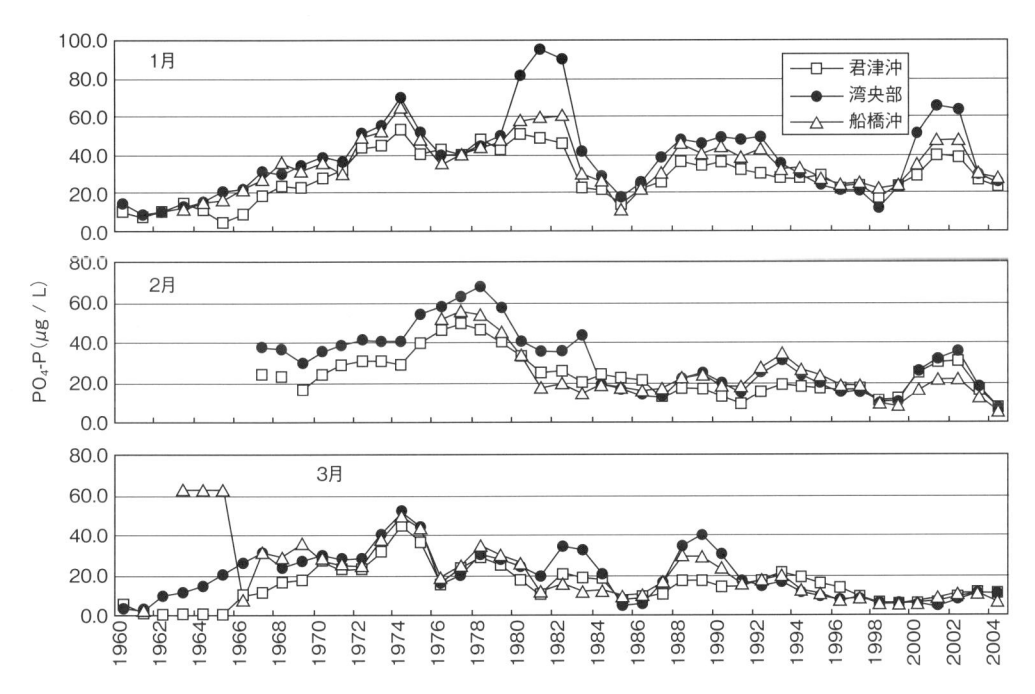

図2・4・10 PO_4-Pの1〜3月の表層水中の変化
　千葉県水産総合研究センター観測資料データベースを用いて36ヵ月移動平均した．各観測点は東京湾を縦断して配置されており，観測点は君津沖，湾央部，船橋沖に位置する．

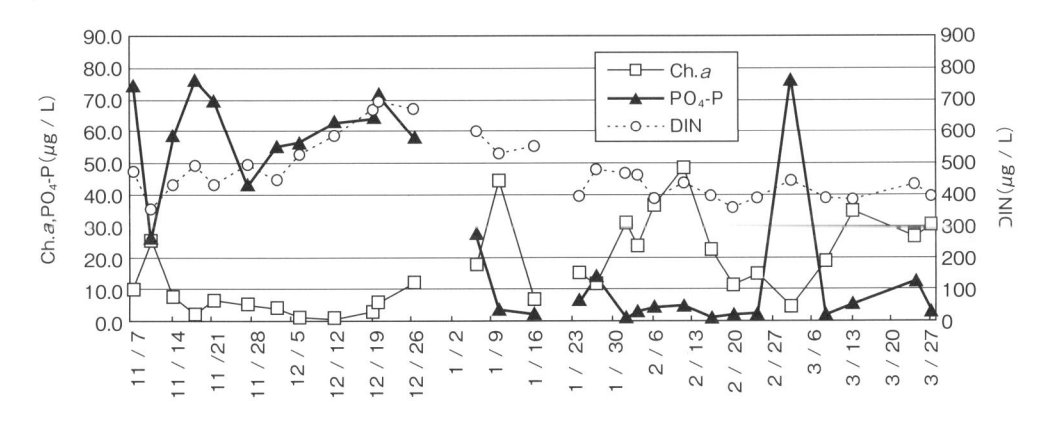

図2・4・11 船橋沖表層水中のクロロフィルa，DINおよびPO_4-Pの変化（2005年11月〜06年3月）

いのに対して，PO$_4$-P は顕著に減少している．

ノリ養殖とともに浅海域を代表する貝類漁業（採貝漁業）についてみると，1950年代半ば頃（昭和30年代）までは，アサリ，ハマグリ，バカガイ，シオフキなど多くの種類が採貝されたが，現在も本格的に採貝されているのはアサリとバカガイのみになっている．ハマグリが最も多く採貝されたのは1930年代から50年代にかけた時期（図2・4・12）であり，東京都と千葉県の合計で最大14,000トン近くの量が採貝された．東京湾では1960年代半ばから70年代にかけて大量斃死（柿野，1992）が何年も継続したので急速に採貝量が減少し，ついには資源そのものが枯渇したと考えられていたが，最近になって湾奥部の浅海域で個体数は多くないもののアサリやバカガイとともに混獲されており，今後の動向が注目される．シオフキはかつて佃煮などに利用され，現在も内湾でアサリやバカガイとともに混獲されるが，商品価値が低いために邪魔もの扱いされるようになった．

アサリは現在も浅海漁業の重要な魚種である．採貝量の推移（図2・4・13）をみると，戦後になって1960年代に多くなり，内湾総計で8万トンを超えることもあった．その後，先に述べた理由で急速に減少した．現在のおもなアサリ漁場は千葉県にあり，"冬季の斃死"と呼ばれる季節的な減耗（柿野，2000）や全国的な資源量の低下によって放流種苗が不足し流通しなくなったことなどの課題を抱えている．

なお，東京湾の漁業は2000年代初めまでの統計資料に基づいてまとめたが，現在（2010年）までの約10年間で漁業種類によっては大きく変化している可能性があることをお断りする．アサリ漁業などの最近の動向については，第7章で著者らの漁業再生に関する意見とあわせて記したので，参照願いたい．

(柿野 純・片山知史・堀 義彦)

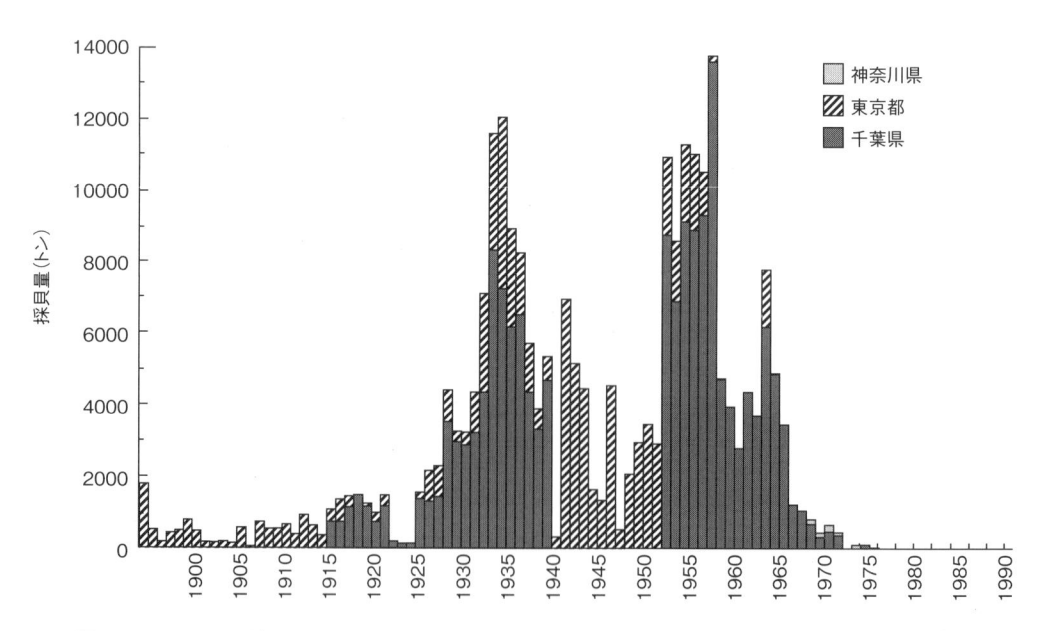

図2・4・12 ハマグリ採貝量の推移
東京都の生産データは1971年まで．千葉県は1894～1914年，1918，1922～24年，1940～51年のデータがない．神奈川県は1960～75年にかけて漁獲が行われ，この年度以外のデータがない．最大157トンの生産量であった．

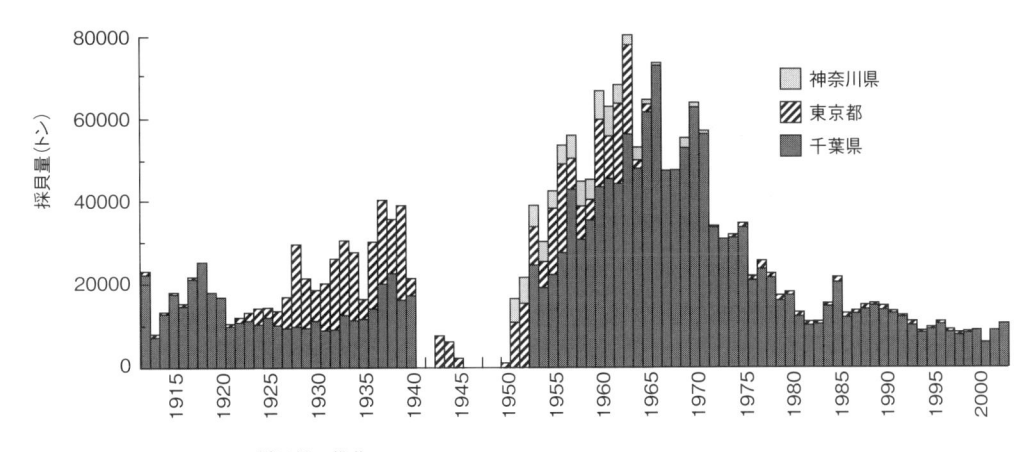

図 2·4·13 アサリ採貝量の推移
東京都は 1918, 1920, 1941, 1942, 1946～49 年のデータがない. 千葉県は 1941～52 年のデータがない. 神奈川県は戦前から 1950 年までのデータがない.

2.4.2 水辺の行楽

江戸開府に近い寛永年間（1624～44）に描かれた「江戸名所図屏風」（出光美術館蔵）には，芝浦沖から品川沖にかけて干出した干潟で潮干狩りをする人々の姿がある．隅田川など多くの河川が湾奥部北西岸に集中している東京湾は，河口に土砂が流れ込むため，浅場や干潟が発達する一方，外洋に直接面していないため急な潮の流れや高波による危険が少ない行楽に適した遠浅な内湾である．こうした性格から，本湾の海岸線は江戸期から市民に様々な行楽の場を提供してきた．なかでも潮干狩りと釣りは，老若男女を問わず楽しむことができ，そのときの獲物がそのまま食卓に季節の彩りを添えるという，実益を兼ねた行楽として人気があった．

松田（2003）によれば，「東都歳事記」に3月3日（新暦4月上旬）は汐干とあり，春の大潮の時期には広大な干潟が姿を現し，沖の干潟に舟で行った．その規模は，「芝浦，高輪，品川沖，佃島沖，深川洲崎，中川の沖，早旦より船に乗じて，はるかの沖に至る」とあり，大潮のときには上総や安房まで歩いて行けそうなほど広大な干潟が出現したと川柳にある．釣り好きであった明治の文豪幸田露伴は「水の東京」(1902)のなかで，隅田川河口域の澪筋など干潟地形を細かく書き残している（松本，2004）.

東京湾の海岸線形状は，港湾施設等建設による埋立によって複雑化し，そのため海岸線は延長していった．明治41（1908）年に農商務省が発行した東京湾漁場図を見ると，当時の海岸線はほとんど自然状態に近い．自然の海岸線延長は180 km とされ（小池，2001），人工護岸化が進んだ1984 年の調べでは680 km であるから（環境庁企画調整局編，1989），およそ4倍延長したことになる（現在は約890 km とされる，2.1）．この中には"いなげの浜（1975年開設）"など人工的に作られた海浜が11ヵ所含まれるが（総延長14 km），実際に東京湾の海岸線で人が自由に立ち入ることのできる水辺は60 km 足らずとされている（小池，2001）．つまり90％が立入禁止区域になる.

近年では視覚的に眺めを楽しむ都市の美しさに重点が置かれがちであるが，昔から東京湾の代表的行楽である潮干狩りや釣りは，水に直接触れて楽しむ体験的な行楽である．人々は潮干狩りや船遊びで，水の上や中に直に身を置き，花火や月見では水辺を舞台としながら，開放感を満喫した．こうしてかつては遊びの感覚を伴って，人間の身体が水と密接に結びついてい

たのである（陣内ほか，1989）．実際，東京湾と人々が共生した江戸時代のような環境は，戦後しばらくは維持されていた．それはその時期を子ども時代で過ごし，お台場で泳いだり，夢の島あたりで潮干狩りをした人々の話から今でもうかがうことができる．行楽ではないが，庶民の信仰でもあり楽しみでもある年中行事には，水と関連する祭りが多くある．佃の住吉祭りは1963年の護岸工事以前は海中渡御を行っていた（陣内ほか，1989）．東京湾の水辺の行楽・水との共生関係が衰退したのは，日本経済の高度成長期以後の埋立による陸と海の分断による．

A. 潮干狩り

潮干狩り場は昭和初期に湾奥千葉県側にいくつか開かれたが，交通の不便な房総南部は木更津止まりであった（表2・4・2）．1950年になると潮干狩り場は東京湾内の至るところに分布するようになったが（33ヵ所），早くも60年になると，埋立開発に対応し，東京から横浜にかけての京浜部で減少し（28ヵ所），80年には14ヵ所になった．潮干狩り場の数は，東京では4から0に，千葉県では21から9に減少した．

現在の東京湾における潮干狩り場は，湾奥では船橋・三番瀬海浜公園や人工海浜の稲毛海岸，幕張海岸があるが，他は湾口部の横浜・野島海岸や富津海岸などと，浦賀水道にある金田海岸をはじめとする千葉県側の海岸，および横須賀市の走水海岸などとなっている．野島海岸以外は，人為的に管理されている場所がほとんどで，有料となっている．2004年度は千葉県三番瀬や，東京お台場海浜公園において，大量のアサリが発生し潮干狩り客で賑わった．

千葉県東葛飾地区（市川市・船橋市・浦安市など11市町村）と君津地区（木更津市・君津市・富津市・袖ヶ浦市）における最近の潮干狩り客の動向を図2・4・14に示す．ここで，君津地区には富津市が含まれるので，厳密には浦賀水道の一部を含むことになるが，1998年以後，

表2・4・2 東京湾における潮干狩り場の消長
東京工業大学渡辺貴介教授作成の図を，陣内ほか（1989）から引用して作表．×：なし，○：あり．

	潮干狩り場	昭和初期	1950年	1960年	1980年
神奈川県	観音崎	×	○	○	○
	走水	×	○	○	○
	馬堀	×	○	○	×
	猿島	×	○	○	○
	野島	×	○	○	○
	乙舳	×	○	○	○
	金沢文庫	×	○	○	×
	川崎大師	×	○	×	×
東京都	羽田	○	○	○	×
	大森	×	○	○	×
	台場	○	○	×	×
	葛西	○	○	×	×
千葉県	浦安	○	○	○	×
	船橋	○	○	○	×
	谷津	○	○	○	×
	鷺沼	×	○	○	×
	幕張	○	○	○	○
	検見川	×	○	○	×
	稲毛	○	○	○	○
	黒砂	○	○	○	×
	登戸	○	○	○	×
	八幡宿	○	○	○	×
	養老川	×	○	○	×
	姉ヶ崎	×	○	○	×
	袖ヶ浦	○	○	○	×
	牛込	×	○	○	○
	金田	×	○	○	○
	久津間	×	○	○	○
	江川	×	○	○	○
	木更津	○	○	○	○
	君津	×	○	○	×
	大堀	×	○	○	○
	富津	×	○	○	○
	合計	12	33	28	14

市町村ごとのデータが分析できる形で公表されていないので，本稿では地区ごとにまとめた．データは千葉県商工労働部観光物産課（1990-98），同観光コンベンション課（1999-2004），同観光課（2005，2006）によるものである．1990～95年の平均潮干狩り客数は49万8千人，2000～05年では58万6千人と微増傾向にあり，潮干狩りは行楽として根強い人気があることがわかる．だいたいどこの潮干狩り場でも，入場

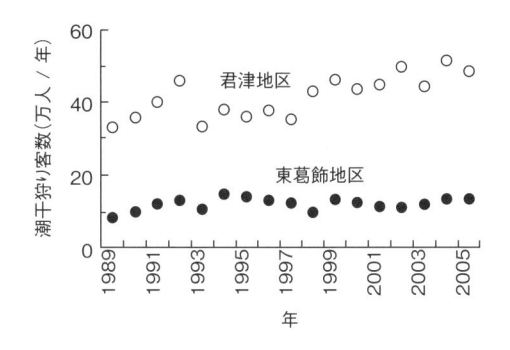

図 2·4·14 千葉県東葛飾地区と君津地区の潮干狩り客数の変遷
東葛飾地区とは市川市・船橋市・浦安市など11市町村を含めた地区, 君津地区とは木更津市・君津市・富津市・袖ヶ浦市を含めた地区.

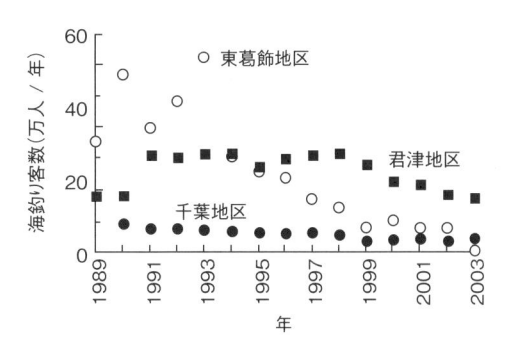

図 2·4·15 船釣り客数の変遷
千葉県3地区における海釣り客数. 千葉地区とは千葉市・習志野市・市原市・八千代市を含めた地区, 東葛飾地区と君津地区は図 2·4·12 に同じ.

者1人当たりの収穫は1〜2kgに制限されているが, 潮干狩り客数に対し1人が1kgの取り上げでも500〜600トンの量であり, 海からの窒素やリンの取り上げという点でも評価できるのではないだろうか.

B. 釣り

棚橋（1999）によれば, 1800年代の釣りのポイントは, 鉄砲洲, 佃島, 中州, 芝浦, 天王洲などの河口に形成された洲と, 仙台堀や三味線堀といった堀割や人工川の2つに大別できる. 当時, 釣り具の強度は弱く今日のような化学繊維の糸やリールもないので, 釣る魚も限られたものであったと予測される. 長辻（2003）を参照すると, 一般庶民によく釣られていた魚は, キス, ハゼ, クロダイで, 他にカレイ, コチ, アジ, イシモチ, アイナメ, メバル, スズキなどだ.

釣りは岸からのデータがなく, 船釣りにしても東京湾すべてをカバーした数値は見あたらなかった. そこでここでは千葉県のデータと東京湾遊漁船業協同組合（2003-05）による集計データから図 2·4·15 を作成した. まず, 千葉県の東葛飾地区と君津地区, そして千葉地区（千葉市・習志野市・市原市・八千代市）の3地区（八千代市は海に面していないが, 統計上一つの地区にまとめられているため千葉地区に含む）を見てみると, 東京湾奥部に位置する東葛飾地区は1989-93年の5年間は年平均48万人であったのが, 1994年から目に見えて減少し, 2003年には0となった. 千葉地区は5万人程度の低い客数で推移し, 全体としては漸減傾向が見て取れる. それに対し, 東京湾湾口の君津地区では, 年間25万人程度で, 安定して推移している.

東京湾における海釣り客数の低下は, もう一つのデータ, 東京湾遊漁船業協同組合の1977年からの集計にも現れている（図 2·4·16 上）. 東京地区における船釣り客数は, 1985年には年間16万人を超えたが, 近年では減少傾向にあり, 2000年以後の5年間の平均では年間5万4千人弱となっている. 魚種別ではかなり年による変動があるが, 例えば2004年で見てみると, 客数2,000人以上の人気のある釣り魚種は, アジ・サバ, シロギス, タチウオ, カワハギ, クロダイ, マダコ, ハゼ, アナゴ, メバルとなっており, その他を入れるとかなりの魚種が江戸時代と似た構成になっている（図 2·4·17）.

総釣り客数は, 1991年頃に急激に減少している. これは同じ時期に後述する屋形船の利用客数が上昇していることから, 釣りの不振が原因というよりも, 組合員の労働に対する比重が屋形船に分散したためかもしれない. ただし,

第 2 章　海域

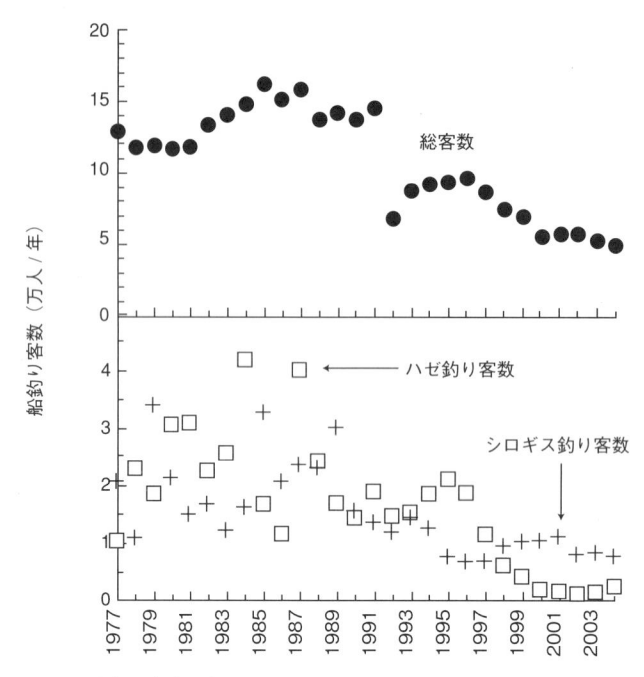

図 2・4・16　船釣り客数の変遷
東京湾における船利用客数（上）と代表的な釣果物ごとの客数（下）．

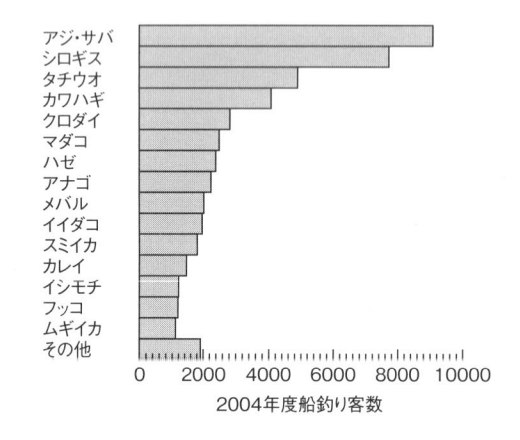

図 2・4・17　東京都遊漁船業協同組合 2004 年度魚種別船釣り客数

魚種による釣り客数の変遷を，東京湾で従来から人気のある釣り物のシロギス，ハゼに関してみてみると（図 2・4・16 下），1990 年代に入って，どちらも釣り客数が低迷している．とくにハゼの落ち込みが大きい．ハゼに関して組合では，1982 年以降しばしば，越流水による汚濁で下水処理場付近のハゼ個体群が打撃を受けていると分析しているが，96 年以後の不漁に関してはとくに言及していない．釣り対象魚種の釣果不振による客数の減少なのか，あるいは釣り人口自体が減少したのかはわからない．

ところで，東京湾から 1960 年中頃に消えた風物としてアオギスの脚立釣りがある．アオギス（蒼ギス，青ギス）は河ギスともいい，川の水の影響を受けやすい水域に分布し，湾では隅田川，中川（当時の中川は現在の荒川の位置で湾に注いでいた），釜辺（釜は中川河口より東にあった洲，現在埋立地となりその上に東京ディズニーランドがある）はアオギスであり，鉄砲洲から芝品川はシロギスが多かったようである（長辻，2003）．幸田露伴は「鼠頭魚（ソトギョ，キスのこと）釣り」の中で，アオギスは神経過敏な魚で物音や物陰の動きを嫌うため脚立釣りで釣るが，シロギスは舟の上からにぎやかに釣ってもよいとしている（松本，2004）．清流の流入と広大な干潟に依存していたであろうアオギスは，開発に敏感に反応し，東京湾の

生態系から淘汰されていったのであろう．なお，千葉県の稲毛人工海浜の造成に伴い行われた1976年夏季の曳網調査でアオギスが採集されている（菅原，1977）．おそらく東京湾におけるアオギスの採集記録はこれが最後であろう．人工海浜のアセスメント調査がアオギスの最期を看取る形になったのは皮肉である．

C. 海水浴

レジャーとしての海水浴の歴史は浅い．最初の海水浴場は，1886年相模湾の中央に位置する大磯海岸といわれ，その後湘南（鎌倉，江ノ島，鵠沼）や逗子，そして東京湾岸の鶴見，羽田，大森，大井，芝浦等が開発されたが，埋立が進むにしたがって，東京・横浜の近隣からその周辺部に分布が変わった（陣内ほか，1989）．表2・4・3には海水浴場の変遷を示す．潮干狩り場と同様，昭和初期には鉄道等が未発達なため，東京湾内の海水浴場は23ヵ所に留まり，千葉側では最遠でも木更津どまりであった．1950，1960年の海水浴場は総数としては27と24でそれほど変化はない．しかし，1980年になると9ヵ所となった．東京都では海水浴場の減少が最も早い時期から見られ，1950年にすでに1ヵ所となり60年にはなくなってしまった．1960年から80年までの間の海水浴場総数の減少は，東京から神奈川・千葉に拡大していった埋立を反映するものであろう．神奈川県は1960年までは10ヵ所あったが，80年には5ヵ所に，千葉県も14ヵ所が4ヵ所に減った．

現在のおもな海水浴場は，千葉県では人工海浜幕張の浜，稲毛海浜公園がある．横浜には金沢・海の公園のほか，猿島，走水伊勢町，観音崎がある．東京都には，お台場海浜公園や葛西海浜公園があるが，いずれも遊泳禁止となっている．一方，千葉県内房では，富津より外の浦賀水道に，新舞子，上総湊，岩井，豊岡，多田良北浜，北条，沖ノ島，波左間の9ヵ所の海水浴場があり，海水浴場水質判定基準において適の状況にある．2008年の海水浴シーズンに向

表2・4・3 東京湾における海水浴場の消長
東京工業大学渡辺貴介教授作成の図を，陣内ほか（1989）から引用して作表．×：なし，○：あり．

	海水浴場	昭和初期	1950年	1960年	1980年
神奈川県	観音崎	×	○	○	○
	走水	×	○	○	○
	馬堀	○	○	○	×
	大津	○	×	×	×
	猿島	×	○	○	○
	野島	×	○	○	×
	海の公園	×	×	×	○
	乙舳	○	×	×	×
	金沢文庫	×	○	○	×
	富岡	○	○	○	×
	杉田	○	○	○	×
	磯子	○	○	×	×
	根岸	○	○	○	×
	本牧	○	×	×	×
	三渓園	×	○	×	×
	鶴見	○	×	×	×
東京都	羽田	○	×	×	×
	森ヶ崎	○	×	×	×
	大森	○	×	×	×
	台場	○	×	×	×
	月島	○	×	×	×
	葛西	○	○	×	×
千葉県	浦安	○	○	○	×
	船橋	○	○	○	×
	谷津	○	○	○	×
	鷺沼	×	○	○	×
	幕張	○	○	○	○
	検見川	×	○	○	×
	稲毛	○	○	○	×
	黒砂	○	○	○	×
	登戸	○	○	○	×
	八幡宿	○	×	○	×
	袖ヶ浦	×	○	○	×
	木更津	○	○	○	×
	君津	×	○	○	×
	大堀	×	○	○	×
	富津	×	○	○	○
	合計	23	27	24	9

けて，神奈川県下の海水浴場29ヵ所で毎年行われる水質調査があった．東京湾内では横浜・海の公園で昨年通り「可」とされたものの，Cの判定で水質が昨年よりも低下していた（2008年6月11日，朝日新聞）．東京湾北西岸から神奈川県沿いに東京湾の高汚濁水が流出するた

第 2 章　海域

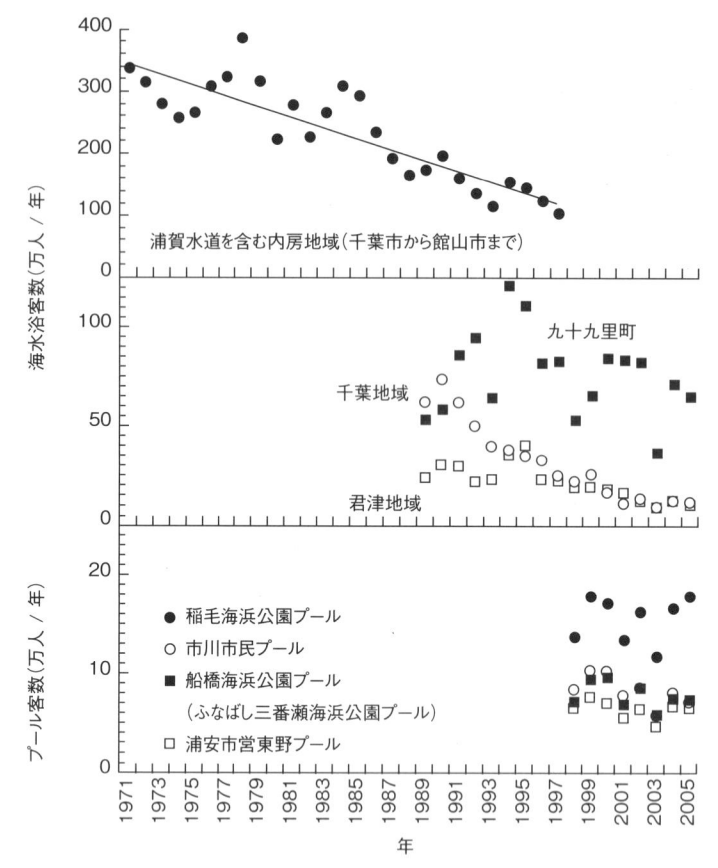

図 2·4·18　千葉県内房地区，地域別の海水浴客数および最近のプール利用客数の変遷
　　　　内房地区のデータは 1998 年以後公表されていない．九十九里浜は，銚子市から一宮町までを指すが，ここでは集計値が継続的に公表され入手可能な九十九里町のデータを採用した．プールは東京湾沿岸にある千葉県のプールを選定した．

め，横浜沿岸が水質的によい状態になるには，まず，湾奥の水がきれいになることが第一である．

　東京湾内の海水浴客に関しては，海水浴場が千葉県に主として分布しているので，ここでは千葉県の数値を見ていく（図 2·4·18）．1998 年以後のデータが公表されていないが，少なくとも 1971 年以後，内房地域全体の海水浴客数は直線的に減少している．1970 年代初頭には 300 万人程度であったのが 1990 年代終わりには 100 万人台と，約 3 分の 1 に減少した．これに対し外房地域の九十九里町は，変動しながらも 75 万人程度で推移しており，目立った減少傾向は見られない．東京湾湾口の君津地区もやはり漸減傾向にあるが，東京湾奥部の千葉地域の減少は顕著である．1990 年前後は 65 万人前後の人出があったが，現在では 11 万人へと落ち込んでいる．2003 年の来客数の減少は，この年が冷夏だったためである．千葉地域には人工海浜幕張の浜と稲毛海浜公園があり，海水浴客数の減少はこれらの海浜の人気が低迷していることを物語っている．

　一方，東京湾沿岸のプールは，データは少ないがこの 8 年間，いずれのプールも安定した客数を集めている．とくに稲毛海浜公園プールは，2000 年以後稲毛海浜公園を含む千葉地域の海水浴客の約 1.2〜1.6 倍を集客している．人々の志向が変わり海水浴自体の人気がなくなって

きたのか，あるいは他県や外国の海に出かけるようになったのか理由は不明だ．しかし，近年，子どもの遊び場として屋外の公園を怖いとか汚いといった理由で，遊び場を室内に求める親が都市圏で増えている（2006.5.18朝日新聞）．東京湾湾奥の水質への嫌悪感・不信感が海水浴離れを呼び，それがプール人気と連動しているとしたら，これは環境教育にかかわることであり，注意してみていく必要がありそうである．

D. 屋形船

江戸の庶民が浅草川（隅田川）に舟を浮かべて納涼を楽しむようになったのは，慶安年間（1648〜52）頃とされ，「慶安の頃，夏暑気強き節，舟にて涼み，あるいは屋根船を拵え出る．浅草川の乗廻してすすむ．これ舟遊山の始まりなり」という記録がある（樋口，2000）．小野（2002）によれば，両国の川開きは川の納涼の開始の祝いであり，花火を打ち上げて景気をつけるのが恒例であった．この行事は1660年頃に始まり，1727年に大花火，仕掛け花火を打ち上げるようになった．その様子は「（陰暦）5月28日は川開きとて，日暮れより花火の打ち揚げありて，江戸中の涼み船皆すべて大川（浅草より下流の隅田川の名称）へ漕ぎより，さしも広き大川も船もて埋め，東の岸より西の川岸へ船から船を歩して行かれし程なり」と「江戸風俗往来」には記されている．当時，遊びで船を仕立てる，現在の屋形船のような行楽が市民に広く浸透していたようだ．

今日，屋形船は，東京都域で盛んである．河口域を中心に春のお花見や花火には多くの客が船遊びを楽しんでおり，お台場はその景観から一時停泊場所として多く活用されている．古くからの数値はわからないものの，東京都遊漁船業協同組合の資料から，月別・魚種別船釣り客数の記述に，昭和61年度の明るい話題として「昭和59年に発生したタンカー同士の海難事故による損害賠償責任の和解が成立したことと新たに進出した分野の屋形船事業が予想外の好成

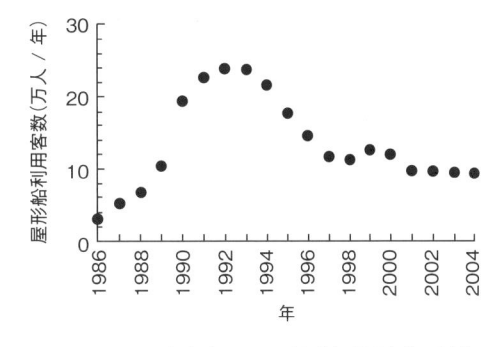

図2・4・19　東京湾における屋形船利用客数の遷移

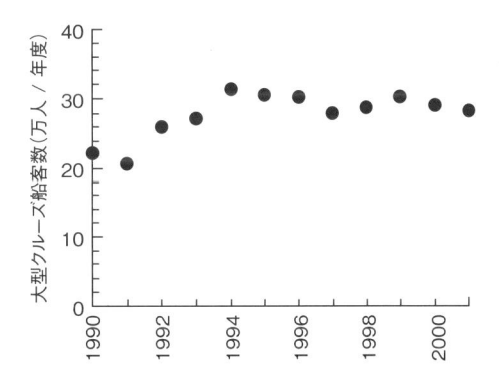

図2・4・20　1990年から2001年における大型客船によるクルージング客数の変遷

績をあげた」との記述がある．このことから，東京都海域を中心に1986年頃から屋形船の利用が盛んになってきたのであろうと予想される．屋形船利用客数は一時より減少したが（図2・4・19），2000年以後，年間10万人弱の利用がある．近年の景気の回復により，今後の動向が注目される．

E. クルージングなど

近年ブームとなっている大きい客船によるクルージングは，東京湾では比較的新しい行楽といえよう．東京都環境局環境評価部（2002）から1990年以後に関して見てみると（図2・4・20），1994年に31万人を超えた後は，29万人程度で安定して推移している．今後の景気の回復は，客船によるクルージング人口を押し上げるかもしれない．東京都港湾局（2003）を見ると，東京港には，視察船新東京丸を利用して約

第 2 章　海域

プレジャーモーターボート	44.1
特殊小型船舶	23.1
その他	21.2
遊漁船	4.1
小型兼用船	4.0
プレジャーヨット	3.1
漁船	0.4

2004年度東京都在船数

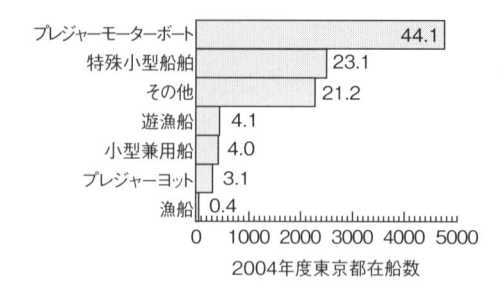

図 2・4・21　東京都における 2004 年度の小型在籍船数

8,000 人が，また社会科見学船に約 11,000 人の小学生が訪れた．千葉県や神奈川県でも多くの視察者が訪れている．

　その他にヨットやモーターボートなどを操船する楽しみがある．小型の船舶に関しては細かなデータが見あたらなかったため，都道府県のうち東京都に着目する．千葉県と神奈川県は東京湾外に面した基地等があり，それらの総計値を入れると東京湾以外の登録船舶数が含まれてしまうためである．日本小型船舶検査機構の 2004 年度の資料から，東京都における小型在籍船数は（図 2・4・21），1 万 1 千隻弱である．全国平均がほぼ 1 万隻なので，平均的な数値となっている．最も多いのがプレジャーモーターボートであり，次いで水上オートバイなどの特殊小型船舶，その他は客船・交通線・作業船などであり，数の上ではレジャー用のモーターボートと水上オートバイ等で，約 7 割を占めている．近年では，会員制のレンタルボートが注目を浴びている．東京都は 2004 年から「運河ルネッサンス計画」を発表し，公有水面の占有を禁じた都条例を緩和した．そのため民間業者が運河沿いに店や桟橋を設置する例も現れてきた．都内の運河は総延長 60 km とされ，これを観光資源として活用する開発行為を支援する形になっている．

　お台場海浜公園では開設当時，ウインドサーフィンを楽しむ姿が見られたが，近年は海面を囲むように大型の建築構造物ができてしまい，風の道が阻まれ，その姿が少なくなってしまった．今は砂場でのビーチバレーが盛んである．1960 年代，何もない場所が遊び場として機能していた．何もない原っぱや資材置き場が，子どもたちの格好の遊び場だった．あるときは野球場にあるときはドッジボール場に変幻に，想像で形を変える空間に子どもたちは集まった．それと同じように，誰の概念にも当てはめられない自由な空間は，もはや東京湾の水辺にはないのだろうか．

　浮世絵近世風景画の葛飾北斎・歌川広重・歌川國芳といった絵師が描いた江戸庶民の生活と密着した海辺の行楽空間は，そのほとんどが埋立によって陸化され，往時を偲ぶことはできない（仁科，1993）．冒頭で述べたように，東京湾岸の行楽は，海岸線に発達し，安全に遊べる浅場があってこそ成り立ったのである．

　江戸から昭和初期にかけての臨海部の高台と水辺には，開放感のある景色や空間そのものを楽しむ，潮干狩り・釣り・月見・雪見・汐見・船遊びに興じる人々の姿があり，空間自体集客効果があることから，茶店や貸座敷などができ歓楽街となったり，漁師や海とつながりのある商売人が水辺に神社や稲荷を建立したりすることで，自然と四季のイベントが人を呼んだ．

　人間のいとなみやその場の景観，そして風土のなかで熟成されてきた行楽や季節のイベントは，人々の協働作業によって形作られてきた伝統や文化である．こうした行楽や季節のイベントは，日本人の心の楽しみである．昔の遊水空間だった場所が，埋立の進行とともに内陸に取り残され，水から離れていくことで，集客もままならず，華やいでいた旧海岸線の街は衰退していった．そして，それらの街の先にできた埋立地は人の立ち入れない場所があまりにも多く，埋立地が市民と海を切り離すゾーンになり，市民の目は自然と東京湾から離れていく結果となった．また，近年では，行き過ぎた規制緩和による容積率の大幅な増加や空間利用の効率化により，水辺に高層マンションや職住複合型の

超高層ビルが建ち並び，岸側後背地からの景観を遮る無秩序な開発が進んでいる．経済を優先させ，埋立自体に法的規制をかけなかったことや都市計画が確立しなかったことは，埋立地の罪をより大きなものにしている．その結果，東京湾が見えなくなり，東京湾を知らない人々が東京湾の水域環境を顧みないという悪循環を生んでいる．

江戸・東京という都市の風土を，幸田露伴は「河に帯びして海を枕せる都」と著したそうである（松本，2004）．東京湾本来の姿を取り戻すために，行楽振興は，人々の目を東京湾に向けさせる役割を果たすであろう．また，身近な行楽地は，遠出によるエネルギー消費を減らし，遊びの選択肢を拡げ，豊かな生活にも寄与すると期待される．さらに，東京湾で漁獲される魚介類への期待が，食への安全を呼び起こし，より環境に配慮する生活習慣が広まるかもしれない．東京湾岸で水にさわれるように水際を解放し，湾岸の行楽を復活させることは，東京湾の再生につながる．　　　　（野村英明・風間真理）

参考文献

Aikawa, H. (1936): On the diatom communities in the waters surrounding Japan. *Records of Oceanographic Works in Japan*, 8: 1-159.

相生啓子（2004）：アマモ場研究の変遷，現状とこれから．海洋と生物，26（1）：35-42.

穴久保 隆・村野正昭（1991）：東京湾における動物プランクトンの季節変化．東京水産大学研究報告，78：145-165.

安藤晴夫・山崎正夫（2001）：東京湾における栄養塩類の鉛直濃度分布の特徴．全国環境研会誌，26：14-19.

安藤晴夫・柏木宣久・二宮勝幸・小倉久子（1999）：東京都内湾の水質の長期変動傾向について．東京都環境科学研究所年報 1999, 60-67.

安藤晴夫・柏木宣久・二宮勝幸・小倉久子・川井利雄（2005）：1980年以降の東京湾の水質汚濁状況の変遷について－公共用水域水質測定データによる東京湾水質の長期変動解析－．東京都環境科学研究所年報 2005：141-150.

青木邦昭（1965）：東京湾の底質（COD, 硫化物, 強熱減量の分布）について．千葉県内湾水質試験場試験調査報告書，7：60-68.

青野良平（1987）：江戸前の貝．みたまき，21：34-35.

荒川好満（1980）：日本近海における海産付着動物の移入について．付着生物研究，2：29-37.

有賀祐勝（1997）：東京湾のプランクトン．海洋と生物，109：103-108.

Asakura, A. and S. Watanabe (2005): *Hemigrapsus takanoi*, new species, a sibling species of the common Japanese intertidal crab *H. penicillatus* (Decapoda: Brachyura: Grapsoidea). *Journal of Crustacean Biology*, 25: 279-292.

朝倉 彰（1992）：東京湾の帰化動物―都市生態系における侵入の過程と定着成功の要因に関する考察．千葉県立中央博物館自然誌研究報告，2：1-14.

朝倉 彰（2006）：日本の海岸でふつうに見られるあるカニが実は2種だった－ケフサイソガニとタカノケフサイソガニ（新称）．タクサ，21：33-39.

Banerjee, A. D. K. (2003): Heavy metal levels and solid phase speciation in street dusts of Delh, India. *Environmental Pollution*, 123: 95-105.

Bradford, J. M. (1976): Partial revision of the *Acartia* subgenus *Acartiura* (Copepoda: Calanoida: Acartiidae). *N. Z. Journal of Marine and Freshwater Research*, 10: 159-202.

Brandini, F. P. and Y. Aruga (1983): Phytoplankton biomass and photosynthesis in relation to the environmental conditions in Tokyo Bay, Japan. *Journal of Phycology*, 31: 129-147.

Charlesworth, S., M. Everett, R. McCarthy, A. Ordóñez and E. de Miguel (2003): A comparative study of heavy metal concentration and distribution in deposited street dusts in a large and a small urban area: Birmingham and Coventry, West Midlands, UK. *Environment International*, 29: 563-573.

陳 融斌・渡邊精一・横田賢史（2003）：日本における外来種チチュウカイミドリガニ *Carcinus aestuarii* の分布拡大．*Cancer*, 12: 11-13.

千葉県商工労働部観光物産課（1990-1998）：平成元年から平成9年までの観光統計概要．

千葉県商工労働部観光コンベンション課（1999-2004）：平成10年から平成15年までの観光入込調査概要．

千葉県商工労働部観光課（2005, 2006）：平成16, 17年の観光入込調査概要．

Cuesta, J. A., E. González-Ortegón, P. Drake and A. Rodríguez (2004): First record of *Palaemon macrodactylus* Rathbun, 1902 (Decapoda, Caridea, Palaemonidae) from European waters. *Crustaceana*, 77: 377-380.

Darling, J. A., M. J. Bagley, J. Roman, C. K. Teplot and J. B. Geller (2008): Genetic patterns across multiple introductions of the globally invasive crab genus *Carcinus*. *Molecular Ecology*, 17: 4992-5007.

Doi, W., Than Than Lwin, M. Yokota, C. A. Strüssmann and S. Watanabe (2007): Maturity and reproduction of goneplacid crab *Carcinoplax vestita* (Decapoda, Brachyura) in Tokyo Bay. *Fisheries Science*, 73: 331-340.

土井 航・渡邊精一・清水詢道（2004）：東京湾生物相モニタリング調査に出現したカニ類の多様性と分布．神奈川県水産総合研究所研究報告，9：13-18.

Doi, W., M. Yokota, C. A. Strüssmann, and S. Watanabe (2008): Growth and reproduction of the portunid crab

Charybdis bimaculata (Decapoda: Brachyura) in Tokyo Bay. *Journal of Crustacean Biology*, 28: 641-651.

江角比出郎 (1979)：東京湾の水質 (1972～76). 沿岸海洋研究ノート, 16: 101-105.

藤谷 超 (1952)：東京湾に於ける珪藻の年変化に就て. 内海区水研研報, 2: 27-33.

藤原建紀・福井真吾・杉山陽一 (1996)：伊勢湾の成層とエスチュアリー循環の季節変動. 海の研究, 5: 235-244.

Fukuoka, K. and M. Murano (2005): A revision of East Asian *Acanthomysis* (Crustacea: Mysida: Mysidae) and redefinition of *Orientomysis*, with description of a new species. *Journal of Natural History*, 39: 657-708.

船越真樹・中本信忠・宝月欣二 (1974)：東京湾の基礎生産と赤潮の役割.『文部省特定研究「人間生存と自然環境」研究業績報告』, 宝月欣二 (編), 115-128.

風呂田利夫 (1980)：温帯内湾域における植物プランクトン現存量の季節変動. 日本プランクトン学会報, 27: 63-73.

風呂田利夫 (1983)：東京湾千葉県内湾域の底生・付着動物の生息状況, とくに群集の衰退が酸欠の指標となり得る可能性についての検討. 「千葉県臨海開発地域等に係る動植物影響調査X」, 千葉県環境部, 112-132.

風呂田利夫 (1985)：東京湾の底生動物-分布からみた汚濁海域での個体群維持機構に関する考察. 海洋と生物, 40: 346-352.

風呂田利夫 (1986)：東京湾千葉県内部の底生・付着生物の生息状況, とくに群集の衰退が海底の酸欠の指標となり得る可能性についての検討VI. 酸欠期の付着生物相と水柱環境指標生物.「千葉県臨海開発地域等に係る動植物影響調査 XIII」, 千葉県環境部, 370-377.

風呂田利夫 (1987)：東京湾における青潮の発生. 水質汚濁研究, 10: 14-18.

Furota, T. (1996a): Life cycle studies on the introduced spider crab *Pyromaia tuberculata* (Lockington) (Brachyura: Majidae). I. Egg and larval stages. *Journal of Crustacean Biology*, 16: 71-76.

Furota, T. (1996b): Life cycle studies on the introduced spider crab *Pyromaia tuberculata* (Lockington) (Brachyura: Majidae). II. Crab stage and reproduction. *Journal of Crustacean Biology*, 16: 77-91.

風呂田利夫 (1997a)：護岸の生物.「東京湾の生物誌」, 沼田 眞・風呂田利夫 (編), 築地書館, 76-86.

風呂田利夫 (1997b)：帰化動物.「東京湾の生物誌」, 沼田 眞・風呂田利夫 (編), 築地書館, 194-201.

風呂田利夫 (2000a)：東京湾の生態系と環境の現状.「東京湾の生物誌」, 沼田 眞・風呂田利夫 (編), 築地書館, 2-23.

風呂田利夫 (2000b)：海岸の生物.「千葉県の自然誌」本編8, 変わりゆく千葉県の自然, 県史シリーズ46, 千葉県資料研究財団 (編), 千葉県, 627-641.

風呂田利夫 (2000c)：内湾の貝類, 絶滅と保全, 東京湾ウミニナ類の衰退からの考察. 月刊海洋号外, 20: 74-82.

風呂田利夫 (2001)：東京湾における人為的影響による底生動物の変化. 月刊海洋, 33: 437-444.

風呂田利夫 (2007)：東京湾における外来種の生息状況. 海洋と生物, 170: 231-235.

風呂田利夫・古瀬浩史 (1988)：移入種イッカククモガニ *Pyromaia tuberculata* の日本沿岸における分布. 日本ベントス研究会誌, 33/34: 75-78.

風呂田利夫・木下今日子 (2004)：東京湾における移入種イッカククモガニとチチュウカイミドリガニの生活史と有機汚濁による季節的貧酸素環境での適応性. 日本ベントス学会誌, 59: 96-104.

風呂田利夫・大越和加 (1997)：底生動物.「東京湾の生物誌」, 沼田 眞・風呂田利夫 (編), 築地書館, 45-114.

Furota, T., S. Watanabe, T. Watanabe, S. Akiyama and K. Kinoshita (1999): Life history of the Mediterranean green crab, *Carcinus aestuarii* Nardo, in Tokyo Bay, Japan. *Crustacean Research*, 28: 5-15.

古瀬浩史・風呂田利夫 (1984)：東京湾隅田川河口のイガイダマシ. 付着生物研究, 5: 55.

古瀬浩史・風呂田利夫 (1985)：東京湾奥部における潮間帯付着動物の分布生態. 付着生物研究, 5: 1-6.

古瀬浩史・長谷川和範 (1984)：イガイダマシ東京湾に産す. ちりぼたん, 15: 18.

Garcia-Miragaya, J., S. Castro and J. Paolini (1981): Lead and zinc levels and chemical fractionation in road-side soils of Caracas, Venezuela. *Water, Air, and Soil Pollution*, 15: 285-297.

(社) 漁業情報サービスセンター (2004)：「東京湾の漁業と資源 その今と昔」. (社) 漁業情報サービスセンター, 273pp.

浜田尚雄 (1985)：我が国におけるイカナゴの生態と漁業資源. 水産研究叢書36, (社) 日本資源保護協会, 85pp.

Hamano, T. and S. Matsuura (1987): Egg size, duration of incubation, and larval development of the Japanese mantis shrimp in the laboratory. *Nippon Suisan Gakkaishi*, 53: 23-39.

Han, M. -S. (1988): Studies on the population dynamics and photosynthesis of phytoplankton in Tokyo Bay. Ph D Thesis, Univ. Tokyo, 172pp.

Han, M. -S., K. Furuya and T. Nemoto (1992): Species-specific productivity of *Skeletonema costatum* (Bacillariophyceae) in the inner part of Tokyo Bay. *Marine Ecology-Progress Series*, 79: 267-273.

原 武史・塩谷照雄・丸山武紀・岩沢俊一・豊崎悦久 (1963)：東京湾産シャコについて. 東京水試研究要報, 38: 1-22.

橋本俊也・柳 哲雄・武岡英隆・高田秀重 (1998)：東京湾のPCB分布・堆積モデル. 沿岸海洋研究, 36: 77-82.

蓮沼啓一 (1979)：東京湾における流動の特徴. 沿岸海洋研究ノート, 16: 67-75.

服部明彦 (1983)：東京湾の海洋環境-海水循環と環境要因の概観-. 地球化学, 17: 16-26.

服部明彦・大津正恵・小池勲夫 (1983)：東京湾における窒素の分布, 代謝と収支. 地球化学, 17: 33-41.

Henry, D. P. and P. A. Mclaughlin (1975): The barnacles of the *Balanus amphitrite* complex (Cirripedia, Thoracica). *Zoologische Verhandelingen*, 141, 1-254.

樋口忠彦 (2000)：「郊外の風景-江戸から東京へ」. 教育出版, 190pp.

日向博文・灘岡和夫・田淵広嗣・吉岡 健・古川恵太・八木 宏 (1999)：東京湾における成層期流況の動的変動過程について. 海工論文集, 46: 451-455.

日向博文・灘岡和夫・八木 宏・田淵広嗣・吉岡 健 (2001)：黒潮流路変動に伴う高温沿岸水波及時における成層期東

京湾内の流動構造と熱・物質輸送特性. 土木学会論文集, **684**, 93-111.

平坂恭介 (1915): 東京湾のクラゲ. 動物学雑誌, **27**: 164.

Hirota, R. (1979): Seasonal occurrence of zooplankton at a definite station off Mukaisima from July of 1976 to June of 1977. *Publications from the Amakusa Marine Biological Laboratory, Kyushu University*, **5**: 9-17.

広田祐二・池田正人・瀬戸熊卓見・望月賢二 (1999): 中国原産スズキ科魚類の一種タイリクスズキ *Lateolabrax* sp. の関東沿岸における初記録. 千葉県中央博自然誌研究報告, **5** (2): 103-108.

樋渡武彦・木幡邦男 (2005): 東京湾に移入した外来大型二枚貝ホンビノスガイガイについて. 水環境学会誌, **28**: 624-617.

Hogetsu, K., M. Sakamoto and H. Sumikawa (1959): On the high photosynthetic activity of *Skeletonema costatum* under the strong light intensity. *Botanical Magazine Tokyo*, **72**: 421-422.

本多 正樹・今村 正裕・松梨 史郎・川崎 保夫 (2004): アマモ現存量・生産力推定法の開発と油壺湾アマモ場への適用. 電力中央研究所報告: U03062.

堀江俊次 (1988): 近世江戸内海におけるいか網漁をめぐる争論 - いか餌付の藻 = 人工漁礁に関連して -. 大田区史研究史誌, **31**: 80-95.

堀越彩香・岡本 研 (2005): アミメフジツボ, 東京湾で初確認. *Sessile Organisms*, **22**: 47-50

堀越彩香・岡本 研 (2007a): 東京湾海岸部における潮間帯付着生物群集の現状. *Sessile Organisms*, **24**: 9-19.

堀越彩香・岡本 研 (2007b): 東京湾における灯浮標上の付着生物群集の現状. *Sessile Organisms*, **24**: 21-32.

細川真也・三好英一・内村真之・中村由行 (2006): メソコスム水槽におけるアマモ地上部の現存量と生長・脱落速度の季節変動. 港湾空港技術研究所報告, **45** (3): 25-45.

細川泰史・三好英一 (1981): 底質COD測定法の検討. 港湾技研資料, **368**: 1-28.

Ichimura, S. (1967): Environmental gradient and its relation to primary productivity in Tokyo Bay. *Records of Oceanographic Works in Japan*, **9**: 115-128.

市村俊英・小林 弘 (1964): 東京湾の基礎生産に関する調査報告. 日本プランクトン研究連絡会報, **11**: 6-8.

Imajima, M. (1976): Serpulinae (Annelida, Polychaeta) from Japan, I. The Genus *Hydroides*. *Bulletin of the National Science Museum. Series A, Zoology*, **2**: 229-248.

今島 実 (1980): 東京湾における燈浮標上の多毛類, 付着生物研究, **2**: 23-27.

今島 実・林 和子 (1969): 付着生物中にみられる多毛類の季節的消長. *Proceedings of the Japanese Society of Systematic Zoology*, **5**: 2-15.

今村 正裕・本多 正樹・松梨 史郎・川崎 保夫 (2004): アマモ場生態系モデルの構築とその適用. 電力中央研究所報告: U03063, 27pp.

Ishii, H. and K. Katsukoshi (2010): Seasonal and vertical distribution of *Aurelia aurita* polyps on a pylon in the innermost part of Tokyo Bay. *Journal of Oceanography*, **66**: 329-336.

Ishii, H., S. Kojima and Y. Tanaka (2004): Survivorship and production of *Aurelia aurita* ephyrae in the innermost part of Tokyo Bay, Japan. *Plankton Biology and Ecology*, **51**: 26-35.

Ishii, H., T. Ohba and T. Kobayashi (2008): Effects of low dissolved oxygen on planula settlement, polyp growth and asexual reproduction of *Aurelia aurita*. *Plankton and Benthos Research*, **3** (Supplement): 107-113.

Ishii, H. and F. Tanaka (2001): Food and feeding of *Aurelia aurita* in Tokyo Bay with an analysis of stomach contents and a measurement of digestion times. *Hydrobiologia*, **451**: 311-320.

石井 洋・小川砂郎・江川公明 (2001): 東京湾の小型底びき網漁業におけるシャコ資源管理型漁具の開発-I 資源管理型漁具の開発について. 神水研研報, **6**: 81-88.

石井光廣 (1992): 東京湾におけるマコガレイの分布・移動. 千葉県水産試験場研究報告, **50**: 31-36.

石井光廣・長谷川健一・庄司泰雅・柿野 純 (2004): 1950年代から最近までの東京湾における水質の長期変動について. 2004年度水産海洋学会研究発表大会講演要旨集, 49 pp.

石井光廣・加藤正人 (2005): 東京湾の貧酸素水塊分布と底引き網漁船によるスズキ漁獲位置の関係. 千葉県水産研究センター研究報告, **4**: 7-15.

石井公敏・風呂田利夫・小山利郎・山崎孝史 (1999): 東京湾の内湾域におけるマクロベントスの季節変化. 月刊海洋, **31**: 495-503.

石川雄介・川崎保夫・本多正樹・丸山康樹・五十嵐由雄 (1986): 電源立地点の藻場造成技術の開発第9報 水中の光条件に基づくアマモ場造成限界深度の推定手法. 電力中央研究所報, U88010, 1-20.

石丸 隆 (1991): 植物プランクトンの役割. 月刊海洋, **23**: 187-193.

磯崎一郎・宇野木早苗 (1963): 東京湾の潮汐と津波の数値計算の試行. 第10回海岸工学講演会講演集, 59-63.

伊東 宏・石原 元・瀬能 宏 (1999): 多摩川河口干潟におけるトビハゼの出現. 神奈川自然誌資料, **20**: 39-44.

Itoh, H. and S. Nishida (1993): A new species of *Hemicyclops* (Copepoda, Poecilostomatoida) from a dredged area in Tokyo Bay, Japan. *Hydrobiologia*, **254**: 149-157.

伊藤洋介 (2004): 東京湾・相模湾における光合成-光曲線の季節変動に関する研究. 東京水産大学修士論文, 70 pp.

岩崎敬二・木村妙子・木下今日子・山口寿之・西川輝昭・西 栄二郎・山西良平・林 育夫・大越健嗣・小菅丈治・鈴木孝男・逸見泰久・風呂田利夫・向井 宏 (2004): 日本における海産生物の人為的移入と分散: 日本ベントス学会自然環境保全委員会によるアンケート調査の結果から. 日本ベントス学会誌, **59**: 22-44.

岩崎敬二・木下今日子・日本ベントス学会自然環境保全委員会 (2004): 日本に人為的に移入された非在来海産動物の分布拡大について. 日本プランクトン学会報, **42**: 132-144

岩下 誠・長坂 裕・今泉和樹・今福智仁・井本昌臣 (2005): 横浜市沿岸域の魚類相調査 (2002年度) 魚類相及び漁獲情報の経年変化. 横浜の川と海の生物 (第10報・海域編), 横浜市環境保全局, 7-52.

岩田明久・酒井敬一・細谷誠一 (1979): 横浜市沿岸域における環境変化と魚類相. 横浜市公害対策局, 公害資料, **82**: 245pp.

陣内秀信・法政大学東京のまち研究会 (1989): 水辺都市 -

第 2 章　海域

江戸東京のウォーターフロント探検-. 朝日選書 390, 朝日新聞社, 240pp.
貝塚爽平 (1992):「平野と海岸を読む」. 岩波書店, 142pp.
貝塚爽平 (編) (1993):「東京湾の地形・地質と水」. 築地書館, 211pp.
梶原　武 (1977): 東京湾における付着動物群集, 海洋科学, 9: 58-62.
梶原　武 (1985): ムラサキイガイ-浅海域における侵略者の雄.「日本の海洋生物-侵略と攪乱の生態学」, 沖山宗雄・鈴木克美 (編), 東海大学出版会, 49-54.
梶原　武 (1994): 横浜港における潮間帯付着生物の種類組成と現存量. 付着生物研究, 11: 1-9.
梶原　武 (1996): 東京湾に移住した外来種付着動物, 付着生物研究, 12: 25-26.
梶原葉子・山田真知子 (1997): 洞海湾における付着動物の出現特性と富栄養度の判定, 水環境学会誌, 20: 185-192.
柿野　純 (1992): アサリ漁業をとりまく近年の動向. 水産工学, 29 (1), 31-39.
柿野　純 (1996): 東京湾における貝類のへい死事例とくに貧酸素水塊の影響について. 水産土木, 22: 41-47.
柿野　純 (1998): 青潮.「沿岸の環境圏」, 平野敏行 (監修), フジ・テクノシステム, 480-488.
柿野　純 (2000): 東京湾盤洲干潟におけるアサリの減耗に及ぼす波浪の影響に関する研究, 東京水産大学学位論文, 140pp.
柿野　純・松村皐月・佐藤善徳・加瀬信ır (1987): 風による流れと青潮との関係. 日本水産学会誌, 53: 1475-1481.
鎌谷明善 (1993): 東京湾の姿-過去と現在.「東京湾-100年の環境変遷」, 小倉紀雄 (編), 恒星社厚生閣, 11-27.
神奈川県水産総合研究所 (2001): 神奈川県事態調査. 平成12 年度漁場環境修復推進調査報告書 (総合取りまとめ), 水産庁, 187-298.
神田穣太・チョムタイソン・パチャラー・堀本奈穂・山口征矢・石丸　隆 (2008): 東京湾2定点における栄養塩類濃度の経年変動. 水環境学会誌, 31: 559-564.
環境省自然保護局生物多様性センター (2007): 第 7 回自然環境保全基礎調査. 浅海域生態系調査 (干潟調査) 報告書, 235pp.
環境省自然環境局野生生物課 (2003):「改訂日本の絶滅のおそれのある野生生物レッドデータブック 4　汽水・淡水魚」. 自然環境研究センター, 230pp.
環境省東京湾水環境サイト http://mizu.nies.go.jp/mizu/wotb/top.asp
環境庁 (1983): 水質総量規制推進検討調査 (底質等調査) 報告書.
環境庁 (1989): 閉鎖性海域汚濁機構解明調査報告書.
環境庁 (1994):「日本の干潟, 藻場, サンゴ礁の現況, 第 2 巻 (藻場)」. 400pp.
環境庁 (1997): 海域における底泥からの栄養塩類溶出把握実態調査報告書.
環境庁企画調整局 (編) (1989):「東京湾・その保全と創造に向けて」. 大蔵省印刷局, 82pp.
加納光樹・小池　哲・河野　博 (2002): 東京湾内湾干潟の魚類相とその多様性. 魚類学雑誌, 47 (2): 115-129.
加納光樹・小池　哲・渋川浩一・河野　博 (1999): 東京湾の河口干潟で採集されたチクゼンハゼとエドハゼの仔稚魚, La mer, 37: 59-68.

Kasuya, T., T. Ishimaru and M. Murano (2000): Seasonal variations in abundance and size composition of the lobate ctenophore *Bolinopsis mikado* (Moser) in Tokyo Bay, Central Japan. *Journal of Oceanography*, 56: 419-427.
加藤正人・池上直也 (2004): 東京湾の小型底びき網漁業からみたスズキの資源動向と分布. 千葉県水産研究センター研究報告, 3: 17-30.
Kawabe, M. and M. Kawabe (1997): Factors determining chemical oxygen demand in Tokyo Bay. *Journal of Oceanography*, 53: 443-453.
河村真理 (2010): *Skeletonema* 属の分類に関する研究. 東京海洋大学修士論文, 47pp.
川崎保夫・飯塚貞二・後藤　弘・寺脇利信・渡辺康憲・菊池弘太郎 (1988): アマモ場再生法に関する研究. 力中央研究所報告, 総合報告 U14, 231pp.
川島博之 (1993): 流域と湾内での窒素の動き.「東京湾-100 年の環境変遷-」, 小倉紀雄 (編), 恒星社厚生閣, 123-137.
風間真理・渡部健一・蓮田健児 (2004): 東京湾は生きているか. 東京都環境行政交流会誌, 28: 45-48.
木村賢史 (2000): 東京湾における干潟の生物と環境との関係. ヘドロ, 77: 23-32.
木村賢史・土屋隆夫・稲森悠平・西村　修・須藤隆一 (1997): 干潟・海浜・護岸に形成される自然生物膜による低汚濁海水の直接浄化. 用水と廃水, 39: 82-89.
木村賢史・土屋隆夫・稲森悠平・奥富重幸・西村　修・須藤隆一 (1998): 東京都内湾における付着動物の分布と水質浄化機能. 水環境学会誌, 21: 35-40.
木村妙子 (2000): 人間に翻弄される貝たち, 内湾の絶滅危惧種と帰化種. 月刊海洋号外, 20: 66-73.
木村喜芳・萩原清司・中根基行 (1997): 神奈川県産淡水魚5種の分布に関する新知見. 神奈川自然誌資料, 18: 79-82.
木下秀明・平野礼次郎 (1977): 管棲多毛類の生態と浮游幼生期の飼育. 海洋科学, 9: 31-36.
岸　道郎・堀江　毅・杉本隆成 (1993): 東京湾をモデルで考える.「東京湾-100 年の環境変遷」, 小倉紀雄 (編), 恒星社厚生閣, 139-153.
児玉圭太・堀口敏宏・久米　元・永山総司・清水詢道・白石寛明・清水　誠 (2005): 東京湾産シャコの初期生活史に対する貧酸素水塊の影響. 2005 年度水産海洋学会研究発表大会講演要旨集, 14.
Kodama, K., T. Shimizu, T. Yamakawa and I. Aoki (2004): Reproductive biology of the female Japanese mantis shrimp *Oratosquilla oratoria* (Stomatopoda) in relation to changes in the seasonal pattern of the larval occurrence in Tokyo Bay, Japan. *Fisheries Science*, 70: 734-745.
小池勲夫 (1993): 微生物.「東京湾-100 年の環境変遷-」, 小倉紀雄 (編), 恒星社厚生閣, 102-117.
小池一之 (2001): 東京湾沿岸の開発と海面上昇の影響.「海面上昇とアジアの海岸」, 梅津正倫・平井幸弘 (編), 古今書院, 69-87.
国土技術政策総合研究所横須賀庁舎ホームページ: http://www.ysk.nilim.go.jp/kankyo/main.html
国土交通省港湾局・環境省自然環境局 (2004): 干潟ネットワークの再生にむけて. 国立印刷局, 119 pp.
駒井　卓 (1917): 東京湾の櫛水母. 動物学雑誌, 29: 337-338.
Komai, T. (1924): Development of *Squilla oratoria* deHaan. I.

Change in external form. *Memories of the College of Science, Kyoto University, Ser B*, **1**: 273-283.

今野敏徳（1985）：ガラモ場・カジメ場の植生構造．海洋科学, **17**（1）：57-65.

Kubo, I. and E. Asada（1957）：A quantitative study on crustacean bottom epifauna of Tokyo Bay. *Jornal of the Tokyo University of Fisheries*, **43**: 249-289.

Kubo, I. , S. Hori, M. Kumemura, M. Naganawa and J. Soedjono（1959）：A biological study on a Japanese edible mantis-shrimp, *Squilla oratoria* De Haan. *Journal of the Tokyo University of Fisheries*, **45**: 1-25.

工藤孝浩（1995）：横浜市金沢区野島海岸における魚類相変化．神奈川自然保全研究会報告書, **13**: 13-26.

工藤孝浩（1997）：魚類．「東京湾の生物誌」, 沼田　眞・風呂田利夫（編）, 築地書館, 115-142.

工藤孝浩（2002）：人工海浜と自然海浜の生物生産機能の比較．「水産学シリーズ132　水圏環境保全と修復機能」, 松田　治ほか（編）, 恒星社厚生閣, 71-85.

工藤孝浩（2005）：横浜, 川崎および中の瀬海域から初記録の魚類 − IV. 神奈川自然誌資料, **26**: 75-77.

工藤孝浩・鴨川宗弘・伊藤俊弘（1986）：横浜市沿岸域の魚類相．横浜の川と海の生物（第4報）, 横浜市公害対策局, 公害資料, **126**: 181-225.

工藤孝浩・岡部　久（1991）：三浦半島南西部沿岸域の魚類．神奈川自然誌資料, **12**: 29-38.

工藤孝浩・岡部　久・山田和彦（1992）：三浦半島南西部沿岸域の魚類 − II. 神奈川自然誌資料, **13**: 39-44.

工藤孝浩・中村良成（1999）：横浜, 川崎および中の瀬海域から初記録の魚類 − III. 神奈川自然誌資料, **20**: 45-54.

工藤孝浩・滝口直之・欄細信夫（2002）：横浜市平潟湾流域の魚類相と人為的環境変化．神奈川水総研報, **7**: 135-148.

工藤孝浩・山田和彦（2001）：三浦半島南西部沿岸域の魚類 − IV. 神奈川自然誌資料, **22**: 33-42.

工藤孝浩・山田和彦（2003）：三浦半島南西部沿岸域の魚類 V. 神奈川自然誌資料, **24**: 49-54.

工藤孝浩・山田和彦（2005）：三浦半島南西部沿岸域の魚類 − VI. 神奈川自然誌資料, **26**: 79-84.

工藤善隆（1999）：東京湾における基礎生産の周年変動．東京水産大学修士論文, 37pp.

蔵本武明・中田喜三郎（1991）：東京湾における流動と底層DO濃度シミュレーション．沿岸海洋研究ノート, **28**: 140-151.

蔵本武明・中田喜三郎（1992）：物質循環モデル．「漁場環境容量」, 平野敏行（編）, 恒星社厚生閣, 85-103.

倉茂英二郎（1931）：東京湾に於けるプランクトンの分布と水理状況との関係について．気象集誌, 第2集, **9**: 716-724.

桒原　連・佐藤修一・野口信彦（1969）：ミズクラゲの生態学的研究 − I. 1966, 1967年夏季の東京湾北東部における分布状態について．日本水産学会誌, **35**: 156-162.

Lee, P. K., Y. H. Yu, S. T. Yun and B. Mayer（2005）：Metal contamination and solid phase partitioning of metals in urban roadside sediments. *Chemosphere*, **60**: 672-689.

Lutz, R. V., N. H. Marcus and J. P. Chanton（1992）：Effects of low oxygen concentrations on the hatching and viability of eggs of marine calanoid copepods. *Marine Biology*, **114**: 241-247.

丸茂隆三（1975）：東京湾のプランクトン群集の遷移に関する研究．うみ, **13**: 155-156.

丸茂隆三・村野正昭（1973）：東京湾の珪藻プランクトン群集の遷移．うみ, **11**: 70-82.

丸茂隆三・村野正昭（1974）：東京湾のプランクトン（KT-71-12, KT-71-19, KT-72-7）．文部省特定研究・人間生存と自然環境、「内湾性物に及ぼす汚濁の影響に関する基礎的研究」研究業績報告, 宝月欣二（編）, 35-42.

丸茂隆三・永沢祥子・T. C. Hirata（1978）：東京湾と浦賀水道のやむし群集．沿岸海域の利用, 保全のためのモニタリングに関する研究, 昭和52年度研究経過報告, 東京大学海洋研究所, 50-54.

丸茂隆三・佐野　昭・村野正昭（1974）：東京湾の珪藻プランクトン群集の遷移 − 続．うみ, **12**: 145-156.

丸山康樹・五十嵐由雄・石川雄介・川崎保夫（1988）：電源立地地点の藻場造成技術の開発第8報, アマモ場造成適地の砂地盤安定度の推定手法．電力中央研究所報告 U87069, 24pp.

間瀬欣弥（1969）：相模で採れたネコゼフネガイ．ちりぼたん, **5**: 156-157.

間瀬欣弥（1971）：相模のネコゼフネガイは「シマメノウフネガイ」が妥当．ちりぼたん, **6**: 155.

間瀬欣弥（1977）：シマメノウフネガイ・その後．ちりぼたん, **8**: 143-145.

松田道夫（2003）：「大江戸花鳥風月名所巡り」．平凡社新書171, 平凡社, 244pp.

松江吉行（1935）：品川浅海海苔養殖場の海洋化学的性状．水産海洋学会報, **7**: 35-62.

Matsukawa, Y. and K. Sasaki（1990）：Nitrogen budget in Tokyo Bay with special reference to the low sedimentation to supply ratio. *Journal of Oceanographical Society of Japan*, **46**: 44-54.

松本英二（1983）：東京湾の底質環境．地球化学, **17**: 27-32.

Matsumoto, E.（1985）．Budgets and residence times of nutrients in Tokyo Bay, *In*: "Marine and Estuarine Geochemistry", Sigleo A. C. and A. Hattori（eds.）, Lewis Publishers, Chelsea, U. S. A., 127-136.

松本　哉（2004）：「幸田露伴と明治の東京」．PHP新書282, PHP研究所, 270pp.

松本慶重（1952）：品川産にほんあみの生態について．東京都水試月報, **5**: 1-13.

松村　剛・堀本奈穂・許　耀霖・石丸　隆（2001）：東京湾における栄養塩の動向（1989-1998年）．うみ, **39**: 19-32.

松村　剛・石丸　隆（2004）：東京湾への淡水流入と窒素・リンの流入負荷量（1997, 98年度）．海の研究, **13**: 25-36.

松村　剛・石丸　隆・今村正裕（2004）：東京湾におけるリンの溶出と海洋構造の季節変動．沿岸海洋研究, **41**: 143-151.

松村　剛・石丸　隆・柳　哲雄（2002）：東京湾における窒素とリンの収支．海の研究, **11**: 613-630.

松山優治・当麻一良・大脇　厚（1990）：東京湾の湧昇に関する数値実験 − 青潮に関連して −. 沿岸海洋研究ノート, **28**: 63-74.

馬渡静夫（1967）：わが国港湾汚損の生物学的研究 1. 研究概要．資源科学研究所彙報, **69**: 87-122.

宮下 章（1970）：「海苔の歴史」．全国海苔問屋協同組合連合会, 1399pp.

宮田昌彦・吉﨑 誠（1997）：海藻．「東京湾の生物誌」, 沼田 眞・風呂田利夫（編）, 築地書館, 156-165.

Miyazaki, I（1938）：On Fouling Organisms in the Oyster Farm. *Bulletin of the Japanese Society of Scientific Fisheries*, **6**：223-232.

Modlin, R. F. and J. J. Orsi（1997）：*Acanthomysis bowmani*, a new species, and *A. aspera* Ii, Mysidacea newly reported from the Sacramento-San Joaquin Estuary, California（Crustacea：Mysidacea）. *Proceedings of the Biological Society of Washington*, **110**：439-446.

森田健二・竹下 彰（2003）：アマモ場分布限界水深の予測評価手法, 土木学会論文集, **741**（VI-28）：39-48.

森田健二（2004）：東京湾のアマモ場の過去と現状．第四回東京湾統合沿岸域管理研究会シンポジウム, 東京湾の水質管理と環境ホルモン－東京湾の干潟・浅場・アマモ場の維持と保全－, 9-16.

村井 寧・根本雅生・長島秀樹（2003）：東京湾南西部における窒素およびリンの収支. 東京水産大学研究報告, **89**：15-24.

村上彰男（1957）：内湾・内海に於ける浮游性毛顎類の出現. 水産学集成, 東京大学出版会, 357-384.

村上和夫・森川雅行（1988）：東京湾の長周期流れの特性について. 沿岸海洋研究ノート, **25**：146-155.

村野正昭（1980）：東京湾のプランクトン. 月刊海洋科学（133）, 海洋出版, 761-777.

村田靖彦（1973）：東京湾におけるプランクトンの季節的変動. 千葉県内湾水試調査報告, **14**：49-60.

Nagasawa, S. and R. Marumo（1984a）：Parasitic infection of the chaetognath *Sagitta crassa* TOKIOKA in Tokyo Bay. *Bulletin of Plankton Society of Japan*, **31**：75-77.

Nagasawa, S. and R. Marumo（1984b）：The zooplankton community and its abundance in Tokyo Bay. *La mer*, **22**：277-286.

長島秀樹（1982）：傾いた底を持つ水道の吹送流. 理研報告, **58**：23-27.

長島秀樹・松山優治（1999）：東京湾水の交換と滞留. 月刊海洋, **31**：486-494.

長島秀樹・岡崎守良（1979）：冬季における東京湾の流況と海況. 沿岸海洋研究ノート, **16**：76-86.

長島秀樹・鈴木 亨（1996）：東京湾の流動. 沿岸海洋研究, **34**：37-44.

長辻象平（2003）：「江戸の釣り－水辺に開いた趣味文化－」. 平凡社新書179, 平凡社, 254pp.

Nakabo, T.（ed.）（2002）：Fish of Japan with pictorial keys of species.（English edition）, Tokai Univ. Press, 1749pp.

中村由行（2006）：沿岸海域の汚濁現象．「水環境ハンドブック」,（社）日本水環境学会（編）, 朝倉書店, 108-116.

中瀬浩太・田中裕一（1993）：海浜変形予測手法によるアマモ場成立条件の現地への適用. 海岸工学論文集, **40**：1061-1065.

中瀬浩太・田中裕一・桧山博昭（1992）：海浜変形予測手法を用いたアマモ場成立条件に関する研究. 海岸工学論文集, **39**：1006-1010.

中田尚宏（1986）：東京湾におけるシャコ幼生の分布について. 神水試研報, **7**：17-22.

中田尚宏（1988）：横浜・川崎沖の底生性魚類, 甲殻類, 軟体類の分布. 神奈川県水産試験場研究報告, **9**：67-74.

中内光昭（1997）：ホヤの分布と移動．「UP BIOLOGY 18 ホヤの生物学」, 東京大学出版会, 47-51.

Nakauchi, M. and T. Kajihara（1981）：Notes on *Molgula manhattensis*（a solitary ascidian）in Japanese waters： Its new localities, growth, and oxygen consumption. *Reports of the Usa Marine Biological Institute, Kochi University*, **3**：61-66.

七都県市首脳会議環境問題対策委員会水質改善専門部会（1999）：東京湾における底生生物調査指針及び底生生物等による底質評価方法.

日本道路公団東京湾横断道路調査室・（財）国土開発技術研究センター（1978）：昭和52年度東京湾横断道路海洋生態調査報告書.

日本魚類学会自然保護委員会（編）（2002）：「ブラックバス－その生物学と生態系への影響」, 恒星社厚生閣, 150pp.

日本小型船舶検査機構：http://www.jci.go.jp/

日本生態学会（編）, 村上興正・鷲谷いづみ（監修）（2002）：「外来種ハンドブック」. 地人書館, 408pp.

日本水産資源保護協会（1994）：漁場保全機能定量化事業報告書, 第II期とりまとめ. 250pp.

日本造船研究協会（1973）：報告書, **1**：1-100.

日本造船研究協会（1974）：報告書, 1-158.

二宮勝幸・柏木宣久・安藤晴夫・小倉久子（1997）：東京湾における溶存性無機態窒素およびリンの空間濃度分布の季節別特徴. 水環境学会誌, **20**：457-467.

西 栄二郎（2003）：関東近海におけるカニヤドリカンザシゴカイ（環形動物門, 多毛綱, カンザシゴカイ科）の分布. 神奈川自然誌資料, **24**：43-48.

Nishida, S.（1985）：Taxonomy and distribution of the family Oithonidae（Copepoda, Cyclopoida）in the Pacific and Indian oceans. *Bulletin of Ocean Resarch Instiytute, University of Tokyo*, **20**：1-167.

西村三郎（1992）：「原色検索日本海岸動物図鑑［I］」, 保育社, 425pp.

仁科又亮（1993）：2-8 江戸前の風景画．「東京湾の歴史」, 高橋在久（編）, 築地書館, 90-99.

野村英明（1993）：東京湾における動物プランクトンの群集構造と遷移に関する研究. 東京水産大学博士学位論文, 82pp.

野村英明（1995）：東京湾における水域環境構成要素の経年変化. うみ, **33**：107-118.

野村英明（1996）：内湾と外洋の相互作用－生物学からの視点「動物プランクトンを例として」. 沿岸海洋研究, **34**：25-35.

野村英明（1998）：1900年代における東京湾の赤潮と植物プランクトン群集の変遷. 海の研究, **7**：159-178.

Nomura, H., K. Aihara and T. Ishimaru（2007）：Feeding of the chaetognath *Sagitta crassa* Tokioka in heavily eutrophicated Tokyo Bay, Japan. *Plankton and Benthos Research*, **2**：120-127.

野村英明・丸丸 隆（1998）：東京湾におけるクラゲ類（刺胞動物及び有櫛動物）の最近15年間の出現状況. 海の研究, **7**：99-104.

野村英明・石丸 隆・村野正昭（1992）：東京湾の微小動物プランクトンとその季節的消長. *La mer*, **30**：57-72.

野村英明・村野正昭 (1992)：東京湾における中・大型動物プランクトンの季節的消長. La mer, 30: 49-56.

野村英明・吉田 誠 (1997)：東京湾における近年の植物プランクトンの出現状況. うみ, 35: 107-121.

農林省統計情報部・農林統計協会 (編)(1979)：水産業累年統計. 第3巻, 都道府県統計年報, 124-165.

小川浩史・小倉紀雄 (1990)：東京湾における水質変動 (1980-1988年). 地球化学, 24: 43-54.

小川カホル (1982)：東京湾・相模湾及び黒潮域における浮遊珪藻の分布生態に関する研究. 東京大学学位論文, 319pp.

小倉久子・佐藤正春 (2001)：1995年5月の東京湾に発生した Gephyrocapsa oceanica Kamptner 赤潮について. 水環境学会誌, 24: 115-119.

小倉紀雄 (1996)：東京湾の海水の汚染.「東京湾の汚染と災害」, 河村 武 (編), 築地書館, 61-83.

大野正夫 (2003)：「藻場の海藻と造成技術II. 1. 5」, 能登谷正浩 (編著), 成山堂書店, 265pp.

大嶋 剛・風呂田利夫 (1980)：小櫃川河口干潟周辺における底生動物の分布.「千葉県木更津市小櫃川河口干潟の生態学的研究I」, 東邦大学理学部海洋生物研究室・千葉県生物学会 (共編), 45-68.

大富 潤 (1991)：東京湾におけるシャコの資源管理に関する基礎的研究. 学位論文, 東京大学, 195pp.

大富 潤・風呂田利夫・川添大徳 (2006)：東京湾におけるシャコ幼生の発生に伴う分布の変化, 日水誌, 72: 382-389.

Ohtomi, J., H. Kawazoe and T. Furota (2005a): Temporal distribution of the Japanese mantis shrimp *Oratosquilla oratoria* larvae during transition from good catch period to poor catch period in Tokyo Bay, Japan. Memories of Faculty of Fisheries, Kagoshima University, 1-6.

Ohtomi, J., H. Kawazoe and T. Furota (2005b): Larval stage composition and morphological change during larval development of the Japanese mantis shrimp, *Oratosquilla oratoria* (De Haan, 1844) (Stomatopoda, Squillidae) in Tokyo Bay, Japan. Crustaceana, 78: 1325-1337.

大富 潤・朴 鍾洙・清水 誠 (1989)：東京湾におけるシャコの分布と小型底曳網漁場との関係. 日水誌, 55: 1529-1538.

Ohtomi J. and M. Shimizu (1991): The spawning ground of the Japanese mantis shrimp *Oratosquilla oratoria* in Tokyo Bay, Japan. Nippon Suisan Gakkaishi, 57: 447-451.

大富 潤・清水 誠・J. A. Martinez-Vergara (1988)：東京湾のシャコの産卵期について, 日水誌, 54: 1929-1933.

岡部 久・工藤孝浩 (1993)：三浦半島南西部沿岸域の魚類-III. 神奈川自然誌資料, 14: 43-47.

岡田知也・古川恵太 (2005)：東京湾沿岸域における音響装置を用いた詳細な底質分布図の作成とベントス生息状況. 海岸工学論文集, 52: 1431-1435.

岡本正豊・黒住耐二 (1997)：湾岸都市千葉市の人工海浜における貝類の定着.「湾岸都市の生態系と自然保護－千葉市野生動植物の生息状況及び生態系調査報告－」, 沼田 眞 (監修), 中村俊彦・長谷川雅美・藤原道郎 (編), 信山社サイテック, 581-622.

岡村金太郎 (1907)：木更津に現れたる赤潮について. 水産研究誌, 2: 1-5.

大越和加・風呂田利夫 (2000)：平場の生物.「東京湾の生物誌」, 沼田 眞・風呂田利夫 (編), 築地書館, 86-109.

奥田啓司・高田秀重・中田典秀・西山 肇・磯部友彦・佐藤 太 (2000)：東京湾柱状堆積物中の環境ホルモンの鉛直分布. 沿岸海洋研究, 37, 97-106.

奥井 操・清水詢道 (2002)：東京湾南部の底生生物相. 神奈川県水産総合研究所研究報告, 7: 129-133.

Omori M., H. Ishii and A. Fujinaga (1995): Life history strategy of *Aurelia aurita* (Cnidaria, Scyphomedusae) and its impact on the zooplankton community of Tokyo Bay. ICES Journal of Marine Science, 52: 597-603.

小野武雄 (2002)：「江戸の歳事風俗誌」. 講談社学術文庫, 講談社, 258pp.

大谷道夫 (2002)：日本における移入付着動物の出現状況, 最近の動向. Sessile Organisms, 19: 69-92.

大谷道夫 (2004)：日本の海洋移入生物とその移入過程について. 日本ベントス学会誌, 59: 45-57.

Ozaki, H., I. Watanabe and K. Kuno (2004): Investigation of the heavy metal sources in relation to automobiles. Water, Air and Soil Pollution, 157, 209-223.

プラチヤー・ムシカシントーン (2002)：東京湾湾奥部で採集されたシマズスキ Morone saxatilis, I. O. P. DIVING NEWS, 13 (3), 2-4.

才野敏郎 (1988)：東京湾における栄養塩類の循環. 沿岸海洋研究ノート, 25: 114-126.

齋藤定藏 (1931)：船底に附着する生物の研究. 造船協会会報, 47: 13-64.

酒井 恒 (1986)：珍奇なる日本産蟹類の属と種について. 甲殻類の研究, 15: 1-4+3pls.

Sakata, M., K. Marumoto, M. Narukawa and K. Asakura (2006): Mass balance and sources of mercury in Tokyo Bay. Journal of Oceanography, 62: 767-775.

寒川 強 (1995)：日本では青潮, 西洋ではエルアグアへ.「海と地球環境・海洋学の最前線」, 日本海洋学会 (編), 東京大学出版会, 215-220.

真田幸尚・佐藤 太・熊田英峰・高田秀重・山本 愛・加藤義久・上野 隆 (1999)：放射性核種および molecular marker による東京湾の堆積過程の解明. 地球化学, 33: 123-138.

Saruno, D., W. H. C. F. Kooistra, L. K. Medlin, I. Percopo and A. Zingone (2005): Diversity in the genus *Skeletonema* (Bacillariophyceae). II. An assessment of the taxonomy of *S. costatum* like species with the description of four new species. Journal of Phycology, 41: 151-176.

Saruno, D., W. H. C. F. Kooistra, P. E. Hargraves and A. Zingone (2007): Diversity in the genus *Skeletonema* (Bacillariophyceae). III. Phylogenetic position and morphology of *Skeletonema costatum* and *Skeletonema grevillei*, with the description of *Skeletonema ardens* sp. nov. Journal of Phycology, 43: 156-170.

佐々木克之 (1991)：プランクトン生態系と窒素・リン循環. 沿岸海洋研究ノート, 28: 129-138.

佐々木克之 (1996)：内湾および干潟における物質循環と生物生産 (19) 東京湾では小型植物プランクトンが夏季になぜ多いのか？ 海洋と生物, 103: 138-146.

Sasaki K., S. Hosoya and S. Watanabe (1989): *Leiostomus xanthurus*, a western Atlantic Sciaenid species in Tokyo

Bay. *Japanese Journal of Ichthyology*, **36**: 267-269.

佐藤　敏（1989）：冬季東京湾の風による流動の観測．水路部技術報告，**8**: 1-14.

左山幹雄・栗原　康（1988）：底泥の微生物の物質代謝．河口・沿岸域の生態学とエコテクノロジー，栗原　康（編著），東海大学出版会，32-42．

Schubart, C. D. (2003): The East Asian shore crab *Hemigrapsus sanguineus* (Brachyura: Varunidae) in the Mediterranean Sea: an independent human-mediated introduction. *Scientia Marina*, **67**: 195-200.

泉水宗助（1908）：明治41年東京湾漁業図（漁場調査報告第52版）．

Shibata, Y and Y. Aruga (1982): Variations of chlorophyll a concentrations and photosynthetic activity of phytoplankton in Tokyo Bay. *La mer*, **20**: 75-92.

柴田康行・森田昌敏（2000）：環境中のヒ素の化学形態－海洋環境を中心に－. *Biomedical Research on Trace Elements*, **11**: 1-24.

島谷　学・中瀬浩太・岩本裕之・中山哲厳・月館真理雄・星野高士・内山康介・灘岡和夫（2002）：興津海岸におけるアマモ分布条件について．海岸工学論文集, **49**: 1161-1165.

清水　誠（1979）：漁業生物と環境－東京湾を例として－. 水産科学，**24**: 1-16.

清水　誠（1988）：東京湾内湾における底棲魚介類の分布．沿岸海洋研究ノート, **25**: 96-103.

清水　誠（2003）：漁業資源から見た回復目標．月刊海洋, **35**: 476-482.

清水　学・柳　哲雄・野村宗弘・古川恵太（2001）：東京湾の大潮－小潮期における残差流変動，海の研究, **10**: 413-422.

清水潤子・野口賢一（2006）：閉鎖的海域における有害汚染物質の分布と傾向. 海洋調査技術学会第18回研究成果発表会講演要旨集, 52.

清水詢道（2000）：東京湾におけるシャコ浮遊幼生の生残率の推定．神水研研報, **5**: 55-60.

清水詢道（2002）：東京湾のシャコ資源について（総説）－I 資源利用の概観と生活史．神水研研報, **7**: 1-10.

下村敏行（1953）：ミクロプランクトンの生産・分布及び海況と関係に関する研究. 日水研研報, **3**: 1-167.

庄司泰雅・長谷川健一（2004）：千葉県沿岸海域におけるアマモの分布．千葉水研研報, **3**: 77-86.

曽田京三・安藤治男（1988）：東京湾の富栄養化に関する研究（その5）底質からの栄養塩類等の溶出実験結果について．東京都環境科学研究所年報, 81-83.

曽根啓一（2003）：第2回東京湾統合的沿岸域管理研究シンポジウムの要旨．29-32.

Spivak, E. D., E. E. Boschi and S. R. Martorelli (2006): Presence of *Palaemon macrodactylus* Rathbun 1902 (Crustacea: Decapoda: Caridea: Palaemonidae) in Mar Del Plata Harbor, Argentina. *Biological Invasions*, **8**: 673-676.

須田晥次・日高孝次・川崎英男・松平康雄・水内松一・久保時夫・高畠　勉（1931）：東京海湾海洋観測調査報告．海洋時報, **3**: 1-119.

菅原兼男（1977）：稲毛人工海浜（いなげの浜）の造成について．水産土木, **13**: 29-35.

菅原兼男・佐藤正春（1966a）：東京湾の赤潮．千葉県内湾水産試験場試験調査報告, **8**: 57-96.

菅原兼男・佐藤正春（1966b）：東京湾の赤潮．水産海洋研究会報, **9**: 116-133.

杉本隆成・首藤伸夫（1988）：物理環境．「河口・沿岸域の生態学とエコテクノロジー」，栗原　康（編著），東海大学出版会，32-42．

杉浦靖夫（1980）：東京港，晴海海岸におけるクラゲの季節的消長について．獨協大学教養諸学研究, **15**: 10-15.

鈴木繁美（1979）：東京湾における有鐘繊毛虫の研究．東京水産大学修士学位論文, 74pp.

鈴村昌弘・國分治代・伊藤　学（2003）：東京湾における堆積物－海水間のリンの挙動．海の研究, **12**: 501-516.

鈴村昌弘・小川浩史（2001）：東京湾における夏季表層水中の有機態炭素・窒素・リンの分布．沿岸海洋研究, **38**: 119-129.

唯杉由佳・伊東　宏（1999）：多摩川感潮域における動物プランクトン，とくにカイアシ類の季節的消長．自然環境科学研究, **12**: 27-34.

高田秀重（1993）：水質．「東京湾－100年の環境変遷－」，小倉紀雄（編），恒星社厚生閣，39-44.

高田秀重・秋山賢一郎・山口友加・堤　史薫・金井美季・遠藤智司・滝澤玲子・奥田啓司（2004）：II. 無脊椎動物 2. ムラサキイガイ．「水産学シリーズ140 微量人工化学物質の生物モニタリング」，竹内一郎ほか（編），恒星社厚生閣，24-36.

高尾敏幸・岡田知也・中山恵介・古川恵太（2004）：2002年東京湾広域環境調査に基づく東京湾の滞留時間の季節変化．国土技術政策総合研究所資料, **169**: 78pp.

武智美穂（1997）：東京湾におけるサイズ別植物プランクトンの現存量と光合成活性に関する研究．東京水産大学修士論文, 113pp.

棚橋正博（1999）：「江戸の道楽」．講談社選書メチエ，講談社，238pp.

丹下和仁（1985）：東京湾に発生したミドリイガイ．みたまき，**18**: 26.

Tanimura, Y., M. Kato, C. Shimada and E. Matsumoto (2001): Distribution of planktonic amd tychopelagic diatom species in surface sediment of Tokyo Bay. *Memories of the National Science Museum Tokyo*, **37**: 35-51.

Tanimura, Y., M. Kato, C. Shimada and E. Matsumoto (2003): A one-hundred-year succession of planktonic and tychopelagic diatoms from 20th century Tokyo Bay. *Bulletin of National Science Museum, Tokyo, Series. C*, **29**: 1-8.

Terada, T., H. Seki and S. Ichimura (1974): An areal distribution of microbial biomass in Tokyo Bay at summer stagnation period. *La mer*, **12**: 192-196.

時村宗春（1985）：東京湾内湾部における底生魚介類の分布構造．東京大学博士学位論文, 156pp

時村宗春・清水　誠（1998）：東京湾内湾部の底魚群集の変遷と環境変化．月刊海洋, **30**: 347-359.

Toyokawa, M., T. Inagaki and M. Terazaki (1997): Distribution of *Aurelia aurita* (Linnaeus, 1758) in Tokyo Bay; observations with echosounder and plankton net. *In*: "Proceedings of the 6th International Conference on

参考文献

Coelenterate Biology", (ed. den Hartog, J. C.), Nationaal Natuurhistorisch Museum, Leiden, 483-490.

Toyokawa, M. and M. Terazaki (1994): Seasonal variation of medusae and ctenophores in the innermost part of Tokyo Bay. *Bulletin of Plankton Society of Japan*, **41**: 71-75.

Toyokawa, M., T. Furota and M. Terazaki (2000): Life history and seasonal abundance of *Aurelia aurita* medusae in Tokyo Bay, Japan. *Plankton Biology and Ecology*, **47**: 48-58.

東京府水産試験場 (1937): 東京府内湾 (品川湾) 水産調査報告. 第一次, 207pp.

東京都 (2000): 東京構想 2000. http://www.chijihon.metro.tokyo.jp/keikaku/2000/kakuron/2/k8-1.htm

東京都福祉保健局 (2006a): 平成17年度一般的な生活環境からのダイオキシン類暴露状況の推定結果. http://www.fukushihoken.metro.tokyo.jp/kanho/news/h18/presskanho060801-1.html

東京都福祉保健局 (2006b): 平成17年度東京湾産魚介類の化学物質汚染実態調査結果. http://www.fukushihoken.metro.tokyo.jp/anzen/news/2006/pressshokuhin060801-2.html

東京都環境保全局水質保全部 (1999): 平成9年度水生生物調査結果報告書.

東京都環境保全局水質保全部 (1988-2000), 東京都環境局環境評価部 (2001-2004): 水生生物調査結果報告書.

東京都環境保全局水質保全部 (2004): 平成15年度東京都内湾赤潮調査報告書.

東京都環境局 (2004): 平成15年度公共用水域及び地下水の水質測定結果, 392pp.

東京都環境局環境評価部 (2002): 東京湾パンフレット 東京湾の水環境. 環境資料第133号, 東京都環境局環境評価部広域監視課, 48pp.

東京都港湾局 (2003): 事業概要. 50pp.

東京都内湾漁業興亡史編集委員会 (1971):「東京都内湾漁業興亡史」, 東京都内湾漁業興亡史刊行会, 853pp.

東京湾遊漁船業協同組合 (2003-2005): 東京湾に生きる-東京湾における船利用客数調査. 第24-26巻.

坪田博行・児玉幸雄 (1973): 東京湾の化学的研究の概観, 沿岸海洋研究ノート, **11**: 61-70.

Tsuda, A. and T. Nemoto (1988): Feeding of copepods on natural suspended particles in Tokyo Bay. *Journal of Oceanographical Society of Japan*, **44**: 217-227.

Uchima, M. (1988): Gut content analysis of neritic copepod *Acartia omorii* and *Oithona davisae* by new method. *Marine Ecology-Progress Series*, **48**: 93-97.

Uchima, M. and R. Hirano (1986): Food of *Oithona davisae* (Copepoda: Cyclopoida) and the effect of food concentration at first feeding on the larval growth. *Bulletin of Plankton Society of Japan*, **33**: 21-20.

上田拓史 (1986): 本邦沿岸内湾において *Acartia clausi* として知られる橈脚類の分類学的見直しと地理的分布. *Journal of the Oceanographical Society of Japan*, **42**: 134-138.

植田育男 (2001): ミドリイガイの日本定着.「黒装束の侵入者-外来付着性二枚貝の最新学」, 日本付着生物学会 (編), 恒星社厚生閣, 27-45.

梅森龍史・堀越増興 (1991): 東京湾西岸におけるミドリガイの冬期死亡と生残の区域差. *La mer*, **29**: 103-107.

宇野木早苗 (1993): 東京湾の水と流れ.「東京湾の地形・地質と水」, 貝塚爽平 (編), 築地書館, 135-186.

宇野木早苗 (1998): 内湾の鉛直循環流量と河川流量の関係. 海の研究, **7**: 283-292.

宇野木早苗 (2005):「河川事業は海をどう変えたか」. 生物研究社, 116pp.

宇野木早苗・岸野元彰 (1977): 東京湾の平均的海況と海水交流. Tech. Rep., No. 1, 理研海洋物理研究室, 89pp.

宇野木早苗・小西達男 (1998): 埋め立てに伴う潮汐・潮流の減少とそれが物質分布に及ぼす影響. 海の研究, **7**: 1-9.

宇野木早苗・岡崎守良・長島秀樹 (1980): 東京湾の循環流と海況. Tech. Rep., No. 4, 理研海洋物理研究室, 262pp.

運輸省第二港湾建設局京浜港工事事務所 (1995): 東京湾口航路海域環境調査報告書.

浦安市郷土博物館 (2001): アオギスがいた海. 平成13年度第1回特別展図録, 80pp.

Uye, S. (1994): Replacement of large copepods by small ones with eutrophication of embayments: cause and consequence. *Hydrobiologia*, **292/293**: 513-519.

上 真一・笠原正五郎 (1978): 沿岸性かいあし類の生活史, 殊に耐久卵の役割について. 日本プランクトン学会報, **25**: 109-122.

Uye, S., S. Kasahara and T. Onbé (1979): Calanoid copepod eggs in sea-bottom muds. IV. Effects of some environmental factors on the hatching of resting eggs. *Marine Biology*, **51**: 151-156.

Uye, S., M. Yoshiya, K. Ueda and S. Kasahara (1984): The effect of organic sea-bottom pollution on survivability of resting eggs of neritic calanoids. *Crustaceana* (Supplement), **7**: 390-403.

殖田三郎・岩本康三・三浦昭雄 (1963):「水産植物学」. 恒星社厚生閣, 640pp.

輪島 毅・有松 健・伊東永徳・豊原哲彦・吉沢 忍・福島朋彦 (2004): 東京湾藻場分布調査-アマモ場調査のまとめ-. (株) 日本海洋生物研究所 2004年年報, 31-37.

若林敬子 (2000):「東京湾の環境問題史」. 有斐閣, 408pp.

渡邉 泉・田辺信介 (2003): バイカル湖, カスピ海, 黒海および日本近海産魚類20種の微量元素蓄積. 環境化学, **13**: 31-40.

渡邊精一 (1995): 外来種のチチュウカイミドリガニが東京湾に大発生. *Cancer*, **4**: 9-10.

山口寿之 (1982): 神奈川県の潮間帯フジツボ群集-その1. 東京湾西岸-. 神奈川自然誌資料, **3**: 63-64.

山口寿之 (1983): 神奈川県の潮間帯フジツボ群集-その2-. 神奈川自然誌資料, **4**: 51-55.

山口寿之 (2009): 新たなる外来フジツボ: 最新情報.「海の外来生物 人間によって攪乱された地球の海 」, 日本プランクトン学会・日本ベントス学会 (編), 東海大学出版会, 50-71.

山口寿之・木内将史・堀越彩香・岡本 研・川井浩史 (2010): 東京湾の外来種ココポーマアカフジツボ 2004-2005年の灯浮標サンプルの再同定. *Sessile Organisums*, **27**: 89-92.

Yamaguchi, T., R. E. Prabowo, Y. Ohshiro, T. Shimono, D. Jones, H. Kawai, M. Otani, A. Oshino, S. Inagawa, T.

Akaya and I. Tamura (2009): The introduction to Japan of the Titan barnacle, *Megabalanus coccopoma* (Darwin, 1854) (Cirripepedia: Balanomorpha) and the role of shipping in its translocation. *Biofauling*, **25**: 325-333.

山口征矢 (1999): 植物プランクトンの一次生産. 月刊海洋, **31**: 470-476.

山口征矢・有賀祐勝 (1988): 東京湾における基礎生産の変遷. 沿岸海洋研究ノート, **25**: 87-95.

Yamaguchi, Y., H. Satoh and Y. Aruga (1991): Seasonal changes of organic carbon and nitrogen production by phytoplankton in the estuary of River Tamagawa. *Marine Pollution Bulletin*, **23**: 723-725.

山口征矢・柴田佳明 (1979): 東京湾における基礎生産の現況. 沿岸海洋研究ノート, **16**: 106-111.

Yamazi, I. (1955): Plankton investigation in inlet water along the coast of Japan XVI. The plankton of Tokyo Bay in relation to the water movement. *Publication of the Seto Marine Biological Laboratory*, **4**: 285-309.

山路 勇 (1973): 東京湾のプランクトンと汚濁. 東京湾汚濁調査委員会報告書, 建設省関東地方建設局企画部, 173-208.

矢持 進・有山啓之・日下部敬之・佐野雅基・鍋島靖信・睦谷一馬・唐沢恒夫 (1995): 人工護岸構造物の優占生物が大阪湾沿岸域の富栄養化に及ぼす影響 1. 垂直護岸でのムラサキイガイの成長と脱落. 海の研究, **4**: 9-18

柳 哲雄 (1997): 東京湾, 伊勢湾, 大阪湾の淡水・塩分・DIP・DIN 収支. 沿岸海洋研究, **35**: 93-97.

Yanagi, T., H. Tamaru, T. Ishimaru and T. Saino (1989): Intermittent outflow of high-turbidity bottom water from Tokyo Bay in summer. *La mer*, **27**: 34-40.

Yeung, Z. L. L., R. C. W. Kwok and K. N. Yu (2003): Determination of multi-element profiles of street dust using energy dispersive X-ray fluorescence (EDXRF). *Applied Radiation and Isotopes*, **28**: 339-346.

吉田健一・石丸 隆 (2007): 東京湾における植物プランクトン群集の変遷. 2007 年度日本海洋学会春季大会講演要旨集, 347.

魚 京善 (1994): 東京湾の海洋環境と生態系モデル, 東京水産大学博士論文, 168pp.

魚 京善・石丸 隆・小池義夫・峰 雄二・栗田嘉宥 (1995): 東京湾における栄養塩類濃度の季節変動. 東京水産大学研究報告, **82**: 33-44.

コラム

東京湾から消えたシラウオ

現在の東京湾で確認されるシラウオ科魚類はイシカワシラウオ（*Salangichthys ishikawae*）である（荒山, 2006）．しかし，かつての東京湾にはシラウオ（*S. microdon*）も生息し，少なくとも江戸時代から（1601年に隅田川のシラウオが徳川家康に献上されている）1962（昭和37）年まではシラウオ漁が営まれていた（藤森・鈴木，1971；東京都，1978）．漁獲量としては，1900年頃には約10～20トン，1930年代には約40～60トン，1952年以降は5トン未満であったという（三村，2005）．ちなみに，シラウオが東京湾に生息していたことを示す科学的根拠は，東京大学総合研究博物館や国立科学博物館に所蔵されている，東京湾や湾への流入河川である江戸川や中川から得られたシラウオの標本である（図1）．このなかには東京市場（現在の築地市場）で羽田産や浦安産として売られていたものも含まれており，れっきとした漁業対象種であったことがわかる．

東京湾のシラウオ漁

東京湾でのシラウオ漁は1月中旬から4月末まで行われた．漁場は，隅田川や中川，江戸川，荒川放水路，多摩川といった東京湾湾奥部に注ぐ河川の下流域やその河口付近，河川と河川の間の沿岸域であり（図2），いわゆる江戸前と呼ばれた水域であった（藤森・鈴木，1971；東京都，1978；佐藤，1991）．そして，江戸前を離れて江戸川以東，または多摩川以南では漁場どころかシラウオそのものがほとんど生息していなかったと推測される．これは第一に漁業の歴史から見出されることで，東京湾地先の漁業史や漁獲統計資料（大正時代の千葉県統計書など）にシラウオの記載がなかったことと，シラウオ漁業で有名な佃島漁民とその他東京湾地先漁民との漁業紛争の歴史においても，江戸前以外の水域でシラウオをめぐる紛争が生じた様子がないことによる（東京都，1978）．江戸前でシラウオ漁をめぐる漁業紛争が生じたほどその漁に魅力があったのだから，江戸前以外の水域に漁業が成り立つだけのシラウオ資源があれば，それをめぐる漁業紛争が生じていてもおかしくはない．ところが紛争の記録はないのである．

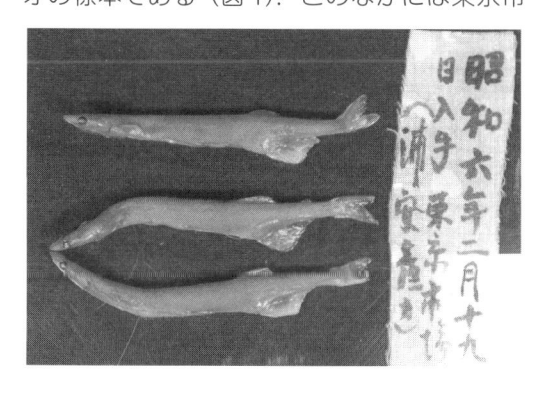

図1　東京湾産のシラウオ
　　　東京大学総合研究博物館蔵標本．ZUMT-38432．東京市場において1931年2月19日に採集．体長は上から順に，69.8，75.5，76.9 mm．

第2章 海域

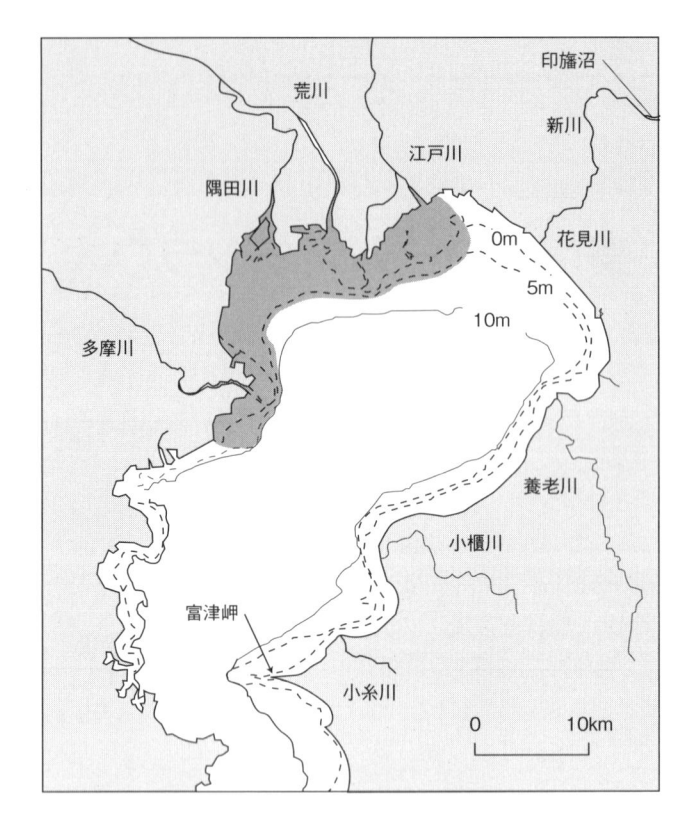

図2 1930年頃の東京湾におけるシラウオの推定分布域
貝塚（1993）の図をもとに作図．濃いグレーの水域が推定された分布域．
印旛沼と新川および花見川の流路については2003年現在で示した．

　第二には，日本各地のシラウオの生息水域から考えられることが挙げられる．シラウオは大きな河川の河口域（汽水域）や汽水湖に生息しているが（猿渡，1994；川島ほか，2001；山口，2006），本種が大きな資源を形成するには汽水湖の存在が重要とされている（山口，2006）．東京湾湾奥部には，江戸川や荒川，多摩川，中川の4水系によって，千葉県富津岬以北の東京湾に1年間に流入する101億m^3の河川水の約75％がもたらされており（日本科学者会議東京湾研究会，1978），この水域に汽水環境が広く存在したと推測される．このことからも，東京湾のシラウオの分布域が，豊富な淡水が流入し，広い汽水域が存在したであろう江戸前やその流入河川に限定的であったと結論づけても問題ないと考えられるのである．
　さて，このように江戸前特産種であったシラウオであるが，漁獲量減少の結果，1962年には漁が壊滅してしまった（藤森・鈴木，1971）．当時のシラウオ資源に何があったのか，研究資料をみたいところであるが，残念ながらほとんど存在していない．ここでは，本種の一般的な生態と当時の環境変化から，消滅に至った背景を推定してみたい．

シラウオが消えた理由

　シラウオは，孵化後1年で産卵を行い死亡する年魚である．基本の生活史型は汽水魚であるが，淡水や汽水域から海域までの広い範囲で生活する個体も知られている（猿渡，1994；Arai et al., 2003；山口，2006）．汽水魚とは，汽水域で全生活史を完結させる魚類を指すが，シラウオが汽水魚たる生態的特性は，卵から成魚に至るまでの全発育段階で有する広塩性とい

える．本種は，卵から成魚までの全発育段階で，淡水から海水までの，通常考えられるあらゆる塩分環境下で生残することができる（猿渡，1994；猿渡ほか，2005）．

年魚であるシラウオが個体群（資源）を維持するには，毎年，ある程度の再生産が成功しなければならない．極論すれば，再生産の失敗の連続は個体群の衰退，消滅を招くことになる．シラウオの産卵は淡水や汽水域の砂地で行われるが（猿渡，1994；千田，2001；山口，2006），本種の産卵生態からは産卵場となる砂地の存在が再生産の成功の鍵のひとつといえる．また当然のことだが，仔稚魚が生残，成長し，次の再生産に寄与することも欠かせない．

かつての東京湾や河川に，シラウオの産卵適地や仔稚魚の成育場がどの程度存在し，そして失われたのか，著者はまだ，それを示す資料を十分に得てはいない．しかし，シラウオの漁獲量の減少，さらにはシラウオ漁の壊滅と並行して，図2に示したシラウオの推定分布域である東京湾湾奥部では，埋立や浚渫などによって浅場が減少し，1950年代後半からは流入河川の汚濁の影響を受け水質・底質環境が悪化した（貝塚，1993；清水，2003）．また，各河川では，生活廃水や工場廃水などからの汚濁物質の増加や，水需要の増加による河川水量の減少，これらの相互作用による極度な水質悪化がもたらされた（藤森・鈴木，1971；加藤，1973；田辺，2006）．これらは，河川における汚濁や浚渫工事などによる環境改変が進んだことでシラウオが漁獲されなくなったという記述や（藤森・鈴木，1971），工場廃水が河川に流入するようになってからシラウオが減少したとする地元漁業者の証言（水産庁漁政部漁業振興課，1960；榎本，1963）につながることである．そしてこのような河川における水質悪化は河床へのヘドロの堆積も招いたと思われる．ヘドロまで至らずとも，シラウオの産卵場であった砂地が泥地に変わってしまった場所もあったことだろう．シラウオの卵は転絡糸と呼ばれる付着糸で砂粒に付着し，その場から流失することを防いでいるが，砂地がなくなることで，卵が泥に沈んで死んでしまったり，流されてしまったりしたこともあったのかもしれない．

結局のところ，シラウオが東京湾から消えたのは，シラウオに必要な環境，すなわち産卵や生息に適した環境が失われたためと考えられる．そして，その環境変化はシラウオの生活史の各段階に次のように影響したのではないだろうか：①産卵適地の砂地がなくなったことで，産卵ができなかったり，産卵しても卵が流失したり生残できなかったりした，②河口や沿岸域の浅場が消失したことで仔稚魚の生残率が低下した（成魚にも影響したかもしれない），③河川の汚濁のために，汽水域で卵や仔稚魚，成魚が生残できなかったり，沿岸域で生活していた成魚が産卵場まで到達できなかったりした（産卵も行えなかった），④大規模埋立によって海岸線が複雑化し，沿岸域で生活していたシラウオが産卵場まで到達することが困難になった．

もちろん，提示した仮説のうちのどれが，東京湾のシラウオにとって致命的であったのかを明らかにすることは困難であるし，さらには仮説がすべて存在したともいえない．しかし，大きな環境の変化（悪化）は，シラウオの生活史のうちのどこかに単独で影響したというよりは，生活史のすべてに対して複合的に影響したと考えるべきであろう．

ところで東京湾では，水質の悪化とともに一度みられなくなったハゼが，環境の改善とともに姿をみせるようになったことが知られている（日本科学者会議東京湾研究会，1978）．シラウオ漁が壊滅して約15年後の1970年代後半以降，東京湾各地で行われている様々な魚類調査でシラウオが確認されないこととは対照的である．なぜ，シラウオはハゼのように復活しなかったのだろうか．この検証は難しいところであるが，生息環境が回復していたとしても，湾

奥部以外の水域にシラウオがほとんど分布していなかったために周辺水域の個体群から湾奥部への新たな加入が起こらず，湾奥部においてシラウオが自然に復活することはありえなかったと考えられる．

シラウオが戻るには

それでは，現在の東京湾にシラウオが現れることはないのだろうか．著者は前述の通り，シラウオが現在の東京湾で当たり前に見られるようになることはないと考えているが，東京湾やその流入河川で本種が発見されるとしたら，次に示す2つの場合だと思う：①印旛沼のシラウオ（尾崎，1996）が新川と花見川を経由して東京湾に出現，②霞ヶ浦や利根川，印旛沼といった利根川水系産のシラウオが利根川を遡上し，江戸川を経由して東京湾に出現．このうち可能性が高いと思われるのは①で，関連事例には，印旛沼から利根川へ流下するシラウオ仔魚の存在があげられる（尾崎・梶山，私信）．一方，②の利根川遡上仮説では，シラウオが利根川と江戸川の合流点，もしくは両河川をつなぐ利根運河まで利根川を遡上しなければならない．成魚であっても遊泳力（耐久速度）が最大20cm/秒しかないシラウオでは（山口，2006），よほどの渇水でもない限り難しいことだろう．

人間活動によってシラウオの生息環境が悪化し，シラウオが東京湾から姿を消したことは，結果として，江戸時代から続く文化を消滅させ，地史的時間によって形成された自然を失わせたといえる．その当時，人間の生活に関して利便性や快適さを求めたのはやむをえなかったことかもしれないし，その恩恵を今の私たちが享受しているのも事実である．しかし，発展した現代においては，東京湾のシラウオがたどった歴史を繰り返さない，すなわち現在生息している生物を人為的に絶滅に追い込んではならないとする姿勢を明言し，行動していくことが求められていると著者は考えている． （荒山和則）

参考文献

Arai, T., H. Hayano, H. Asami and N. Miyazaki（2003）: Coexistence of anadromous and lacustrine life histories of the shirauo, *Salangichthys microdon*. Fisheries Oceanography, 12: 134-139.

荒山和則（2006）：東京湾を透かして生きる－イシカワシラウオ．「東京湾 魚の自然誌」，河野 博（監修），東京海洋大学魚類学研究室（編），平凡社，161-167.

榎本義正（1963）：シラウオの人工ふ化飼育予備実験．水産増殖，11: 211-216.

藤森三郎・鈴木 順（1971）：芝居のセリフにもうたわれた江戸名物白魚漁業．「東京都内湾漁業興亡史」，東京都内湾漁業興亡史編集委員会（編），東京都内湾漁業興亡史刊行会，705-717.

貝塚爽平（1993）：東京湾の生い立ち・古東京湾から東京湾へ．「東京湾の地形・地質と水」，貝塚爽平（編），築地書館，1-19.

加藤 迪（1973）：「都市が滅ぼした川 多摩川の自然史」．中央公論社，210pp.

川島隆寿，猿渡敏郎，千田哲資（2001）：シラウオ．「山渓カラー名鑑 日本の淡水魚」，川那部浩哉，水野信彦，細谷和海（編），山と渓谷社，53 & 82.

三村哲夫（2005）：シラウオ．平成16年度資源評価調査委託事業報告書，東京湾の漁業と資源 その今と昔，（社）漁業情報サービスセンター，168-170.

日本科学者会議東京湾研究会（1978）：東京湾を診断する．東海区水産研究所業績C集 さかな，21: 1-55.

尾崎真澄（1996）：印旛沼における張網漁獲物組成の変遷．千葉県内水面水産試験場研究報告，6: 15-27.

猿渡敏郎（1994）：シラウオ－汽水域のしたたかな放浪者．「川と海を回遊する淡水魚－生活史と進化－」，後藤 晃，塚本勝巳，前川光司（編），東海大学出版会，74-85.

猿渡敏郎・小藤一弥・田中宏典・金高卓二・齊藤伸輔（2005）：魚類の生息環境としての汽水湖－茨城県涸沼を例に－．「魚類環境生態学入門」，猿渡敏郎（編著），東海大学出版会，74-102.

佐藤魚水（1991）：豊饒だった"江戸前の海"．「江戸東京湾事典」，江戸東京湾研究会（編），新人物往来社，233-234.

千田哲資（2001）：定説に気をつけよう 研究の落とし穴と盲点．「稚魚の自然史－千変万化の魚類学－」，千田哲資，南 卓志，木下 泉（編著），北海道大学図書刊行会，258-277.

清水 誠（2003）：漁業資源から見た回復目標．月刊海洋，35（7）: 476-482.

水産庁漁政部漁業振興課（1960）：水産増殖資料第24号 江戸川水系魚相調査報告（附録：渡良瀬川水系産魚類目録）．58pp.

田辺陽一（2006）：「アユ百万匹がかえってきた いま多摩川でおきている奇跡」．小学館，240pp.

東京都（1978）：都史紀要26 佃島と白魚漁業．207pp.

山口幹人（2006）：石狩川下流域および沿岸域に分布するシラウオの資源生態学的研究．北海道水産試験場研究報告，70: 1-72.

| コラム |

東京湾におけるスナメリの生息状況

　スナメリはネズミイルカ科の小さなイルカである．体長は人間の大人くらいである．ペルシャ湾から日本に至るインド洋・太平洋の沿岸から浅海域，場所によっては河川にも分布する（Amano, 2002）．日本には遺伝的な交流に乏しい個体群が少なくとも5つあると考えられている（Yoshida et al., 2001）．そのうちのひとつが東日本の仙台湾から東京湾にかけて分布する個体群である．ここでは，東京湾および浦賀水道のスナメリの現状について，これまでに得られた知見を整理し，東京湾で実施した目視調査について紹介する．なお，ここでは神奈川県観音崎と千葉県富津岬を結んだ線より北側を東京湾，南側を浦賀水道とする．

東京湾および浦賀水道におけるスナメリの記録

　東京湾および浦賀水道で飛行機や船で発見されたスナメリや，港に迷い込んだり海岸に漂着したスナメリの記録を図1にまとめた．迷入，漂着個体の記録は日本鯨類研究所（日鯨研）のストランディングレコード（http://www.icrwhale.org/zasho.htm）と石川（1994）から引用した．これによると，1963年から2006年までに東京湾および浦賀水道で記録された迷入，漂着個体の総数は7頭（浦安，横浜，久里浜で各1頭，船橋，横須賀で各2頭）である．そのうちの4頭の体長は，スナメリの平均出生体長80 cm（Furuta et al., 1989；Shirakihara et al., 1993）に近かった．1963年5月に横須賀港に迷入した個体は体長69 cmで，外部形態の観察や外部測定値が報

図1　東京湾および浦賀水道におけるスナメリの記録
　□：迷入・漂着，○：飛行機による発見と撮影，●：船舶による発見．
Amano et al.（2003），Kasuya（1971），日本鯨類研究所ストランディングレコードよりデータを引用．データ収集協力：石川　創氏（日本鯨類研究所）．

告されており，新生仔特有の特徴がみられた（中島，1963）．2006年5月に横浜本牧埠頭に迷入し，横浜・八景島シーパラダイスに保護された体長84 cmの個体も新生仔とみなされた（図2，Ohkubo et al., 2008）．2004年6月と06年5月に船橋市ふなばし三番瀬海浜公園に漂着した2頭は，ともに体長80 cmであった．このように生まれたばかりと思われる個体が5，6月に記録されたのは興味深い．スナメリの出産期は個体群により異なり，九州の有明海・橘湾個体群では秋から春，瀬戸内海・響灘個体群および伊勢湾・三河湾個体群では春から夏と考えられている（Kasuya & Kureha, 1979；Furuta et al., 1989；白木原，2002）．東京湾および浦賀水道に出現するスナメリは春から夏に出産するのかもしれない．日鯨研ストランディングレコードによれば，福島県から茨城県にかけての太平洋側では，2006年だけで少なくとも8頭のスナメリが報告されており，東京湾および浦賀水道での報告数は極めて少ない．これはスナメリの生息密度の海域差をある程度反映しているのかもしれない．

スナメリの生息状況を調べるには，飛行機や船で目視調査を行うのが一般的である．東京湾および浦賀水道ではこれまでに少なくとも3つの調査チームが飛行機目視調査を実施した．環境省は2000年7月に三浦半島久里浜と房総半島上総湊を結ぶ線より南の海域を調査した（環境省，2002；Amano et al., 2003）．スナメリは調査海域では発見されなかったが，調査海域からの帰途，富津岬から木更津沖にかけて2群5頭が発見された．水産庁は2005年に調査を行った（吉田・岩崎，2005）．富津岬から洲崎までの沿岸線に沿って飛行した調査チームはスナメリを発見できなかった（Yamada et al., 2006）．

船舶での調査も行われている．東京湾スナメリ研究会（東京湾のスナメリに関心をもった有志の集まり）は2003年8月に浦安から木更津付近まで小型船舶でスナメリを探した．また2003年12月から04年5月までに月1回久里浜と金谷を結ぶ東京湾フェリーでもスナメリを探したが，いずれも発見はなかった（石川私信）．ただし会員の一人が2003年10月にアクアライン川崎人工島と富津岬の間で2頭のスナメリを発見している（日鯨研ストランディングレコードより引用）．

著者は東京湾および浦賀水道を行き来する官公庁および民間の船舶からスナメリの目撃情報を提供してもらっている（表1）．これらの記録はすでに日鯨研ストランディングレコードに報告しているが，2004〜08年春までに富津から木更津沖で2回，浦安沖で7回，市原沖で1回スナメリの目撃があった（図1）．スナ

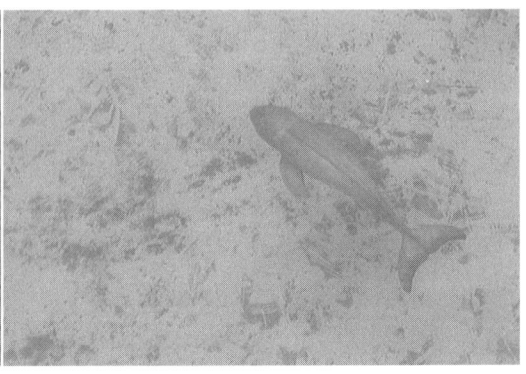

図2　横浜本牧埠頭に迷入，保護されたスナメリ
写真提供：横浜・八景島シーパラダイス．

表1 船舶によるスナメリの目撃情報

年	月	日	時刻	北緯	東経	海域	個体数
2004	4	12				浦安沖	1
2004	7	21	10:07	35.345	139.775	木更津沖	1
2005	2	15	14:40	35.367	139.833	富津火力発電所の航路付近	1
2006	11	6	12:03	35.589	139.875	浦安ディズニーランド付近	2
2007	7	21	6:55	35.582	139.935	浦安灯台南東約3マイル付近	2
2007	7	21	13:25	35.580	139.941	浦安灯台南東沖	1
2007	8	11	13:41	35.583	139.902	浦安沖	1*
2007	10	22	6:25	35.594	139.901	浦安灯台南沖1.3マイル	1
2008	1	11	15:30	35.575	140.066	市原沖	2
2008	3	11	5:55	35.586	139.842	浦安沖	4〜6

*:著者らによる発見.
情報提供:石田光廣氏,大畑 聡氏(千葉県水産総合研究センター),松本 武氏.
データ収集協力:柿野 純氏(千葉県水産総合研究センター),工藤孝浩氏(神奈川県水産技術センター),東本和行氏.

メリの出現に季節的特徴はなく,群れを構成する個体数は1頭が多かった.

小型船舶によるスナメリの目視調査

2004年2月東京湾奥で小型船舶によるスナメリの目視観察を行った.スナメリは背びれがなく,大きな群れを作ることが少なく,ジャンプなどの空中行動を頻繁に行うことがないため,少し波立つと発見が難しい.船でスナメリを探す場合には,ビューフォート風力階級0(水面は鏡のように穏やか)ないしは1(うろこのようなさざ波が立つ)の条件であることが望ましく,階級2(はっきりしたさざ波がたつ)になると発見しづらくなり,階級3(波頭が砕ける.白波が現れ始める)では,通常,船舶でも飛行機でも調査を中止する.この日は,無風で海面が鏡のように穏やか,まさにスナメリ調査日和であった.船は,朝9:00に船橋漁港を出港し,一路,市原市の養老川河口へ向かい,そこでしばらく停船,その後,千葉,稲毛,幕張の沖合ほぼ3kmを船橋市ふなばし三番瀬海浜公園沖に向けて移動し,そこで停船,その後付近を周回し13:00に帰港した.船上では,おもに裸眼でスナメリを探したが,スナメリ発見の手がかりとなるようなものを見つけた場合には適宜双眼鏡を使った.発見の手がかりのひとつに鳥の存在がある.カモメ類などがまるで何かを追いかけるように洋上をゆっくりと低空で飛んでいるとき,海面に着水していた鳥が少し飛んで移動しまた着水する行動を繰り返しているとき,周囲にスナメリが現れることがある.そのほか,海面がキラリと反射したり,パシャッと波だったり,茶色っぽいもの(流木であることが多い)が視界に入ったときは,すかさず双眼鏡で確認した.船を走らせながらの総目視時間は3時間弱であったが,スナメリを1頭も発見できなかった.一方,有明海湾奥で小型船舶を用いて行った目視調査では,調査のたびにスナメリを発見し,1時間当たりの平均発見頭数は6頭であった(Shirakihara et al., 1994).

著者が東京湾で初めてスナメリを確認したのは2007年8月であった(図1,表1).これまでの目撃情報が浦安沖,富津から木更津沖に集中していたので,その周辺でスナメリを探すことを試みた.富津から木更津沖は風力階級3以上の悪条件でスナメリの探索を断念したが,浦安沖は風力階級1の好条件でスナメリ1頭を発見した.北にディズニーランドを望む海にスナメリはいた.

第 2 章　海域

東京湾のスナメリの現状

　以上のように，複数の調査チームが東京湾および浦賀水道でスナメリを発見しようと努力したにもかかわらず，発見頻度は必ずしも高くなかった．スナメリは東京湾に分布すると考えられるが，その個体数はけっして多いとはいえないだろう．ただし，東京湾では広範囲にわたる体系的な目視調査は実施されておらず，なるべく早い時期に，東京湾におけるスナメリの生息状況を明らかにすることが望まれる．

　Shirakihara et al. (1992) は，1985 年から 89 年にかけて，北海道を除く全国の漁業協同組合（漁協）を対象としてスナメリの目撃に関するアンケート調査を行った．東京湾および浦賀水道に面した漁協からも回答が得られ，「スナメリを見たことがあるか」という問いに関して，東京湾では 1 つを除いて他のすべての漁協が「ある」と答えたが，浦賀水道では「ない」と答えた漁協の数が多かった（図 3）．浦賀水道の千葉県側から房総半島南端では「ない」と答えた漁協が卓越していたが，銚子に至る房総半島東部では，「ある」と答えた漁協が多い．実際，九十九里浜では陸上からもスナメリを観察することができる（秋山，1996）．各地で行われたスナメリの目視調査ではスナメリの発見は水深 50 m 以浅域で多い：有明海・橘湾 (Yoshida et al., 1997)，瀬戸内海 (Shirakihara et al., 2007)，仙台湾から東京湾 (Amano et al., 2003)．そのため彼らの分布は水深で制限されていると考えられている．浦賀水道南部は岸からすぐに水深 50 m に達する急深な海域である．この海域で行われた目視調査ではスナメリの発見はなかった (Amano et al., 2003 ; Yamada et al., 2006)．東京湾と房総半島東部海域間の移動は稀なのかもしれない．さらに仙台湾から東京湾にかけての個体群は複数ある可能性も示唆されている (Yoshida et al., 2001 ; Amano et al., 2003)．

　瀬戸内海では，約 20 年間でスナメリの個体数が激減したことが明らかにされ，個体数減少を引き起こした要因として混獲，埋立・海砂採取などによる生息場所の劣化，化学物質の蓄積，船舶との衝突などが挙げられている (Kasuya et al., 2002)．生息海域の分断化が生じた可能性も指摘されている (Shirakihara et al., 2007)．

　2003 年，著者らが東京湾の漁業者や船舶乗

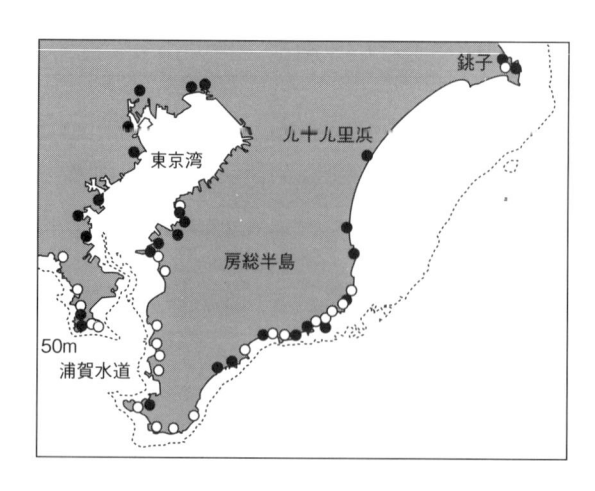

図 3　東京湾および浦賀水道周辺海域における漁業協同組合へのスナメリの発見の有無に関する聞き取り調査結果
　●：見たことがある，○：見たことがない．Shirakihara et al.（1992）より作成．

組員にスナメリに関する聞き取り調査を行ったところ,「昔はスナメリをよく見たが,最近は見ない」と話す人が多かった.東京湾アクアラインが開通する前,川崎と木更津の間をフェリーが走っていたが,このフェリーからもスナメリはたびたび見えたそうだ.したがって,スナメリが東京湾を生息の場としていたことは確かであり,かつては今よりも多くのスナメリが東京湾に生息していたと思われる.撮影年月日は不明であるが,朝日新聞が東京湾上空,木更津沖で撮影したスナメリの写真が Kasuya (1971) に掲載されている.1971年以前に撮影されたものであろうが,その写真には海面を悠々と泳ぐ6頭のスナメリが写っている.かつてはこのようなスナメリの姿を東京湾のあちらこちらで見ることができたのかもしれない.東京湾のスナメリの個体数を減少させた人為的な要因は何か? 瀬戸内海でスナメリの生存を脅かしたとされた要因がそのまま東京湾でもあてはまるかもしれないし,海域特有の何かが作用しているかもしれない.東京湾におけるスナメリの現在の生息状況を把握し,人為的な死亡要因を取り除くこと,生息環境を保全することが重要であろう.東京湾でスナメリを普通に発見できる日が来ればよいと思う.(白木原美紀)

参考文献

秋山章男 (1996): 九十九里浜におけるスナメリの陸上目視観察.日本水産学会春季大会講演要旨.

Amano, M. (2002): Finless porpoise *Neophocaena phocaenoides*. *In*: "Encyclopedia of Marine Mammals", Perrin W. F., B. Würsig, J. G. M. Thewissen (eds.), Academic Press, 432-435.

Amano, M., F. Nakahara, A. Hayano and K. Shirakihara (2003): Abundance estimate of finless porpoises off the Pacific coast of eastern Japan based on aerial surveys. *Mammal Study*, 28: 103-110.

Furuta, M., T. Kataoka, M. Sekido, K. Yamamoto, O. Tsukada and T. Yamashita (1989): Growth of the finless porpoise *Neophocaena phocaenoides* (G. Cuvier, 1829) from the Ise Bay, Central Japan. *Annual Report of Toba Aquarium*, 1: 89-102.

石川 創 (1994): 日本沿岸のストランディングレコード (1901-1993). 財団法人日本鯨類研究所, 94pp.

Kasuya, T. (1971): Consideration of distribution and migration of toothed whales off the Pacific coast of Japan based upon aerial sighting record. *The Scientific Reports of the Whales Research Institute*, 23: 37-60.

Kasuya, T. and K. Kureha (1979): The population of finless porpoise in the Inland Sea of Japan. *Scientific Reports of the Whales Research Institute*, 31: 1-44.

Kasuya, T., Y. Yamamoto and T. Iwatsuki (2002): Abundance decline in the finless porpoise population in the Inland Sea of Japan. *Raffles Bulletin of Zoology*, 10 (Supplement): 57-65.

環境省 (2002): 海域自然環境保全基礎調査海棲動物調査(スナメリ生息調査)報告書. 136pp.

中島将行 (1963): スナメリの迷子. 鯨研通信, 147: 1-3.

Ohkubo, M., K. Tokutake, H. Ito, K. Yoshida and A. Shimizu (2008): Haplotype of the mitochondrial DNA control region of a neonatal finless porpoise stranded around the Yokohama Port. *Mammal Study*, 33: 83-86.

白木原美紀 (2002): スナメリの生物学的特性. 月刊海洋, 135: 554-558.

Shirakihara, M., K. Shirakihara and A. Takemura (1994): Distribution and seasonal density of the finless porpoise, *Neophocaena phocaenoides* in the coastal waters of western Kyushu, Japan. *Fisheries Science*, 60: 41-46.

Shirakihara K., M. Shirakihara and Y. Yamamoto (2007): Distribution and abundance of finless porpoise in the Inland Sea of Japan. *Marine Biology*, 150: 1025-1032.

Shirakihara, M., A. Takemura and K. Shirakihara (1993): Age, growth, and reproduction of the finless porpoise, *Neophocaena phocaenoides*, in the coastal waters of western Kyushu, Japan. *Marine Mammal Science*, 9: 392-406.

Shirakihara, K., H. Yoshida, M. Shirakihara and A. Takemura (1992): A questionnaire survey on the distribution of the finless porpoise, *Neophocaena phocaenoides*, in Japanese waters. *Marine Mammal Science*, 8: 160-164.

Yamada, T., T. Kuramochi, M. Amano and H. Ishikawa (2006): Marine mammalian migrants of Sagami Bay and adjacent areas. *Memoirs of the National Science Museum*, 41: 569-575.

吉田英可・岩崎俊秀 (2005): スナメリ 日本の周辺海域. 平成17年度国際漁業資源の現況, 水産庁, 351-356.

Yoshida, H., K. Shirakihara, H. Kishino and M. Shirakihara (1997): A population size estimate of the finless porpoise, *Neophocaena phocaenoides*, from aerial sighting surveys in Ariake Sound and Tachibana Bay, Japan. *Researches on Population Ecology*, 39: 239-247.

Yoshida, H., M. Yoshioka, M. Shirakihara and S. Chow (2001): Population structure of finless porpoises (*Neophocaena phocaenoides*) in coastal waters of Japan based on mitochondrial DNA sequences. *Journal of Mammalogy*, 82: 123-130.

第 2 章　海域

コラム

東京湾の自然再生に向けた，市民レベルの活動
―横浜におけるアマモ場再生活動を中心として

背景と前史

(1)「よこはまかわを考える会」など，森 清和氏を中心としたあつまり

1960 年代の日本経済の高度成長期に，沿岸域の埋立が東京湾全体で急速に進行した．現実に，東京都，川崎市においては，往事の自然海岸は全く残されておらず，そのほとんどが垂直岸壁で示される人工の岸壁になってしまった．横浜市についていえば，146 km といわれる水際線のうち市の最南端に位置する野島海岸のわずか 0.5 km が手つかずの自然海岸として残された．その隣に横浜市が管理する海の公園の砂浜，延長距離約 800 m が広がり，毎年潮干狩りの季節には数万人の人出があるが，これは埋立地の先地に千葉県から運ばれた山砂を用いてつくった人工海浜である．かつて美しかった根岸湾は工業地域として埋立が進み，水際線はすべて企業によって占められていて，一般の立ち入りは拒絶されている．日本経済の発展のためにはやむをえなかったということになるのであろうが，住民と海との物理的，心理的な距離を拡大している原因となっている．

このような海岸線，または河川環境をも含めた流域圏の急変に対する危機感が刺激したものと思われるが，横浜市職員なども（おそらく個人的に）参加して，流域圏についての勉強会が継続的にもたれてきた．その中心になったのが，横浜市環境科学研究所の故・森 清和氏である．その活動の流れをくむ人々が今でも横浜で地道ではあるが着実な活動を続けている．森 清和氏を中心とした「よこはまかわを考える会」は代表も会則もないプロジェクトの複合体として存在しているとのことである（木村，2008；花鳥風月編集委員会，2007）．このような活動が始められた時期はちょうど東京湾沿岸における大規模開発が横浜でも進められた時期であり，横浜の自然が急速に消失する実態をよく見る立場にあった自治体職員の中から，自然環境の保全や回復，またそのような活動に市民レベルで関与することの必要性を実感した人々が出てきたことは不思議ではない．とりわけ流域圏の自然保全・復元に関する活動は，横浜や神奈川県で現在でもかなり活発に進められているが，そのような活動の原点になるものとして，自治体の職員がその中心になった背景があるだろう．

今後の市民活動を考えるうえで，横浜市の特異的な例の紹介は重要と考えるので，あえてその活動の中心になった森 清和氏の名前をあげる．後述するが，「よこはまかわを考える会」の活動の中心が行政マンであったことの利点としては，行政や企業に対する反対運動として環境保全・保護活動が進められたのではないために無用なエネルギーの消耗が避けられたことにあるだろう．反面では，その活動の主体が曖昧

な形にならざるをえない宿命を備えていたともいえる．行政マンをコアとしながらも行政と直接的な関係がない一般の市民や子どもたち（若い世代）もこのような活動に参加していったことは，横浜市の基礎人口が大きいという，大都会にしかない利点が生きたこともあろう．

横浜の中間組織団体プロフィール（横浜市立大学経済研究所，2004）によれば，「よこはまかわを考える会」は『1982年，横浜市の職員（環境，河川，土木，都市計画，建築，生物など）を中心に，市民や行政が共有しうる都市河川観を模索（考え）してみようということが契機となる．（中略）立場や信条にかかわらず，関心のある人は誰でも参加できる開かれた会である．会は，柔構造の組織を目指しており，固定的な代表や役員は置いていない．全員が代表兼事務局員．「かわを知ろう」「かわに学ぼう」「かわで遊ぼう」をモットーにプロジェクト方式で活動を続けている』のように，アンケートに対して答えている．

(2) 村橋克彦氏らの横浜地域におけるまちづくりのあつまり

横浜市立大学教授（現在は名誉教授）の村橋克彦氏は，市民まちづくり政策，地域社会政策を専攻した研究者であると同時に，横浜地域の市民活動を指導する実践活動を行った．横浜市南部（金沢区を中心とする）のまちづくりの視点から，円海山，瀬戸神社，称名寺，平潟湾，野島，富岡，六浦，金沢・柴漁港など，歴史的な施設や構造とそこに住む人々とを結びつけた社会の活性化の方策を探った活動といえるであろう．横浜市立大学・関東学院大学などの学生たちと一緒に瀬戸神社の祭り，称名寺音楽祭，野島公園における「金沢水の日」などのイベントを開催し，そのうちいくつかの活動は現在でも続けられている．古くからの住民，新しくこの地域に住むようになった住民と，子どもたち，学生たちがイベント活動を通じてまちの活性化を目指している．この活動は，東京湾の自然再生をまちづくりの市民活動の一環としてとらえたところにその意義がある．

(3) ダイバーたちによるアマモ場再生の活動

横浜に住むダイバーたちが，東京湾の環境を自分たちの手でよくしていきたいという気持ちから，山下公園での海中のゴミ集めとその撤去，みなとみらい地区内や野島公園先地などでのアマモ場の再生活動を始めた（工藤，2006）．この活動の一部を基盤として，次で述べる「金沢八景－東京湾アマモ場再生会議」が発足した（林，2005a；b）．

「金沢八景－東京湾アマモ場再生会議」の発足

(1) 構成メンバーと横浜市の関与

2003年に横浜市環境保全局（後に改組されて環境創造局）が，横浜市のまちづくりに市民の直接的な協力を得たいという趣旨から，「市民提案型・環境まちづくり協働事業」を立ち上げ，参加団体を公募した．2000年頃から野島先地と海の公園とでアマモ場再生活動を行ってきたダイバーたち（団体としては「海をつくる会」と「NPO法人海辺つくり研究会」）が中心となり，この事業に応募することになり，応募に際して連携組織として「金沢八景－東京湾アマモ場再生会議」（以後，再生会議）が発足した（2003年6月）．複数の応募の中から再生会議も選ばれて，2003～05年度に100万円／年の資金供給を得ることになった．再生会議には，市民団体（NPO/NGO），地域の小学校，大学，研究機関，自治体（国，県，市，区），企業等の多様なセクターが，緩やかな形で参加した．その後，活動が周知されてくるにつれて，地域の企業や団体の参加もあった．発足時に採択された再生会議の設立趣意書（表1）にこの会の目的・性格が記述されている．再生会議の具体的な活動内容については林（2005a，b），工藤（2009）に詳しい．

第 2 章　海域

表 1　金沢八景-東京湾　アマモ場再生会議設立趣意書

金沢八景-東京湾　アマモ場再生会議
設立趣意書

　東京湾はかつて，多くの干潟と浅場に恵まれて，いたるところにアマモが茂り，「アマモ場」は多くの小魚達の生活と繁殖の場でした．われわれの生活が便利になるのに並行して，残念ながら，この海の豊かさは次第に少なくなってきました．それでもまだ，金沢八景沿岸部の野島，平潟湾，金沢湾は，市民が安心して水と触れ合い「海を感じる」ことができる，横浜でも数少ない場所です．また，春の「潮干狩り」，秋の「はぜ釣り」といったかつての江戸前の海の雰囲気と，東京湾の四季の風物をいまだに体験できる場所として残っています．金沢八景の海など，海岸と海とを愛する私達は，これまでいろいろな機会をとらえて貴重な海の自然を大切に育ててきました．私達は，これまで，市民団体，企業，大学，研究機関などの働きをとおして，金沢八景の海を対象として，その恵みを享受し続けることができるように努めてきました．その中で，私達にとってふるさとの海とも言える，野島・平潟湾・金沢湾を再生し，その豊かさを取り戻すために，ゆるやかな協働による具体的な活動が必要であると自覚するようになりました．

　それは，海のゆりかごといわれるアマモ場を金沢八景の海に再生することです．アマモは，魚が生まれ育っていくうえで大切な海草（うみくさ）です．かつては，東京湾には多くのアマモ場があり，小さな魚達のゆりかごになっていたのです．しかし今では，金沢八景周辺の浅場（あさば）にアマモ場はほとんどありません．私達は，市民，企業，大学・研究機関，行政の協働によって金沢八景の海にアマモ場を再生しようという活動を起こすことにしました．金沢湾にアマモを移植し，守り育てて行こうという試みです．私達の金沢の海を，また私達の東京湾を，アマモ場の再生をとおして復活し，東京湾に生き物たちの賑わいをとりもどしたいと考えています．

　金沢八景発-東京湾再生に向けて，アマモ・リバイバル！
　その決意のもとに私達は，ここに「金沢八景-東京湾　アマモ場再生会議」を設立します．

2003（平成 15）年 6 月 30 日

金沢八景-東京湾　アマモ場再生会議

---

(2) 時代的背景

　横浜市金沢地域でのアマモ場の再生・復活のための活動が，いろいろなセクターの協働・参加という形で比較的順調に発足し，進められてきた背景には，国際的な流れがあることを無視してはいけないだろう．1992 年にブラジル・リオデジャネイロで「地球サミット」が開催され，地球環境の保全・再生が国際的（全地球的）な課題として注目を集めた．単なる一地域に限られた環境に対する取り組みとしてだけでなく，地球環境の保全と再生の重要性とが，地球全体の問題として認識されたのである．この流れは 1997 年の京都会議（気候変動枠組条約締約国会議，COP3）での「京都議定書」の採択，2002 年ヨハネスブルグで「リオ +10」と呼ばれる首脳国会議の開催，2005 年の「京都議定書」発効，2009 年の気候変動枠組条約締約国会議（COP15）に継承されている．日本政府としても国際社会に協調して全地球的な環境の再生・改善・保全への取り組みを行ってきた．この流れは，2010 年 10 月に名古屋で開催される「第 10 回生物多様性条約締結国会議（CBD-COP10）」に続いている．おそらく，横浜市の環境部局によるアマモ場再生活動への

表2 CBD-COP10に至る歴史的背景

年	事　項	参考（内容等）
1992	国連環境開発会議（UNCED）（＝地球サミット）（リオデジャネイロ） 気候変動枠組条約（UNFCCC：United Nations Framework Convention on Climate Change）を採択 生物多様性条約（CBD：Convention on Biological Diversity）を採択	→ UNFCCC 　IPCCは，気候変動に関する科学的な研究の収集と整理のための政府間機関 → CBD（2009年9月現在，192国＋ECが加盟，米国は非加盟） 　条約の締約国には決議に基づいた施策が要求される 　現在，生物多様性・生態系サービス分野については，IPBES（生物多様性と生態系サービスに関する政府間パネル）の設立に向けた議論が行われている
1995	UNFCCC-COP1（ベルリン） 　　COP：Conference of partiesの略	温室効果ガスの発生源による人為的な排出および吸収源による除去に関する，例えば2005年，2010年および2020年といった特定のタイムフレーム内における数量化された抑制および削減の目的を設定すること
1997	UNFCCC-COP3（京都）	京都会議－京都議定書を採択
2000	アナン国連事務総長演説「私たち人類：21世紀における国際連合の役割」	ミレニアム生態系評価（MA：Millennium Ecosystem Assessment）の実施を呼びかけ
2001～2005	国連環境計画（UNEP）の調整のもとで，ミレニアム生態系評価（MA）を実施	MAでは，科学的・客観的な情報を提供するために約1,360人の世界中の専門家が参加して地球規模の生態系の動向を評価した
2002	ヨハネスブルク環境サミット（＝リオ＋10会議）	1992年のリオデジャネイロサミットの成果をまとめる意味があった
2002	CBD-COP6	2010年目標の設定：2010年までに生物多様性の減失を顕著に減少させる
2007	ノーベル平和賞　IPCC＋ゴア元米国副大統領	気候変動（地球温暖化）に対する警告
2008	北海道洞爺湖サミット	環境サミットとしての位置づけ
2009	UNFCCC-COP15（コペンハーゲン）	
2010	第10回生物多様性条約締約国会議（CBD-COP10，名古屋）	2010年目標の達成状況の検証，2010年以降の新たな目標（ポスト2010年目標）などが問題となる

支援決定も，この社会的な流れの一つとしてとらえるべきであろう（表2）．

再生会議の成果と課題

（1）野島と海の公園における成果

横浜でのアマモ場再生の主要なサイトは，横浜市金沢区の野島，海の公園，ベイサイドマリーナである．これらのサイトでは子どもたちを含めた比較的多くの人々が集まることができる．アマモ場再生事業はハードウェアとしては，水産庁・神奈川県，国交省港湾局，横浜市環境創造局などの委託事業などとして進められたが，再生会議などの市民参加型の枠組みは，これらを補完するソフトウェアとしての働きがある．市民はボランティアとして参加するとともに，海の自然再生に興味をもち，実際に行動する人々の輪が拡大する，教育・広報活動の側面がある．

ところで，2003年5～6月に横浜市沿岸に赤潮が発生し，それが青潮化（貧酸素化）したことで，それまでわずかに存在していたアマモ場は全壊状態になり，アマモのパッチはほとんど見られなくなった．しかしながら，その後の自然の状況も幸いしたのか，2003年に始まる数年間のアマモ場再生活動の成果は当初予想したよりも早く現れた．野島と海の公園の空撮を比較すると，2005年時点では播種を行った箇所にのみアマモの群落が見られるが，2009年にはもはや新たに移植を行う面積がないような状態になったことが明らかである（図1）．

野島のアマモ場では，海をつくる会のメンバーが中心となって毎月一回のサーフネットを

第2章 海域

図1 海の公園のアマモ群落
2005年5月（A）にはわずか見られたアマモ場の群落（矢印）が，2009年5月時点（B）では海の公園の先地の大半を覆っていることがわかる（資料提供：神奈川県水産技術センター）．

表3 横浜市野島海岸アマモ場でのサーフネットによる魚類採取状況

年	2000	2006	2007	2008
期間	3～11月	3～12月	1～12月	1～12月
調査回数	15	10	14	12
科数	23	25	29	34
種数	39	48	49	69
平均出現種数	5.1	14.7	15.2	18.6
総採集数	13569	4713	17569	24345
平均個体数	904	401	1225	2029
総重量（g）	—	6671	16796	13201
平均重量（g）	—	667	1199	1100

工藤（2009）より改変して転記

用いた生物調査を実施しているが，採取される生物の種数は確実に増加している（表3）．

(2) 情報の発信と収集

a) 横浜海の森つくりフォーラム・国際ワークショップ・アマモサミット

アマモ場再生活動の内容を広く一般の市民に知ってもらい，いろいろな側面からの支援を求めることは重要である．広報活動の一環として，再生会議は毎年年末または年度末に「横浜海の森つくりフォーラム」を開催してきた．フォーラムでは，その年の再生会議の活動の内容報告のみでなく，関連する機関や団体からの報告や意見表明もお願いし，情報共有を図ってきた例えば，2005年3月には，森・川・海の流域圏の連携という視点から，それぞれのフィールドで活動に携わっている団体の話を聞く機会を設けた．2005年11月には「横浜国際ワークショップ」を開催し，日本のみでなく，フランス，マルタ，韓国，中国，フィリピン，オーストラリア，米国からもコミュニティーを基本として沿岸域の自然の保全や再生に携わっている人々を招待し，それぞれの成果と問題点を討議する機会を設けた．2008年12月には「全国アマモサミット2008」を開催し，日本の沿岸

で藻場（アマモ場を含む）や干潟などの保全・再生がどのように進められているかの情報交換を行った．これらの発表会は，横浜からの情報発信になるとともに，横浜での極めて地域性に富んだ（ローカルな）活動が実際は全地球的（グローバルな）側面をもっていることを一般市民に理解してもらうのに役立った．

b) 漁協での定期的な説明会

横浜地域は埋立が進んだこともあって，排他的な操業を認める共同漁業権が一旦消滅している．しかしながら，小柴のシャコや，東京湾のアナゴ，スズキなどを採捕する漁業は，知事許可漁業，または自由漁業として存在し，横浜市漁協も都市型漁業として健在である．再生会議は，海辺の再生は地元の漁師との協調と理解を得て進められなければならないと考えて，定期的（ほぼ3ヵ月ごと）に横浜市漁協の会議室でアマモ場再生の実際を報告する集まりを開催してきた．この会合はあるときは神奈川県水産課が主催し，別の機会では再生会議が主催するという枠組みを適宜採用したが，開催の趣旨は一貫している．毎回，地域の漁師が参加して東京湾での漁の様子などについても話され，直接的に漁業には携わっていない一般の市民にとっても興味ある情報が得られている．

c) 出前授業などの「海の学習会」や，アマモンの登場

海辺の再生は，迂遠ではあろうが，海に親近感をもつ子どもたち（次の世代）を育てていくことが一番効果的であろうという考えが，この活動の基礎にある．したがって，地域の小学校の先生方の協力は欠くことができない．また，小学校側からは海辺に近いことを利点として海に関係する学習内容をカリキュラムに組み込むことができる．そこで，われわれは地域のいくつかの小学校に出前授業を行ったり，アマモ場再生の活動に並行して年に3〜4回の「海の学習会」を開催してきた．これらの活動の中から，アマモのキャラクターとして「アマモン」

図2　アマモのキャラクター「アマモン」の着ぐるみと携帯ストラップ

が生まれ，これは「ゆるキャラ」としての着ぐるみ（図2）となり，イベント時に登場するようになった．また，小学校の音楽の先生が「アマモン」を主題とした「アマモンサンバ」を作詞・作曲し，イベント時には合唱するようになった．アマモンサンバに乗ったマスゲームが運動会に登場し，さらに器楽合奏に編曲されて音楽大会で演奏されるようになった．

(3) アマモ場再生におけるローカルコモンズとしての課題

海の公園は横浜市が管理する公園区域であるために，その用途は多面的である．アマモの生える海面は，夏場は海水浴場として用いられ，また年間を通してウィンドサーフィンの場所としても使われている．繁茂したアマモが，とくに干潮時にはウィンドサーフィンの邪魔になること，海水浴を監視しているライフセーバーが救援に駆けつけるためのジェット推進機の障害になる恐れがあることなど，最近は利用者間での調整が必要な状態になっている．具体的な対処方法としては，繁茂したアマモ場の一部の季節的な刈り取り作業を行うことで関係者間で合意している．海辺の自然再生に反対しているのではないが，アマモ場の過度の復活は歓迎できないとする人々がいることも事実である．

(4) 再生会議の枠組みと課題

a) 再生会議構成の枠組みと問題点

発足時の再生会議の枠組みは自然再生推進法

第2章 海域

第8条に規定される「自然再生協議会」と類似の性格を備えていた．実際に2003～05年は「事業調整会議」が不定期ではあるが継続的に開催されてきた．「事業調整会議」は各種許可事項が錯綜する海の管理に関して，関係諸機関が参加することにより，事務が遅滞なく進められた．この期間は，具体的な事務は横浜市（環境保全局，のちに環境創造局）が担っていたが，会議の開催主体は「再生会議」であり，いわばNGOが主体となって関係するセクター間の調整を行うという枠組みであった．2006年度以降も「再生会議」の活動は続けられたが，横浜市による市民活動支援事業の補助対象から「再生会議」が外れるのに伴って「事業調整会議」は自然消滅の形になった．その後（2007年頃）横浜市環境創造局が再度呼びかけて「海の公園のアマモ場再生に関する検討会」（以後「検討会」）が再開されたが，「検討会」の目的は海の公園の管理に限定され，隣接する貴重な自然海岸である野島の管理とは無関係とされ，会議の開催主体も横浜市であった．この「検討会」では，会議構成メンバーの規定または共通認識が存在していなかった．例えば会議発足当初は横浜市漁協関係者は招待されていなかった．さらに，この会議の中で，アマモ場復活に伴うユーザー間の利害の対立が表面化した．会議の中で異議が存在する場合は会議の構成メンバーを明確にして，構成員が特定の組織を代表するのであればそのように規定するべきであったのだが，会議の主体としての横浜市にはこの問題に対する認識が欠けていたようである．「再生会議」からの出席者から「検討会」の構成を明白にするようにとの要望が出され，その後「検討会」は円滑には開催されていない．これらの経緯を振り返ると，「検討会」の主体である横浜市が会議の目的を単に海の公園の管理のみに限定し，まちづくりの視点や貴重な自然の保全といった，地域全体の利益を視野に入れることが不十分であったように考えられる．

b) 再生会議構成の偏りと障害

再生会議は，当初は多様なセクターが地域の連携組織として参加し，発足した．実際に，国（農水省・国交省），地方自治体（神奈川県・横浜市），企業（東京久栄・東洋建設・鹿島建設など），NPO/NGO（海をつくる会・海辺つくり研究会・ガールスカウト・ライオンズクラブ・ロータリークラブなど），学校・研究機関（地域の小学校・高等学校・横浜市立大学・関東学院大学・横浜国立大学・国総研・港空研・横浜市環境科学研・水産総合研究所など），その他の団体（横浜市漁協・横浜市海洋環境事業団・根岸湾周辺の企業団体・ベイサイドマリーナ関連企業など），個人等，実にたくさんの人々と団体の支援を得た．また，多くのマスコミの協力も得て，広範囲な活動として展開できた．とはいえ，それぞれのセクターが必ずしも組織・機関として代表者を派遣するという形式ではなく，再生会議の中で活動する個人が同時にそれぞれのセクターに属している，という程度であった．活動を進めていく過程で，積極的に参加する団体・個人と，一方では活動から自然と離れていく団体・個人とが生まれてきたが，活動の性格の変質に対応して連携組織としての枠組みの維持について配慮することが，十分には行われていなかった．このように，組織の構成が次第に狭まり，コアとして活動に参加する個人や団体が限定的になっていったことが，活動の円滑な継続に障害となってしまったようである．構成員の中で「再生会議」は連携組織であるという共通の意識が小さくなっていったことに並行して，再生会議の活動の中心となっていたダイバーの一部が，活動の内容が「再生会議」に簒奪されたと感じるようになったと思う．別の表現をすれば，再生会議の中での意見交換の不足が事態を深刻にしてしまった．筆者は当時の再生会議の代表として，この連携組織が多様なセクターで構成されることを常に意識してきたつもりなのだが，実際は活動を担う個人・団

体にはその考え方に偏りがあり，それらの調整の困難さが破綻を招いたといえるだろう．一時，再生会議の解散までが問題となったが，活動自体は継続したいという声が多く，再生会議の代表はこの混乱の責任を取って辞任し，新生「再生会議」の運営が新しい執行部に任されることになった．この一連の混乱の後にも，新たに再生会議に加わる市民も出てくるようになり，今後の再生会議がどのような内容と路線で活動を展開するかは別としても，横浜地域の，または東京湾の沿岸環境の改善のために実績をあげることが期待されている．

横浜・横須賀など，東京湾の自然再生に向けた市民ベースの活動

東京湾西岸の横浜・横須賀地域には，海辺の自然再生を目的として市民ベースで活動しているいくつかの活動がある．その詳細は本稿では省くが，海をつくる会が主体となった「山下公園の海底清掃」，NPO法人海辺つくり研究会が主体となった「夢ワカメワークショップ」，横須賀の市民が行っている横須賀でのアマモ場再生活動などがある（工藤，2006）．これらの活動はすでに十年以上にわたって継続的に行われているものもある．人口が多い横浜市（330万人を超える）などを拠点として進められている活動であり，魅力的な活動であれば継続的に多くの人々が集まってくるという事実を示している．

また，東京湾での自然再生・保全のための市民ベースの活動は，横浜以外でも，千葉（三番瀬，盤洲干潟など），東京（港区台場，大森，多摩川河口など），川崎（東扇島）など，いくつもあり，それぞれが個性的な活動を展開しているが，本稿ではそれらの詳細を紹介することはできない．

1960年代の日本の高度経済成長期にピークがあった，東京湾内湾の埋立，排他的共同漁業権の放棄，湾の水質汚濁など，巨大都市における自然再生や自然との共生は難しい課題であるが，逆にいえば，基礎人口が大きいからこそ保全や再生の活動に参加する市民の数が多いということもまた事実である．

東京湾をよくするために行動する会

（1）成立の過程

「東京湾の環境をよくするために行動する会（略称：東京湾をよくする会）」は，東京湾の環境再生を目的に，多くの団体との協働連携を促進し，行動していくために設立された任意団体である．2006年に国土交通省関東地方整備局から委託を受けて，財団法人港湾空間高度化環境研究センターが事務局として，漁業者・研究者・マスコミ・著作家・スポーツ界など，様々な分野の人々が参画して「東京湾水環境再生共同計画」策定委員会が発足した．この委員会で東京湾環境再生について様々な議論がなされた結果，この会が設立（2008年5月）されるに至った．

東京湾にはその環境の改善に取り組んでいる多くの団体が存在していることから「東京湾をよくする会」としては，いろいろな既存の会の活動の橋渡しをしたり，それらの活動を支援したりすることが活動趣旨の一つになっている．設立の目的として『東京湾環境再生への共鳴・共感の輪が拡がり，多様な主体の取り組みが拡大・深化することで，東京湾が美しく豊かになり，新しい形の「東京湾と人のつながり」が生まれること，そしてそれを世界に誇る日本文化として発信していくこと』を会則冒頭に掲げている．

具体的には，広報活動，ネットワークの形成，調査研究の振興，市民活動の支援・助成，シンポジウムなどの開催を通じて，新しい協働の形「東京湾システム（仮称）」の提案，行動計画の策定，具体的な行動の実践，ホームページや会報による情報発信，人材紹介などの企業・市民・研究者間のつながりのための橋渡し，「東

京湾環境再生宣言（仮称）」と「東京湾の日（仮称）」の提案などを目的としている．

(2) 今までの経過

2008年5月の設立総会以降，東京湾の環境再生で活動する多種多様の団体との共催や後援を行い，会の存在を広く一般にアピールする運動や，横浜国立大学や日本大学への講師派遣などの研修事業を展開した．この間，会のホームページの開設や会員への啓発活動としての「東京湾読本」や「東京湾カレンダー」の配布を行った．

2009年には，さらに多くの団体との共催・後援の事業を行った．また，会独自の企画としては副会長の水泳の萩原智子氏の指導による水泳教室を港区の小学校で開催し，また，シンポジウム「みんなでよくする東京湾2009」を開催，さらに会員公募による東京湾再生活動関連の写真を掲載した「東京湾カレンダー」の二回目の配布を行った．

(3) 今後の予定

今後は，会の趣旨を広報し活動の輪を広げることを継続的に行っていくことになる．例えば，東京湾の環境の実態やその問題点，改善に向けた道筋を示し，東京湾の「食」と「環境」の重要性をさらにアピールする企画を予定している．具体的には「江戸前の魚を食べると日本の未来が明るくなる」（仮題）を出版すること，東京湾の現状を明らかにして，今後のあり方を論議するシンポジウムを開催することなど，さらには，関連した企画展示や東京湾産の海産物の試食会，料理教室などで，東京湾の楽しさや環境保全の重要性を訴える内容などを計画している．

東京湾には，その地域で活動する多くの団体があるが，その間の連携が十分にとれているとはいえない．それぞれの団体がどのような活動を行っているかという情報を共有することができれば，東京湾での環境改善の全体像が見えてくることになる．「東京湾をよくする会」はこのような「見える化」を市民レベル・コミュニティーレベルで進めていこうとしている．

東京湾の再生に関して，市民レベルの参加がもつ制度的・倫理的な課題

自然再生に関して市民の参加が声高に求められている．東京湾についても例外ではなく，むしろ，巨大人口を抱える都市部として，そのような活動に参加したいとする潜在的な市民側の欲求はかなり高いようである．また，行政サイドからはコストの少ないボランティア活動によって不足している部分が埋められれば，主として人件費についてではあるが，税による負担を回避できることが賢いガバナンスであると評価されるであろう．また，行政は与える側，住民・市民は受け取る側であるとする図式も今後変化させていく必要があろう．これは，近年いわれている「新しい公共」をどのように構築していくかという課題である．

制度的な課題として考えられるのは，市民サイドからは，ボランティア活動を主体とするいわゆる「手弁当」の社会貢献活動ではあるが，いろいろなイベントの準備までも考えると土日休日のみの活動だけではこなしきれない内容がある．かなり活発な活動を継続的に行っていくためには，現実には，事務局専従のスタッフが必要となる．少なくとも事務局の経費を行政レベルから支援する制度があることが望ましい．または，NPO/NGOが，行政に資金的な援助を頼らないで活動を進めていくためには，寄付金に対する免税措置を拡大する必要がある．

経済的な問題とは別に，市民団体と行政，もしくは関連企業との情報交換が平易にかつ円滑に進められる体制も必要である．「再生会議」の出発の時期には「事業調整会議」を随時開催して，事務の円滑な進行が可能になった．とくに東京湾内での市民レベルの活動には，行政のいろいろな側面からの許可の申請と発行が必要となる．また，現実問題として申請の窓口が複数になると，行政窓口の担当者による対応がま

ちまちになり，市民サイドに要求される申請等の事務が重複し煩雑となる．行政のそれぞれの関係窓口が連携することにより，市民サイドからは「ワンストップ」で申請等を済ますことができる．自然再生推進法で規定される自然再生協議会の枠組みが有効である．

一方，市民サイドについてもいろいろと改善するべき点が多い．ボランティア活動は，当初は実行する人々の善意と熱意とによって実現するものではあるが，その活動が継続的になると，すでに一定の社会的位置を占めることになり，必然的に社会的責任が生じてくる．活動の当初は参加する人たちの「楽しさ」や「やりがい」が重視されるが，活動が組織化されると私的な活動としての枠組みから離れて，公的な意味合いをもつことになる．組織としての内容はその時点で趣味的なものではなくなり，組織や活動内容の透明性と活動への公開性が要求される．とりわけ，東京湾の海辺での活動はややもすると参加者が事故にあったりする危険性も含んでいることから，責任体制の明確化と明示は必須である．現実に，ボランティア活動の団体が海辺や水辺での活動のリーダーを養成するようなコースを提供している．

冒頭で紹介した「よこはまかわを考える会」は，上記の点で極めて特殊である．「会則や代表がない」という市民活動が果たして許されるものであるかは，極めて疑問である．柔軟な思考と行動とは，市民活動でなければ存在しえないものとはいえ，実質的には中心となる個人やコアメンバーは存在していて，その人たちの意志で活動が進められてきたのではないだろうか？ とすると，「会則や固定した役員はいない」ということの内容も都合の良い説明にしか過ぎず，理解不明のものになる．もともと，市民レベルの参加というのはこのようなつかみどころのない内容と性格とを含んでいるものかもしれない．

自由度が高く，多くの市民が参加できる市民活動を維持するには，市民団体自身の社会的モラル，団体の権威・権力化の防止，行政と団体との相互からの協力と批判が行えるような関係を維持することなど，高度な自己管理モラルと行政との相互関係を考える必要がある．冒頭であえて個人名を紹介したように横浜市での「水辺の再生」に関する市民活動は，その初期の段階に自治体職員が活動に参加する，または実質的にそれらの活動のコアメンバーとして進めていくというような背景があった．このような現実は必ずしも否定的なものではないのだが，ややもすると行政と活動団体との間の緊張関係を曖昧なものにしてしまう恐れがある．一面では，市民の発想は，千葉，東京，神奈川およびそれらを構成する市や町といつ行政区画を越えた連携を求める性格もあり，市民団体間の横の連携も現実として存在している．市民サイドからは，いわゆる縦割りにこだわらない連携を維持しながら情報の交換を行うこと，さらには，有効な行政提言まで行う実力を備えていくことが，一方行政サイドには，法的な規制は守りながらもその運用が市民の活動の障害とならないような方策を考えながらの関与と協力を行うことが必要であろう．これは，真の意味での「協働」といえるであろう．

まとめ

これまで，横浜を中心とした海辺の自然再生に対する市民レベルの活動について，その経過と問題点を簡単にまとめた．高度に発達し，巨大な人口を抱える都市の中で，どのように自然と住民とが共生していくか，またその実際に市民がどのようにかかわるかという方法論はあまり明確にはなっていない．過去半世紀の東京湾の歴史を見てみると，高度経済成長期の開発・経済成長重視の経済活動が，効率重視で内部経済性を求めたかもしれないが，一方では外部不経済をもたらし，都市住民を実際には海辺から遠ざけ，自然との共生不可能な沿岸域を作り上

げてきてしまった事実がある．このような状況下において，どのように対応したらよいのであろうか？　市民レベル，またはコミュニティーレベルの活動の重要性は多く主張されており，実際に無視できないものであるが，個々の活動の実際を見てみると，実力が伴わない活動，独立しえない活動，また公共性をもてない活動が見受けられる．市民社会の成熟が必要であるというのはたやすいが，どのように成熟させていけばよいのであろうか？　市民のレベルで，走りながら考える，また考えながら活動を行うということが重要になっているように思われる．

　今までの価値観を見直し，限られた経済有効性を求めるのではなく，社会を構成する人々の幸福感を重視し，安心・安全な社会をより強く求めるような，価値基準の転換（パラダイムシフト）が必要なのであろう．また，今まで良しとされてきた手法が必ずしも次の世代の幸福に結びついていない現実があることも明らかになってきた．既存の概念と新しい概念とをどのように融合，もしくは妥協させるかの課題がある．コモンズの維持機構として歴史的には有効であった排他的共同漁業権をすべて良しとするものではないが，この権利の放棄により変質してしまった沿岸域管理の手法を新たに見つけていかなければならない．統合的沿岸域管理の考え方の中に，市民またはコミュニティーレベルの貢献をどのように位置づけるか，またこれと関連して，沿岸域における新たなコモンズをどのように構築していくかなど，課題は多い．具体的には，次の世代や一般市民の海に対する関心を高めるために，効率的な広報や教育活動を行うこと，モニタリングなどを実施しながらの，科学的データの裏付けがある有効な活動が必要とされるであろうし，また，市民レベルの活動についても，経済的基盤が保証されることが必要であろう．

（林　繢治[*]）

参考文献

林　繢治（2005a）：東京湾にアマモを植える「金沢八景－東京湾アマモ場再生会議」．港湾，82：22-25．

林　繢治（2005b）：アマモ場の再生により，豊かな東京湾の復活をめざして．Ship and Ocean Newsletter，120：6-7．

花鳥風月編集委員会（編）（2007）：「花鳥風月のまちづくり」．中央公論事業出版，1-190．

木村　尚（2008）：横浜市沿岸汽水域における自然再生に関る市民活動の歴史．自然環境復元研究，4：95-104．

工藤孝浩（2006）：アマモ場の再生．「ハマの海づくり」．海をつくる会（編），成山堂書店，108-120．

工藤孝浩（2009）：市民参加による海づくりの推進．「水産学シリーズ 162　市民参加による浅場の順応的管理」．瀬戸雅文（編），日本水産学会（監修），恒星社厚生閣，71-86．

横浜市立大学経済研究所（2004）：横浜コミュニティ・リバイバルにむけた現状認識[III]．横浜市立大学経済研究所，資料，1-21．

---

[*]　東京湾をよくするために行動する会・理事長
　　金沢八景－東京湾アマモ場再生会議・前代表

第3章

東京湾と人のかかわりの歴史

東京湾は，日本列島太平洋岸のほぼ中央，関東平野の南部に位置し，房総半島と三浦半島に挟まれた海域である．普通，富津岬と三浦半島の観音崎以北の約 960 km^2 の海域を東京湾とするが，これを東京湾内湾，そしてその南の浦賀水道を東京湾外湾として，三浦半島の劔崎と房総半島の洲崎を結ぶ線までの合計約 1,160 km^2 の海域を東京湾とする場合もある（中村正，2004）．

太平洋に湾口を開く浦賀水道（東京湾外湾）は，南太平洋に端を発する暖流の黒潮の北限域にあたる．また冬期を中心に寒流の親潮の影響もあり，黒潮さらに親潮にも影響されるこの海域では，世界の北限にあたる造礁サンゴや熱帯魚のチョウチョウウオが生息し，しばしば冬期はサケも遡上する（馬場，1985；工藤，1997；高橋克，2000）．さらに東京湾には鯨類もみられ（高橋在，2000），熱帯から寒帯に至る南北両方の多様な生物が出会う海域となっている．

東京湾には大小多くの河川が注ぐ．そのいくつかの水源は本州の山岳地帯にあり，中・下流域は，数十万年前の古東京湾の地形を引き継ぐ広大な関東平野を流下する．

東京湾岸域での人々の生活は 3 万年以上前にさかのぼる（田村，2000）．南太平洋と北太平洋，両方の海の恵みに加え，山岳につながる陸の恵みが出会う利根川流域を含む東京湾岸域では，現在約 3,400 万人の人口をかかえる世界最大級の都市空間でもある（国土交通省港湾局・環境省自然環境局，2004）．その一方，東京湾岸域には，貝塚・古墳などの埋蔵遺跡が極めて高密度に存在する（小山，1984；吉村，2000）．これは旧石器から縄文，弥生，古墳，古代の人々の活動を物語るものであるが，東京湾岸にはさらに中世，近世，近現代に至る連続した人々の生活の歴史が刻まれており，このような高密な人口がこれほど連続する地域は他に類例をみない．

かつて人々が土地本来の自然環境に根ざし生きていた時代において東京湾岸域での生活は，このうえない豊かな自然に支えられ，極めて安定し，持続可能な状態であったと推察される．とりわけ海岸や河川・湖沼等の水辺を中心とした海から陸の空間は，人々の生活・生業と大きくかかわる領域の「里山海（里やま・里うみ）（里山里海）」が存在した（中村，2006；中村ほか，2010）．現代社会のように人間が自然との乖離を強めるなか，人と海・山のかかわりを見直し，その文化や自然との調和・共存の歴史は永く未来に伝えなければならない．東京湾の現状は，湾岸住民に限らず多くの人々の未来にかかわる．ここでは東京湾と人々のかかわりの歴史をふり返るとともに，その現状および未来について考察する（図 3・1・1）．

第3章　東京湾と人のかかわりの歴史

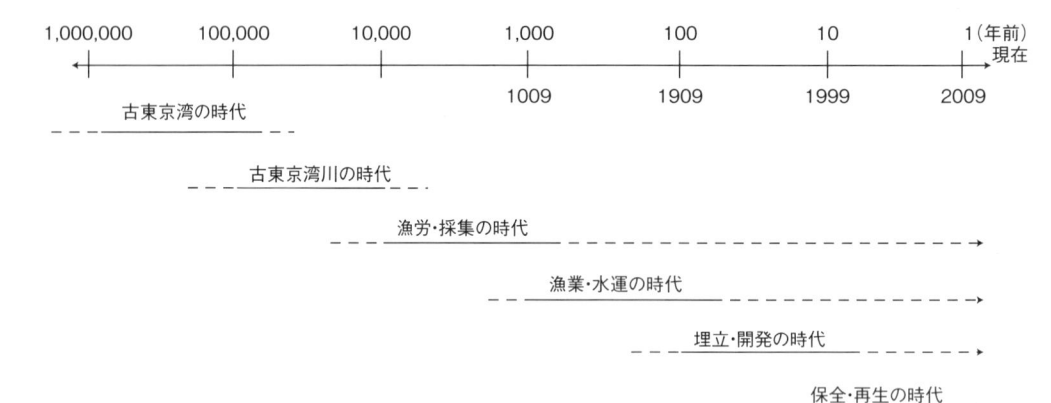

```
1,000,000    100,000    10,000    1,000    100    10    1 (年前)
                                                        現在
                                  1009    1909    1999  2009
     古東京湾の時代
        ─ ─ ─ ─ ─
           古東京湾川の時代
              ─ ─ ─ ─ ─
                 漁労・採集の時代
                    ─ ─ ─ ─ ─
                          漁業・水運の時代
                             ─ ─ ─ ─ ─
                                 埋立・開発の時代
                                    ─ ─ ─
                                       保全・再生の時代
```

図3・1・1　自然と人のかかわりからみた東京湾の時代変遷

3.1　古東京湾の時代
　　　（約10万年以上前）

　東京湾周辺の基盤として，下総層群と呼ばれる厚さ150～250 mの層がある（大原，1995）．この層群は40万年前以降の更新世後期に堆積した砂質の海成層で，貝類等の海生生物の化石も多いことから現在の東京湾および関東平野はかつて海であったことがうかがえる．現在，この砂層は山砂として土木工事等に利用されるが，砂層のなかには多量の地下水が含まれ，しばしば湧水の水タンクを担う地層となっている．

　13～12万年前は温暖な時期であり下末吉海進と呼ばれる海が拡大し，その時期の海面は現在より100 m以上高い状態であった．そして，これは，東側および南側に開口する浅い内湾，すなわち古東京湾を形成していたのである（図3・1・2）．しかしこの古東京湾もその後の寒冷化により次第に海が退き約8万年前には沼沢化する（中村，2004）．

　海退期の13～8万年前に堆積した地層は姉崎層と呼ばれ，これは下総層群の最上層をなす．この層から発見された化石によって，当時，陸域ではナウマンゾウやニホンムカシジカ，また海域ではクジラやセイウチ，イルカ類が生息していた状況がうかがえる（成田，2004）．しかし，

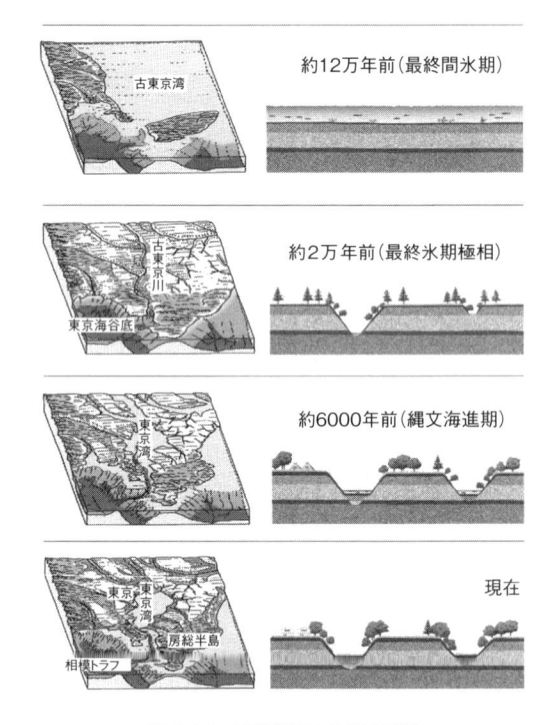

図3・1・2　東京湾域の地形の変遷
貝塚（1993）に加筆．

まだこの時代からの人の生活の痕跡は確認されていない．

3.2　古東京湾川の時代
　　　（約10～1万年前）

　古東京湾の海退は寒冷化とともに進行する．姉崎層の最上部およびその上の常総粘土層には湿地に生育するハンノキ属の花粉のほかスギや

モミ属，トウヒ属，マツ属等，現在の山地帯から亜高山帯にかけて生育する常緑針葉樹の植物化石が産出される．そして最も寒冷な時期は今から約2万前と推定され，この時期の海面は今より約120mも低かった．この頃，現在の東京湾はほぼ全域が陸地化し，その中央には古東京湾川と呼ばれる川が流れていた．当時の堆積層からはトウヒ属やツガ属，モミ属等の冷温帯性の植物化石が産出され，東京付近の年平均気温は現在より7～8℃低い現在の札幌付近の気候条件に近かったと推定される（辻，2001）．

南関東で人の生活の最も古い痕跡は，房総半島の市原市草刈遺跡からである．この遺跡は現在の村田川右岸の谷津田に囲まれた半島状の台地の武蔵野ローム層最上部から産出された頁岩の石器群で，3万年以上前と推定される（島立，2000；田村，2000）．このような旧石器時代以降のほとんどの遺跡は現在の谷津田周辺の台地（洪積台地）の上から発見されるが，当時は深い谷の東京湾川の上流であった．人々は遡上するサケ，マス等の魚類のほか，シカやイノシシ，野鳥等や山菜・木の実を主たる食料資源として生活していたと推察される．

3.3 漁労・採集の時代（約1万～1,000年前）

3.3.1 自然環境の変化

1万2,000年前以降，急速な温暖化とともに海進が進み，現在の東京湾が形成される（貝塚，1993）．6,000年前の縄文時代前期には，今より年平均気温が2～3℃高い状況であり，古東京湾川の上流の谷部は新しい東京湾の海域になっていた．その最奥は現在の栃木県南部藤岡付近の渡良瀬遊水池まで達していたと推定される（小杉，1992）．しかし，古東京湾川沿いに内湾化していた入江は，やがて周辺からの土砂の堆積等により，急激に干潟化する．この入江状の干潟は当時は魚貝類等の海産物が豊富で，その豊かさは周辺台地から発掘される極めて多くの貝塚が物語る．この干潟は縄文時代後期になると寒冷化に伴う海退とともに淡水湿地状況になり，現在の東京湾岸の洪積台地に沖積低地の入り込んだ地形，すなわち谷津が形成される．

3.3.2 人々の生活と資源利用

約1万年続く縄文時代，東京湾岸には多くの人々の暮らしがあった．貝塚に象徴される縄文時代の埋蔵遺跡の密度は他に類例がないほど高い．

縄文時代前期から，陸域では落葉広葉樹林が広がり，中期にはクリやクルミ，トチノキ等の栽培がなされた（百原，2004）．縄文時代を象徴する人々の暮らしとしては，現在の谷津地形内に存在した干潟で展開された漁労がある．その様子は貝塚の遺跡からかいま見ることができる．

千葉県内の貝塚遺跡からは，ハマグリ，アサリをはじめ，シオフキ，キサゴ，サルボウのほか，汽水域のシジミも多く出土し，66種の貝類のほか，スズキやクロダイ，ハゼ，イワシ，さらに海獣等の骨も出土，素手による採貝はじめ哺乳類の骨を加工した釣り針や銛，また石銛等の漁具の出土もあわせ，沿岸域での漁労が盛んであった様子がうかがえる（平本・柿野，2004）．

多量の貝の消費は，自らの食料はもとより，干貝を生産していたと考えられる（後藤，1985）．干貝はタンパク源ばかりでなく塩分の補給源としても重要であり，交易の材料となっていた可能性が高い．また，貝塚から出土されるハマグリの大きさの調査によると，縄文時代中期は殻高20～35mmと小型のものが多かったのに対し，後期では30～40mmと大型でしかも粒揃いであった．このことは未成熟の貝の採取は避けるといった当時の資源管理のようすを示すものと考えられる（樋泉，2001）．

約2,000年前の弥生時代には，湾岸地域の谷

津を中心に各地で稲作が行われるようになる．谷津奥には谷津田がつくられる一方で，谷津の入り口には干潟も広がり魚介類も極めて豊かだったと推察される．古墳時代から古代には銅や鉄も使われだし，漁労技術が発達する．釣り針や銛には金属性のものが登場し，網類も，すくい網や敷網のほか曳網も使われる．もちろん，舟についても大型化していったと考えられる．文書記録が残される奈良時代，平安時代には安房国からの税として，アワビ，カツオ，サバ，イワシの魚介類のほか，ナマコ，イカ，タコ，さらにはワカメ，カジメ，ヒジキ，テングサ，アマノリ，ミル等の海藻も献上されている（平本・柿野，2004）．

3.3.3 里山海の資源循環

人々は様々に自然とかかわりながら，それぞれの生活の中で自然と調和・共存する技術・文化を生み出した．湾岸各地の人・自然・文化の空間的，機能的かかわりについては，土地本来の自然環境をふまえつつ，歴史とともにそのかかわりを成熟・安定させていった（中村，2004a；b）．

東京湾岸域の集落の人家には，そのほとんどで家禽や馬などの家畜が飼われ，これに隣接して水田や畑がつくられていた．この水田や畑は食料生産のために高度に人為制御された土地である．水田・畑周辺には，これを支えつつ，人々にとって資源・エネルギーの採集の場として池沼・河川をはじめ草地・林地が配置されていたが，これらは田畑に比べれば人の制御の低い土地であった．さらにその外には，人為的にはほぼ無制御な，自然そのままの広大な海や森林が広がっていた（図3・3・1）．

人家集落に隣接する畑では，野菜や豆，イモなど様々な植物が栽培・収穫され，水田では米づくりが展開された．この高度制御の人工的土地利用の地は，人家からの人や家畜の糞尿・廃物をはじめ，周辺の低度制御地や無制御地から用水や養土，落葉や腐植，さらには魚介や水草，

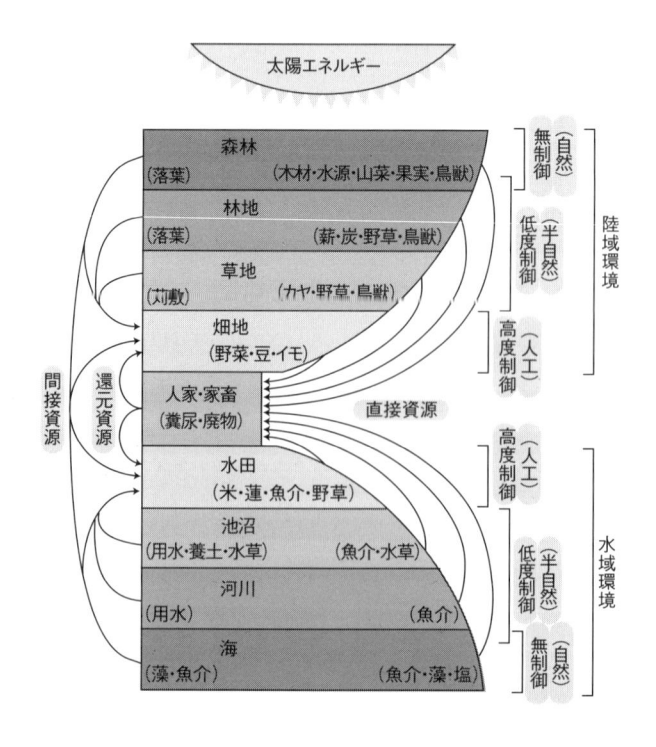

図3・3・1 里山海におけるかつての人々の土地利用と自然資源の活用

海草，カヤや刈敷等の肥料資源も取り込み集約的生産活動が行われた．水田では，イネという生産性の高い作物栽培とともに，タニシやドジョウといった魚貝類やセリ，ナズナ等の食用野草をはじめ多様な副産物も採取された．

低度制御地は，大きく陸域環境と水域環境に分けられる．陸域の草地・林地は，それぞれ茅場や秣場等の草地をはじめ雑木林や人工林，自然林等の林地から成り，燃料生産と食料採取の場であるとともに，田畑への肥料源でもあった．一方の池沼・河川の低度制御地は，ため池や用水路，排水路等が含まれ，これは人々の水資源の確保や治水機能のほか，多様な副産物，すなわち食料から医薬，そして肥料の原材料等が採取された．

この低度制御地は，治水・治山，防風，防潮等が施され，自然災害を軽減するための緩衝地帯としても重要であった．いずれも自然の変化のなかで適度に人為制御される二次的で多様な半自然のモザイクの地であるが，そこは生物にとって様々な生息・生育環境とその連続性が保持され，自然本来の力を失うことなく，むしろそれを高める状態が創出されていた．

陸域での人々の生活にとって，回遊動物の存在は重要であった．多くの回遊魚が河川をつたい陸の奥まで遡上する（後藤ほか，1994）．沿岸域と河川を行き来するアユやサクラマス，冬期に北太平洋ベーリング海から産卵にやって来るサケやカラフトマス，また，ニホンウナギは南太平洋マリアナ海域付近で産卵し日本の河川で成長する．やはり日本で産卵して北米沿岸まで行き来するアカウミガメや，河口付近で産卵し河川を昇るモクズガニ等，いずれも人々にとって海の大きな恵みが四季折々に届いた．

海と森林については，人為による自然の制御は困難ないし小さく，ほとんどが無制御の土地空間であった．したがって人々にとって，この地は時に天変地異の災い発生の場であるとともに，一方では狩猟・採集の場でもあった．さらにこの人間にとって制御できない自然空間は，畏敬の対象となっていた．このように人の生活から隔たりのある領域については，陸が見えなくなる沖の海に対して大灘という言葉が用いられている（中村，2009）．

人々の暮らしの原点は，自然災害から逃れつつ，自然から食料・エネルギーを効率的に引き出し生きながらえることである．この自然とのかかわりのなかで人々は文化を育み，互いに助け合う仕組みとして社会を成熟させていった．

集落とその周りの土地空間，すなわち里山海の高度制御地，低度制御地，無制御地のセットに基づく人・自然・文化のかかわりの総体は「景相」（沼田，1996）ととらえることができ，その構造的，機能的まとまりのユニットが「景相単位」（中村，1999；Nakamura，2002）をなしている．

3.4 漁業・水運の時代（約1,000～100年前）

3.4.1 漁村の生活と生業

人々は自然の恵みを最大限に引き出す工夫に満ちた漁法・農法を進歩させ，その生活は一層高密なものになっていく．そして17世紀の江戸幕府の成立は，東京湾岸の最奥を中心に大都市を形成する．この大都市，江戸は，東京湾（江戸湾）の豊かな恵みを受け急速に発展していった．

近世，東京湾の漁職・漁業について研究した高橋（1994，2001）によると，江戸時代の東京湾内湾には102の海付き村が存在していた．これは立浦と呼ばれる漁村が84，残り18は磯附村あるいは磯附百姓村と呼ばれる地付漁業のみが許される農民の村であった．また，漁村の立浦であっても漁業を生業としている浦方（漁民）は，3～4割程度であり，大半は岡方と呼ばれる農民であったという．

1905（明治38）年の房総地方の千葉郡，山武郡，安房郡の漁獲高統計によると，九十九

里浜の外洋の砂浜が広がる山武郡ではイワシの漁獲高が全体の88％を占めていたのに対し，外房や東京湾外湾の岩礁海岸の安房郡ではイワシ以外の雑物魚種，すなわちタイやヒラメ，スズキ等が85％であった．そして東京湾内湾の干潟をおもな漁場とした千葉郡ではハマグリやアサリ等の貝類の漁獲高が全体の80％を占めていた（山口，1998）．

ノリは古代から湾岸地域の特産物として重要な産物であったが，江戸時代には東京湾の江戸前の産物として名をはせ，品川浦を中心にアサクサノリの養殖が盛んになる．明治に入ると，小糸川河口で開発された海苔ひび移植法によりノリ養殖が湾岸各地で盛んになり，その後の東京湾漁業の大きな柱となっていく（高橋，1982）．

この頃東京湾干潟では製塩も盛んであった．今の市川市にある行徳付近では広大な塩田がつくられ，塩は重要な産物であった．高橋（1982）によると，戦国時代の領主北条氏の年貢としてこの塩が用いられており，また，北条氏が今川氏と相談して甲斐の武田氏への塩の供給を止めさせた記録もあるという．江戸時代には幕府に保護，奨励された製塩であったが，1929（昭和4）年には終焉をむかえている．

3.4.2 東京湾の水運

縄文時代早期の遺跡から，静岡県東部や三浦半島と房総半島とで形態や模様が類似する土器の分布があり，両者間での交流が推察される（戸田，1991；井上，2000）．弥生時代以降古墳時代の遺跡においても，土器のほか漁具等の生活用品で両地域の共通性が高まり，古墳時代の横穴墓に描かれた舟の絵等からも東京湾や太平洋沿岸を通じての活発な交流が推測される（天野・笹生，2004）．当初は丸木舟程度の利用であったが，造船技術の発展とともに水運での物流および人々の交流が盛んになっていったと考えられる．

東京湾の水運が本格化したのは鎌倉時代である．源頼朝が鎌倉開府を機会に，房総半島との海道が本格整備された．房総半島の富津，木更津，千葉をはじめ今戸，品川，神奈川，六浦が鎌倉幕府の大きな物流拠点として大きな役割を担った（高橋，1996）．さらに，江戸開府に伴い，品川湊や江戸湊を中心に東京湾の水運は江戸と全国各地を結ぶ物流の要となる．

明治期に入ると1878（明治11）年に汽船によって湾内各地が結ばれ，後に利根川下流域を結ぶ定期航路も就航，また昭和期にはモータリゼーションと相まって久里浜・金谷と川崎・木更津間には，1960年，1965年にそれぞれフェリー航路が開設され東京湾岸の人や物資の交流が急速に発展する（中川，2003）．

千葉の富津，木更津には「むこうじ（向地）」という言葉がある．これは，対岸の神奈川県の嫁婿等の親類縁者の間柄を意味するもので，水運の盛んだった頃の千葉県側と神奈川県側の人々の交流の盛んだった状況をかいま見る言葉である．

このような湾岸域の水運も近年では湾岸の高速道路や1997年の東京湾アクアラインの開通等によってその役割を減じてきている．しかし，その一方で東京港，横浜港，千葉港等湾岸各地の整備は着々と進み，日本と世界を結ぶ港湾物流拠点としての機能強化が図られている．

3.4.3 土地利用と資源活用

江戸時代の内湾の漁業秩序について研究した高橋（2001）によれば，海付き村（磯附村）の地先は主に浦と呼ばれ，その村の猟場（漁場）であった．浦の猟場については字三番瀬，字西浦，字高瀬など字地名がつけられていたところもあった（高橋覚，2004）．このような浦は，三尋（約4.5 m）の深さまでの海域であり，それより深い海域は沖と呼ばれ，特定の村に帰属することのない入会の漁場であった．浦境は陸地の村境を沖に見通す線と定められ，干潟では

澪がその役を果たしていた．ときには境界杭が打たれていたところもあった（図3・4・1）．

「佐倉御領海岸検地記録」（1842年）を解析した高橋（1982）によると，現在の千葉市にあたる黒砂村から今井村の間は，海岸から13丁（約1,300 m）までの干潟は歩行（かち）漁場と呼ばれイナ，カレイ，セイゴ，エビ，小ハマグリ，アサリなどを捕り，さらに10丁（約1,000 m）までは瀬付漁場と呼びクロダイ，イシモチ，イナダ，スズキ，大ハマグリ，アカニシなどを捕っていた．さらに沖漁場ではイワシ，コノシロ，サメ，タイ，アカガイ，トリガイなどの漁獲が記録されており，海岸から沖への自然環境の違いによる当時の空間認識と資源利用との関係をかいま見ることができる．

各村の浦（磯）では，村の農民は漁具を用いない魚貝・海藻の採取が許され，それらは食料のほか肥料としても貴重であった．とくに貝類のキサゴ（キシャゴとも呼ばれていたがイボキサゴを多く含む）は肥料効果が高く，農民のために保護され，漁民の売買は禁止されていた．昭和初期，長浦や金田では一軒当たり海苔採り舟で1～2杯採れ，一反の田に醤油樽で10～20杯入れていた（石田，1987）．キサゴを田に入れると高温のため腐敗して泡を出すが，その泡が雑草の出を抑え，除草剤の役割もしていたとのことである（渡辺，1995）．

東京湾にはかつて多くの藻場があった．明治時代の漁場図（農商務省水産局1908年発行東京湾漁場図第52版）によると，にら藻場，あぢ藻場，いか藻場の三種類の藻場が記載されている．にら藻とあぢ藻はそれぞれ海生種子植物のコアマモとアマモのことである．にら藻場は三尋（約4.5 m）線の内側，あぢ藻場はにら藻場より少し深めのところ，そして，いか藻場はおもに三尋線と五尋（約7.6 m）線との間に分布していた（図3・4・2）．これらの藻場は多様な魚類の産卵場また稚魚の生育場として重要であるほかに，漁民にとっては，にら藻場はエビ漁，あぢ藻場はウナギ漁の場としても貴重であった（渡辺，1995）．

いか藻場については不明な点も多いが，南京袋などに土を入れ海草等を植えるなどして藻玉とし海に沈めていた記録が残されている（堀江，1989；中村，2005）．海底にまばらに漂う藻のそばには比較的大きな魚類が寄りつき，これをおそれる小さな魚類はあまりやってこないため，イカの卵や稚魚には安全な条件が整えられるとの見解もでき，まさに生態学の理にかなった藻場造成といえる．

3.4.4 海付き村の景相

幕末に東京湾を経由して江戸を訪れた欧米人が船上等から観察した湾岸域の風景や土地利用についていくつかの記録を残している．そのほとんどが，当時の湾岸の田畑や林地が織りなす風景の美しさと人々の勤勉さや土地利用の巧み

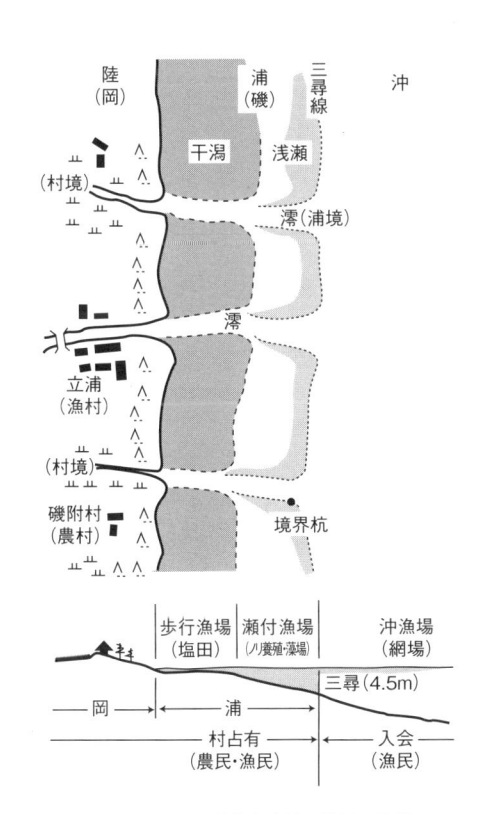

図3・4・1　江戸時代東京湾の海辺の景相

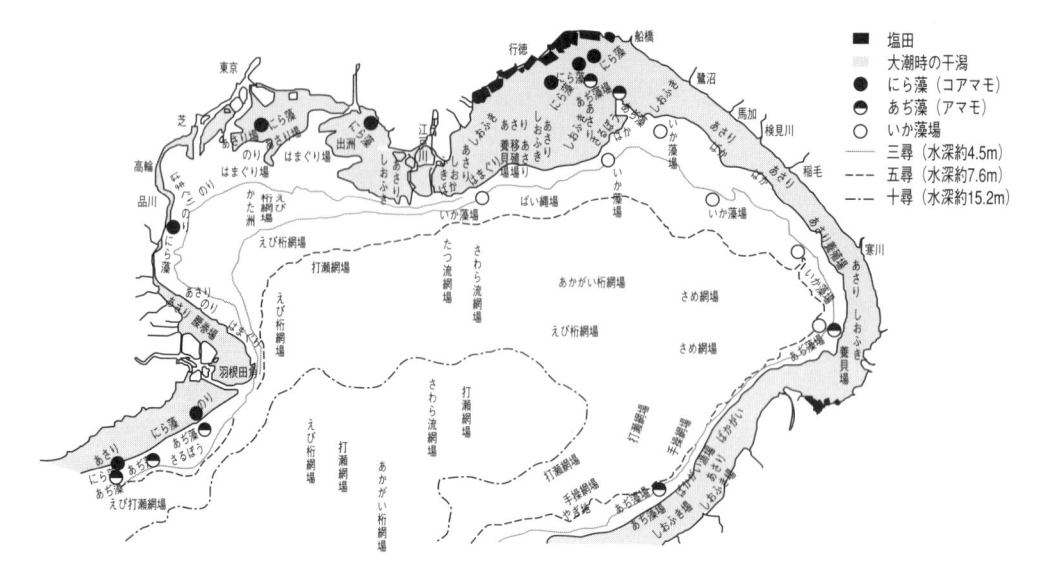

第 3 章　東京湾と人のかかわりの歴史

図 3・4・2　明治時代（1908 年）に作成された東京湾漁場図での藻場の分布

図 3・4・3　昭和 30 年代の千葉県黒砂海岸でのアサリ・ハマグリ採りの風景
　　　写真：林辰雄・千葉県立中央博物館蔵.

図 3・4・4　昭和 30 年の千葉県検見川海岸で漁をする打瀬舟と肥料や食料にしたカワナ（アナアオサ）の地干し
　　　写真：林辰雄・千葉県立中央博物館蔵.

さを絶賛するものであり，1845 年に捕鯨船の船長として来航したクーパーのように段々畑の景観を「まるで空中庭園のように見えた」と記述している記録もある（筑紫，2003）．

　江戸時代から明治・大正時代を経て昭和時代の初期にかけての東京湾では，魚貝類をはじめ海藻や塩などの様々な自然の恵みは，その社会的秩序のなかで極めて有効に管理・利用され，美しい景観とともに豊な文化も育まれていた（図 3・4・3，3・4・4）．一つの村においても，集落や田畑とともに海岸，干潟，磯，沖など多様な立地環境のセットが全体としてまとまりある空間，すなわち人間社会および自然環境の多様性と連続性に裏打ちされた里山海の「景相単位」として認識され，人と自然が調和・共存し，生態的にも自立し持続可能な景相が存在していたのである（図 3・4・5）．

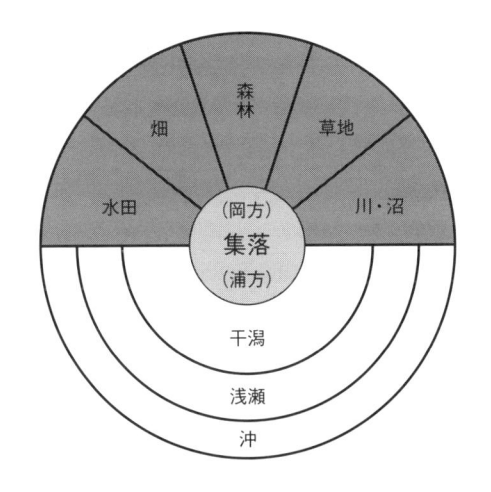

図 3・4・5 江戸時代の東京湾岸の海付き村における里山海の景相単位
人々にとっては資源・エネルギーが自立し物質循環する持続可能な生態系の領域であった．

3.5 埋立・開発の時代（約100～10年前）

3.5.1 東京湾の恵みの一つであった埋立用地

東京湾の恵みは，海産資源に留まらない．高橋（1993）は，人々にとっての東京湾の効用について，以下の4つを挙げている．①魚介類，②塩，③海道，④干潟である．干潟を中心に東京湾の豊かな自然環境は，塩や魚介類など多様な食料・食材をもたらす．このような東京湾の恵みは，河道によって谷津の恵みと結ばれ，一方では海道の流通によって各地へもたらされていく．そして，海岸の干潟は埋立により新開地を産んでいった．

東京湾の埋立の歴史は，江戸時代にさかのぼる．徳川家康の入府直後，1592年から江戸の市街地の拡大を目的に日比谷入江の埋立がはじめられている．江戸期から明治，大正と，現在の東京都と神奈川県において約870 haが港湾や住宅，ゴミ処理等の用地として埋め立てられた．昭和になると，やはり東京都や神奈川県での埋立が続けられたが，1945（昭和20）年以後は千葉県の千葉市や船橋市でも埋立がはじまる．とくに1960～80年代の高度経済成長期には京浜および京葉地区の埋立が急ピッチで進められ，現在までに埋め立てられた土地造成面積は約26,500 haであり，これは東京湾内湾域の22％に達する（若林，2000）．

北総地域は，人口増加や土地利用などの面で，首都東京の影響を大きく受け，自然環境が著しく変貌してきた地域である．そのなかでもとくに都市化が著しかった千葉市を例に，その変遷をたどる（図3・5・1）（中村，1998）．千葉市は，1921（大正10）年，面積15 km^{2}に約3万人の人口をかかえる市として誕生した．1925（大正14）年当時の現千葉市域は，東京湾に流れ込む小河川の下流部の沖積平野に市街地が見られ，河川の中流から上流の谷津奥までの低地には水田が広がっていた．上流の谷津の水田は，あたかも毛細血管のように台地に入り込み，各谷津には，それぞれに小さな集落が寄り添うように分布していた．1971（昭和46）年当時は，日本の高度経済成長期に当たり，人口増加とともに自然環境の変貌が最も激しかった時期である．東京湾岸の埋立が進行し，湾岸や河川下流域では急速に市街化が拡大していった．一方，河川の上流域においてもパッチ状に市街地が分布しているが，これは台地上を中心とした住宅団地の開発の結果である．とくに市の北西部では，水田地域が河川下流および上流域から挟み打ちされ，その結果，かろうじて中流域に水田が残される状況になっている．1992（平成4）年，千葉市は全国12番目の政令指定都市となったが，翌年の1993年の状況を見ると市の東京湾岸域はすべて埋め立てられ，市街地は市域全体の約半分を占めるまでになった．1993年になると河川の中流域に見られた水田の多くは消失し，残された水田は内陸部の農業振興地域を中心に市街地周辺部に存在するだけである．そして，2010年2月における千葉市は，面積272 km^{2}に約40万世帯，人口約96万人となっている．

第3章　東京湾と人のかかわりの歴史

1925(大正14)年

1971(昭和46)年

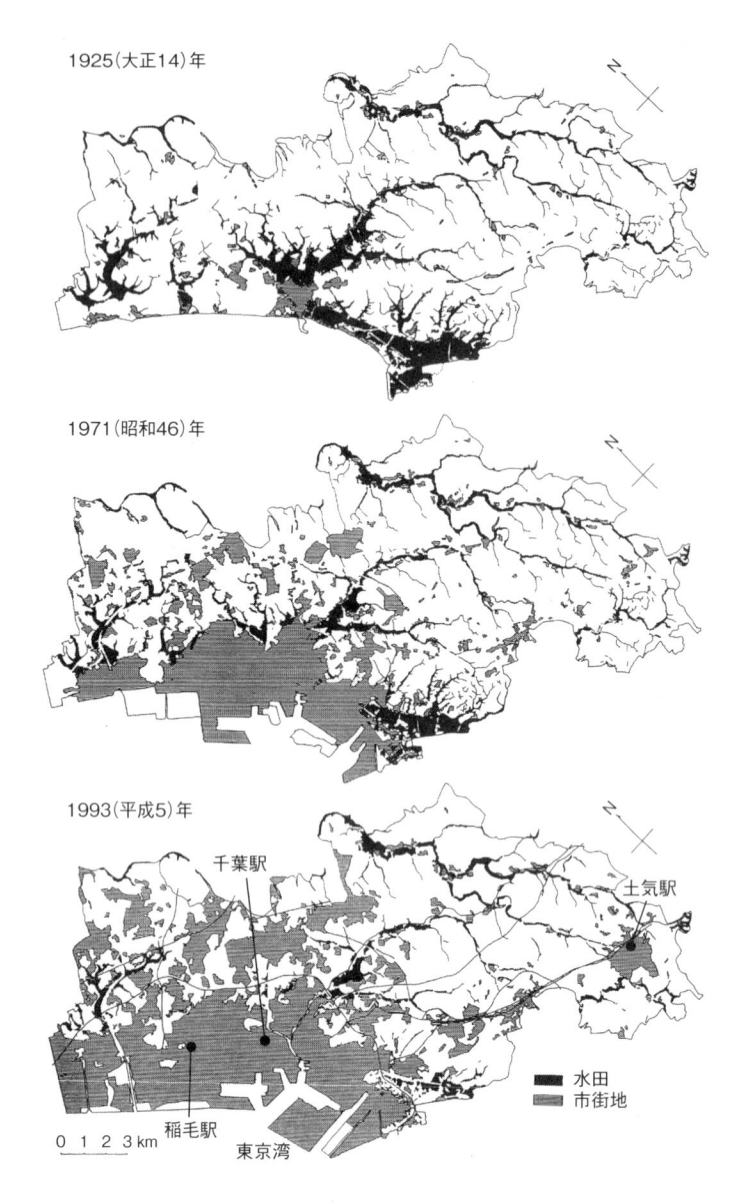

1993(平成5)年

図3・5・1　千葉市域における水田と市街地の変遷

　現在の都市は，その機能を支える資源・エネルギーのほとんどを外部に依存し，生態的に自立できる空間ではない．資源・エネルギーの安直な確保に終始してきた結果，外部の自然を搾取・破壊し，また，廃物により都市の内外を汚染させた．とくにゴミ・産廃の急増は処理能力を超え，各地で不法投棄を生じさせた．とりわけ谷津奥の森林や休耕田では，人々の暮らしの水源として重要にもかかわらず次々にゴミの山ができている．本来，都市は，農村など外部の自然・半自然空間から資源・エネルギーを供給されることによってその存在が支えられているもので，生態系の視点では，いわば農漁村の景相に寄生する部分といえる．

3.5.2 陸のはての東京湾と子どもたちの環境

人が集い住まう都市であるが，そのデザイン・内容については都市計画の専門家や限られた行政担当者が描き構築するものであった．そして，この中で忘れられていたものの一つに，子どもの環境がある．

今の子どもたちの環境は，かつて私たち大人が子どもの頃とは大きく違っている．子どもの遊びについてみてみると，その遊び場所はもちろん，遊びの内容も全く違っている（梅里・中村，1997；千葉県環境部自然保護課，1999）．

農村域の子どもにとって，「今の遊び場所」として最も多いのが「家の庭」，その次が「家の中」である（図3・5・2）．その他「公園」や「川・沼」「森・林」「神社」などが今の遊び場所となっている．それに対し都市域，臨海都市域の遊び場所としては「家の中」が最も多く，これに「公園」が続き，「道・駐車場」など遊び場とはいえないようなところも多い．一方，「遊びたい場所」では，農村域および都市域とも「海」が最も多い．だがこの「海」は千葉市の臨海都市域では「今の遊び場所」および「遊びたい場所」ともにゼロである．そして臨海都市域の子どもの遊びたい場所の1位と2位は，ふだんはほとんど遊ぶことのない「森・林」や「川・沼」である．今の子どもの遊び場の中心は「家の中」や「公園」であり，「海」をはじめ「森・林」「川・沼」「田んぼ」「神社」「空き地」といった自然

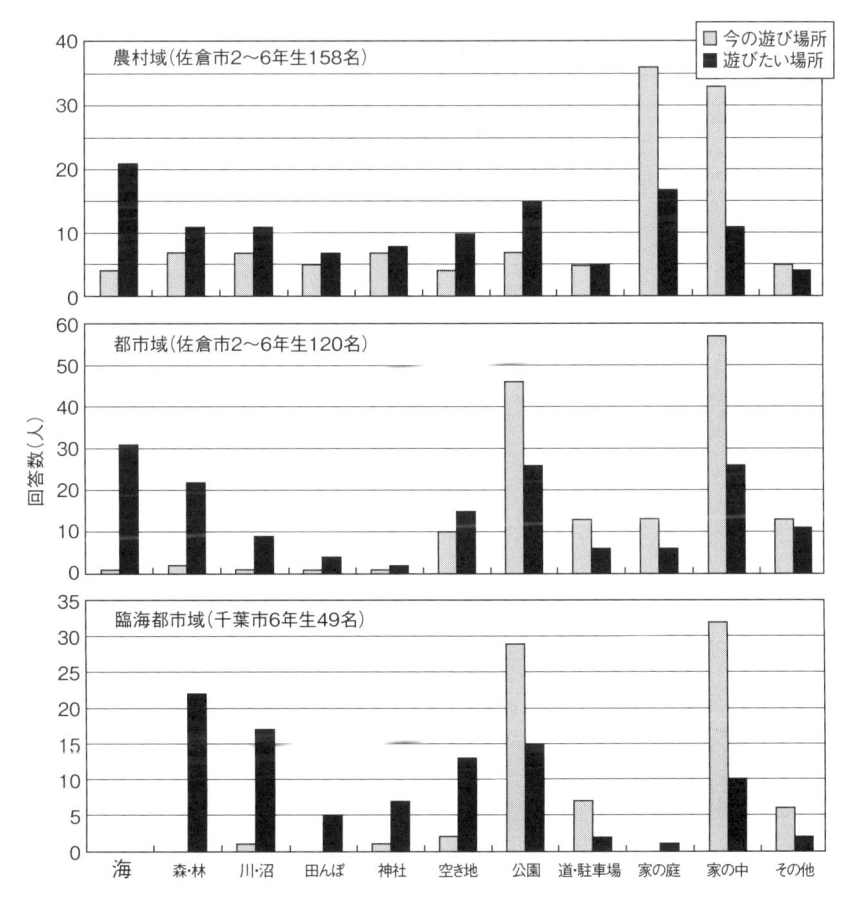

図3・5・2 異なる地域環境における子どもたちの「今の遊び場所」と「遊びたい場所」
梅里・中村（1997），千葉県環境部自然保護課（1999）に基づき作成．

性の高いかつての遊び場は，現代の子どもたちにとっては，もはや日常の遊び場ではなくなっている．しかしながら一方で，子どもたちはこのような自然の遊び場を求めている状況も示された．「家の中」での遊びは，子どもたちがそこで遊びたいというよりは，そこで遊ばされている状況なのである．

かつて，東京湾の干潟の海岸は，千葉や東京に留まらず近県も含めた多くの人々にとって，豊かな海の自然に接し，これに親しみ学ぶ場であった．しかし，陸と海をつなぐ自然の海岸はほとんど埋め立てられ，もはや海は工場や港湾施設の向こうの，立ち入ることのできない陸のはてに過ぎない．たとえ海にたどり着いたとしても，その海岸はコンクリートの岸壁や人工海浜である．都市臨海域の東京湾に近い小学生の子どもたちにとって，東京湾の海は，もはや遊ぶところでも，遊びたいところでもないのである（中村，2001）．

3.5.3 自然環境の消失と汚染

東京湾の埋立は，工場，住宅，商業地等の都市空間の創出と経済発展の基盤整備として大きな効果をもたらした．しかし，その一方で豊かな自然環境が消失し汚染されていった．とくに干潟の埋立は急ピッチで進み，これによって約9割の干潟が消失した．

埋立は東京湾にとって干潟や水辺環境の消失に留まらない．そこに形成された都市は，既存の都市の拡大も含め，東京湾に窒素やリンをはじめ多くの汚染物質の負荷を高め，ヒートアイランド現象も招いた．1980年代には赤潮や青潮の発生が多発した．その後両方とも一旦減少したものの1990年代の後半には赤潮・青潮ともに増加傾向を示す（国土交通省港湾局・環境省自然環境局，2004）．

干潟$1m^2$当たりの底生動物の重量は$1kg$と見積もられているが，埋立によって失われたその合計量は12万6,000トンと推定される（風呂田，2004a）．水質汚濁，さらに冬期の海水温上昇も顕著になっている．東京湾の盤洲地先における11月の海水温は，最近30年間に約$2℃$の上昇が記録されている（千葉県，2008）．すでにノリ養殖への影響調査やその抵抗品種の研究等も行われているが，この著しい海水温の上昇は，都市からの温排水および地球レベルでの温暖化の複合的なものと考えられる．

このような複合的な東京湾の環境変化は，貝類やエビ・カニ類，またノリ生産への影響は大きく，1960年をピークにその漁獲・生産量は急激に減少する．東京湾全体で約15万トンあった貝類の生産も2000年にはほぼ10分の1にまで減少した（国土交通省港湾局・環境省自然環境局，2004）．かつては人々になじみの深かった生物も次第に減少し，今では東京湾から姿を消した種も多い．かつて釣り人に親しまれたアオギスは1976年の記録が最後である（菅原，1977）．その他，ユウシオガイやミドリイソギンチャクは1970年以降の生息記録はない．また，かつては干潟に普通であったハマグリやイボキサゴ，ウミニナ類も激減している．このような在来種の減少，絶滅の一方で，コンクリート製の人工護岸には，ムラサキイガイやアメリカフジツボといった外来種の増加が目立ってきており，2002年までに確認された外来種は22種にのぼる．そして，そのなかには地中海や亜熱帯の種も多い（風呂田，2004a）．

東京湾の埋立はその場所以外でも地形変化をもたらしている．富津岬は房総半島から突き出た砂州の岬であり，東京湾の内湾と外湾を分ける境でもあり，江戸時代から昭和の時代まで，これは防塞拠点として重要であった（高橋在，2004）．この岬の形成には内湾側からの右回りの海流と，外湾からの左回りの海流との拮抗が長い間に徐々に岬を伸ばしてきたものである．しかし内湾の埋立はこの海流の拮抗を崩し，内湾からの海流が弱まったために，外湾からの海流が岬の伸びを止めたばかりか，これを削り取る

状態になってしまっている（由良，2005）．

このように埋立開発と湾岸域急速な都市化は，かつての自然環境を大きく改変し，その豊かさを奪い取る状況をもたらしたのである．

3.6 保全・再生の時代（約10年前から）

3.6.1 多様な価値の再認識と施策展開

自然環境の豊かさと人々の巧みなかかわりに育まれた漁業資源をはじめ，東京湾の多様な価値は，縄文時代の里海の時期から，現在の巨大都市東京圏へと引き継がれつつも，一部は消失し，また消失の危機が迫る東京湾ならではの価値も多い．

経済中心の即物的価値観の社会は，物質的には大きな豊かさをもたらした．しかし，この都市化，人工化に伴う自然環境の破壊，汚染は，公害に象徴される人間への直接的な身体また精神への被害のほか，資源・エネルギーの枯渇や地球温暖化をはじめ，様々な環境問題を引き起こした．このような課題の解決には多くの人々がその価値を共有し協働するととともに人間社会そのものの在りようについても様々な転換が求められている．

世界が自然と人間の将来について議論した1992年のリオデジャネイロの「地球サミット」以降，わが国でも，1994年の「環境基本計画」，1995年には「生物多様性国家戦略」が策定された．「生物多様性国家戦略」は，2007年に三次の戦略が策定され，そのなかで沿岸域および海洋域の保全・再生とともにその資源の持続可能な利用の重要性が指摘された．

しかし東京湾の開発計画は相変わらずのめじろ押し状態であったが，その一つ，三番瀬の埋立開発問題について千葉県は1992年に「千葉県環境会議」を設置し，三番瀬の生態系を評価する独自の環境アセスの実施に踏み切った（風呂田，2004b）．この環境会議は，1997年の環境影響評価法に先立つもので，1995年には，三番瀬の生態系の仕組み等を解明する調査の実施，開発の土地利用の必要性の検証，今後の計画に対する専門委員会の設置等保全のあり方について知事への答申が提出された（千葉県土木部・企業庁，1998）．この答申は，東京湾の干潟自然と生態系について大きな社会的関心をもたらす契機となるばかりか，その後の三番瀬埋立開発計画の白紙をはじめ，2002年の「千葉県三番瀬再生計画検討会議」や2002年の国の「東京湾再生推進会議」の設置，さらに2003年の「自然再生推進法」の施行等につながっていった．

そして2008年，千葉県は全国の都道府県に先駆け，市民・NPOとの協働を軸に「生物多様性ちば県戦略」を策定した．そのなかで里海の重要性とともにその保全・再生と持続可能な利用，さらにそのための研究・教育や基盤整備の重要性を指摘とともに具体的施策を提示している（千葉県，2008）．

3.6.2 多様な人々の価値の共有と将来に向けての協働

巨大都市東京を支える東京湾の自然環境については，現在でも三番瀬や盤洲干潟，富津岬等，開発と自然保護との間に様々な問題をかかえているが，漁業資源としての利活用や温暖化の問題も顕在化してきている．

開発の問題については，当然のことながら，まず開発の必要性や効果が明確に示されることが前提であるが，同時にそれによって失われる自然についての予測・評価も重要な課題となる．これまで，自然に対する評価は，具体的な開発計画の中ではじめて浮き彫りにされる状況であり，前もって行われることはほとんどなかった．

東京湾の海域のみならず沿岸陸域も視野に入れた議論をしなければならない．とくに沿岸域の市民・NPOが東京湾とのかかわりを増しつつ東京湾の自然の保全・再生にかかわる取り組み

も多くなってきた．海岸の清掃活動や自然とのふれ合いからわき上がった行動力は，政策提言から具体的な自然環境調査や干潟のラムサール登録運動，そして藻場の再生作業やカキ礁の保全活動までと極めて多様である．

三番瀬では，最近猫実川河口域での大量のカキの生息が確認された．この地域は，かつて都市域の汚染水が大量に流れ込んでいたため泥干潟になっており，その富栄養状態が問題視された．しかし，その後の市民を中心とした調査活動によって，泥干潟にも多くの生物が生息しており，またそこにみられるカキ礁も日本最大級のもので水質浄化や生物多様性の再生等に大きく貢献している状況が明らかになってきた（高島，2006；東・佐々木，2008）．まさに東京湾の傷を癒すカサ蓋として機能するカキ礁であるが，付着性外来種の増加や干潟の生物の排除などマイナス面の指摘（市川市・東邦大学東京湾生態系研究センター，2007）もあり，東京湾におけるその評価については様々な見解が示されている．いずれにしろ人工的な見ばえの対策ではない東京湾の自然自らの再生力を引き出し，いかにして東京湾全体の生物多様性を高めていくか，そしてその持続可能な利用に展開していくかの課題は大きい．

このように多様な東京湾の自然の評価にかかわる基本的情報は希薄かつバラバラであり，これを専門的に扱う人材も極めて少ない．その場しのぎの議論を繰り返すのではなく，将来を見越した東京湾の保全・活用のため，様々な情報・資料の集積・活用を担う体制が必要である．

（中村俊彦）

参考文献

天野 努・笹生 衛（2004）：千葉県立安房博物館平成16年度企画展「房総漁村の原風景」展示解説図録．千葉県社会教育施設管理財団．

東 将司・佐々木 淳（2008）：東京湾三番瀬におけるカキ礁生態系の環境機能評価．海洋開発論文集，24：801-806．

馬場錬成（1985）：「サケ多摩川に帰る」．農山漁村文化協会，202pp．

千葉県（2008）：「生物多様性ちば県戦略」．千葉県，173pp．

千葉県土木部・企業庁（1998）：市川二期地区・京葉港二期地区計画に係わる環境の現状について（要約版）．千葉県，335pp．

千葉県環境部自然保護課（1999）：平成10年度ビオトープ事業の推進調査報告書．千葉県環境部自然保護課，59pp．

風呂田利夫（2004a）：東京湾2海岸の生物．「千葉県の自然誌・本編8：変わりゆく千葉県の自然」，千葉県史料研究財団（編），千葉県，627-641．

風呂田利夫（2004b）：開発手法の改善東京湾．「千葉県の自然誌本編8：変わりゆく千葉県の自然」，千葉県史料研究財団（編），千葉県，736-742．

後藤 晃・塚本勝巳・前川光司（編）（1994）：「川と海を回遊する淡水魚」．東海大出版会，280pp．

後藤和民（1985）：馬蹄型貝塚の再吟味．「論集日本原史」，日本原史刊行会（編），吉川弘文館，373-408．

平本紀久雄・柿野 純（2004）：千葉県の水産業史．「千葉県の自然誌本編8：変わりゆく千葉県の自然」，千葉県史料研究財団（編），千葉県，283-300．

堀江俊次（1989）：近世江戸内海におけるいか網漁をめぐる争論．史誌（大田区誌），31：80-110

市川市・東邦大学東京湾生態系研究センター（編）（2007）：干潟ウォッチング，誠文堂新光社，144pp．

井上 賢（2000）：富士山麓の風は東京湾を越えて．きみさらず（君津郡市文化財センター広報誌），16：6．

石田信道（1987）：昭和地区の民俗：生業．「袖ヶ浦町民俗文化財調査報告書1」，倉石忠彦（編），袖ヶ浦町教育委員会，36-48．

貝塚爽平（1993）：東京湾の生いたち．「東京湾の地形・地質と水」．貝塚爽平（編），築地書館，1-19．

国土交通省港湾局・環境省自然保護局（編）（2004）：「干潟ネットワークの再生に向けて」．国立印刷局，118pp．

小杉正人（1992）：珪藻化石群集からみた最終氷期以降の東京湾の変遷史．「三郷市史第八巻別冊自然編」，三郷市史編集委員会（編），三郷市，112-93．

小山修三（1984）：「縄文時代」．中央公論社，206pp．

工藤孝浩（1997）：「海域の生物：魚類」，「東京湾の生物誌」，沼田 眞・風呂田利夫（編），築地書館，115-142．

百原 新（2004）：海辺－すみかの原型．「海辺の環境学」，小野佐和子，宇野 求，古谷勝則（編），東京大学出版会，33-61．

中川 洋（2003）：モータリゼーションの進展と東京湾内定期航路輸送の変遷．東京湾学会誌，2（1）：3-9．

Nakamura, T. (2002): Traditional agricultural landscape as an important model of ecological restoration in Japan. *Korean Journal of Ecology*, 25: 19-24.

中村正直（2004）：東京湾の歴史．「千葉県の自然誌：本編8変わりゆく千葉県の自然」，千葉県史料研究財団（編），千葉県，17-22．

中村俊彦（1998）：東京湾岸北総地域の景相及び生態系の変遷と現状．東京湾学会誌，1（1）：5-10．

中村俊彦（1999）：農村の自然環境と生物多様性．遺伝，53（4）：56-60．

中村俊彦（2001）：東京湾の自然の変貌と人々とのかかわり．月刊海洋，33（12）：837-844．

参考文献

中村俊彦（2004a）：千葉県の自然と農山漁村的かかわり．「千葉県の自然誌本編8：変わりゆく千葉県の自然」，千葉県史料研究財団（編），千葉県，312-318.

中村俊彦（2004b）：「里やま自然誌」．マルモ出版，128pp.

中村俊彦（2005）：富津の里うみの藻場造成．東京湾学会誌，2（3）：134.

中村俊彦（2006）：里山海の生態系と日本のSustainability. 応用科学学会誌，20（1）：11-16.

中村俊彦（2009）：「里山・里海」「里山海」と「奥山」「大灘」．東京湾学会誌，3（1）：14.

中村俊彦・北澤哲弥・本田裕子（2010）：里山里海の構造と機能．千葉県生物多様性センター研究報告，2：21-30.

成田篤彦（2004）：哺乳類．「千葉県の自然誌：本編8 変わりゆく千葉県の自然」，千葉県史料研究財団（編），千葉県，59-66.

沼田 眞（編著）（1996）：「景相生態学」．朝倉書店，178pp.

大原 隆（1995）：房総半島の地質層序と地質構造．「生物－地球環境の科学」，大原 隆・大沢雅彦（編），朝倉書店，17-28.

島立 桂（2000）：草刈遺跡．「千葉県の歴史資料編考古1：旧石器・縄文時代」，千葉県史料研究財団（編），千葉県，42-47.

菅原兼男（1977）：稲毛人工海岸（いなげの浜）の造成について．水産土木，13：29-35.

高橋 克（2000）：東京湾のサンゴ．東京湾学会誌，1（4）：101.

高橋 覚（1994）：近世における江戸内湾の魚職制限について．「千葉史学叢書3：近世房総の社会と文化」，高科書店，87-126.

高橋 覚（2001）：江戸内湾における重層的漁業秩序について．千葉史学，38：33-49.

高橋 覚（2004）：江戸時代の三番瀬．東京湾学会誌，2（2）：78-88.

高橋在久（1982）：「東京湾水土記」．未来社，230pp.

高橋在久（1993）：東京湾の効果と発見史．「東京湾の歴史」，高橋在久（編），築地書館，1-10.

高橋在久（1996）：「東京湾学への窓」．蒼洋社，242pp.

高橋在久（2000）：鯨類回帰が始まった東京湾．東京湾学会誌，1（4）：102-108.

高橋在久（2004）：東京湾学から見た海堡考．東京湾学会誌，2（2）：48-52.

高島 麗（2006）：カキ礁が育む豊かな生態系．日経サイエンス，36（4）：128-130.

田村 隆（2000）：旧石器時代．「千葉県の歴史資料編 考古1：旧石器・縄文時代」，千葉県史料研究財団（編），千葉県，5-34.

戸田哲也（1991）：東京湾を渡った縄文人．東邦考古，15：14-24.

樋泉岳二（2001）：貝塚の時代．「NHKスペシャル日本人はるかなる旅 第3巻」，日本放送出版協会，127-143.

辻 誠一郎（2001）：先史・歴史時代の植生．「千葉県の自然誌本編5：千葉県の植物2植生」，千葉県史料研究財団（編），千葉県，35-54.

筑紫敏夫（2003）：外国人の見た幕末の東京湾（上）：湾岸地域の景観を中心に．東京湾学会誌，2（1）：20-29.

梅里之朗・中村俊彦（1997）：日本の農村生態系の保全と復元 IV：子供の遊び空間にはたす農村自然の役割．国際景観生態学会日本支部会報，3（4）：61-63.

若林敬子（2000）：「東京湾の環境問題史」．有斐閣，408pp.

渡辺亀代二（1995）：「海が消えた：袖ヶ浦今昔」．崙書房，209pp.

山口 徹（1998）：「近世海村の構造」．吉川弘文館，249pp.

吉村武彦（2000）：古代の房総．「千葉県の歴史」，石井 進・宇野俊一郎（編），山川出版，9-48.

由良 浩（2005）：富津洲の海岸植物群落．東京湾学会誌，2（3）：127-133.

第Ⅱ部

東京湾再生に向けて

第4章

再生の目標：
自然の恵み豊かな東京湾

4.1 現状認識の共有

「環境」とは人を含む生物を取り囲み，生物と相互に作用し合う関係をもつ外界である．環境は時間性と空間性をもち，常々人とかかわり合っている．人が開発を行ったときに意図しない変化が環境に生じることもある．もしそれが徐々に悪い方向に変わっていったとしても，人はその環境に適応するので（慣れるので），一度慣れた環境を変えようとはしないものである．それが環境改善のためであったとしてもである．

第I部で見てきた様々な人間活動によって起こっている環境改変の影響の波及を図4·1·1に示した．図からは，開発による環境改変の影響が複雑に絡み合っていることがわかる．生活向上のための行為1つ1つが積算して意図せず生

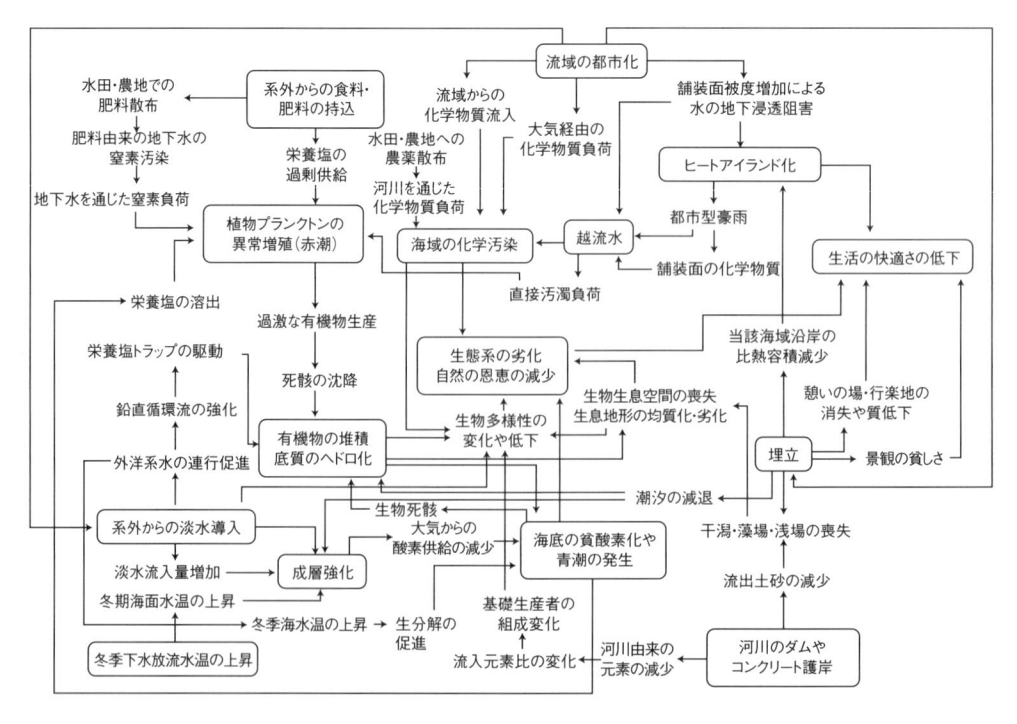

図4·1·1 沿岸における人間活動が東京湾の水域環境に及ぼした影響波及の流れの例

4.1 現状認識の共有

活の豊かさを貧しいものにしている.

図4・1・1のように複雑に絡み合った環境改変の影響を軽減し,環境を再生していくにはいくつかの段階がいる(図4・1・2).まず,「現状の認識」であり,その現状に対する「認識の共有」がなければ,環境を改善したり修復するための総意,「目標の設定」ができない.私たちは身の回りで体感できる環境変化には敏感だが,自分に間接関与する環境や,規模が大きく境界線の見えない環境の把握は不得手である.それを補うために,私たちは情報を収集することで,できる限り自らのおかれている環境を知る努力を続けてきた.例えば,衛星画像を当たり前のように天気予報などに活用できるようになったのは,この四半世紀程度のことである.

したがって,環境再生の活動はまず現場の情報を収集することから始まる.次に,現状に対して多くの人が同じ認識を共有することで,環境問題の解決に向かって合意ができるようになる.そうなれば次に,共通の目標の設定である.再生後の環境を将来末永く,次世代にわたり共有していくのであるから,市民の間で環境を再生することが合意されなければ動き出すことは難しい(なお,以後用いる「市民」とは,文意によって意義づけられ,定義によって本性を明らかにするものではなく,大衆や民衆と同じで,広くは日本国民,一般の人々を曖昧に指す).環境を改善するのは,一人一人の環境に対する認識が大切である.第Ⅰ部では現状の認識のための情報を提示して,東京湾とその流域の現状について述べた.第Ⅱ部として本章では最初に,東京湾を再生することに対して社会として認識の共有ができているのかを考察する.

4.1.1 日本および東京湾における環境問題の変遷

環境問題の現状認識の共有化には,その場の地域社会がたどってきた歴史的背景を考慮することも欠かせない(浜田,2006).東京湾における現状認識の共有化の過程を考えるために,日本および東京湾の環境問題とその時々の時代背景を見ていきたい.網羅はできないので,限られた手元の資料(若林,2000;日本海洋学会,1999;朝日新聞記事,千葉県企業庁および三番瀬再生計画検討会議などの資料)を基にまとめたことをお断りしておく.

A. 日本の環境問題の変遷

1960年代,全国的に沿岸埋立は,民間主体によるものから行政主体の「大規模コンビナート型工業開発による港湾開発や工業団地造成のための行政埋立」にシフトしていった.一方,そのことで生活の場を失うという危機感から,漁業者による沿岸埋立反対運動が起こった.これが当時の市民運動の主体であった.しかし,同時期に,工業廃水が原因の化学汚染が,漁業者や周辺住民を公害禍に巻き込んでいくことになる.例えば1956年,熊本県水俣湾におけるメチル水銀による最初の死亡者が発生した(後に水俣病公式確認患者第1号となっている).漁業者自身は,国や地方自治体,デベロッパーに対抗する方法論をもちえず,場面によっては革新イデオロギーと共闘する場合もあったが,いずれにしても国による持続的な圧力により,徐々に排除されていった.漁業者と支援する市

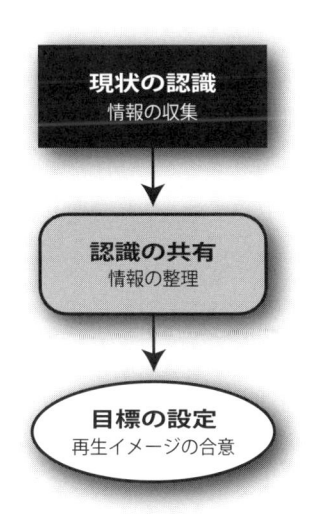

図4・1・2 環境再生への作業の流れ

民はやがて運動の継続に疲弊し，漁業者は漁業権を補償金で放棄するようになる．また，水質悪化による漁獲の減少や海外からの安価な水産物あるいは水産加工品の輸入による魚価の低迷も，漁業者を漁業権放棄に向かわせる原因となった．行政が漁業権の対価として金銭による補償をすることで海岸線が売られていく様子は，湾岸周辺市民に強い印象を与え，漁業者，行政の両方に不信感を抱かせたと考えられる．

一方，陸上では1960年代に入って「ナショナル・トラスト」という当時の日本では画期的な環境保全運動が起こっていた．1966年，神奈川県鎌倉市において，日本初のナショナル・トラストが実現した．鎌倉鶴ヶ岡八幡宮の裏山の宅地造成計画に対して，（財）鎌倉風致保存会が募金活動によって15 haを買い取ったのである．こうした市民運動の盛り上がりと時を同じくして，観光資源保護財団（現・日本ナショナル・トラスト：初代理事長，岸 信介．もとは観光収入目的の景観資源保全のための運輸省認可の公益・非営利法人）が1968年に設立された．鎌倉後，トラストはじわじわと日本全国に広がっていった．

松下（1984）は1970年代を反公害・反開発の「住民運動の時代」と位置づけている．1970年以後に関して，東京湾と国内外で起こったおもな環境関連の動きを年表にまとめた（付表5）．1969 - 71年に大分県臼杵湾日比海岸で，埋立地に建設予定のセメント工場による公害を懸念して，漁業者の主婦らが「日本初の公害予防裁判」を起こした（松下，1984）．1970年の第64回国会は「公害国会」とも呼ばれ，水質汚濁防止法など公害関連14法案が可決成立した．そして73年，作家ら7名が福岡県豊前市八屋明神ヶ浜埋立に対し，「環境権」（海や大気という環境はそこに住む万人の共有物であり，その恵沢はすべてのものが享受しうるはずであり，環境を一方的に侵害したり，独占したりするものを排除する権利は，その環境の住民たる私たち一人一人にあるという考え方）を法的根拠に，漁業者ではない市民も海面埋立に抗する権利をもつはずであるとして，火力発電所建設差止請求訴訟を起こした（松下，1985）．これまで環境劣化に直面しながら蚊帳の外に置かれていた沿岸の一般市民が，開発行為に対する意思表示を行い，環境権という言葉をたて，これを法的根拠として訴訟を起こしたのは，おそらくこれが最初の事例である．

1975年2月には兵庫県高砂市の市民によって，「入浜権」（古来，海は万民のものであり，海浜に出て散策し，景観を楽しみ，魚を釣り，泳ぎ，あるいは汐を汲み，流木を集め，貝を掘り，海苔を摘むなど生活の糧を得ることは，地域住民の保有する法以前の権利であった）が宣言された．海岸線を企業により独占された住民が，反公害運動の過程で生み出した入浜権という新造語は，当時の市民の行き詰まった現状に突破口を与える的を射た言葉として響いた．入浜権は，自然保護団体，釣り団体など一般市民にも広く受け入れられ，瞬く間に日本全土に伝播していった．しかしながら，市民運動が広く展開するなか，日本は水島コンビナート石油流出などの事件を経験したものの歩みを止めることなく，産業経済優先の社会構造構築に邁進していく．

1970年以後，都市部において，企業や人口の集中がもとで起こる都市問題（下水処理，ゴミ処理，道路，工場や倉庫の建設など）を解決するためのなし崩し的埋立が，「都市開発型あるいは福祉複合型埋立」という名目で行われている．日本全体で見ると1950年代終わりから60年代にかけて，民間による埋立が官製埋立に変化したと述べたが，東京湾の埋立の官製化は日本の他の海域より早く始まり，とくに東京から横浜にかけての京浜側が千葉県沿岸より開始が早かった．しかし，この間東京湾沿岸においては，和歌山県田辺湾のように市民が自治体に働きかけて，自らも募金により土地を取得し

4.1 現状認識の共有

たナショナル・トラストは見られなかった.

B. 東京湾の環境問題と変遷

a. 東京都

東京都地先の埋立は江戸時代から城下町形成のために官主導で行われた. 明治以後, 埋立は東京府(市, 都)により進められてきたが, 湾全体としてはまだまだ限られたものであった(詳細は, 1.6～1.7参照)(図4・1・3). 東京都の内湾は, 魚介類等の中でもとりわけノリの生産が高く, 1958年には全国生産額の15%で, 全国1位を維持していた. しかし, 1960年代初め, 隅田川河口では依然ノリ漁業が営まれていたが, 東京港改訂港湾計画がもち上がり, 埋立は漁場全域に及ぶ規模であった. 当時はすでに, 水質の悪化によって将来における漁業の展望が暗かったことから, 漁業者は東京都および国に譲歩して漁業権全面放棄とならざるをえなかった. 1962年, 漁業補償は17漁協に対し330億円で妥結した. 東京の場合, 埋立に抗する以前に水域環境の悪化による漁業の断念を促し, 補償額でしばしの難航はあったものの, 激烈な反対運動にまでは発展しえなかったようである.

b. 神奈川県(横浜・川崎)

神奈川県川崎・横浜の埋立は事業主体がどちらも市で, 東京とは異なり, 始まりは新田開発で, 後に港湾整備に変わっていった. 漁業者が漁業権を放棄していった過程は東京都同様で, 水質汚濁による漁業継続の困難さによる. 川崎は1971年4漁協に207億円の補償が払われ交渉妥結となった. なお, 漁業者の一部は県からの2年間短期許可を受け, 更新継続されている.

横浜は, 明治期にすでに新田干拓から港湾拡張に切り替わっていた. さらに1950年代中頃から始まった根岸湾埋立は, 高度経済成長期の電力・石油化学工業用地として71年まで行われた. 根岸湾臨海工業地帯の埋立は, その規模の大きさもあり, 激しい反対運動が漁業者によって繰り広げられたが, 1959年に妥結した.

時代は下って1981年から始まった本牧埠頭建設の時には, 水質悪化と出入港船舶の激増により, 漁業者は目立った反対運動を行っていない.

それまでと一線を画することになるのが, 金沢地先における都市再開発型(企業誘致目的ではない)の埋立計画(1968年)である. この計画に対し, 1972年, 環境悪化を懸念する市民や漁協が反対し, 翌年には金沢の市民団体が県議会議長に1万人余りの反対署名簿を手渡した. 金沢地先の漁業交渉は富岡, 柴, 金沢3漁

図4・1・3 東京湾湾奥部隅田川河口からお台場一帯の空撮 1947年8月(上)と1997年6月(下). 写真は国土地理院空中写真サービスから引用して一部改変.

協458名に102.8億円が支払われ妥結していたが（1970年），埋立工事に支障のない範囲での漁業は認められていた．この頃，ノリの養殖技術が進歩して生産高が増えたうえに，とくに柴漁協では魚介類の水揚げも好調で，漁業に展望が見られるようになったため，転業自体が進まなかった．こうしたことから横浜市の指導によりこれら3漁協と本牧漁協にその他の残存漁業者を加え一本化して横浜市漁協を発足させた．一旦漁業権放棄を終え補償金受領後に新たに操業を続けているのは，この横浜と千葉県富津など，全国的に見て東京湾内湾の数例があるのみである．昔の海岸線を一部に残す横浜・平潟湾と隣接する金沢地先には，工場のほかに，潮干狩場，マリーナや水族館のある人工島などができて，人工的に建設した「海の公園」は今となっては横浜市内唯一の海水浴場である（図2・3・19，160ページ参照）．

c．千葉県

一方，地先に広大な干潟をもっていた千葉県の京葉工業地帯を造る埋立開発は，京浜にはるかに遅れていたにもかかわらず，急激かつ大規模に進んだ．1957年から77年の20年間で，浦安から富津にかけての42漁協のうち37漁協に1,157億円の漁業補償が支払われ，12,838 haの埋立地が造成された．漁業補償とは別に，魚価の上昇を理由に浦安の一部では12.8億円相当の造成土地の譲渡もあり，また，間接損出見舞金として漁業者以外の魚介仲買人，遊船釣り船業，佃煮加工業や魚介類行商などに支払われた額は17億円あまりとなった．埋立造成がわずか20年で行えたのは，千葉県と三井不動産によるいわゆる「千葉方式」という方策による．これは県が資本を必要とせず事業主体となれるという方式で，県が公有水面埋立法に基づく埋立免許を取得し，漁業補償および埋立工事を実施し，さらに誘致企業の決定権を保留する一方，産業基盤となる道路等関連設備の整備費用は進出企業が負担し，その負担金を財源にして県が整備を行うというものであった．東京に隣接し企業誘致がしやすい地の利が可能にした埋立県営主義といわれ，千葉県開発部（後の企業庁）がその実行にあたった（この工業開発型埋立に対し，都市再開発型埋立として出洲方式がある）．

この20年間の広大な干潟埋立に呼応するように，1955年から80年に東京湾での水産漁獲物量は10〜14万トンから4万トンに急減した（図2・4・2，167ページ）．漁獲の減少は漁業者数の減少や水質の悪化にもよるが，同時にあるいはむしろ水産生物の初期生活史の中で重要な浅海域が失われていったことに原因があろう．誤解を恐れずいうなら，東京湾の漁業の最後の衰退をもたらしたのは，千葉県の京葉工業地帯の埋立地造成といっても過言ではない．

また，埋立ばかりでなく，1955年代の東京湾開発構想に端を発した東京湾を横断する一般国道409号線（通称，東京湾横断道路あるいは東京湾アクアライン）は1981年の六都県市首脳会議（いわゆる首都圏サミット，東京都，神奈川県，千葉県，埼玉県，横浜市，川崎市）において合意され，86年に東京湾横断道路の建設に関する特別措置法が成立して事業化し，97年に供用を開始した．

千葉県の市民が保全に積極的に取り組んだ例が谷津干潟と三番瀬である．習志野市にある谷津干潟は陸地の中にある．2本の水路で東京湾につながることで干満が生じる41 haの干潟である．1972年，この四角く残った国有地が水面として残されており，後に谷津干潟と呼称がついた．当時は下水流入やゴミ投棄，干潟を横断する道路計画に曝されていた．これに対し，市民団体が習志野と幕張の埋立に強硬に反対した．1972〜73年には「東京湾の埋立と干潟保全」請願を国会に提出し，これが採択された．もとは元大蔵省に属する国有地であった水面が，日本初の自然干潟サンクチュアリー（野鳥の聖域）として，国設鳥獣保護区になったのは1988年

である．1976年には第2回全国干潟シンポジウムが千葉市で開催された．この全国干潟シンポジウムが母体となって，1991年に日本湿地ネットワークが結成された．ネットワークは東京湾全域の干潟などをラムサール条約に登録させる運動を開始し，その結果，1993年の第5回ラムサール条約締約国会議（釧路会議）において，谷津干潟は登録湿地となった．

三番瀬は，東京湾奥部の市川から船橋にかけての自然の浅瀬・干潟（大潮干潮時，水深1 m以浅の面積約1,200 ha）である．干潟の埋立計画は，日本経済の高度成長期の1968年に湾奥海域開発の一環として立てられたもので，工区はⅠ期とⅡ期に分かれている．Ⅰ期は1983年に完了しており，それが現在の地形となっている．Ⅱ期の工区は市川地区（おもに都市開発）と船橋地区（京葉港予定地）に分かれる．千葉県は，1973年のオイルショックなどの経済的理由により，Ⅱ期埋立計画を凍結したが，Ⅰ期終了後の84年，新たなⅡ期計画として，市川Ⅱ期地区計画を再開し，90年に基本構想を策定する．

これに対し，沿岸住民の反対運動が激しく，埋立は社会問題となった．1991年には日本自然保護協会が埋立反対を表明し，92年，中央港湾審議会で，環境庁（当時）が「埋立の目的と必要性を十分吟味すると同時に，現在の三番瀬の環境価値を損なわないよう十分配慮すること」という異例の注文をつけた．これらを受け，千葉県は知事の諮問機関として環境会議を設置した．日本海洋学会が三番瀬埋立に関する見解を表明した1993年，先述したように谷津干潟がラムサール条約に登録された．多くの市民団体が三番瀬埋立反対運動を行い，千葉県環境会議は生態系補足調査に関する専門委員会の設置を提言する．1999年になると日本自然保護協会，日本野鳥の会，世界自然保護基金日本委員会，日本湿地ネットワークなどが反対するなか，環境庁は当時の長官が三番瀬を視察，翌年にかけて数回にわたり千葉県に計画の見直しを求めた．2001年，千葉県は三番瀬埋立計画を白紙に戻し，翌02年に設置した三番瀬再生計画検討会議（通称，円卓会議）の再生計画案（2004年）を受け，05年に三番瀬再生会議を設置した．三番瀬が消滅の危機から30年以上の長い年月を経て，計画が白紙に戻ったが，新たな計画の可能性が全くなくなったわけではない．

C. 近年の東京湾をめぐる環境問題

1970年代以後，研究者や市民が東京湾の環境保全を求めてきた．例えば，東京湾の水域環境の悪化に警鐘を鳴らす出版物は何冊もある（日本科学者会議，1979；大野・大野，1986；環境庁水質保全局，1990；小倉，1993など）．しかし，こうした警鐘は経済活動の陰に隠れてしまい，埋立はその後も継続されてきた．最近では東京国際空港（通称，羽田空港）第4滑走路建設もその一つである．

1991年，第6次空港整備5箇年計画において首都圏空港調査を位置づけ，96年の空港審議会答申により，首都圏の新海上拠点空港建設計画がスタートした．2000年，第1回首都圏第3空港調査検討会が開催され，16候補地が挙げられた中で，01年には財政状況を鑑みれば「当面の打開策として，羽田空港再拡張が最も優れている」とする報告をまとめた．同年，国土交通省は「羽田空港の再拡張に関する基本的考え方」を示した．

本事業は環境影響評価法施行後，初の国が行う開発事業にもかかわらず環境影響評価が極めて早急に行われた（2004年の方法書作成から準備書・評価書までわずか2年足らずで終了）．そのため，2003年，日本海洋学会海洋環境問題委員会は羽田空港再拡張関連の集会を開き，準備書の段階から環境影響評価の不備を指摘する意見書を提出，さらに「東京国際空港再拡張事業の環境影響評価のあり方に関する見解」を表明した（日本海洋学会海洋環境問題委員会，2005）．同委員会は，東京都海面最終処分場と

同等に，多摩川の河口干潟を横断する神奈川口連絡路に関しても一体の影響評価をするべきとした．日本野鳥の会も干潟を避ける方策を求め，2007年には連絡道路に関して計画的アセスメント協議会の設置を国土交通省および関連自治体に要望書を提出している．2007年に第4滑走路建設は始まった．ちなみに，第7回首都圏第3空港調査検討会は2002年，「長期的視野に立ち，2015年をめどに新たな海上空港の候補地絞り込み（東京湾内5ヵ所，浦賀水道2ヵ所，外房1ヵ所，2002年時点）」の必要性を挙げている．実際に2008年度に入ってから，再び，羽田拡張以後（第5滑走路島建設あるいは第三空港候補地の絞り込み）がテレビの経済番組等で取りざたされている．このようななか，第4滑走路の供用は2010年に始まった（当初は09年を予定）．

市民が環境保全運動を行うなか，これまで法曹界にも動きがあった．横浜弁護士会は，1977年に「東京湾環境保全法」を提案している．そして1986年，今度は東京弁護士会が「東京湾保全基本法試案要綱の提言」を発表した．開発抑止型の試案であり戦略的とはいえないが（東京湾海洋環境シンポジウム実行委員会，2001），示唆に富む内容である（日本海洋学会，1999に転載）．

これまでの東京湾沿岸における市民運動が環境保全にどのようにかかわってきたのかを付表5と図1・1・7（5ページ）を見比べてみると，大規模埋立開発はほぼ1980年代末に終了し，それまでの市民による環境保全の役割は小さかったことがわかる．確かに谷津干潟は保護され，三番瀬開発は現状では白紙となっている．しかし，これらの場所が開発されずに残った理由は，2回のオイルショック（1972～73年，1979～81年）やバブル経済の崩壊（1990～91年）といった開発サイドのおもに財政的な理由であって，たまたま開発から取り残された場所が，環境保護の時流にのってかろうじて保全されたというのが本当のところであろう．現状の海岸線を見ればわかるように，埋立開発の歴史の中で，東京湾の環境保全に関しては，市民がキャスティングボードを握っていたとはいえない．

4.1.2 環境意識の高まり

国内での市民の活動は，1960年代から70年代までは，被害当事者が生活をかけて，埋立や公害に反対運動を行っていた．こうした運動は法整備などに反映され，一定の成果を得ている．その後，1970年代から80年代にかけて開発の行き過ぎを案じた市民の運動は自然保護運動へと展開したが，その担い手は意識の高いごく一部の市民が主導していたと考えられる．マスメディアが取り上げたほど世論は盛り上がらず，やや空回りした感があり，世論が行政を動かし，開発や開発のやり方を改めるようになるまでには至らなかった．自然と開発のバランスよりは，経済を優先する世論が強かったということであろう．

環境に対する関心の度合いが変化したのは，1990年代のバブル経済崩壊後，値下げ競争と安価な商品の輸入や食品の安全性への疑問，会社の倒産，リストラによる失業者数の増加，格差の拡大といった社会変化のなかで，人々が生活の豊かさとか健康の大事さといった身の回りの潜在的に，しかも根本的に重要なものについて考えるようになったためと思われる．とくに，1990年代後半から現在まで，地球温暖化の影響と思われる様々な事象が地球規模で起こっていることが頻繁に報道されるようになったことや，インターネットの普及と衛星画像が一般化してきたことが，社会を維持するには環境保全が必要という合意を一般市民の間に広く認識させるようになった原動力と見られる．

1990年代以降を見てみると，1992年のブラジルのリオ・デ・ジャネイロで開催された国連環境開発会議（UNCED），いわゆる「地球サミット」

4.1 現状認識の共有

では，日本を除く，おもな先進開発国の元首（国連加盟国のうち約100ヵ国の元首が参加）が現地に赴き，「地球温暖化」と「生物多様性保全」[*1]への取り組みが話し合われた．このとき，世界は環境問題に取り組む方向に，一斉に舵を切ったのである．日本は環境技術大国といえるが，必要性が疑問視されている高速道路網やダム建設に干拓というように，残念ながら国の環境への政策は産業優先であり，環境軽視の感が強い．

環境サミットにおいて世界に出遅れた日本では，環境サミット以後，各省庁がこぞって環境教育に取り組んだ．EUなど先進国に比べ日本の環境問題における行政対応の遅れは明らかで，これには行政としても本腰を入れざるをえなくなったためにほかならない．結果，ふれあい自然塾事業，もりの学園事業，水辺の楽校（がっこう）事業，子供パークレンジャー事業など，次々と環境教育関連事業に税金が投入されていった．林・原子（1999）は，これを「環境教育バブル」と呼んだ．本来，環境教育というのは，目の前にある環境問題を教材として，それとどう対峙し，対処していくのかを「考える学習」であろう．しかし，当時の建設庁，国土庁，農林水産省などが組んだ環境教育事業のプログラムは，自ら行ってきた開発に伴い発生した環境問題についてはほとんど語ることなく行われていたことから，林・原子（1999）は環境教育が具体的な問題のコンテクストを離れたところに構築された存在となっていると指摘している．環境教育は，実際の事業に比べれば金額も小さく，環境に真剣に取り組んでいる印象を市民に与えやすい．また，行政は環境NPOを取り込むことで，財政的にも人材的にもより効果的に環境への取り組みをアピールできるために，環境教育が盛んに行われるようになったと考えられる．しかし，実際の環境問題に正対しない教育は，従来の臨海学校や林間学校から抜け出ていないのが現状である．

1997年，温室効果ガス削減に向けた国連気候変動枠組条約第3回締結会議（地球温暖化防止京都会議，COP 3）で「京都議定書」がまとまった．その後，藤前干潟の埋立が中止され（1999年），長野県知事による「脱ダム宣言（2001年）」があり，三番瀬再生を検討する三番瀬円卓会議（2002年）が開かれて環境問題に対する行政の姿勢が変わったかのようにみえた．しかし，その一方で，止まらない公共事業の一つとして諫早湾干拓の潮受け堤防が閉め切られ，10年後の2007年，諫早湾干拓完工式が行われた．川辺川ダム建設計画は住民による訴訟が続き，長野県知事の「脱・脱ダム宣言（2007年）」が表明された．東京ではヒートアイランド化が顕在化し，市民グループによる打ち水大作戦が関心を集めるようになる．そして，地球温暖化が人間活動の行き過ぎによることを示した「国連の気候変動に関する政府間パネル（IPCC）」[*2]の第4次報告は科学が机上の理論ではなく，私たちの生活に直結することを示している．千葉県は2008年3月，市民・NPOをはじめ研究者や行政などが一体になって都道府県レベルでは初の「生物多様性千葉県戦略」を策定し，生物多様性の保全と持続可能な利用等の対策の策定においては，地球温暖化と生物多様性を一体的にとらえていく視点を据えている．まさにこれ

[*1] 生物多様性（バイオダイバーシティー）：Biodivesityの訳で，もとは生物学的多様性（Biological Diversity）の略．地球上のすべての生物の遺伝子とその変異性の多様さ，種の多様さ，個体群の多様さ，生息場所・生育場所の多様さ，生態系の多様さ，景観の多様さ，生態系の機能の多様さを包括的に含んだ，生命系の豊かさを表す概念である．

[*2] 気候変動：Climate Changeの訳，気候変動というのは長期間観測してきた気候要素，例えば気温，降水量，風速などの観測ごとの平均値からの揺らぎの振れ幅のことで，平均値自体は経年的に変わらない．これに対し，気候変化は，数年以上にわたって，この平均値自体がある傾向をもって変わっていくことをいう（バローズ，2003）．IPCCでは変動と変化を厳密に使い分けている．したがって正確にはClimate Changeの日本語訳は「気候変化」が正しい．

までになく科学と市民生活が接近した時代の到来である．

4.1.3 東京湾再生における認識の共有

2001年，内閣に設置された都市再生本部が，翌年の「都市再生プロジェクト（第三次決定）」に大都市圏の「海の再生」を明記し，先行的に東京湾の水質改善行動計画を策定した．国や東京湾周辺自治体は，東京湾の再生の連携強化に向け「東京湾再生推進会議」を設置し，2003年には以後10年間における東京湾再生のための行動計画も立ち上がった．東京湾への汚濁負荷の軽減をめざしたこうした行政の取り組みは水質を改善する事業であり，時代の変化に答えようとしている（5章補論2を参照）．また，国土交通省河川局内には，沿岸域総合管理研究会が設置されている．

しかし，こうした沿岸域再生に関連する組織の公表している文書の中に，東京湾の流域まで含めた総合的な沿岸域管理という施策は具体性をもったものが見当たらない．東京湾再生への取り組みとして扱われているのは，海域でのゴミ収集や，東京湾で数少ない立入可能な場所の集中的美化と水に触れられるような場への護岸改修，陸域の水質浄化の強化といったところである．さらに政策の多くは水質向上に向けられている．実際，下水システムはこれまでの改良によって，東京湾再生推進会議が設立される以前から，負荷はすでに減少傾向にあり（松村・石丸，2004；本編1.4や2.2.6参照），設定目標に具体的数値をあえて盛り込まない再生事業にどれだけの実効性があるのか，東京湾再生推進会議の満期終了段階での削減量がイコール成果ということでは，政策として評価の対象になりえるのかという声も市民から上がるであろう．もともと系外からのもち込みが多い窒素やリンを負荷の発生源から抑制して，流域全体のメカニズムに手をつける政策を策定しなければ，対症療法という批判は免れない．

地球温暖化という「地球環境」への関心が高まるにつれ，足元にある「地域環境」が地球環境と密接に関連しているという理解が進んできている．市民の自主的な環境問題への継続的な取り組みが根付き，徐々に広がってきている．社会全体の環境に対する意識も変わりつつある．各学会や市民団体主催のシンポジウムや勉強会，市民レベルの環境への取り組みや学習活動は，近年とくに活発化してきているだけでなく，東京湾に限定せず，食べ物の地産地消（物質循環における理解の深化）や東京という街を含めて改めて都市とその近郊を眺め直す機運がある．最近の江戸ブームはその一端であろう．江戸時代の庶民の食生活や水辺空間での行楽を紹介した書物が増えている．これらの著作は，やや良い面ばかりを取り上げている傾向は否めない．しかし，百万都市の屎尿が田畑の肥やしに使われていたこと，目の前の海から輸送コストをかけることなく安くて新鮮で安全な海産物を調達していたことなどから，物質の循環が健全に行われていた様子が庶民生活の情景とともに浮かび上がってきている．

また，人々の生活のなかで，東京湾が行楽と切り離せない存在であったことは（2.4.2），市民をめぐる水辺空間との関連が密であったことを示している（陣内ほか，1989；大久保，1998；棚橋，1999；鬼頭，2002；長辻，2003；松本，2004など）．これまでの東京湾が歩んできた時代背景と環境に対する注目度の高まりから，東京湾の水域環境が良い状態でないという「現状認識の共有」は浸透したといってよさそうである．東京湾の再生への認識は，長い年月をかけて社会の中で総論としては成立したようにみえる．

4.2 東京湾の再生目標と達成基準としての1955年頃

4.2.1 2つの東京湾再生像

東京湾の再生事業に関して確固たる再生目標をもつべきときに来ている．そこで環境再生の目標の設定とその達成度を評価するときの判定基準について考える．

2006年度以後，東京湾の環境に関連したシンポジウムが数多く行われたが，いずれの趣旨も「美しい東京湾を取り戻す」ことをめざしていた．しかし，再生像は主体によって主張が微妙に異なっていた．筆者が参加したいくつかのシンポジウムから「美しい東京湾像」を大まかに分けると以下の2つになる．1つめは快適な環境の東京湾グランドデザインを構築し，首都圏にふさわしい東京湾を創出するというゴール．この考え方は，既存の埋立地を前提に，水質改善や親水性を増す（水と触れ合う場所を増やす）といった職住空間に快適性という付加価値を水辺に創出していこうという，再開発という側面をもった構想である．もう1つは，昔のような干潟浅場を取り戻し，人の憩える水辺空間と多様な生物によって成り立つ健全な生態系を回復するというゴール．これは埋立地を海に戻して，東京湾の原風景をできるだけ取り戻して，後世に伝えていきたいという環境の修復に軸足をおいている．これらは相互に重複する部分があるものの，「快適な空間を作る」事業と「本来の姿に戻す」事業というように分けられる．

まず，快適空間の創出は埋立地を前提に，着手できるところは改善し，利害が複雑化して手の着けにくいところは現状を維持して修復を図ることになる．快適な水辺環境を取り戻すためにはまず，水質を取り戻すことである．ただし，下水を浄化するだけで水域環境が良くなるわけではない．日本経済の高度成長期（1955〜73年）を中心とした沿岸部の埋立によって，湾本来の流況は変化した．潮の満ち引きの変化は，そこに生息する生物の行動や産卵・摂餌活動に影響を与え，潮汐に応じた生息環境を生み出す．したがって，潮汐という物理現象が，東京湾に生息する種の群集構造を，ひいては生態系の生物種の構成をある部分規定している．極端ないい方をすれば物理現象の再生なくして，本来の生態系には戻らないということになる．したがって，水質が良くなるだけでは環境再生，生態系の再生ではないことは言うまでもない．

それでは2点めの昔の東京湾を取り戻すという目標はどうであろうか．昔は良かったといえ，江戸期の東京湾の姿をゴールとしたら合意形成は不可能であろう．「昔に戻そう」といったときまず考えなければならないことは，「昔とはいつの時点をさすのか」である．幼少時代に開発前のお台場で泳いだ人は干潟を歩くと踏んづけるほどカレイがいて生物相が豊かで良かったといい，あるいはバブル期ウォーターフロント開発前の人気のない水際線に魅力を感じていた人もいるであろう．漁業者なら高漁獲期を最も良かったと思うかもしれない．人の記憶によって東京湾に求める昔が異なる．そのため，どの昔を目標に据えるのか，できるだけ多くの市民が納得できる合意が必要である．環境を再生するにも，様々な利害が絡み合って，まったく軋轢がない再生イメージの合意はありえない．そこで，科学的に客観性のある目標が示されていれば，軋轢を最小化したり，互いに妥協するポイントを探ることができそうである．

4.2.2 生態系が健全に機能している東京圏

A. 評価基準

本委員会が目標とする「東京湾の望ましい姿」とは，「生態系が健全に機能している本来の東京湾」である．健全に機能しているとは，「光合成によって生産された有機物が無駄なく消費され，生産と消費がバランスして，円滑にエネルギーが流れている状態」である．既存の資料

第4章　再生の目標：自然の恵み豊かな東京湾

やデータを見ると，本来の東京湾の生態系は，沿岸に住む人間と密接な関係にありながら健全性を保っていた．陸から流れ込む適度な栄養が，干潟を基盤とする多様な生物群の中で円滑に利用されてゆき，余剰を生まないメカニズムが形作られていた．そのために高い生産性が長期にわたり維持されていたと考えられる．人間活動の影響の大きさは自然の収容力を超えるものではなく，東京湾とその流域が一つの里山様の有機的なユニットとして存在していたために，生態系の健全性が保たれていたと考えられる．

そこで，本委員会は再生の度合いを評価する基準を模索した．そして1955年頃が望ましい東京湾像に近いことから，そのときの生物相や水質などを評価に利用しようと考えた．もちろん，当時と今とでは水循環の様子から汚濁負荷の形態が違い，社会情勢や社会基盤の整備状況も変わっている．それでもなお，1955年頃という達成尺度はこれまで5回のシンポジウムに参加した学会および多くの一般参加者から賛同を得ている．

第Ⅰ部では東京湾の環境変遷や現状を見てきたが，ここでは水産物の漁獲量の時系列データを基にして（図4・2・1），1955年頃というのがどういう時期なのかをまとめる．もちろん水産生物は生態系の一構成員に過ぎず，それだけみても水域環境や生態系のすべてがわかるわけではない．また，漁獲量をみる際には漁具・漁法の進歩や，漁業者数の変動といった漁獲圧の変化に注意しなければならない．しかし，水産生物のデータは継続性があることから採用した．

B. 1955年頃の東京湾の姿

東京湾全体の総漁獲量（ノリ養殖を除く）が最も高く推移したのは，1956～64年（年平均で約12.5万トン）であり，その漁獲の主たる構成者は貝類で，浅海域のハマグリ，アサリ（現在も総漁獲量に大きなウエイトを占める），深場のアカガイ，トリガイ，サルボウなどであった．また，東京湾全体の総漁獲量のほとんどは千葉県があげていた（2.4.1）．1955年というのはこの高漁獲期より前になるが，60年前後にかかる水産物の高漁獲期に，東京湾の水域・流域はどういう状態だったのだろうか．

図1・2・1（10ページ）から東京湾の流域人口

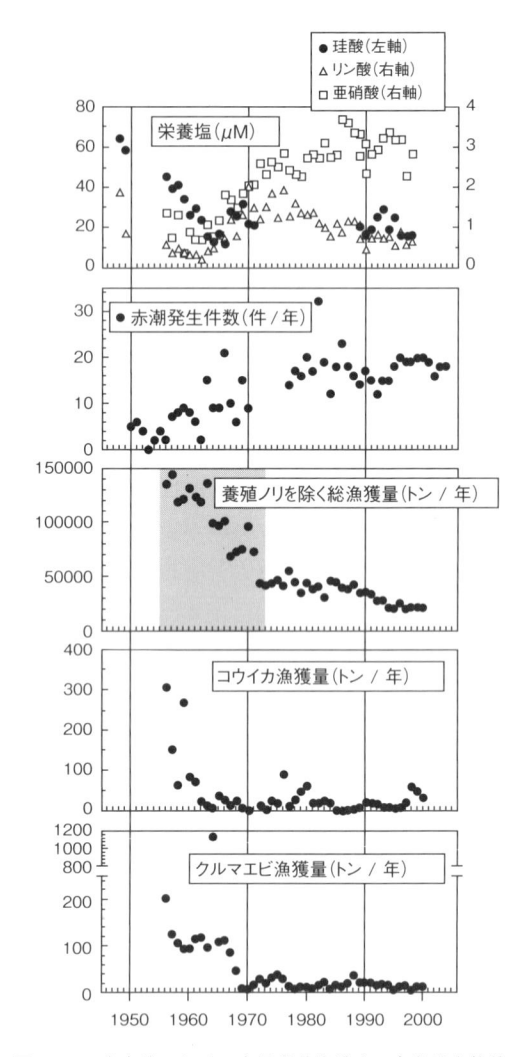

図4・2・1　東京湾における表層栄養塩濃度，赤潮発生件数，総漁獲量，コウイカ漁獲量，クルマエビ漁獲量の経年変化

総漁獲量の影部分は，1955 – 73年の日本経済の高度成長期を示す．
出典：栄養塩（1990年まで野村（1995），1989～1998年は松村（2000））．赤潮発生件数（1995年まで野村（1998），1996～2004年は東京都環境局ホームページ）．水産生物の漁獲量（清水誠東京大学名誉教授，第4回東京湾海洋環境シンポジウム実行委員長のご厚意により拝借し作図）．

は1945年から50年は，変動はあるもののおよそ1,100万人である．その後,55年には1,300万,60年には1,500万人と徐々に増加していく．川島（1993）の図から，東京湾流域での窒素の発生負荷量は1950年までは日量200トン以下であった．このうち東京湾に流入する窒素の量は1945年までは80トン前後であったのが，50年に150トン弱,60年には200トンを超えた．1945年から50年にかけて屎尿の農地への還元がなくなり，河川や海に流れ込んだといえる．1950年の都区部下水道普及率は約11%，60年でも21%であったことを考えると（図1・4・4，22ページ），こうした窒素の多くが有機物の直接流入であり，リンも同時に海域に入ってきたと考えられる．有機物は細菌に分解され無機栄養塩になり，光合成を促す．東京湾で植物プランクトンの基礎生産が初めて測定された1959年に，その値はすでに自然界での最大値にあったことは(2.2.7)，これを裏付けている．また，養殖ノリの生産が最高の3万7千トンを記録したのは1960年であった．

こうした栄養の流入が増加したとき，どのような種の植物プランクトンが増えたのであろうか．植物プランクトンは大きく分けて珪藻と鞭毛藻の2つのグループがあり，一般に北太平洋や赤道湧昇域のような生産性の高い水域で生態系の基礎生産を担っているのは珪藻である．Tanimura et al. (2003) は，東京湾中央部から採取した堆積物の柱状サンプルを年代ごとに切り分け，その中の珪藻の殻を種ごとに分類・計数した．その結果，海底に積もった珪藻の殻の総数（年間1cm^{2}当たりの総数）は1950年から60年のピークに向かって急増し，その後は70年代にかけて1950年のレベルに漸減したこと，東京湾の赤潮種として最もよく知られるSkeletonema属の殻の沈降量は1950年から65年に向けて3倍増となったことを明らかにした．東京湾の珪藻赤潮は1951年が初出であり（菅原・佐藤，1966），富栄養化が珪藻の増殖を促したことがわかる．

このことは珪藻を基幹とする基礎生産の上昇が，珪藻を直接・間接に利用する魚介類の餌環境を良好にし，漁獲の底上げにつながるエネルギー効率の良い生態系が，1950年代半ばに形成されていたことを示している．1950年代中頃はまだ赤潮の発生件数も年間5件程度と低かった．このことは当時は動物プランクトンや干潟浅場の貝類などのろ過摂食性生物による高い摂餌圧が赤潮を発生しづらい状況にしていたためと考えられる．また，表層の硝酸態窒素やリン酸態リンの濃度は現在の半分以下と低くなっていた．このことは，流入する栄養塩が植物プランクトンや海藻あるいは養殖されているノリによって消費された結果である（図4・2・1）．

1955年頃は，京浜工業地帯の埋立が徐々に進んでいたが，ノリ養殖は盛んであり（図2・4・9，174ページ），アミ類も漁獲されていた．湾全体で見ても，クルマエビやコウイカ，そしてハマグリ（図2・4・12，176ページ）といった多様な底生生物が漁獲対象となっていたことや，アオギスの脚立釣りがまだ健在だった．千葉や横浜には海水浴場や潮干狩り場が広く分布していたことに加え（図4・2・2），底層の無酸素化が報告されていない．

菅原ほか（1966）は1956年7月の調査から，湾奥中央部の一部に貧酸素化した水域の存在を報告している．この水域は沈降速度の遅い有機物が溜まりやすい水域とされていることから（石渡，1988），この貧酸素化が一過性のものか，その後の環境悪化のはじまりか，は判断できない．しかし，1950年代中頃は高い漁業生産と豊かな生物相が両立していたことは様々な出版物にある漁業者からの聞き取りから確かなようである．

1960年代になると，窒素の流入負荷（川島，1993）に代表される栄養塩濃度の増加やそれに伴う赤潮が頻発化する．高漁獲期の末にあたる1965年には湾奥中央部に無酸素水域が出現し，

第4章　再生の目標：自然の恵み豊かな東京湾

貧酸素化した水域は湾中央部にまで拡大した（菅原ほか，1966）．このことは，系内で有機物の消費が追いついていないことを意味する．加えて，1960年代は化学物質によって水質が最も悪化した時期といえる（2.2.9）．さらに，京葉工業地帯の埋立が進んだ1960年代中頃から潮汐は顕著に低下し（図2・1・4，73ページ），同時期に総漁獲量も低下の一途をたどった．

既存の資料から，1955年頃の東京湾は千葉県沿岸に干潟・浅場が残り，平均水深が浅く，豊富な光の透過による海草の光合成と潮汐による混合で酸素が供給されており，多様な地形が多様な生物の住処を提供し，陸から入ってくる適度な栄養供給によって生物生産の高い，生態系が絶妙にバランスし，自然の恩恵を最大限に利用できる海であった．まさに，適度に人手の加わった半自然環境が景観を織りなす共有財産としての空間が東京湾であったといえる．

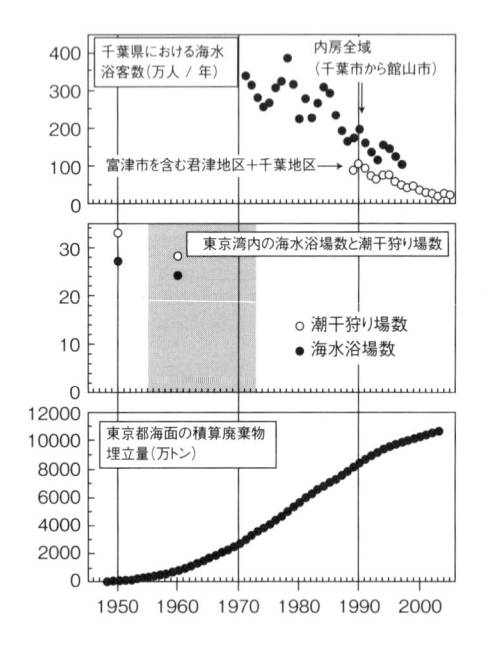

4.3　目標の段階：水質改善と湾形状修復

東京湾の水域環境を再生するために，1955年を基準に目標となる数値を示す．しかし，第I部からわかるように，1955年と現在では沿岸・流域に張りめぐらされた上下水道や宅地の形態から，郊外の田畑面積や畜産の構造があらゆる面で違ってきている．こうした社会状況の変化をふまえて目標となる数値を示すことは簡単なことではない．そこで，目標を段階的に分けて設定することは政策的に望ましいことである．

本委員会は東京湾の再生目標を，中期20～30年後と長期100年後の2つに分けた．本章のはじめの人間活動の影響波及で述べたように，人間活動の影響は人為的富栄養化のように，対策によっては解決できるものと，埋立のように影響が多様かつ不可逆的なものがある．まずは，中期目標として生物の生存を脅かしている夏季の貧酸素化あるいは無酸素化する水塊の縮小と水塊形成期間の短縮をめざした「水質の改善」である．なお，後述する東京湾漁業の再生対策は（5.3），中期目標と組み合わせて実施する．長期目標として，貧酸素化による無生物域をなくすと同時に，社会基盤の一部になっている埋立地を部分的に海に戻す「湾形状の修復」である．それぞれについて水質の数値目標，水域状況と生物相を示す．

4.3.1　中期目標

水質といった場合，東京湾では以下の問題が指摘されている．①溶存酸素濃度の低下，②窒素やリンといったおもに生活排水起源の栄養物質の過剰な流入，③人工的な化学物質の流入，④流入する元素の比率の変化，⑤透明度の低下，⑥水循環の改変による淡水流入量の変化，⑦主として冬にみられる都市からの排水に起因する熱の負荷，である．

図4・2・2　東京湾における千葉県の海水浴客数，東京湾内の海水浴場数と潮干狩り場数および東京都海面の積算廃棄物埋立量の経年変化
海水浴場数および潮干狩り場数の影部分は，1955～73年の日本経済の高度成長期を示す．
出典：海水浴客数（2.4.2），海水浴場数と潮干狩り場数（2.4.2），埋立量（1.5）．

4.3 目標の段階：水質改善と湾形状修復

中期目標のおもな課題は「水質の改善」であり，それをふまえたうえで目標および水質が改善された際の波及効果を図4·3·1に図示する．

[数値目標]

1. 夏季における底層の水中溶存酸素濃度は2 mg/L

  東京湾生態系において最も深刻な問題は海底の貧酸素化である．環境省の新たな水質基準策定にかかわる懇談会においても，無生物域の解消を図るDOの最低値は2 mg/Lとしている（閉鎖性海域中長期ビジョン策定に係る懇談会，2010；補論2）．東京湾の海底には，すでに多くの有機物が堆積している．そのため，有機物供給が減ったからといって，すぐにその効果が現れてはこないであろう．5～10年しなければ，目に見えた変化はないかもしれない．しかし，現在，夏季に，水平的にも広く厚い無酸素水が縮小する，あるいは形成時期がわずかでも短縮すると予想される．そして，岸部周辺の三番瀬などの浅海部では，貧酸素水塊の来襲頻度が低くなることによって環境が安定し，生物の生息環境は大きく改善される．

2. 流入する窒素とリンを現在の半分に削減

  湾内の窒素とリンの存在量を年間平均した場合，1950年代と同様の流入負荷にするためには，1日当たり負荷量は，全窒素で124トン，全リン6トンと試算された（松村・野村，2003）．川島（1993）では1955年頃の流入負荷を日量170～180トンと見積もっており，松村・野村（2003）は上限の180トンを基に数値を算出している．これらの削減目標の計算には，海底堆積物からの溶出（海底が無酸素化すると堆積物に吸着していたリンなどが水中に溶出・拡散する）を加味している．したがって，実際の削減は経年的な水質モニタリングとそれらの実測値に基づいたモデル計算を更新しつつ見極める必要がある．

  これまでも窒素とリンに関してはいくつかの数値シミュレーションが行われてきたが，いずれも同じような値となっている（例えば，佐々木ほか，1999）．柳ほか（2004）は，湾奥表層の全窒素・全リン濃度について環境基準III類型（全窒素0.6 mg/L, 全リン0.05 mg/L）にするには，

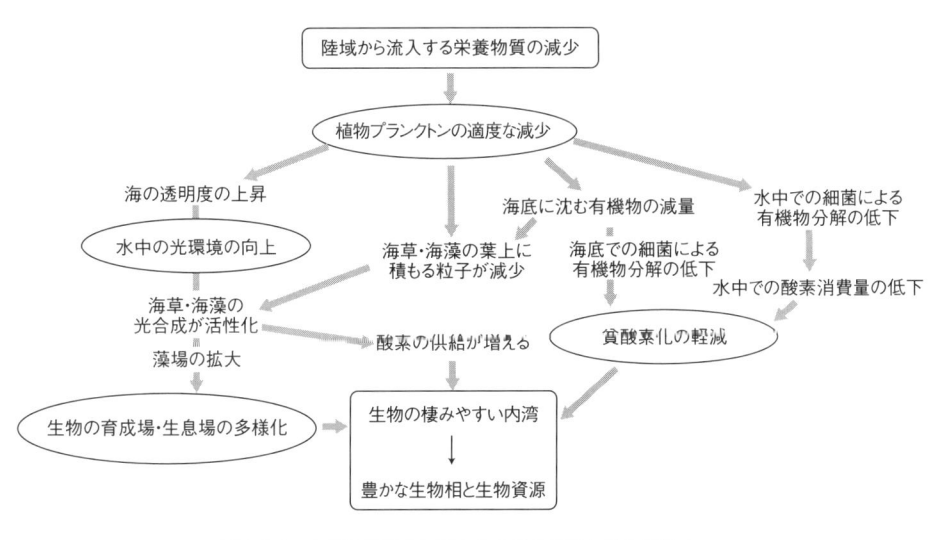

図4·3·1 中期目標達成に関する水質の好転とその影響フロー

調査を行った1998年度を基準に50％の削減が必要としている．

近年，日本沿岸内湾域において陸域起源と海洋深層起源の栄養塩負荷量の試算が行われている（Yanagi and Ishii, 2004）．今後さらに精度を上げる必要があるが（柳，2006），おおざっぱに見て，東京湾全体での全窒素と全リンの存在比率は，陸起源が8割であり（瀬戸内海は3割，大阪湾は6割），引き続き削減の必要がある．

3. 流入化学物質の削減

本来，天然にはないものはゼロに，天然にあるものは通常のレベルが，誰もが納得する数値目標である．陸域からの人工化学物質の抑制は，どこまで大丈夫かも重要だが，安全で安心な漁獲物を東京湾から供給する際の条件であり，基本的には流入ゼロが目標である．

4. 夏季における水の透明度は1.5 m以上

東京湾の海中を漂う懸濁態有機物の組成比率を見ると，その約6割は生きている植物プランクトンとされる（門谷，1991）．したがって，栄養塩の負荷量が削減されれば，植物プランクトンの全体量が減るため，水中の粒子が減ることになり，水の透明度は良くなると考えられる．植物プランクトンの消長にも本来の季節性が回復し，赤潮件数が減少すれば，植物プランクトンの代謝産物や死骸に微生物が付着してできるマリンスノー状の不定形の沈降粒子が減る．水中を漂う細かい粒子が減れば，さらに透明度が良くなる．

5. 自然的海岸構造を2000年の2倍にする

東京湾の海岸線は，埋立によって複雑化して延長したが，そのうち誰もが容易に立ち入れる部分は60 kmで，人工海浜は14 kmとされている（小池，2001）．コンクリート護岸は市民の水辺への接触を妨げるだけではなく，護岸には付着生物が成長し，その落下のため底質環境を悪化させる（2.3.2）．立ち入れる場所が即，水にさわれる場所ではないが，立入可能な場所を自然的海岸構造と見なすと全海岸線の7.5％ということになる．埋立地を海に戻すと海岸線総延長が短くなるので再計算が必要だが，少なくとも現在の60 kmを120 km程度を目標に自然的な海岸線，できる限り本来の海岸線に戻す．そして河口干潟が拡大する場所を保全する．

［水域状況］

赤潮が減って水中の懸濁粒子が減ることで水の透明度が増す．貧酸素水塊の規模が縮小し，湾奥で広域な青潮が起こらない．浅海部では生物が徐々に戻ってくる．河口干潟が伸長した場所では，葉上に降り積もり光合成を阻害する有機懸濁物粒子が減ったことで，光条件が良くなってアマモ場が拡大し，その場を利用する生物の育成場が維持されるようにする．

［生物相］

三番瀬や盤洲などの残された浅場・干潟において，アサリ・コウイカ・イシガレイが豊富に生息し，ハマグリ・クルマエビが普通に見られるようにする．さらに，多摩川などのいくつかの河川で，東京湾と流域の一体的な形状修復をすすめ，陸と海を川を利用して行き来する生物，ウナギやモクズガニなどが徐々に増加する．

4.3.2 長期目標

長期目標の主要な課題は100年内に「湾形状の修復」を通じて，生物学的多様性を回復するとともに，流域から流れ込む河川の水循環と流砂系を健全化する．このことによって，周年にわたり多様な生物が棲みやすい環境を整え，清澄な水辺景観を再生する．河口に流入する清澄な河川水と澪が発達した河口干潟が広がることで，多様な生物が生息し，同時に水産漁獲物も多様化する．過剰な生産が減って，護岸が減り，

潮汐が強くなる．また，もともと汚濁した環境や鉛直護岸に繁殖空間を見出し植民してきた移入種の多くは生残率を低下させるであろう．東京湾を特徴づける水生生物が安定的に出現し，また，漁獲されるようにする（図4·3·2）．

[数値目標]
1. 無生物域のない海底，夏季における底層の水中溶存酸素濃度は水産資源回復に必要な 4 mg/L
   マクロに見て，貧酸素水塊は形成されない．
2. 赤潮発生件数は，年間5件以内
3. 夏季における水の透明度は 2.5 m 以上
4. 埋立地を部分的に海に戻す
   埋立地をどこまで海に戻すのかという点に関しては，京葉工業地帯を対象に，およそ 11,600 ha を海に戻す．これは1955～84年の間に埋め立てられた面積に相当する．

[水域状況]
1. 陸と海の連続性の回復
   大河川においても生物の往来を保障し，湖沼，池や田圃，さらには流域と東京湾の生態系が一体化し，ウナギやモクズガニといった海と陸を行き来する生物が普通に見られるように生物多様性を復活する．水循環と流砂系の健全化を図ることで，隅田川河口でノリ養殖を再開したり，アマモ場が拡大し，生物生息空間の多様性が高くなる．
2. 全湾に底曳漁場が拡大
   夏季の無酸素域が解消することで，湾全体で周年にわたり底生水産生物の漁場が成立するようにする．
3. 人が自然と共存する水際線
   湾奥では本来の河口生態系と都市の水路の回復を実現する．湾口部での港湾機能の集約化と省エネ型水上輸送による湾奥への物資の搬入．湾口部を高度港湾空間とする一方で，千葉県沿いを自然海岸に戻し自然保全地域として，メリハリのある湾構造にする．また，湾内には自然保護区，景観保全区や水産資源保護水域などを設定して，水際線の活用に一定のルールを設ける．東京湾全体が保全地域として指定され，水産・観光・教育・研究面での利用が進み，東京湾が環境修復の国際的なモデルとなるようにする．都市と自然の共生モデル都市，持続的都市が現実のものとなることをめざす．

[生物相]
　干潟生態系，すなわち河川から後背湿地，そして浅場，平場への連続性が回復することによって，また，アサリ等の底生生物の資源の回復によって，それを利用する鳥類，とくに渡り鳥類の個体群維持に貢献できる生態系に戻る．漁業資源となっている底生生物が増加して，鳥類と水産業が競合しない十分量の資源回復をめざす（1955年頃は鳥類の摂餌をまかなってあまりある漁獲量が確保されていたと推測される）．

　シラウオが復活し，小型鯨類のスナメリがしばしば観察される．本来の生物相が回復し，同時に漁獲される水産生物が多様化するようにめざす．シラウオは再生の目標生物とする．また，今でこそ希少となってしまった天然物のウナギの漁獲高が上がるようになることは，流域全体の健全性を示す重要な指標である．

　本章では，三番瀬や多摩川河口干潟といった個々の生態系に関する再生目標には言及しないが，三番瀬や多摩川河口干潟などの生態系ユニットの保全や再生は，東京湾全体の再生につながる．これらの小さい生態系ユニットの間をつなぐように小さな生息地を増やしていくことも大切である．なぜなら，生息地の孤島化が生物の遺伝子個体群のネットワークを分断すると，種内遺伝子の多様性が低くなる．そのことが，東京湾の進化年代の中で育まれてきた遺伝子個体群の持続性を難しくしているからである．

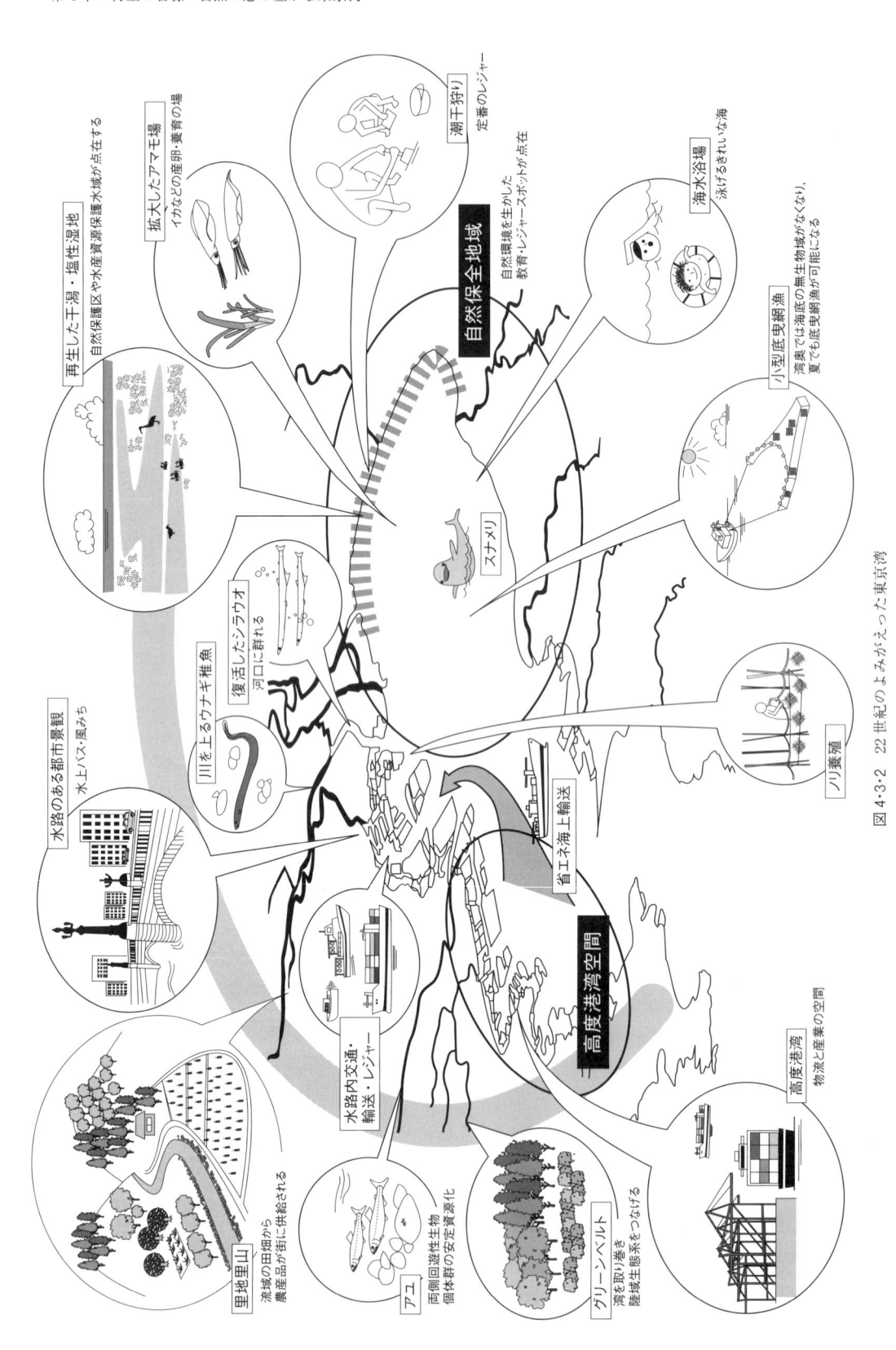

第 4 章　再生の目標：自然の恵み豊かな東京湾

自然保全地域

- 潮干狩り　定番のレジャー
- 自然環境を生かした教育系レジャースポットが点在
- 拡大したアマモ場　イカなどの産卵・保育の場
- 再生した干潟・塩性湿地　自然保護区や水産資源保護水域が点在する
- 海水浴場　泳げるきれいな海
- 小型底曳網漁　湾奥では海底の無生物域がなくなり、夏でも底曳網漁が可能になる
- スナメリ
- ノリ養殖
- 川を上るウナギ稚魚
- 復活したシラウオ　河口に群れる
- 水路のある都市景観　水上バス・風みち
- 里地里山　流域の田畑から農産品が街に供給される
- 水路内交通・輸送・レジャー
- アユ　両側回遊性生物個体群の安定資源化
- グリーンベルト　湾を取り巻き陸域生態系をつなげる

高度港湾空間

- 省エネ海上輸送
- 高度港湾　物流と産業の空間

図 4・3・2　22 世紀のよみがえった東京湾

4.4 科学的合理性のある環境再生

環境再生にあたって留意すべきことは，①生態系の構成者，すなわち生物相が原則として，現地性の生物で維持されていること，②生物群集の間のネットワークが維持されていること，そして③生態系の機能が回復されることである．東京湾本来の姿でない環境再生を実施して，意図せず環境が悪化しないように，事業計画する段階や，事業の方法を決定する場面で正しい科学的情報を導入することである．そして，事業の妥当性を評価するとともに，情報の透明性を担保し，予防的原則に立った影響評価が個々の施策に対して必要である．利害をもたない第三者的立場で科学者が環境再生に関与し，積極的に発言していくことは，多種多様の主体がかかわる事業を効率よく進めるために必要と考えられる．環境再生は再現実験ができないことがほとんどで，科学者にとって扱いづらい代物であることは確かである．しかしながら，これまで日本沿岸では多くの開発事業が行われてきており，地域的な違いはあるにせよ，経験と比較データが蓄積されてきた．科学者は予防原則の視点から助言や提言をすべきであり，また，社会は行政や市民・NPOを中心に専門家のアドバイスを求めている状況がある．正確な科学情報による東京湾生態系の理解を広める啓蒙活動は大切だし，再生事業の方法論的整合性などに関しては科学的判断によらなければならないだろう．ただし東京湾再生にあたって，現状では科学者の数ならびに関係する研究機関が少な過ぎる．

これからの世代は，生まれたときには国土は至るところで，道路は舗装され，田圃は囲場整備され，社会基盤は一通り終了している．そのため，本来そこにあったはずの自然の姿を知らないで育った人々が増え続けている．今後は，そうした世代が東京湾の環境再生を担っていくことになる．したがって，東京湾の記憶をもった人々がいる今のうちにデータを整理し，東京湾の再生目標を合意して残しておく必要があろう．そうしないと，もとはなかった自然の海辺のイメージが一人歩きする可能性が出てくる．もともと存在しえなかった白い砂浜を造成してしまうことも起こりえる（白い砂は造礁サンゴが死んでできているので，東京湾でははじめからない）．また，東京湾外のハマグリを放流するなど種内の遺伝子変異性を考慮しないで，生物種を導入したりすることも考えられる．さらには，人が海に近づけるうえに生態系の修復にも寄与できるという発想から，埋立の前面に浅場を造成することも考えられる．ところが，地先に人工の干潟や浅場を造ることは水域面積の減少として埋立と同じ作用をもつ．合理的施策には科学的裏付けが不可欠である．

私たちの生活は常に環境から影響を受け，影響を与えている．したがって，私たちの周りの環境のあり方というのは，人生や人格に影響せずにはおかない．岸辺の空間は，そこに身を置く人間にとっては，歴史の集積であり，記憶の一部である．歴史は流れであり，それを系統立てて理解するには各時代の遺産や景観がきちんと残されていることが不可欠である．例えば文化遺産を文化遺産たらしめるものは，こうした「記憶の継承」である（森，2003）．桑子（2007）は，景観は社会基盤の一つであり共有財産であるとしたうえで，景観法の制定などによって，一般的には景観の価値が認識され，また良好な景観整備の必要性が認識されつつあるように見えるが，実際の現場では，「景観価値についての正しい認識がないまま，どう整備したらよいかも十分討議されずに安易な整備が行われているため日本の良好な景観が危機に瀕している」ことを指摘している．この状況をふまえ，「東京湾は環境の悪化が著しいので，再生という名目があればどのような事業であれ可能である」という発想で再生事業が行われることは避けなければならない．

(野村英明)

第4章 再生の目標:自然の恵み豊かな東京湾

参考文献

バローズ, W. J. (2003): 気候変動 多角的視点から. シュプリンガーファラーク東京, 371pp.

浜田篤信 (2006): 霞ヶ浦における生態系の破壊と再生.「自然保護の新しい考え方-生物多様性を知る・守る」, 浅見輝男 (編), 古今書院, 66-85.

林 浩二・原子栄一郎 (1999): 市民による環境教育-そこにおける反省の意味.「講座 人間と環境 第12巻 環境の豊かさを求めて-理念と運動」, 鬼頭秀一 (編), 昭和堂, 259-288.

閉鎖性海域中長期ビジョン策定に係る懇談会 (2010): 閉鎖性海域中長期ビジョン. 環境省のホームページからダウンロード, 86pp. http://www.env.go.jp/press/file_view.php?serial=15178&hou_id=12192

石渡良志 (1988): 東京湾への陸源有機物の流入と堆積. 沿岸海洋研究ノート, 25: 127-133.

陣内秀信・法政大学東京のまち研究会 (1989):「水辺都市-江戸東京のウォーターフロント探検」. 朝日新聞社, 340pp.

環境庁水質保全局 (1990):「かけがえのない東京湾を次世代に引き継ぐために-東京湾の望ましい水域環境を実現するための方策について-」. 環境庁水質保全局 (編), 大蔵省印刷局, 70pp.

川島博之 (1993): 3. 流域と湾内での窒素の動き.「東京湾-100年の環境変遷-」, 小倉紀雄 (編), 恒星社厚生閣, 123-137.

鬼頭 宏 (2002):「環境先進国・江戸」. PHP研究所, 217pp.

小池和之 (2001): 東京湾沿岸の開発と海面上昇の影響.「海面上昇とアジアの海岸」, 海津正倫・平井幸弘 (編), 古今書院, 69-87.

桑子敏雄 (2007): 景観の価値と合意形成. 環境アセスメント学会誌, 5: 24-30.

松本 哉 (2004):「幸田露伴と明治の東京」. PHP研究所, 270pp.

松村 剛 (2000): 東京湾における栄養塩の収支に関する研究. 東京水産大学博士学位論文, 69pp.

松村 剛・石丸 隆 (2004): 東京湾への淡水流入量と窒素・リンの流入負荷量 (1997, 98年度). 海の研究, 13: 25-36.

松村 剛・野村英明 (2003): 貧酸素水塊の解消を前提とした水質の回復目標. 月刊海洋, 35: 464-469.

松下竜一 (1984):「風成の女たち」. 社会思想社, 286pp.

松下竜一 (1985):「明神の小さな海岸にて」. 社会思想社, 212pp.

門谷 茂 (1991): 物質輸送過程における粒子状物質の役割. 月刊海洋, 23: 178-186.

森 まゆみ (2003):「東京遺産」. 岩波書店, 232pp.

長辻象平 (2003):「江戸の釣り-水辺に開いた趣味文化-」. 平凡社, 254pp.

日本科学者会議 (1979):「東京湾」. 日本科学者会議 (編), 大月書店, 198pp.

日本海洋学会 (1999):「明日の沿岸環境を築く」. 日本海洋学会 (編), 恒星社厚生閣, 206pp.

日本海洋学会海洋環境問題委員会 (1993): 閉鎖性水域の環境影響アセスメントに関する見解-東京湾三番瀬埋め立てを例として-. 海の研究, 2: 129-136.

日本海洋学会海洋環境問題委員会 (2005): 東京国際空港再拡張事業の環境影響評価のあり方に関する見解. 海の研究, 14: 601-606.

野村英明 (1995): 東京湾における水域環境構成要素の経年変化. うみ, 33: 107-118.

野村英明 (1998): 1900年代における東京湾の赤潮と植物プランクトン群集の変遷. 海の研究, 7: 159-178.

小倉紀雄 (1993):「東京湾-100年の環境変遷-」. 小倉紀雄 (編). 恒星社厚生閣, 193pp.

大久保洋子 (1998):「江戸のファーストフード」. 講談社, 238pp.

大野一敏・大野敏夫 (1986):「東京湾で魚を追う」. 加藤雅毅 (編). 草思社, 255pp.

佐々木克之, 下田 徹, 松川康夫 (1999): 貧酸素に関わる物質循環と負荷量削減試算. 月刊海洋, 31: 515-523.

菅原兼男・佐藤正春 (1966): 東京湾の赤潮. 水産海洋研究会報, 9: 116-133.

菅原兼男, 海老原天生, 関 達哉, 青木那昭, 宮沢公雄 (1966): 東京内湾の海洋観測結果について. 水産海洋研究会報, 9: 2-11.

Tanimura, Y., M.Kato, C. Shimada and E. Matsumoto (2003): A one-hundred-year succession of planktonic and tychopelagic diatoms from 20th century Tokyo Bay. *Bulletin of the National Science Museum, Tokyo, Series C*, 29: 1-8.

棚橋正博 (1999):「江戸の道楽」. 講談社, 238pp.

東京湾海洋環境シンポジウム実行委員会 (2001): 東京湾の沿岸埋立と市民生活. 月刊海洋, 33: 827-895.

若林敬子 (2000):「東京湾の環境問題史」. 有斐閣, 408pp.

柳 哲雄 (2006): シンポジウム「沿岸海域に存在する概要起源のリン・窒素」のまとめ. 沿岸海洋研究, 43: 101-103.

Yanagi, T. and D. Ishii (2004): Open ocean originated phosphorus and nitrogen in the Seto Inland Sea, Japan. *Journal of Oceanography*, 60: 1001-1005.

柳 哲雄・屋良由美子・松村 剛・石丸 隆 (2004): 東京湾のリン・窒素循環に関する数値生態系モデル解析. 海の研究, 13: 61-72.

第5章

東京湾を再生するために

5.1 東京湾再生の背景－生物多様性と私たちの生活

　国際連合（国連）が2001-05年に実施したミレニアム生態系評価（以後，MA）は，生態系の変化が，物資，自由，健康や安全といった人間の福利に及ぼす影響を評価すること，そして，その評価をもとに私たちが今後とるべき行動を科学的に示すことを目的としていた（Millennium Ecosystem Assessment編，2007）．MAでは，生態系が人間に貢献する福利としての「生態系サービス」を4つあげている．①栄養塩循環や光合成による一次生産のような基盤サービス，②食料や燃料といった人間生活の基本的資材の供給サービス，③洪水制御や水の浄化といった人間の安全や健康の調整サービス，④精神性の醸成やレクリエーションのような文化的サービスである．4つの生態系サービスの機能が意味するものは，「生態系を成立させている生物多様性を保全することは，人間の持続的生存に不可欠である」ということである．こうしたサービスのもとになっている生物多様性の保全が，現在喫緊の課題になっている．

　生態系サービスは新たな概念として普及しているが，日本には昔から「自然の恵み」という言葉がある．しかも，日本人は自然の恵みには，漁業資源のように再生可能なものと，地質年代の中で築かれてきた地形のような再生不可能なものがあることを知っている．豊富な生物が生活している浅海域や湿地といった基盤を埋め立てることは，生態系機能を失う使い切りの利用である．使い切りの利用は一時的には流通，工業といった産業基盤としての便益を受けられるが，その一方では未来の恵みを永久に失うことになり，その代償は大きい．こうした観点から，私たちが東京湾の自然の恵みを享受し続けるためには，失われつつある本来の生物相と過去にあった地形・地質等の物理的環境を一体で再生する必要がある．

　自然生態系を破壊してしまうと，再生は難しいかあるいは非常に時間がかかり，場合によっては元に戻らない．バスキン（2001）は，アメリカ西海岸・ワシントン州オリンピック半島の森林における道路の敷設に伴う伐採跡地の自然再生で，道路の両側での対照的な結果を報告している．その違いは土壌中の微生物相であった．再生度合いがよい土壌では微生物相が元の状態に近いものであったが，他方は表土をはがしたために地下の微生物相が変化し，それが地表に現れていたのである．自然再生事業を行うとき，とくに自然度の高い景観においては，それを支えている生物相や物理化学的プロセスが元の状態に比べどのくらい保持されているかが鍵になる．自然の連環は微妙なバランスで成立している．

日本各所で建設されている人工干潟ではその多くで，元の生物相や生態系としての機能を取り戻していない．干潟生態系の成立には，土砂を運ぶ流砂系があり，地下からの湧水，その水質といった様々な要因の積み上げで今の生物相が成立している．元の砂を戻しても，それらの諸要因のつながりがリセットされている中で，生態系の機能が元通りになるとは限らない．生態系が生み出す自然の恵みは，その土地本来の生物群集がいて，それらの協働による機能があって初めて存在する．それでも生態系機能を失った環境においては，その生態系を取り戻そうとする努力は，将来に対して現代社会に求められている課題である．

　生態系の健全性は生態系の一員である私たちの社会の持続性とともに，多様な文化を守るためにも大切である．私たちの身のまわりには様々な土地環境が存在する．鎮守の森や田んぼや屋敷の庭などの環境要素がモザイク状に織りなしてできあがっている．私たちはこうした自然の景観を無意識のうちに推し量っている．そして自然性の高い景観に心惹かれることが，私たちの生活や強いては心の豊かさにもつながっている．ウイルソン（1995）は，私たちが森林や原野を歩いているときに同じ種のチョウにたくさん出会うよりも，同じ数なら様々なチョウに出会った方が豊かな動物相だと感じるとしている．その方が次に出会うチョウの予測がつきにくく，平均としてより多くの情報を伝えてくれると考えるからである．どこに行っても同じ幾何学形状の水辺とか駅前の再開発空間の人工的な単調さを考えれば，豊かな生物相や多様な生態系をもった景観に身を置くことができ，日々新しい光景に出会える生活は，自ずと心の豊かさに結びついていくように思われる．そして，身のまわりの自然に乏しく実体験をもたずして育ってきた子どもたちにとって，自然の重要性を知識としてはわかっていても，その内容はあまりに漠としており，命の大切さを具体的に理解することを難しくしているように思われる．

　近年になって，生態系の機能を理解する様々な試みが増えてきている．一例として，生態系機能の数値化がある．これは機能を貨幣換算することで，人間がその事業を行ったときにかかる金額で表したものである．林野庁が2000年に行った国内の森林の公益性についての試算では，土砂流出防止機能に28兆円，水源涵養機能に27兆円というようにして，年間では約75兆円の価値があるとしている（西尾ほか，2003）．これまでは堤防，橋，林道やダムは，造った後の経済効果によって建設の如何が判断されていた．それに対して，この手法を使えばあらかじめ失われるモノの価値と対比して費用対効果の是非を論じるということもできる．

　Costanza et al. (1997) は地球上の16のバイオーム*について経済的価値（ドル換算）に試算している．例えば，大気成分である二酸化炭素と酸素のバランスやオゾンなどにかかわるガスの調節，気候調節，水の調節と供給，栄養塩の循環，食料生産，遺伝子資源，レクリエーション，文化などである．その結果として，生み出される経済的価値で換算した生態系サービスが高いバイオームをあげると，河口域，沼沢地・氾濫原，藻場，塩性湿地・マングローブ域，湖・河川である（表5・1・1）．同様に，国連環境計画（UNEP）が沖縄の本島周辺を限定して調査した経済的効果は，1年間に1 km^{2}当たり8.1〜52億円と試算し，サンゴ礁の生態系を保全に払う出費に比べ，受ける恩恵の方がはるかに大きいとしている．このことは生態系全般にもいえるであろう．近年，全球規模での温暖化と関連して，藻場の二酸化炭素固定能力が想定以

---

* バイオーム：biome．生物群系．ある気候条件の地域で，それぞれの条件下での安定した動植物群集をいう．熱帯雨林，ツンドラなど，一定の環境・地域にみられる特徴的な生物群集の一単位として扱う場合が多いが，MAでは温帯広葉樹林や山岳草原のように地球全体での区分に適した"生態系の最も大きな単位"としている．

表 5·1·1 生態系サービスの評価額（米ドルに換算した年間当たり1 ha 当たりの金額）Constanza et al.（1997）の表を改変.

バイオーム	面積 ($\times 10^6$ ha)	金額 （ドル/ha/年）
海域全体	36,302	577
外洋	33,200	252
沿岸	3,102	4,052
河口域	180	22,832
藻場	200	19,004
サンゴ礁	62	6,075
陸棚域	2,660	1,610
陸域全体	15,323	804
森林	4,855	969
熱帯域	1,900	2,007
温帯・寒帯域	2,955	302
草原・放牧地	3,898	232
湿地	330	14,785
塩性湿地・マングローブ域	165	9,990
沼沢地・氾濫原	165	19,580
湖・河川	200	8,498

上に大きいことが，再認識されている（Duarte & Chiscano, 1999）. 1950年代初頭の東京湾とその流域には，氾濫原，塩性湿地，河口域，干潟や藻場もあり，その経済的価値はかなりのものであろう.

東京湾では，千葉県沿岸の埋立のみで，年平均にして5万トンのアサリ生産が失われたと試算されている（松川ほか，2008）. 千葉県のアサリがキログラム当たり200円で販売されたとすると，総額で毎年100億円の売り上げになる. これを漁業者5,000人で分配したとすれば，アサリだけで，毎年一人の漁業者が200万円の収入を得られることになる. 大切なのは，これらの生態系の機能は無償でかつ，大きな人手がかからず永続性があるということである.

今後，より慎重でなければならない点は，現時点で経済的価値が認識されていない機能や，その場で相互の関係性が未知の生態系機能は計算することはできないということである. その時点での経済的価値の計算値が低いからといって，将来における価値の潜在性を否定することはできない. また，個々の単位についての経済的価値は低い場合であっても，自然のネットワーク総体の鍵となる空間では，それらが失われて周囲の自然環境あるいはその場を利用する生物個体群間などのつながりが途切れてしまうことで，大きな経済的損失，例えば観光景観の重要な植物相や生物資源などの消失・衰退が生じる. つまり生態系に価格をつけるのは，それらの大切さを認識するための指標であり，バーチャル・ウォーターやフードマイレージのように，一般の人々への問題の認知度を高めるための説明手法の一つである.

5.2 東京湾再生の背景－自然の恵み：「食」の視点

こうした様々な自然の恵みの中で，私たちの食生活は近年の経済のグローバル化の影響をいろいろな形で受けている. グローバル化によって生産コストの安い場所で生産された食料は，生産コストの高い場所に輸送され販売される. そのコストの差額が富を生み出す. 商品化した食料は，より高く売れる場所を求めて世界中を移動する. 流通輸送技術の向上は，本来輸送に

耐えられなかった食料を遠い消費地に運ぶことを可能にした．実際，世界中の優良な食品が輸入されることで，今の日本人の多様で豊かな食生活は生み出されている．

経済のグローバル化は，一方でいくつもの問題を抱えるようになっている．①食料生産のコストは人件費がおもなため（加工作業が入る場合はとくに），人件費がかかる場所での生産が減ることでその地場での食料生産活動が衰退してしまう．②低コストで生産された食料が，消費の多い国に運ばれて，その水域で有機汚濁を発生させる．一方生産地でも，生産をあげるために使われる肥料が同様に水域の有機汚濁を招く．有機汚濁はそれらの水域の酸素消費を増大させる．UNEPによれば，人間活動に由来する富栄養化によって無酸素化した海域は世界に146あり，1960年代から10年ごとに倍増してきた（Dybas, 2005）．③生産コストの高い国における食料自給率が低下するとともに，食料確保が経済動向に左右されるようになる．④食料の生産コストを下げるため，あるいは流通過程での損出を減らすために薬品が使われるなどして，食品の安全性の担保が不明瞭になる．⑤食料の流入や流出によって地域の食文化が崩壊し，地球全体の食文化多様性が低下する．日本では食料の6割を輸入に頼っている．そして，食料の約28%（1,900万トン/年）が廃棄されている（ゴミとして1,000万トン，食べられるのに廃棄されるもの900万トン）．この現実は異常である．食料のほかにも飼料や肥料も輸入に頼っている．これら廃棄食料も最終的には流域水系に流れ込み，沿岸海域に至る．

2000年代に入って，グローバル化に伴う食料・飼料は安全面での転機を迎えている．BSE問題，中国農産品や食品の薬物混入，国内での産地偽装によって食品への不信が高まっている．加えて，一般的に大量生産されている国内産自体も必ずしも安全なわけではない．農業従事者の高齢化は深刻で，体が動かなくなれば農薬に頼り，作業を効率化する．また，食料生産は年々の気候変動や温暖化といった気候変化に左右されるという不安もある．2006年11月の内閣府実施の世論調査では，日本の食料自給率を低いあるいはどちらかというと低いと回答した人は70%を超え，日本人の4人に3人程度は，将来の食に不安を感じている．食料自給率は経済協力開発機構（OECD）加盟30ヵ国中29位（30位は0%のアイスランド），カロリーベースで40%，飼料を含む穀物自給率は28%で，OECDの中で異常に低い（浅見, 2006）．ちなみに日本は1960年にはカロリーベースで78%，穀物自給率80%であった（図5・2・1）．東京湾流域の場合，現在の人口は1955年当時の約2倍となっているので（図1・2・1，10ページ），流域内人口のすべてを自給するのは困難だが，農水産業の生産技術は当時よりも進歩している．農水産業を取りまく環境やシステムのゆがみを取り除き，できる限り農水産業を地場産業として育成していく取り組みが必要とされる．野菜などは一部の例外を除くと収穫後の成分変化が大きく，より早く活用することで高い栄養価が得られる（吉田，2007）．生鮮農水産

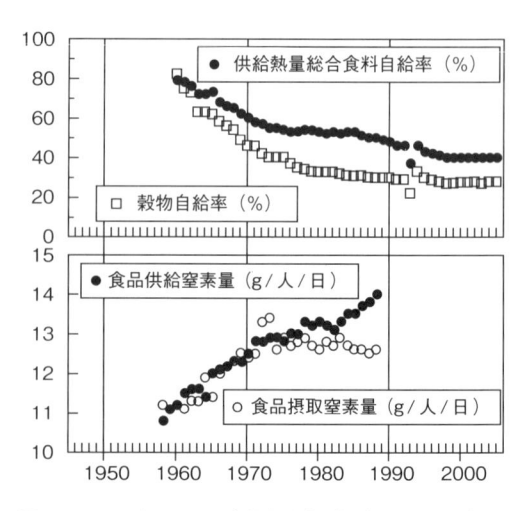

図5・2・1 日本における食料自給率（供給熱量ベース）と穀物自給率の経時変化（農林水産省ホームページより作図）

物は地産地消が望ましい．ちなみに農林水産省は 2004 年度の水産白書で，重量ベースの魚介類自給率 57％を，2012 年には 65％をめざすとしている．日本人の摂取するタンパク質の 20％，動物性タンパク質の 40％は水産物であり，その依存度は諸外国に比べ高い．地先で獲れた安全で新鮮な魚介類を消費することは，安価で低エネルギーコストの食料供給を可能にする．これからは採算性のある水産業を育成することが，社会にとって大切である．

5.3 東京湾漁業の再生

5.3.1 世界の水産資源動向

BSE を契機に欧米では魚介類を食べる習慣が広まった．また，日本食は健康面で人気がある．さらにアジア地域でも，とくに中国では日本食が徐々に浸透し，生食習慣がなかった生鮮水産物の需要が高まってきた．日本の魚の消費量の 4 割は輸入でまかなわれているが，2000 年代に入って海外の買い付け価格も上昇している．加えて世界の水産資源量は減少してきている．大西洋では 2003 年にタイセイヨウタラが資源再生不可能と判断され，無期限の漁獲停止になっている．また，2006 年の大西洋マグロ類保存国際委員会（ICCAT）では，マグロ資源保護のための漁獲枠削減交渉が行われた．MA が世界の海洋漁獲量の推移（1970－2000 年）をまとめている（図 5・3・1）．これを見ると 1980 年後半をピークに漸減は明らかである．また，漁獲のための平均操業水深が同じ期間に漸深化してきており，とくに 1980 年に入って 250 m 前後と，それまでの 150－200 m から急に深くなっている（図 5・3・2）．200 m は大陸棚の水深であり，それより深いところに移っているということは，沖合資源開発が成長の遅い中深層性魚種にシフトしてきたことを意味する．これは水産資源としては厳しい状況といえる．

Worm *et al.*（2006）の試算では，現在の漁業や生息地の開発や汚染が放置されれば，水産資源は 2048 年には崩壊するという．このように海外産の水産資源は，将来的にはあてにできなくなるかもしれない．

5.3.2 国内漁業を取りまく状況

海外での水産物需要増とは逆に，日本では「魚離れ」が進んでいる．その要因として，共働き

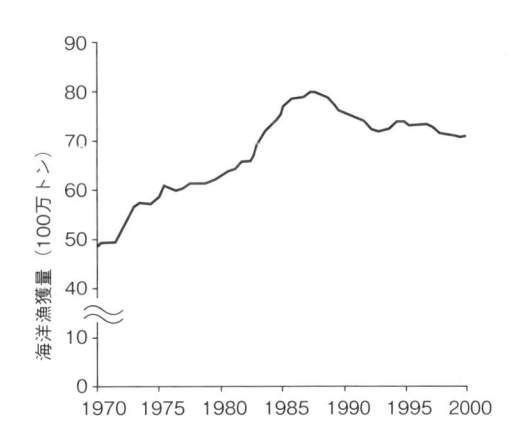

図 5・3・1　世界の海洋漁獲量の推移（1970－2000 年）
Millenium Ecosystem Assessment（2007）を改変.

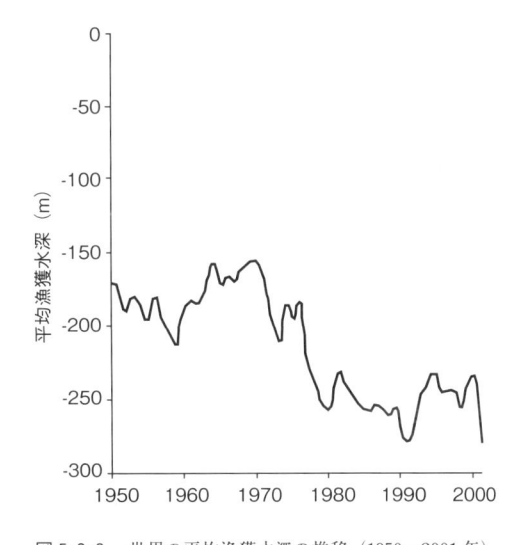

図 5・3・2　世界の平均漁獲水深の推移（1950－2001 年）
次第に深い水深の海域で操業するようになってきている．Millenium Ecosystem Assessment（2007）を改変.

家庭の増加がある．共働き家庭では外食や中食が好まれるとともに，料理に手間のかからない肉料理が増えたことがあげられる．また，集住が進み，魚を焼くと近所迷惑になるとか，密封性の良い住居では魚を焼くと油煙で壁が汚れたり，臭いがつくことが敬遠されたと考えられる．さらに，魚料理を子どもの頃に食べ慣れていないということが，魚離れに拍車をかけているのであろう．先日，ある中学校で給食を食べる機会があった．子どもは魚に骨があると食べないので，サバの煮付けには骨がなかった．この半世紀の間に肉食偏重に食事の質が変化して，国内産魚介類の消費を引き下げ，結果的には地先市場あるいは卸売市場での魚価の買い取り価格の抑制要因となっている．

　漁業者の収入をサラリーマンと比べてみる．国税庁の 2005 年度のデータでは，サラリーマンは約 4,500 万人いて，男女平均年収は 436 万円である．年収には地域格差があり，東京都はダントツで 661 万円，2 位は神奈川県 543 万円で，最も低い青森県は 335 万円である．一方，農林水産省大臣官房統計部が 2007 年 11 月 15 日に発表した平成 18 年度漁業経営調査によれば，漁業者のうち，漁船漁業者の全国平均での年収は 263 万円で，サラリーマン平均の 6 割にとどまる．2008 年 9 月のリーマン・ショック以降の景気後退によるサラリーマン所得の低下はあるが，漁業者年収の相対的低さは大枠で変わっていないであろう．

　漁業者の年収が低いのは消費の低迷というだけではなく，流通の経費や中間マージンも関連する．漁業収入は魚の値段と漁獲量をかけたものになる．安い魚をいくら獲っても収入は増えない．では，魚の値段はどう決まるのかというと，漁業者が魚を獲るのにかかった経費から割り出すのではなく，その手を離れた市場のセリで決まる．水揚げされた現場の市場では，消費地の需要の強さと供給量の多寡で価格が決まる．だが，この時の消費地の需要の強さは，消費地の市場，つまり小売りの際の販売価格が基になっている．売値は，水揚げ供給量の多寡，鮮度はもとより，その日の天候（寒いから鍋にしようとか）や，給料日（寿司にしようとか）と関係する．また，魚介類は鮮度を保つことが価値に反映する商品である．そのため流通経費は，野菜や食肉などに比べ 1 割ほど高くなる．さらに，単価の安いイワシやサバなどの多獲性魚種ほど流通経費が高くなる傾向がある．こうした流通や卸売りにかかわる水産物の特徴が表 5・3・1 である．1950 年代に入って日本は水産物の輸入国となった．海外からの低価格水産魚介類あるいは加工食品の流入によって，漁業者は価格競争に曝されている．魚離れもあり，国内の水産物の買い取り価格が圧縮され，漁業者の収入は低くなる．

　魚価を維持するためにいろいろな取り組みがある．①特定業者との契約販売．定置網での水揚げを契約したスーパーにすべてあるいは一部を直接卸している漁協がある．スーパー側は中間マージン分を上乗せして買い取るため，漁業者は市場に卸すより 1 割程度利益を上げられる．スーパーはサイズや量が予想できないため，安定的な供給はできないが新鮮さを担保できる．中間マージン分，必ずしも小売り価格の圧縮にはならない．長崎県では市場が地元生協と契約して，水揚げの 3 割から半分を占める規格外の魚を，たたきにしたり内臓を取って販売することで，これまで養殖魚のエサにしていたのに比べ高い利益を得ている．②水産物のブランド化．ブランド化には，希少性，産地保証や味の違いで差別化を図る例が多い．最近では，環

表 5・3・1　流通における水産物の特徴

- 商品が多種多様である
- 供給が季節的，地域的に偏る
- 傷みやすいため，保存に費用がかかる
- 生産者が小規模かつ多数である
- 価格決定の場に生産者が立ち会わない

境に配慮した漁業の漁獲物の証として「エコラベル」認定*があるが，これも一種のブランド化といえよう．ブランド水産物が支持されるかどうかは，その価格に対する価値説明に消費者が納得できるかどうかである．環境保全と資源管理を両立する水産物，とくにヨーロッパ市場では MSC 認証水産物が，市場競争の対象となっている（日経エコロジー編，2009）．③ IT を活用した小口ネット販売．漁業者が直接，あるいは市場関係者が直接各地の料理店や商店，場合によっては料理人と取引することで，良いものなら少量でも売れるというビジネスモデルである．ただし，小口荷物の長距離配送は，流通エネルギーコストからみて効率的とはいえない．④消費者への直接販売．水揚げした魚介類を漁協自ら直接小売りすることも横浜市などで行われている．この場合，漁業者は直接値段を決められるため，経費の価格転嫁も容易である．反面，市場またはセリを通らない流通の拡大は卸売市場の機能の低下をもたらしている．卸売市場で行われるセリによって全国的な水産物の価格形成が行われているのだが，このような現状に対して市場側にも対応を迫られている．

1999 年秋にシバエビが東京湾で大量に発生した．漁具資材店の経営者によれば，シバエビ漁にはそのサイズに合わせた小さい目合いの漁網が必要になるが，漁業者の中には購入を手控えるものも多かった．その理由として，東京湾のシバエビ資源の不安定さから，漁業者が漁網への投資を躊躇したこと，さらに漁網を購入しても不漁になったときの資材保管場所に制約があることの 2 点があげられる．漁業には水産資源独特の不安定さも，経営リスクの一つになっている．

漁業経営にも収入を下げる要因がある．農業と違い育てるコストがかからず，獲ってくればそれが商品になるものの，獲るにはまず漁船や漁具をそろえなければならない（表 5·3·2）．日本の漁業は総経営数の 90％以上が沿岸漁業に従事し，それらはおもに小規模な個人経営体で構成されている．2008 年 7 月 17 日，高騰した原油価格による燃料費の上昇に対して，全国で 20 万隻の漁船が一斉休業して，窮状を訴えた．その後の原油価格の低下で，燃料費問題は小休止状態に見えるが，実は漁業の生産コストに占める石油等燃料費の割合は 3〜4 割と高い．ちなみに輸送業界では 1 割程度である．高度成長期以後，日本の漁業は漁船・漁具の高性能化が進み，エンジンはもとより，レーダーや魚探は石油燃料で回す発電機に依存しているので，燃料費は直接経営に影響する．高性能船は船体価格も高い．そこにレーダーや魚探などの漁具を購入すると，漁業者は経営の自己資本比率が低いので借金による経営に陥りやすい．そのためせっかくの漁獲収益も，借金の返済や利子の支払いによって，関連産業に流出してしまう傾向にある．中古で二人で操業する程度の小型底曳船でも，レーダー等を装備すると高級外車ほどの金額になる（図 5·3·3）．

これまでの漁業者支援の政策については，漁

---

* 水産物のエコラベル：持続可能で環境に配慮した漁業による水産物に与えられる認証．MSC（海洋管理協議会 Marine Stewardship Council：1997 年設立の非営利団体，本部はロンドン）による認定制度「海のエコラベル」がよく知られている．日本では 2008 年 9 月に京都府のズワイガニとアカガレイ漁業が取得している．MSC は WWF（世界自然保護基金）と英蘭系ユニリーバが立ち上げ，その後独立した NPO となった．2009 年 2 月時点で世界の認証製品は約 1,000 品目に及ぶ（日経エコロジー編，2009）．日本水産資源保護協会（本部，東京）も「MEL（マリンエコラベル）」という同様の認証制度をもっている．2008 年 12 月に鳥取県のベニズワイガニ漁業が第 1 号を取得した．

表 5·3·2　漁獲にかかる必要経費のおもなもの

- 人件費（人を雇った場合）
- 漁船費（修理費や冷凍機を含む）
- 漁具費（科学魚探やレーダーなどを含む）
- 燃料費（動力船の場合）
- エサ代（延縄や釣り漁業の場合）
- 漁船など漁業用固定資産の減価償却費

第 5 章　東京湾を再生するために

図 5・3・3　羽田空港に隣接する船溜まりに係留されている漁船

獲効率を上げるための装備への助成が多く，漁具製造等の二次，三次産業に大きな利益をもたらした．結果として，漁業従事者に大きな出費を課し，借金をふくらませてその生活を追いつめている状況は否めない．以上のように，日本の漁業は収益性の面では産業として継続が難しくなっている．一部では流通経路の多角化も図られているが，一度産業としての漁業が廃れてしまえば，耕作放棄地が整備を始めても数年は農地に戻らないのと同じように，漁業もそう簡単には復興しないであろうことは予想に難くない．

5.3.3　東京湾の漁業環境：資源と経営

魚離れ傾向にあるものの，将来を見据え，国内漁業を振興し，「健全な漁業が成り立つ政策」を選択することが，食料の生産を考えたときの基本策である．東京湾における沿岸漁業の経営体数は，1990 年代以後，低水準で推移している（2.4.1）．漁業は環境依存型産業であり，自然の生態系が健全に機能していることが存続の条件である．今後，水域環境の悪い状態が続けば，漁業者の数は先細りになる．

産業の採算性ということでは，現在の東京湾の漁業者の収入に関しては，ほとんどデータが公表されていない．おそらく，日本の平均的な漁業者の収入と東京湾沿岸漁業者のそれは同列に論じられないであろう．第 2 章と第 4 章でみたように，東京湾の漁業は高度経済成長期に，漁業を営む環境が激変した．漁業者は，埋立の代償として迷惑料あるいは見舞金，補償金あるいは土地の譲渡を受けてきた（若林，2000）．補償金を受けたとはいえ場所や時期，交渉次第で受け取った額が異なり，一律に語ることはできない．また，交付以後，漁業権*を全く失い，知事許可漁業も受けられないもの，区画漁業権と知事許可漁業で操業するもの，1 年更新の短期漁業免許で操業するものなどに加え，遊漁船や屋形船などほかの業種を兼業していたり，補償金で購入した土地を活用し駐車場やアパート・マンション経営や金融への投資で相当額の

---

*　漁業権：水産動植物の採捕または養殖の事業を漁業という．「水産動植物」とは，魚類，貝類，藻類，クジラその他の海獣，水産動物等の一切の水産生物をいう．その範囲には，海綿等の水産動植物の遺骸も含まれる．稚魚の放流を行う「増殖」や「蓄養」は含まれない．「事業」とはある行為を反復，継続的に行うことで，年に数回出漁する程度では事業とはいわない．なお，「営利の目的」の有無は，この場合問題とはならないので，試験研究のための採捕，養殖でも，継続性を有すれば「漁業」に該当する．

　浜本・田中（1997）によれば，漁業法に既定されている漁業権とは，「漁業を排他的に営む権利」をいう．1993 年 8 月に水産庁は，漁業補償問題に関連して，漁業権の法的性格を以下に通達した．「漁業権は，一定の水面において一定の期間排他的に営む権利を漁業権者に認めているものであって，水面をあらゆる目的のために排他的，独占的に利用することを漁業権者に認めているものではない．このような漁業権の性格，特質について漁業関係者の間において種々の誤解が見受けられるケースもあり，ひいては一般国民から漁業権自体に対する問題の提起等を生むような事態が生じていることに留意すべきである．（1993 年 8 月 30 日水産庁漁政部長・振興部長）」．

　農業の副業的位置にあった漁業はやがて発展して，海沿いの村落の多くが漁業を主業として営むようになり，江戸時代になるとおもだった沿岸漁法がほぼ確立した．漁業が盛んに行われるようになると，地元の漁村が専用漁場とする岸部（舟のかいが底につく深さまでの沿岸帯）と，それより沖の入会漁場の原則ができた．元来，山も海も幕府直轄で幕府の信託を受けた領主が管理するモノであり，村民のモノではない．そうしたことから，前者の地先岸部の漁業権は，村同士の諍いが起こらないために作られた制度と考えられる．

表 5·3·3 漁業者の就業形態のおもなカテゴリー

・漁業権を全く失い,知事許可漁業すらもない漁業者
・共同漁業権を失ったが,区画漁業権と知事許可漁業で生計を立てている漁業者
・短期免許(1年更新)で生計を立てている漁業者
・共同漁業権を有する漁業者
・遊漁船や屋形船などの第三次産業的業種を兼業している漁業者
・漁業権放棄の補償金を土地などの不動産に替えた漁業者とそうでない漁業者

東京湾海洋環境研究委員会,工藤孝浩委員(私信).

配当を受けているものなど(表5·3·3),漁業外収入に大きなばらつきがあり,漁業者の収入には格差が生じている.こうした状況は,もとは漁場環境が悪化したことによって生じたものである.

話は寄り道するが,最近,一次産業に従事する人々を海や山の「守人」ということばを見聞きする.生業としての農水産業は,生態系を一部借用している限りにおいては,持続可能なやり方で今まで続いてきており,こうした営みは生態系の破壊には当たらない.漁獲努力量が,技術向上によって高くなる以前は,漁業者が経験的に生態系に対峙してきた.しかし,現在,環境保全を考えたとき,本当に自然環境を保全する「守人」として機能しているだろうか?それ以前に,これらの人々が保全を前提に生業を続けていけるのだろうか.

生業を営む漁業者のもつ自然観は豊かである.科学者の中にはその自然観に共感し,彼らの営みが環境保全的であると考える節がある.しかし,自然の中で培われた豊かな自然観は多くの体験によるものだろうが,その経験を生かして生態系を能動的に保全している例は少ないのが現状である.鬼頭(1996)がいうように,生業の営みが結果として環境共生的なものであったとしても,第一義的に積極的に環境保全を意図していたとは限らない.自然のことを一番よく知っているはずの,その生業の担い手たちが,農業や漁業の近代化の中で積極的に近代技術を取り入れ,結果的に魚介類の産卵場や育成場所に漁港を整備したり,環境負荷が高い農業や乱獲的な漁業が盛んになってきたのも事実なのである.自然と共生的に暮らす人々は,環境に関して理解の足りない管理者でもなければ,今日解決できない問題を見事に解決した全能で良心的な環境保護主義者でもない(ダイアモンド,2005).

話を戻す.瀬戸内海では水質悪化や浅海部の埋立によって水産魚介類の種類の豊富さが失われるとともに,高価格な種の一部が獲れなくなり,低価格種が多獲されるようになったことが指摘されている.永井(1996)は,広島湾と大阪湾における種別漁獲量が最大になった時代と富栄養化の時代区分(透明度による区分)から,高透明度の時代に高級種が豊富で,生物の多様性も高かったことを報告した.漁獲は,生態系全体のほんの一部を刈り取ることで成立している.水産有用種は,食物網の中で水産的価値のない多くの生物によって支えられている.とくに私たちが好む高価格種というのは,多くの場合,食物連鎖の上位に位置し,肉食で個体群規模の小さいものが多い.したがって,「多様な生物が棲める東京湾,生物多様性の回復」は,漁業の採算性や利益を安定化させる重要なポイントである.

高度成長期以後のGPSの導入や魚探の高性能化を含む漁具の改良は,漁業者の労働を軽減してきたが,その一方で,作業効率の向上は漁獲圧の上昇につながる.漁業は経済活動なので,作業効率が上がったからといってそのぶん休業

するわけではないため，資源を減耗する方向に働きやすい．事業経費の負担が大きく年収の低い漁業者ほど，余計に漁獲をあげようとするであろう．このことが水産資源の減少に追い込む体質につながっている．十分な収入がなければ，海を守る気持ちの余裕は生まれないだろう．漁業者は水産生物の採取に関しては経験を積み知識もあるが，生態系全体の中での水産対象種を支えるメカニズムに関して十分な知識をもっているわけではない．水産資源の枯渇の主要因の一つが乱獲であることを考えればうなずけよう．

漁獲対象種の個体群の分布は，産卵や採餌，潮時によって時空間的に刻々と変化する．例えば，冬季に湾口付近の潮目で孵化したスズキは，湾内を移動しながら成長するという（中田・岩槻，1991；河野，2006）．東京湾の資源管理を考えた場合，水産有用種の種数は乏しく，例えば，マコガレイ，シャコやスズキでは，海底の貧酸素水塊形成で漁場が狭くなっている（小林，1993；石井・加藤，2005）．そうすると，貧酸素水塊を避けて分布する魚は，高性能な漁具を用いれば，効率的に余さず漁獲できる．こうした水産資源の性質上，資源管理は湾全体で実施する必要がある．

資源管理についていえば，今のような各地の漁業組合ごとあるいは行政区ごとというのは必ずしもうまい方法ではない．資源の利用は一つの組合が独占的に利用できる場合を除けば，複数の組合が利用している．それぞれの組合が漁獲量を増やせば，当然資源は減少する．現状ではそれぞれの組合あるいは組合員は湾を一つの系，つまり漁場とみなして漁獲量を最も適正（持続可能な資源量）になるように採取するのではなく，自分の組合あるいは自分の収益を最も大きくなるように漁獲量を決めて行う．とくに資源が減ることで付加価値が上がれば，より多く獲る方が収益が高くなる．そうすると競争的にさらに漁獲され，資源が回復できないところまで減少すると，この魚種をめぐる漁業は成り立

たなくなる．投資した漁具は，転用できなければ無駄になる．こうしたことから，漁業の収入の安定には，資源管理が必要なのである．

東京湾では，中期目標として当面の間，水域環境の再生と併行して，漁業者の経営の安定をめざすことになる．そこで再生達成時の漁業者の数を見積もる必要がある．2003年時で，東京湾の年間漁獲量は約2万トン，漁業就業者数は5,841人とされている（東京湾環境情報センターホームページ）．漁場が悪化したものの，少ない漁業者数が幸いして資源を分け合っているというのが現状であろう．本委員会が水域環境の達成基準とする1955年頃の漁業者数はわからないが，農林水産省の漁業センサスに基づいたデータでは1968年で23,454人となっている（東京湾環境情報センターホームページ）．この時期は，東京湾の年間漁獲量のピーク時期の直後であり，戦後としては最も漁業者数が多い時期に当たるかもしれない．ピーク時の年間漁獲量は約15万トンで，漁業者数を頭割りすると，一人の漁業者が年間約6.5トンの水揚げをしていたことになる（ただし，ノリ養殖も含む）．現在，一人当たり平均年間漁獲量は3トン強なので，漁獲効率が今より低いにもかかわらず当時は今の2倍の漁獲量となる．将来，保護地区を設置したとして，それ以外の内湾全域が漁場として利用でき，年間平均漁獲量を現在の5倍，およそ10万トン（資源保護の漁獲制限を差し引いた値として）と仮定する．漁具等機器の進歩による漁獲効率の上昇がどのくらいかは不明であるが，ここでは2倍になったとしよう．そうすると一人の漁業者の水揚げが年間12トンで，漁業可能就業者数はおよそ8,000人という結果になる．進歩した漁具・漁法をうまく使うことで，資源管理をすれば労働時間に余裕が生まれ，収入も安定化させることは可能であろう．このような漁業形態を達成するためには，以下に述べるように先進的な漁業経営をめざす必要がある．

5.3.4 漁業マネージメントの導入:『東京湾漁業機構』と『江戸前漁師ライセンス』

今後,漁業が産業として見直されるように漁業自体も自らの組織や体質を変える努力がいる.もちろん今までの漁業が置かれていた環境を鑑みれば,被害者意識が膨潤していくことは容易に察せられ,漁業者だけに責任を押しつけることはできない.漁業が産業として成り立つには,水産資源を保護するために休業減船したり,環境に配慮した低エネルギー漁船への乗換に対する補償は必要になってくる.水産資源保護に関しては,漁業者による自主的な取り組みが幾つか知られており,日本海秋田県のハタハタ,北海道道東のホッカイシマエビなどがある.東京湾でも,一都二県によるアナゴの適正サイズの漁獲や,横浜のシャコ資源保護のための2006年から5年間の禁漁が,それぞれに良い実績となっている.こうした長期的な取り組みをみてみると,2008年の原油高騰時のガソリン代の補填のように一過性の補償ではなく,漁業者の収入,消費者への啓蒙,地域環境や地域経済にプラスになるような行動計画に関して,分野横断的議論による科学的合理性のある具体的政策を行政に提案するための,経済,流通,資源等の専門家集団が活動する場も必要である.

漁業の存続のためには,漁業で安定した収入が得られることと,資源が適切に管理され,意欲のある漁業者は自活的に漁業経営が継続できるようなシステムを行政が中心となって作っていくことが必要である.そこで東京湾全域を漁場として使用するためのライセンス登録と科学的合理性に基づいて漁場を使うために,『東京湾漁業機構』(仮称,以後機構)を提案したい(図5・3・4).東京湾漁業の存続と経営の効率化および環境再生への取り組みを国に検討願うとともに,漁業者にもそういった変改への積極的な参加が求められる.

機構は,科学者,市民,東京湾岸自治体を構成員とし,責任者は国が任命する科学者が当たる.加えて,民間企業や企業シンクタンクとも連携を図り,漁業再生に向けてあらゆる可能性を排除しない.東京湾の漁業者であることを示す『江戸前漁師ライセンス』(仮称)は,経営,資源学,生態学の専門家などによる第三者機関が発行する.第三者委員会は,科学者,自治体担当者のほかに消費者などのオブザーバーを加えて構成され,客観的判断が求められる委員長には科学者が当たる.機構自体は内閣府の外郭団体として,後述する東京湾・流域再生ネットワークの中で運営され,国庫から時限的に資金を導入する.漁業を産業として存続させるには,労働に対する対価として,サラリーマンの一般的な年収を基準として漁獲収入の不足分の補填が必要である.食料の安全保障上および産業再生のため,機構に対して時限的に税金を投入する.そうすることで不漁の際にも安定して労働の対価が支払われることになり,収入が保障される.

機構では,これまでのように漁具・漁船を個人でそろえるのではなく,機構で購入し構成員に貸し出す形式を取り,全体を効率化することでコストを下げる.漁獲物の商品開発や新規市場の開拓,流通にかかわる販売戦略を考案したり,コスト管理を考案してより安定的な漁業経営につなげ,新たな人員の獲得と事業の永続性を確保する.機構は漁業協同組合の集合体ではなく,基本的に個人参加とする.機構に参加する漁業者は,生態系や環境さらには漁業経営の学習意欲が高く,東京湾漁業の将来に対する強

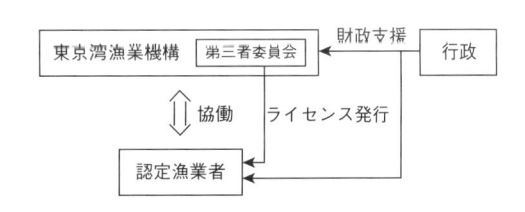

図5・3・4 東京湾漁業を再興するためのシステム,東京湾漁業機構(仮称)の組織図

い動機や継続の意欲をもつ個人を集めるために，必ずしも漁業権者にはこだわらない．このようなライセンス制度を導入することで，漁業に情熱をもつ若者を発掘・採用し漁業の永続性を確保する．

機構に参加するライセンス認定漁業者は収入の安定が得られるとともに，自己資本比率が低くても，やる気さえあればライセンス取得に応募でき，経営にかかわる情報のサポートが受けられる．その他にも政策的な試験プロジェクトや，初期投資が必要になる新技術の試験的導入に優遇措置が受けられる．例えばCAS（Cell Alive Systemの略．食材の表面と芯の温度をほぼ同じ状態に保ちながら冷却する方法．芯が凍る状態になった時に全体を一気に凍らせると，温度差による変質，細胞の破壊が起こらないとされる）などの新しい技術の組織的導入によって，獲れ過ぎた魚介類を貯蔵し，安定的な食料供給を可能にすることができる．社会にとって，漁の獲れ高にかかわらず食料供給がされることのほかに，小売りのときの無駄な商品ロスが発生しないといった，ゴミの減量という副産物も得られる．

一方，本機構の目的は，産業としての漁業の継続性にある．そのための環境保全についても，当然取り組んでいく（表5・3・4）．税金投入は機構に白紙の手形を切るものではないので，参加する漁業者には責務が生じる．①漁業経営，水産資源や海の生態系を学ぶセミナーへの参加，②資源の持続的利用のために，漁具，操業日数・時期・場所，漁獲量の遵守，③環境再生に向けた事業への参加（水揚げ，漁場位置等の情報の提供や環境モニタリング事業への参加）である．とくに適正な漁業情報データの提出は重要である．機構には外部評価の導入も必要である．

これまでの漁獲データが適切なものでなかったというわけではない．しかし例外的事例かもしれないが，筆者による漁業者からの聞き取り

表5・3・4　水産資源の管理方策

・漁獲量の総量規制
・漁船隻数の制限
・漁法（漁具の大きさや数，操業期間・区域）の制限
・漁獲サイズの制限
・水産資源のモニタリング
・生息場所や産卵育成の場の整備
・水産資源を支える生態系全体の保全

では，埋立時の補償金算定の基データとなる水揚げ魚種・漁獲量について，その漁場から実際に水揚げされていない水産生物を，一部では時々水揚げリストに入れていたそうである．高級魚種がリストに入れば，埋立補償時の算定額は違ってくるからである．東京湾沿岸の漁業者にとっては，いつのまにかこうしたことも生きるための知恵になってしまったのであろう．ただ，不正なデータは漁業にとっても資源保全上マイナスである．なぜなら，①不正に記載された魚種によっては環境の好転を過度に期待させ，その記録の不正が明らかになったときには期待に対する反動として，漁業行為自体が市民から支持されなくなる．②それまでの長期的な漁獲データ自体にも疑いの目が向けられる．③水産生物の資源管理を実施し，適正な目標漁獲量を算出するための支障になるということがある．

第1段階の中期目標（20～30年後）に向けた再生を進める中で，漁業についても同時進行で再生していく．この漁業再生では政府が統制的に保護を強化することになり，ともすれば市場の自由化とは逆行することになる．しかし，漁業の振興を実効性のあるものにするためには短期的に，そうした事態にも対応が必要となる．したがって，漁業者間の納得を得ながら集約するプロセスを急ぐためには，東京湾にその流域圏まで視野に入れた東京湾全体の生態系の再生と保全を目的とした東京湾保全特別措置法が必要と思われる．

本書で提案した長期目標が徐々に実現する過程では，現在の過度の栄養負荷に順応した漁業生産形態はいずれの時期かで終焉を迎える．水域環境を修復し再生することで水産資源の増加が見込まれ，湾岸地形や水質の回復に伴い湾内に多様な栄養状態が生じ，様々な魚種が生息するようになる．その一方で，これまでとは漁場分布が変わってくることは自明である．したがって，早い段階で全東京湾の水域環境改善を前提とした，将来の漁業の姿を描いておくことが求められる．例えば，ノリは1950年代までアサクサノリをおもに生産していたが，富栄養化の進行とともに栄養度の高い場所で収量の望めるスサビノリの養殖可能域は湾口付近まで拡大した．水質が好転すれば，高い栄養度を求めるノリ品種の養殖可能水域は必然的に縮小する．したがって，こうした品種を育てるためには，湾北西岸の河口域の漁場を再開することや，比較的低栄養な水質で育つとされるアサクサノリの復活も想定しておく必要があろう．

東京湾漁業の振興に関して述べてきたが，漁業の継続に大切なもの，それは漁業者自身の仕事への誇りであり，充実できる労働とその対価が得られるということである．漁業を産業として存続あるいは再生していくのであれば，その漁業の基盤となる水域環境の再生は必要条件である．したがって当然埋立や流域からの負荷を考えないわけにはいかないし，しかも流域の水循環，海岸線の再生，流砂系の再生にかかる事業を，漁業への再生につなげていくためには，時間的にも速やかに実施し，体感的に「目に見える成果」を出していかなければ，機構は，真摯に漁業を続けていこうとする漁業者を育てて増やす対策にはなりえない．漁業という産業再生と環境再生は一体で実施する必要がある．そのためには必然的に都市化の問題，流域の環境再生，海岸線の再生等の解決が必要になる．

5.4 陸域での対策

流域の最下流にあって人間活動の結果が東京湾の環境に直結している．そのことは第1～3章で明らかである．流域の土地利用，汚濁・汚染や，陸と海の不連続性が生み出す生態系ネットワークの遮断は，東京湾の環境に複合的に影響している．本委員会はおもに海洋関連の学会から構成されているため，陸域についての十分な対策を提案することは分野を越えた部分になるが，流域での自然，都市，環境そして社会制度の変化が東京湾の再生に不可欠な課題として流域における将来像にあえて踏み込んで検討する．

5.4.1 越流水と雨水

これまで沿岸域の有機汚濁対策として，下水道の普及や排水処理の高度化が優先的に進められてきた．しかし，現状の集中下水道による排水の一括処理というシステムは，すでに限界にきている．それを端的に表しているのが越流水の存在である．集中下水道システムを見直し，下水処理をそれぞれの地域に合ったサイズに分解して，処理効果を上げていく必要がある（図5・4・1）．

A. 越流水による海への汚濁・汚染物質の流入の調査

越流水の発生の主要因は，都市における雨水の浸透面の減少による．舗装で行き場を失った雨水が下水に殺到し，限界を超えると下水処理場への送水が止められることで越流水が発生する．Maki *et al.*（2007）は越流水による汚濁の実態について，荒川河口と都区部運河地域から多摩川河口沖にかけての湾北西岸海域で，台風の前後に調査を行っている．糞尿の指標物質としてコプロスタノールの濃度を測定した結果，台風による越流水発生時には，平常時の約2倍の負荷があることを示した．通常，東京湾への

第5章 東京湾を再生するために

図5・4・1 1986年8月6日に撮影された降雨後出水時のLANDSAT衛星画像
河川から白く見える濁水が東京湾に流入していることがわかる．横浜市環境科学研究所と東京湾岸自治体との共同研究で作成／衛星データ（提供：JAXA）を改変（引用もとは横浜市環境科学研究所，1995）．

物質負荷は，定常期のデータを基に算出される．しかし，晴天時と越流水の時では湾に流入する物質の質や形態は異なっている（本来下水処理されるべき化学物質や糞尿が，越流水では未処理のままで排水されることや，粒子状の汚濁物質は湾に入ってからの沈降堆積も早いと考えられる）（1, 4）．また，降雨の規模によっても違いが生じるであろうことは想像に難くない．越流水と定常期における，無機・有機の物質の流入状況の解明が，化学物質の由来を明らかにする．そのことによって，流入する物質ごとの管理手法や方針の検討が可能になる．越流水時に流れ込んでくる様々な物質の量や行方を明らかにすることは，海底の貧酸素化のもとになる有機汚濁や化学物質による汚染の実態解明につながり，生態系のリスク管理，あるいは水産物への安心感という意味でも，不可欠である．そのためにはまず，ポンプ場から直接水域に迂回放流される出水時の水量のデータが必要である．

B．下水システムへの雨水流入の軽減

a．雨水の地下浸透面を増やす

近年の傾向として，都市開発を始めた当初には想定できなかった1時間当たり50 mmを超えるような雨が年々増加してきている．このような背景から，今までのように雨を人工構造物で制御するという考え方は変更を迫られている．気象庁の発表では，1976-87年の期間と1998-2007年を比べると，全国平均の時間当たり降水量は，50 mmでは1.5倍，80 mmでは約2倍に増加している．また，都内では1990年代に1時間当たり50 mmの雨は年平均4回であったのが，2000年代に入って年6回程度と上昇している．現在こうした降雨対策として，大型地下貯留槽の建設などが行われている．例えば練馬区の白子川地下貯留池は，総事業費として380億円の税金を投入する．しかし，こうした対策は根本的な対策にはならず，雨水を浸透させる面積を増加させるのが先決である．

気象庁の都市率（気象庁の定義で，半径7 km円内で，道路やビルなど，人工物が単位面積当たり覆う率）でみると東京都は92％である．このパーセンテージを低下させることが優先課題である．浸透面を増やすことでヒートアイランド対策や地下水の涵養にもなり，また外気温の低下はエネルギー消費量を軽減するなどの波及効果を生む．学校・病院・公園はもとより，道路や宿舎などの公共物を見直せば，場所はある．廃校になった小中学校は，競売して自治体の一過的収入源としてあてにするのではなく，緑地として確保する空間として活用すべきである．同時に防災のための避難場所として，自然エネルギーの生産や蓄電施設を設置するなどして多目的な空間も可能である．

こうした越流水対策に結びつく浸透面の確保・拡大は，自治体の財政の体力にも配慮が必要である．個人宅の緑地・浸透面の拡大を誘導するための補助金等の原資や，透水性舗装の促進等については，自治体の枠を越えた国からの

支援も検討する必要があろう．浸透面を拡大したときの波及効果に関してあらかじめ数値計算をして目標を段階的に定めることも必要である．

　b．雨水や再生下水の利用で雨水の下水システムへの流入を遅らせる

集中豪雨時に雨水を地下貯留する施設が建設されている．こうした施設の活用は対症療法ではあるが，雨水を無駄にしないよう配慮することで，ヒートアイランド対策や緑地の保全に利用できる．しかし，こうした施設は独立に大規模なものを造ると，例えば地下温度を変えてしまうなどの土壌生態系に影響を与える可能性もある．そのため雨水貯留施設は戸建てや体育館レベルでの小規模な活用が望ましい．雨水を生活用水に利用する取り組みで，墨田区は先駆的である．1980年代に区が始めた政策により，国技館や公共施設，個人宅など，大小300ヵ所以上で，雨水タンクが設置されている（朝日新聞，2008年6月3日）．

雨水は上水を使う必要のないトイレの水洗用水や，晴天時の打ち水に利用することができる．バケツを放置したくみ置きでは，蚊が発生するなどの衛生面で問題があるため，専用の貯水タンクが必要である．こうしたタンクの設置に自治体の援助があることで，低い経済的負担で設置できるようにすれば，規模は小さくても下水への流入を遅らせる手段にはなる．また，こうした水の貯留は，防火にも役立つ．

　c．地域の実情にあった下水処理

人口密度の高い都心部では，下水システムを新たに構築するには土地が必要で，土地利用の複雑さから，現在の処理場を拡張するのが難しく，部分的に改修して高次処理技術の熟成をさらに進めざるをえない．しかし，郊外で人口密度が低ければ一次処理水の一部は畑・水田に還元できる．それぞれの自治体の規模や自然環境の自浄能力にあったきめ細やかな下水処理を行うことで，家庭から出た水を効率良く処理して河川に戻すことができる．現在のような一極集中型の大規模施設で必ずしも効率良く下水処理を行えるわけではない．上流の下水を下流の施設にわざわざ集めるような広域下水道構造は，近年の降雨の状況を考えても無駄が多い．また，合流式下水道網も徐々に経年疲労してくることから，できるところから分流式に切り替えていくことが望ましい．そのうえで上水として使った水は，きれいにして川に戻すのが基本である．

下水処理場の高次化は一方でエネルギー消費と汚泥の発生を増加させる．現在，東京都では下水処理場から出る汚泥の炭化燃料事業を実施している．バイオマス燃料として電力会社等への供給のシステム作りも検討できる．また，汚泥の肥料化も検討する必要がある．現時点の様々な事業体からの下水が集まる大規模処理場では，様々な人工物質の混入の可能性があることから，汚泥のリンや窒素肥料への再利用は難しいが，規模が小さくリスク管理できる処理場であれば，農地還元できる可能性もある．また，食品加工場の水リサイクルプラントから出る汚泥や食品洗浄等に伴い発生する下水であれば，安全性に問題が生じない限り，肥料としての再利用が可能である．

郊外の戸建て住宅の多い自治体では，合併処理浄化槽の普及など，省エネルギー浄化システムの導入で川下への負荷を減らすことができる．合併処理浄化槽の普及は費用が負担となっており，また，設置にかかる補助金の額も地域差がある．設置費用の負担を下げることと，浄化槽自体の利用を促すキャンペーン等によって広く情報を広げることが必要である．さらには，補助金制度があれば普及が進むと思われる．こうした事業には低利の地方公募債などによって資金を集めるなどの工夫がいる．

汚濁の出口対策として各家庭の台所での雑排水対策がある．食器を洗う際には，油分を新聞等の雑紙で拭き取る．そうすることで少ない洗剤と水洗いで食器を洗うことができる．細かな

野菜くずや食品くずを下水に流さないようにすることも大切である．これによりCODの負荷量の20～30％が削減される効果がある．東京湾流域の住民の2割の人々がこのような対策を実践すると，1日に約6トンのCODが削減される（藤原，1987）．これは30～40万人規模の下水処理場における処理効果に相当する．ちなみに，三番瀬の浄化量は，COD換算で，年間2,245トンとされる．これは約13万人分の下水処理場に相当する（千葉県土木部・千葉県企業庁，1998）．

側溝・水路では，例えば木炭を用いた浄化法が考えられる．東京都八王子市の主婦グループにより始められた木炭による水質浄化は（加藤，1988），その後各地に広がった．木炭による水質浄化の効果は，使用する木炭の量，水質および水量に左右される（新舩ほか，1991）．汚れの大きな側溝などに少量の木炭を用いてもあまり浄化効果は期待できないので，台所など発生源での汚濁負荷量をできる限り削減することが重要である．

また，人口密度の低い地域では，地域特性にあった自然河床の水路・河川を利用するなど，省エネルギー・資源還元型浄化システムの開発・導入を考えていく必要がある（稲森ほか，1998；尾崎，1998）．こうしたきめ細やかな対策に関しては，住民が自治体に積極的に提案することで効果が高まる．流しやトイレは海への入り口であり，家庭で余った風邪薬や殺虫剤などの薬品・医薬品の投棄はもってのほかである．不用になった薬品は薬局で回収する制度があるので，積極的に活用するべきであろう．

d．節水

系外からの導水を減らすことは，水循環を正常化する第一歩である．工業分野における水の再利用技術は進んでおり，生産構造の変化もあって，現在では高度成長期のように大量の水を必要としなくなってきている．一般家庭においても上水の使用量は減少に転じている．その

おもな原因の一つは節水家電の普及とされている．例えば1998年度から2004年度で，神奈川県の一般家庭の月間水道使用量は一世帯当たり21.55から19.29 m^{3}に減少している．東京都でも6％，千葉県でも9％減少した．2008年7月，国土交通省は水資源開発基本計画を見直した．その中で，利根川・荒川両水系からの水道用水と工業用水をあわせた水需要見通しを，2000年度目標の毎秒232トンから，2015年度目標の176トンへと約25％下方修正した．雨水を有効活用すれば，家庭やオフィスでのさらなる節水は可能であろう．上水需要の減少は，淡水自身の湾への負荷や，冬場の温排水も減らすことができる．必然的に下水処理水が減り，下水処理場における処理効率も高くなる．

5.4.2 都市生活の中での対策

家庭からの排水について先述したが，国や自治体には家庭での浄化槽，雨水利用，発電に関しては，補助金制度が設けている場合がある．こうした制度を活用すれば環境への負荷を低減することができる．また，生活の中での工夫も，東京湾を意識したものであることが望まれる．

A．ゴミの分別，リサイクル

東京湾沿岸の自治体においては，ゴミの分別の徹底はゴミ埋立地の延命のために必要不可欠である．したがって，沿岸住民によるゴミの減量は，東京湾の再生に直結している．ゴミ埋立地を増やさないために過剰包装を抑制し，そのことを消費者が積極的に業界に働きかけることで，業界の取り組みを後押しすることができる．

ゴミ減量に果たす家庭の役割は大きい．例えば，横浜市は，2010年度のゴミ排出量を2001年度比30％減とすることを目標としてG30運動を開始したが，2005年度にはすでに年間106万トン（家庭系65万トン，事業系41万トン）となり，34％の減量に成功した．ゴミの細分化を全市で実施した効果の現れである．ゴミの減量には，各種分別によるリサイクルが，大きな

部分を担っている．2006年度ゴミリサイクル率（人口10～50万人未満規模の市町村で調査）についての環境省の発表によれば，鎌倉市50％，調布市48.5％，小金井市46.6％であった．リサイクルがさらに広がる社会の仕組みを市民が考えて，行政に提案することも大切である．

人件費の安い海外から，低価格の製品を輸入する現在の物流経済では，一時的には利益があがるが，相対的に寿命が短いために最終的には資源の損失が大きくなる．完成度の高い良い製品を作り，長いスパンでの部品供給が可能になれば，無駄な資源消費を減らすことができる．直すよりも買い換える方が安いという現状を市民一人一人が見直す必要がある．

B．賢い消費行動

最近の日本では消費スタイルに変化の兆しが見られる．これまで省エネや環境配慮は不便を伴うものと考えられてきたが，今では「まず成長ありき」ではなく，「環境も経済も両方適度に両立する」というソーシャル消費[*1]が目立ち始めている．買い物でエコバッグを使用するというのも，その一つの表れである．首都圏は公共の交通網が充実しており，自動車を個人で所有することは，購入費，ガソリン，税金や保険料などの維持費を考えれば，割高である．これらの費用をタクシー代に換算すれば，よほどのハードユーザーでない限り，その費用を別の消費活動に回すことができる．旅行にしても，鉄道とレンタカー（電気やハイブリッドカーならなお良いので，そうしたインフラも今後必要）で十分楽しめるだろう．こうした賢い消費が，東京湾の環境改善に結びつくのである．今後はマーケティング自体もバックキャスティング的[*2]になってくるであろう．

賢い消費としては，国産品で，できれば地場の食品を購入する．輸入物に比べて高価になろうが，生産者の努力が見える無農薬野菜をあえて選ぶこと，さらに無駄にならない適量を購入して食べ残しを減らすことも，東京湾の環境改善につながる．そういう意味では，地域の魚介類を扱う鮮魚店というのは環境に負荷をかけない存在であろう．昔の鮮魚店は，魚を料理に合わせておろし，皿を持参すれば刺身の柵を盛ってくれた．こうしたサービスは，家庭の生ゴミやパックゴミの減量につながる．また，社会が高齢化し，郊外型商業施設に出かけることができない高齢者が，自らの足で買い物に行くことが健康を維持することになり，医療費の削減につながる．生活様式は年齢によっても異なるが，歩いて買い物ができる地域コミュニティーの中での商店街の役割というものも今後見直される可能性がある．

日常的には，雨水をトイレの洗浄や，風呂の水を打ち水に使えるよう工夫すること，土面の面積を広げ，石畳にするなどして透水面を増やす工夫を心がける．また，家庭での節電や，太陽光や燃料電池による自家発電は，二酸化炭素を減らすだけではない．東京湾流域の上・中流域には，市町村単位で水力発電用のダムを設置しているところがある．それを利用する地域の集落が電力消費を減らすことができれば，あるいは，水路での小規模発電と小型の風力発電を組

[*1] ソーシャル消費：上條（2009）を参照すると，消費を通じて世界とかかわり，社会を創り，より豊かな世界や未来を感じ取ることのできる消費，質や絆を重視する考え方やスタイルを基にした消費をいう．具体的には環境に配慮しつつ古着でおしゃれをする，地産地消でおいしく食べて地元の農業を支える，といったように将来の環境や社会に配慮しながらも無理せず，満足感の得られる消費や消費行動．

[*2] バックキャスティング：マーケティングで将来予測する手法として「フォアキャスティング」と「バックキャスティング」がある．今までは「未来は無限に開かれており，市場や消費者が求めるのであれば，あるいは技術が達成できるのであれば，何を開発してもよい，どんどん生産すればよい」という，現在を視点として予測するフォアキャスティングの考え方が主流であった．それに対し，未来を視点に現在を見るバックキャスティングでは「環境や生物多様性，資源・エネルギーの制約などを考えれば，未来は一つの予定調和の中にあり，未来の人々のためにも，私たちがしない方がよいこと，してはいけないことがある」と考える．今後のマーケティングでは，前者のみならず，後者の発想が求められる（上條, 2009）.

み合わせることでダムを減らせるかもしれない.

5.4.3 ヒートアイランド化（熱大気汚染）の低減

都市を中心に熱大気汚染が広がることで，夏季には都市型豪雨による越流や災害が，冬季には都市で温められた都市排水によって海面への熱負荷が発生する（1.9）．また，人口の過密な都市における冬季の温度上昇は大気を乾燥させ，インフルエンザなどの健康面での間接的出費を医療費などに積算した金額は小さくはないと考えられる．

A. 高層ビルを規制する

東京湾への物質負荷を考えると，沿岸部の人口を減らすことも案としては考えられる．ただその場合にはかなり長い時間軸をとらなければならない．東京湾流域圏では，都市部への人口はむしろ集中する傾向にある．こうした人口集中の原因の一つとして，利便性の高い高層・超高層のマンションやオフィスの存在がある．これらのビル群は，空調や上水くみ上げなどでエネルギーを大量に消費する．したがって，人口（就労人口を含む）を減らして土地面積当たりの負荷を削減するには，高層建築物の容積率減少が現実的である．現在の国の方針では，容積率増加の一途なので，人口が増え，エネルギーを消費する高層建築が増え続けている．このことはまた，景観や日照にかかわる周辺住民との軋轢が高まるといった問題も生じる．現状では東京圏のヒートアイランド抑制が難しくなるばかりか，様々な環境改善政策を遅滞させる可能性すらある．東京都港区の汐留地区の高層ビル群は通称「東京ウォール」と呼ばれる（図5・4・2）．巨大な壁のように，東京湾の涼しい風を遮るからだ．ビル群の北西にある新橋・虎ノ門地区の風速は，再開発後に半減し，夏の最高気温の平均はほかの臨海部より1〜2℃高くなったとされる．都市環境保全の面で，高層ビルの林立には法的規制が必要な時期が来ている．

B. 水面の回復と自立した水利用

都市率60％以上になると平均気温の上がり方が大きくなる．東京（92％）は温暖化にヒートアイランド効果が加わり，100年間で気温が3℃上昇した（ニューヨークは1.6℃）．エネルギー消費のピーク時には，首都圏のみでイギリスやイタリア1国分に相当する電力を使う．気

図5・4・2　東京湾北西岸沿いに立つ高層ビル群をお台場から望む

象庁によれば，冬季1月においても東京の平均気温は50年で2.62℃上昇し，過去10年間における冬日の減少は著しい．ちなみに，木内 豪氏（東京工業大学）によれば，都心下水道13ヵ所での年平均水温はこの30年で4.8℃，冬季では7℃上昇している（朝日新聞，2008年3月24日）．

河川が暗渠化しているところでは，多自然型工法（治水のため，河川改修するときの技術の一つ．河川の河道を固定する際，川岸を外面的に自然的な様相に模す工法として注目を得ている）（リバーフロント整備センター，1996）等により，河川を水の浄化機能をもち，また生物が生息できる疑似自然的な河道に戻すことが望ましい．また，本来運河であったところを復元することも，ヒートアイランド化対策として提案したい．木内氏によれば，数値計算で同じ面積で比べた場合，屋上緑化と水域では熱容量が格段に違うため，貯熱することによる水域の大気冷却効果は2倍大きくなる（東京湾海洋環境シンポジウム実行委員会，2003）．そこで雨水や再生下水を利用した校庭での池や田んぼ作り，大がかりなものとして江戸時代の水路の復元など，側溝や水路を含む人工水面を利用したヒートアイランド現象の緩和策をとることが望ましい．また，こうした親水空間の水平的つながりも重要で，そのことで都市部に自然を取り戻し，街中と東京湾の生物交流を可能にすることができる．さらには，復元水路を利用した水上輸送や船遊びも可能になる．

雨水により都市に水源をもつことはできないだろうか．もちろん，都市部でのすべての水需要を補うことはできないだろう．しかし，近頃では節水家電の普及によって水需要が低下してきているのは事実である．少子化による廃校のスペースなどをうまく使えば，貯留した雨水で中水道用の水源確保ができる．また，緩速ろ過法を用いることで小さな浄水場とすることもできる．緩速ろ過は機械設備が少なく安上がりで，エネルギーを使わないという多くの優れた点がある．群馬県高崎市の若田浄水場の場合，水の単価は急速ろ過法の約6割という．薬品処理がないのでおいしいとされ，都心でも車両規制や電気自動車の普及によって大気汚染が軽減すれば，十分活路はあるものと考えられる．図5・4・3は名古屋市千種区にある1914年から稼働する名古屋市上下水道局の鍋屋上野浄水場の緩速ろ過池である．背景のビル等からわかるように街中に存在する浄水場である．

C．緑化・屋上農園をすすめる

今泉（2003）は，ドイツで日本人観光客の多くが景観を美しいと感じる理由は，大都市の一部を除き高層ビルが少なく，歴史的建造物がきちんと保存されていることなどに加え，緑が多いことをあげている．ドイツでは1980年代の終わりから，緑地保全対策を開始し，野生の動植物も棲めるような緑地づくりのための手引き書を，自治体と科学者が手を組み作成するなどの取り組みがあって，今のような姿になってきたことを紹介している．そのうえで，日本の都市の樹木が切られ過ぎていることを指摘してい

図5・4・3 名古屋市上下水道局鍋屋上野浄水場の緩速ろ過池（上），ろ過池を干しているところ（下）
提供：奥 修氏．

る．確かに，日本の街路樹は道路を掘り返すたびに植え替えられたり，短く剪定されている．また，樹木の根元はぎりぎりまでアスファルトで固められている．

1998年までのおよそ四半世紀の間で，東京都内の緑地はJR山手線内側を超す面積が失われた．緑化すると樹木の蒸散による潜熱の作用で大気の温度が下がる．緑地化は雨水浸透とセットで考えることが望ましい．緑化として，学校のグリーンカーテンのほかにも，例えば東京都ではグラウンドを芝生にするということも試みられている．緑地に肥料として，コンポストを活用した家庭の生ゴミを利用することで，湾への富栄養化対策にもつながる．また，都市部のビルの屋上を農地化することで，有機栽培による食材生産ができる．ニューヨークでは1960年代から行われている（一部には屋上牧場も存在した）．幸いなことに，ビル街の屋上は害虫があまり飛来しないメリットがある（ただし，鳥類よけは必要であろう）．緑地を増やすことは，空気を清浄化し，乾燥化を防止するなど，人間環境も健康で快適なものにする．

D．路面電車の活用・自転車の振興と車両規制

都市にもち込む化石燃料の絶対量を減らすことも重要である．東京湾という冷却装置によって，海風が吹き，街の熱大気は拡散されているが，それは熱大気を移動させるだけで，熱源の温度を下げなければ根本的対策にはならない．現在の交通手段も再考するべきである．東京都内およびすぐ近郊では，レール網が十分発達している．とくに都内は地下鉄が網の目のように張り巡らされ，どこへでも移動できる．環境負担の低い移動手段を優先して，緊急車両や特別な車両を除き，自転車や歩行者が安心して通行できる街づくりにするべきであろう．

2008年度から国による自転車通行ゾーンの本格整備のモデル事業が始まった．2018年までに1万キロ程度をめざし，自転車道ネットワークを作るなどする．都内ではこうした事業を進めるとともに，先の車両規制は必要である．車両規制による都市構造の再整備は，大気汚染やヒートアイランド化を軽減するとともに人の歩きやすい街づくりになる．緑が多く歩きやすい街は魅力的であり，環境を意識した生活としても重要であろう．環境立国や観光立国をめざすのであれば，せめて都市のメインストリートの一部や歴史性の高い建造物の周りは車両規制を行い，石畳や浸透性の高い基盤に改めて，快適に歩行できる街づくりをすべきであろう．外国人観光客の指摘として，京都の寺や庭園があれほど美しいのに，市街地が美しくも楽しくもないのは，ビルやアスファルトの道路にその原因がある（今泉，2003）．

日本では公共事業で基幹産業が潤う仕組みになっているが，基幹産業とはいえ節度は必要である．エコカーといえども造るにはそれだけのエネルギーと資源とその輸送コストがかかっている．車自体が環境に負荷をかけないということはありえない．せめて都内では，タクシーや運搬用の商用車を電気モーターや少なくともハイブリッドエンジン車にする．また，熱量が少なく高齢者が乗り降りしやすい，路面電車を復活させることも対策としてあげられる．

5.4.4 田畑から海への負荷と田畑の機能

日本の農業は降雨の多いアジアモンスーン気候圏のもとで営まれている．こうした恵まれた自然の基盤があるにもかかわらず，農業が低迷して久しい．海外からの低価格産品の輸入による農業者の労働意欲の低下，高度成長期以後の離農者数の増加および後継者不足による高齢化，世界貿易機関（World Trade Organization：WTO）等の市場開放圧力を受けている．敗戦直後の食料難のときには，農産物の供給者として作物を作るだけで良かったため，その後の消費社会への対応をしてこなかった農家と，国策として自活できる農家の育成が十分でないまま今日に至った結果であろう．こうした点は，先

述した漁業とも共通する点がある．大泉（2009）は，日本の農業の問題はその多くが家族経営であるため，所有と利用が分離できていないことを指摘している．地域の資源を効率よく利用し，地域経済を活性化するはずが，一体化しているために，農家は託された農地を子息の宅地にしてしまったり，耕作を放棄する．本来農業委員会の勧告対象であるはずが黙認され，農業に利用したい他の人が利用できない状態である．こうした農業の現状については様々な議論があるが（川島，2009；大泉，2009；上條，2009など），東京湾流域において耕作放棄地によって失われる農業の生態学的機能や除草剤や化学肥料が水循環を通して東京湾の水域環境に関連することから，保全の立場から農業について述べていきたい．

A．農業による環境汚染の抑制
a．無農薬・低農薬農業の奨励

化学農薬と化学肥料は，戦後，単位面積当たり収量の増加に不可欠であることから多用された．しかし，農薬や除草剤といった化学物質の汚染が社会問題になるに至り，行政的に様々な規制が実施された．例えば，有機水銀の散布は1966年から段階的に中止された．ところが，近年になって，土壌中の残留水銀が東京湾に流入していることが明らかになってきた（Sakata et al., 2006）．多摩川水中の水銀濃度を測定したところ，台風時には平時の16～50倍高くなっていた．30年前の農薬が雨で洗い流されたもので，健康被害はないとされるが，東京湾の水産業にとっては風評被害も考えられるので，十分な情報共有が必要である．また，近年の豪雨により陸域から流出する豚ぷん堆肥由来の微量金属なども含めると（磯部・関本，1999），雨天時に東京湾に注ぎ込む汚染物質の総量はかなり多いと考えられ（2.2.9），追跡研究が望まれる．こうした化学物質の抑制には，まず現状を把握することが大切である．

農薬は種類によって，個別の種が受ける影響が異なる（鶴田ほか，2009）．水田の生物群集の食物網を介した間接的影響として，例えば肉食性の水生昆虫が減少し，薬剤耐性をもったユスリカなどが増加することもある．害虫と呼ばれる種も低密度であればただの虫である．農薬は害虫だけではなく天敵や益虫も皆殺しにしてしまう．また，水生生物は生活史の中の一時期に，ごく低濃度の農薬に曝されることでも生残率や子孫の数が減るものがあることも知られている．一切の農薬を使わないということは望ましいが，生産性の点から現実的ではない．しかし，自然界に本来存在しない，あるいはあっても極めて微量な化学物質を適切に抑制することが，生物多様性への脅威を低減する．現在使用されている農薬には，神経に作用するネオニコチノイド系の農薬があり，昆虫以外の土壌生物や小型動物に効果のある農薬である（久志，2009）．安心できる国土を後世に残すために，天然成分や食用成分といった易生分解性の農薬の使用が望まれる．また，現在認可されている農薬に関しては，使用基準に沿った細かな指導と情報の周知を，農家に対して行政や企業が十分行うことである．

b．窒素・リンの海域負荷削減のための施肥量の適正使用

水循環に乗って海域に流入するおもな元素で，人為的な影響を強く受けているのはリン・窒素である．東京湾の流域の場合，これらは化学肥料として系外からもち込まれて系内の田畑に散布される．戦後，化学肥料は単位面積当たりのコメの収量を増加させた．しかし，1970年の減反開始，1987年のコメの政府買い入れ価格引き下げもあり，水田への施肥量は急減した．また，多収穫米から食味がよく付加価値の高いコシヒカリへの品種切り替えが進んだ．窒素の最適施肥量の低いコシヒカリの生産が，水田への窒素肥料投入量の低下の一因である（西尾，2005）．水稲以外の作物では，リン・窒素の化学肥料の消費量は，1961年以降では1973

年まで上昇したが,その後横ばい状態にある(西尾,2002).リン酸は土壌中のアルミニウム,鉄などの金属と結合して水に溶けにくい状態になって土壌中に蓄積される(西尾,2005).そのため実際にリン酸(可給態リン酸)の農耕地土壌中の濃度は,1979年からの5年ごとの調査で,1994-97年には減少傾向に転じている(小原・中井,2004).もちろん,リンも豪雨になれば土壌とともに流出するので調査の余地はあるが,東京湾への負荷としては下水からの方が大きいと考えられる.

地球上の元素の循環で人間活動の影響を最も受けている物質の一つが窒素である.化石燃料中の窒素酸化物の排出と窒素肥料「硫安」製造のための工業的な窒素固定,とくに後者が大きい.日本は降水量が多いこともあり,土壌が酸性化して,肥沃度の低い土壌が畑地の多い台地に分布している.これは窒素が硝酸イオンとなり,可溶性のため土壌に保持されにくく,河川や地下水に流出するためである.その性質から実際に全国の地下水の硝酸汚染は欧米並に進行しており,地下水の硝酸態窒素濃度は面積当たりの施肥量の増大とともに上昇し,窒素汚染は窒素肥料の施用や畜産廃棄物に起因している(熊澤,1999).2003年に行われた第4回東京湾海洋環境シンポジウムのパネル討論時に木内豪氏は,窒素汚染に関して言及し,利根川下流部の硝酸濃度が上昇傾向にあることは,田畑に散布された窒素が地下水に入り時間を経て河川水に出てきている可能性があることや,洪水時に濃度が上昇するのは人為的なものというよりは,硝酸を高濃度に含んだ地下水が表層流に出てきていることもあると指摘している.東京湾では,下水道からの窒素の発生負荷量は調べられているが,地下水からの流入負荷はよくわかっていない.したがって,正味の窒素負荷を知るためには,例えば安定同位体(永田・宮島,2008)など様々なツールを用いて,地下水からの負荷を調べることが,今後,流域の窒素管理を考えるうえで必要である.

ヨーロッパ連合(EU)では,農業からの硝酸やアンモニアなどのノンポイントソース*での排出規制を実施している.そのために一定基準以上の農業環境を保全するプログラムに参加する農業者に補助金を支払っており,過剰施肥による地力の衰退や環境汚染を国として防止・抑制する施肥基準を国が策定している(西尾,2005).日本においても,科学的に妥当な土壌分類および土壌の分布を統一して基準を定め,それに則して施肥適当量を設定することや,地域単位の取り組みを国が支えること,そして化学肥料や堆肥などの施用の上限値を規定することが必要であろう.化学肥料は大半が輸入であり,系外からのもち込みとなっている.したがって,適当量の施肥モデルを作り,コントロールすることで,農業者の肥料購入金額を圧縮でき,ノンポイントソースからの栄養塩の総量を減らす対策のもとになる研究が必要である.加えて農業による地下水や河川の硝酸汚染の情報を公開し,野菜の硝酸含量を表示することで,広く市民に窒素汚染の実態を周知することも必要である.流域の農業と水質保全の関連について,リン・窒素の物質収支の改善方策としては,有機肥料の奨励,回収肥料の代替,農地土壌中のリンの利用技術開発などがあげられる(浮田,1996;木下,2007).

B. 農業による自然災害の緩和や生物多様性維持機能

減反,米価の低下,そして大規模農家への補助といった政策によって,流域の上中流に位置する中山間地の田畑は,行政に取りこぼされ,

---

* ポイントソースとノンポイントソース:ポイントソースは特定汚染源ともいう.工場や下水処理場,家畜排泄物の出る畜産施設のように特定の場所から高濃度の汚染物質を排出する源のこと.ノンポイントソースは非特定汚染源ともいう.雨天時に,硝酸や農薬のように農地から,あるいは自動車のオイルや建築物の塗料などが市街地から,というように排出面積が広く低濃度ながら総量は無視できない汚染物質の源.

離農者が増えている．農作業を継続していたとしても，自家用となっていることも多い．また，おもに耕作放棄地となっているのは中山間地にある水田（棚田）や畑が主である．日当たりがよい平野地での収穫量が格段に上がり，とくに米の場合，需要に供給が追いついているので，山間部の田畑が使われなくなるのは当然であろう．それではこうした東京湾流域の上中流域にある田畑はそのまま放棄されていいのかといえば，東京湾の水域環境を考えれば明らかに否である．

農地，とくに水田は洪水を防止し，地下水を涵養する重要な役割を担っている．農業総合研究所などのデータから試算された農地の公益的機能の評価額は全国で年間に約6.9兆円となり，そのうち1.15兆円を中山間地が担っている（西尾ほか，2003）（表5・4・1）．ちなみに，洪水防止，水源涵養，土壌浸食防止，土砂崩壊防止の4つを足すと4.6兆円となり，このうち中山間地のみでは5分の2強に当たる2.0兆円にもなる．大がかりな公共投資を必要としない中山間地の田畑の維持は，継続的な防災機能として大事であることがわかる．三菱総合研究所による報告では（2008年7月発表），農業の多面的機能の経済的効果は年間当たり，洪水の防止（3.5兆円）や水資源を守る（1.52兆円）などの合計として8.22兆円となっており，ますます注目される．

耕作されている水田と放棄されている水田を比較すると，雨水の貯留機能は異なっている．耕作水田は雨水を貯める能力が大きく，放棄された水田の方がより早く雨水が流出することがわかってきている（増本ほか，1997）．中山間地の水田の地下水涵養機能は，平地の水田に比べ格段に高いことが知られており（袴田，2006），中山間地にある田畑の保全がいかに下流域の保全に恩恵を与えているかを，再評価する必要がある．

かつて都市周辺に広がっていた水田や農地の減少が，都市河川の氾濫を起こす原因の一つになっていると考えられる．千葉県市川市では，真間川の洪水防止対策として「水田等の遊水機能保全対策要綱」を制定し，水田に1 m²当たり年間55円の補助を行い水田の保全と洪水防止を兼ね備えた政策を実施した．現在ではこの制度は廃止されてしまったが，このような水田の多面的機能を評価する政策は重要であり，長期的視野での効果を評価していくべきである．さらに水田では富栄養化した水の窒素やリンを稲の肥料分として吸収し，また過剰の硝酸イオンを脱窒作用により除去する水質浄化の役割も果たしている．このように，水田や農地のもつ環境保全機能は有用であり，残されているものをできる限り保全あるいは再生することが望ましい．

繰り返しになるが，上中流域の田畑の保全は下流への河川水の平準化を促すことにより，陸域から海域への急激な出水による物質負荷を減らすことになる．河川の氾濫に対する防災が，陸から海へのゴミ流出や土壌中の物質流出を防止することに役立っている．また，田畑を保全することは，景観とそこに自生する生物，そしてそれを利用する渡り鳥などの来遊生物を守ることであり，このことは農作物を生産するための田畑と，中山間地で典型的な生産よりは生態

表5・4・1　農業・農村の有する公益的機能の評価額
単位は億円／年．西尾ほか（2003）から引用．

	全国	中山間地域
洪水防止	28,789	11,496
水源涵養	12,887	6,023
土壌浸食防止	2,851	1,745
土砂崩壊防止	1,428	839
有機性廃棄物処理	64	26
大気浄化	99	42
気候緩和	105	20
保健休養・やすらぎ	22,565	10,128
合計	68,788	30,319

系としての機能を維持し，環境学習や生物多様性維持のための環境保全に軸足を置いた田畑では，それぞれに管理の目的が異なる．管理の目的によって多様な施策で対応する必要がある．また，水張り水田からは二酸化炭素よりも21倍温室効果の高いメタンが放出される．水田由来のメタンは全球での総排出量約4分の1を占める．しかし，水干ししてもその量は半分程度にしかならない．水田を湿原代わりに利用する渡り鳥類や水生生物の生物多様性の保護などへの波及を考えれば，目先の数値にこだわらず俯瞰的視点から，水田の水干しは慎重に進める必要がある．

さらに田畑の主要な機能の一つとして，伝統野菜など（例えば，川崎市の"のらぼう菜"など）の地域特有の品種（作物遺伝子）の発掘・保護を通じて，地元でとれた食品を見直し，食文化の保護にもつながる．多様な地場の食材はその土地の文化や風土を維持する重要な農業の多面的機能の一つといえよう．民謡や童謡に歌われながらも，身近でなくなってきた自然を後世に継承するためには，田畑の自然，二次的自然（そしてその背景にある原生的な自然を含め）を今まで以上に積極的に守っていかなければならない．そこで二次的自然の保全に取り組んでいるNPOや保全しようという意志のある土地所有者あるいは保全に積極的な地方自治体に対し，保全にかかる費用や保全するための雇用を可能にする労働への対価の支払いが必要になろう．

そのために地方に環境保全を専用にした基金を設立して，寄付と地方債の発行で資金を調達し，人的資源の確保などに当てるといった方策も考えられる．基金への寄付では，税制優遇により，その地方以外からも広く受けられるようにする．また，その地方で遺産として山林や屋敷林，庭園がある場合，保全を前提に審査して，相続税を軽減したり，場合によっては人的支援を受けられるようにする．地方債の場合は個人購入のほかに，法人に対する自然消耗にかかわる義務として購入を割り当てる．対象となる法人は環境に負荷を与えている業種のうちでも，とくに土地利用を中心に査定を行う．具体的には，大きい敷地面積を必要とする企業，埋立によって収益を上げた企業，大規模宅地開発を行ったデベロッパーなどがそれに該当する．査定に当たっては，市民や科学者により構成された組織を自治体がとりまとめて行い，1950年以降の地図から土地利用を明らかにしたうえで，事業対象ごとに面積を割り出し，得た収益に対して徴収していく．ただしその金額については継続性を重視し，それほど負担の大きいものにならないことが条件になろう．企業に発生する地方債の購入義務は，利用者にきちんと説明し，透明性を示すことで，利用者からの応分の負担，例えば，高層マンション住人からの環境税的意味合いの負担とし，社会全体の意識向上にもつながるようにする．また，査定を行う段階では，国や自治体自体の行ってきた水力発電用ダムや圃場整備なども対象とすることによって，事業を見直すきっかけにもなる．

都市近郊における農業の機能として生ゴミの減量と再利用である．食品の売れ残りや残飯などの生物系廃棄物を農地に還元したり家畜の餌にするといった，循環への取り組みを開始したコンビニエンスストアチェーン，百貨店，スーパー，食品加工業などを出始めている．この循環をさらに加速するには，社会全体としてきちんと分別したゴミを無駄なく流通させることである．本来重金属汚染などの生じない食品残渣を堆肥や餌にも利用する．系外からもち込まれる肥料，飼料，食料のうち，どれかを少し減らすだけでも，東京湾への負荷は軽減されるはずである．また，農産物はできるだけ消費地に近い方が，輸送にかかるエネルギーコストを下げることができる．地産地消には様々な広がりが期待される．都市の中に田畑を隣接することで，雨水の浸透面が増え，ヒートアイランドを緩和し，エネルギーコストの低い新鮮な農産物を産

直で供給する．これは生ゴミを田畑に還元して，化学肥料を減らし，海への負荷を下げることになる．このような省エネ循環型の田園都市をめざすことも，実現化すべき政策の一つである．もちろん，都市の全人口はまかなえないにしても，駐車場やアパートを農地に変えたときなど，都市内や近郊の田畑にはメリットの生じる政策が必要である．

5.5 海域での対策

これまでの海岸環境修復に対して，生態学系の科学者の多くは距離をおいていた．生態学系の科学者の視点に立てば，これまでの環境修復は，周辺地域との関係性や歴史性に踏み込んだものとはいえず，対症療法的な印象が強かったためであろう．本委員会の東京湾再生では海域面積を増加させることを基本に，海岸線をセットバックする際の水際線構造は，基本は従来地形に戻すことである．ただし，必ずしもそうならない場所も出てくるが，その場合も人工干潟や海浜を諸処に配置するといった配慮とともに，護岸でも緩傾斜型にして，海側との深度差といった地形的な立地要因の検討が必要である．また，現在ある護岸の地先に土砂を入れて人工海浜を造成することは，東京湾の水体容積を減ずることにつながる．これは埋立と同じ作用をすることから，生物生息空間の修復と親水性の向上にはなるものの，マイナス要因も評価しなければならない．

日本が「環境立国」をめざし，持続可能な社会の実現をめざすのであれば，東京湾が豊かな内湾として後世に伝えられ，自然の恵みが永続するということがその試金石であることは明らかである．都市再生本部が海の再生の最初のモデルとして東京湾を選定したことは，行政も水域環境の劣化に対する危機を十分認識したうえでのことと考えられる．東京湾はこれまでモニタリングされたデータがあるので，環境が劣化していった過程を検討できる．したがって，本格的な大規模環境再生が実行されれば，環境再生の良い先例となろう．

生息域が水でつながっている海域の場合，どこかに個体群が生き残っていれば，比較的早く元の生物相が戻ってくることが期待できる．すなわち，生息地が離れていても，その場が消失したり，物理的な流動によって分布拡散が阻害されなければ，流れに乗って新たな地への植民に成功すると考えられるからである．図2·3·7（142ページ）は，浮遊幼生期をもつ巻貝のウミニナやヘナタリの東京湾における個体群の衰退に関して，埋立によって個体群ネットワークが分断され，着底場所や生息地の孤立化が生じていることを示している．幼生加入のネットワークが浮遊期をもつ底生生物にとって重要であるが，こうした種の減少は，干潟と後背湿地という一体の景観の消失というだけでなく，海岸の改造が湾全体での種の多様性を減少させる様子をよく説明している．加えて，1970年代以後の東京湾では，潮汐の低下や淡水流入量の増加による物理的な輸送過程が変化し，貧酸素域が時間的にも空間的にも拡大してきたと考えられ，そうしたことは幼生の分散や着底にも影響している（例えばシャコ：2.3.2B．a）．沿岸においては海岸線を後退させて，干潟を再生するとともに，いくつかの拠点的な後背湿地を再生することで，生態系のネットワークの拡大を図ることが期待される（図5·5·1）．

5.5.1 自然，景観を保全する保護区の設定

親水性の向上が図られれば，環境教育の面でもレジャーの面でも人が東京湾と親しむ場所が増える一方で，東京湾の生態系保全との両立を図る対策も同時に必要である．そのためには一定の区画あるいは季節による期間，水産生物の繁殖や渡り鳥の採餌場に配慮した自然保護区や景観保全のための地域区域，水産資源保護水域などの設定も検討しなければならなくなる．

第5章 東京湾を再生するために

　自然保護区や景観保全地域の設定については，とくに水際を含む場合には漁業権との調整が想定される．地先には漁業権が設定されている．海は法的には無主物であり，国がこれを管理する主体であるが，漁業権は漁業を排他的に営む権利であることから，慣例的に地先は漁業権者が占有して，これを管理することが常態化している．また，埋立地を海に戻した場合，新たな漁場となる可能性もあり，漁業権を設定するか否かについても課題になる．したがって，地先から沖合に至る環境を連続的かつ一体的に自然保護区あるいは保全域にする場合には，漁業権者との協調関係が必要不可欠になる．こうした市民間の保全に対する調整のためには，行政も含めて合意形成を図らなければならないし，場合によっては法律の整備や法的手続きも必要である．

　ここで大切なことは，漁業は極めて環境に依存した産業であるということである．漁業者が漁場の環境保全を行政に求めても，実際には行政対応で漁業を支えきれるものではない．なぜならば，現場の環境を良好に保てるかどうか，すなわち好適な漁場が形成されるには，漁業権をもたない多数の市民との協調がなければ不可能なためである．すなわち，環境を再生しようとする世論が高まらなければ，税金の投入を伴うような政策は難しい．したがって，漁業権者は，漁業権をもたない市民からの協力が得られなければ，産業としての漁業をより良いものにできないというジレンマに陥るであろう．微妙な事項ではあるが，水域環境の保全・再生が漁業にとっても必要であるということを勘案すれば，土地の利用に伴う環境再生に関しては，漁業権をもつもたないに関係なく，市民全体の協力体制が必要である．

5.5.2　水辺へのアクセス確保

　東京弁護士会がまとめた東京湾保全基本法試案（日本海洋学会，1999に掲載）に携わった関（2001）は，パブリックアクセス問題の所在について，これまで市民にとって東京湾が縁遠くなればなるほど東京湾の環境は悪化していったとし，「親水性が実現されることは東京湾の生態系を保全することへの重要な糸口である」ことを指摘している．水辺は市民の共有物であり，水辺の向こうの海が見える景色もまた市民の共有物である．こうした認識を組み込んだ政策の多方面にわたる展開が望まれる．

　水辺の開放にあたっては，まず，①現在ある埋立地の利用実態調査によって，利用目的を色分けする．そして開放可能な水辺を洗い出し，②法規制によらないソフトな対策と，③法によるハードな対策を順に進める．ソフトな方法としては，自治体等が公的に所有している場所では可能性がある．

　その一方で，東京湾の埋立地は港湾として利用されており（図1・7・1，51ページ），海岸線で人が立ち入ることができるのは全体の1割程度である（2.4.2）．例えば市民がアマモを移植しようにも，それが可能なのは，アマモが繁殖できる浅い水深をもつという条件にかなう限られた部分になる（図5・5・1）．したがって，こうした市民活動を広げるには，立入禁止区域の空間に対処しなければならない．今後は，東京湾流域再生特別措置法（仮）の立法を視野に入

図5・5・1　東京湾では数少ない天然のアマモ場．横浜市野島公園

れ,トップダウン方式での政策も必要になろう.

　企業等が所有する空間のうち,開放可能と判断された部分の水面利用に対し水面占有税を創設し,市民が水辺までアクセスできるように護岸を改造することを促す.整備に協力する所有者には整備費用に一定の補助を交付するとともに,市民に提供した分を考慮した減税措置を行う.同時に,水辺の整備計画には第三者(市民,科学者,地方自治体による)の合議で方針を決めることを定める.

　環境インセンティブ政策については日本は欧米よりも遅れている.水辺の開放に関して,おもに国土交通省が中心となって,いくつかのモデル事業を立ち上げている(古川,2003).こうした事業をモデル事業で終わらせないためには,市民や科学者からも積極的な提言が必要であろう.昨今は企業の環境対応への社会的評価が業績に直結することもあり,環境対策を重視する個人の長期保有株主もいることから,企業の責任として水辺の開放および環境再生が促されるような行政誘導が望まれる.

5.5.3　土砂採取深掘りの埋め戻し

　海岸線の再生には,まずは,先の埋立地の利用実態調査から,護岸自体の形状変化が可能であるところを探すこと,それと埋立の際に土砂採取した海底に残る深掘りの埋め戻しがある.

東京湾では人工の護岸化によって,干潟固有の底生生物在来種の絶滅や衰退が起こり,同時に人工護岸が外来種に定着する場を提供した.また,ポリプ幼生の付着基盤を提供することでミズクラゲが育ちやすい環境となっているため,生態系にとっても各種産業にとっても負の働きをしている(2.3.1B,C;2.3.2A;2.3.3)(図5・5・2).したがって,垂直の護岸を,海浜や干潟構造にするというような改修によって,護岸の親水性を向上するとともに,生態学的により好ましい護岸構造に改修する.また,深掘りの埋め戻しに関しては,ビルやダム撤去などの廃材などで安全なものに関しては埋立資材として用い,埋め戻しが海洋投棄にならないよう法律上特例措置とすることが望まれる.

　こうした護岸改修や部分的な埋立地の海面化を進めてゆくなかで,生物が生息できるこれらのエリアを徐々に増やしていくことも大切である(古川,2003).さらにこれらのエリア間の距離を狭めていくことで,生物個体群のネットワーク化が強化されることが期待できる.また,とくに東京都海域における,運河の水質や底質を浄化することで生き物が増え,人々の目に触れるようになると,それは東京湾をより身近に感じられる対策につながる.とくに川崎から横浜にかけての干潟がほとんどない海岸では,生物ネットワークの再生の視点からは,護岸の一

図5・5・2　垂直護岸の典型例,東京港のコンテナ埠頭を海側から望む

部を干潟や塩性湿地に改造することも必要である．

養老川河口では浚渫を行っていないため，干潟が拡大した（市川市・東邦大学，2007）（図5·5·3）．こうした河口干潟を保全し，プライオリティー・エリアとして活用していくことが東京湾の環境再生に有効である．湾奥の場合，港湾地帯に位置するプライオリティー・エリアの維持管理上重要なことに浸食による土砂移動がある．浚渫は海岸土砂の系外移動を引き起こす場合があり，こうした人為的作用に十分な注意が必要である（宇田，2005）．

浦安の日の出・明海地区の埋立地造成と地先土砂採取による深掘りによって海岸線は直線的形状に変化し，波高の分布や海浜流が不連続化した．そのことが江戸川河口から土砂輸送を担う海浜流を弱めるなど，三番瀬の地形の保持に影響していることが指摘されている（清野ほか，2003）．水辺の開放や垂直護岸の改修等を行いつつ，京葉の埋立地帯を海に戻す大規模再生事業が東京湾の環境再生の鍵を握ることは明らかである．陸から沖合への連続した生態系と景観や，陸海間の生物交流を取り戻す海側の整備として，また，湾の固有振幅が復元し，海水交流を促すために京葉地区埋立地を海に戻すことが，持続可能な社会への良策である．

5.5.4 海底の化学汚染除去

河川・湾内の銀を測定した結果，河川や大気を経由した銀が湾内で速やかに粒子状物質に吸着し，少なくともある期間は堆積物として湾内に留まっているとされる（Zhang et al., 2008）．微量元素の挙動は，物質ごとに異なり，河口近くに堆積するものや，すぐに生物に取り込まれ高次捕食者に濃縮されるものまで様々である．

東京湾の堆積物に関しては，横須賀基地の港内海底の土砂から有害物質の水銀，鉛，ヒ素が検出されることが知られている．水銀の例では，1970年前後の堆積層に高レベルで存在しているため，浚渫等の攪乱によって意外な時期に生物濃縮が起こることも否定できない（2.2.9）．したがって，東京湾における化学物質の調査と継続的なモニタリング，さらには海底の汚染物質の除去も必要である．

東京都の海域には，焼却減量する以前のそのまま埋め立てたゴミが眠っている海面処分場がある．東京都では，そこから溶出する化学物質を特殊なシートで漏れないようにし，溶出水を

図5·5·3 土砂の流入により河口内から拡大しつつある干潟，養老川河口

下水処理などして，環境への漏洩防止に努めている（伊東，2001）．こうした海面処分場の埋蔵ゴミは，将来的に資源として使える可能性も残っていることから，これらのゴミ埋立地には恒久的な施設などを建設せず，いずれ掘り返すことを想定した施設にする．技術が進み，埋蔵ゴミがレアメタル等の資源となれば，それを掘り出した跡地を海に戻して浅場を再生できる．

5.6 陸域生態系と海域生態系を結び直す

東京にはかつて「東京緑地計画」*があった（図1·2·7，11ページ）（越澤，2001）．計画は戦後，大幅に縮小されたが，北多摩地区（世田谷や杉並など）に残された緑地はその後の街の価値を高めるものであった．こうした流域中下流に当たる都市およびその近郊における緑地を配したグリーンベルトの設置は，自然の恵みのもとになる生態系を保全することになる．さらに干潟や浅海域，塩性湿地との一体的な自然として，流域レベルでの生態系ネットワークの再生は不可欠である．

生態系を構成する生物相の貧弱化にはいくつかの要因がある．まず，生息地が開発によって絶対的な面積が減ること，個体群間のネットワークが分断されていること，乱獲，環境汚染である．近年ではそれに外来種の侵入があり，また水温・気温上昇も少なからず影響している．生物の種個体群は，局所的に分散して，その一部が局所間で入れ替わったり，補い合うことで遺伝的変異性を保ちつつ維持されている．ある局所個体群が隔離された場合，他から加入がなければ，やがて遺伝的に劣化したり，寿命によって死滅する．また，見かけ上十分な個体数がいても，それらがすべて高齢であったり，雄あるいは雌だけで構成されていれば，それもやはり繁殖できずに死滅する．したがって，孤立した個体群を保護していても，個体群間のネットワークが分断されている場合，その個体群は死滅する．

里山の水生生物は田植えを挟んで，時空間的にうまく棲み分けている．水が不足しがちな土地では水田を維持するために溜め池を作る．例えば，つくば市周辺では溜め池の間隔は1 km前後かそれ以内である．そして，溜め池と水田の両方を使うショウジョウトンボやミズカマキリの移動距離はおよそ1 kmである（守山，1997）．守山（1997）は，今のように河道が固定される以前には，自然の河川は洪水を繰り返して河道を変えながら，ある範囲の中で動的平衡状態を保って流れていたことに着目した．河道が変動した後には，河道跡に池や湿地が転々と残され，そうした水辺は植生繁茂による陸地化と洪水が繰り返されていた．そうした湿地や池の間隔がおよそ1 km程度であることから，先の昆虫の移動距離は，こうした自然の水たまりを利用して個体群を維持できる距離であろうと推測している．かつて東京湾の流域から沿岸にかけては，谷津田，薪炭林や田畑，鎮守の森，屋敷林，庭が適度な間隔で配置されていた（図5·6·1）．こうした多様な景観の連続性が生態系をネットワーク化していたということが重要である．そこで，こうした生態系ネットワークの再生の基礎として，まず流域における生物の出現状況について地域ごとに生物地図を作り，生物相等を地理情報として整理する地理情報システム（GIS）を用いて解析することが有効である．生物はその存在自体が環境履歴をもってい

---

* 東京緑地計画：越澤（2001）によれば，大都市の膨張の抑制や市街地外周の緑地帯設置などの七か条を採択した1924年の国際都市会議（アムステルダム）を受け，内務省が中心となって東京緑地計画協議会が設置された．同協議会は1932年から1939年までの間に，東京に緑地を配置する計画を1939年に内務大臣に報告した．これは東京50 km圏に，96万ha強に生産緑地（農地），大公園，環状緑地帯，自然公園などの多様な緑地を配置するというものであった．緑地帯の拠点部分については土地買収や整備が進められたが，終戦後の農地解放の対象となったためにその62％が失われた．現有する北多摩地区の緑地や，水元公園，舎人公園，小金井公園などはその遺産である．

第5章　東京湾を再生するために

図5·6·1　北総地域の里山の谷津田
東京湾の水源であり，生物多様性の宝庫となっている．しかし最近では耕作放棄地が増加し，産廃投棄の場所となっている谷津田も多い．提供：中村俊彦氏．

る．ある特定の種の存在が特定の環境要因を示しているという例は稀だが，複数種で構成される生物群集を総体としてとらえていくことによって，それらがもつ環境情報を推し量ることができ，これを活かせば有効な対策につながる．

5.6.1　森林，水源の保全

東京湾の流域には谷津や谷戸地形が多く，その奥は湧き水が豊富で，東京湾にとっては重要な水源である．しかし，最近では，谷津田，谷戸田が耕作放棄によって荒れている．山岳地の森林の多くは水源林として保全されていることが多いにもかかわらず，谷津や谷戸の水源は産業廃棄物の格好の投棄場となっている．地下水汚染，さらには海域への有害物質の流入も予測される．房総半島には海成砂層の山砂地帯が存在する．これは，東京湾岸各地の埋立に使用されてきた．この砂層には膨大な水が含まれ，砂層そのものは水タンクであり，東京湾に流入する水源でもあった．しかし，埋立や土木工事の材料にもなりえる砂層の山塊は，山砂採取によってそのまま消失してしまい，水源破壊となっている．生態系基盤あるいはそのものといえる水源林を保全し，なおかつ森林の利活用を進めるには森林自体が健康であることである．森林には伐採用以外にも，電線敷設用などの道路網があり，そのことによる森林の荒廃という要因を極力排除する必要がある．

近年行われたアンケート調査による市民の森林への期待される機能については，これまでは「山崩れや洪水などへの防災」であったが，それをわずかに上回って，「二酸化炭素を固定する機能」が大きく，三番目が「水資源の涵養」で，本来の「木材生産」は，「野生生物の生息地としての働き」よりはるかに低い（内閣府大臣官房政府広報室ホームページ）．近年，温暖化が進んでいることから，冬季の降雪が減少し，ダムの貯水機能を維持できなくなる可能性がある．ダムの撤去跡の整備を怠らず，水源林を整備して，地下水を涵養することで，都市における地下水源の利用に取り組むことも必要である．

5.6.2　生態系を区切る道路網のリストラクション

陸域の場合，道路を造ると小型哺乳類の移動阻害，植物相の変化や動物個体群の分断が発生する．森林の中に道路が造られると，その場所の環境が森林内部と，例えば日射量や湿度など，大きく異なるためエッジ効果がはたらく．そのため植生自体が道路伝いに変化したり，本来その場所で営巣していた鳥類は，その場を利用しなくなるなどの影響がみられ，道路から森林の中に100〜200m程度の帯状に，森林本来の機能は失われると考えられている（吉田，2007）．チョウには樹間や沢沿いに移動するようなパターンがある．道路の上に空いた空間ができると鳥類の被食にあいやすい昆虫なども出てくる．また，動物はある程度決まった時間帯に探餌行動や群で移動するものが多い．その移動速度や移動様式は生物によって異なっている．道路を横切る行動が特定の時間に起こり，

その時間が例えば通勤時間と重なれば，たとえ交通量の少ない道路であっても，特定の生物個体群が特定の時間帯に集中的に死亡することになる．こうしたことで生物種個体群は相応のダメージを受けることになる．

東京湾沿岸の場合，海岸線をトレースするように道路が建設され，そのことで海と陸が分断されている．道路の多くは埋立地にあり，付随する駐車場もまた，生態系を区分する構造になっている．道路を造ることで，河口域では後背湿地が消失し，塩性湿地特有の生物が消滅する．また，自然海岸においても，陸と海を直接行き来する生物，例えばアカテガニなどの行動を妨げている．こうした場所では，道路を橋脚式の高架にするなどの工夫が必要である．道路がもつ複合的な作用は生態系の構造を変化させる．今後，自然保護区を作る場合などには，生態系を分断している既存の道路網をリストラクションする必要がある．

5.6.3 河川を通じた海と陸のつながり

海と陸は川によってつながっている．北米でサケがよく上る河川の流域では，サケをエサにする熊などの個体群が安定しており，エサとなったサケが海からもたらした窒素によって森林が育つことが知られている (Helfield & Naiman, 2001)．東京湾でも，春からアユが多摩川を遡上してくる．試算ではアユのおよそ6.3万トン/年がカワウに食べられているという．また，漁業は魚介類を通して流域起源のリンや窒素を湾から取り上げて，再び陸上に戻す手助けをしている．このように東京湾はそこにつながる河川を通して流域とつながっている．

これまでの河川行政では，河原独特の植生を保全するとか（河原固有種の保全を含む），蛇行する河川ほど昆虫食性の鳥が増えるといったことや (Iwata et al., 2003)，川辺ではクモが植食者を捕食することで川辺の木々が守られるというような (Henschel et al., 2001)，河川の

もつ機能や様々な自然の営みへの配慮が不足していたばかりか，河川の改修がウナギなどの海と陸水を行き来する生物の生活環を断ってしまうことでも致命的であった．今後は，海や流域との関係から，河川の機能を俯瞰的に評価する必要がある．

河川は本来，生物活性による自浄作用をもっている．しかし，都市における河川は洪水等防災のためにコンクリート張りに改修され，自浄作用が有効に働いていないケースが多い．呉ほか (1992) は，野川において自然河床部分とコンクリート河床部分において脱窒活性を比較し，前者の脱窒活性は後者に比べ7～8倍大きいことを明らかにしている．最近，自然河川の機能が見直され，生物が生息できるような川づくりが行われるようになった（リバーフロント整備センター，1996)．生物が生息できるように改修された河川は景観的にも良好である．水面を増やすことは，熱大気汚染を緩和し，天空が広く視野を妨げない快適な生活空間が拡大することに加え，水質浄化による海への栄養塩負荷低減につながる．今後，可能な限り川の浄化機能を底上げするような修復が必要である．とはいえ，河川の浄化機能にも限界があり，河床の単位面積当たりの負荷量が限界を超えれば，浄化は頭打ちになる．

東京湾の流域には河川沿いに多くの人が居住している．その安全を確保するために，河道をコンクリートの護岸や堤防で固定しているが，ひとたび決壊すれば一瞬にして人命が脅かされる．河川を直線的にすると雨水が一気に下るとともに，河川中流域では水が行き場を失うことになる．そのことが都市水害を発生させる要因となっている．今後，温暖化が進んだ場合，大気中の水蒸気量が増えるため，ひとたび熱帯低気圧が発生すると強度が強く，降水量が増える (Emanuel, 2005; Webster et al., 2005; Oouchi et al., 2006)．海水面が暖められると南方で発生した台風の強度が衰えないまま，日本

列島にやってくることも想定される．降雨の様相がこれまでと異なり，急速な増水を想定する必要が出てきている．今後の気候変化への備えは，順応と避難によって，いかに人命を救い，災害後の復旧をいかに速やかにするかを中心にすべきである．日本の河川は流程が短い．明治期に導入したヨーロッパ型の治水技術は，もともと日本の気候や地形を研究してできたものではない．したがって，それを応用してやりくりしてきた河川の制御は，新しい手法に取って代わられる時期に来ている．河川の脇にコンクリートの貯留池を作り，その周りの土地をアスファルトとコンクリートで固めた遊歩道にするというような20世紀型の事業は転換期に来ている．河川を自然の形状に復元し，流域の氾濫原や湿地，田畑を再生・保全することで，本来そこにある生物相を保護して，地球規模の野鳥の渡りをサポートするという視点も大切である．

5.6.4 河川構造物（ダム，堰）と海

河川と海のつながりや構造物による水の流れの遅滞等による問題に関しては，すでに優れた成書があるので（宇野木ほか，2008；村上ほか，2000など），ここでは簡単に述べる．森林を伐採すると，流出する渓流水中の硝酸イオンやカルシウムイオン濃度などが増加し，下流域の富栄養化をもたらすことが知られている（Likens et al., 1970）．ダムができるとダム湖水に一時的に栄養塩濃度が高くなり植物プランクトンの大増殖が起こるが，それはこうした土壌からの栄養補給があるためであろう．その後，枯死した植物プランクトンは沈降して元素をダム湖底に閉じ込め，ダム湖の表層水はダムができる以前よりも貧栄養化することを Stockner et al. (2000) は全リン濃度の変動で示した．こうしたダムなどの構造物を作り，河川を区分することで，本来その流域から海域に流入する元素の比率が変わってしまうことは，河川生態系にとっても流下先の海域生態系にも影響する（1.4.2）．水域環境の

保全に立てば，不要なダムを排除することを検討すべきであろう．なお，山間部の少雨によって，しばしばマスコミが渇水を取り上げ，ダムの必要性がいわれる．しかし，ダムでは渇水時にあっても，河川維持用水[*1]として一定の水量を放流し続けている．この河川維持流量の設定値は，算出のための調査研究が少なく，河川ごとに算出するためには調査が必要で，現状では科学的根拠に基づいて決められた値ではない（嶋津，1999）．適切な量を流すことも，渇水対策として必要なため，維持流量自体を現場と時期に応じて科学的土台のうえで見直すことが望まれる．

A. 系外からの導水による弊害

東京湾の流域は流域系外からの導水によって拡大してきた（1.1～1.3）．こうした系外からの導水は，淡水の流入を受ける東京湾ばかりでなく，取水される河川においても問題を生じる．利根川河口堰（霞ヶ浦北浦と太平洋を分断している常陸川水門も取水システムという意味においてこれに含める場合がある）は，首都圏への飲み水供給を主目的に1971年に竣工した．従来なかった新しい堰[*2]を設けることで，東京都は新しい水利権を得ることになった．利根川河口堰管理所のホームページによれば，現在，毎秒 14 m³ を上水としている（その他に千葉県

[*1] 河川維持用水：国土交通省によれば，塩害防止，各種排水の希釈浄化，河道の維持，河口埋塞防止，水生動植物の生存繁殖等，河川に関する公利の確保，公害の除去もしくは軽減のため流水の果たす機能を確保するための流量をいい，これを維持流量と呼ぶ．維持用水，または河川維持用水ともいう（財団法人日本ダム協会）．河川維持流量が定量されていることはほとんどなく，科学的根拠に基づいたものではなく，適切性に問題を抱えたままであるとの指摘がある（嶋津，1999；長谷部（（財）日本ダム協会ホームページから「水利権とダム（5）－河川機能の維持－」http://wwwsoc.nii.ac.jp/jdf/Dambinran/binran/TPage/TPSuiri5k.html）．

[*2] ダムと堰：河川管理施設等構造令によれば，ダムは堤の高さが15m以上の施設で，貯水機能をもつものである．堰は高さが15m未満で，貯留能力を欠く施設である．ちなみに，吉野川河口堰のように旧来型の石積みの固定堰に対して，鉄の扉を上下に動かすなどして流れを制御する堰を可動堰という．

3.5, 埼玉県 1.2 を上水として利用. その他にも農業用水や工業用水としての取水がある).

河川と海の連続性をこうした構造物で物理的に仕切ることで, 淡水から突如海になる. そのために生活環の中で汽水域を必要とする生物 (例えば, シラウオやヤマトシジミ, 植物ではアイアシ) や陸水と海水を行き来する生物 (例えば, ウナギ, アユ, モクズガニ) などが減少することになる. その場合, その場を持続的に産業基盤としている漁業者にとって, 経済的打撃になる. 利根川河口堰が原因とされるウナギやヤマトシジミ漁業の衰退は, よく知られている (二平, 2006; 宇野木ほか, 2008). 例えば, ウナギについては, 1960 年代までは日本の漁獲 (3,000 トン) の 3 割以上を, 霞ヶ浦北浦を含む利根川水系で取り上げていた. それが 2000 年代に入ってから, 日本全体の漁獲 (610 トン) も低下したが, それ以上に利根川水系では 60 トン前後にまで低下している. 二平 (2006) は霞ヶ浦北浦にウナギの来遊遡上が保障されていると仮定して, ウナギの生産金額を換算したところ, 2 億 4,000 万円から 5 億 4,000 万円という. こうした中で鹿島臨海工業地帯が使っている工業用水の余剰なども指摘されており, 常陸川水門を含む利根川河口堰の操作方法を地元自治体や市民と水利権者が科学者を交えて, 生物多様性を維持することによる経済的効果を考える必要があろう.

河川流量を減ずるダムは, 治水・利水目的外に水力発電用ダムがある. 2008 年, JR 東日本の水力発電所が信濃川を宮中ダムでせき止め, 不法に取水したうえデータを改ざんしていたことが明らかになった. 首都圏から 200 km 離れた場所から長年供給されていたのは, おもに山手線の運行に使用される電力であった. 日本海に流れる信濃川は, まさに系外から境界をまたいで, 東京湾流域の人間活動の影響を受けているのである. 東京湾流域で見ると, 例えば東京電力のホームページによれば, 利根川水系を主として, 群馬県にある水力発電用のダム 41 ヵ所に上り, これに県営などを含むと 70 ヵ所以上になる.

本来の流域以外から首都圏に水を導水する量を減らすことで, ダムや堰を減らし, 流砂系が稼働するようになれば, 浸食防止に無駄な資源利用と経済負担が減る. このことが国土の形状・景観を維持することになる.

雨水や再生下水の活用は, 今後真剣に取り組む必要がある. 地下水, 雨水, 再生下水が都市の新しい水源と従来のシステムとの融合によって, 水循環と生態系を健全化することが求められる. また, 温暖化が進めば積雪量が減ってダムへの水供給が減り, 夏季の農業用水が不足することも懸念される. 対症療法的なダム建設は, 生態系への影響も大きく, 本質的な解決にならない. むしろ森林を活用して地下水を涵養し, 上水としての地下水を見直すことで, 系外導水を減らす工夫が必要である.

B. 河口地形に影響を及ぼす流砂系の衰退

ダムで土砂が堆積すると下流への砂供給が減る. 高知県物部川では, 流量が減ったことで河口に土砂がたまって, 自然の堰ができ, 河口閉塞を起こしている. こうした河口閉塞の原因は, 上流のダムや堰で水が取られ過ぎていたり, 手入れ不足や道路建設で山が荒れて保水力が低下したことで河川流量が減少していることと, 護岸工事や漁港整備で海流が変わって土砂が押し戻されたことなどが考えられる. 相模川では, ダムでせき止められて海に供給されなかった土砂は 5,000 万 m^3 を超えるとされ, 2008 年から資金とエネルギーコストをかけて, 土砂の一部を海岸浸食防止のために茅ヶ崎海岸に運んでいる.

外海に面した河口域の場合, 土砂供給が減ることで地形が浸食される. それを人工の構造物で止めようとすれば, 自然海岸の消失ばかりでなく, 防災上必ずしも安全とはいえない. 外海に面していない東京湾においても, 土砂供給の少ない小櫃川河口干潟は浸食傾向にあり (市川

市・東邦大学, 2007；鷲谷, 2008)（図1・4・16, 35ページ）．一方養老川河口では埋立地に挟まれた人工河口部で土砂の堆積によって河口干潟が発達しつつある（市川市・東邦大学, 2007）（図5・5・3）．干潟は土砂の堆積により形成された海岸の台地（前置層）の上の感潮域であり，土砂供給が続くことでその地形が姿を変えながら保持される動的平衡の場である．土砂の供給は，生物の生息を左右する．横浜市平潟湾に流れ込む河川のコンクリート護岸化で，野島海岸の砂が減り，人工繁殖させたアマモが流されることが実際に懸念されている．河川からの砂供給が減ると，生活史の中で汽水域の砂地を利用する魚，例えばシラウオ，砂地を産卵場にする魚は個体群を縮小する．こうした変化が，生態系の構成者を変化させ，本来の生態系の機能を変えてしまう．流砂系の回復は沿岸生態系にとって必須である．

C．人工河口生態系の保全

急激かつ規則性のない放水による東京湾の汽水域生態系への影響を考える必要がある．春日部市の地下に国土交通省は「首都圏外郭放水路」を建設した．放水路は国道16号の地下約50 mに，約2,400億円かけて造られた．大雨が降ると，中小の川（古利根川・倉松川・中川など）の水を，全長6.3 kmのトンネルを通して「調圧水槽」（利根川岸にある）に貯め，ポンプで江戸川に逃がすものである（朝日新聞, 2006年6月10日）．江戸川河口には三番瀬に開口する人工放水路（江戸川放水路）がある．大雨の後，地下放水路で調節して徐々に放水するのであればよいが，貯めきれなくなれば一挙に流すことになろう．そうなれば，流下する水を逃がすために江戸川本流と放水路の間の行徳可動堰を開けることになるので，水は一斉に江戸川放水路に流れ込む．江戸川放水路は平常時は平穏な入江環境として東京湾本来の干潟や塩性湿地の生物相を部分的に保存している場所として重要であり（桝本, 2002），その直線的な形状の水路を放水により大量の淡水が走ることは，かろうじて再生産を維持している東京湾の自生種個体群（二枚貝のオキシジミ，ソトオリガイ，ハナグモリなど）にとっては大きな脅威である．放水によって航路底に流出したベントスのうち，貝類など移動能力のほとんどない種では生存の可能性はほとんどないばかりか，ウミニナなどの表在性干潟ベントスにとっても放水が危機的な個体群消滅要因となっていることが指摘されている（桝本, 2002）．放水によって河口沖の個体群が一度減少した後で，繁殖する前に次の放水に見舞われれば，個体群を維持することが難しくなる．そして，繁殖できる限界個体数を下回れば滅んでしまうであろう．こうした自生種がかろうじて生息している江戸川放水路では，新しい定着場所を用意して本来の多様性の保全を講ずる必要がある．そうした対策を打たないうちは現状を維持するための措置として，可動堰の急な開放は行わず，汽水域環境を保つべきである（図5・6・2）．

5.7 対策の相互作用と対立

これまで述べてきた環境改善のための対策は，様々な広がりをもっている（図5・7・1）．例えば本委員会で提案した中期目標で中心と

図5・6・2 冬の行徳・江戸川放水路で釣りを楽しむ人々 水辺にアシ原があり，東京湾自生の生物の数少ない遺伝子群が生息する場所となっている．

5.7 対策の相互作用と対立

なっている水質の改善についての対策として，市街地の緑化，水面の復活や地域にあった下水処理システムの導入などは，海域への汚濁・汚染の負荷を下げる作用がある．それに加えて，緑化や水面の復活は，市街地のヒートアイランド対策でもあり，都市型洪水対策として一定の効果がみこまれる．こうした対策の相互作用，効率の良い施策，緊急性実現可能性から見た優先順位づけが今後の課題であることはいうまでもない．

一方，長期目標として，湾の再生にメリハリが必要と述べた．湾口に高度港湾空間を集中させ，羽田空港を維持するなら，それに見合ったぶんの海域を確保するために埋立地を海に戻すといったトレードオフ政策に取り組まなければならないだろう．もともと東京湾を中心とする都市圏ができたのは，水循環や地形という生態系的な基盤があってのことである．これまで私たちは十分に自然の恵みを受けている．したがって，これまで景観の自然再生での費用は市民による自然環境の使用料（生態系サービスの利用料）であり，将来への負担である．

前述したように，気候変化への対応が必要になってきている今日，防災と保全の間に，対策のバッティングが生じることもある．とくに慎重な対処が求められるのは，防災目的の河口・海岸の護岸強化である．自然災害を人間が完全に止めることは困難である．したがって，護岸化の必要な箇所は絞り込み，災害からいかに逃げて，被害を最小限にするかの情報インフラの整備を急ぐ必要があろう．東京都心の場合，河川の護岸の決壊や想定以上の高潮が発生したと

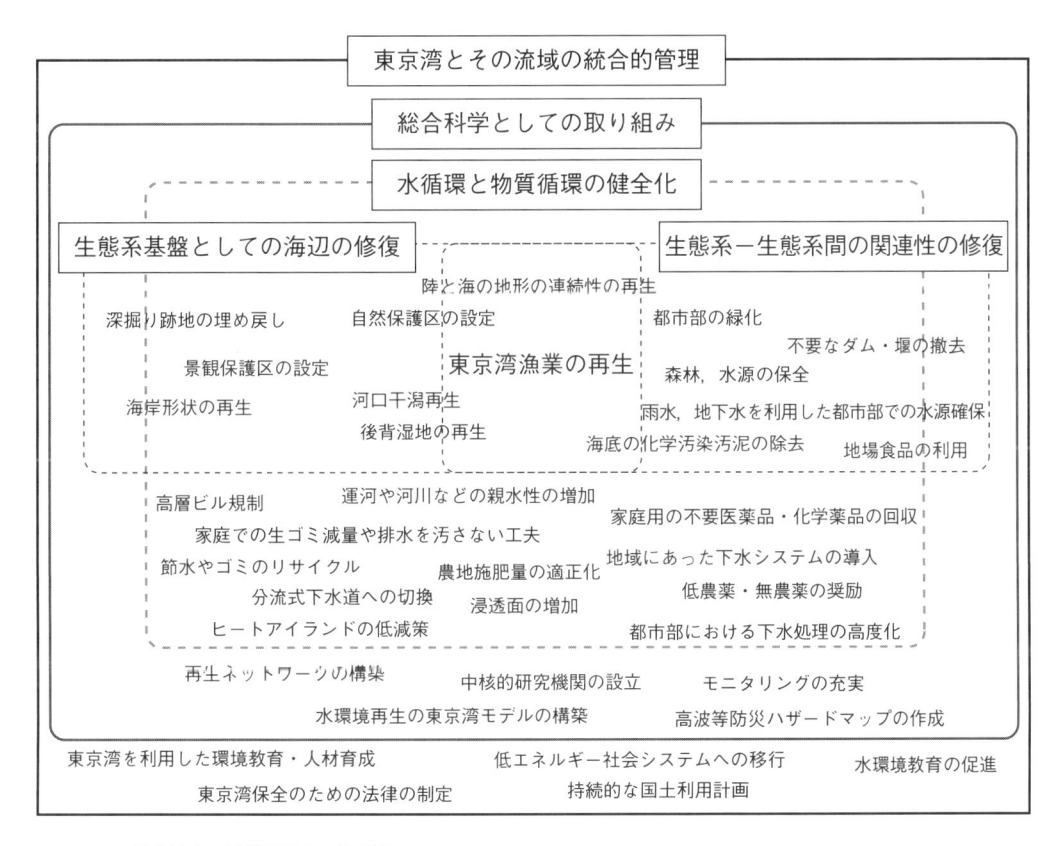

図5.7.1 対策相互のつながり
環境依存型産業である東京湾漁業の再生は，様々な対策の上に成り立つことがわかる．

きには，地下施設へ水が侵入する可能性が高い．こうした場合，大江戸線などの大深度にある地下鉄では，多くの人が閉じ込められる可能性もある．こうした地下では，完全に人が逃げられないことを前提に，施設内の駅や駅間に一定期間，災害から身を守るシェルターを用意するなどの対策が必要である．

東京湾湾岸のような本来遠浅な河口地形は，高潮などの自然災害を受けやすい．そうした地形を再生することで高潮のリスクが増す可能性は否めない．一方で，遠浅の地形は自然と親しむにも絶好の場所であり，東京湾がもつ本来の自然の恵みを育む場所であり，波浪や津波の緩衝地帯でもある．人と自然の調和をめざす社会では，自然の恩恵を受けつつ災害と対峙することは避けて通ることはできない．災害を避けるためといって，人工構造物で災害を完全に排除できるわけでもない．したがって，災害に対しては逃げて被害を最小限にする防災（減災）を徹底することが必要である．100年に一度の災害に備えて，残りの99年と幾ばくかのときを自然との調和を断って暮らすことは，自然から得られる恵みを育む社会に向かおうとしているときに適切な対応とはいえない．

海岸線は港や産業施設の設置によって河口や浅場が護岸化されている．例えば，漁港は風当たりが弱く穏やかでもともと船の係留が容易な地形が選定されるが，そういう場所は水産生物幼生期の生活の場としても大切である．にもかかわらず，漁船の係留や網干し作業場・倉庫として使用するためにこうした浅場が埋立もしくは浚渫され，さらに護岸になってしまい，本来，水産資源を維持する場が，漁港等の整備によって失われてしまっている．先の政策のバッティングと同様に，利用する場と保全する場の区分をつけていくことが必要である．こうしたことから，今後ますます生態系の理解に基づいた合意と意志決定の重要性が増す．

埋立地を海に戻したとき，流砂系が機能していなければ，浸食ばかりが進んでしまう．最初はエネルギーコストをかけて上流から土砂を運ぶにしても，いずれは自然の流砂系に戻すようにする．その際には，堆積と浸食をバランスしつつ，再生政策を立案する際にきちんとした順序づけをすることも忘れてはならない．対策を実施するには，それを担う実務者が必要である．現在，例えば，地方公務員の採用にあたって，採用の職種は，建築，造園，農業，漁業，林業といった細かな区分がある一方で，「環境」あるいは「生態系保全」というような名称は見当たらない．大学では環境を冠した学科や学部が存在し，そこで学んだ学生が習得した知識を活かす場を公務員に求めても，環境が選択肢の中に見当たらない．先に述べたような対策のつながりや事業の組み立てには，環境をシステムで学んでいる学生に力を発揮する場を与える必要があり，環境と関連する採用枠あるいは特別採用枠といった受け入れ先を行政としても用意すべきであろう．

5.8 市民・行政・科学者による『東京湾・流域再生ネットワーク』

これまでの環境再生は，市民が中心となったボトムアップと行政機関が主導するトップダウンで個別に行われてきた（表5·8·1）．工藤（2003）が指摘したように，こうした二つのフォースが別々に動いているのは効率的ではない．再生事業には，市民と行政が協働するためのネットワーク「東京湾・流域再生ネットワーク」が必要である．現在，多くの市民が主としてNPOを組織し，活動している（林コラム，204ページ）．こうした市民がネットワークへの参画で期待される分野としては，例えばモニタリングの充実がある．NPOの中には，現場でモニタリング活動を行っているグループもあるが，現時点では調査データの科学的精度が不十分な場合も多い．こうした市民の自主的調査の科学的質の向上によって，例えば，非定常時

5.8 市民・行政・科学者による『東京湾・流域再生ネットワーク』

表 5・8・1 環境再生事業へのアプローチ
工藤(2003)を参考にして改変.

官庁,地方自治体	トップダウンで実施
	意志決定が遅い
	金額・規模が大きい
	波及効果は良い意味でも悪い意味でも広域的
	画一的になりやすい
	現場の現実とかけ離れた意志決定がなされる場合も多い
	支配的でハード偏重の傾向がある
	見直しが利かないか,遅い
市民	ボトムアップで実施
	意志決定が早い
	金額も規模も限られている,高い目標を掲げると資金不足に陥りやすい
	波及効果は局所的
	局所的なぶん,多様な対応が可能
	現場と常に向かい合っている
	連携を重視し,ソフトな対応が可能
	悪い点をすぐ見直せる
	市民の取り組みに地域性がある
	専門家が不足しがち

の観測に臨機応変に対応し,見落としている現象を拾い上げ,再生事業にフィードバックしていくという利点がある.そこで,行政は基本的な観測機器を貸し出し,科学者サイドはデータの取得方法や,データの補正や解析に関して講習会等を行う.また,取得したデータは一元的に管理し,随時閲覧できるようにする.結果が公表されることで,観測する市民活動のモチベーションが高まることも期待できる.

ネットワークによる情報の共有にはまず市民が広く参加できる仕組み作りがいる.再生事業の方法の例としては多くの提案を出し合い,これを住民投票のようにして,いくつかの案に絞る(図5・8・1).この際,投票にかかわる提案は,あらかじめ科学者グループが助言する.最終的に軸となる案に集約するが,その際にもほかの案の良い部分を取り込むように工夫する.再生事業についての自治体での説明会やインターネットを活用した広報を行い,質問やコメントを受け付ける機会を増やす.第一案を主張する

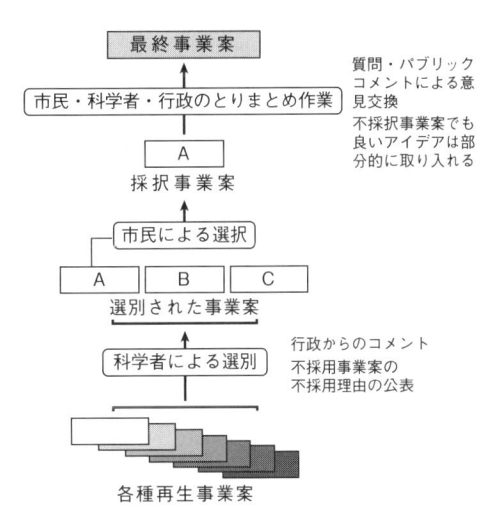

図 5・8・1 環境再生を事業として行う際の事業選定フローの模式図

市民が中心となって,科学者および行政と,事業の進め方や市民の役割などを話し合う.このとき,議事内容を公開することで,合意の形成をより強固にしつつ事業を行う.ただし,こうした仕組みを動かすにしても,現状では市民が

第5章 東京湾を再生するために

参加するプラットホーム自体がなく，今後どのような参加手法が適正なのかや，連携するための方法論に関しては経験も研究も乏しく，また，科学者が専門家として参加する際の位置づけも不明確であることから，こうした制度整備が課題である．

市民・行政・科学者が密接に連携をとり，東京湾の再生にかかわる大小様々な規模のアイデアを出し合い，事業として選定し実施すること，例えば地方債発行による運河の浄化や埋立地を海に戻すに当たりマンションや民家の代替え地への立ち退き等には意思の疎通が欠かせない．市民・行政・科学者の三者が手を組むときに，行政が省庁横断的に施策を論議し，連携を重視して対応することが求められる．市民においても，例えばNPOでは，同じ環境保全活動を行っていても，海，川，山というようにフィールドは異なり，東京湾の流域を意識した横断的枠組みを念頭においた活動への意識変革も必要である．

5.9 総合科学としての取り組み『中核的研究機関』

市民・行政・科学者間のネットワークの構想とその中心で統括的役割を果たす東京湾を専門に研究する中核的研究機関の設立は，東京湾再生の主幹をなす．「東京湾再生のための東京湾・流域の統合的管理」（第6章に詳細）を目的に，本委員会が1998年の第2回東京湾海洋環境シンポジウムで提言して以来の懸案事項である（小倉ほか，1999；野村，2002）．この機関は国の省庁，地方自治体，水産研究機関，大学等で個別に行われている東京湾流域，都市環境研究調査の中枢的機能をもつ．これにより東京湾を取りまく環境の科学的データを合理的に生産，集約，そして解析し，行政，研究，教育，市民活動にかかわる人材の育成を促進することができる．この中核的研究機関の機能のおもなものを，以下にまとめた．これらは参加する市民，民間企業，大学から自治体，国がそれぞれ得意とする分野に参画し，当事者同士が協力し合うことで成り立つものである．そして第4章の冒頭からあげてきた各種の対策を実現するための再生に特化した中核的研究機関の設立は，事業をより実効性のあるものにする（図5·9·1）．加えて，「東京湾漁業機構」や「江戸前漁師ライセンス」の拠点となる．

中核的研究機関（以後，東京湾研究所と仮称する）の役割は，これまで述べてきた再生のためのネットワークの中心でシンクタンクとしての機能をもち，そのことによって東京湾漁業機構等を総括する．加えて，①社会基盤であるモニタリング体制の軸となり，②東京湾関連のデータを蓄積するとともに，③情報発信するなかで環境教育等を実施し，さらには④東京湾の産物を活用した地域振興の拠点となる（図5·9·2）．

5.9.1 東京湾を診断する定期モニタリング研究体制の拡充

環境モニタリングは社会基盤の一つである．環境の現状を把握し，再生事業の達成度を計る．また，事業過程で生じた問題の原因究明や，作業工程の見通しをするにあたっての判断は，定期モニタリングとともに，それを補足する調査研究を組み合わせた研究体制によって適切に行われる必要がある．他大学，国の研究機関あるいは自治体研究所のもつ観測船調査網との連携は当然ながら，モニタリングやその補足調査のために浦賀水道周辺まで観測できる大きさの研究調査船を独自に保有することも不可欠である．

定期的な日常モニタリングとしては，すでに公共用水域の水質や自治体の赤潮調査・貧酸素水塊の監視，河川流量の連続的な測定などが継続中である．こうして得られたデータは，国土交通省の東京湾環境情報センターのホームページなどで公開されており，これまでも活用されてきている．ただし，第1章でみてきたよう

5.9 総合科学としての取り組み『中核的研究機関』

に，流域の人間活動の変化は，東京湾の水域環境に直接間接に作用している．陸域の変化が，直接的に影響を及ぼすのは沿岸・内湾の宿命である．陸域の人間活動による海域への環境影響を指摘した研究は海外の事例の方が多いのが実状である（Humborg *et al*., 1997；Conley, 1997；Yunev *et al*., 2007 など）．流域における土地利用などの人間活動の変化は，東京湾の再生事業に直接間接関係するために，そうしたデータの収集も不可欠である．

データを集積し，研究を実行するためには人材と場所と経費が必要であり，モニタリング研究には費用がかかる．大学では多くの場合，研究費を工面して継続しているのが実状だが，水産系ではこれまでモニタリングを担ってきた実習船自体が削減の対象となっており，これが負の要因となっている．地方自治体においても，資金不足からモニタリングの人員が削減されたり，魚類調査を中止した例もある．生態系やそれにかかわる環境を監視するモニタリング事業は，気象や潮位観測にみられるように社会の基盤であり，公的事業として扱う性格のものである．国土保全にかかわる部分での公的資金投入を減らすことは適切とはいえない．

さらにモニタリングには東京湾を研究する科

図 5・9・1　東京湾を再生するために，東京湾流域の統合的管理の実施を目的としたネットワークとそれらを統括する中核的研究機関（仮称：東京湾研究所）

図 5・9・2　東京湾研究所（仮称）の機能的概要

学者の数を増やす必要がある．また，科学者の役割として，市民や行政に対する事業提案へのコメントと情報の提供，事後評価を行うということがある．そうしたことを実行するためには，研究分野の多様性や人材の確保が必要である．佐藤（2007）が指摘しているように，優れた研究開発を行うには，研究者の密度より，総数が多いことの方が重要である．2006 年調べでは，日本の研究者 67.7 万人に対し，中国は 92.6 万人である．将来中国の研究分野でのプレゼンスは高くならざるをえない．科学者数の増員，研究費・施設・技術系職員の増加は，今後，環境立国をめざす日本がこの分野で世界のイニシアティブを取っていくことにつながる．日本の将来を考えれば，科学者の増員や研究環境の整備は不可欠である．

東京湾研究所は共同研究を総合的に指導し，東京湾の水域環境を良好に保つための技術開発を進める．例えば，東京湾ではアオサが大量に繁茂し，打ち上げられる．アオサは栄養度の高い水質を好むため，現在の東京湾では大量繁茂は避けられない．アオサは直接利用する生物が少ないことから，行楽客や漁業者にとって厄介な存在となっている．そこで，三菱総合研究所ほかがアオサ類を用いた予備実験でバイオエタノールの原料化の目処がついたことが報じられた（朝日新聞，2008 年 2 月 27 日）．こうした新しい技術の開発試験の受け皿として，トータルでの資源化システムを NPO や企業とともに展開することで，新しい環境技術のインキュベーター的役割が期待できる．

現在のモニタリングについても，過去のデータの継続性を担保しながら，新たな技術の導入が必要である．例えば，東京湾の底層の貧酸素化は大きな環境問題である．近年では，漁業者向けに貧酸素速報を自治体がホームページで公開している．公表されているデータの取得水深は，最深で海底上 1 m 程度である．これは観測にかかる時間と観測機器のセンサーの強度や精度などに依存する．しかし，有機物の堆積した海底では，底質と水の境界は 1 mm 以内といったごく薄い厚さで酸素濃度が低下している（Jørgensen & Revsbech, 1985）．海底上 1 m 以内の貧酸素化こそが，本当の意味で海底の生物の脅威となっているはずであるが，それが計測されていないのが現状である．そうしたモニタリング上の難点を補う研究の充実が，東京湾の環境診断には欠くことができない．

A．定期モニタリングの補足研究が必要

非定常時の調査，例えば台風の前後で陸域からどのような負荷が湾の環境に及ぶのかに関しては，あまり調査されていない．にもかかわらず，陸域からの物質負荷削減目標の根拠となる収支モデルの計算では定常状態のデータを用いることが多い．また，化学物質の分布や挙動・生物濃縮などを大規模に調べた例はない．こうした，非定常時の東京湾や，モニタリングに不足している研究テーマを洗い出すことも大切である．5～6 年程度の期間，東京湾の生物・物理・化学・地学の広い分野において課題検証型の集中調査を行う必要がある．

B．モニタリング資料と試料の管理

東京湾に関する資料は環境の履歴を知るのに極めて重要である．書籍や論文は図書館に所蔵されているが，旧・運輸省のアセスメント報告書などの膨大な量が存在する．東邦大学理学部東京湾生態系研究センターでは東京湾の生物や沿岸開発等の資料を収集し，閲覧のサービスを行っているが，これらが散逸しないように組織を越えて一元的に収集・保管する場が必要である．もう一つの問題は，モニタリングで得られる標本や大量のサンプル収蔵・管理である．これらの貴重なサンプルは，温度管理のできる収蔵庫も必要不可欠である．環境保全のためのモニタリングや環境再生にかかわる人的財政的費用に関しては，環境省並びに文部科学省等行政からの援助が強く望まれる．

5.9.2 東京湾のデータバンク

東京湾とその流域のことがよくわかるデータベースの強化と情報提供システムを整備することで，市民がデータにアクセスしやすくする．先述したように，過去に東京湾で測定されて，そのままになっているアセスメントデータなどを発掘し，データベースにしていくことが，これまでの開発実態を知るためには必要である．また単なるデータベースでは市民にはその活用が難しく，データから多くの情報が理解できるように利用者の立場に立った解析と加工も求められる．さらに，GISを用いた情報プラットフォームの活用は（佐土原，2010），データの時空間変動を可視化することによって，再生の研究ばかりでなく，合意形成や対策に効果を発揮すると期待される．

データを取得・解析することで，東京湾研究所はシンクタンク機能を備えることができるようになる．そうなれば，その機能を使って，環境再生に向けた対策や政策に対して提言することができるうえ，提言に関してもネットワークの中でコメントを収集し，より良いものにすることができるとみこまれる．

市民がデータに親しめるようにするために，データの精度検定やデータの単位の統一といった作業を行うこと，また，データの見方や扱い方を講習する市民講座を設けることも，知識の底上げやデータの正しい解釈には大切なことである．このほかにも，機関では先述したように，市民が自らデータ取得できるように，データの正しい取得方法やキャリブレーションなどを講習したり，モニタリングデータの充実のためには観測機器を貸し出すことも考えられる．

A. 東京湾に関心を高める情報の発信

環境再生は公共事業であり，税金投入する以上は市民の理解や世論の高まりなしには行えない．流域の上流に住む市民にとって東京湾は縁遠い世界のことである．したがって，そうした陸域の市民にも東京湾への理解を深め，東京湾の水域環境再生への気運を高めるために，以下のようなアクションが考えられる．

①専用のホームページを作り，市民が情報を集めやすくする，②情報を集めやすいようにリンク集を作り，ホームページに掲示する，③シンポジウムを頻繁に行う，④これらの情報は定期刊行物を通して学術的資料として蓄積するなどである．ネットワーク環境が整っている大学等であれば，ホームページの維持費は大きな負担にはならず稼働可能であろうが，それをできる人の数は限られている．こうした場面では，むしろデザインや使い勝手に関する知恵は民間の方が優れていることも多いので，市民・NPO等との協力体制で実施する方がよりよいものになろう．また，情報の出口として，マスメディアの果たす役割も大きい．

東京湾の水域環境問題の関心を高めるために，研究者が出張形式でシンポジウムを行い，普及啓発するには，人的な余裕も必要であり，そのための研究者の雇用ポストの確保と活動のための会場費等にかかる資金が必要である．流域の保全と東京湾の水域環境の関係を，国内外の海域の実例を示して説明できる専門家はそれほど多くはない．こうした活動を大学での業務をこなしつつ行うのは，かなりの負担である．研究者のポストが削減されている現状では，こうした活動を持続的に行うのは現時点においては難しい．

情報発信に取り組む主軸は科学者が担うことになろうが，その際に大切なことは，東京湾の環境再生がいかに多くの人々に結びついているのかを知らせることである．私たちにとって東京湾を再生することが，国土を保全し，未来の世代に環境的不利益を与えないことである．これは自らの環境を取り戻す活動そのものが新たな文化となる持続可能な社会構築のため私たちがライフスタイルや考え方を見直さなければならないことに気づくきっかけとなる．

科学技術は環境問題を解決するかに見えるが，実際にはそう簡単ではない．科学により環境の現状と原因が解明されても，それを解決する科学技術が実用化されるには，時間がかかり，解決しなければならない問題はその都度現れる．科学技術は意図せざる問題を生み出す場合もあり，必ずしも万能ではない．そのようななかで，うまく活用されている技術が情報通信技術（ICT）である．情報技術を社会基盤として今以上に充実させることは，流域内外のネットワークなどに成果が期待される．例えば，データベースなどの基本的な情報の可視化技術は，コミュニティー間の情報交換などの様々な場面で重要な役割を果たすことが期待される（佐土原，2010）．さらに，自然災害の被害を最小限にとどめるために役に立つ低コストな公共投資といえる．また，さらなる展開が期待される科学技術分野として，環境に負荷をかけない技術の開発がある．この分野は太陽光，バイオマスや風力，温度差，潮力発電や関連するマイクログリッド，水の浄化や食料生産などでの活用というように多岐にわたる．環境に負荷をかけず，廃棄物を出さない，あるいは廃棄物を資源化する技術研究への投資が金融商品化すれば，新しい技術の導入はより効率的である．こうした新しい情報プラットフォームの活用を積極的に促すような役割を担うことも行う．

B．人工干潟を併設した環境教育と啓蒙活動の拠点

「環境学習」に関して，流域全体の土地利用や地域の産業構造まで含めた流域環境の総合的環境学習をめざし，国や自治体のもつ各所の博物館，水族館，郷土資料館などと連携を図り，ご当地環境学習ツアーを組むなどの普及啓発活動を企画して，社会全体として環境に関する要請に応える．機関自体に人工干潟の実験施設を併設して勉強会を行ったり，モニタリング等で蓄えた標本やサンプル等を保管する博物館としての機能をもたせる．

中核的機関の設立で東京湾への関心を高めるための「情報発信」に関して，前述のホームページでの情報発信や機関のデータバンクを利用した情報の提供が可能になる．また，機関内外の科学者のネットワークを利用して，機関の知的人材バンクに登録してもらい，講習会やNPO活動への参加を依頼することもできよう．さらに，これまで行ってきた東京湾海洋環境シンポジウムのような，一般向けの東京湾の勉強会を開催する．

「人材育成」に関して，機関のネットワーク機能を活用して，大学や国，自治体の科学者間の連携体制を整え，東京湾研究教育のための大学連携講座を設立し，次世代を担う環境の専門家を育成する．環境問題に取り組む分野横断的な教育プログラムを提案する．提案の教育プログラムの中には，単位互換性による大学院共同教育プログラムの運営も含まれる．

現段階では科学を担う人材の育成は課題山積の状態である．現象を細かく分解して体系化し，原理を明らかにする科学にとって，環境のような複雑な対象は極めて不得意な相手である．したがって，原理的理解に時間のかかる基礎研究分野はより一層の充実を図り，その基礎研究を学際分野で活用することが必要である．実際，本委員会の提案した東京湾漁業機構における第三者機関を実際に運営する場合，そこに当たる人材は水産資源だけでなく，水産に関する流通や法律などの広範な知識が求められる．しかし，実際にはこのような学際的な教育を受けたものもほとんどいない．

そのようななかで，いくつかの大学で学際的な海洋環境問題に対処する人材育成コースが設置されている．東京大学の機構の一つである海洋アライアンスがある．学内の海洋に関連する200名以上のメンバーが，一つの組織の中で，法学政治学から海洋学，海洋資源などの幅広い分野の知識を取得できる横型の教育プログラムを実施している．海洋基本法第28条2には，

国が大学等における学際的な教育および研究が推進されるよう必要な措置を講ずるように努めるとされており，今後何らかの支援がなされるものと期待されるであろう．東京湾再生には，水循環，物質循環，生物多様性，外部経済といった，市民になじみのない事柄が大切になる．そこでこれらの言葉を説明する科学プロパーやメディエーター，サイエンスライターが重要な役割を果たすようになるであろう．そうした学際的な知識のある人材を育成するのは，大学の役割として，ますます重要となり，大学連携による「東京湾アライアンス」も必要となろう．

5.9.3 東京湾環境・産業・文化インフォメーションセンター

機構には環境再生とともに農水産業等を含めた地方振興の場として活用するために，流域の農林業と東京湾の漁業を振興し，物産を販売するとともに，東京湾とその流域における産業の実際に深い理解を得られるようにセンターを併設する．

A. 観光と産業

東京湾は，豊かな海産物に支えられた食文化をもたらした．アナゴ，スズキやシャコなどは今でも，江戸前の高級食材である．築地の魚市場は，江戸前の食材の供給基地としての歴史があり，食品流通のみならず観光的関心も高い．江戸前，あるいは東京湾との関係づけは，東京湾の現状の環境から来るネガティブなイメージとは逆に，食品に付加価値を与えている．これは江戸前の水産資源がもたらした歴史的価値観に支えられたものであろう．このことは東京湾産食材にいまだに高い社会的需要があることを示している．東京湾漁業の回復はこれらの食材供給の増加であり，生態系サービスの供給機能の評価にもつながる．したがって社会として東京湾の水産物の流通を盛んにすることは，必然的に東京湾の社会的イメージの向上と，環境再生を求める社会的支持の拡大として，東京湾再生策の中でも重要な課題と位置づける必要がある．

現在の東京湾産で一般的に流通しているのは，アサリやバカガイ（アオヤギ）などの二枚貝類である．近年ではこれらは不漁が続き，湾奥部では外来種の二枚貝ホンビノスガイが主役になりつつある（図5·9·3）．この貝は原産地の北米ではクラムチャウダーとして有名な食材であるが，わが国では大型なゆえにおもにバーベキュー等に用いられている．一方，本来の江戸前はやはり在来の水産種で，市場的にはアサリやアオヤギへの期待が高い．アサリはみそ汁を代表とし，酒蒸し，深川丼，そして佃煮に用いられる．一方アオヤギは生食が中心で，寿司ネタとしても格が高い．このように，本来の江戸前資源はその料理法も多彩で，文化的要素を含みその資源的価値は圧倒的に在来種の方が優れている．東京湾水産資源の回復は基本的に在来種を対象に考えるべきである．

また本来の江戸前寿司に見られるように，東京湾では多様な水産種が寿司ネタとして利用されていた．タコ，イカ，カレイ，スズキ，シラウオ，コハダ（コノシロの当年魚），サヨリ，アジ，アカガイ，ミルガイ，トリガイ，ハマグリ，エビ（シバエビやクルマエビ），シャコ，アナゴなどの内湾性の水産資源のほか，海洋から回遊してくるタイ，マグロ，カツオ，シマアジ，サバ，イワシなどもネタとしていた．近年では，これらのうち東京湾で安定的に供給されているのは，スズキとアナゴくらいであり，他の多くは東京湾以外さらには諸外国からの輸入に頼っている．本来寿司は江戸前の郷土料理である．地魚により作られる本格的な寿司の復活も東京湾再生の目標となろう．

また，江戸前の食材に対する社会的評価を高めるための流通あるいは消費者側での環境づくりも必要である．現在東京築地にあり移転問題が起きている築地水産市場はわが国最大の水産物の流通基地であり，その立地から江戸前の魚

図5·9·3 スーパー食料品売り場で千葉県産として販売されている外来種ホンビノスガイ

河岸を連想させ,江戸前水産業の伝統を連想させる施設である.マグロの競りに多くの外国観光客の見学があるように,取引システムにも国際的関心が高いが,このなかで,純江戸前つまり東京湾産にこだわった取引システムがあれば,国内外を問わず東京湾水産の関心を高めるための拠点となるであろう.その意味では,築地市場の存在地は,近代的ダウンタウンである銀座を背景にもつ河岸の地"築地"にあることが適切であろう.

B. エコツーリズム,環境学習

東京湾の環境や歴史を紹介するエコツーリズムの場としての東京湾の魅力もある.潮干狩りは干潟の生物を探し出す行為であり,基本的に生物観察の要素をもっている.現代では失われてしまったが,多くの人は子どものころセミ取りやザリガニ採集,魚釣りなどに夢中になった経験をもっている.目的とする生物を採集するには,当然のことながら無意識のうちに生物の分布や行動特性,餌の好みなどの生態分析を行っている.同時に,その生物の生息環境のなかで自分が効率よく安全に行動するための周辺状況の把握も行っている.つまり生物の採集活動は,生物や環境を認知し,分析し,結果を予想する科学的思考発達の原点となっている.干潟は様々な生物と安全に出会える場所であり,このような体験型の学習の場として利用できる.

今でも様々な市民団体や行政,教育機関が干潟を使った環境教育を行っている.これらの活動をより効果的かつ魅力的なものに発展させ,東京湾のもつ生態系サービスの引き出しを図る必要がある.

環境教育には,目的教育と育成教育がある.目的教育は生息する生物の名前を覚えたり,生態系特性や環境問題等の既存知識への理解を誘導する行為である.それに対し,育成教育はいわゆる環境学習と呼ばれるように,教育を受ける人の様々な能力向上を支援する行為である.ともに東京湾の環境再生に向けて必要な行為であるが,基本的には目的教育は育成教育の一部としてとらえ,環境教育は,東京湾を知りその生物や自然と触れ合うことで豊かな感性をもつ人材を育てる視点で行われるべきであろう.

その環境教育プログラムはまだまだ未開発である.自然や生物の研究者,心理学者ならびに教育専門家などの専門分野と環境インタープリテーションを専門とする分野との共同による環境教育プログラムを開発し,その実践をエコツーリズムとして沿岸市民はもちろん,広く日本国内,さらには諸外国の人たちにも魅力あるプログラムを運営することは,東京湾の環境サービスを活用した新たな産業としても発展させる必要があろう.

5.9.4 国際社会への発信

東京湾の再生は人間活動により失われた生態系サービスを取り戻すための,社会的事業である.このような事業はこれからの地球環境のなかで,海だけではなくあらゆる場所で必要とされよう.東京湾の現状に関する情報,その再生の成果(失敗も成功も)を世界的に発信することは,わが国の自然と環境に対する取り組みを紹介する機会でもある.

JICA((独)国際協力機構)では,発展途上国の人々を国内に招待し「沿岸漁業管理集団研修」としてわが国の沿岸環境と水産事業に関する研修事業を展開している.その中で「東京湾の環境と水産,環境教育」についての講義と干

潟や漁業活動見学がある．参加者は東京湾で漁業が成立していることに驚き，またその有機汚濁という環境問題は国を越えて広く存在する問題であり，参加者は自国の問題として関心を示す．このような東京湾を使った情報の発信と人材育成は，東京湾が生み出す新たな価値と考える必要がある．

林（コラム，204 ページ）で紹介されている「東京湾の環境をよくするために行動する会」の設立のための会議で，当時の指導的立場にある行政の方が『東京湾の再生の成果が「世界文化遺産」として認められるように活動しよう』と発言された．これを単なる夢でなく，実現可能な目標として設定すべきである．　　　（野村英明）

参考文献

新舩智子・石井保治・萩原弘次・小倉紀雄（1991）：木炭による水質浄化実験とその評価．用水と廃水，33（12）：993-1001．

バスキン，イボンヌ（2001）：「生物多様性の意味 自然は生命をどう支えているのか」．ダイアモンド社，300pp．

千葉県土木部・千葉県企業庁（1998）：環境の補足調査によって把握した「市川二期地区・京葉港二期地区計画に係る環境の現況について」（要約版）．千葉県土木部・千葉県企業庁，千葉県，336pp．

Conley, D. J. (1997): Riverine contribution of biogenic silica to the oceanic silica budget. *Limnology and Oceanography*, 42: 774-777.

Costanza, R., R. d'Arge, R. deGroot, S. Farber, M. Grasso, B. Hannon, K. Limburg, S. Naeem, R. V. O'Neill, J. Paraelo, R. G. Raskin, P. Sutton and M. van der Belt (1997): The value of the world's ecosystem services and natural capital. *Nature*, 387: 253-260.

ダイアモンド，ジャレッド（2005）：「文明崩壊（上）」．草思社，437pp．

Duarte, C. M. and C. L. Chiscano (1999): Seagrass biomass and production: a reassessment. *Aquatic Botany*, 65: 159-174.

Dybas, C. L. (2005): Dead zones spreading in world oceans. *BioScience*, 55: 552-557.

Emanuel, K (2005): Increasing destructiveness of tropical cyclones over the past 30 years. *Nature*, 436: 686-688.

藤原正弘（1987）：生活排水と水質保全．用水と廃水，29：5-10．

古川恵太（2003）：港湾事業における環境修復への取り組み．月刊海洋，35：502-507．

袴田共之（2006）：農業の多面的機能に見る自然と人間．「自然保護の新しい考え方：生物多様性を知る・守る」，浅見輝男（編著），古今書院，114-125．

浜本幸生・田中克哲（1997）：「マリン・レジャーと漁業権」．漁協経営センター出版部，165pp．

Helfield, J. M. and R. J. Naiman (2001): Effect of salmon-derived nitrogen on riparian forest growth and implications for stream productivity. *Ecology*, 80: 2403-2409.

Henschel, J. R., D. Mahsverg and H. Stumpf (2001): Allochthonous aquatic insects increase predation and decrease herbivory in river shore food webs. *Oikos*, 93: 429-438.

久志冨士男（2009）：「ニホンミツバチが日本の農業を救う」．高文研，189pp．

Humborg, C., V. Ittekkott, A. Cociasu and B. v. Bodungen (1997): Effect of Danube River dam on Black Sea biogeochemistry and ecosystem structure. *Nature*, 386: 385-388.

市川市・東邦大学東京湾生態系研究センター（2007）：「干潟ウォッチングフィールドガイド」．誠文堂新光社，144 pp．

今泉みね子（2003）：「ここが違う，ドイツの環境政策」．白水社，200pp．

稲森悠平・高井智丈・西村 修・水落元之（1998）：生物膜法による新しい生活排水処理技術．「沿岸の環境圏」，平野敏行（監修），フジテクノシステムズ，1036-1046．

石井光廣・加藤正人（2005）：東京湾の貧酸素水塊分布と底びき網漁船によるスズキ漁獲位置の関係．千葉県水産研究センター研究報告，第 4 号，7-15．

磯部 等・関本 均（1999）：栃木県における豚用飼料，豚ぷんおよび豚ぷん堆肥の重金属含量の実態．日本土壌肥料学雑誌，70：39-44．

Iwata, T., S. Nakano and M. Murakami (2003): Stream meanders increase insectivorous bird abundance in riparian deciduous forests. *Ecography*, 26: 325-337.

伊東和憲（2001）：ゴミ問題と埋立．月刊海洋，33：876-881．

Jørgensen, B. B. and N. P. Revsbech (1985): Diffusive boundary layers and the oxygen uptake of sediments and detritus. *Limnology and Oceanography*, 30: 111-122.

上條典夫（2009）：「ソーシャル消費の時代」．講談社，318pp．

加藤文江（1988）：浅川周辺住民の手づくりの河川浄化－木炭による浄化の実験から．水質汚濁研究，11：24-26．

川島博之（2009）：「「食糧危機」をあおってはいけない」．文藝春秋，237pp．

木下順子（2007）：食料輸入と窒素収支，硝酸態窒素蓄積の現況と将来．「食べ方で地球が変わる－フードマイレージと食・農・環境－」，山下惣一・鈴木宣弘・中田哲也（編），創森社，52-61．

鬼頭秀一（1996）：「自然保護を問いなおす」．筑摩書房，254pp．

小林良則（1993）：東京湾における低酸素水域の分布と小型底引き網の漁獲量の関係．神奈川県水産試験場研究報告，第 14 号，27-39．

越澤 明（2001）：「東京都市計画物語」．筑摩書房，389pp．

河野 博（監修）・東京海洋大学魚類学研究室（編）（2006）：「東京湾：魚の自然史」．平凡社，253pp．

工藤孝浩（2003）：ボトムアップ型の環境回復とその課題－市民・漁業者の視点から－．月刊海洋，35，488-494．

熊澤喜久雄（1999）：地下の硝酸態窒素汚染の現況．日本土壌

肥料学雑誌, 70: 207-213.
Likens, G. E., F. H. Bormann, N. M. Johnson, D. W. Fisher and R. S. Pierce (1970): The effect of forest cutting and herbicide treatment on nutrient budgets in the Hubbard Brook watershed-ecosystem. *Ecological Monographs*, 40: 23-47.
Maki, H., H. Sekiguchi, T. Hiwatari, H. Koshikawa, K. Kohata, M. Yamazaki, T. Kawai, H. Ando and M. Watanabe (2007): Influences of storm water and combined sewage overflow on Tokyo Bay. *Environmental Forensics*, 8: 173-180.
増本隆夫・高木強治・吉田修一郎・足立一日出 (1997): 中山間水田の耕作放棄が流出に与える影響とその評価. 農業土木学会論文集, 65: 389-398.
桝本輝樹 (2002): 東京湾最奥部江戸川放水路干潟のマクロベントス群集と群集に与える青潮ならびに淡水放流の影響. 東邦大学大学院理学研究科修士論文, 35pp.
松川康夫・張 成年・片山知史・神尾光一郎 (2008): 我が国のアサリ漁獲量激減の要因について. *Nippon Suisan Gakkaishi*, 74: 137-143.
Millennium Ecosystem Assessment (編) (2007):「国連ミレニアムエコシステム評価 生態系サービスと人類の将来」. オーム社, 241pp. http://www.maweb.org/en/Index.aspx
守山 弘 (1997):「むらの自然をいかす」. 岩波書店, 128pp.
村上哲生・西條八束・奥田節夫 (2000):「河口堰」. 講談社, 188pp.
内閣府大臣官房政府広報室: 森林と生活に関する世論調査 (世論調査報告書平成19年5月調査). http://www8.cao.go.jp/survey/h19/h19-sinrin/
永井達樹 (1996): 維持したい環境.「瀬戸内海の生物資源と環境－その将来のために」, 岡市友利・小森星児・中西 弘 (編), 恒星社厚生閣, 100-107.
永田 俊・宮島利宏 (編) (2008):「流域環境評価と安定同位体」. 京都大学学術出版会, 476pp.
中田英昭・岩槻幸雄 (1991): 物質輸送過程との関連でみたスズキの再生産. 月刊海洋, 23: 199-203.
二平 章 (2006): 利根川および霞ヶ浦におけるウナギ漁獲量の変動. 茨城内水試研報, 40: 55-68.
日本海洋学会 (1999):「明日の沿岸環境を築く」. 日本海洋学会 (編), 恒星社厚生閣, 206pp.
(財) 日本ダム協会: ダム辞典 http://wwwsoc.nii.ac.jp/jdf/Dambinran/binran/Jiten/JitenIndex.html
日経エコロジー (編) (2009):「世界に乗り遅れないための生物多様性読本」. 日経BP社, 159pp.
西尾道徳 (2002): 日本における化学肥料消費の動向と問題点. 日本土壌肥料学雑誌, 73: 219-225.
西尾道徳 (2005):「農業と環境汚染－日本と世界の土壌環境政策と技術－」. 農山漁村文化協会, 438pp.
西尾道徳・守山 弘・松本重男 (2003):「環境と農業」. 農山漁村文化協会, 190pp.
野村英明 (2002): 東京湾の生態系と総合的沿岸域管理. 水環境学会誌, 25, 585-589.
小倉紀雄・野村英明・風呂田利夫 (1999): 東京湾海洋環境シンポジウム「貧酸素水塊」－その形成過程・挙動・影響そして対策－. 月刊海洋, 31: 461-469.
呉 鍾敏・上田真吾・小倉紀雄 (1992): 自然浄化機能としての野川における脱窒過程の役割. 水環境学会誌, 15(12): 909-917.
小原 洋・中井 信 (2004): 農耕地土壌の可給態リン酸の全国的変動－農耕地土壌の特性変動 (II). 日本土壌肥料科学雑誌, 75: 59-67.
大泉一貫 (2009):「日本の農業は成長産業に変えられる」. 洋泉社, 222pp.
Oouchi, K., J. Yoshimura, H. Yoshimura, R. Mizuta, S. Kusunoki and A. Noda (2006): Tropical cyclone climatology in a global-warming climate as simulated in a 20 km-mesh global atmospheric model: frequency and wind intensity analyses. *Journal of the Meteorological Society of Japan*, 84: 259-276.
尾崎保夫 (1998): 植物及び微生物の浄化機能を利用した生活排水浄化システム－農村および漁村型への適応を考える.「沿岸の環境圏」, 平野敏行 (監修), フジテクノシステムズ, 1047-1053.
リバーフロント整備センター (1996):「多自然型川づくりの取組みとポイント」. 山海堂, 230pp.
佐土原 聡 (2010):「時空間情報プラットフォーム－環境情報の可視化と協働」. 東京大学出版会, 294pp.
Sakata, M., K. Marumoto, M. Narukawa and K. Asakura (2006): Mass balance and sources of Mercury in Tokyo Bay. *Journal of Oceanography*, 62: 767-775.
佐藤 拓 (2007):「1万円の世界地図－図解日本の格差, 世界の格差」. 祥伝社, 260pp.
清野聡子・宮武晃司・芹沢真澄・古池 鋼 (2003): 江戸川河口デルタの人為改変と波・流れ環境の変化の数値的復元. 海岸工学論文集, 50: 1186-1190.
関 智文 (2001): 東京湾の埋立地と市民生活環境保全上の法的問題点－特に埋立地のパブリックアクセス阻害に関して－. 月刊海洋, 33: 871-875.
嶋津暉之 (1999):「水問題原論－増補版－」. 北斗出版, 292pp.
Stockner, J. G., E. Rydin and P. Hyenstrand (2000): Cultural oligotrophication: causes and consequences for fisheries resources. *Fisheries*, 25: 7-14.
東京電力ホームページ: http://www.tepco.co.jp/
東京湾海洋環境シンポジウム実行委員会 (2003): パネル討論, 東京湾の環境回復の目標. 月刊海洋, 35: 516-523.
東京湾環境情報センター: http://www.tbeic.go.jp/index.asp
利根川河口堰管理所: http://www.water.go.jp/kanto/tonekako/index.html
鶴田哲也・多田 翼・小寺信義・赤川 泉・井口恵一朗 (2009): 千曲川流域の水田における底生動物の群集構造に及ぼす捕食者と除草剤の影響. 陸水学雑誌, 70: 1-22.
宇田高明 (2005): 漁港・港湾・河川の基準における浚渫の取り扱いと海岸浸食. 海洋開発論文集, 21: 463-468.
浮田正夫 (1996): 流入負荷を削減させるためには.「瀬戸内海の生物資源と環境」, 岡市友利・小森星児・中西 弘 (編), 恒星社厚生閣, 144-158.
宇野木早苗・山本民次・清野聡子 (2008):「川と海」. 築地書館, 297pp.
若林敬子 (2000):「東京湾の環境問題史」. 有斐閣, 408pp.
鷲谷いづみ (編) (2008):「消える日本の自然, 写真が語る108スポットの現状」. 恒星社厚生閣, 269pp.
Webster, P. J., G. J. Holland, J. A. Curry and H-R. Chang (2005): Changes in tropical cyclone number, duration,

and intensity in a warming environment. *Science*, 309: 1844-1846.

ウイルソン, エドワード (1995):「生命の多様性 I」. 岩波書店, 327pp.

Worm, B., E. B. Barbier, N. Beaumont, J. Emmett Duffy, C. Folke, B. S. Halpern, J. B. C. Jackson, H. K. Lotze, F. Micheli, S. R. Palumbi, E. Sala, K. A. Selkoe, J. J. Stachowicz and R. Watson (2006): Impacts of biodiversity loss on ocean ecosystem services. *Science*, 314: 787-790.

横浜市環境科学研究所 (1995): 東京湾の富栄養化に関する調査報告書. 環境研資料, 第117号 (1995年3月発行), 133pp. http://www.city.yokohama.jp/me/kankyou/mamoru/kenkyu/shiryo/pub/pub0117/ (2010年9月13日閲覧)

吉田企世子 (2007): 輸入野菜及び地場野菜の収穫後の成分変動.「食べ方で地球が変わる−フードマイレージと食・農・環境−」, 山下惣一・鈴木宣弘・中田哲也 (編), 創森社, 93-100.

吉田正人 (2007):「自然保護」. 地人書館, 151pp.

Yunev, O. A., J. Carstensen, S. Moncheva, A. Khaliulin, G. Ærtebjerg and S. Nixon (2007): Nutrient and phytoplankton trends on the western Black Sea shelf in response to cultural eutrophication and climate changes. *Estuarine, Coastal and Shelf Science*, 74: 63-76.

Zhang, Y., H. Obata and T. Gamo (2008): Silver in Tokyo Bay estuarine waters and Japanese rivers. *Journal of Oceanography*, 64: 259-265.

補論1　内湾環境再生事業としての北九州市洞海湾での事例

　官営八幡製鐵所（現新日鐵八幡製鉄所）をはじめ沿岸に重化学工業地帯の工場群を擁した洞海湾は，明治時代以降の日本のめざましい産業発展を支えた一方，湾自身は著しく形状を変えながら生態系を急速に疲弊させていったという，近年のわが国の内湾の変貌を象徴する一例といえる．1960年代には産業公害の激甚さゆえに「豊かな海　洞海湾」は魚影のほとんど認められない「死の海」と化し，「汚染日本一，二度と甦らない」と称された．しかし，1971年に環境庁の発足に伴う環境行政の本格化を待たずして，洞海湾では市民・企業・行政・大学の4者によって「美しい湾を取り戻す」という合意がなされ公害対策がとられた結果，湾は汚染の海から環境再生の海へと変貌した（図1）．現在，生態系の健全性についてはいまだ十分とはいえないものの，その取り組みと結果に関しての分析は東京湾をはじめとするわが国の内湾の環境再生を考えるうえでの先行事例となろう．

　この回復に向けた取り組みにおいて，1970年に結実した北九州市民の合意の形成が当時の環境改善に大きく寄与したことから，本稿ではその経緯と成果を検証するとともに意義を確認する．さらに，このような合意形成がなされた1970年前後と現在とを対比させることにより，今後の湾と人とのかかわりを論議したい．なお，このような経緯に至る背景として，洞海湾の水環境の変遷についても報告する．

1.　洞海湾の水環境の歴史

　洞海湾の水環境変遷の特徴を紹介するが，詳しくは参考文献の山田（1994，1995，1999，2000）の参照をお願いしたい．洞海湾がその形を成したのは今から5,000～6,000年前の縄文時代であった．その後湾の形状が急激に変化をしたのは，1901（明治34）年に洞海湾湾岸の

1960年代後半　　　　　　　　　　　　　　現在

図1　洞海湾の変化
　　　現在では水質面での改善はみられるが，海岸は人工護岸のままである．

補論1　内湾環境再生事業としての北九州市洞海湾での事例

寒村、八幡村に東洋一の官営八幡製鐵所が建設されてからである。洞海湾は、当時の4大工業地帯の1つである北九州重化学工業地帯の産業港として、約10 km²あった潟湖状の遠浅の湾の約半分が埋め立てられた（図2）。湾口から沖合部への埋立の結果、面積としては大きな変化はなく奥行き13 km、航路部水深約10 mの細長く深い湾となり、湾岸の99.5％は人工護岸となった。

A. 豊かな海 洞海湾が「死の海」へ

明治大正時代、洞海湾では豊かな海の恵みがあり「クルマエビの宝庫」と呼ばれていた。しかし昭和に入り工業活動が本格化した1928年からわずか4年後には漁獲高が半減した。福岡県水産試験場が1933年に調査を行った結果、湾の約半分がすでに無生物海底であり、漁獲高減少の原因は湾に流入する未処理の工場排水であることが報告された。

その後洞海湾の水質環境は産業の発展とともにさらに悪化が進み、1942年頃から漁獲が全くなくなったといわれている。第二次世界大戦後の数年間はわずかに魚影が戻ったものの、産業の復興とともに未処理の工場排水が再び湾に多量流入するようになると、激甚な水質汚濁が進行して漁獲は再び全くなくなり、1951〜63年にわたって湾奥部から現若戸大橋下までの漁業権が段階的に消滅した。

1966〜69年の4年間に測定された洞海湾の水質（北九州市衛生研究所、1966；経済企画庁国民生活局、1970）と1970〜71年に測定された底質（北九州市公害対策局、1972）の最悪値を表1に示す。ここで平均値ではなく最悪値を示したのは、当時はそれらの測定頻度が高かったとはいえず、測定された時の状況よりさらに悪い場合が存在した可能性もあることと、生物への影響は平均値よりもこの最悪値で強く現れるからである。結果は、水質では溶存酸素がゼロで、有害物質であるシアンやフェノールが検出されるなど、洞海湾は工場群の排水溝と化し

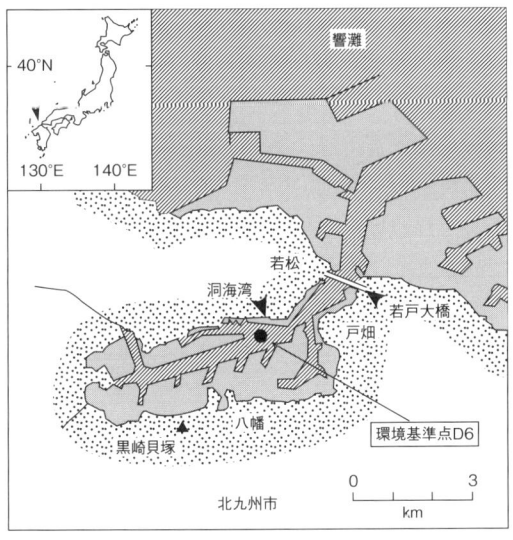

図2　洞海湾の地形の変遷と環境基準点
　　　：18世紀の海岸線
　　　：干拓および埋立域
　　　：1990年代の海域

表1　洞海湾の水質と底質の最悪値

水質（1966〜69年）

測定項目	最悪値*	環境基準値*
pH	6.3	7.0〜8.3
溶存酸素	0	2以上
COD	74.6	8以下
シアン	0.64	検出されないこと
砒素	0.15	検出されないこと
フェノール	0.35	
油分	5.4	

*：単位はpHを除きmg/L

底質（1970〜71年）

測定項目	最悪値*
シアン	327
カドミウム	603
ヒ素	670
総水銀	551
鉛	1,870
総クロム	2,730
タール	107

*：単位はタールのみmg/g乾泥、それ以外はmg/kg乾泥

水質は北九州市環境衛生研究所（1966）および経済企画庁国民生活局（1970）、底質は北九州市公害対策局（1966）から引用、抜粋。

第5章 東京湾を再生するために

ていた.また,当時ヘドロと呼ばれた底泥も,シアンやカドミウム底泥中の含有量がそれぞれ327 mg/kg 乾泥,603 mg/kg 乾泥と,当時の沿岸海域の測定値としては全国でワーストワンという著しいものであった.このように,水質と底質のどちらをみても,当時はもはや生物が生存できる環境ではなかったといえる.そのようななか,洞海湾は1970年に水質汚濁公害にかかわる指定水域に指定され,工場排水が処理され放流されるようになると,水質としてはCODが顕著に低下し(図3),73年にはすべての環境基準点においてほとんどの環境基準項目が環境基準をクリアーした.また,1974年から約35万 m^3 の汚染堆積物が浚渫された結果,90年の調査では底泥中の水銀やカドミウムなどの金属類の濃度が著しく低下した.

これに平行して,1983年にはクルマエビ漁が許可漁業として再開し,湾への生物復帰の可能性がうかがえたことから,89年から5年間にわたり植物プランクトン(山田・梶原,2004)と海藻(山田ほか,2005),底生動物(Ueda et al., 1994),付着動物(梶原・山田,1997),魚介類(山田ほか,1991),および鳥類など,生態系の主要な生物群について調査が行われた.その結果,出現生物は527種を数え,それらは食物連鎖でつながっており,さらに多くの種類が湾内で再生産していることも確認され,洞海湾の環境改善を例証した.

以上のことから,洞海湾の産業公害による水質汚濁は,20世紀初頭という早い時期からはじまり,すでに1930年頃には湾の約半分の地域で無生物海底が確認され,42年頃には湾内全域で漁業が不可能となるほど汚濁が進行し,途中第二次世界大戦後にわずかな改善がみられたものの排水対策のとられる70年まで「死の海」の状況が継続した.このように,洞海湾では激甚な水質汚濁により漁業を営めなかった期間が約50年間と極めて長いことがわかる.しかしこれとは逆に,工場排水が処理されて放流されるようになると,約3年後にはほとんどの水質環境基準をクリアーした.また,汚染底質の浚渫もあり,水質が改善されて約10年後に

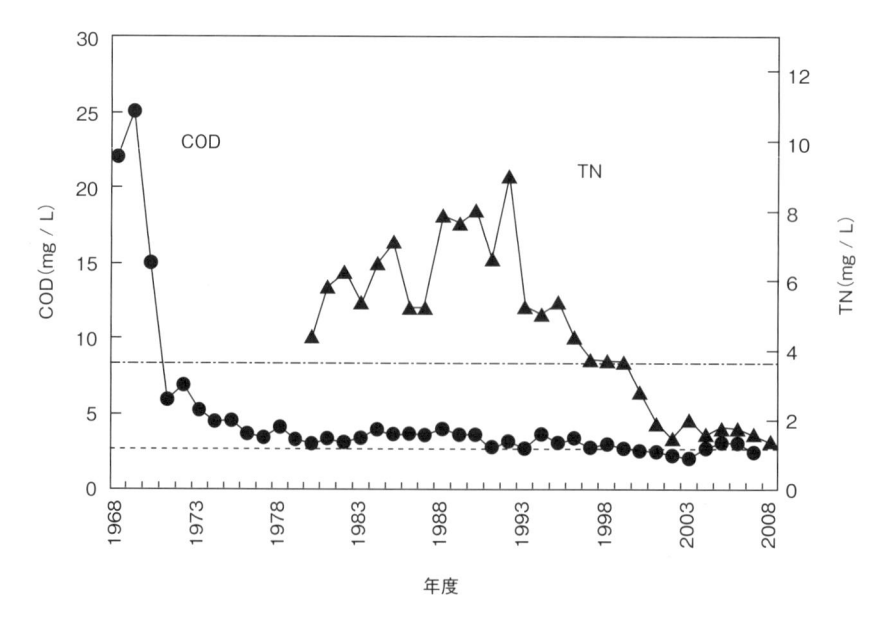

図3 洞海湾の水質の推移
COD(化学的酸素要求量)とTN(全窒素)は,洞海湾の環境基準点D6(図2)の表層の年平均値.
—・—・—:COD環境基準8mg/L (C類型),----:TN環境基準1mg/L (IV類型).

は生態系の回復が確認されるなど，改善のスピードは予想以上に速い．東京湾（高田，1993）や瀬戸内海（上，2007）などわが国の他の内湾の水質汚濁の歴史と比較すると，極限状態の汚濁の影響が早い時期から長期間にわたり生じていたことと，工場排水の処理という一つの対策さえ講じられれば水質改善は一気に進み，汚染底質の浚渫の効果もあいまって生態系も再生したということに，産業公害による洞海湾の水質汚濁の特徴を見出すことができる．これらのことから，水質汚濁の深刻さ，それからの救済手法の単純明快さ，また汚濁からの脱皮速度の速さが，洞海湾では特異的であるといえよう．

なお，1972年から91年の20年間に北九州市で公害対策に費やされた経費は約8,043億円であった．このうち水質関係は民間では約426億円，行政関係では約3,459億円が支出されそのほとんどが下水道事業として使われた．

B. 現在の環境問題

前述のように洞海湾生態系調査で生態系の回復は確認されたものの，それらの生物の復帰状況については問題が残った．すなわち，回復した洞海湾では赤潮（山田・梶原，2004）が発生するようになっていた．また，魚類，付着動物そして底生動物など湾奥部での動物群の出現量が他の季節に比較して夏季に激減しており，さらに湾奥部に一部残されていた干潟域ではムラサキイガイなど二枚貝の大量斃死が秋季に確認された．

これらの問題は富栄養化と関係すると推測されるため，1994年から約6年間にわたり流況，栄養塩，赤潮生物などの物理・化学・生物調査が実施された．その結果，湾口部では通常の沿岸海域の栄養塩濃度に低下するものの湾奥部では溶存無機態窒素が最高で2,200 μmol/L（うちアンモニア態窒素が1,590 μmol/L，1995年9月1日），リン酸態リンが最高で81.3 μmol/L（1997年11月19日）が測定された．また，

1994年8月31日に行った調査では，赤潮が水深3 m以浅層の湾内全域にわたって発生していたのに対し，溶存酸素濃度が2 mg/L以下の貧酸素水塊が水深2 m以深層の湾央部から湾奥部付近まで認められた（図4）．以上のことから，産業公害から脱却できた洞海湾は，富栄養化という新たな水質問題に直面していることが確認された．また，洞海湾の富栄養化現象の特徴として，貧酸素水塊は小潮時に形成されやすく風で解消しやすいこと（東ほか，1998），赤潮は高水温期にのみ形成され，赤潮生物は珪藻類の *Skeletonema tropicum* など *Skeletonema* 属をはじめとする特定種に限定されており（山田・梶原，2004），このような赤潮発生時期の限定や赤潮生物の特定化は湾の残差流の速度に決定されていること（柳・山田，2000；多田ほか，2007），また，洞海湾の全窒素（TN）や全リン（TP）の滞留時間は12～13日と短いこと（柳ほか，2001）なども確認された．洞海湾のもう一つの水質・底質問題である化学物質汚染については，門上ほか（1998）や陣矢ほか（2001）の報告を参照していただきたい．

そのような富栄養化への現場での修復技術として，1994年から水質や底質の修復を湾のベントス優占種に担わせ，そのベントスに蓄積されたNやPを資源として陸上に回収し，このようなシステムを管理するための数値生態系モデルの開発を組み合わせた「生態学的環境修復技術」（山田ほか，1998）の開発を試みた（山田ほか，2004）．この中で，湾の構造が生物の生息環境として著しく劣化していることも考慮し，「環境修復実証実験施設」を当時の優占種ムラサキイガイの自然付着する浮き魚礁型にした結果，そこには付着珪藻から大型魚類に至る4段階の食物連鎖の生態系が形成され，護岸に囲まれた港湾域では，構造物を海水中に設置することにより，豊かな生物群集の回復が期待されることも示唆された．

洞海湾の富栄養化対策としては，TNおよび

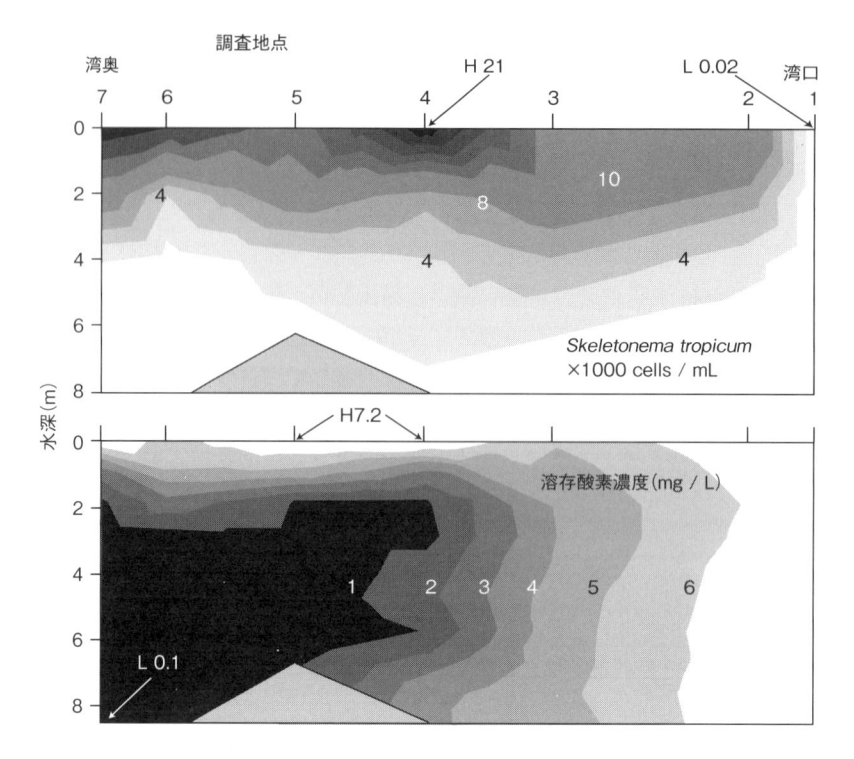

図4 洞海湾における赤潮と貧酸素水塊の発生状況（1994年8月31日）
　　植物プランクトンの優占種は珪藻類 Skeletonema tropicum で，本種の細胞の大きさから
　　密度が 4,000 cells/mL 以上の場合に赤潮と判定．

TPにかかわる環境基準（第IV類型）が1997年に洞海湾水域として設定された．環境基準点は，湾央部の環境基準点D6（図2）とこの地点より湾口側1地点ならびに湾外2地点の計4地点（表層）である．D6におけるTNの年平均値は，図3に示すように，1990年度には8 mg/Lあったものが工場排水の処理などにより2001年度からは約1/4に低下し，洞海湾水域として環境基準値1 mg/Lをクリアーした．TPも1982年には 0.23 mg/L あったものが，同様に現在では基準値を達成している．なお，TNおよびTPの低下した現在の洞海湾の生態系調査や環境修復にかかわる研究が地元の大学や行政を中心に継続されている．

2. 洞海湾と人とのかかわりの変遷

A. 人々の暮らしの中にあった洞海湾
　埋立前の洞海湾は多数の小さな島が点在し，歩いて渡れるほど遠浅の潟湖状の内湾（図2）であった．湾内に散見されたアマモ場，干潟，ヨシ原，そして湾口部付近の白砂青松は美しい風景を有していたと推定される．また史実をたどると，湾岸の貝塚からはマガキやタイ・フグ類などの遺骸が発掘され，縄文時代より人々は洞海湾から豊かな海の幸を享受していたことがわかる．洞海湾の漁業は中世からはじまったと言われ，江戸時代になって湾は2つの浦の入会の海となった．その江戸時代には乾燥ナマコが中国に輸出され，明治時代にはウナギが関西に出荷されるなど，湾の水産物は間接的にも湾岸の人々を潤していた．製塩は古墳時代から行われ，湾岸では少なくとも室町時代から明治時代へと塩浜が広がっていき，製塩業は当時の領主の大きな収入源となっていた．また，湾南岸に位置する黒崎と湾北岸の若松はそれぞれ旅人や荷物の港，穀物や石炭の積出港として栄え，洞

海湾は人々の交易の場ともなっていた．さらに交通の要衝として，当時の湾口に位置した中ノ島には16世紀以降2度にわたり城が築かれ，砲台までも設置された．このように洞海湾には，縄文より明治・大正時代に至るまで約4千年間にわたり，人々の息づかいと日常の暮らしがあった．

B. 水産資源を失った洞海湾

安全で豊かな洞海湾では，産業発展に伴う人口増加によって増大していく食料の需要を満たす漁業が営まれていた．しかし，前述のように昭和初期になると埋立・浚渫と工場排水により漁業は壊滅的な被害を受けたため，湾で漁業を営んでいた若松・戸畑の2つの漁協は県の水産試験場に原因解明の陳情を行った．しかし，たとえ原因が特定されても，未処理の排水は以前にも増して排出され続け，漁獲物はやがて皆無となり，漁業者は1951年から漁業権を放棄し，生活の場を失っていった．

C. 人々の合意形成から生まれた洞海湾の環境再生

洞海湾の深刻な水質汚濁は，このように漁業者の間では大正時代（1929年頃）という早い時期から問題となっていたが，市民の中ではほとんど問題視されることはなかった．ようやく1962年になって，新聞に「洞海湾は年間貿易額が全国で第4位と国際港ではあるが，全域が汚れきった湾となり，魚がみられぬ」（朝日新聞）と報道されるに至り，湾の水質汚濁の深刻さが市民に認知されるようになった．以降，湾奥部周辺の悪臭騒ぎ，また「洞海湾に入港した船舶に付着したフジツボが，2，3日のうちに死滅落下」等が新聞にとりあげられ，市民は湾の水質悪化に対して危機感を覚えるようになった．さらに，1968年には地域の婦人会による洞海湾の海水の生物試験も行われ，「洞海湾の水質改善」という強い要望が行政に寄せられるようになった．

北九州市も洞海湾の水質汚濁の深刻さに危機感を強め，水質調査を1966年に初めて実施し，湾はもはや海とはいえない状態になっていることを明らかにした．そこでこのような惨状を打開すべく，早期のうちに湾が工場排水の規制ができる指定水域に指定されるよう市は経済企画庁に強い陳情を行った．当時まだ環境庁は設置されておらず，経済企画庁等が環境行政を所管しており，北九州市が唯一行えたことは工場排水規制の実施を経済企画庁に陳情することのみであった．工場排水の規制を行うためには，まず経済企画庁が水質予備調査を実施し湾の汚濁状況を把握し，次いで工場排水を規制するために本調査を実施し，さらに地元で意見を公聴する水質審議会洞海湾部会が開催され，この後に湾が指定水域に指定される必要があった．これは当時の水質関係の環境法である「公共用水域の水質の保全に関する法律（以下水質保全法と記述）」で定められていたからである．その結果，表1に示したように，洞海湾の激甚な水質汚濁が数値として明らかとなり，一連の調査結果が新聞等に報道され，本湾の「死の海」というイメージが広くわが国に定着することとなった．

このような当時の経緯を調べるにあたり，新聞各社の記事を参照した結果，この1960年代後半に洞海湾の劇的な水質改善を実現させる駆動力が存在したことが確認された．すなわち，ようやく行われた予備調査の結果，1969年当初，経済企画庁が表明した見解は「洞海湾は手の施しようのない重症海域であるため，この湾については指定水域の指定は行わない．従って旧排水基準を設定するための本調査も実施しない」という北九州市民の願いと正反対のものであった．しかしこの非常事態はやがて覆され，本調査の実施と指定水域の指定がなされたのであるが，経済企画庁の見解をそのように撤回せしめたのは，市民の切実な声と北九州市と福岡県の国への熱心な働きかけであった．

さらに1年後の1970年7月に，洞海湾の水質改善という民産官三者による合意の形成を，

水質審洞海湾部会でみることになる．この部会では，当時の各社新聞に報じられているように，婦人会や漁業者は「海返せ」を訴えた．企業は，排水処理を行うという前提のもとで，「猶予期間長く」を述べている．さらに行政は，「企業進出遅れてよい．基準きびしく」と所信を表明した．まさにこの時，「きれいな水質の洞海湾を取り戻すために，工場排水には放出される前に処理が必要」という合意の形成がなされ，再生への道へ歩み出すこととなった．

このような合意の形成と水質改善を「洞海湾サクセスストーリー」と呼ぶことがある．しかし，サクセスの前には湾の著しい惨状があり，水質改善という当たり前のことがなされたのであるから，サクセスストーリーと称するのは不適切であるという評価もある．一方で，合意の形成が北九州市で初めて画期的に成されたことと，その結果があまりに見事に展開されたため，十分に評価できるという意見も存在する．ともあれ，このいわゆる「洞海湾サクセスストーリー」は一朝一夕に成し遂げられたものではなく，民産官学の役割分担とその後の行動があったから成就したもので，それらの発端，展開，そして成果を整理すると，表2のようにまとめられる．

市民は，環境再生に向けた行動の原動力を作り，推進力となった．しかし，戸畑婦人会をはじめとする市民の反公害活動は決して容易なものではなく，苦渋のなかから選択されたものであった．なぜなら，洞海湾の周辺地域は新日鐵八幡製鉄所など2，3の親企業と子企業そして孫企業の従業員とその家族による企業城下町となっていたため，洞海湾周辺の市民が公害の悪影響を指摘することは企業に勤めているその親類縁者が会社で肩身の狭い思いをすることを意味した．市民はそのような事情を抱えていたがゆえ，公害対策の必要性を控えめな態度で訴えざるをえなかった．しかし，このように控えめであっても，当時の市民の力は北九州市の行政哲学を転換させ，国の洞海湾への対応を覆した．さらにそのような市民活動は，環境保全のためには環境監視・環境教育・情報公開が重要であ

表2 洞海湾環境再生における民産官学の役割分担－合意の形成に至る過程・その後の進展と成果－

セクター	意識変革の内容と行動	合意内容	行動と成果	
			合意の直近	その後
市民	●企業城下町でありながら公害への危機感を表明し，公害対策の実施を要請	美しい洞海湾を取戻すため工場排水対策の実施が必要	●環境監視・環境教育・情報公開の重要性を提示	●環境NPOの活動 ●環境まちづくり活動
企業	●社会的責任を自覚 ●公害発生源となっては企業活動が不可能となる，という企業理念の変革 ●本社と行政の間で水処理方法を模索		●工場排水処理（処理技術開発とエンドオブパイプ型）の実施	●工場排水処理（処理技術開発とクリーナプロダクション）の実施 ●KITA*を設立し，国際環境協力を推進 ●エコタウンをはじめ，環境産業を展開
行政	●多数の民意を反映するため行政の価値観を変革 ●公害対策に権限のない状況下で水質を測定し，国へ対策実施を陳情		●法律（公害防止条例）・組織（公害対策局の設置）・制度（公害防止協定の締結など）の整備	●NPO環境保全活動・環境まちづくり活動の支援 ●国際環境協力，環境産業の支援 ●環境教育の実施
大学	●公害を認識し，調査結果に基づくその危機的状況を伝達		●環境計測法，対策技術の開発指導 ●行政の諮問機関，環境制度施策の指針の作成支援	●環境のフロンティアとしての各種の研究
マスコミ	●環境の現状や各種の環境活動をリアルタイムに報道		同左	

*：(財) 北九州国際技術協力協会

ることを提示した．

企業においては，汚染者と被害者との構図が明確であったため，その社会的責任が認識され排水対策が実施された．しかし企業の排水対策への道程も平坦なものではなかった．排水処理費用の令達を受けるには東京本社の理解を得なければならず，一方行政からは早期の排水処理開始に向け再三の働きかけがあり，さらに設定された（旧排水）水質基準は後の水質汚濁防止法の上乗せ排水基準に匹敵するほど厳しいものであった．企業は工場を所管していた通産省（当時）と連絡を密に取り合い，総力を結集して排水処理技術の開発を重ね処理施設を設置していったといわれる．この時期に「公害の発生源となっては，企業活動が不可能となる」という企業理念の変革がなされたといっても過言ではなかろう．当時行われた排水処理法は排水直前に処理するエンドオブパイプ型であったが，後の生産工程全般における技術革新は，排水量を削減させるのみでなく省エネ・省資源化および廃棄物の最小化を促進し，生産される製品の品質も良好なものとするクリーナプロダクションを生み出した．さらには，リサイクルを重視する姿勢は環境産業，北九州エコタウンへとつながっていった．

とくに1980年に洞海湾の湾岸の主要企業や青年会議所等が中心となって設立された（財）北九州国際技術協力協会（KITA）は，北九州市の支援も受け，これまでの29年間に133ヵ国の途上国から5,366人の研修生を受け入れ，企業や行政で培われた環境測定技術や公害防止技術の伝達を行っている（KITA，2010）．

地元地方自治体である北九州市は，官営八幡製鐵所を誘致して以来「鉄は国家なり」と重厚長大型の産業誘致に熱心であったが，洞海湾の惨事などを契機にして「企業より環境を優先」という行政方針の大転換が図られた．後述のように，国では1970年に公害国会が開催され，法律，組織そして制度の整備がなされたのと同様に，市においても公害対策を一元的に所管する公害対策局が設置された．また，公害防止条例など地域の事情に即した法体系が確立され，法律による排水規制の実施，公害防止協定の締結，公害対策設備設置のための税制の優遇措置や貸付など諸制度も整備された．その後，市でも環境教育の重要性を認知し，市民による環境保全活動や環境教育活動，環境まちづくり活動を支援するとともに，市も積極的に環境教育活動を実践している．さらに，企業に対しては北九州エコタウンをはじめ環境産業育成の支援を行っている．

大学の洞海湾とのかかわりとして，九州大学の助手，大学院生および大学生により構成された反「公害」闘争委員会による調査があった．これは洞海湾の港湾労働者からの要請によって労働環境や労働条件をみる立場から湾の水質測定や生物試験がなされたもので，調査結果の公表（九大反「公害」闘争委員会，1971）は公害という事象を市民に深く認知させた．また，北九州市は1969年5月に，水質や大気の専門家として鹿児島大学医学部衛生学研究室から秋山 高氏を北九州市衛生研究所所長に招聘し，科学的かつ実践的な環境行政を試みた．研究者が行政の内部から環境回復に取り組んだもので，多くの先進的な業績をあげた．さらに地域の大学は，水質改善中また改善後には行政や企業に環境計測法，対策技術の開発を指導するとともに行政の諮問機関となり環境制度施策の指針の作成支援なども行った．

なお当時の新聞などのマスコミも，公害の現状およびその対策行動の必要性を市民，企業，行政，および大学の4者に強く認知させたことから，洞海湾の合意の形成に向けてその大きな役割を担っていたといえよう．

D. 洞海湾で水質改善への合意形成が遅れた理由

洞海湾の環境再生への取り組みは大きな成果をあげたとはいえ，産業公害による深刻な被害

の顕在化から排水対策に至るまで約40年間が経過していたことから，対策の実施がいかに遅きに失していたかがよくわかる．それは，明治時代当初は富国強兵・重厚長大型の産業発展の政策こそが住民の幸せを導くと信じられており，経済発展を何よりも優先した時代であったからと考えられる．またその時代は産業公害に関する科学的研究と情報公開が遅れていたために，産業の発展が水質汚濁の進行と表裏一体になっていた事実への危機的認識そのものが市民・企業および行政の3者に培われていなかった．さらに洞海湾の湾岸一帯は林立する工場群に囲まれ，汚濁した海が市民の目から隔絶されていたために，湾は忘れ去られた存在になっていた．これに加え，北九州重化学工業地帯の特殊な事情として，湾岸一帯が企業城下町であったことから，たとえ工場から汚水が流れ出ることを危惧しても，その態度を周囲に表明できなかったことなどによっている．このように，当時の価値観，環境科学の発達状況，湾の地理的状況，さらに当地の社会状況の4点によって，合意の形成が遅れたと考えられる．

E. わが国の環境行政における北九州市の合意形成の位置づけ

北九州市で産業公害に対する合意の形成をみた1970年という年は，4大公害病や東京の光化学スモッグ，そして田子浦のヘドロ問題などを背景に，日本国中で公害に対する認識が深まり，対策を求める世論が一気に噴出し，公害紛争が頻発した年であった（総理府HPより）．このように，1970年7月に洞海湾で結実した産業公害に対する合意の形成は，わが国で急速に高まった公害への国民世論に後押しをされていたと推定され，さらに国民の公害への関心を高め公害反対の世論を広めていく原動力の一つになったと推定される．事実，同年11月には日本の各地で公害メーデーが開催された．また，同月には第64回臨時国会，通称公害国会が召集され，水質汚濁防止法など6つの公害関係法律案と公害対策基本法改正案など8つの公害関係の法律の改正案が提出され，これら14法案のすべてが可決成立された．そして翌年には，公害対策を一元的に管轄する機関，環境庁（現環境省）が発足した．以上のことから，洞海湾での合意の形成は日本各地の反公害のうねりの中で先駆的に結実したものであり，後の国民的な合意形成の成就に一助を果たしていたといえよう．

F. 最近の，人々と洞海湾とのかかわり

北九州市は，1991年に国連環境計画から日本の自治体として初めて「グローバル500」，93年には地球サミットで「国連地方自治体表彰」と国際的な賞を次々に受賞した．それは，洞海湾等でなされた産業公害からの脱却とその経験を生かした環境計測・処理技術の開発途上国への移転の実績が評価されたためである．また，2006年には環境首都コンテスト全国ネットワークが主催する日本の環境首都コンテストで第1位となった．

このような実績から，現在の洞海湾は，地元の若松区においては住民と区による「まちづくり」のシンボル，北九州青年会議所は単年度ではあったが「まちの活性化」のシンボルとして活用されている．地元の環境NGOは「洞海湾（の魚）を食べよう」と，また地元の大学は洞海湾の清掃活動や洞海湾の生きものの観察研究を行いながら，環境保全活動を行っている．さらに，北九州市港湾局は地元小学校と連携し，洞海湾の環境修復実証施設を活用して環境教育を組み合わせた社会実験も試みている．

3. 20世紀と21世紀の人々と洞海湾とのかかわり

危機的状況を脱したとはいえ，現在の洞海湾は，大阪湾，三河湾，東京湾そしてチェサピーク湾など後背に大都市を擁する内湾と同様に富栄養化と物理的な生物生息環境の劣化という2つの問題に直面している．このような状況をう

けて，地元の行政や大学によって環境修復研究事業が行われているが，今後環境改善のための対策が緊急に講じられる予定はない．それは，たとえ赤潮や貧酸素水塊が発生しても，洞海湾（水域）ではすべての環境基準項目の基準値をクリアーしているために，現在の法体系のもとでは何の問題も存在しないからである．さらに，物理的な生物生息環境の劣化に対しては，改善対策を実施するために根拠となる法律も存在してない．

しかし，今後もし洞海湾で環境改善事業が推進されるとすれば，それは1970年にみられた合意形成とその後の水質底質改善事業とどのように類似し，異なるのであろうか？　その比較を，20世紀型事業と21世紀型事業と呼称して，次のように検討を試みた．20世紀型事業は，前述のように環境悪化の原因と因果関係が明白で，したがって対策も単に工場排水処理をすればよく，携わる人々の専門分野も限定されていた．

一方21世紀型事業の場合は，事業目的は後述するように「水産資源・生態系の回復」と明白であるという点は20世紀型事業と同様である．しかし21世紀では，海水に着色のみられる場合もあるが外見は通常は許容の範囲内であり，海水中の被害状況もよく見えない．さらに対策の対象を貧酸素水塊とした場合，21世紀型事業では発生原因としては赤潮（有機物）があり，その赤潮の発生要因として栄養塩があり，さらに両者の発生には気象，流況や地形が影響を及ぼしているなど，その原因と因果関係は極めて複雑である．さらに21世紀型事業の対策対象は，この貧酸素水塊に加え赤潮，藻場や干潟の復元，水産資源管理，流域管理等などと20世紀型事業に比べ格段に多く，それらは有機的に関連しあっている．最近は地球温暖化の影響も加わり，問題を一層複雑なものにしている．

これらの問題解決に携わる人々も，実務者に限っても海洋学（生物，化学，物理），土木学，地質学，水産・漁業学と多くの専門分野にまたがっている．対策事業の根拠となる法律も，21世紀型事業には各省庁の縦割り的な法律ではなく，それらを統合した包括的なものが必要とされる．制定当時は先駆的なものとして評価された瀬戸内海環境保全特別措置法は，現在では，一定の成果をあげたものの水質汚濁防止法の枠から抜け切れないために法律としての限界が指摘されている（荏原，2007）．このことからもわかるように，時代の推移と現状の複雑さに対応した環境法の制定が必要である．また，21世紀型事業には資源，環境，土木，流域，法律，経済，政策さらに環境教育といった発想や制度が必要であることから，環境省，農林水産省，国土交通省，経済産業省および文部科学省などと多くの省庁の連携が必要である．なお，このように日本の省庁の枠組みを越えて2007年に海洋基本法が制定されたが，これが内湾域の統合的管理事業にどのように運用できるかは今のところ明らかではない．

このように新たな展望と枠組みが21世紀型事業に求められているなかで，最も重要なのは，20世紀型事業と同様に事業の推進役であり監視役そして担い手である住民の参画である．その一方で，21世紀型事業では前述のようにその背景や必要性が当の住民によく見えないという実情もある．しかし，古来最も洞海湾に親しみ暮らしていた住人は漁業者であった．現在の洞海湾においても，湾口部の一部と許可漁業を行う湾央部で漁業が営まれているが，残念なことに，湾の漁業は1980年代にクルマエビの大漁にわいて以降，衰退気味である．また，東京湾（東京湾環境情報センター，2010）や瀬戸内海（上，2007）などかつて豊かな海の幸を人々に供与していた身近な沿岸海域においても，COD，窒素およびリン負荷量の削減など各種対策が講じられているにもかかわらず漁獲高は依然として回復していない．このような現象は，

生態系の荒廃や生物多様性の危機のシグナルであると同時に，水産資源の減少という人々にとって極めて深刻な現実を提示している．2007年水産白書（水産庁，2007）によれば，「今後，世界の水産物需要は増加するが漁獲量は頭打ちで，（各国間で）水産物奪いあい，買い負けの時代が来るおそれもある」ことが述べられている．今後21世紀型事業としては，水産資源の回復と持続可能な漁業を目標として，藻場，干潟など生態系に重要な沿岸海域環境を保全・回復することが必要となろう．

洞海湾の20世紀型事業では民産官学4者による合意の形成がなされ，環境改善が一気に進展した．この合意の形成に至らしめたのは，人々の現状認識とそれに伴う意識・価値観の変革，そして行動であった．21世紀に生きる私たちはもう一度その原点に立ち返り，時代の現状と哲学を見直すとともに，それぞれがそれぞれの役割分担を認識し，実行していくことが必要であろう．

（山田真知子）

参考文献

荏原明則（2007）：7章 沿岸域の統合管理に向けて．「瀬戸内海を里海に－新たな視点による再生方策」，瀬戸内海研究会議（編），恒星社厚生閣，67-83．

東 輝明・山田真知子・門谷 茂・広谷 純・柳 哲雄（1998）：過栄養な内湾洞海湾における貧酸素水塊の形成過程とその特性について．日本水産学会誌，64：204-210．

陣矢大助・門上希和夫・岩村幸美・濱田建一郎・山田真知子・柳 哲雄（2001）：閉鎖性内湾－洞海湾における化学物質の分布と挙動．水環境学会誌，24：441-2001．

門上希和夫・陣矢大助・岩村幸美・谷崎定二（1998）：北九州市沿岸海域の化学物質汚染とその由来．環境化学，8：435-453．

梶原葉子・山田真知子（1997）：洞海湾における付着動物の出現特性と富栄養度の判定．日本水環境学会誌，20：185-192．

経済企画庁国民生活局（1970）：洞海湾水域の概要．第1号，76pp．

北九州市衛生研究所（1966）：北九州市衛生研究所報．第1号，82pp．

北九州市公害対策局（1972）：昭和47年度版北九州市の公害．第6号，110-122．

九大反「公害」闘争委員会（1971）：「告発 洞海湾－地獄より大学を問う－」．九大反「公害」闘争委員会（編・刊），(連絡先）柿沼カツ子，福岡，88pp．25pp．

総理府：1971年版度公害白書．http://www.env.go.jp/policy/hakusyo/honbun.php3?kid=146&bflg=1&serial=11686

水産庁（2007）：第Ⅰ章第3節 世界的な水産物需要の増大と日本の「買い負け」～水産物奪いあいの時代へ～．「水産白書2007年版－我が国の魚食文化を守るために」，農林統計協会，25-33．

多田邦尚・一見和彦・濱田建一郎・上田直子・山田真知子・門谷 茂（2007）：洞海湾の河口循環流と赤潮形成．沿岸海洋研究，44：147-1155．

高田秀重（1993）：1.2.2水質．「東京湾－100年の環境変遷－」，小倉紀夫（編），恒星社厚生閣，39-44．

東京湾環境情報センター（2010）：東京湾を取り巻く環境，漁業．http://www.tbeic.go.jp/kankyo/gyogyo.asp

Ueda, N., H. Tsutsumi, M. Yamada, R. Takeuchi and K. Kido (1994): Recovery of the marine bottom environment of a Japanese bay. *Marine Pollution Bulletin*, 23: 676-682.

上 真一（2007）：2章 瀬戸内海の水質と生物生産過程の変遷．「瀬戸内海を里海に－新たな視点による再生方策」，瀬戸内海研究会議（編），恒星社厚生閣，5-16．

山田真知子（1994）：洞海湾と漁業～豊かな海への復活を希求って～．水産世界，43：35-43．

山田真知子（1995）：洞海湾今昔～その環境と生きものたち～．〈上：誕生から江戸時代〉・〈下：明治時代から現在〉，ひろば北九州，107・108：6-13・12-19．

山田真知子（1999）：第12章 洞海湾．「日本の水環境施策の科学的背景とその成果」，日本水環境学会（編），ぎょうせい，176-189．

山田真知子（2000）：第4章第2節 洞海湾－死の海から甦った4つの要因－．「九州の水 日本の水環境7 九州沖縄編」，日本水環境学会（編），技報堂，126-135．

山田真知子・東 輝明・濱田建一郎・上田直子・江口征夫・鈴木 學（1998）：富栄養化した水域の生態学的環境修復－北九州市洞海湾を例として－，生態学的環境修復法を用いた富栄養化海域の環境改善と環境管理．環境科学会誌，11：381-391．

山田真知子・梶原葉子（2004）：著しく富栄養化の進行した洞海湾の植物プランクトン出現特性．海の研究，13：281-293．

山田真知子・末田新太郎・花田喜文・竹内良二・城戸浩三・籔本美孝・吉田陽一（1991）：水質回復途上の洞海湾における海産動物の出現状況．日本水産学会誌，58：1029-1036．

山田真知子・田中和彦・吉川ひろみ（2004）：洞海湾における水環境の現状と生態学的環境修復，全国環境研会誌，29：95-101．

山田真知子・上田直子・花田喜文（2005）：北九州市洞海湾における海藻の出現特性と富栄養度．全国環境研会誌，30：44-50．

柳 哲雄・山田真知子（2000）：洞海湾で冬季赤潮が発生しない理由．海の研究，9：125-132．

柳 哲雄・山田真知子・中嶋雅孝（2001）：洞海湾と博多湾の富栄養化機構の比較．海の研究，10：275-283．

財団法人北九州国際技術協力協会（KITA）（2010）：国際研修，受入実績．http://www.kita.or.jp/kensyu_jisseki.html

補論2　環境修復に関する行政の取り組み事例

1. はじめに

本書では東京湾の再生に向けた現状整理と提言について，おもに研究者もしくは研究機関など主として自然科学の視点から論じている．しかしながら東京湾の環境問題は明らかに人間社会が引き起こした問題であり，その対応も科学情報に基づく人間社会の問題つまり社会科学と政治の分野でもある．そこは産業，交通，機構調整，食料生産，教育，法律そして地域文化にまで及ぶ様々な問題が複合的に関係する．そして，環境再生への取り組みは，これまで環境を劣化させることで文明社会を発展維持させてきた政策からの脱却であり，環境の保全再生なしには将来の社会を維持できない近代社会が避けることができない課題であり，積極的な意味では英知を上げて取り組まなければならない新しい科学技術もしくは社会科学そして政治の問題である．

環境再生に向いた課題の整理，将来ビジョンの作成，再生目標の設定，効果と到達度の評価，評価にもとづく順応的対応にあたっては，様々な業種，集団，行政部門間で，利害，理念，責任の所在をめぐって，さらには，地域間，機構間，職業間，そして個人間でともすれば対立関係が派生する世界である．このような複雑な関係のなかでの対応は，調整と指導機能としての行政が重要な役割を果たす．

ここでは，東京湾の環境問題とその再生に向けた行政の様々な取り組みを概観するとともに，研究者ならびに市民や地域住民や産業との協働関係を確立する視点から，東京湾環境再生にかかわる行政の動き，さらには今後のあり方を論じてみる．

2. 社会資産としての東京湾

行政が役割をもつということは，人材や事業遂行を税金で実施することであり，税金を投入する妥当性が社会的に理解されなければならない．本書でも多くの章で個別の課題から行政の取り組みを論じられてはいるものの，ここではまずは行政活動の意義を，東京湾環境再生のもつ社会的価値について，保全生態学で論じられている生態系サービスの視点で考えてみたい．

生態系サービスとは，水産資源提供や水質浄化のように生物の生息する空間の生態系としての営みから人間社会が得られる恵みである（表1）．しかし東京湾からの人間社会への恵みは生態系からのみにとどまらず，沿岸埋立地造成のように用地としても大きな恵みを受けてきた．

表1　東京湾の環境資源

対象資源	機能	サービス
空間資源（海域，海岸と海水）	空間提供 供給 調整	海運，交通，土地改変（埋立地，港湾） 発電冷却水 排水の受け皿，防災（浅瀬や干潟による波浪，津波）
物理機能資源	調整	沿岸気候調整，大気循環
生態系機能	供給 調整 文化	水産資源，生物資源（生物多様性） 海水浄化 景観，レクリエーション，教育，科学研究，風土，信仰

埋立用地造成のような利用形態は，海空間を陸空間に変えるという非可逆的利用を前提とした消費的資源利用であり，一方漁業は生物の増殖による再生産可能ないわゆる持続的利用形態であり，このように環境からの恵みは資源に対する人間の利用の仕方によっても大きく変化する．とくに工業文明の発展期には，東京湾のみならず日本各地で行われた資源価値の減少や変質を伴う一過的で過度な消費的資源利用が，今日の東京湾の環境問題を引き起こしているともいえる．

東京湾のもつ様々な資源価値を考えた場合，空間資源として水域を陸域に変える埋立，水域を利用した海運，交通，そして都市排水の受け口や湾水の巨大な水塊の冷却水としての利用など，生態系機能とは無関係に空間や海水の存在など無機的資源の一方的な利用が優勢した．しかしこのような利用の仕方は，湾面積や湾水量の減少，富栄養化，生物生息場の減少，浄化力の低下，人の文化的利用阻害に見られるように結果的にその空間資源に依存して機能していた生態系サービスを失うことを前提として成立している．つまり，これまでの開発行為と利用形態は，無機的空間資源を消費し，それに伴う生態系サービスの消失あるいは劣化を無視していたことに基本原因があるといえる．東京湾環境再生は，これら低下した生態系サービスを取り戻す行為であり，「東京湾の環境資源価値を高める社会資本整備事業」つまり「人間社会が東京湾からより多くの質の高いかつ継続的な生態系サービスを享受できるようにするための公共的事業」として進められる必要がある．

3. 東京湾再生に向けた行政の役割と取り組み

これまでの東京湾の空間そのものの消費的利用は東京湾のもつ生態系サービスを低下させた．そのことは生態系サービス機能の回復は，これまでの消費的利用とは相反する行為であり，過去あるいは現在の消費的利用で得た恵みの生態系機能への還元が求められることを意味している．埋立地や港湾を生態系サービスの場すなわち自然の海岸へと再生することは，一方で社会的生産機能や財産の消失など既存資産の低下が伴い，いわゆるトレードオフの関係にある．東京湾は限られた空間であり，社会的生産機能や財産の消失を最小限にとどめるには，環境再生にあたって人為的空間と生態機能空間の再配分とともに，それぞれの空間のなかでより高い機能を追求することで，より高い恵みを得ることが必要である．したがって，人間活動空間では東京湾で必要とされる人為活動に必要な各種機能の地域的再配置と地域間の連携による機能向上，一方，生態機能空間では，それぞれの空間内での生態系機能向上と，さらに各生態空間での生物や物質移送による生態空間間のネットワーク機構の向上が求められる．これらはともに東京湾内の人為と自然両方の空間配置と構造の見直しを前提としており，港湾の再配置，埋立地の効率的利用と自然再生用地の確保など土地利用の見直しなしには長期的な東京湾の再生事業は成立しない．

また，東京湾の水系は基本的には陸域から始まっており，陸域での水利用と浄化対策，必要とされる土砂供給確保なしには東京湾の環境再生はありえない．陸域は，行政権限的にも土地利用的にも海域よりさらに錯綜している．これら様々な要素を統合的に対応し，対立する利害関係を協働関係へと転換するための環境づくりが政治責任を伴う行政のあり方に求められる．

A. 東京湾環境に関係する行政機構とその取り組み

内閣官房都市再生本部は2001年に都市再生プロジェクトの第三次決定として「海の再生」を決定し，「東京湾再生推進会議」を立ち上げ，東京湾に関係する国省庁（海上保安庁（事務局），国土交通省，農林水産省，林野庁，水産庁，環境省）ならびに地方公共団体（埼玉県，千葉県，東京都，神奈川県，横浜市，川崎市，千葉市）

が連携して，行政主導による東京湾環境再生の行動計画の策定に入った．

2003年，共通の目標「快適に水遊びができ，多くの生物が棲息する，親しみやすい海を取り戻し，首都圏にふさわしい東京湾を創出する」を設定し，東京湾を豊かで美しい海を取り戻すための10年間の行動計画を発表した（東京湾再生推進会議，2003）．そのなかで行動計画策定の背景として，「東京湾の環境改善のための各行政機関で行われてきた施策は東京湾生態系という新たな視点では必ずしも十分ではなく，都市環境インフラとしての海の再生のために，より効果的で計画的な施策の実施が必要」と説明している．目標達成のための施策推進（図1）のなかで，①陸域負荷削減策では，東京湾に流入する汚濁負荷物質としてのCOD，窒素，リンの総量削減のための汚水処理施設の整備普及と高度処理の導入，雨天時の越流水の削減，河川浄化施設建設と湿地や河口干潟の再生，間伐や複層林造成などによる森林浄化機能向上，ゴミ回収市民活動の促進，②海域汚濁負荷削減では，有機汚泥の浚渫除去，覆砂による浅場造成，赤潮回収技術開発，清掃船による浮遊ゴミ回収，NPOや漁業者による海底や海浜・干潟ゴミ回収活動の促進，③東京湾のモニタリングでは，底層DOと底生生物調査の充実，モニタリングポストや船舶による流れや水質観測の強化，人工衛星によるリアルタイム観測，モニタリングデータの共有化，市民によるモニタリング活動促進，を挙げている．都市環境のインフラ整備として東京湾生態系の再生を，国省庁ならびに都・県・政令指定都市が連携して取り組むという，生態系再生に向けた行政としては新しい視点と体制での取り組みをはじめ，東京湾環境に対して行政の動きが大きく変化したといえる．

国土交通省関東地方整備局はこの東京湾再生促進会議の行動計画を上位計画としたうえで，東京湾水環境の再生への取り組みをまとめた（国土交通省関東地方整備局，2006）．基本方向として東京湾の環境問題を流域と海域両面から包括的にとらえ，「人と海のつながり・良好な水環境・多様な生物の生息環境の再生・創出」を基本的な環境再生の方向性とし，現実に向けた具体策として，①水質改善，②生物生息改善，③クリーンアップ，④水環境連携・協働，⑤調査・モニタリングの5つの計画を示した．この取り組みのなかでは，森林管理など農林水産省関連事業以外のものはほとんど含まれており，基本的に東京湾再生推進会議の行動計画の具現化である．しかもそのなかで，東京湾再生計画の包括的目標として「東アジアのモデル事業」となることをめざしており，東京湾の再生が国際的視点でも環境立国をめざす日本の国策として意識されている．

東京湾再生推進会議は2010年3月に，参加省庁や地方自治体の取り組みに対する中間評価として第2回中間評価報告書を取りまとめた（東京湾再生推進会議 2010）．取りまとめにあたって，行政情報を主体とした東京湾の現況（水

図1 東京湾再生推進会議による環境改善のための具体的施策
東京湾再生推進会議 (2003) を一部改変して引用．

質, 底生動物, モニタリング成果など) 整理も行っており, 参加行政組織ごとの東京湾と関係した活動実績の評価となっている. そのなかで, 本章で指摘された環境再生の課題である汚濁負荷の削減のためには, まず陸域側の問題として下水道の高度処理, 雨天時の下水越流水負荷削減, 河川や河口部の環境再生による浄化力向上, 森林の生態機能向上, 農村集落水の浄化, そしてゴミ対策を挙げている. また海域における環境改善対策としては, 底質からのリン溶出など海域内から生じる汚濁負荷の減少策として, 運河等の堆積有機物除去, 浅場造成等の底質改善, ゴミ処理を挙げている. 同時に海域の浄化力向上として現状の干潟藻場の保全とともに, 海岸生態系相互ネットワーク構築をめざした干潟, 浅場, 海浜, 磯場の再生・創造をめざすとともに, 局所的で具体的対応として底生・付着生物の生息場造成, 緩傾斜・礫間接触護岸造成, 海底の深掘跡の埋め戻し, さらに今後の問題として自然エネルギーを利用した水質浄化施設開発を挙げている. これら対策的事業を総括したうえで, 環境変化のモニタリングの重要性を指摘し, 底層 DO を含む水質ならびに底生動物の生息状況, 船舶や人工衛星によるリアルタイムの海域状況把握の充実が今後の対応として必要としている.

この東京湾再生促進会議報告からは, 個々の行政機構が実施している東京湾の保全に関連のある事業を個別に評価しており, 国, 地方を問わず多くの行政機構が東京湾の環境に関係して多彩な事業を展開していることが読みとれる. 以下に, 今後東京湾環境保全の取り組みの統合性を考える視点で, これまで行われてきたそれぞれの事業とその東京湾環境改善に対する東京湾再生促進会議の評価を紹介する.

B. 陸域での取り組み

東京湾に流入する汚濁負荷物質としての COD, 窒素, リンの負荷量削減は, 東京湾水質保全の基本政策となっている. 2004 年における COD, 全窒素, 全リンの年間流入量はそれぞれ 211, 208, 15.3 トン/日であり, 1979 年に比べるとそれぞれ 44, 56, 37% 低下した. これらの値は第 5 次水質総量規制の目標値をそれぞれ 7.5, 16.5, 20.3% 下回っており, 削減目標は達成した. 今後は第 6 次総量規制に向けてさらなる減少を図るとしている.

流入負荷の削減の取り組みで, 森林による栄養物質の吸収保持効果を向上させる面源対策として, 4 都県の育成林 19 万 ha において樹木の成長や下草の管理による保持効果の促進を挙げている. また農業集落内での排水の処理と再利用による削減では, 2009 年末までに 115 ヵ所の集落で処理施設が整備され, そのうち 24 ヵ所では高度処理が行われ, 今後処理施設の普及と高度処理を関係自治体と協議して進める方針である. また, 都市部における雨水浸透ますの設置, 下水道の普及が遅れている地域での合併浄化槽の普及促進も挙げられている.

東京湾流域での下水道の人口当たりの普及率は 2009 年現在で 90.3% に達しているものの, 人口密度の低い市町村での普及率は 52.9% と低く, この市町村での普及を図ることで流域としての普及率の向上をめざしている. また, 下水処理施設に関係する問題として, 雨天時の越流水対策と窒素・リンのさらなる削減のための高次処理の普及を挙げている. 越流水による汚濁負荷防止としては, 10 年以内に越流水が生じる合流式下水道処理場において流出する汚濁負荷量を分流式下水処理場並に削減することを義務づけ, そのために越流防止の貯留施設整備や越流水のろ過装置の設置により目標の達成をめざすとしている. また, 高次処理の人口当たりの普及率は 2009 年現在東京湾では 14.4% で, 大阪湾の 37.2%, 伊勢湾の 26.9% に比べて低く, 早期の普及拡大を求めている.

河川水が東京湾に流入する前に河川流系過程での浄化対策としては, 河川水の直接浄化施設や, 浄化用水の導入, 河川床の浚渫, ならびに

河口干潟再生による浄化能力向上策を挙げている．直接浄化施設は主として生活排水により汚濁した河川水を水質処理施設へ導入し，処理水を下流に流す人工的河川水浄化システムで，東京湾流域40ヵ所ですでに実施されている．また，河口干潟再生は荒川（放水路）感潮域で実施され，水質浄化とともに高潮部の植生と干潟生物保全をめざしている（国土交通省関東地方整備局，2009）．河口干潟の再生は今後とも実施用地を拡大させる予定であるが，具体的候補地は示されていない．

また，国土交通省により進められた江戸川河口部にあたる江戸川放水路と三番瀬をモデルとした環境保全策については，研究者を加えた検討会による調査検討が行われ，水質の改善では河川水の導水による停滞性の改善，地形改変による浸食の防止，河川の土砂供給力の重視したうえで小規模な人工干潟による干潟環境の試行的拡大，干潟環境と生物の関係把握を今後の河口干潟環境の保全再生の方向性として挙げている（国土交通省東京湾河口干潟検討会，2004）．

C. 海域での取り組み

海域の対策としては，栄養塩類や硫化物等の汚濁物質の内部発生源であり貧酸素水形成をもたらす堆積有機物汚泥の除去と覆砂による底質改善を実施している．覆砂による底質改善は浦安沖と横浜港で実施され，浦安沖の浚渫深掘跡地の覆砂の例では底質からの窒素，リンの溶出が周囲の未覆砂底に比べて半減し，底生動物の密度が多毛類を中心に約3倍になったことを報告している（国土交通省関東地方整備局千葉港事務所，2010）．有機汚泥の浚渫や覆砂は今後とも続ける予定であるが，2003年から2008年までに埋め戻された浚渫深掘跡は960万 m^3 で，未だに残る8,500万 m^3 については埋め戻し資材の確保が課題となっている．

海岸部では，海域の浄化能力の向上，海洋生物保全のための政策検討とともに，干潟，浅場，海浜の造成事業を行っている．国土交通省・環境省自然保護局（2004）は研究者が参加する研究会により，東京湾の干潟再生にあたっては東京湾全体での幼生分散を通した干潟間のネットワークの視点の重要性を指摘している．とくに東京と神奈川県すなわち東京湾西岸で干潟の消失が著しく，干潟再生の必要性が高い．東京都は羽田空港周辺での浅場造成や中央防波堤沖の磯浜造成を行い，川崎市と国土交通省はそれぞれ川崎東扇島と横浜港で人工海浜・干潟を造成した．横浜港の置き石海岸を伴う人工干潟「潮彩の渚」は2008年3月に完成し，2009年10月までにアサリ，シオフキ，マテガイ，マメコブシなど干潟の典型種が加入し，アサリでは密度が10,000個体/m^2を超えたところも多く（森田ほか，2009；国土交通省港湾局国際・環境課，2010）．この海域においても他の干潟からの幼生供給による干潟生物群集再生力があることが示された．干潟再生の方針としては，東京湾全体で高度成長期以降の約30年の間に失われた干潟・藻場の約10％，28 haを再生の目標としており，これまでの達成率は20％である．

湾内のゴミの回収はNPOや漁業者が回収活動を行っており，国としては清掃船による回収を続ける．また自然エネルギーの活用による人工的な水質浄化施設整備については未だに検討段階であり，今後導入についての調査を実施する方針である．

D. 東京湾のモニタリング

東京湾の環境の把握には，水質，底質，底生生物に関するモニタリングの必要性を重視している．とくに底層DOは底生生物の生息環境として重要な水質項目であり，東京湾全域での環境基準点（104ヵ所）等で，環境省広域総合水質調査測点（28測点）等で定期的，また千葉灯標の自動測定では温度や塩分，クロロフィル等の他の水質項目と合わせた連続観測を行っている．千葉県水産総合研究センターでは国や自治体のデータをもとに貧酸素水塊速報や推定情報を提供している（千葉県水産総合研究セン

ター貧酸素水塊速報，http://www.pref.chiba.lg.jp/laboratory/fisheries/04jouhou/04tkod/04tkodflame.html；東京湾貧酸素水塊分布予測システム・ナウキャスト，http://www.pref.chiba.lg.jp/laboratory/fisheries/04jouhou/04tkiffile/04tkiffl.html）．

環境省の底生生物調査では2005〜08年の夏期ではいずれの年も8月には横浜以北で無生物の海域が認められ，2月でも湾奥中央部では生物の回復が2個体/m^{2}と極めて低く，海底の環境劣化が引き続き厳しい状態を示している．

E. 今後の課題

このように行政機関による東京湾の環境の現状ならびに保全対策には多くの行政組織が関係しており，保全に貢献する取り組みが見られる．また，集約された水質情報の速報的提供についてもかなり進んでいる．しかしながら，それぞれの取り組みが東京湾の環境再生にどの程度貢献しているか，対策がもたらす湾全体の環境再生に対する効果の検証体制は十分ではない．さらには，それぞれの事業とほかの事業との連携効果の検討も進んでいない．環境再生は自然再生事業として対策の立案時点で目標とそれに対する効果の検証をしながら，順応的管理が求められ，今後は各事業の頻繁な評価と包括的対策の提言，そのうえでその提言を指導する行政枠を越えた横断的対応ができる体制の構築が必要とされる．

4. 底層DOをめぐる議論

東京湾海洋環境研究委員会では東京湾の20年将来の目標として，東京湾海底で周年生物の生息が継続される環境への回復を提案している．海底で生物の生息できない環境が存在することそのものが異常な状態であり，東京湾生態系の健全さを回復するうえで，底層水の貧酸素化回避は最も根源的課題である．貧酸素水塊の形成は，海底において有機物分解による酸素消費が海水循環による表層からの酸素供給を上回っていることが基本的原因である．その状態を作り出しているのが，酸素消費のもととなる有機物の過剰な堆積であり，その堆積有機物は植物プランクトンの大量増殖と陸域からの溶存態ならびに粒状有機物負荷である．

東京湾再生推進会議での東京湾再生目標に見られるように，これまでの東京湾の水質保全に関する政策は赤潮防止など富栄養化対策としての有機物量（COD）や栄養としての窒素，リン濃度と有機物の供給や生産にかかわる誘導物質の負荷削減であった．この課題に対して陸域での対策により東京湾への有機物，全リン，全窒素の流入負荷量は近年減少傾向が続いている．それにもかかわらず，東京湾の貧酸素域はむしろ拡大傾向にあり，流入負荷量の削減が生態系の回復に即効的な効果をもたらさないことが明らかとなってきた．有機物やリン，窒素などの富栄養化物質は生物に直接的な被害を与えるものではなく，生物の斃死をもたらす直接要因はあくまでも酸素不足であり，環境の保全再生目標として，生物の生息できる最低DOの目標設定の議論が求められた．

このような状況のなかで環境省は2005年の中央環境審議会答申において，第6次水質総量規制のあり方として「閉鎖水域の水環境を改善するためのより効果的な在り方の検討」を指摘した．そして2006年におもに研究者からなる「閉鎖性海域中長期ビジョン策定に係る懇談会」を設け，東京湾を含む閉鎖性水域の水環境目標について議論を開始した．この懇談会ではこれまでの水質規制でCODや全リン，全窒素だけで生物の生息環境を判断するには不十分として，閉鎖性水域において生物の生息に必要な底層DOの評価を行い，それをもとに水質目標値の設定を検討した（閉鎖性海域中長期ビジョン策定に係る懇談会，2010）．

懇談会は生物の生息目標として，①水産資源生産の視点で魚介類の生息が可能な底層DO値，②魚介類の生活史を通して利用する海域で

の利用可能とする底層DO値，③貧酸素耐性が強い種（汚濁指標小型多毛類）が生存する無生物域解消底層DO値，の3段階を想定した．それぞれの段階において調査研究例が多い代表的な生物種を選定し，各種の生息あるいは生存に必要なDO値について室内実験と現場データから解析した．そして「種の生息や種個体群再生産を可能とするDO値」は対象となる魚介類を生息水域により4つに分けた．その結果，ヨシエビやサルエビなどの貧酸素耐性がある種の生息水域では2 mg/L，やや貧酸素耐性があるカサゴ，マダイ，ハタタテヌメリ，ネズミゴチ，マコガレイ，クルマエビ，シャコなどの生息水域では3 mg/L，貧酸素耐性が弱いスズキ，マナマコ等が生息する水域では4 mg/L，貧酸素耐性がほとんどないトラフグの生息水域では5 mg/L以上が必要と判断された．また無生物域の解消の視点で，貧酸素耐性が最も強いと考えられるシノブハネエラスピオの生存のためには2 mg/Lは必要とされ，これらの結果，閉鎖水域におけるDO値は最低で2 mg/L，水産資源の回復には3 mg/Lあるいはそれ以上が必要と判定された．

この無生物域の解消で必要とされるDO 2 mg/Lは本委員会での見解と一致し，この値が無生物域解消という東京湾生態系再生の中期的（20年後）水質改善目標として妥当性がより客観的に評価されたことになる．海底DOは海底からの距離など空間的，さらには流動などの時間的変動が著しいが，生物の生存は一時的低下で危機的な影響を受けるため，平均的な値ではなく生物が貧酸素化に耐えうる短期的な値としての評価が必要である．したがって今後具体的観測方法として，測定頻度や測定水深などについてさらなる検討をしたうえで目標設定とその適応に向けた技術的議論をすみやかに開始すべきである．

この懇談会では底層貧酸素回復目標の達成のため，流入負荷削減と海域直接浄化向上実現対策とその実施についての中長期シナリオを考え，対策が実施された場合の25年後の水質環境予測をシミュレーションモデルにより行った．モデルは流動モデルと生態系モデルからなるが，その詳細については環境省水・大気環境局（2010）を参照されたい．対策の中長期シナリオでは，陸域として下水処理や合併浄化槽の普及，環境保全型農業の普及，雨水浸透施設設置，河川浄化力の向上，海域として深掘跡の埋め戻し，藻場干潟の保全と再生など，先の東京湾再生推進会議（2010）に示されたこれまでの東京湾環境修復に向けた行政的な取り組みが引き続き実行されるとしている．その結果として海水中のCOD，全リン，全窒素では明らかな減少傾向が見られるものの，底層DOについても長期的には回復の傾向にあるもののその増加は極めてゆるやかと予測している．そのため25年程度の中期的には水域平均値として目標に達することは難しいものの，その後の長期的には2 mg/Lまで回復すると見込んでいる（閉鎖性海域中長期ビジョン策定に係る懇談会，2010）．

この解析では，陸域，海域での環境負荷削減ならびに環境再生について，既存の政策を大きく転換するようなとくに新たなシナリオは含まれていない．したがって，本書で提案したような陸域と海域で新たな対策がとられることで，貧酸素回復目標はさらに短時間で達成できる可能性がある．

5. 行政・研究者・市民・民間コンサルタント会社連携調査研究

東京湾環境再生に関係した行政と市民の連携活動は，環境教育において神奈川県や東京都を中心に多くの活動がある．この点は林氏のコラム（204ページ）で紹介されており，ここでは主として調査研究面での連携活動について紹介したい．

多摩川河口周辺水域は，かつては江戸前を代

第5章 東京湾を再生するために

図2 多摩川河口干潟
大師橋から望む.

図3 羽田空港新滑走路の建設
多摩川河口部は橋脚構造となっている. http://www.pari.go.jp
/information/event/h19d/3/3_2.pdf/keikakugaiyou.pdf を改変.
提供: 羽田再拡張D滑走路JV.

表する漁場であり，今でも河口内には東京湾を代表する河口干潟がある（図2）．2010年10月に供用が開始された羽田空港第4滑走路はその河口左岸沖に多摩川河口部を塞ぐように建設された．滑走路が河口水の流れを阻害するのを防ぐために，滑走路の河口部分は多数の橋脚の上に造られた（図3）．このような大規模な橋脚の上の構造物の建設は，日本においてはこれまでの開発では未経験の工法であり，その構造物の出現が，河口周辺の物理的環境変化，暗環境の創出，橋脚付着生物の生息とその落下堆積による底質環境の変化が，滑走路周辺ならびに多摩川河口部へどのような環境変化をもたらすかを正確に予測するのは困難であった．このため，滑走路建設が周辺水域の環境や生態系に与える影響を工事中工事後にわたって追跡調査するとともに，河口周辺の生態系の特徴とその維持機構の解明を通して，東京湾の河口周辺生態系の保全と再生に対する提言をまとめるため羽田周辺水域環境調査研究委員会が2006年に組織された．

この委員会では，研究者，行政，市民，さらには環境調査民間コンサルタント会社が共同して調査研究することをめざしている．研究者は行政研究機関，大学，民間コンサルタント会社から参画し，物理，化学，生物，底質，地形分野が連携した調査研究を実施し，その成果の解析と発表を行っている（羽田水域環境調査研究委員会，2007）．またNPOや市民と研究者の協働による，市民参加型の生物調査も実施している．そしてその成果は，学会発表，論文投稿，シンポジウム開催，報告書刊行，東京湾情報センターでのデータ公開を通して公表されている．2010年10月の新滑走路の供用開始後は，環境影響の事後調査を始める予定である．国土交通省としては，個々で得られた成果を今後の開発への新しい技術導入の参考にすると考えられるので，調査研究は科学的にみてかなり綿密かつ精度の高いものが求められる．

羽田新滑走路建設に関する環境アセスメントは1997年のいわゆる新アセスメント法施行以降の国の事業としてのアセスメントであるにもかかわらず，その内容は日本海洋学会海洋環境問題委員会（2005）が科学的検討が不十分であると指摘したように，旧態然のいわゆる開発を前提とした手続的アセスの域を脱却しきっていなかった．その意味では，新アセス法が施行されても，この法の精神である「生態系への影響を重視したアセスを行い，影響の回避，軽減，補償策を事前に検討する」に沿った運用が行われたわけではない．しかしながら，科学的には予測できない環境影響がありうること，工事中

ならびに供用後の環境変化を調査したうえで，必要な環境補償策（いわゆるミチゲーション）を行うことを前提に科学者と地域 NPO からなる調査委員会を設けたことは，行政が事業を進めてきたなかでは新しい展開といえる．このような科学研究として環境影響評価に取り組み，その成果を社会に還元し，その過程を通して大学，民間コンサルタント会社，行政，公的研究機関，関係市民のなかで，東京湾研究にかかわる人材育成もこの委員会の目的となっている．また，東京湾全体の環境再生への提言をまとめるため様々な分野での連携により環境研究に取り組むことは新たな試みといえる．

6. 今後の行政課題

東京湾再生推進会議中間評価での様々な行政機構の東京湾環境に関連した取り組みの評価にみられるように，東京湾の環境改善に向かって陸域ならびに海域において，地方，国レベルで多岐にわたる取り組みがある．さらに，東京湾岸に面する 1 都 2 県 16 市 1 町 6 特別区で構成される東京湾岸自治体環境保全会議も東京湾全体の水質情報の整理と公表を行うとともに，インターネットやイベントを通して東京湾の環境問題についての啓蒙活動を行っている（東京湾岸自治体環境保全会議，2007；2010）．この東京湾岸自治体環境保全会議の取り組みは 30 年以上継続されており，参加自治体の職員に対して東京湾の環境問題に関する教育面でも重要な役割を果たしている．

このように行政の動きからはかなりの人材と税金が東京湾環境保全ならびに再生に使われていることが理解できる．しかしながら，これは現状の行政の基本的問題なのかもしれないが，このような行政の取り組みが各行政組織内既存路線の延長で完結しており，東京湾再生の総合プロジェクトとして社会を巻き込んだ組織横断的な連携には至っていない．東京湾の環境再生は新しい行政活動である．東京湾再生に向けて共通の認識と目標，つまり東京湾の生態系サービスに対する共通認識，その生態系サービスの再生と現状機能とのトレードオフ関係，再生目標の共有，都市海域の環境再生のもつ日本としての国際的スタンスの意味を共有し，政策の上位目標として各行政組織が取り組める環境を作る必要がある．東京湾の再生は，土地利用，漁業形態の再構築，港湾機能再編，埋立地の海域への復帰など，既存のシステムを見直し，公共の視点でのシステムの再構築が求められる．日本が環境立国として世界に誇れる環境再生への実績を構築するためにも，国家プロジェクトとして統合的な行政体制が必要である．

（風呂田利夫）

参考文献

羽田水域環境調査研究委員会（2007）：羽田周辺水域環境調査研究の取り組み（リーフレット）．http://www.tbeic.go.jp/

閉鎖性海域中長期ビジョン策定に係る懇談会（2010）：閉鎖性海域中長期ビジョン．86pp．http://www1.kaiho.mlit.go.jp/KANKYO/TB_Renaissance/index.html

環境省水・大気環境局（2010）：平成 21 年度豊かな沿岸環境回復のための閉鎖性海域水環境保全中長期ビジョンの策定に向けた対策効果検討調査委託業務報告書．283pp．

国土交通省・環境省自然保護局（2004）：干潟ネットワークの再生に向けて．東京湾の干潟等の生態系再生研究会報告書．117pp．

国土交通省関東地方整備局（2006）：東京湾水環境再生計画（案）．美しく豊かな東京湾のために．148pp．http://www.ktr.mlit.go.jp/kyoku/region/tokyobay/

国土交通省関東地方整備局（2009）：荒川水系総合水系環境整備事業．http://www.ktr.mlit.go.jp/honkyoku/kikaku/jigyohyoka/pdf/h20/02siryo/siryo1-5.pdf

国土交通省関東地方整備局千葉港事務所（2010）：平成 20 年度千葉港湾事務所事業概要．http://www.pa.ktr.mlit.go.jp/chiba/download/h20d%20chiba.pdf

国土交通省港湾局国際・環境課（2010）：海辺の自然再生事業例．自然再生の実践にむけたシステムづくり．39pp．

国土交通省東京湾河口干潟検討会（2004）：東京湾河口干潟保全検討報告書．301pp．

森田健二・渡部昌治・古川恵太・今村　均・亀山　豊・諸星一信（2009）：多様な目的を有する環境共生型護岸の整備効果と官民協働による維持管理方策に関する研究．海洋開発論文集．25: 87-992．

日本海洋学会海洋環境問題委員会（2005）：東京国際空港再拡張事業の環境影響評価のあり方に関する見解．海の研究．14: 601-606．

東京湾岸自治体環境保全会議（2007）：私たちの東京湾．東京

湾岸自治体環境保全会議 30 周年記念誌, 58pp. http://www.tokyowangan.jp/top.html
東京湾岸自治体環境保全会議 (2010): 東京湾水質調査報告書 (平成 20 年度). 66pp.
東京湾再生推進会議 (2003):「東京湾再生のための行動計画」について (東京湾再生際せ推進会議最終とりまとめ). http://www1.kaiho.mlit.go.jp/KANKYO/TB_Renaissance/RenaissanceProject/Action_Program.pdf
東京湾再生推進会議 (2010): 東京湾再生のための行動計画. 第 2 回中間評価報告書, 46pp.

第6章

人と自然のかかわりの再生

6.1 日本社会の転換期

明治政府の農政官僚柳田国男は日本の経済政策について，現在のグローバル化を予見したかのように，次のように述べている．商工業重視では国際分業が前提になるが分業は将来的に不安定化する．一方で農業を重視すれば保護主義的になり，農業の構造改革が進まず停滞するとしたうえで，農業と工業のバランスのとれた成長を推進する必要性を主張した（川田，1998）．1990年代以後，バブル経済の崩壊，投機によるエネルギーや食料の供給不安定化，アメリカ・サブプライム問題に端を発した世界的金融の混乱と続き，アメリカ型の自由主義経済への信頼が揺らいでいる．こうした経済状況にあり，日本は低成長が続いている．加えて，国内外の資源の有限性，とくに国内では開発可能な自然環境の減少や社会基盤の老朽化が顕在化してきている．世界の不安定要因となりつつある水資源については（ハーツガード，2001；クレア，2002），日本では問題になっていない．しかし，食料が安全保障に欠かせないという意識が乏しい日本では，十分な水資源を生かし切れず食料自給率が低位で推移している．柳田の達見は今にあっても色あせていない．今日の日本は，農工のバランスのとれた経済活動とともに生活の豊かさを考えるときに来ている．

生活の豊かさを調べた内閣府「国民生活に関する世論調査」では，調査開始の1972年にはものの豊かさに生活の重点を置いていた人が40.0%，心の豊かさと答えた人が37.3%であった．1978年になると心の豊かさがものの豊かさと並び，1988年以降は心の豊かさが物質的な豊かさに優勢を保っている．2005年時点では，ものの豊かさ（30.4%）よりも心の豊かさを重視する人が62.9%に達した．21世紀の豊かさの基準は20世紀のそれとは根本的に変わってきた．

豊かさの要素として生活空間の質は重要である．これまで生活空間の中における自然環境の大切さは認識されていたが，多くの場合で空間の経済性が保全に優先されてきた．そのため市民が開発から景観（生態系）を守ろうとしても，開発行為の違法性を証明しなければならない．これは市民にとって簡単ではない．特別な例として，希少生物が生息していることが生態系保全の根拠となって事業を止めることはあった．しかし，市民の求める保全対象の多くは希少性をもたない環境であるために保全の対象とはなりえなかった．それに対し桑子（1999）は，地域住民が共有してきた空間における生活者の履歴を評価することで，保全の根拠とすることを提案している．そこで暮らす人にとっては，長年にわたり共生関係にある景観はそれ自体が存在意義をもっている．その空間は成長し自己を

形成する中で豊かさを与えてくれる．こうした空間を桑子（1999）は「豊かな空間」といっている．ここで桑子のいう空間とは，環境と同義といえる．生態学の立場からすれば，希少性のない生態系にも外部経済的便益があり，それ自体を正当に評価すべきと考える．自然の景観は生態系として1つのユニットであり，その生態系は形成時期の差はあれ，人間の世代時間に比べ相対的に長い年月をかけて形成されている．したがって，自然景観の開発は，時として進化年代を含む生態系の成立履歴を瞬時に破壊することを意味し，その再生は人の手ではほとんどできない．したがって，希少性の有無が開発の可否を決める根拠にはならない．

私たちがどういう風景や景観の中で暮らすのか，身のまわりの自然環境がどのくらい豊かかといった問は，私たちの生活の質そのものに及んでいる．もはや利便性だけが快適の基準ではない．価値観の変化は，より成熟した社会に向かい，環境に配慮した生活スタイルを促す．クールビズ，地場野菜などの地元食材の利用，原材料に認証制度が受け入れる素地が社会にはできつつある．産業構造の変化は，低成長経済において，少子化した社会への適応につながる．これからの日本を考えるとき，最も大きな社会の変化は人口の減少である．今から40年後の2050年には日本の総人口は約9,500万人まで減少し，人口の40%は65歳以上と高齢化も進むと試算されている（東京都，2009）．そして人口減少は東京圏でも例外なく進行すると考えられている（矢作，2009）．このことは首都圏の中核都市部である東京23区および横浜の人口縮小を意味している．このことは，20世紀の社会基盤が有効に活用されなくなってきていること，平均的には都市圏における個人一人当たりの環境的なキャパシティーは大きくなることを示しており，都市自体もコンパクト化していく余地があるということになる．

さらには，インターネットが社会基盤として根付いたことで，20世紀と比べ情報伝達が格段に早くなった．この新しいコミュニケーションツールによって情報収集が容易になった．このことが環境問題への関心や知識量を高める有力な要因になっていることはほぼ間違いない．今後，環境再生にとって不可欠なツールであり，対策相互間のシナジー効果を生み出し，逆に対策相互の対立が生じた場合の利害当事者間の相互理解を深め，情報交換にかかる合意形成に有効なツールとして期待される．「経済の低成長」「豊かさの質の変化」「人口の減少」「情報通信技術の発達」の中で日本は，産業構造自体も環境技術産業に徐々にウエイトが移りつつある．さらに，インフラ整備や流通のノウハウをもった異分野の企業が農業へと参入し始めている．このように社会全体が20世紀型の社会構造を脱しつつあり，今日の日本社会はまさに転換期にある．

「均衡ある国土の発展」をめざした時代は終わりを告げ，これからは「風土と調和した地域色豊かな国土の発展」の時代になるであろう．物質的に豊かで衛生的な生活は，反面で商工業産品の生産拠点や物流網といった社会基盤の整備を必要とする．また，1972年の日本列島改造論，さらに1986年に制定の総合保養地域整備法（いわゆるリゾート法）もあり，土地造成などの開発が進んだ．大量の重機が投入されて山林が切り開かれるとともに，海辺は土地を生み出す場所として埋め立てられていった．国土開発は特色ある景観や生態系あるいは風土といった経済的に見えない価値や公共的自然環境を犠牲にし，地方固有の自然の恵みを失わせてきた．

社会が転換する機会に，人が自然と調和した持続可能な社会に移行することが強く望まれる．そうした社会に速やかに移行することで，今後日本の国際社会での発言力もこれまでと違った重荷をもつであろう．日本は公約として，国際社会が協調することを前提に，1990年比

で 2020 年までに 25％の二酸化炭素排出量を削減すると明言している．それを可能にするためには，東京圏におけるヒートアイランド対策，耕作放棄地の活用，森林の整備などが必要であり，まさに流域で起こっている様々な 20 世紀の環境問題をクリアしていかなければならない．

流域管理の基本は水循環である．これまで第 1 章で見てきたように，流域の人間活動は東京湾の環境問題に直接的にはたらく．元来，利水・治水を背景に食料生産が行われており，里山はそうしたシステムの中で生まれてきている．人の生活は水循環に基づいた流域という一つの領域の中で行われているのであるから，流域というひとまとまりの生活圏を国土保全の一つのくくりとして扱うことは自然である．日本を持続可能な社会に誘導していくためには，本委員会がまとめた第 4，5 章の目標や対策は現実的である．まして，自然の恵みを育む生態系ネットワークを再構築することは喫緊の課題である．東京湾とその流域の統合的管理＊は取り組まざるをえない対策といえる．

本委員会が東京湾・流域の統合的管理を 1998 年に提案して 12 年がたち，その間に沿岸域管理の重要性，流域圏という視点での国土管理が行政の中で議論されるようになってきている．例えば，流域圏における施策の総合化に関する関係省庁連絡会議が 2000 年に発足した．国土交通省（2004）では，これからの政策の基本方向の中で，ランドスケープを活かした国土資源の適切な保全・活用として，流域圏アプローチによる国土管理の推進に 3 項目たて，①流域圏単位の総合的な計画の必要性，②横断的な組織の検討と NPO 等との連携，③上下流連携による水源地域の管理をあげている．また，

流域圏単位の水管理の推進の中には，流域の源頭部から海岸までの一貫した総合的な土砂管理の推進に努めることの必要性や，水質と水量を一体ととらえ，良好な水辺環境が存在する健全な水循環系の保全・回復をめざすことの重要性とともに，水循環系の健全化の取り組みを含めた持続可能な国土利用のあり方について検討が必要であると述べている．しかしながら，こうした国土政策は，農林水産省などほかの省庁との枠組みを越えて横断的なものであり，そうしたガバナンスをどう構築するかは述べられていない．また，健全性について具体的に示されておらず手探り状態といえる．

2008 年に日本学術会議（2008）は，国土の質の向上を図る施策実現の 1 つの手だてとして，自然共生型流域圏の構築を発表し，課題整理を行った．行動計画の中で，自立した自然共生型流域圏形成の要件の上位には，国土の流域圏データベースの構築や生物多様性国家戦略を敷衍した水・緑の再構築などがあり，その方向性は本委員会が東京湾とその流域に関して提案している統合的管理の考え方を基本的に支持する内容となっている．第 4 章で述べたように，内閣府に設置された都市再生本部下にある東京湾再生推進会議に東京湾再生を期待したいところであるが，現在のままでは時限が来てしまう．東京湾とその流域に集中的に力を投下して，「東京湾」を対象に再生して，その過程で生まれてくる環境的取り組みの成功例をくみ取り，見直し改善例を蓄積して，これを国内外の沿岸環境保全に実例として示し，応用貢献をめざした方向性を明確にしてもらいたい．

6.2 東京湾と流域の統合的管理と『里山里海コンソーシアム』

第 4 章に示す目標実現のために第 5 章ではそれぞれの場における対策，それらを有機的につなげて効率化する「東京湾・流域再生ネットワーク」，および再生を加速する事業中心とし

＊ 統合的管理：ラムサール条約の締約国会議の決議によれば，統合的管理とは，持続可能性の原則に基づき，経済発展とともに，世代内，世代間の公平を確保しつつ，一層効果的な生態系管理を実現するために，対象地域の様々な利用者，利害当事者および意志決定者を一つにまとめるための仕組みである．

第6章 人と自然のかかわりの再生

てシンクタンク機能をもつ「中核的研究機関」（仮称，以後は東京湾研究所）の設置を提案した．本章ではこれらを束ねる東京湾・流域の統合的管理の中心となる「里山里海コンソーシアム」を述べる（図6·2·1）．この提案の特徴は日本の伝統的な地域保全の手法「入会地」制度を応用して，持続可能な社会・持続可能な環境を実現することである．

かつての日本では，流域の水循環に沿った小さい生態系ユニットである里山里海がそれぞれの地域の住民によって保全されていて，地域住民は自然を利活用しつつ管理して自然と調和した生活を送っていた．『里山里海コンソーシアム』とは，持続可能な社会と国土を実現するために，地域住民による慣例的な自然環境保全のシステムをもう一度見直し，再構築して環境に順応的な保全を実施する枠組みのことである．

図6·2·1に示すように，流域には支流や扇状地など様々な生態系景観がモザイク状に内在し，そこに里山や里海の地域社会があって，これらが多層的に集まって地域色豊かで多様性に富んだ一つの流域圏を形成している．本稿では里山や里海といった地域生態系の最小単位を「セル」と呼ぶことにする．セルは生命の恒常性がフィードバックシステムによって保たれていること，そして生体組織が細胞を生命活動の基本単位としていることから，比喩的に呼ぶことにした．これまでも述べてきたように各地域には風土の違いがあり，それぞれのセルは個性をもっている．その一方では全体としてまとまって流域圏，そして日本の国土という大きな自然を形成している．里山里海コンソーシアムは「セル」群を上位の単位（例えば，里山が集まって一つの支流域といった大きな単位：小ユニット）へ階層的に組織していく（行政的には地方自治体というユニット）．セルごとでの自然管理の取り決めはそれぞれの地域の実状に合わせて実施する．それぞれのセルの状況は情報通信技術によってリアルタイムで伝達し公開される．地域間の情報ネットワークによる連携は，多様な生態系をもつ地方色豊かな国土環境を再生していくという構想である．

6.2.1 里山里海コンソーシアムにおける『入会地（日本型コモンズ）』の重要性

A. 「入会」という管理手法

里山里海は人の住む集落を中心に周辺環境の中で形成される生態系とともに，その空間領域での人々の暮らしや文化を含む概念である（中村ほか，2010）．一つの流域には様々なタイプの里山里海がモザイク状に存在し，それらが水と物質が一体的につながり循環するシステムを形成している．

もともと里山が生まれてきたのは，米などの主食となる栽培作物に必須な窒素の獲得がある．先述したように雨の多い日本では土壌の窒素が流出しやすいため，地力維持には頻繁に柴や刈敷を肥料として田畑にすき込む必要があった．また，森林縁辺部には生活に有用な動植物があるため維持管理されていた．中村（1997）が指摘するように，伝統的農村・里山自然での農業は，原生自然の種構成を大きく変えることなく，むしろその自然本来の力を最大限に引き出すものであった．そこでの農業活動は，水環境や遷移条件の多様性を向上させ，その環境の

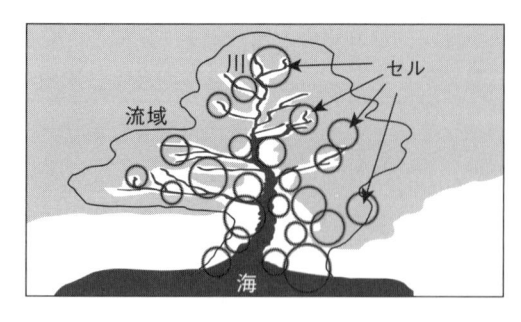

図6·2·1 里山里海コンソーシアムのイメージした流域模式図
地域ごとに海辺，干潟や鎮守の森や街の公園・空き地を大切にしている人々のコミュニティーがあり，「セル（入会地）」がユニットと管理されている．

モザイクが動植物の生息・生育環境の多様性を高め，多くの種の存続を担った．こうしたやり方が，自生種を失わせず，生物多様性を「意図せず」あるいは「結果的に」保ってきた．

海の場合，人手が加わると生物群集の構造が変化する．そういう点では，里山のような閉鎖性の高い系と里海のように開放性の高い系では人のかかわり方は違ってくる．里山ではおもに山から人の手で窒素を運んできたが，里海では窒素はおもに海からやってくる．すなわち，台風などで海が鉛直的に撹拌されると，海の底層にあった無機栄養塩は表層に運ばれる．また，陸からも人間の生活から出てくる栄養分が海に流れ込む．そのため里海と呼ばれる沿岸域は，栄養塩がちょうど生態系の中で使い切れる程度に存在したため，それを使って育った植物を動物が食べ，順に食物連鎖を昇っていき，最終的にはそれらの魚介類等の水産物が里海の人々によって収穫されていた．

このように自然環境やエネルギー収支の面から，里山里海に様々なタイプが見出される（中村ほか，2010）．しかし，社会システムとして共通している点は多い．例えば集落の祭事場や集会所，鎮守の森など，総じて地域住民が「入会」制度という管理システムで総有している「入会地」である．広い意味で，里海や里山は入会地としての要素が大きく，これまで地域住民によって保全され，適切な管理の下で利用され続けてきた．まさに「日本型コモンズ」といえよう．入会地は生活の身近なところにモザイク状に存在するのが日本社会のこれまでの姿である．この入会地を活用し流域管理に役立てようというのが，本委員会の提案「里山里海コンソーシアム」である．

B．入会の優れた点

東京湾では江戸時代に市中から出るゴミによって沿岸埋立は進み（遠藤，2004），生活を支えるための薪炭や建築資材として，近郊の里山から木が切り出されたため，土砂の流出が増え，干潟が発達したと想像される．そうした環境的負荷をかける一方で，江戸は物質循環社会といわれる．江戸の食料需要を支えるには，江戸近郊に広大な里山を維持して，自給肥料である刈敷や柴をとったり，街から肥を集めたりと様々な工夫がされた．裕福な農家では，干したイワシなどの金肥を購入することもあった．東京湾沿岸では，かつて貝類のキサゴ（ほとんどはイボキサゴ）が肥料として大量に利用された．キサゴは肥料効果が高く，海付き村の農民のために保護され，漁民の売買は禁じられていた（中村，2003）．こうした磯資源の利用のルールが成立していたことからも，田畑にまく窒素肥料がいかに重要であったかがわかる．そうした，利用できるものは無駄なく使って農地を肥やすという，農村と都市，農村と漁村というような入会地の中での管理，コミュニティー同士の連携によって，当時は物質循環の良い関係が成り立っていた社会だったといえる．この窒素の確保とやりとりこそが里山や里海を守り，沿岸の自発的ルールに基づいた利用を促し，さらには百万都市の人口を支えたと考えられる．

海辺における入会，例えば三重県鳥羽地域において海辺の漁業集落は，「地下（じげ）」と呼ばれる山林・原野などの総有の土地を管理・利用していた（浜本・田中，1997）．中村（2003）によれば，江戸時代の東京湾内湾岸には102の海付き村があり，各村によって利用・管理されていた．その内訳は漁村84，磯付き村あるいは磯付き百姓村と呼ばれる地付き漁業のみが許される農民村18である．海面の場合，地先三尋（水深約4.5 mまで）は地付きの漁村の管理で，沖は入会という慣行があった．干潟は共同で管理されていて，肥料や食料にするアオサを集めるといった作業は（図3・4・4，222ページ），昭和30年代（1955年頃）にも見られている（中村，2003）．化学肥料が広く行き渡る以前は，こうした海藻・海草の肥料化は日本海側の中海でも報告されており（平塚ほか，2006），内海・

内湾で広く行われていた入会慣行であろう．高度成長期以前，自然の恩恵を地域集団で分配する高度なシステムをもっていた日本社会は，自然とうまくかかわっていた．

集落単独では生活に必要なすべての資源需要を満たすことはできない．不足物資を補い合うことで，里山や里海間のネットワークは強固なものになる．そして，個々の里山里海が流域という系内で資源を交換しあうことで，系外からの物質の運び込みを最小限に抑えるようになれば，自然と海への人間活動の負荷を下げることができる．高橋（1993）は東京湾の効用として，海産物，塩，海道，土地造成（干潟の埋立と干拓による住宅・水田・塩田の用地造成）をあげている．中村（2001）は，こうした効用が，東京湾の恵みは川道によって谷津の恵みと結ばれ，一方では海道の流通によって各地へ伝播していったことを指摘している．すなわち，東京湾の恵みは，それぞれの入会地に不足するものを補完しあう形で，コミュニティーの間を移動し，水循環をさかのぼり流域奥深く，そして流域の間を越えていった．日本は，このような循環型社会の経験をもっている．こうした地域ごとの市民が保全する入会慣行を新しい形で再構築して，地域ごとの市民の協力で成し遂げていく流域全体を見据えた統合的な管理を行うことで，流域環境を，そして東京湾という壮大な共有地を再生させることは可能と考えられる．

ところで，「きれいな海」か「豊かな海」かといった二項対立の構図が，生物多様性保全にはつきまとう．きれいな海は経済的に豊かな海ではない．少なくとも即現金収入になる収穫物は少ないであろう．そういう意味では，生物多様性保全はきれいな海を保全する方向性が強い．きれいな海は様々な遺伝子資源をもち，環境の世代間格差を生み出さないためにもその保全は必須である．そのような背景から，今日「里海」というのは，遺伝子資源の「豊かな海」と生産的にはまずまずの「きれいな海」という人間の都合で折り合いをつけた優れた折衷案といえる．

C．入会地：流域管理の最小単位

入会地の領域はどのくらいであろうか．それは入会地の利用目的にも依存するが，里山や里海の場合，そこに住む住民を支える土地の豊かさ，すなわちその土地の自然環境が生み出す食料やエネルギーなどの資源（自然の恵み）の多寡による．そして中村（2004）は，民俗学や社会学的な研究を含み導き出した里山の基本単位を人・自然・文化の調和・共存のユニット（景相単位），すなわち「集落を中心としたかつての村の領域」であると提唱している．

それでは入会地において自然環境を持続的に利用できる人口はどれくらいであったのだろうか．土地の豊かさによって異なるであろうが，あまり少なければ管理が難しく，逆に多過ぎれば合意したルールを守ることが難しいはずである．ダンバー（1998）によれば，人類の群の予想規模は，脳の新皮質の相対的な大きさからするとおよそ150人とされる．世界各所に存在する，古来の狩猟採集生活を営んでいる民族を調べると，そのまとまりの人数の階層は，同じことばを話す一団の人々から成る部族が1,500〜2,000人から，最下層の5〜6家族（30〜35人）が協力し合って，一時的にキャンプをするサイズまであるものの，どの種類の集団よりも規模の変動幅が小さいのが氏族といわれる150名程度の集団であるとされる．また，現存する住居数に基づく，紀元前5000年頃の初期農耕民の村々はおおむね150人とされ，それは現代の園芸生活者の村（インドネシアやフィリピンなど）でも同じである．また，19世紀末の近代軍隊の中隊は，130〜223名に固定され，これまでの経験則からも戦闘単位は200名を超えると後方からの指揮をとるときにコミュニケーションが難しくなるとされる．人間が親しくコミュニケーションできる人数の平均値は150名程度というのである．150人というのは，一家族4名

とすると約40世帯になる．一つの村落を思い浮かべたとき，子どもの多い家庭から夫婦二人だけの世帯もあるだろうから，おおよそ40～50世帯で構成されて安定していたとすると，里山管理を可能にする，すなわち管理システムを稼働するには，このくらいの世帯数が必要である．逆にこのくらいの世帯数が生活できるだけの資源を得られる範囲が，一つの小さい単位と見なせるのであろう．もちろん，農耕技術の進歩もあり，里山の人口は増加していったはずである．それでも集団のまとまりとしては認知限界の観点からも150人程度が適当ということであろう．

6.2.2 今日の入会地の危機を招いた外的要因と内的要因

今日，入会によって保全されてきた里山などの荒廃や中山間地における耕作放棄地の増加などが国土保全上の問題となっている．入会というシステムが危機に瀕した要因は，外的要因としては化学肥料と海外からの農水産物の流入，里山里海の開発による面積減少と道路網による分断，内的要因としては社会環境の変化とそれに伴う入会というシステム自体の制度疲労があげられる．

今日弱体化している入会システムの最初の危機は，慣習として守られてきた入会地を近代法によって不動産登記を義務づけた明治時代の不動産登記法（1899年）（加えて1889年の町村制の制定）による混乱である（詳細は浜本・田中，1997）．しかし，里山，とくに中山間地における危機は戦後に平野地での農産物大規模生産を可能にした化学肥料の導入であろう．このことにより中山間地における小規模耕作地は不利な立場に立たされた．やがて，今度は海外からの輸入物資が増加して，安い農産物や水産物との価格競争が激化した．つまり，最初国内での競争に勝ったはずの平地の農業も海外との競争に敗れて，日本の一次産業は衰退した．日本社会は工業生産を国の基幹産業に据え，食料は海外から買い付けるようになった．こうした産業構造の転換のため都市の労働者需要により農山漁村から多くの人が工業地帯や都市に移り住むようになる．また，社会基盤である鉄道や道路などの交通網の発達，テレビの普及によって，集落外の情報が直接的に入手できるようになり，人々の関心が地域内から地域外へ広がった．そのため，地域社会の閉塞感も手伝って，都市の消費型生活を志向するようになっていったと考えられる．こうした社会の変化は里山里海という入会制度自体支えていた人々の生活や意識を変えていった．そうした日本人の意識，詳しくいえば入会慣行によって形成されてきた日本人の規範意識の変化が，入会地荒廃を加速したと考えられるのである．

民族がもつ世界観というのは，そこに所属する個人が成長する過程で形成されていく．その形成過程に風土の影響というものが，時代を越えて働き続けるとされる（鈴木，1988）．例えば，柳田国男を研究した川田（1998）によれば，古い時代の日本で農業を営む人々は，山の麓の前方の平野の開けたところに住んでいる場合が多かった．それはおもに水稲作の便宜のためであるが，祖霊たちはその山の頂にとどまり，人々を見守っていると信じられていた．柳田はこうした氏神信仰の成立が，仏教その他の影響を認めてもなお，日本人の生きがいや価値観といった倫理形成において決定的な要因となっていると見ていた．そうした氏神信仰に基づいた世界観のうえに，日本人の環境観は形成され，自然との共存がなされてきたと考えられる．

日本は深い山と流程の短い川で海につながり，平野地は狭い．そこで作物を作り，暴れる川からの災害を防ぎつつ生きるためには，共同作業は欠くべからざるものであったはずである．日本語に，英語のプライベートを示す言葉が存在しないとの指摘があるように（井上，1977），日本には根本的な個人主義は発達して

いなかった．これは，日本社会の未成熟を意味するものではない．日本のように豊かだが，その一方で厳しい風土の中では集団での助け合いのシステムを発展させることが生き抜く知恵だったのであろう．そうした社会の中で日本人の規範意識が形成された．この規範意識を基盤として，社会に人や情報の行き来が盛んになった江戸期に「世間」というものが確立して，日本人の行動原理ともいっていい「世間体」が個人を内面から律してきたと考えられる．日本人はおおむね「世間」に恥ずかしくない行動をとることを規範の基本においてきた（井上，1977）．新渡戸稲造は日本人の規範意識を「武士道」で説明している（新渡戸，1938）．ただし，武士道は武士社会の規範であって，日本全体を説明してはいない．当時の日本人のほとんどは世間並でいることが大切で，人々から外れない行動や，勤勉，実直であることが重視されていたと考えられる．

日本経済の高度成長は日本人の生活に様々な影響を及ぼした．生活水準の上昇は医療・衛生および栄養面を向上したばかりでなく，日本人の生活を物質的に豊かにし，消費を増加させた．日本はあらゆる面で，アメリカ型の物質的豊かさや快適生活を短期的に達成していった．アメリカ型自由主義経済に乗じ，高付加価値の工業産品を輸出し低価格産品を輸入する国際分業化を推し進めた．国内的には公共事業による社会基盤整備に邁進した．そしてアメリカ型自由主義経済に感化された日本人は，従来の規範意識や環境観を変質させていったと考えられる．敗戦で物質的に飢えていた時期にアメリカの豊かな物質文明が一気に流れ込み，とくにその頃の若年世代への影響は計り知れない．世間体を気にしていた人々が，一斉に自由に目覚め，そしてアメリカ型の物質的豊かさを求めて経済活動を始めたのである．自由とは自立性に根ざしており，個人の行動は何者にも制約されないが，その行動の責任は個人が取ることである．自立性が未確立の日本で自由を主張した結果，戦後民主主義のもとで，義務や責任を忘れた権利意識ばかりが肥大していることを井上（1977）は指摘している．そうした権利意識が広がれば自己中心的行動が公然化し，経済活動における利益追求が開発を加速させる．地域社会で守られてきた共有的な空間や自然景観は，法に抵触しない限り，早い者勝ちの開発によって失われていく．そうなれば，それまであった地域社会の慣習的ルールは守られなくなる．

こうした事態をギャレット・ハーディンは「共有地（コモンズ）の悲劇」で説明している（Hardin, 1968）．個人が自己の利益を追求して行動していると，最終的にはその個人の所属する社会全体が大きな損失を被ってしまう．彼のいう共有地とは，ゲルマン法でいうところの誰もが自由に利用できる土地である．したがって，共有地という資源を維持していくためには，利用者人口が多過ぎると難しい．また，誰もが利用できることから，ゴミの不法投棄に曝される危険もある．こうした誰にでも開放されている土地の過剰利用を避けるためには，土地を分割し個人で管理する方がよいことになる．共有地の悲劇は過去の日本には該当しないであろう．なぜならば，ゲルマン法的共有地がオープンアクセスであったのに対し，日本型コモンズ（入会地）は地域住民の管理下にあり，地域の利用者のルールにたった高度な土地利用を実施していたからである．それは特定の集団が利用する権利をもち，集団の個人個人に権利をもたせるわけではない．したがって，構成者が共同で管理法をきめ，それに参加している個人が利用できることになっていた．こうした暗黙の取り決めは日本人の規範意識に根ざしており，公のものを勝手に利用しない，遠慮するという世間体に通底する．

近年，管理が行き届かなくなった入会地で，ゴミの不法投棄，家族連れによる山菜などの根こそぎ採取，密漁といった例が多くある．こう

した行為は山奥まで道路を引いたことにも原因はある．しかし，それだけではなく，高度成長期以後の収益第一主義的開発行為が私たちの周りの自然環境を大きく変えていった．その様子は，東京湾の沿岸開発に如実に見ることができる．沿岸埋立では，一部の事業者だけが受益者となり，漁業を営むものや，行楽の場としていた多くの流域住民や，潮干狩りなどの行楽客をあてにして海辺を糧に商売をしていた不特定多数の人々は最終的な不利益を数世代にわたって被るということである．「短期的な利益は，長期的な悲劇を生む」（ダイアモンド，2005）のである．日本の自然環境は世間体という地域社会内のルールに根ざした日本人の規範意識に守られてきたために，入会制度自体が社会の変化に合わなくなってきたことで制度疲労を起こし，結果的に入会地の衰退を招いたといってよいであろう（図6・2・2）．

6.2.3 新しい入会

A. 再生事業のボトムアップ

東京湾・流域の統合的管理において環境再生事業では，一斉に広域で実施する取り組みと，ボトムアップ的に積み上げていく取り組みが両輪となって，複数の主体が得意な分野を分担し，かつ意見交換しつつ協働することになる．東京湾で最重要課題である海底の貧・無酸素水塊の解消は，流域圏の社会システムに変更を迫るマクロな取り組みであり，行政領域を横断する対応が求められる．下水道システムの見直し，都市の浸透面増加や埋立地から自然海岸線への再生とそれに伴う海岸線のセットバックのための誘導的政策などは，行政領域をまたぐことでスケールメリットが生まれる．効率良く財政的無駄が発生しないような広域的な再生事業は，これまでの公共事業で培ってきた行政のノウハウを利用し，市民の意見を反映して，合意形成に基づいて政策が決定されることが大切である．そうした自治体の枠を越えた政策の実行には，有明海・八代海再生特別措置法や瀬戸内海環境保全特別措置法のような東京湾流域再生特別措置法（仮）の制定も選択肢として検討する必要がある．生物多様性の保全と水循環の健全化をリンクさせて考えるとき（図6・2・3），生物多様性保全にかかわる法体系の中に水循環を保全する法律，すなわち流域から沿岸までを統一的にカバーできる法律はない．東京湾流域再生特別措置法の制定は統一的に流域の水循環を正常化して，国土保全をめざす法体系の足がかりになると考えられる．

一方，日本列島は多くの流域圏よりなり，そこには約7,000種の野生の草木が自生し，うち約4割は固有種とされている．この島国にこれだけ多様な固有種を育むことを可能にしているのは，まさに多様な生態系が存在する証である．このことは多様な生態系を内包する流域圏をひ

図6・2・2　東京湾岸域の谷津田の風景
　　　　　写真右に見える不自然な形の山は，産業廃棄物が積み上がってできた山．こうした水源の湧き水も集まって，水田から河川，そして東京湾へと流れ込む．

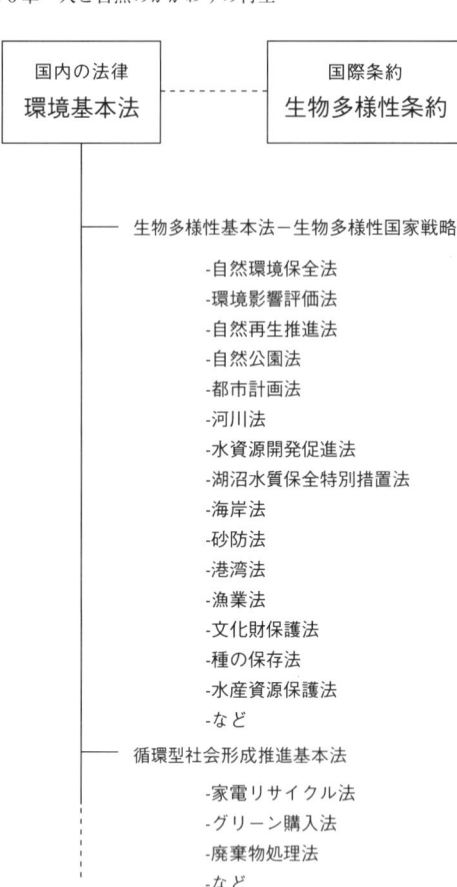

第6章 人と自然のかかわりの再生

```
┌─────────────┐     ┌─────────────┐
│  国内の法律  │╌╌╌│  国際条約    │
│  環境基本法  │     │生物多様性条約│
└──────┬──────┘     └─────────────┘
       │
       ├── 生物多様性基本法－生物多様性国家戦略
       │        -自然環境保全法
       │        -環境影響評価法
       │        -自然再生推進法
       │        -自然公園法
       │        -都市計画法
       │        -河川法
       │        -水資源開発促進法
       │        -湖沼水質保全特別措置法
       │        -海岸法
       │        -砂防法
       │        -港湾法
       │        -漁業法
       │        -文化財保護法
       │        -種の保存法
       │        -水産資源保護法
       │        -など
       │
       └── 循環型社会形成推進基本法
                -家電リサイクル法
                -グリーン購入法
                -廃棄物処理法
                -など
```

図6・2・3 生物多様性にかかわる法体系

とまとめで管理・保全することが難しいことを物語っている．例えば江戸野菜でナスを見てみると，砂村丸ナス，駒込ナス，雑司ヶ谷ナスと，土地には土地の品種があり，ミクロな風土の違いがある．トップダウン的な一律の定型的な事業だけでは，風土の違いといった細かな点には対応しきれないので，土地土地の負荷等に合わせた対策をとらざるをえない．したがって，流域の保全には，その土地と風土にあった伝統的な管理手法にもう一度光を当て，場所ごとの特性を活かした管理手法を横につなげることで，全体を統合していくことを考えなければならない．そのため，地域住民によるボトムアップ的取り組みが，流域環境の保全の鍵を握ることになる．

B. 入会制度の存在目的

入会によって守られてきた共有的自然環境は減少傾向にあるものの，まだ各所に残存している．管理放棄が問題になりつつも日本国土の4割は里山とされる．東京都の2000年の調査では，多摩地域404ヵ所の谷戸（やと）のうち，約12％に当たる48ヵ所は消失したが，数字上は9割弱が残っている．入会のような自発的管理手法は地元意識を共有しない地域住民の増加によって成り立たなくなっているとはいえ，その存在は自然環境保全に役立っていて，今日でも流域や街中に存在している．長い歴史の中でその土地の自然に合わせた持続可能な資源管理のシステムは日本人が親しんできた手法であり，完全に廃れたというわけではない．この入会地制度を流域管理に活用することは可能であり，環境保全にとって合理的である．

これまでの入会はおもに生活物資を自然の恵みとして求めていた．しかし，そうした物資は手頃な代替品に取って代わられていき，入会地への依存が低くなった．これからの入会地の存在目的は，自然全体から醸し出される恵みや生物多様性を意図した環境保全であり，生活の質向上に重点が置かれた地域住民による新しい社会活動としての「新しい入会」が今後の姿である．

6.2.4 入会制度の利点と課題

統合的管理を実施するとき，利害関係者が多いほど合意や協調が難しいことは，国際条約の締約において難航する例を見れば明らかである．たとえ正論でも，そこになんらかの利害と互いの理解不足があれば，総論賛成各論反対になりがちである．喫緊の対策には地域社会での素早い合意と実行がいる．地域単位での積み上げ型の取り組みの良い点は，利害関係者の数が少ないために，比較的短期間で地域住民の意見をまとめることができる点にある．東京湾流域のように生態系の保全が時間との競争になって

いる地域では，早い合意形成が重要である．

地域住民は環境を保全する主体として極めて重要な存在である．一方で，地域住民の意思決定は，規模の小さい地域環境にとってインパクトが大きく，場合によっては地域生態系や環境を決定的に悪化させる可能性がある．そこで適切な保全にあたっては，利害関係者間の調整役が必要で，こうした場面では科学者が利害関係者の一員としてそこで助言，シナリオ提示などで参加することが必要になる．

地域の保全は地域住民が行うことが原則であり，地域に暮らす住民による「『入会』による保全活動」と，いわゆる「『市民活動』による保全活動」は分けて考える必要がある．例えば，横浜におけるアマモ場再生を通じた環境教育によって，東京湾の保全を次世代に託すというのは大切な市民活動である．ただ，林（コラム，204ページ）を読むとわかるように，市民活動はイベント性が高いほど現場の地元と関連性の薄い人々が遠方から来訪し，どこかに労力や資金的負担が集中する場合もある．いわゆる「市民活動」で継続的な環境保全を行うのは難しいのではないだろうか．したがって，地域の保全は，自治会のような地域住民のコミュニティーで実行する方が継続性が見込める．例えば，地域の祭りのように，100年以上続くものがあるが，これは自治組織で行われているからに他ならない．

ただし，入会地の管理において，市民活動は特定の問題に対して受け皿になることは間違いない．6.1で述べたように，近い将来に人口は減少し高齢化が進む．入会地の下草刈り，海岸のゴミ拾いや干潟の調査などの保全には，地域住民とNPOの協働が必要であろう．例えば，枝打ちをしたり下草は牛やヤギに食べさせたり，ゴミ拾いや調査にはボランティアを集めたりアイデアやノウハウがいる．場合によっては資金的支援も必要になるかもしれない（図6・2・4）．そうしたときに，人的支援を直接する市民活動や，そうした直接的に働くNPOや財政的な支援を紹介するための，入会組織とそれらの間を仲介するNPOもまた不可欠である．海外の例として，アメリカ・マサチューセッツ州の流域保全活動は，小規模なコミュニティーとランドトラストが連携しつつも，民間団体が重要なイニシアティブを握るボトムアップの仕

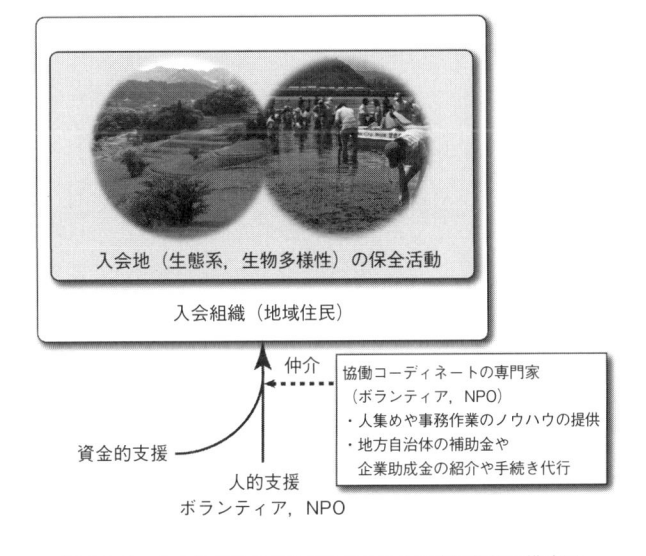

図6・2・4　入会に支援の必要が生じた場合の協働体制の模式図

第6章　人と自然のかかわりの再生

組みで作られている（畠山・柿澤，2006）．先進諸国の最近の環境政策を大きく特徴づけているのが，協働関係の構築の重視である．欧米のコミュニティーの成立は日本の入会制度とは異なるものの，地域のもつ自治の能力が自分たちの暮らす地域の環境の質にかかわることは間違いない．

横浜では 2007 年から「横浜みどりアップ計画」を推進している．この計画では樹林地や農地を守り，緑地を増やすために，2009 年からは横浜みどり税を実施している（横浜市環境創造局，2009）．横浜市は 2008 年に市民 1 万人を対象に「横浜の緑に関する市民意識調査」を実施した．横浜市の場合，樹林地や農地などの緑地の多くが民有地であり，その所有者は管理や相続税に関して維持し続けることの困難さを抱えていることが多い．この点に関して，市民に樹林地や農地などの緑地を保全するために横浜市が買い取りを進めることについて設問した．結果では，所有者ができるだけもち続けられるよう支援を行い，やむをえない場合に限り，行政が買い取るべきと答えた市民が 50.1％，積極的に買い取って保全するべきが 22.1％，相続時などに申し出があった場合に買い取るべきが 22.0％で，合計すると 94.2％の市民が買い取りに前向きな返答をした．このように，横浜市の市民の間では地域の中の緑を保全することに対して合意の形成ができていることがわかる．横浜市はみどりアップ計画の策定時に，財源について横浜市税制研究会を設置し，市民の意見を各種のアンケート等によって把握することで，課税を検討した．そして，緑地保全のための資金として，横浜みどり税を 2009-13 年度まで，個人および法人から徴収している．このように，入会地の地域住民を越えた集まりである自治体の市民全体が地域の状況を知り，それに対する合意を図ることで，短期間に財源の確保が行えている．

環境保全の担い手は地域住民であり，入会を束ねる立場にある地方自治体の役割が増すことは必然である．地方自治体による入会の実態把握が必要で，その状況に合わせた NPO の紹介というような行政サービスの拡充が求められる．これまで日本の社会では里山や里海などが昔のままに残されているところが多かったために，環境に関連する行政システムの中で身近な自然が取りこぼされてきた面がある．今日の先進国における環境保全をみてみると（畠山・柿澤，2006），①保護対象の飛躍的拡大：保護対象を身近な自然を含め，生物多様性保護と調和し，自然の生産力を破壊しない範囲で持続的な収穫を図ることが必要とされている．②自然資源管理政策の形成過程に多様な利害を反映させることが求められている．③自然資源を総合的に管理するために，中央省庁間あるいは国・地方にまたがる連携組織を考える必要がある．④行政機関には生物学・生態学等の最新の知見を取り入れ管理に活かすのに必要なデータや人材が決定的に不足している．地方自治体では，これらを検討しつつ行政手続きのあり方を改め，新しい住民参加型・協働型の自然資源管理システムを模索せねばならない．

6.2.5　土地の公共性の再検討

景観に対してこれまでは経済的価値を付与せずにきた．今後は，これを経済学的な側面からも見直し，入会地の自然環境を保全していくために「土地の公共性」というものを見直すときであろう．司馬（1980）は，土地投機や土地操作が利益を生むという刺激が日本人経済意識を大きな部分において変質させ，生産もしくは基本的には社会存立の基礎であり，さらに人間の生存の基礎である土地が投機の対象にされていることが自然の破壊・景観劣化，果てはモラルの低下にまで波及しているとし，土地は公共性という性格を強くもつことから，水や空気とかが公有であるように，土地の本質は公有物にする必要があるという主旨のことを述べている．

また，玉野井（1978）は「今日環境問題が様々な角度から取り上げられて行くにつれて「生活空間」とか「景観」という言葉が新たな意味をもって登場するようになっている．人間にとって貴重な自然空間はレジャーの産業化と商業主義によって非可逆的な影響を受け，大きく侵蝕されようとしている．失われた生活空間や景観を何とかして回復し，これを「公共」的なものとして確保しておく必要が生じてきたわけである．（中略）われわれの心象にいつの間にか一種の地球的自覚が植え付けられるにつれて，経済学者は否応なしに地球空間の意味を考えなければならなくなってきた」という指摘をしている．

景観とそこにある生態系はその基盤である土地と結びついた公共財であり，その価値を保全することは，地域住民のアメニティーを豊かにしている．アメニティーとは「市場価格では評価できないものを含む生活環境」であり，住み心地の良さや快適な居住環境を構成する複合的な要因を総称している（宮本，2007）．ところが，今後，越えなければならない課題として，公共財である景観の保全とその景観（生態系）に密接な土地には所有者がいて，その土地の所有権と使用権は同時に行使される場合が多いということである．

例えば，先述したように横浜市では緑地の多くが民有地である．また，埋立地は企業あるいは自治体の所有である．個人の所有地が入会地として地域住民に開放されていて，地域住民の手で保全されている限り問題は生じない．しかし，大資本によってアメニティーが占有され商品化されると，海岸の親水性阻害や風景を遮る高層マンション建設によって地域住民のアメニティー妨害が発生する．そしてそのことが，それまでアメニティーを守ってきた地域住民の間に不公平を生む．ケースによってはデベロッパーは地域の共有財をただのりするフリーライダーとなる．例えば，地域社会が守ってきた緑の多い町並みがブランド化したところに，そのブランドを利用してマンションを販売するデベロッパーがそれに当たる．

こうした事態が発生するのは，アメニティーのもつ特徴にある．外部経済であるアメニティーは風土や歴史性に根ざして地域固有性が高いこと，地域に生活するかそこに行かなければ享受できないこと，需要が増えても歴史性によって早急な供給ができないこと，人間の営みと地域住民の愛着と密接であり，分割や独占が性質的になじまないことにある．これまでの日本では空気のような存在であったアメニティーは意識されてこなかった．また，その概念自体は欧米からの輸入品であるが，今日の日本ではこの概念を必要としている．

景観保全に関していくつかの海外の例を示す．ドイツでは（宮本，2007），歴史的な農村の建物や町並みの保全に州の補助金が拠出され（美しい村づくり政策），町並み全体を再生している．また，経済的合理性のある直線的で車両通行に適した道路を曲がっていて人々が歩いたときに楽しめる道に再生している．さらに，都市内での市民農園を奨励し（市民農園はドイツばかりでなく欧米で一般に広がりつつある），緑地帯が増加している．ドイツでは都市計画によって地価が規制できるほど計画当局の権限が強い．それに対し日本では土地を市場に任せているため，住宅地域でも平均的な市民が宅地を購入困難な地価が実現している．

イタリアの場合（宗田，1988），景観美の保存は環境保護政策の基本であり，自然や文化，歴史を点景として保存するのではなく，日常生活の環境として確保することに意義があるという考え方にある．適止な計画埋念によって土地利用を規制し，美しい状態を後世に伝えることが国家の文化行政であり，国民の文化の育成であるという理念である．それはいうまでもなく公共の利益たりえ，個人の財産権を制限する根拠である．

自然環境や景観の保全のために，土地を公共物として扱うためには土地所有者との合意がいる．土地は財産であり，土地利用規制によって，規制対象となる所有者とそうでない所有者の間で財産から得られる利益に不公平が生じる．この不公平を制度的に解決するには，今後開発権譲渡などの検討が課題となる．また，所有権と使用権を分けて，法的か市民ベースでのルールかはおいても，土地使用に制限をかけることは，公共性を確立して，景観や生態系を保全し再生する一つの方法ではある．ただし，所有者へのインセンティブは十分検討しなければならない．インセンティブのあり方は，未開発に近い山林のような状態か農地での所有かで異なる．また，本来海であったところの埋立地の所有では，所有者が自ら海辺を開放するあるいは親水護岸にする，さらに一部を人工干潟にする，あるいは海岸地形に戻すといった，企業の責任に応じた段階の行動がありえ，それぞれにインセンティブを階層的に用意する必要がある．先の横浜の例にあるように，所有者が土地の維持困難となったときには，地方自治体による買い取りを行いやすいような地域指定をあらかじめ準備しておくことも必要である．自治体をまたぐ大きい範囲の場合は国による支援も必要となる．生活の質の向上にとって，アメニティーという考え方は重要であるばかりでなく，生活の質の向上と持続的社会の実現は深く結びついている．

6.2.6　統合的管理のアウトライン

横浜市はみどりアップ計画で緑被度31％（2004年度）を維持あるいは上昇させることに取り組んでいる．ただ，平行して道路の拡張整備や新線の附設を進めている．そのため道路網によりそれぞれの緑地は孤立し，生態系ネットワークが遮断されることになる．市域全体でみた場合，みどりアップ計画によって緑地の総面積が維持されたとしても，モグラやヘビといった個体群は隔離され，鳥類などの飛翔可能な個体群のみが緑地間を移動できることになる．結果的に生態系の構成種全体が維持されるような生物多様性保全的なものにはならない．計画の掲げる「量の成果」として公園は増えるが，自然の再生という点では弱いものとなっている．緑地を例としたが，三番瀬にしても東京湾に残された自然海岸と後背内陸部は道路によって，多摩川は堰によって生態系ネットワークが遮断されている．上記のように結果的に制度の運用に問題があるように見える一方で，横浜市では市民の現状認識が合意に結びついたとき，計画の内容によっては自然再生に大きい成果をあげる可能性を示している．したがって，その成果を実のなるものにするためには，計画の段階で高い視座にたち，流域レベルで国土を考える思考が地方自治体には求められている．

これまで何度も述べてきたように，私たちの社会が持続性を保つためには，生物多様性の保全が不可欠である．そしてそのことを身近な周囲の環境としてあるいは景観として健全な生態系を維持するということが，日本の国土にとってあるいは地球環境にとっての環境的質の向上につながるはずである．2010年に発表された生物多様性戦略2010（環境省，2010）には，生物多様性保全や生態系ネットワークといった重要なワードが記述されており，これまでに比べ前向きな姿勢が見て取れる．しかしながら，生物多様性の保全および持続可能な利用の目標の国土のグランドデザインでは，生態系ネットワークは個別エリア重視であり，海岸部とくに都市部の道路沿いの緑地が国土における生態系ネットワークの縦軸・横軸に位置づけられるというように，自然の連続性が念頭におかれていない．また，森・里・川・海のつながりを確保することを基本方針としながらも，流域や水循環には踏み込んでおらず，具体的な枠組みがみられない．横浜市がそうであるように，道路ネットワークに分断されている海－陸および流域の

生態系ネットワークをどうするのかといった具体策について国としての再生実施に向けたアウトラインが未整理である．自然再生を地方自治体と国がそれぞれの守備範囲を個別に実施すれば，国土全体としての整合性が失われ，自然環境の質の低下は避けられない．

持続的社会に向かうには再生政策の枠組みを決めることが不可欠である．図6·2·5に本委員会の東京湾・流域再生のための統合的管理の枠組みを模式的に示す．これはあくまでも粗案であり，今後具体性をもたせるための検討事項は多々存在する．今後，実体あるものにするためには細部を詰める必要があり，東京湾の利用と保全のバランスしたマスタープランを作ることが急がれる．本委員会の枠組みでは，まず流域の統合的管理における中心的実働を里山里海コンソーシアムが担っている．コンソーシアムは，様々な主体と協働している東京湾研究所（図5·9·1，289ページ）と連携し，東京湾研究所はモニタリング等のデータから，流域および東京湾の状況把握および解析を行い情報や提案を出し，東京湾・流域再生ネットワークの中核をなしている．そして，流域全体の再生を決定するのは，この東京湾・流域再生ネットワークで行い，それを国すなわち市民全体が支えるという仕組みである．実際の再生は入会地の中で地域住民が実行し，NPO等の市民が，時にこれを支える（図6·2·4）ということになる．統括する委員会あるいは管理者集団の位置付けなどが今後の課題である．

第4章では，達成目標を中期と長期に分けて設けた．対策には優先順位と実施時期を決定する必要がある．まず必要なのは，再三述べているように底層の貧・無酸素化の解消に向けた流域からの栄養塩の流入負荷低減のための，下水道網の見直し，雨水の地下浸透面の増加である．これらは現在の行政対応でも可能な対策であり，これらを先行しつつ東京湾・流域再生ネットワークを作り，埋立地の改修など手がけられるところから実施することであろう．また，再生には，まず国が東京湾岸自治体環境保全会議など自治体，科学者を集め情報収集した後，作業部会を設けて再生計画のシナリオを作り，市民に示し広く意見を募るなどの手続きが必要である．さらに自治体の行政的対応への経験値の違いや財政的体力差があることも考慮しなければならない．

実際に現在も管理を行っている従来型の入会

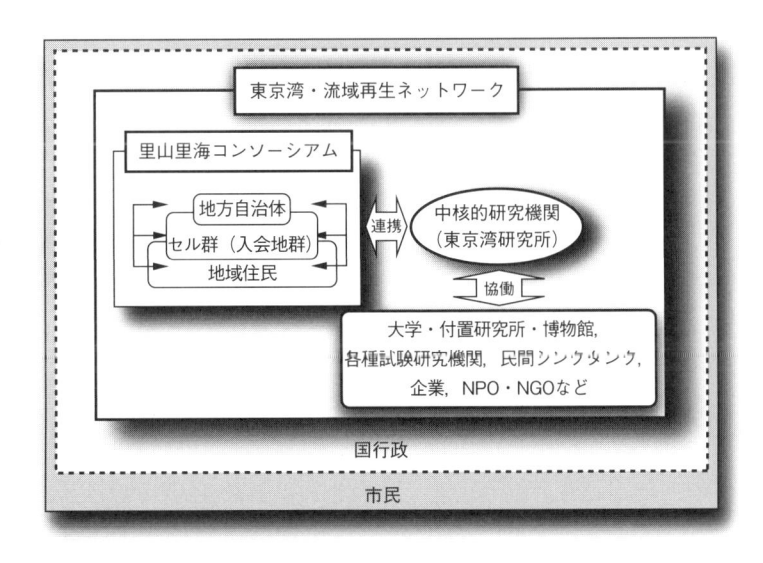

図6·2·5　東京湾とその流域における総合的管理の枠組み

地を基に試験事業として研究し，よい点や修正点を明らかにしつつ幾つかをモデル化していく．試験事業において，先のシナリオ作成時同様に，科学者は市民に環境再生や生物多様性保全の必要性を説明し，東京湾再生の目標を広く理解してもらうために説明する責務が生じる．そのためには専任の研究者を必要とし，東京湾研究所を設置し人材を集めることが望まれる．水循環と物質循環の健全化および生態系基盤としての海岸の修復，生態系ネットワークを再リンクする国土再生を実行する．それを通して人と自然のかかわりが深まり，水域環境が改善することで東京湾本来の漁業が営めるようになり，東京湾から自然の恵みの持続性を確保することができたとき，社会全体は持続可能な社会に向かっているであろう．

6.2.7 科学者の役割と課題

政策判断には今まで以上に市民が科学に親しむ環境作りがいる．そのためには，科学者から社会に向けたわかりやすい情報の発信と説明が求められている．モニタリング勉強会やエコツアー，環境イベントによる情報発信は重要な役割を果たす．東京湾では湾へのアクセスが切り離されており，市民の意識を高めるにはまず，東京湾の干潟や水質あるいは貧酸素水塊や漁獲量の状況が，日常的に伝わってくる定期的なモニタリング情報の発信が有効と考えられる．日常的に科学的情報を共有することで，環境の再生・保全への市民の気運が高まることが期待される．また，こうしたなかで東京湾にはよくわからないこと，また理解の十分進んでいない現象がたくさんあることを説明することが大切である．さらに，例えばエコツーリズムの機会をもつことは，その地域における生態系サービスを維持するための経済的なインセンティブになる可能性が高い一方で，その運営・管理が不十分であるとエコツーリズム自体がよってたつところの生態系そのものを劣化させかねない．このようなトレードオフ関係が存在することを地域住民に助言することも，科学者の役割の一つとなる．

合理的な政策には科学的情報に基づく判断が必要である．IPCCやミレニアム生態系評価の報告書に共通しているのは，リスク管理や予防原則に基づいた分析を重視し，意志決定者に対し，状況の分析，将来予測の不確実性を考慮しつつも考えうる将来像，問題回避へのいくつかのシナリオを提供している点である．この一連の手続きは，これからの社会の中で，開発あるいは再生事業を行うか否かを判断するときの作業フローを例示している．科学者は原則として中立的な立場を意識する．そのため，とくに自然科学系では，これまで社会問題にはかかわらない風潮が続いてきた．しかし，何もしないことが，逆に開発事業を黙認する結果を招いた点もあるように思われる．科学は人の探求心を満足させるとともに，社会に役立つことが大切である．価値観の押しつけはしないが，科学的根拠を基に起こりうる事態に関して情報や選択肢の提示は，リスクを回避するために不可欠である．本委員会においても，提言後のフォローアップも必要である．さらに環境再生にかかわる科学分野は多岐にわたるので，生物多様性の保全とその対策を専門に研究し政策提言するためには，学会とは異なったレベルの分野横断的な科学者集団あるいは科学者会議の設立について，省庁の枠のない組織が必要である．その中で流域すなわち水循環を中心に据えた自然再生のための法（これまでの自然再生推進法の発展型ではない新しい法律）の整備が望まれるところである．

なぜなら，これまで主として生物の多様性は生態学の研究分野であった．それが今日では，生物多様性条約における重要課題として生物多様性由来の富の分配が浮上し，生物多様性の保全にかかわる研究分野に経済学が大きくかかわり，便益の評価や配分を活発に議論している．

また，同条約の締約を受け，日本では生物多様性基本法が 2008 年に公布され，法学政治学の分野での議論が高まりつつある．日本の場合，生物多様性と里山は強く結びついており，その方面でも法的な規制や制度の検討がなされている（例えば，関東弁護士会連合会，2005）．

そうした中で畠山（2009）は以下の点を指摘している．生物多様性の保全と法制度のあり方を考えるとき，法学と生態学の違いは大きい．法学が行政行為などの個別の要素の効果を議論するのに対し，生態学は相互作用のプロセスを重視する．したがって，生物多様性の保全と法制度が親しく議論することは早急には難しい．少なくとも法学には全体性やプロセスを重視する思考が求められる．一方，生態学は生態学者自体が圧倒的に少なく，生態学的知見の提供も不十分である．近年，2 つの分野を調和する手法に，順応的管理がクローズアップされている．しかし，とくに行政法学は最終的意志決定を明確にし，そこに不服申立・取消訴訟等を連結させてきた．そのため，順応的管理のように試行錯誤の繰り返しでは，明確な時間的区切りのない行政活動となり，明確な目標や裁量基準を定めることができない．結果として，規制の方法，範囲，時期等についての行政判断に大きな裁量を認めることになりかねない．

今後，こうした問題に対処するには，先に述べたような分野横断的な学際的対応が必要であり，流域の統合的管理を実現するためには，科学者の責任は大きくなることは避けられない．科学者は，これまで以上に社会的責任が問われることとなり，積極的に現場参加を心がけるということが求められるであろう．ただし，先の指摘や 5.9.2 でも前述したが，大学の場合，授業数や研究室運営のための事務が負担となることや，こうした啓蒙活動が研究業績に結びついていないことは，とくに若い科学者のモチベーションにつながらない．この状況を打破するためには，環境にかかわる保全や教育活動そのものに対する業績評価基準が不可欠だが，それと同時に科学者ポストの増員と関連経費の増強といったマンパワーを増強し科学知識を発展させるための行政支援が必要である．

6.3 自然に関する世代間格差と社会の持続可能性

6.3.1 自然の恵みを後世に伝える社会観

先に北九州にある小湾，洞海湾における環境再生の事例を紹介した（山田，補論 1，298 ページ）．この中で，洞海湾の水質改善が多様な利害者による合意形成によって成ったこと，そこで科学者の役割が大切なこと，それらがうまくかみ合って，「グローバル 500」の表彰にまで至ったことが述べられている．こうした環境改善が下水処理施設の充実といった水質の良好化に集中した結果であり，必ずしも埋め立てられた湾を本来の姿に戻すまでには至っていない現状を示した．これらのことは，湾とその沿岸という地域のくくりでの水域環境再生にも限界があり，水質改善だけでは湾本来の機能を発揮する姿を取り戻すことが難しいことを物語っている．東京湾の場合，洞海湾よりも広い流域から物質負荷がかかり，沿岸の埋立地まで含めた流域管理が大切であることがわかる．

私たちの社会がここまで発展できたのは，東京湾流域の自然の恵みが非常に大きかったことに基因している．社会を持続させるためには，自然の恵みが極めて劣化していることを理解して，水循環の修復などの人為的負荷を軽減するための経費（環境税）は必要経費である．そういう社会が必要である．

2008 年ドイツで生物多様性条約第 9 回締約国会議（COP 9）が開催され，ドイツ政府による「ビジネスと生物多様性イニシアチブ」の「リーダーシップ宣言」には，日本の企業 9 社が社長名で署名した．翌 09 年には日本経団連

は，評価に対しては企業間の温度差が大きいとはいうものの「生物多様性宣言」を発表している．また，徐々にではあるが，PEFC や FSC といった森林認証の紙や木材の流通，海のエコラベルといわれる漁業認証 MSC も浸透しつつある．さらにはエネルギーも，まだまだその規模自体は小さいとはいえ，大規模集中型から小規模分散型のシステムに移行する方向に行政は動いており，民間においてもそれを先取りする社会実験が進められている．こうした中から，水源や水源林の保全等のための環境税の導入や，環境保全を目的としたファンドなどの，環境の負担を受け入れる準備が，行政や産業ベース，さらには個人ベースにおいても整いつつあるようにみえる（例えば，内閣府による「自然保護と利用に関する世論調査（2006 年実施）」や「環境問題に関する世論調査（2009 年実施）」）．

本来的に経済の価値に入らない外部経済を内部化する手法として，生態系（あるいは環境）サービスへの支払い（PES：Payment for Ecosystem (or Environmental) Services）という考え方がある．これは自然の恵みを生み出す地域の土地や海を管理している人々に対し，恵みを受けている人々が補償費用を支払うというものである（林, 2010）．それでは東京湾の海底の貧酸素水塊解消に対しどれだけの支払いがいるのかが政策的課題になる．流域の統合的管理という明確な目的と，政策を具体化することで，環境税を徴収するということも考えられる．第 5 章の冒頭で，自然の恵みはほぼ無償で享受できると述べたが，それは生態系ネットワークが機能していた 1950 年代初頭までであり，現在は自然の恵みを得るために対価を支払い，戦略的な再生プランを立てねばならないところにいる．

日本では地方自治体が独自に行っている水源環境保全税（神奈川県）や琵琶湖森林づくり県民税（滋賀県）などが生態系への支払いの概念に類似する．さらに発展させ，入会地を維持する際の費用の一部として，あるいは環境 NPO への活動への適切な使用も必要であろう．場合によっては企業の取り組みに対して，例えば社員に有給のボランティアを推進し，資金的に支援することも検討に値する．近年では，企業の生物多様性保全への取り組みが活発化している．こうした取り組みはもちろん，消費者に対する企業のイメージアップもさることながら，社会への貢献や企業責任の視覚化につながる．また，生物の有無や増減あるいは生態系が回復したというように，温室効果ガスの削減に比べると，生物多様性の方が成果が視覚的である．さらに発展して，埋立地を海へ戻すことへの発展が望まれるところである．もはや，「環境か経済か」といった 20 世紀型の考え方ではなく，「環境も経済も」，さらには EC とドイツ政府が 2008 年に発表した生物多様性版スターンレビューともいわれる「生態系と生物多様性の経済学（TEEB：The Economics of Ecosystems and Biodiversity）（中間報告）では「環境なしに経済は存在しないが，経済なくしても環境は存在する」と述べている．すなわち「経済の基盤は環境にある」という時代になってきた．そう考えれば，埋立地を海に戻す事業は，今後の日本では最も経済効果を発揮する公共事業の一つである．その場合，規制的手法と補助金制度というような手法の組み合わせが重要であり，インセンティブで後押しする政府の役割は大きい．協力的な企業へのより効果的なインセンティブの検討を始めるべきであろう．

6.3.2　埋立地を海に戻すことは非現実的か：持続可能な国土の利用

国土交通省は東京国際空港（羽田空港）の発着枠の拡大をめざし，第 4 滑走路島に続いて第 5 滑走路島の検討を始めている（朝日新聞, 2009 年 2 月 21 日）．一つの考え方ではあるが，東京湾を埋め立てて，空港機能を充実させると

ともに，東京都心の国際都市としての機能をより高度化する．その代わりに，ほかの沿岸域の開発を抑制して保全するトレードオフということも考えられる．ただし，東京湾を今まで以上に陸地化すれば，本来東京湾にない構造が増えることで，水の流れ方の変化や停滞，ミズクラゲや外来生物への付着基盤の提供といった，マイナス面が懸念される（日本海洋学会海洋環境問題委員会，2005）．また，都心の熱大気汚染（ヒートアイランド化）などの都市特有の環境は，皇居をはじめとする緑地の動植物相を変化させるであろうし，大気の乾燥化に伴う対策が必要になるなど，人が住むには厳しいためにより多くのエネルギーを投下せざるをえなくなる．そうした都市を無理に維持することは合理性を欠く．加えて，ここで考えなければならないことは，環境に関する世代間格差ということである．

高度成長期の生態系の限界を考慮しない社会基盤整備は，自然からの恵みを大きく減少させ，生活の質に関する世代間の公平性を損なっている．開発を進め経済的に豊かになった当事者世代は，環境を消費して引退しつつある．経済発展も大切であるが，豊かな生活の基盤自体を将来にわたり維持することの方がより重要である．次世代に，東京湾をどういう姿で残していくのかを真剣に考え，禍根を残さないことが大切である．生態系には遷移があり，また，極相には自己カタストロフィー的変化も生じる．外力を受け続けると，ある時点で生態系内部の構造変化によって，生態系自ら別の状態に移行する場合もある．東京湾およびその流域は，長期的傾向としての貧酸素域の拡大，漁業生産の低下等様々な状況証拠から見て，もはや生態系の機能的限界を越えつつあるように見える．

東京湾の再生の達成度を測る指標として，本委員会は1955年頃のデータを用いることにした．その数値の点から見ると，例えば埋立地のかなりの部分，データ的には京葉工業地帯のかなりの部分を海に戻すことになるが，それは非現実的なことであろうか？　先述したように，すでに始まっている人口減少によって平均的に見れば都市圏における個人の環境的なキャパシティーは大きくなり，都市の再編によってコンパクトシティー化することは実現可能と思われる．これまで，都市は成長を前提に設計されてきている．成長を促す目的で，様々な税制や産業政策が打たれてきたが，今後は環境に負荷をかけている高層ビル群等への高い税率，産業的に行き過ぎた土地利用に対して環境税をかけて開発を抑制し，人が自然と調和したコンパクトシティーをめざす必要が生じる．そのことが持続的な社会に向かう道で，過去に柳田国男は農工のバランスのとれた国土を模索し，都市部における田園都市によって実現しようとしていた（川田，1998）．もともと東京都心は水路が発達した都市であり，今は電車網が発達している．都心では実質的にマイカーの必要性を感じない．都心は路面電車で，郊外では自然エネルギーを利用したマイクロバスやタクシーが低価格で利用できれば，おそらく趣味以外でガソリン車に乗ることはなくなるであろう．東京や横浜の中心部はもともとスマートシティーの要素をもっている．

中村（2003）は，自然の中で人間が生きる新しい都市計画として「湾岸都市の里うみ・里やまサンドイッチプラン」を提唱した（7.7）．このプランでは，内陸に里山を復活させ，臨海部は埋立地を里海の干潟に戻し，かつての景相を復元することで，健全な生態系を再生する．里海と里山の両方に挟まれた部分に，自然を取り込んだ建築による都市の再開発を行うというものである．このプランでは，都市計画に焦点が当てられているが，沿岸部に景観の保全地域や自然の保護区を設けたり，「都市内農村」，「都市内漁村」といったものを織り込んだ都市計画は，今後の人口減少によって可能である．そうした地域を地域住民が入会的に管理，活用する

ということで，多様な自然の恵みが享受できる．都市計画と流域全体を保全することを一体とした流域再生を実施することで，第4章で示した22世紀の東京湾の再生目標（図4・3・2，248ページ）は達成できる．

6.3.3 日本の世界観の海外発信：東京湾モデル

東京湾の水域環境の再生は，持続的な社会を構築していくために，自然と調和した国土や社会をめざすということは，大きな決断である．しかし，データの豊富な東京湾再生は，日本におけるほとんどの環境問題に対処するための参考事例として，極めて多くの情報を提供する．そしてこの再生はまた，日本が環境立国として国際的なリーダーシップをとるために不可欠な具体的事例である．東京湾再生は規模が大きく，様々な利権が絡み，環境的な問題が先鋭化して，首都圏から発生する環境負荷を一気に取り除くことは困難である．しかし，一方ではその再生過程で得られる政策的ノウハウや，環境からのフィードバックや技術は多く，これからの持続可能な社会を考えるうえで，多くの経験や示唆が得られるはずである．そのことでほかの沿岸域で同じような環境再生のときにも応用可能である．

日本がこれまでそうであったように，経済成長が進む途上の国々では，生物多様性や生態系サービスが顧みられることはほとんどなく，物質的豊かさを満足させる開発に傾きがちである．しかし，現在は日本の経済成長期と状況が異なる．自然の開発は，技術の進歩により，短期間で大規模に進む．また，保全しなかったことによる開発の弊害についての情報や経験が蓄積されている．加えて情報の伝達速度は格段に速まっている．そこで本委員会の提案する流域の統合的管理は，沿岸人口の上昇が続くアジア地域において，生物多様性や生態系からの恩恵を持続的に享受するための政策に貴重な示唆を与えると確信する．加えて，日本は自然に対して独自の世界観によって持続的に自然の恵みを利活用してきた歴史がある．この日本固有の世界観による入会制度に根ざした自然環境保全モデル「東京湾モデル」を海外に向けて広く発信することが大切である．入会地という考え方は，自然とともに歩んできた同じアジア圏の人々であれば受け入れ可能と思われる．

一方で，生態系のリスクは科学的な知見が蓄積しなくても，経験の蓄積によって予測できる場合も多い．したがってリスクの受容が可能かどうか，合意の可能性を社会的に議論することの重要性を説くということも不可欠であろう．また，これまでの日本社会の歴史をふまえると，環境負荷軽減には社会の安定化も同時に大切である．日本の戦後がそうであったように，環境保全がよいこととわかっていても，今生きることに必死の人々にいかにその有用性を説明するかが大切である．柔軟に対応し，情報だけではなく自ら自助努力可能な技術の支援も欠かせない．東京湾の流域管理型の自然保全の考え方がアジアの国際河川に適応できるかは，教育レベル，貧富の格差などの別の問題も同時に研究する必要がある．アジアでの環境対策が，これからの地球環境の保全に重要なことは自明であり，今後先進国がどのくらいボランタリーに協調して，技術支援や資金援助をできるかが課題である．

日本にとって東京湾再生は環境分野はこれからの日本が世界に貢献でき，かつ，環境技術等の産業発展にも有望な実験である．環境立国と環境外交を両立させ，環境先進国をめざすことは今後の日本社会の向かうべき方向である．繰り返しになるが，入会地や規範意識にみられる自然と調和した日本固有の世界観を世界に発信することは大切であり，同時に私たち自身が自然とのかかわりを再生する努力をすることが持続的な社会につながる． （野村英明）

参考文献

クレア, M. T. (2002):「世界資源戦争」. 廣済堂, 303pp.

ダイアモンド, J. (2005):「文明崩壊 (上・下)」. 草思社, 上437pp., 下433pp.

ダンバー, ロビン (1998):「ことばの起源 – 猿の毛づくろい, 人のゴシップ」. 青土社, 292pp.

遠藤 毅 (2004): 東京都臨海域における埋立地造成の歴史. 地学雑誌, 113: 785-801.

浜本幸生・田中克哲 (1997):「マリン・レジャーと漁業権」. 漁協経営センター出版部, 165pp.

Hardin, G. (1968): The tragedy of the commons. *Science*, 162: 1243-1248.

ハーツガード, M. (2001):「世界の環境危機地帯を往く」. 草思社, 342pp.

林 希一郎 (編著) (2010):「生物多様性・生態系と経済の基礎知識」. 中央法規出版, 412pp.

畠山武道 (2009): 第1章 生物多様性保護と法理論 – 課題と展望 –.「生物多様性の保護: 環境法と生物多様性の回廊を探る」環境法政策学会 (編), 商事法務, 環境法政策学会誌, 第12号, 1-18.

畠山武道・柿澤宏昭 (編著) (2006):「生物多様性保全と環境政策 – 先進国の政策と事例に学ぶ」. 北海道大学出版会, 421pp.

樋口忠彦 (2000):「郊外の風景 – 江戸から東京へ」. 教育出版, 190pp.

平塚純一・山室真澄・石飛 裕 (2006):「里湖 (さとうみ) モク採り物語」. 生物研究社, 141pp.

井上忠司 (1977):「「世間体」の構造」. 日本放送出版協会, 212pp.

上條典夫 (2009):「ソーシャル消費の時代」. 講談社, 318pp.

環境省 (2010):「生物多様性国家戦略 2010」. ビオシティ, 356pp.

関東弁護士会連合会 (2005):「里山保全の法制度・政策 – 循環型の社会システムをめざして」. 創森社, 550pp.

川田 稔 (1998):「柳田国男のえがいた日本」. 未来社, 232pp.

国土交通省 (2004) (国土審議会調査改革部会持続可能な国土の創造小委員会, 2004): 持続可能な国土の創造小委員会報告 (案) ～持続可能な美しい国土の創造～. 国土交通省国土審議会調査改革部会第8回 (2004年2月5日) 資料3, 43pp. http://www.mlit.go.jp/singikai/kokudosin/kaikaku/kokudonosouzou/8/shiryou3.pdf

桑子敏雄 (1999):「環境の哲学 日本の思想を現代に活かす」. 講談社, 310pp.

宮本憲一 (2007):「環境経済学新版」. 岩波書店, 390pp.

宗田好史 (1988): イタリア・ガラッソ法と景観計画. 公害研究, 18: 15-27.

内閣府ホームページ: 平成19年度版国民生活白書. http://www5.cao.go.jp/seikatsu/whitepaper/h19/10_pdf/01_honpen/

自然保護と利用に関する世論調査. http://www.env.go.jp/nature/whole/chosa.html

環境問題に関する世論調査. http://www8.cao.go.jp/survey/h21/h21-kankyou/index.html

中村俊彦 (1997): 日本の農村生態系の保全と復元: 伝統的農村・里山自然の重要性と保全. 国際景観生態学会日本支部会報, 5: 57-60.

中村俊彦 (2001): 東京湾の自然の変貌と人々のかかわり. 月刊海洋, 33: 837-844.

中村俊彦 (2003): 海と人のかかわりの回復と今後の展望 – 江戸の里うみへ Back to the future –. 月刊海洋, 35: 483-487.

中村俊彦 (2004):「里やま自然誌 – 谷津田から見た人・自然・文化のエコロジー」. マルモ出版, 128pp.

中村俊彦・北澤哲弥・本田裕子 (2010): 里山里海の構造と機能. 千葉県生物多様性センター研究報告, 2: 21-30.

日本学術会議 (2008) (日本学術会議土木工学・建築学委員会国土と環境分科会, 2008): 自然共生型流域圏の構築を基軸とした国土形成に向けて – 都市・地域環境の再生 –. 23pp. http://www.scj.go.jp/ja/info/kohyo/pdf/kohyo-20-h60-6.pdf

日本海洋学会海洋環境問題委員会 (2005): 東京国際空港再拡張事業の環境影響評価のあり方に関する見解. 海の研究, 14: 601-606.

および見解にいたった理由等については以下のホームページを参照 http://www.kaiyo-gakkai.jp/jos-env/?page_id=16

新渡戸稲造 (1938):「武士道」. 岩波書店, 177pp.

司馬遼太郎 (1980):「土地と日本人 <対談集>」. 中央公論新社, 292pp. (1976年, 中央公論社出版, 1980年文庫化)

鈴木秀夫 (1988):「森林の思考・砂漠の思考」. 日本放送出版協会, 222pp.

高橋在久 (1993):「東京湾の歴史」. 築地書館, 237pp.

玉野井芳郎 (1978):「エコノミーとエコロジー」. みすず書房, 354pp.

東京都 (2009): 東京の都市づくりビジョン (改定) – 魅力とにぎわいを備えた環境先進都市の創造 –. 東京都, 183pp. (東京都都市整備局ホームページから入手 http://www.toshiseibi.metro.tokyo.jp/kanko/mnk/)

矢作 弘 (2009):「「都市縮小」の時代」. 角川書店, 201pp.

横浜市環境創造局 (2009): 横浜みどりアップ計画 (新規・拡充施策). 本文 (46pp.) および資料 (38pp.) http://www.city.yokohama.jp/me/kankyou/etc/jyorei/keikaku/midori-up/midori-up-plan/

第Ⅲ部

付　録

第7章

研究者として東京湾再生に向けて望むこと

　編者の要請に応じて本書の執筆者の一部から寄せられた，東京湾再生にかける生のコメントを掲載することは，一般の人が科学をより身近なものに感じるためにも良い機会として，本章をたてた．東京湾を研究し，そしてそこに暮らす者として率直な感想をまとめている．

　これまで本書は学会連合という立場で意見を集約してきたが，この章では研究者個人の意見として，①自らの研究を通じて東京湾というフィールドで何をめざしているのか，②自分の行っている研究が今後どの場面で東京湾の再生に役立ってほしいのか，③東京湾の環境再生にどのような取り組みが必要と思うかといった観点から提言する．

　研究者の素顔を見せることは，これから研究をめざすあるいは東京湾の再生を担ってくれる後継者を育てるうえで重要なことといえる．研究者だからこそ発しえる研究のおもしろさや実際の研究現場での姿に一人でも多くの方々が興味をもっていただければ望外の喜びである．

7.1 東京湾との付き合い，その再生を願って

宇野木　早苗[*]

　東京湾と筆者との付き合いは，思えば50年以上になる．最初は東京湾の沿岸防災の問題であった．1950年から気象庁（当時中央気象台）海洋課に在籍した筆者は，東京湾の潮汐や高潮のデータの整理などで関係していたが，本格的な取り組みは，1959年の伊勢湾台風による高潮によって，伊勢・三河湾沿岸で5,000人もの死者を含む大災害が発生してからであった．戦中・戦後の混乱で，伊勢湾と同様に海岸施設が荒廃していた東京湾の沿岸防災が大きな社会問題になり，その整備が急がれた．

　その基礎として，伊勢湾台風規模の大型台風が東京湾を襲ったときに，どの程度の高潮が起きるかを知る必要があり，その検討が東京都から気象庁に依頼された．そして気象庁の同僚2人とすでに気象研究所に移っていた筆者とが協力してこの問題を扱うことになった．この結果が「東京湾高潮の総合調査報告」（気象庁・東京都，1960）にまとめられ，以後の海岸港湾施設整備の基礎データとして活用された．このとき使用した計算機は，気象の数値予報準備のためにわが国に初めて導入された大型電子計算機 IBM704 であったが，その容量は驚くなかれわずか8Kに過ぎず，現在のポケット計算機にも及ばない性能の低いものであった．今から思えばよくこれで計算ができたと思うほどであって，苦労も多かったが得たものも多かった．上記の計算は伊勢湾，東京湾に続いて，高潮に襲われやすい日本の主要内湾に対して次々と実施

---

[*]日本海洋学会名誉会員

された.

その後,わが国はもはや戦後ではないと急速な経済成長の道を歩んだのであるが,それには高潮の襲来を免れて各地沿岸に広大な埋立地が造成され,臨海工業地帯が形成されたことが大きく寄与している.だが急激な成長のつけとして深刻な環境問題が発生した.問題の1つとして,東京湾をはじめとしてわが国の主要内湾の奥部に背の高い海岸堤防が延々と建設されるようになって,陸と海とが切り離されて砂浜は姿を消し,海浜の生態系が見る影もなく衰えたことである.国土・人身・財産の安全を図ることはもちろん重要であるが,もっと環境に配慮した対応が取り得たのではないかと,後になって悔やまれるのである

経済成長に伴って,東京湾を囲む環境は大きく変貌を遂げた.陸から海への有機物,窒素,リンなどの負荷の膨大な流出と,干潟面積の顕著な減少による浄化能力の低下が重なって,東京湾の水質は著しく悪化した.赤潮・青潮の発生も頻繁になり,豊かであった魚介類の生産も激減し,汚濁状況は新聞紙面にしばしば取り上げられるようになり,東京湾の環境改善が強く叫ばれるようになった.

その頃東海大学海洋学部を経て,1972年に理化学研究所海洋物理研究室に移った筆者は,沿岸海域の環境改善を図るには,これまで理解が著しく不足していた沿岸の海洋構造,流動,海水交換能力などの物理特性を明らかにすることが基本的に重要であると考えて,この問題を研究室の主要目標と定めて,室員の協力を得て研究を進めることにした.現在の若い人には不思議に思われるかもしれないが,流速計の開発がたいへん遅れていて,当時は沿岸の流れを測ることは非常に困難で,信用できる実測の流速データは非常に乏しかったのである.

研究室の研究方向を2つに定めた.1つは,これまで東京湾において観測されてきた古いデータをできる限り多数集めて,十分ではないかもしれないがこれらを解析して,これまで判然としなかった東京湾の実態を理解し,問題点を明らかにすることを考えた.次に,漁船を雇って現場海域で,問題とすべき現象を解明するに必要な観測を実施することであった.だがこれらを1研究室で実施するのには限度があった.この頃東京湾の港湾区域を管轄する旧運輸省第二港湾建設局も,汚濁が甚だしい東京湾の環境改善に力を注ごうとしていて,東京湾海洋構造調査という課題で調査を開始していた.そこで東京湾の沿岸防災の関係で旧知であった港湾局関係者に研究室の方針を伝えたところ,幸いにして理解が得られて一部援助が受けられるようになり,研究の推進が容易になった.

最初の課題では,水産試験場によるものが主体であるが,1947年から1975年までの間に東京湾内外で観測された海洋資料を約51,000枚のパンチカードに収めて統計処理を実施した.海洋要素は次の13種,水温,塩素量,密度,透明度,水色,溶在酸素,COD,pH,Ammonia-N,Nitrite-N,Nitrate-N,Phosphate-P,Silicate-Siである.この統計結果および海水交流に関する解析結果は,「東京湾の平均的状況と海水交流」(宇野木・岸野,1977)として公開されて,過去の東京湾の状態とその経年変化が理解できるものとして利用されたように思われる.なおこのパンチカードは,この種の内湾データがまだ整備されていなかった旧海上保安庁水路部の日本海洋データセンターに寄贈して,一般の人が利用できるようにした.

次の現地観測に関しては,東京湾と外海の海水交換に重要な役割を果たすと思われる東京湾口部の寒候期に現れる沿岸熱塩フロントの解明に努力が払われた.またその発生に関する理論的研究も発展した.計測器の長期係留に関しては,関係する漁協の理解を得る必要があり,浦賀水道両岸の数ヵ所の漁協支所に,一升瓶を携えて挨拶依頼して回ったことが思い出される.

だが,東京湾の物理環境を明らかにするのに

は，湾全体に流速計を長期間一斉に展開することが極めて有効であるが，1研究室では到底望めないことであった．幸いにして第二港湾建設局がこの観測を実施することになり，当研究室がこのデータの解析を引き受けることになった．観測は1978年から1979年にかけての4季節に，各1ヵ月にわたり，9〜23測点で実施した．得られた観測資料は，東京湾のみならずわが国のどの内湾においても見出しがたいほどの充実した内容であると思われる．この解析結果は「東京湾の循環流と海況」（宇野木ほか，1980）として公開された．この観測により多くのことが理解できたが，夏と冬における流れの場の著しい相違，また暖候期の北よりの風による沿岸湧昇が，単に湾奥部だけの現象でなく，湾全体を巻き込む現象であることが把握できたことが印象に残っている．

研究室は東京湾のほかに，同様に水質汚濁が甚だしい伊勢湾・三河湾に対しても，やはり過去のデータの統計解析や，多少の現地観測を実施した．筆者はその他，瀬戸内海，定年後は有明海異変に関係して有明海，川辺川ダムに関係して八代海についても，依頼を受けてデータの解析を行った．

東京湾では，筆者は次のような思い出がある．外洋の観測に行くため観測船で東京湾を抜けて浦賀水道を通過するとき，浦賀水道の水はきれいだなあと思った．だが黒潮域で観測して浦賀水道に戻ってきたとき，行きにきれいに見えた水が汚れて見えたのである．そしてそこから北の京葉工業地帯の空を眺めたとき，その黒い雲の下に毎日自分は平然と生活していることを思って慄然とした．大気汚染はその後幾分改良されたが，上記のことは「慣れ」の恐ろしさを教えてくれた．汚濁した海を毎日見ている人は，かつてきれいで豊かであった海を理解することができず，汚れた海が本来の海と考えてしまう．かつての素晴らしい海を知っている人は，その素晴らしさを後の人に語り伝えることが重要である．ちょうど戦争や原爆の恐ろしさ・悲惨さを体験した人が，その思いを後の人に語り継ぐことが極めて大切であるように．

東京湾で現在心配されるのは，東京湾の関係機関が汚濁負荷削減にかなりの努力を払っているにもかかわらず，底層において水質は改善されず，依然として厳しい状況が続いていることである．前に岸ほか（1993）は数値計算によって，埋立によって東京湾の潮流や残差流が減少していることを示した．そこで筆者と小西（1998）は潮位データを解析して，東京湾の潮汐が埋立と浚渫によって明白に減少していることを示し，潮汐や流れの減少のために東京湾の海水交換能力が以前に比べて著しく低下していることが，上記のことに大きく寄与しているのではないかと述べた．そうであれば，東京湾の流動を少しでも妨げるような事業は，今後決して認めるべきでないと思う．

筆者には，海の調査研究を始めて以来，東京湾は沿岸防災と環境問題で長い間関係していたので，現役を離れてもなお気になる内湾である．かつての東京湾はわが国で漁業生産が最も豊かな湾であり，砂浜が広がる海岸は大都市の住民にとってかけがえのない心休まる場所であった．しかしわれわれの時代にこの海を汚して，まことに恥ずかしく申し訳ないことである．現在を生きる人たちが後の人たちのために，少しでも美しく豊かな海を取り戻すために，力を合わせて努力して下さることを期待したい．

7.2 都市環境問題の改善が東京湾を再生する
奥 修[*]

筆者はこれまで，水系における栄養塩類の動態と，栄養塩類に対する植物プランクトンの生理応答について研究してきた．また各分野の環境問題についても長く勉強してきた．これらの

---

[*]ミクロワールドサービス

経験をふまえ，研究者個人として東京湾再生への提言を記す．時空間的に大きな話となる点はあらかじめ了承願いたい．

まず第一に，なぜ東京湾再生が重要なのかをきちんと認識し，取り組みへの強い動機とすることが大事である．筆者はこれを文化育成の側面からとらえたい．

例として食文化を考えてみる．和食は日本人と日本の環境から創り出された一つの文化である．にぎり寿司や天ぷら，ウナギの蒲焼き，海苔など，現代でも普通に浸透している和食の数々は江戸時代に東京湾岸（江戸湾）周辺で著しく発展した．なぜ江戸湾で発展したのかというと，海産物が豊富だったからである（東京湾の面積当たり漁業生産は最高レベルであった）．神田川はウナギの産地であり，ノリは最大の産地でもあり，江戸前の海では豊富な魚介類が水揚げされた．これらを素材にして，にぎり寿司や天ぷらが発展したというわけである．

現在においてもこれらの食文化は伝承されているわけであるが，その材料を，東京湾から調達することは望み薄である．本書に詳述されているように，都市圏で発生した過剰な栄養塩類は東京湾に流入し続けており，かつて豊穣な海産物を供給していた海はバクテリアや微細藻類ばかりが卓越する海に変わり果てた．現在和食と呼ばれているものは，エネルギーを多量に消費して国内外から輸送した食材を使用している．"江戸前"で水揚げされた材料を用いて和食が発展したことと比較すれば，いまの状況は「江戸文化の真似」といっても過言ではない．

大量にエネルギーを用い，食材を長距離輸送して消費する生物はヒトをおいて他にはいない．この点から見ても現在の状況は異常なのであるが，ここで指摘しておかねばならないことは，現在，東京湾流域圏で消費されている漁獲物は，少なくとも，東京湾のように汚濁の進んだ海域のものではない，ということである．少々乱暴ないい方をすれば，最高の漁場であった東京湾を破壊したことには目をつむって，遠方にある，他の好適な漁場から漁獲物を横取りしているのである．

これが望ましくない状態であることは誰の目にも明らかである．本来，内湾域は栄養塩類と太陽エネルギーによって豊かな水産資源を生み出す"畑"とでもいうべきものである．東京湾流域圏で暮らす我々は，まず東京湾が貴重な食料生産の場であったことを認識し，江戸以来の食文化を健全な形で継承するためにも，東京湾の再生をめざさねばならない．この動機は誰もが共通にもてるうえに永続性があるものである．

次に都市計画的な側面から東京湾再生への提言を述べる．その内容を一言で要約するならば，「永続性ある都市機能への総合的転回」である．

東京湾流域圏には，東京湾再生以外にも取り組まなければならない非常に多くの都市環境問題がある．代表的な例は，大気汚染，上下水道の諸問題，河川水質の汚濁，ヒートアイランド，低い緑地率などであるが，いずれも都市の発展に伴って顕在化してきたものである．これらの問題に対して，それぞれ個別に対処しているのが現状であるが，実はこれらの問題は通底している．だから，すべてをシステマチックに検討して，100年後の東京湾流域圏のグランドデザインを描き，それを一つの都市計画として実行していけば多くの問題を緩和でき，その結果として東京湾も再生されてゆくというシナリオができる．都市の永続性を念頭において，いくつかのヒントを書き出してみる．

都市部の建坪率・容積率の見直し：上限を低く設定する．とくに総合設計制度などの容積率上乗せの撤廃．高層マンション等，高層建築物の規制．これは都市構造物の平均高度を減らすので，単位面積当たりのエネルギー利用，水利用が減る．したがってヒートアイランド対策，上水使用量の抑制，生活・産業排水の削減につながる．また，地表付近の平均風速を上げる働

緩速ろ過法（生物浄化法）の普及促進：大きな池で砂ろ過を行う浄水方法．太陽光と微生物の働きにより良質な飲料水を製造できる．現在主流の急速ろ過法は薬品・エネルギーを多投する方法で，処理水質は悪いうえに経費が嵩む．高度浄水法は水質はよいがエネルギー・経費ともに莫大である．緩速ろ過法の導入によりこれら欠点は取り除かれるうえに，都市に水面が増えるためヒートアイランド抑制にも効果がある．また，栄養塩類濃度の高い水でも良質な水が得られるので都市部に向いている．

下水道システムの再検討：現在の下水道は，都市が要求するエネルギーの1%を使うともいわれており，エネルギー依存型である．また，下水道は産業排水・生活排水が固定的に河川・海洋に放流される経路となっており，これが東京湾が慢性的に富栄養状態になっている原因である．栄養物質の流入を抑えれば富栄養化は改善に向かうので，現在のような下水道システムばかりでなく，土壌浄化法や，下水への有機物の流入を防止する工夫などを施していく必要がある．

住宅構造の見直し：とくに水利用系について改善の余地が多い．生活用水の使用場面を詳細に調べると，水利用を合理化できそうな場面が多い．例えば，トイレを流すときに少なくとも最初のフラッシュ分は風呂の残り水でも差し支えない．しかしそれが実行されないのは不便だからである．もし雨水貯留装置に加えて風呂水を簡易ろ過して中水道として使える装置が住宅に組み込まれていれば，何の疑問もなく使うであろう．多くの住宅が雨水利用を行えば水需要はある程度減らすこともでき，また，流出率を低く抑えて洪水抑制に効果が出ることも考えられる．また，もし各住宅に排水中の粒子状物質を自動ろ過して，生ゴミとして分別してくれる装置が装備されていたならば，水系への過剰な有機物負担を減らすことができるかもしれない．屋根温度が50℃を超えたら貯留雨水を自動散水する装置が組み込まれていれば，住宅の冷房エネルギー節約に結びつくことはもとより，潜熱輸送によりヒートアイランド緩和にもなるであろう．このような住宅構造の見直しは水使用量を減らすだけでなく，生活排水をも大幅に減らすことになる．住宅に付加価値を生むことにもなる．日本の住宅平均寿命は27年程度なので，100年もあれば大部分の住宅を置き換えることができるはずである．

物質循環の促進：栄養塩を土壌処理すれば水系への流入が減る．都市で発生した有機物を堆肥化して畑地・山地へ還元するような循環構造を増やしていくことが重要である．農業生産に結びつけられれば理想だが，都市部では農地が少ないうえに発生する有機物の質が低く難しい面も多いので，まずは農業生産にこだわることなく，栄養物の循環構造を作っていくという観点から取り組む必要がある．

公園緑地の整備：大規模な緑地公園は都市に潤いを与え，人々の余暇活動スペースとなるばかりでなく，樹木による大気浄化機能も高い．ダストも除去されるので光透過率が上がり放射冷却が起きやすくなる．また蒸散が促進されて潜熱輸送が増加するため，ヒートアイランド抑制にも効果がある．土壌面の増加は降雨の流出率を低め，都市型豪雨に対する緩和効果を見込むことができる．土壌を利用して富栄養化した都市排水を処理することも考えられる．

水辺へのアクセス確保：港湾機能のない水辺については，市民がアクセスできるような場所を増やす必要がある．「見えない東京湾」を再生しようと思う人は少ないだろう．まず東京湾を「見える」状態にして少しでも流域圏の人々の関心を高めなければならない．

水環境教育の促進：比喩的に表現すれば，現在の各家庭・事業所には河川水を由来とする「水道」という名の小河川が流れている．この小河川は「下水」と名前を変えて本流に合流する．このサイクルを何度か繰り返し，やがて海

に注ぐ．河川や海をきれいにするには，まずその上流に位置する家庭内の小河川を浄化することが大切である．上で述べた対策と併せて教育啓蒙活動がこれまで以上に必要なことは明らかである．

ここにあげた改善事項は一例であるが，どれをとっても，様々な都市環境問題は相互にリンクしていることがおわかりいただけよう．大切なことは，東京湾だけを再生しようとするのではなく，他の緊急を要する都市環境問題，例えばヒートアイランド問題（毎年熱中症で死者が出ている）などとの連関を十分に意識して，一つの対策が他への対策にもなるような政策立案（予算配分）を行うこと，またはそのような対策を優先させていくことである．その結果として，変化としてはゆるやかなものであっても，都市に緑地が増え，高層建築物が減り，水面が増え，ヒートアイランドが緩和し，河川の栄養塩レベルが下がり，東京湾岸へのアクセスが容易になり，徐々に汚濁が改善されていくことが見込まれる．

このような大きな事業は実現不可能と思う方も多いかもしれない．しかし現実を見て欲しい．水元公園や小金井公園は東京緑地計画（1939年策定）という壮大な計画の元に生まれた遺産である．東京駅から新橋駅に連なる高層ビルの大群は都市再生特別措置法などの政策の結果として生じてきたものである．我々は都市部に大きな改変をもたらす力も方策も実績ももっている．正しい将来像を立案し，それを流域圏に住む人々で共有し，全体像を把握して強力なリーダシップを発揮する指揮官のもと，統合された対策を一貫して継続すれば東京湾は再生されていくものと確信する．

7.3 東京湾漁業の今後は？

柿野 純*

2.4.1漁業で2000年代初めまでの漁業生産量の動向を記した．その中で1万トン前後を維持していた千葉県のアサリの採貝量がこの数年間で急激に減少し，2008年には2,700トンになっている．この主要な原因はアサリの主産地である木更津地区で2007年，富津地区で2008年以降，カイヤドリウミグモのアサリへの寄生による深刻な死亡がみられていることによる．一般論では，このような突発的に増殖する生物は数年で減少するが，2010年現在も減少する傾向をみせていない．これは，生殖のためにアサリから出たときに捕食する動物がほとんどいないことが大きな要因ではないかと推定されている．

東京湾では，汽水域に生息するニホンイサザアミやヤマトシジミ，深い場所に生息するトリガイ，ミルクイなどの魚介類が漁業資源として復活する兆しがあり，また，移入種であるホンビノスガイ資源量が近年増加している．しかし，漁業対象種が生物学的に分布することと漁業資源として分布することとは必ずしも一致するものではなく，東京湾の重要な漁業生物であるアサリ採貝量の減少を上述の種類が補完しているわけではない．

また，千葉北部地区（通称，三番瀬）では，現在も開発による漁場環境悪化の影響が残っている．当地区では，近年ノリ養殖経営体が減少し，2009年の乾ノリの共販出荷枚数は1990年代後半の40％前後に低下するとともに，ウミグモが発生していないにもかかわらずアサリの採貝量も大きく減少している．千葉北部地区は，漁場の東側および西側が開発によって陸域になったことおよび地盤沈下によってノリ葉体の健全な生長に必須条件である流れが遅くなり，冬季の水温上昇による珪藻赤潮などの影響も加わって，ノリ養殖の苦戦が続いている．ノリ養殖業の縮小に伴うノリ養殖施設の減少は，入射する波の増大や岸側域のスズガモによる摂餌圧の増大（スズガモはノリ養殖施設の中では採餌

*株式会社東京久栄

しないことがわかっている）などのアサリ資源の減耗要因を増大させ，結果として採貝量が大きく減少したものと思われる．

貧酸素水の発生は現在もみられるものの，貝類の壊滅的大量斃死をもたらす大きな青潮は1985年（柿野，1986）以降発生していない．東京湾の水質は昭和年代の頃からみるとやや改善されているのではないかというのが漁業関係者のほぼ共通した感覚となっている．それにもかかわらず，漁業生産量が回復しないことについては，貧酸素水の発生だけが漁業資源減少の要因ではないことを示唆している．おそらく，千葉北部地区のように現在も残っている開発の影響，総量規制によるNPの減少や水温上昇などの環境変化，これまでみられていなかった生物の出現による生物相の撹乱など，様々な要因が複雑に関係し，本来あるべき健全な生態系が損なわれているのではないかと思われる．

漁業は典型的な環境依存型の産業であるから，漁業の状況はそのまま東京湾の環境のバロメーターであり，また，東京湾に負荷される窒素やリンなどを漁業生物の形に変えて陸上に取り上げる機能によって，円滑なる物質循環の促進（糸洲・駒井，1998）に重要な役割を果たしている．しかし，このまま漁業生産量が低迷していけば，この機能がさらに大きく低下することが危惧される．

漁業が安定して行われるためにはいくつかの重要な要素が挙げられるが，その代表的な例として，夏季の貧酸素水発達の原因となる窒素やリンの負荷量を少なくするとともにアマモ場や干潟を可能な限り拡大し，東京湾本来の生物相による健全な生態系を復活することは重要である．その反面で，冬季にリンが減少し，内湾本来の生産力が低下している傾向もみられるので，冬季の東京湾の適切なN，P量について本格的に検討することが必要な状況になっている．漁業は生業である特性から，東京湾の環境修復を行うにあたっては，漁業の持続的安定生産を前提としたきめの細かい配慮が必要である．現状は漁業の資源管理などの努力によってクリアできる領域を越えており，その対策が急がれる．

7.4 アマモ場と干潟で「きれいで豊かな東京湾」を

工藤孝浩[*]

7.4.1 私が知っている東京湾

壁のように氷川丸の桟橋を覆い隠すシロメバルの大群，次々と視界をよぎるスズキの群れ，足元にはアイナメやマコガレイがゴロゴロ…．1984年，大学の卒論研究のために初めてスノーケリングで横浜港・山下公園の前に潜ったときの衝撃的な光景は，おそらく生涯忘れることができないだろう．以来26年間も大都会の海に潜り，魚たちの暮らしぶりを研究する日々が続くとは，当時は思ってもみなかった．

東京湾に潜り始めた頃は，ゴミだらけの味噌汁のような海から上がると，髪を何度洗っても油臭さが取れず，床についても身についた異臭が鼻について寝つけなかった．ところが，臭くて見た目には汚らしい海の中は，圧倒的な生命力に満ち溢れていた．当時の東京湾は，「汚いけれど豊かな海」だった．

時を経て，水の汚さや臭いはほとんど気にならなくなった．魚の顔ぶれに大きな変化はなく，時として南方系や外洋性の珍しい種が現れたりもする．しかし，見た目のきれいさに反して，スズキやサメ・エイ類などの一部の例外を除く大多数の種は激減し，大型個体も少なくなった．「きれいだが貧しい海」になってしまったのだ．このような貧相な海への変化は，小型機船底曳網漁業の漁獲量の減少などに如実に現れている．

つまり私は，「きれいで豊か」な東京湾を見たことがないのだ．

---

[*]神奈川県水産技術センター

7.4.2 私が知らない東京湾

　我々が環境回復の目標年代として掲げた1960年代より前の東京湾は，おそらく「きれいで豊か」だったのではないかと想像する．実際に，古老の漁師からは，終戦から数年間は青く透き通った東京湾から，内湾性・外洋性の多様な魚介類が沸くように獲れたという夢のような話を聞くことができる．当時は，戦禍や疎開で流域の人口が減るとともに産業活動が低下して，東京湾への負荷は大きく軽減していた．そのうえ，京浜間を除く湾岸には依然として広大な干潟が存在し，河川と海，そして両者の接点には，それぞれに健全な生態系の諸機能が備わっていたことだろう．

　漁獲データをひも解けば，東京湾は間違いなく国内随一の優良漁場だったことがわかる．統計が整った1900年代から1950年代までの間，東京都の単位面積当たりの漁業生産量は長らく全国一位の座にあり，東京都の総漁業生産量とアサリ，ハマグリ，カキ，養殖海苔などの魚種別生産量は，何度も都道府県別の第一位に輝いた．隅田川はシラウオの一大産地であり，大森から浦安沖までブリやサワラが回遊し，羽田沖でカツオが獲れたとの記録もある．

　東京都が，漁業の栄光の歴史に自ら終止符を打ち，東京都内湾の漁業権を全面放棄させたのが1962年．奇しくもその年に，私は横浜に生まれた．当時の横浜の埋立は横浜港以北と根岸湾にとどまっており，本牧と金沢の地先には自然海岸が広がり，いくつかの海水浴場もあった．最後の海水浴場はやっと物心がついた頃に閉鎖され，私は横浜の自然海岸の海水浴場を記憶するギリギリ最後の世代となった．

　タイムマシーンがあるのなら，きれいで豊かだった頃の東京湾をこの目で見てみたいと，切に思う．

7.4.3 アマモ場と干潟が救世主

　最近私は，「ひょっとしたら，きれいで豊かな東京湾をこの目で見られるかもしれない」と考えるようになった．それは，私が健康に天寿を全うできればという条件がつく，30年ぐらい先の話であろう．そう考えるに至った理由は，次の通りである．

　私は学生時代から25年間，横浜市最南端に残された唯一の自然海岸である野島海岸で，魚類の定点目視観察を続けてきた．その傍らではいつもアマモが揺らいでいた．東京湾西岸ではここより奥にアマモ場はなかったので，アマモ最果ての地で四半世紀の盛衰を見てきたことになる．これは，後年アマモ場の再生研究に取り組むうえで，私の大きな財産となった．1980年代以前，野島の周辺では人工海浜や人工島の造成，漁港の建設や水路の埋立などがあり，地形がどんどん改変された．環境変化に敏感なアマモは，年を追って減っていった．90年代前半，周辺の地形改変は沈静化したが，アマモの減少には歯止めがかからず，ついには一抱えほどの群落が片手で数えられるほどになってしまった．

　90年代半ば，東京都水産試験場は葛西沖などで6年間取り組んできたアマモの増殖試験にピリオドを打ち，研究者の間には「やはり東京湾でアマモを増やすことは不可能だ」との諦めの空気が支配した．ところが，このまま消滅かと思われた野島のアマモ場では，衰退が止まっていた．そして90年代末には，倍々の勢いで増え始めたのだ．

　2001年，私は市民との協働によるアマモ場再生の研究に着手した．アマモが自ら増えようとする力を得たこのタイミングなら，再生は必ずや成功するとの確信をもっていた．研究開始から2年間はアマモは順調に生育したが，03年5月に横浜沿岸を襲った濃密な赤潮により全滅の憂き目をみた．しかし，05年以降は良好な透明度に恵まれて群落はめざましく広がり，野島

第7章 研究者として東京湾再生に向けて望むこと

2005年撮影　　　　　　　　2007年撮影　　　　　　　　2008年撮影

図7・4・1　野島海岸におけるアマモ場の分布状況
2005年は白線で囲んだ移植箇所以外は大規模な群落はないが，2007年にはほぼ全域に拡大し，
2008年もほぼ同様の安定した状態を維持している．
撮影：神奈川県水産技術センター・NPO海辺つくり研究会　木村　尚．

ではもう植える場所がないほどにアマモ場が拡大した．06年からは，サーフネットを用いた再生アマモ場に蝟集する魚類の定量調査を行っているが，06年にはアマモ場がなかった00年との比較で，魚類群集の著しい多様性の向上が認められた．続く07年には個体数と採集重量の急増が認められ，アマモ場の再生による生物保育機能の向上が実証されつつある（図7・4・1）．

野島海岸に隣接し同様にアマモ場が拡大している海の公園は，首都圏有数の潮干狩り場として知られる人工海浜で，多い日には5万人もが殺到する．ここでは，途方もない採捕圧の下でアサリの天然資源が維持されており，その驚異的な再生産力は全国の研究者の注目を集めている．豊富に湧くアサリによる海中の懸濁性有機物の除去は，アマモの生育に寄与し，アサリは増え過ぎることなく市民により取り上げられる．まさに，市民の関与によって理想的な環境維持機構が機能している人工海浜なのだ．周辺に干潟と浅海域を造成すれば，さらなるアサリの取り上げとアマモ場の拡大とが期待できるだろう．

08年には，横浜港奥に岸壁をもつ国土交通省事務所の前面に，1,000 m^{2}の人工干潟と磯場が造成された．私は造成直後から生物相の遷移をモニタリングしているが，そこには驚くべき勢いで二枚貝類をはじめとするベントスや魚類が加入しており，今まさに発見と驚きの連続のさなかである．

このように，人工の干潟や浅海域にアマモ場ができ，生物多様性と生物生産力が向上する事実を私は目の当たりにしている．今後，干潟・浅海域とアマモ場をどんどん拡大させれば，「きれいで豊かな東京湾」の実現に大きく寄与するだろうと，かなりの確信をもって言うことができる．しかし，社会の合意がなければ干潟や浅海域を増やすことはできない．干潟やアマモ場の例に限ったことではなく，明日の東京湾の命運を握るのは，社会の合意形成である．そして，社会の合意をすみやかに行政の施策に反映させ，現実のものにするためには，地方自治体同士や省庁間といった現状の縦割りを越え，東京湾に関する行政機能を一元的に管理するオーソリティーが必要だと考えている．

7.5 （東京湾の）漁業生産の回復めざして

佐々木克之[*]

7.5.1　東京湾の漁獲量の変遷

1970年前後の東京湾は，死の海と呼ばれるほど魚が獲れなかった．その原因は，高度経済

---
[*]元 独立行政法人水産総合研究センター中央水産研究所

成長によって人口が増え，工場も増え，そこからの排水が川を汚し，海を汚したためである．とくにCODで測られる有機物が多くて，隅田川では硫化水素の臭いがして，川面は黒く見え，生物はほとんどいなかった．その後，排水規制など様々な努力がなされて，家庭や工場などから発生する汚濁物質（発生負荷量）が減少して，その結果海への汚濁物質の流入（流入負荷量）は大幅に減少した．環境省の発表では，1979年と比べて2004年の発生負荷量はCODが56％，全窒素が43％，全リンが63％減少している．一番ひどかった1970年頃の資料と比較できれば，流入負荷量は半減以上に減少したと考えられる．

しかし，1970年頃の最悪の事態よりは改善されたが，現在の東京湾は60年代前の頃の漁獲量と比べるとまだまだはるかに及ばない．昔の東京湾ではアサリ漁獲量が最も多かった．東京湾では1970年頃までアサリ漁獲量は5万〜6万トンであったが，近年は1万トンを割っている（図7・5・1）．最近の日本全国のアサリ漁獲量が約3.5万トンであることを考えると，1970年頃の東京湾のアサリ漁獲量がいかに大きかったかわかる．アサリ漁獲量が減少した最も大きな要因は埋立である．1970年代に入って埋立が進行するとともにアサリが減少している（図7・5・1）．アサリは海中のプランクトンなどの有機物を餌としているので，海中の有機物を除去する浄化機能をもっている．埋立によってアサリなど貝類が減少すると，東京湾では赤潮が増加して，貧酸素水域が広がった．

流入負荷量の増加と埋立の進行によって1970年代になって貧酸素水が広がって，シャコは1970〜76年の間はほとんど漁獲されず，カレイ類は1972年を底として減少した（図7・5・2）．埋立は1980年代まで続いたが，強力なCOD規制によって川がきれいになり，それに伴ってシャコやカレイ類の漁獲量が上昇した．しかし，1990年代に入るとシャコやカレイ類の漁獲量が減少傾向となった．埋立はほとんど行われず，流入負荷量はCODだけでなく，窒素やリンもかなり減少しているのに，漁業環境はむしろ悪化している．

7.5.2 東京湾研究者への期待

そこで，これから東京湾研究に携わる研究者に，今後解明を期待する課題について述べたい．

1）陸域からの負荷量が削減されても東京湾の水質が改善しない問題…環境省が資料を出している1979年以降の負荷量の推移を見ると，1979年と比べて2004年の負荷量は，CODが56％減，全窒素が43％減，全リンが63％減少している．隅田川など流入河川の水質は大幅に改善されて，多摩川には多くの魚が見られ，沿岸ではハゼ漁が復活した．しかし，東京湾内の

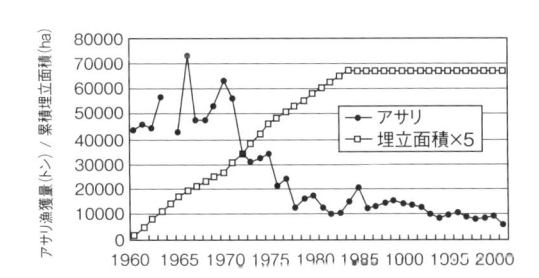

図7・5・1 東京湾におけるアサリ漁獲量と累積埋立面積の推移
「東京湾データブック」（2000，運輸省第二港湾建設局）の東京湾における累積埋立面積の変遷の図に示された10年単位の（1985年以降は4年と6年単位）累積埋立面積数値を読み取り作図．千葉県アサリ漁獲量は千葉県漁獲統計値による．

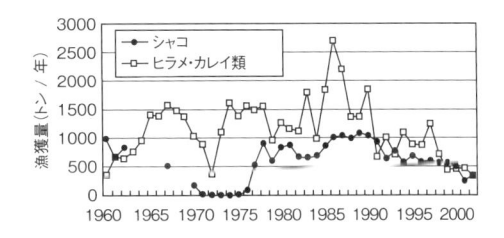

図7・5・2 東京湾におけるシャコとヒラメ・カレイ類の漁獲量の推移
神奈川県の東京湾側，東京都，および千葉県の東京湾側の値をそれぞれの農林水産統計年報から整理したものを加算．

水質はそれほど回復せず，貧酸素水も改善の兆しが見られず，漁業も回復していない．東京湾のN/P比をみるとリン制限になっているので，リンについて考えてみる．松川（1992）は，東京湾奥で貧酸素にならないようにするにはリンの負荷量を8～12トン/日以下にすべきと述べた．松村・野村（2003）は，1950年代の東京湾の水質に回復するには，リン負荷量を6トン/日にする必要があると述べた．環境省によると，2004年のリン負荷量は15トンであり，流達率を75％とすると，11.3トン/日の流入負荷量となる．この値は松川（1992）が推定した値に近いが，松村・野村（2003）の値の倍近くの濃度である．東京湾の貧酸素水をなくすために，どの程度負荷量を削減すべきなのか，精度のよいシミュレーションを期待する．

2）負荷量削減以外の環境回復方策…宇野木・小西（1998）や柳・大西（1999）が示しているように，東京湾の潮流は多くの埋立によって減少している．この潮流の減少が貧酸素水形成にどのように寄与しているのか，解析することを期待したい．東京湾では埋立以外にも南本牧埠頭建設による潮流の変化など，湾内構造物による影響も懸念される．これらの影響が明らかとなり，遊休地となっている埋立を元の干潟にすることなどによって潮流が回復するならば，そのような回復策も検討課題となる．

3）漁業生物から見た東京湾診断…水質だけで東京湾を診断することは難しい．底生漁業生物であるカレイ類（マコガレイやイシガレイなど生態を異にするので，生態に即した評価を行う）やシャコの漁獲量や標本調査によって貧酸素状態など底質環境を把握する．東京湾を回遊するスズキの状況，スズキの餌となるカタクチイワシなどプランクトン食性の魚類などを調べることによって，東京湾の生態系が明らかになるのではないか．このことは生態系の解明に加えて東京湾漁業の回復にも寄与すると考えられる．東京湾の環境を回復するには世論の後押しが必要である．現在の東京湾は，飛行場の機能強化など利便性，経済性を主としたことに関心が集まっているが，東京湾の生態系を回復するためには東京湾の生産力，とくに漁業の回復を位置づけて，東京湾周辺の住民と漁業者による交流などの企画も期待したい．

7.6 カニ研究者として東京湾再生に思うこと

土井　航*

7.6.1 研究の目標～東京湾ではどんなカニがどんな生活を送っているのか～

東京湾の生物に関しては，数多くの移入種，シャコの資源量減少，カイヤドリウミグモの大発生など関係者や研究者が問題視していながらも，一般市民への認知度は低い事実がある．アザラシのたまちゃんや鯨類の東京湾での出現は盛んに報道されるが，哺乳類の来遊は偶然性によるもので，それ自体が東京湾内の環境について何か意味のあるできごととは思えない．一方で，外来種の出現や特定生物の極端な増減といった現象は東京湾の環境と関連性をもっており，その因果関係を明らかにすることはこの本の目的でもある東京湾再生を図るうえで重要である．しかし，東京湾の環境と生物の関係に関する知識はまだまだ少ない．とくに潮が引いて露出することのない潮下帯の海底に棲む生物の実態は漁業の対象になっている種以外は不明であった．世界的に生物多様性の保全という言葉がよく使われるようになった．東京湾でも海洋環境の悪化・変動が原因で，生物の種数が減少し，個体数のバランスが崩れて生物多様性が減少しているといわれている．筆者は東京湾の生物多様性の実態と，悪化した環境下での生物の生息状況，個体数の増減といった各生物種の栄枯盛衰を支配する要因の解明をめざして大学院

---

*独立行政法人水産総合研究センター遠洋水産研究所

での研究を始めた．もともと甲殻類に興味があったこともあって，東京湾の生物の中からその生態がほとんど不明であったカニを研究対象に選んだ．

7.6.2 大学院での研究生活～底曳網でみた東京湾の海底のカニ～

筆者の研究はフィールドに出かけてカニを採集することから始まる．研究フィールドは東京湾の中でも神奈川県横浜市中区と磯子区，千葉県木更津市と富津市に囲まれた水深10～30 mの海域で，海底は泥や砂であった．このような場所に棲むカニを獲るには，船と漁具が必要である．そこで，神奈川県水産技術センターの調査船や横浜市漁業協同組合柴支所所属の漁船に乗船させていただいて，小型底曳網という漁具でカニを採集した．底曳網は袋状の網を船から海底まで降ろし，それを引っ張りながら船を進めて海底の魚介類を獲る漁法である．

早朝に港を出た船はあらかじめ決められた調査ポイントに向けて移動を始める．ポイントに着くと，船から網を降ろし，ゆっくりとした速度で網を引き始める．5分から15分，ときには約1時間引いてから，網を揚げる．網の中には漁獲物がたくさん入っておりとても重いのだが，網を海面から甲板に揚げるのは人力である．漁師さんや研究者の方たちと力を合わせて網を引っ張り船の上に揚げる．網の口を開けると，甲板には様々な漁獲物が大量に広がる．往時に比べて少ないとはいえ，東京湾の生物生産性が実に高いことを思い知らされた．漁獲物を研究用，出荷用に手作業で種類ごとに選別し，その間，船は次のポイントに移動を続ける．これを6，7回繰り返してお昼頃から夕方に帰港する．

このようにして得た大量の生物標本を研究室にもち帰った後は，図鑑や文献を読みながら獲れたカニがどの種かを1個体ずつ同定し，体のサイズや体重を計測する地味な日々である．一部の種はより詳細なデータを得るために体の様々な部位をノギスで計測し，体内部の組織を摘出して組織切片を作製したり，生かしたまま もち帰り飼育実験を行ったりすることもあった．そうして日々は過ぎ，気づくと次の採集予定日というのが大学院生時代のある時期続いた．

筆者は2002年から06年の調査で41種約1万7千個体のカニを採集した．そのうち，ケブカエンコウガニというカニが44%，イッカククモガニが29%，フタホシイシガニが21%でこの3種だけで全体の94%を占め，残りの38種は実に6%に過ぎなかった．一方，筆者の研究室の半世紀前の教授である久保伊津男博士らによる1955年の調査では未同定種を除くと42種のカニが確認されており，778個体のうちケブカエンコウガニが44%，フタホシイシガニが33%でこの2種だけで77%であり，残りの40種で23%を占めた．上位の数種がほとんどの割合を占めるのは1950年代も現在も変わらない．しかし，その傾向はさらに強くなっており，カニの世界も勝ち組と負け組の差が広がった格差社会になっているのだろうか．また，現在はイッカククモガニの名が連ねられるが，2.3.2.C外来甲殻類の通りイッカククモガニは北中米原産の移入種でもともと東京湾にはなかった種である．これが1960年代に定着し半世紀近くを経た現在東京湾の海底の代表的カニになっていた．多様性は生物の種数や個体数によって評価され，その指標にはいくつかある．ここではHurlbertのサンプル限定法という方法で求めた期待種数 $ES(50)$ を多様度として使用した．$ES(50)$ はある底曳網で獲れたカニ全体を1つのサンプルとし，そのサンプルの中から無作為に50個体のカニを取り出したとき，そこに何種類のカニが含まれているかを意味する．1950年代の調査の $ES(50)$ は8.5種であったのに対し，筆者の研究では3～6種となった．確認できた種数は42種と41種でほとんど差がなかったが，個体数や調査回数を加味した多様性の指数でみるとやはり現在の東京湾のカニは

第7章 研究者として東京湾再生に向けて望むこと

多様度が低下しているのが明らかになったのである．次にカニの生物群集を構成する種に違いがあるかをみると（表7・6・1），モガニ科やクモガニ科といった海藻やほかの無脊椎動物の体表面に生息する種が減り，その代わりコブシガニ科など砂泥底に生息する種が増えている．結論はまだ出せないが，藻場などの生息環境が減少し砂泥域が拡大したためではないかと推測している．

7.6.3 筆者の研究と東京湾再生の関係～科学的記載の価値～

筆者の東京湾での研究は何か仮説を立ててそれを検証するスタイルではなく，自然のありのままの姿を記載する自然史研究の要素が強かった．こういった研究は今すぐ何かの役に立つことは少ない．その代わり，21世紀初頭の東京湾に生息するカニの科学的知見として記録される．先述の久保教授は戦前から戦後にかけて東

表7・6・1 1954年の調査（Kubo & Asada, 1957）と2002～06年の調査（土井ほか，未発表）で採集されたカニ類種組成の比較
　　　　　＋：採集された，－：採集されなかった．

科	和名	Kubo and Asada (1957)	土井ほか (未発表)
ミズヒキガニ科		＋	－
イチョウガニ科	イチョウガニ	－	＋
	コイチョウガニ	＋	＋
	イボイチョウガニ	＋	＋
ヘイケガニ科	サメハダヘイケガニ	＋	＋
Euryplacidae	マルバガニ	－	＋
	キバガニ	－	＋
エンコウガニ科	エンコウガニ	－	＋
	アシナガヒメエンコウガニ	＋	－
	ケブカエンコウガニ	＋	＋
コブシガニ科	ナナトゲコブシ	－	＋
	テナガコブシ	－	＋
	オオロッカクコブシ	－	＋
	ヒシガタロッカクコブシ	－	＋
	ロッカクコブシ	＋	－
	ヒラテコブシ	＋	－
	ジュウイチトゲコブシ	＋	＋
	ツノナガコブシ	＋	＋
モガニ科	コツノガニ	＋	－
	ツノガニ	＋	－
	トガリガニ	＋	－
	ヒメガニ	＋	－
	ニッポンモガニ	＋	－
	ヒラツノガニ	＋	－
	マルツノガニ	＋	＋
	ヤハズモガニ	＋	＋
	ヨツハモガニ	＋	＋
クモガニ科	アケウス	＋	－
	ツノアケウス	＋	－
	アワツブアケウス	＋	－
Inachoididae	イッカククモガニ	－	＋
ケアシガニ科	コシマガニ	－	＋
	コワタクズガニ	－	＋
	ワタクズガニ	＋	＋
ヒシガニ科	ホウデヒシガニ	－	＋
	ミツカドヒシガニ	＋	－
	ヒシガニ	＋	＋
Galenidae	ゴカクイボオウギガニ	－	＋
ケブカガニ科	イボテガニ	＋	＋
	ヒメケブカガニ	＋	＋
ワタリガニ科	シマイシガニ	－	＋
	アカイシガニ	－	＋
	カワリイシガニ	－	＋
	ガザミ	－	＋
	フタバベニツケガニ	－	＋
	マルガザミ	＋	－
	イボガザミ	＋	－
	ジャノメガザミ	＋	－
	オクレベニツケガニ	＋	－
	フタホシイシガニ	＋	＋
	イシガニ	＋	－
	ヒメガザミ	＋	＋
オウギガニ	サガミベニオウギガニ	－	＋
	ゴイシガニ	＋	－
	ヒメオウギガニ	＋	－
	サメハダオウギガニ	＋	＋
イワガニ科	イワガニ	－	＋
モクズガニ科	ケフサイソガニ	＋	－
オサガニ科	オヨギピンノ	－	＋
	オオヨコナガピンノ	－	＋
カクレガニ科	ラスバンマメガニ	＋	＋
	ヨコナガモドキ	＋	－
	カギツメピンノ	＋	＋

京湾でクルマエビやシャコの研究を行っている．これらの研究はクルマエビやシャコが現在東京湾で減少している要因を解明し資源の回復を図るうえでとても重要なものとなっている．東京湾は日本の近代化とともに大きな変化をとげ，環境は大きく悪化・変動し，そこに棲む生物も時間とともに種の組成やそれらの数量バランスが変わった．それに伴い生物の生活史，すなわち生き方自体（産卵期や成熟サイズなど）も変化した．東京湾の環境と生物は良くも悪くもこれからも変わり続けるだろう．筆者の研究も久保教授の研究と同じように一時代の記録として後世の東京湾環境の管理者に利用してもらえればと思っている．

7.6.4 東京湾の移入種に関しくの提言〜生物の出入りを防ぐ〜

東京湾の再生に関して，カニを含む大型動物移入種について私見を述べる．海洋動物移入種は大都市に隣接する内湾域に多く，日本では東京湾，伊勢湾，大阪湾などが該当する．東京湾は移入種の最初の発見地，最初の定着地になることがとくに多い．また，海外に目を向けてみると，東アジア原産の海洋移入種としてイシガニ，イソガニ，タカノケフサイソガニ，ユビナガスジエビ，マヒトデ，マハゼなどがアメリカやヨーロッパ，オーストラリアなどに定着している．ほとんどの種では移入元は明らかになっていないが，遺伝子解析によって一部の種では東アジアの中でも日本が供給源と推測されることが多い．そして，これらの種はいずれも東京湾にも多く生息する生物である．移入種が船舶の移動によって運ばれる場合，移動は双方向であり，多くの移入種に定着されている場所は同時に移入種の供給源になっている可能性が高い．移入種の数を減らすには，硬い人工的基質を海岸から減らすことや，貧酸素水塊を軽減する環境改善に効果が期待されている．しかし，実現にはかなりの時間と費用がかかるだろう．

移入種侵入のリスクを減らすには，バラスト水対策をはじめ東京湾と国内外のほかの海域との間で移入種の出入りを規制することも必要である．東京湾本来の生物群集の再生には，環境回復とともに生物を東京湾に入れない・東京湾から出さない努力も必要だろう．

7.7　湾岸都市の里やま・里うみサンドイッチプラン

中村俊彦[*]

世界最大級の巨大都市を支える東京湾の自然環境については，現在でも三番瀬や盤洲干潟，富津岬等，開発と自然保護との間に様々な問題をかかえている．これらの問題の解決にあたっては，当然のことながら，まず開発の必要性や効果が明確に示されることが前提であるが，同時にそれによって失われる自然についての評価も重要な課題となる．これまで，自然に対する評価は，具体的な開発計画の中ではじめて浮き彫りにされる状況であり，前もって行われることはほとんどなかった．

東京湾各地の自然保護と開発の問題に関しては，東京湾の海域のみならず沿岸陸域も視野に入れた議論をしなければならない．各地で「環境再生」の名の下に干潟に巨大な石積みをつくったり，無理やりの人工海岸を構築するなど，改変を前提とした土木工事，いや石材鉄筋コンクリート工事が横行している．人間が自然を再生するのではなく，自然の復元力を前提とした場の確保，またあくまでも本来の自然環境と過去の人々の営みを基本とした息の長い自然復元の将来構想が必要である．

東京湾の内陸部にはかつて海岸に隣接して湧き水豊富な谷津田を中心に雑木林や畑，集落が一体となった豊かな里やま（里山）が存在していた．一方，湾岸の海付き村では，その里やま

---

[*]千葉県立中央博物館

第7章　研究者として東京湾再生に向けて望むこと

環境の田畑や川沼に加え，豊かな干潟の浜（磯）を有し沖海にも隣接していた．人が自然に働けかけ生活・生業のため管理制御していた里山海（里やま・里うみ）の景相は，海と陸の連続性のなかでその生物多様性を失うことなく人々の生産と直結させた自立し持続的な生態系を備えていた．これはまさに，人が生きる場としては最適の自然環境といえよう．

循環型社会の構築のため自然再生の重要性が高まりつつある現在，世界有数の人口を抱える東京湾岸地域といえども，里うみ・里やまの復元は夢物語ではない．近い将来，湾岸域の都市人口も限界に達すると見込まれるなかで，建築技術の発達とともに人々の核家族的な生活スタイルはますます住宅の高層化を進めていくと予想される．当然そこには，土地余り現象も想定される．

一方，原子力を含む日本のエネルギーは自給20％，食料自給も40％という低さは将来の社会の安全性に大きな不安を投げかけている．当然，海外からの食料・エネルギーの調達が今後も可能である保証はない．かつて，ソ連崩壊の際にキューバが経験した突然の食糧危機では，都市の空き地を住民みずから農地として耕して食糧不足を凌ぐとともに恒常的な自給体制の構築と循環型社会の創造が進められたという（吉田，2002）．

東京湾岸地域においても，将来，資源・エネルギーの自給を高めつつ水や空気も浄化できる健全な生態系の再生は重要な課題である．内陸に里やまを復活させ，臨海部は埋立地をもう一度里うみの干潟にもどし，人々の生活・文化を含むかつての里山海の景相を復元する．そして両方に挟まれた部分に，できるだけ自然を取り込んだ建築による都市の再開発を試みる．いわば，自然の中で人間が生きる新しい都市計画としての「湾岸都市の里うみ・里やまサンドイッチプラン」（図7・7・1）である（中村，2003；2004）．谷津田にはウナギをねらってコウノトリやトキが飛来し，干潟にはハマグリやアサクサノリが復活，また沖にはスナメリやアオギスが泳ぐ．今まさにそんな東京湾岸域の「Back to the Future」を考える時期にきているのではないだろうか．

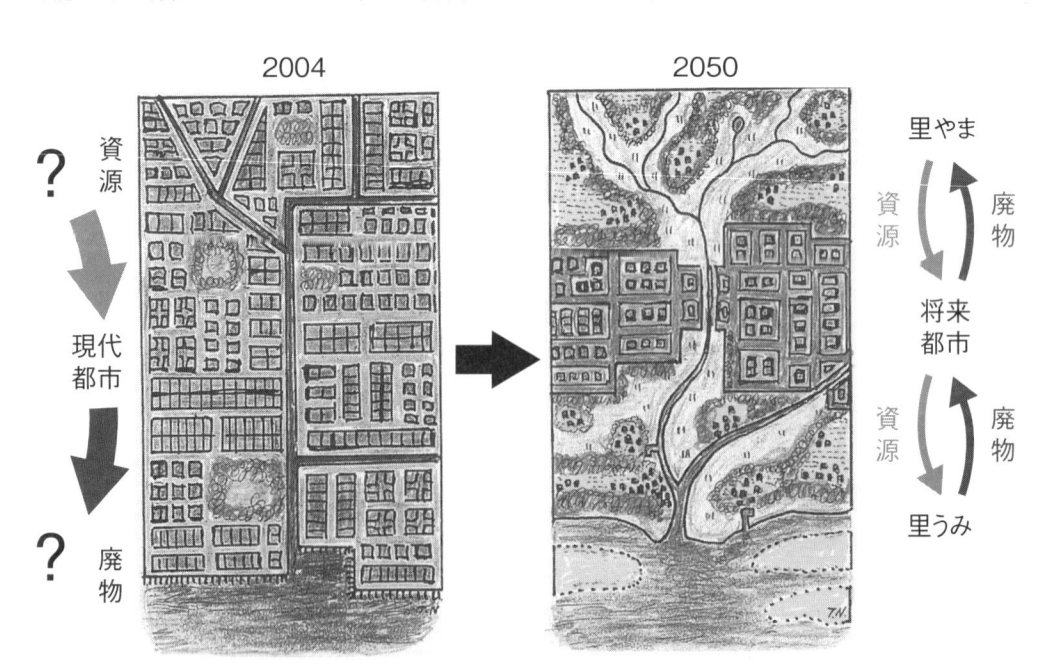

図7・7・1　湾岸都市の里やま・里うみサンドイッチプラン 2004

7.8 東京湾生態系の再生は陸域の再生から

野村英明[*]

　大学を卒業して研究生をしていた1980年代半ば，どんな研究を進めるかテーマを探していた．所属していた研究室では，1980年頃から東京湾で定点観測を行っていて，おかげで毎月観測に出ていたので(結局10年間乗り続けた)，赤潮が頻発する海の生態系はどうなっているのか，興味をもちテーマを得ることができた．偶然とはいえ東京海洋大学浮遊生物研究室(当時，東京水産大学水産資源研究施設魚族生態部門)にいかなければ，"東京湾上という現場"に，しかも定期的に観測船で出かけるという機会はなかった．今，岸壁から実験に使う海水をくもうとしても，岸からバケツをおろせるところは都区部では運河や河口部に限られている．あとは横浜山下公園か，千葉県まで行くか，海水をくむのさえひと苦労するような状態だ．これだけ東京湾の岸辺が封鎖されていれば，東京湾再生といっても人はぴんとこないだろう．何しろ現場が見えなければ，話にならない．

　プランクトンの研究者として，これまで東京湾のプランクトンの群集構造やその遷移を調べてきた．東京湾のプランクトン群集の特徴は，生活環の中で，酸素濃度の低い海底と接した時にその影響を最小限にできるか，あるいは最初から海底と接しない種が卓越することである．プランクトンなのに海底の話が出るのは不思議に思うかもしれない．プランクトンといえば，水中を漂って一生を暮らすと思われがちだが，内湾に棲む種は生活の一時期を海底で過ごすものがけっこういる．それらは休眠することで，ある特定の時期，例えば夏季の高温や冬季の低温の時期をやり過ごし，増殖に適したときに水中に現れることができる．植物プランクトンの場合，無酸素に曝されたとしても個体群の一部が水中に出る機会を得られれば，豊富な栄養と光を得て，活発に細胞分裂し子孫を残す．鞭毛虫も単為的な増殖が可能であり，餌のバクテリアが豊富な東京湾では適応できる．そのため鞭毛虫を食べる繊毛虫もたくさんいる．甲殻類の仲間でケンミジンコと呼ばれるカイアシ類では，卵のまま海底で休眠する種は種数，個体数ともに少なく，とくに冬場を休眠する種は少ない．今の東京湾で優占するカイアシ類は，周年休眠せずに産卵活動を行い，海底と関係をもたない種である．こうして調べてみると種の存在はその存在自体が過去の履歴を背負っているので，種の集合体である群集はそれを育む環境条件を指標している．

　通常，基本的生物群集組成はそうそう変化しない．それはその場に存在する群集の組成が時間をかけ，様々な環境変動を経た結果として，その場の環境に適応した種によって構成されているため，自然な環境変動に動揺しないのが普通なのである．ところが東京湾の場合，低次食物網を構成する生物群集構造が，10～15年という短期間で一変した．普通，浮遊して拡散しながら再生産しているプランクトンの群集が，短期間で構造変化を起こすというのは考えられない，驚くべきことである．

　第Ⅰ部で見てきたように，東京湾が現状に至った理由の主因は，埋立と流域からの過剰な物質負荷および水循環の変調である．物質負荷削減と水循環を正すためには，東京湾の流域全体を総合的に管理する方策を立てることである．このことはこれまでの国土の利用方法を再考し，新たな国土管理を導入することになる．

---

[*]東京大学大気海洋研究所

7.9 これからも，東京湾

堀越彩香*

　私が本書第2章中の「付着生物」の執筆依頼をいただいたのは，今から5年余り前，大学院修士課程2年生の夏であった．東京湾の付着生物の研究を始めてやっと1年が過ぎ，そこまでの研究成果を学会で発表した直後のことだ．そのような研究歴の短い学生が編集委員会からの要望に沿った原稿を書けるのか，という恐れ多さを感じた一方で，なんというめぐり合わせだろう，という嬉しさを禁じえなかった．なぜなら，私は子どもの頃に東京湾の多摩川河口で多くの時間を過ごしており，修士課程での研究テーマも付着生物というより東京湾の研究をしたいがために選んだものだったからである．

　中学1年まで住んでいた東京都大田区の自宅から多摩川河口は近く，両親と歩いて行ける距離にあった．なかでも羽田空港の南岸に広がる干潟と浅瀬は，私の研究者としての原点となった場所である．就学前は草むらや護岸などで遊ぶことが多かったが，小学生になると干潟や浅瀬の生物を採集するようになり，その方法も手で潮溜まりのハゼをすくったり石を裏返してカニをとったりという方法から，手網や大型のシャベルを使うような方法へと変化していった．小学5年のときにはそれまで採集した生物全種類について絵を描き，採集場所の位置や特徴などの説明とともにまとめた．図7・9・1はその一部である．絵を描く際には，実際に採集した生物や，冷凍あるいはエタノール標本を観察し，1つの生物を描くのに1日以上を費やすのは珍しいことではなかった．小学校6年間（1988～93年）に採集した生物は80種に及んだ．現在この干潟は空港再拡張事業の結果生じた空港跡地の南岸にあたり，この跡地に関しては「羽田空港跡地利用基本計画」が進められていることから，将来的に環境の変化が予想される場所である．したがって，当時の生物相の記載が意味をもつこともあるだろうと考えているのだが，まだ論文発表には至っていない．また採集した生物の中には，今では東京湾の代表的な移入種として知られているチチュウカイミドリガニもいた．当時は移入からまだ間もない頃で，どの図鑑にも掲載されておらず，国立科学博物館におられた武田正倫先生に，種名を教えていただいた．そのとき「僕も生きているものははじめて見ましたよ」と，非常に優しい対応をしていただいたことが心に残っている．こうして私は生きものへの親しみと，彼らの棲む環境への興味と，また生物学者という仕事への関心を，もつようになったのである．

　生物学者を志した私は，お茶の水女子大学の生物学科で4年間生物学の基礎を勉強したのち，沿岸，とくに干潟の生物の生態学的研究をしたいと考え，専門の研究室がある東京大学大学院の修士課程に入学した．しかしまだ一人で適切な研究テーマの設定をする力はなく，教員から提示されたテーマの中から，「東京湾の付着生物」を選んだ．移入種を多く含む東京湾の付着生物群集であるが，その現状は明らかでなかったことから，湾の付着生物相の広範囲にわたる現状記載と，最近の変化の推定を目的とし，研究を開始したのである．まずは「広範囲」を満たすために，海岸で適した調査地を，指導教員の岡本 研先生とともに探すことから始まった．地図や衛星写真，他の研究者からの情報などをもとに，陸からアプローチできそうな海岸を訪ねた．さらに格好の対象は，東京湾内随所に設置されている航路ブイであった．これらはすべて，定期交換の際に千葉県袖ヶ浦市の浮標基地に陸揚げされることから，ここで湾の色々な場所由来の付着生物の採集を行うことができた．次に「現状記載」だが，ここで大事なのは，種を正確に同定することである．外観だけの観

---
*東京大学大学院農学生命科学研究科

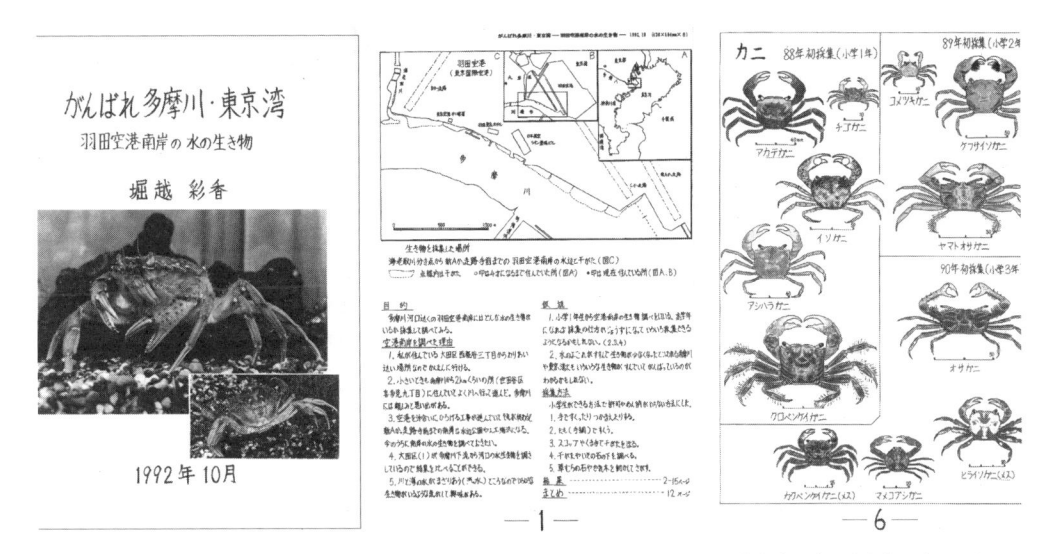

図 7・9・1 著者が小学5年のときに作成した「がんばれ多摩川・東京湾－羽田空港南岸の水の生き物－」の一部
実物はカラー，A3計16ページ．写真は飼育していたチチュウカイミドリガニ．

察では，正確な同定は行えない．フジツボ類は実体顕微鏡下で解剖して蓋板の形状を見る必要があるし，ホヤ類は内臓の配置もキーになる．カイメン類は水酸化ナトリウムにつけて骨片のみにし，その形状を顕微鏡で観察した．地道な作業であるが，誤同定をしてしまっては現状の記載にならず，過去や将来のデータとの比較の際に混乱を生じることになる．そしてこのような作業の中で発見したのが，東京湾でそれまで報告がなかったアミメフジツボである．フジツボ類の種同定では，慣れると大抵の場合は周殻の印象でわかったが，念のため逐一蓋板の形状をチェックしていた．そのとき，見慣れない形状の蓋板をもつ個体を見つけたのである．図鑑と見比べる．「…サラサフジツボ？」東京湾だけでなく，全国的に移入種タテジマフジツボに押されて見られなくなったという在来種サラサフジツボによく似ている．もしそうなら，サラサフジツボはまだ湾にいたということになる．精査のため周殻を削って断面の構造を見ることになった．論文のタイトルは「サラサフジツボ，東京湾に存続」にしようか，などと考えながら．しかし，この断面の構造がサラサフジツボとは違っていたのだ．手元の図鑑にも載っていない．このフジツボは何なのか．他大学の先生に助言を請う．返答は，「移入種アミメフジツボではないか」とのことだった．タイトルを変更して学会誌に投稿したのが，自身初の論文となる「アミメフジツボ，東京湾で初確認」である．その後，千葉大学（当時）の山口寿之先生をはじめとする研究グループにより，本種は在来の新種であると示唆された．在来種・移入種問題を論じるときにはこのような地道な現状記載が意味をもつのだと実感した．そしてその現状記載は地道な同定作業を基盤とし，その根本にあったのは，私の場合，生物の形態観察が好きだということと，「生物たちが今東京湾に生きている，その証を残してやりたい」という気持ちだった．そのようにして付着生物全般について明らかにした現状は，第2章で述べた通りである．付着生物が多いことも，その中に移入種が多いことも，付着基質の創出や人為的な生物の移動，移入種の増殖に適した環境といったものが先にあって生じたものである．湾の再生に向けては，まず湾の環境を健全な状態に近づけていくことが求められ，その結果付着生物相がどう変化す

るか，という見方をすべきであろう．そのときの比較対象として，私の行った現状記載が役に立てばと思っている．

こうして東京湾で活動をしてきたが，湾の再生に向けて何より望むことは，東京湾が沿岸の人々にとって「サチ」を感じられる場であってほしいということである．数年前，大学の授業で聞いた話であるが，「海の幸」の「さち」の語源は，「矢」なのだという．矢の霊力をサチといい，さらにその獲物もサチというようになったとする説があるそうなのだ．つまり獲物とは，それくらいすごい威力のある矢でなければ獲れない，すごい能力のある存在で，人間が丸腰でかかったらとても敵わないのだと．この話は強く記憶に残っている．そうなのだ．私の根底にあるのは，東京湾にあふれる「海のサチ」との勝負の記憶なのだ．干潟の上で群れるヤマトオサガニは，近づけばすぐに巣穴に潜ってしまう．これを素手で捕まえるのには俊敏さが要求される．そもそも干潟を思いのままに歩くことも難しい．浅瀬にはハゼなどの底生の魚類や，季節によってはボラやコトヒキの幼魚が寄ってきているのが見えるのに，素手ではまったく勝負にならない．石にうかつに手を出せばカキやフジツボの殻で切り傷ができ，海水がしみる．人間は元来，そうそう生きものたちには敵わないのである．そういった経験は，研究者になる，ならないにかかわらず，人間の成長過程において，意味のある気づきを与えてくれるのではないだろうか．それは，観察小屋から学習する環境教育とはまた別のものである．危険と安全の境ぎりぎりの場所で，生きものに勝負を挑む．そういう場所が，家から歩いて行ける場所にある，自転車で行ける場所にある，電車で数十分で行ける場所にある．そういうことを，東京湾沿岸の人々に，これから生まれてくる子どもたちに，残しておきたいと思うのである．

最後に，私は今東京湾というフィールドはそのままに，付着生物ではなく，干潟に生息するスナウミナナフシという小型の甲殻類の研究をしている．汽水域の干潟にみられるこの生物の湾内での生息場所は限られており，本種の研究は，湾に残された干潟あるいは残すべき干潟へのアプローチになると考えている．研究対象生物は変わったが，あくまで東京湾に身を置き，研究人生を送っていくつもりである．

7.10 東京湾再生はアマモ場の再生から

森田健二[*]

7.10.1 目標

私が東京湾再生に取り組む目標（望み）は，日常生活の中での海とのふれあいである．子どもが行動できる範囲の中で，当たり前のように海辺にたたずみ，くつろぎ，遊び，学び，創作する．世代や職種を越えた多くの人たちとの交流を重ねながら，そのような生活を送ることができたら何とすてきだろう．そんな日が早く訪れることを期待している．

7.10.2 背景

東京・品川生まれの品川育ち，現在も大田区に居住している．大学時代の一時期と新婚時代を除けば東京湾の近くに暮らしてきた．しかし，高度経済成長期を迎えた昭和30年代に生まれたことから，身近な川と東京湾は公害を象徴する存在でしかなく，物心付いたときには物理的にも近寄りがたい存在になっていた．同世代の子どもたちと同様，自然の中での遊びの場は必然的に郊外の川と海となり，憧れはスキューバ潜水を開発したフランス海軍出身の海洋探検家ジャック・イブ・クストーがTVや映画で紹介する探検の海となっていった．

---

[*]株式会社東京久栄

7.10.3 東京湾再生への取り組み

海洋の生物・環境を学ぶには水産学部しかないと思い込み，卒業後は全国展開する海洋環境コンサルタント会社を志望した．運良く現在勤務している会社に就職し，これで憧れの海洋探検？ができると思ったが，仕事は陸地の見える沿岸ばかり．当初配属された部署の仕事は，潮間帯と藻場の生物観察がメインであった．動きの少ない生物のモニタリングにマンネリ感を覚え始めた頃，入社以来希望していた開発部署に配属され，アマモ場造成にかかわる機会がめぐってきた．これが私の人生の大きな転機となった．植物そのものには興味はなかったのだが，アマモ場の造成により新たな生物の生息場をつくりあげ，環境の改善に貢献することができるかもしれないという想いに取り付かれた．広島湾を皮切りに，瀬戸内海や八代海でのアマモ場保全に必死に取り組んだ．そんななか，1990年に念願の東京湾でのアマモ場再生に取り組むチャンスがめぐってきた．

きっかけは一枚の漁場図である．泉水宗佑という人が作成し，当時の農商務省が明治42年に発行した東京湾漁場図をつぶさに見ていくと，東京湾の至るところにアマモ場（あじも・にらも）の記述がある（図2・3・22，163ページ参照）．とくに横浜から木更津にかけての湾奥部は，ほとんどすべてが干潟・アマモ場といっても過言ではない．そしてアマモ場の沖には「イカ藻場」という不思議な漁場が記述されている．いくら明治時代とはいっても岩場でもないそんな深場に植物が育つわけがない．よくよく調べてみると，これは江戸時代に猫実村（現在の行徳）の漁師が開発した日本初とされる人工魚礁を沈設した漁場だったことが判明する．稲ワラ製のアマモに似せた魚礁を海底に沈め，そこに産卵にきたイカを曳網で獲っていたのである．当時にも工業所有権のような権利が認められていたようで，当初は猫実村の漁師による独占的な利用が許されていた．しかし，よほど効果があったのか，次第に周辺の村から東京湾奥全体へと利用が広がり，その過程では刃傷沙汰のいさかいも絶えなかったようである．このような資料を見て，東京湾再生の切り札は「アマモ場再生だ！」と確信した．

そこで，当時の東京都水産試験場の内湾調査に1年間同船させていただき，水質調査結果からアマモ場再生の可能性を探った．塩分は問題ないが，水温と透明度はぎりぎり．静穏域があることを前提に五分五分の判断となった．そこでアマモ場再生の可能性を検討する企画書を作成し，東京都に猛烈にアタックした．1990年代前半はバブル景気の真っ盛り．羽田沖展開事業も控え，建設間もない若洲臨海公園と葛西臨海公園東渚の一角で試験をスタートすることができた．若洲海浜公園では浚渫土砂の有効利用を検証するため，浚渫工事で発生した土砂をコンクリート製のプランターに入れて移植試験を行った．波浪条件が厳しいため，最終的には土砂とともに流失してしまったが，アマモは浚渫土砂でも順調に生育することが確認できた．葛西臨海公園では1990年から96年まで，当時の知見を総動員してあらゆる可能性を検討した．その結果，静穏域にあって干出しない程度のぎりぎり浅い水深で，夏期の水温上昇が28℃以下にとどまればアマモ場は周年生育できるとの結論を得た．実際，冷夏だった1992年は夏期の最高水温が28℃以下にとどまり，アマモは周年生育を果たした．三番瀬のごく一部には現在でもこのような条件を備えた一角があり，そこでは自然に着生したアマモが周年生育している．東京都の試験は残念ながら事業化までは至らなかったが，その過程で得られた知見はアマモの分布限界条件を明確に示すことにつながった．その知見は「アマモ場造成技術指針」（マリノフォーラム21，2001），「かながわのアマモ場再生ガイドブック」（神奈川県ほか，2006），「アマモ類の自然再生ガイドライン」（水

産庁・マリノフォーラム21，2007）などに反映されている．「アマモ類の自然再生ガイドライン」はマリノフォーラム21のホームページのリンクからいつでもダウンロードが可能であり，内容を平易に記述したガイドブックも作成されているので，興味のある方はぜひ一読していただきたい．

東京都の試験の後は，バブル崩壊による景気後退もあって行政主導のアマモ場再生は下火となった．何とかならないものか思っていたときにめぐり会ったのがNPOや市民団体によるアマモ場再生活動である（図7・10・1）．三番瀬と横浜市の市民活動に加えていただき，協働による再生活動をお手伝いすることができた．ただし予算はゼロ，すべてもち出しである．市民協働は情報の共有と対等の関係が原則．ノウハウと技術を売り物にするコンサルタント会社の社員として悩みもあったが，将来の発展を期待し，経営者を説得して望んだ．その後いずれも県・市による事業に発展し，合意形成の進んだ神奈川県と横浜市では，天皇皇后両陛下による苗のお手渡しや首長自らの移植活動参加など，アマモ場を核とした自然再生事業が広く認知されるに至っている．東京都港区においてもお台場海浜公園を舞台に地元小学生の環境教育の一環でアマモ場再生と海苔育成を継続的に進め，地域の人たちを含めた東京湾再生の普及啓発を推進している．

このように書いてくると，順調な研究過程だったように思われるかもしれないが，途中では失敗も叱責も幾度となく味わった．若い頃には直感を頼りに無謀な冒険をしたこともあるが，家庭をもち子育てに追われる年齢になると，組織内でも中間管理職の入り口で職責が増すようになる．様々な事象の板ばさみになり，ついつい逃げ場を探したくなる．しかし，課題というのは犬と同じように逃げれば逃げるほど追いかけてくる．開き直って正面から取り組むと相手が引き下がったり，周りの人たちが加勢してくれたりするものである．研究に際しては，科学的な検証に耐える方法論と成果が重要であることはもちろんであるが，実社会における人や地域との信頼関係はそれにも増して重要であり，それなくして自然再生は成り立たない．

7.10.4　次世代に望むこと

世界有数の大都市圏が面する東京湾は，企業用地や港湾建設により干潟，藻場，浅海域のみならず，そこで営まれていた暮らしや文化の大半も失ってしまった．排水規制や下水処理施設の整備により質的な改善傾向は見られるようになったが，一部の海域を除いて改変・消失した場の回復はほとんど進まず，貧酸素水塊の拡大・長期化もあって漁業は衰退の一途をたどっている．価値観は多様であるが，人が改変し破壊した現状の傍観と追認は，そこに携わる研究者と

図7・10・1　東京湾再生活動の状況
左：横浜市海の公園で神奈川県知事が参加して行われたアマモ移植会，中：東京都港区台場地区の市民・児童とあきる野市民による東京湾再生学集会，右：お台場海浜公園で小学校の環境教育の一環として行われている海苔養殖作業．

して無責任のそしりを免れない．人と人の直接対話がなければ伝承が難しい経験から得られる知識と技術が失われる前に，モニタリングを前提とした順応的な再生事業の実施が求められている．そのためには，次世代を担う若い人たちの理解と参加が不可欠である．まずは素直に現状を見て，触れて，感じて，東京湾で活動する多様な人たちと語り合い，その中で自ら信じる目標を見つけ出したなら，思い切り突き進んでほしい．東京湾再生は次世代が担う未来にしか存在しえないのだから．

7.11 湾の再生は流域（陸域）の再生から

吉川勝秀*

7.11.1 湾の再生には流域（陸域）の再生が必要

東京湾の再生というと，多くの場合，東京湾内の水質を改善し，生態系の部分的な保全と再生が議論されている．しかし，湾内のことのみを考えるだけでは不十分である．1.1で述べたように，そこに流入する河川の流域圏（陸域）にある都市，農業を含む経済活動，下水処理等の社会インフラのことなどを考える必要がある（石川ら，2005）．

東京湾を再生するには，その汚濁等の原因である流域圏（陸域）での生活や経済活動，土地利用等について，それらを自然と共生するものにすることが必要である．すなわち，湾を含む流域圏・都市を，水・物質循環や生態系，土地利用等について，自然と共生するものとすることがより本質的な対応である．

この観点で，湾の再生や流域圏・都市再生の活動で，実践につながっている世界の代表的な事例において，何を再生の目標としているか，それを実現するための進め方について示したものが表7・11・1である（吉川，2007；2008a, b）．すなわち，湾や河川などの水系の水量にかかわる水循環の改善，水質（物質循環）の改善をめざすものが大半であるが，近年は生態系の再生がそれに加わり，一部ではあるが流域圏や河畔等の土地利用の誘導・規制による流域圏・都市再生を志向しているものがある．

東京湾の再生においても，その流域圏・都市を自然と共生するものにすること，そして，湾内の水・物質循環の改善はもとより，湾岸（ベイエリア）の水と緑，生態系ネットワークの再生，水辺の土地での都市再生を含めて行うことが重要であり，そのための調査・研究を進めている．

7.11.2 湾岸（ベイエリア）の再生

ここではより直接的でわかりやすい湾岸（ベイエリア）の再生について述べておきたい．東京湾の沿岸は，かつての土砂の堆積した干潟，砂浜が埋め立てられ，人工の護岸で囲われた工業用地，住宅・業務用地等になった．これにより，干潟や藻場などが消失して生態系も消失・劣化し，そして湾岸の多くが民間の土地となって市民等の海へのパブリック・アクセスができなくなっている．

その湾岸域には現在でも多くの河川が流入し，また運河も設けられている．埋立により民間地となった土地とともに，河川や運河等，そして海へのパブリック・アクセスの可能な通路等について，水と緑，生態系，パブリック・アクセスのネットワークを形成が必要であり，この面での調査・研究を進めている（吉川，2008a；Yoshikawa，2010）．

7.11.3 実践につながる研究が必要

近年は，東京湾再生について，関係する国や都県，市の行政による東京湾再生のための行動計画が策定され，本書もそうであるが，研究者による研究も進められ，また多くの市民団体の

---
*日本大学理工学部

第7章　研究者として東京湾再生に向けて望むこと

表 7・11・1　実践につながっている湾，流域（陸域）再生の先進的事例と再生の対象

再生計画（実践）	水・物質循環再生	生態系再生	土地利用（誘導・規制）	その他特筆事項
マージ川流域再生（キャンペーン，英）	◎	◎	◎	・行政・企業・市民・NGO のパートーシップ　チェサピーク湾・流域再生（米）
チェサピーク湾・流域再生（米）	◎	◎		
カリフォルニア湾・デルタ・流域再生（米）	◎	○		
ボストン湾・流域再生（米）	◎			
鶴見川流域再生（水マスタープラン）	◎	◎	△	・行政主導　・市民参画
印旛沼・流域再生（水循環健全化）	◎	△		・行政主導　・市民参加を模索
洞海湾再生	◎			・行政・企業の連携
東京湾・流域再生	◎	△		・行政主導

注 1）：水・物質循環（＝水循環，物質循環）は，湾や河川等の水系の水量的な再生（水循環），水質の改善（物質循環）を示す．土地利用は，自然と共生する流域圏（陸域）への土地利用の誘導規制，さらには湾岸や河畔の土地の再生を示す．

注 2）：◎：重点的な目標，○：目標，△：ある程度考慮していることを示す．

多様な目的をもった活動もなされるようになっている（吉川，2008a）．

重要なことは，例えば表 7・11・1 に示したイギリスのマージ川流域キャンペーンのように，水質を改善し，生態系を再生して水辺の土地を再生することで，「水系を再生」し，地域（流域）の「経済を再興」することである．そこでは，目標を達成するための，行政，市民・市民団体，企業が連携して（パートナーシップを組み），25 年間でそれを実践することとし，ほぼそれを達成している．このように，計画をつくるだけでなく，また従来の現象解明などの研究をするだけでなく，東京湾の再生の目標を設定し，一定の期間にそれを達成すること，すなわち行政，市民・市民団体，企業により再生を実践することにつながる調査・研究が必要といえる．

自然と共生する流域圏・都市の再生，湾岸の水と緑，生態系，パブリック・アクセスのネットワークの形成，そして湾の水質の改善，生態系の保全・再生について，東京湾とその流域の再生シナリオを設計・提示し，行政，民間（企業），市民・市民団体によりそれを実践することが重要である（図 7・11・1）（吉川，2008a）．市民，研究者，行政，企業が相互に何かを批判するだけではなく，ともに再生に取り組み，目標を達成することが重要である．研究面でも，東京湾の現象や経過，背景などを解明することで満足するのではなく，研究の範囲をより広くして，連携して再生に取り組み，目標を達成することについての研究が求められる．そのためには，表 7・11・1 に示した先進的な事例なども参考としつつ，行政や企業，市民団体の行動原理や組織・人の現状の把握，さらには意欲をもって継続的に再生に取り組むことへの引き金の引き方，そして資金やマンパワーを含む活動の継続可能性などといった，厄介で複雑な社会行動原理などを含む課題について，社会実験的な取り組みも行いつつこの面での調査・研究を進めている．

図7・11・1　再生（形成）シナリオとその実践（組織，体制等）

7.12　健全な生態系，食の安全も含めて

渡邉　泉*

　東京湾が社会的にも科学的にも極めて貴重かつユニークな環境であることは，本書で繰り返し述べられている．東京という世界でも屈指の大都会に面する魅力的な自然．多くの人たちのすぐ近くにある海という点がポイントであろう．個人的な想いを一言だけ述べさせてもらえれば，それはやはり身近な「海！」これに尽きる．ビルの上から見渡せば向こうに少しだけのぞく青，夕暮れに運河を歩くと届いてくる潮の香り，小魚たちの跳ねる音．私の最も近くにある海！　それだけで，この海を護りたいという気持ちを禁じえない．そして，ここここそがすべての原点になっている．

　環境科学者としては，汚染のない環境，健全な生態系をめざすことが使命ととらえている．失われたものならばできるだけ回復させたい．新しい良さがあれば，それを挫くことなく伸ばしたい，これが上位目標である．研究における

21世紀のキー・ワードは，やはり多様性となろう．東京湾と同じように環境を保全する場合でも，リバプール湾やセントローレンス湾，マニラ湾などは当然，いずれも異なった環境，特徴を有する．それらキャラクターを構成する要素を分析することで，東京湾の「貌（かお）」が立ち上がってくる，これが研究の醍醐味となる．例えば，1種の生物が東京湾に存在する．それを可能ならしめているのは，水温や塩分濃度，生態学的な適応放散の過程などと，様々な要因が関係し合った結果である．それは，いわば奇跡の存在のように支えられている，そんなつながりが見えてくる．一方で見方を変えれば，1種の存在そのものが東京湾という環境をつくっているともとらえられる．このような東京湾の特徴（≒多様性）を解析し，明らかにすることは，まだまだ魅力的なテーマに溢れている．

　我々が着目している汚染物質，なかでも重金属類は，研究対象として興味深い物質群である．重金属類の問題は，人類が手にした科学技術・社会システムの矛盾，環境問題の難しさを体現している．つまり，その有用性に加え強い毒性も人類は古くから認知しており，一方で，現在も材料としての魅力や産業的な有効性のため大

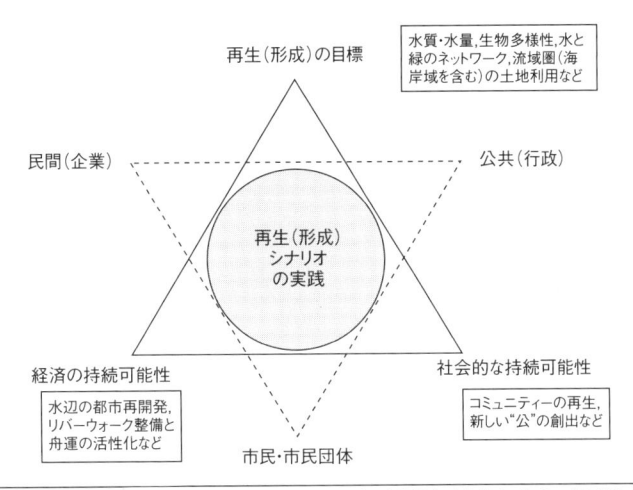

---

*東京農工大学大学院農学研究院

量に使用されている．環境に放出されれば永遠に分解されず残留し，生態系においては極めて特異な偏在傾向を示すという特徴がある．さらにレア・メタルといわれる微量元素群は新たな汚染を引き起こす可能性が否定できない．そのため東京湾という環境での研究もまだ多くの課題を見出すことができる．

このように，環境科学のフィールドとしての東京湾は，多様性そのものの究明と，そして環境改善（修復）が大きなテーマとなる．一方で，「江戸前」が象徴する食文化を含めた魚介類の健全な利用にも希望がもたれる．しかし，水銀やPOPsといった高残留性の，しかも生物濃縮性が高く，強毒性の物質については，極めてデリケートな対応が不可欠になる．

水俣病など公害事件が残した重い教訓（科学的また社会的経験）を決して軽視してはならない．具体的には，元には戻らない不可逆の毒性などリスクを予防原則に照らし対応することが必要となる．そのとき，いくら社会的に盛り上がっていようとも経済的メリットや社会的要求を優先させてはならない．これには大変厳しい姿勢が必要となる．一方で，「安全」を無視したヒステリックな反応に対しても十分な注意が求められる．ひとたび，食品や健康への影響がクローズ・アップされるとパニック的な拒絶が発生する．科学的根拠が乏しいヒステリックな反応を回避するため，慎重なリスク・コミュニケーションが重要になる．ここに科学的な精確さをもつ情報を，しっかり提供していくことが研究者の責務である．具体的には綿密なモニタリング，月や週単位といった経時的変化，どの地点・どの深さが重要かといった空間的変動，どの種のどの部位が問題かといった生物学・生態学・栄養学そして毒性学的アプローチを行うことで，詳細かつ網羅的なモニタリング体制が求められる．

喫緊には今，東京湾の再生をめざし，現在進行中の保全・再生の取り組みを減速させてはならない．環境問題は，残念ながら，経済の状況や社会的関心の低下に鋭敏に反応する．保全を前進させようとする実労を少しでも怠れば，たやすく停滞し，さらには逆行する．多くの人々が肌で感じているように，環境の悪化は世界的，人類的な重大事である．しかし，環境問題は科学技術発展の背面という特徴があり，人類の産業活動進行と同時に深刻化する．それは加速しこそすれ，減速する気配は，残念ながらほとんどない．そのため環境再生の取り組みは，我々の想像以上の困難を伴い，急ぎ過ぎて急ぎ過ぎることはない．現時点では，若干悲観的ともなるが，環境悪化減速の流れをギリギリ維持することが先決と考えている．

参考文献

石川幹子・岸　由二・吉川勝秀（編著）（2005）：「流域圏プランニングの時代」．技報堂出版，99-113．

糸洲長敬・駒井由美（1998）：円滑なる物質循環システムに基づく望ましい沿岸環境像策定の必要性．日本沿岸域学会論文集，10：1-13．

柿野　純（1986）：東京湾奥部における貝類へい死事例，特に貧酸素水の影響について．水産土木，23（1）：41-47．

神奈川県環境農政部水産課，神奈川県水産技術センター，水産庁漁港漁場整備計画課（2006）：「かながわのアマモ場再生ガイドブック」．46pp．

岸　道夫・堀江　毅・杉本隆成（1993）：東京湾をモデルで考える．「東京湾－100年の環境変遷」，小倉紀雄（編），恒星社厚生閣，139-153．

気象庁・東京都（1960）：東京湾高潮の総合調査報告．247pp．

Kubo, I.and E. Asada（1957）：A quantitative study on crustacean bottom epifauna of Tokyo Bay. Journal of The Tokyo University of Fisheries, 43: 249-289.

マリノフォーラム21（2001）：「アマモ場造成技術指針」．78pp．

松川康夫（1992）：三河湾・東京湾．「漁場環境容量」，平野敏行（編），恒星社厚生閣，37-48．

松村　剛・野村英明（2003）：貧酸素水塊の解消を前提とした水質の回復目標．月刊海洋，35：464-469．

中村俊彦（2003）：海と人のかかわりの回復と今後の展望．月刊海洋，35（7）：483-487．

中村俊彦（2004）：「里やま自然誌」．マルモ出版，128pp．

水産庁・マリノフォーラム21（2007）：「アマモ類の自然再生ガイドライン」．205pp．

宇野木早苗・岸野元彰（1977）：東京湾の平均的海況と海水交流．理化学研究所海洋物理研究室技術報告，No.1，89pp．

宇野木早苗・小西達男（1998）：埋め立てに伴う潮汐・潮流

の減少とそれが物質分布に及ぼす影響. 海の研究, **7**: 1-9.

宇野木早苗・岡崎守良・長島秀樹 (1980): 東京湾の循環流と海況. 理化学研究所海洋物理研究室技術報告, No.4, 262pp.

柳 哲雄・大西和徳 (1999): 埋立てによると東京湾の潮汐・潮流と底質の変化. 海の研究, **8**: 411-415.

吉田太郎(2002):「200万都市が有機農業で自給できるわけ」. 築地書館, 405pp.

吉川勝秀(編著)(2007):「多自然型川づくりを越えて」. 学芸出版社, 276-277.

吉川勝秀 (2008a):「流域都市論-自然と共生する流域圏・都市の再生-」. 鹿島出版会, 154-159, 363-364.

吉川勝秀(編著)(2008b):「都市と河川-世界の川からの都市再生-」. 技報堂出版, 224-260.

Yoshikawa, K. (2010): Transitions and present situation in the Tokyo Bay area and research on its regeneration. 15th Inter-University seminar on Asian Megacities, Session A-3: 1-21.

付表

付表1　東京湾要目

	東京湾（東京湾内湾） 一般概念（狭義の東京湾）	東京湾（広義の東京湾） 海上交通安全法	出典
海域	観音崎と第一海堡を結んだ線以北 観音崎と富津岬以北とほぼ同じ	洲崎と剱崎を結んだ線以北	日本海洋データセンター情報 （2002年調べ）
海岸線長（km）	約 890	約 1070	
水域面積（km^2）	約 922	約 1320	
容積（km^3）	約 17.5	約 72.5	
平均水深（m）	約 19	約 54	
最大水深（m）	約 75：観音崎北北東約 1300 m	約 800：洲崎北北西約 7300 m	
奥行き（km）	約 50	約 79	
幅（km）	約 33：東品川と千葉港付近		
干潟面積（km^2）	約 17		本委員会見解*

本付表は本委員会が独自にまとめたものであり，表記した値は確定した値ではない．
*：干潟ネットワークの再生に向けて，2004年，国土交通省港湾局・環境省自然環境局データから人工海浜域を除いた面積

付表2　東京湾で記録された植物プランクトン（野村，1998）
　　　写真は東京海洋大学浮遊生物学研究室提供．
　　　表中のそれぞれのデータの引用先については野村（1998）を参照．

	1900-40s	1950-60s	1970s	1980s	1990s	remarks
Achnanthes brevipes	−	−	−	+	−	N
A. longipes	−	−	−	−	+	N
Actinoptycus senarius	−	+	+	+	+	N
Amphiprora alata	−	+	−	−	−	N
Amphora coffeaeiformis	−	+	−	−	−	N
A. lineolata	−	−	−	+	−	B
A. ovalis	−	+	−	−	−	B
Asterionellopsis glacialis	+	+	+	+	−	N
Asteromphalus flabellatus	−	−	−	−	+	N
Aulacosira distans	−	−	−	−	+	
A. granulata	−	−	−	−	+	
A. italica	−	−	−	−	+	
Azpeitia nodulifera	−	−	−	−	+	O
Bacteriastrum delicatulum	+	−	−	−	−	O
B. furcatum	+	+	−	+	−	N
B. hyalinum	+	−	−	−	−	N
Bacteriastrum spp.	−	+	−	−	−	
Cerataulina dentata	−	−	−	+	+	N
C. pelagica	−	+	+	+	+	N
Chaetoceros affinis	+	−	+	+	+	N
C. atlanticus v. *neapolitana*	+	−	−	−	−	O
C. atlanticus v. *skeleton*	+	−	−	−	−	O
C. borealis	+	−	−	−	−	
C. compressus	+	−	+	−	+	N
C. criophylus	+	−	−	−	−	O
C. curvisetus	+	−	+	+	−	N
C. danicus	−	−	−	+	+	N
C. debilis	+	+	+	+	+	N
C. decipiens	+	+	+	−	−	O
C. decipiens f. *singularis* ?	−	−	−	+	−	
C. densus	+	−	+	−	−	O
C. didymus	+	−	+	+	+	N
C. distans	−	−	+	−	−	
C. horridus	−	−	−	+	−	
C. lorenzianus	+	+	+	+	+	N
C. mitra	+	−	−	−	−	N

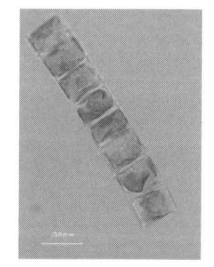

Chaetoceros sp.

C. peruvianus	+	−	−	−	−	O
C. pseudocrinitus	+	−	−	+	−	N
C. pseudocurvisetus	−	−	−	−	+	N
C. radicans	−	−	+	+	+	N
C. simplex	−	+	−	−	+	
C. socialis	+	−	+	+	+	N
C. teres	+	−	−	−	−	N
C. tetrastichon	+	−	−	−	−	O
Chaetoceros spp.	−	+	−	+	+	
Climacodium frauenfeldianum	−	+	−	−	−	O
Corethron criophilum	+	+	−	−	−	O
C. histrix	−	−	−	−	+	O
C. pelagicum	−	+	−	+	+	
Coscinodiscus angustii	−	+	−	+	−	
C. asteromphalus	−	+	+	+	+	N
C. concinnus	+	−	−	−	−	O
C. debilis	−	−	−	+	−	
C. gigas	−	+	+	+	−	
C. granii	−	+	+	+	+	N
C. radiatus	−	−	−	+	−	
C. wailesii	−	−	−	+	+	N
Coscinodiscus spp.	+	−	+	+	+	
Cyclotella spp.	−	−	+	+	−	B
Cylindrotheca closterium	−	+	+	+	+	N
Dactyliosolen fragilissimus	−	+	+	+	+	N
Detonula pumila	−	−	−	−	+	N
Ditylum brightwellii	+	+	+	+	+	N
D. sol	−	+	+	−	+	
Ditylum sp.	+	+	−	−	−	
Eucampia cornuta	−	−	+	−	−	N
E. zodiacus	+	+	+	+	+	N
Fragilariopsis cylindrus	+	−	−	−	−	N
Guinardia flaccida	−	+	−	+	+	N
G. striata	+	+	−	+	+	N
Helicotheca tamesis	−	+	+	+	+	N
Hemiaulus hauckii	+	−	−	−	−	O
Hemidiscus cuneiformis	+	−	−	−	−	O
Lauderia annulata	−	−	−	+	+	
Leptocylindrus danicus	−	+	−	+	+	N
L. mediterraneus	+	−	−	+	+	N
L. minimus	−	−	−	+	+	N
Licmophora abbreviata	−	−	−	+	+	N
Lioloma delicatula	−	−	−	−	+	
Lithodesmium variabile	−	−	−	+	−	
Melosira borreri	+	+	−	−	−	N
M. granulata	−	−	−	+	−	
Navicula britannica	−	−	−	+	+	N
N. elegans	−	+	−	−	−	N
N. placentula	−	+	−	−	−	N
N. radiosa	−	+	−	−	−	N
N. salinarum	−	+	−	−	−	N
Navicula spp.	−	+	+	+	+	
Naviculaceae spp.	−	−	−	−	+	
Neodelphineis pelagica	−	−	−	+	+	N
Nitzschia longissima	+	+	−	−	+	N
Nitzschia spp.	−	−	+	+	−	
Odontella aurita	+	−	−	−	−	N
O. granulata	−	+	−	−	−	N
O. logicruris	+	+	−	−	+	N
O. mobiliensis	−	+	−	−	−	N

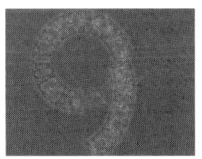

Eucampia zodiacus

付表

O. sinensis	+	+	−	−	−	O
Palmeria hardmaniana	+	−	−	−	−	
Pleurosigma affine	+	+	−	−	+	N
P. fasciola	−	+	−	−	−	
Pleurosigma spp.	−	+	−	+	+	
Proboscia alata	+	−	−	−	+	O
Pseudonitzschia pungens	−	−	−	+	+	
P. seriata	+	+	+	+	−	N
Rhabdonema spp.	−	−	−	−	+	N
Rhizosolenia acuminata	+	−	−	−	−	O
R. castracanei	+	−	−	−	−	O
R. hebetata	−	+	−	−	−	
R. hebetata f. *semispina*	+	−	−	−	−	N
R. robusta	+	−	−	−	−	O
R. setigera	+	+	+	+	+	N
R. styliformis	+	−	−	−	−	O
Rhizosolenia spp.	+	+	−	−	−	
Schmidtiella ellongatta	+	−	−	−	−	
Skeletonema costatum	+	+	+	+	+	N
Stephanopyxis palmeriana	+	+	−	+	+	N
Synedra acus	−	−	−	+	+	
Synedra spp.	+	−	+	+	−	
Thalassionema nitzschioides	+	+	+	+	+	N
Thalassiosira anguste-lineata	+	−	+	+	+	N
T. baltica	−	−	−	+	−	N
T. binata	−	−	+	+	+	N
T. decipiens	+	+	+	+	−	N
T. eccentrica	−	−	−	+	−	N
T. hyalina	−	−	+	−	−	N
T. mala	−	+	+	−	−	N
T. nordenskioeldii	−	−	−	−	+	N
T. oestrupii	−	−	+	−	−	
T. punctigera	−	−	−	+	+	N
T. rotula	−	−	+	+	+	N
T. runciana	−	−	−	−	+	
Thalassiosira spp.	+	−	+	+	+	
Thalassiothrix frauenfeldii	+	+	−	+	+	
Trichodesmium erythraeum	−	−	−	+	−	O
T. thiebautii	−	−	−	+	−	O
Trichodesmium sp. ?	+	−	−	−	−	
Chroomonas spp.	−	−	−	+	−	
Cryptomonadineae spp.	+	+	−	+	+	
Leucocryptos marina	−	−	−	+	−	N
Hemiselmis spp.	−	−	−	+	−	
Plagioselmis spp.	−	−	−	+	−	
Rhodomonas salina	−	−	−	+	−	N
Alexandrium tamarense	−	−	−	+	−	N
Amphidinium crassum	−	−	−	+	−	
A. longum	−	−	−	+	−	
Amylax triacantha	−	−	−	+	+	N
Ceratium furca	+	+	−	+	+	N
C. fusus	+	+	+	+	+	N
C. kofoidii	−	−	−	+	−	O
C. lineatum	−	−	−	+	−	N
C. macroceros	+	−	−	+	+	
C. pennatum	+	−	−	−	−	O
C. tripos	+	−	−	−	−	O
Cochlodinium heterolobatum	−	−	−	+	−	
C. polykrokoides	+	+	−	−	−	O
Dinophysis acuminata	−	−	−	+	+	N

Skeletonema costatum

付表 2

種名						
D. caudata	−	−	−	+	−	N
D. fortii	−	−	−	+	+	N
D. ovum	+	−	+	+	−	
D. rotundata	−	−	−	+	+	
D. rudgei	−	−	−	+	−	
Dinophysis spp.	−	−	+	−	−	
Diplopsalis lenticula	−	−	−	+	+	
D. pilula	−	−	−	+	−	
Gonyaulax verior	−	−	−	+	+	B
Gonyaulax spp.	+	−	−	+	−	
Gymnodinium mikimotoi	−	−	−	+	−	N
G. sanguineum	−	−	−	+	−	N
Gymnodinium spp.	+	+	+	+	+	
Gyrodinium acutum	−	−	−	+	−	
G. biconicum	−	−	−	+	−	
G. britannia	−	−	−	+	−	
G. dominans	−	−	−	−	+	N
G. fissum	−	−	−	+	−	N
G. fusiforme	−	−	−	+	−	
G. instriatum	−	−	−	+	+	N
G. lachryma	−	−	−	+	−	
G. splendens	−	−	−	+	−	
G. spirale	−	−	−	−	−	N
Gyrodinium spp.	−	−	−	+	+	
Heterocapsa triquetra	−	−	−	+	+	N
Kofoidinium velleloides	−	−	−	+	−	
Noctiluca scintillans	+	+	+	+	+	N
Oblea baculifera	−	−	−	+	−	
Oblea spp.	−	−	−	+	+	
Oxytoxum variable	−	−	−	+	−	O
Oxyphysis oxytoxoides	−	−	−	+	+	
Peridinium spp.	+	+	+	+	−	
Phalacroma spp.	−	−	+	+	−	
Podolampas spinifera	−	−	−	+	−	
Polykrikos kofoidii	−	−	−	+	−	
P. schwarzii	−	−	−	+	−	
Polykrikos spp.	+	−	−	−	−	
Pouchetia rosea	+	−	−	−	−	
Prorocentrum dentatum	−	−	−	+	−	O
P. gracile	−	−	−	+	+	N
P. micans	−	+	+	+	+	N
P. minimum	−	−	+	+	+	N
P. minimum v. *triangulatum*	−	−	−	+	−	
P. sigmoides	−	−	−	−	+	
P. triestinum	−	−	+	+	+	
Prorocentrum spp.	−	+	+	−	−	
Protoperidinium bipes	−	−	−	+	+	
P. brevipes	−	−	−	+	−	N
P. conicum	+	−	−	+	+	
P. crassipes	+	−	−	−	−	N
P. depressum	+	−	−	+	+	N
P. excentricum	−	−	−	+	+	N
P. hirobis	−	−	−	+	−	
P. leonis	−	−	−	+	+	
P. mariaelebourae	−	−	−	+	−	
P. minusculum	−	−	+	+	−	
P. minutum ?	−	−	−	+	−	
P. oblongum	−	−	−	+	+	
P. pallidum	−	−	−	+	−	
P. pellucidum	−	−	−	+	+	N

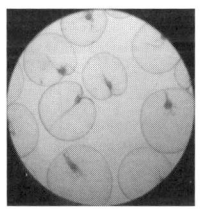

Noctiluca scintilans

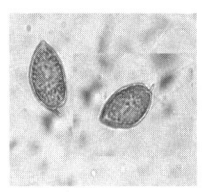

Prorocentrum micans

付表

種名						remarks
P. pentagonum	−	−	−	+	+	N
P. steinii	−	−	−	+	+	
P. subinerme	−	−	−	+	−	
Protoperidinium spp.	−	−	−	+	+	
Pyrophacus horologium	+	−	−	+	−	O
P. steinii	−	−	−	+	+	
Scrippsiella trochoidea	−	−	−	+	+	N
Scrippsiella spp.	−	−	−	+	+	
Chrysochromulina spp.	−	−	−	+	−	
Coccolithophoridae spp.	−	−	+	+	−	
Cricosphaera spp.	−	−	−	+	−	
Gephyrocapsa oceanica	−	−	−	−	+	
Haptophyceae spp.	−	−	−	+	+	
Prymnesium spp.	−	−	−	+	−	
Apedinella spinifera	−	−	−	+	−	N
Calycomonas gracilis	−	−	−	+	−	
C. ovalis	−	−	−	+	−	
C. wulffii	−	−	−	+	−	
Calycomonas spp.	−	−	−	+	−	
Cannopilus spp.	−	−	−	+	−	
Cromulina pleiades	−	−	−	+	−	
Dictyocha fibula	−	−	+	+	+	O
D. speculum	−	−	−	+	−	N
Distephanus pulchura	−	−	−	+	−	
D. speculum v. octonarius	−	−	−	+	+	
Ebria tripartita	−	−	−	+	+	
Pseudopedinella pyriforme	−	−	−	+	−	
Chattonella spp.	−	−	−	−	+	
Heterosigma akashiwo	−	−	+	+	+	N
Euglena mutabillis	−	−	−	+	−	
Euglena spp.	−	+	+	+	−	
Euglenaceae spp.	−	−	−	+	+	
Eutreptia spp.	−	−	−	+	−	
Eutreptiella braarudii	−	−	−	+	−	N
E. gymnastica	−	−	−	+	−	N
Eutreptiella spp.	−	−	+	+	−	
Phacus longicauda	−	−	−	+	−	
P. pleuronectes	−	−	−	+	−	
Micromonas pusilla	−	−	−	+	−	
Pachusphaera pelagica	−	−	−	+	−	O
Prasinophyceae spp.	−	−	−	−	+	
Pyramimonas grossii	−	−	−	+	−	
Pyramimonas spp.	−	−	−	+	+	
Chlamydomonas spp.	−	−	−	+	+	
Dispora spp.	−	−	−	+	−	F
Dissodinium spp.	−	−	−	−	+	
Dunaliella spp.	−	−	−	+	−	
Pediastrum biwae	−	−	−	+	−	F
Scenedesmus abundans	−	−	−	−	+	F
S. dimorphus	−	−	−	+	−	F
S. ellipsoideus	−	−	−	+	−	F
S. incrassatulus	−	−	−	+	−	F
S. quadricauda	−	−	−	+	+	F
Scenedesmus spp.	−	−	+	+	−	
Selenastrum gracile	−	−	−	+	−	F
unidentified micro − flagellates	+	+	+	+	+	
Cyclotrichium sp.	−	+	−	−	−	

＋：生息, −：生息せず
remarks　N：沿岸性種, O：外洋性種, B：汽水種, F：淡水種

付表 3 浦賀水道で記録された植物プランクトン（野村，1998）
　　　表中のそれぞれのデータの引用先については野村（1998）を参照．

	1920 － 40s	1970s	remarks
Actinocylus kutzingii	+	−	
Actinoptycus senarius	+	+	N
Asterionellopsis glacialis	+	+	N
Asteromphalus spp.	+	−	
Bacillaria paxillifera	+	−	N
Bacteriastrum comosum	−	+	O
Bacteriastrum delicatulum	+	−	O
B. elongatum	+	−	
B. furcatum	+	+	N
B. hyalinum	−	+	N
Cerataulina pelagica	−	+	N
Chaetoceros affinis	+	+	N
C. atlanticus	+	−	O
C. atlnticus v. *neapolitana*	+	+	O
C. borealis	+	−	
C. brevis	+	+	
C. coarctatus	+	+	O
C. compressus	+	+	N
C. convolutus	+	−	
C. criophilus	+	−	O
C. curvisetus	+	+	N
C. danicus	−	+	N
C. debilis	+	+	N
C. decipiens	+	+	O
C. denticulatus	−	+	
C. diadema	+	−	
C. didymus	+	+	N
C. diversus	−	+	O
C. distans	+	+	
C. lorenzianus	+	+	N
C. messanensis	+	+	O
C. mitra	+	−	N
C. paradoxus	+	−	
C. peruvianus	+	+	O
C. pseudocrinitus	+	−	N
C. radicans	−	+	N
C. rostratus	−	+	O
C. seychellarus	−	+	O
C. socialis	+	−	N
C. subtilis	+	−	
C. teres	+	−	N
C. tetrastichon	+	−	O
C. varians	+	−	
Chaetoceros spp.	+	−	
Climacodium biconcavum	+	−	O
C. frauenfeldianum	−	+	O
Corethron criophilum	+	−	O
Coscinodiscus anguste-lineatus	+	−	
C. asteromphalus	−	+	N
C. centralis	+	−	O
C. concinnus	+	−	O
C. curvatulns	+	−	
C. gigas	−	+	
C. granii	+	+	N
C. marginatus	+	−	
C. radiatus	+	−	

付表

C. sublliens	+	−	O
C. subtilis	+	−	
Coscinodiscus spp.	+	+	
Cylindrotheca closterium	+	+	N
Dactyliosolen fragilissimus	+	+	N
Detonula confervacea	−	+	N
D. cystifera	+	−	
D. pumila	−	+	N
Detonula spp.	+	−	
Ditylum brightwellii	+	+	N
D. sol	+	+	
Eucampia cornuta	−	+	N
E. groenlandica	+	−	N
E. zodiacus	+	+	N
Eupodicus argus	+	−	N
Fragilariopsis oceanica	+	−	N
Gossleriella tropica	+	−	O
Guinardia cylindrus	+	−	O
G. flaccida	+	+	N
G. striata	+	+	N
Helicotheca tamesis	−	+	N
Hemiaulus hauckii	−	+	O
H. sinensis	−	+	N
Hemidiscus cuneiformis	+	+	O
Heliosphaera viridis	+	−	
Isthmia nervosa	+	−	N
Lauderia annulata	+	+	N
Lauderia spp.	+	−	
Leptocylindrus danicus	+	+	N
L. mediterraneus	−	+	N
Melosira borreri	+	−	N
M. granulata	−	−	
M. juergensii	+	−	N
Navicula spp.	−	+	
Nitzschia frigida	+	−	N
Odontella aurita	+	+	N
O. sinensis	+	−	O
Planktoniella sol	+	+	O
Pleurosigma affine	+	−	N
Pleurosigma spp.	+	−	
Proboscia alata	+	+	O
Pseudo-nitzschia pseudodelicatissima	−	+	
P. seriata	+	+	N
Pseudosolenia calcar-avis	+	+	O
Rhabdonema adriaticum	−	+	N
Rhizosolenia acuminata	+	−	O
R. bergonii	−	+	O
R. castracanei	+	−	O
R. clevei	+	−	O
R. hebetata	+	−	
R. hebetata f. *semispina*	+	−	N
R. imbricata	+	+	N
R. indica	+	−	
R. robusta	+	+	O
R. setigera	+	+	N
R. styliformis	+	+	O
Rhizosolenia spp.	+	−	
Skeletonema costatum	+	+	N
Stephanopyxis palmeriana	+	+	N
S. turris	+	−	
Synedra spp.	+	−	

付表3

Thalassionema nitzschioides	+	+	N
Thalassiosira decipiens	+	+	N
T. eccentrica	+	+	N
T. gravida	+	−	
T. hyalina	+	−	N
T. leptopus	+	−	
T. oestrupii	−	+	
T. rotula	−	+	N
T. subtilis	−	+	
Thalassiosiraceae spp.	−	+	
Thalassiothrix frauenfeldii	+	+	N
T. longissima	−	+	O
T. mediterranea	−	+	O
Ceratium bergonii	+	−	
C. biceps	+	+	O
C. borridum	+	+	O
C. breve	−	+	O
C. deflexum	+	−	O
C. furca	+	+	N
C. fusus	+	+	N
C. gibberum	+	−	O
C. incisum	+	−	O
C. kofoidii	−	+	O
C. macroceros	+	+	O
C. masiliense	+	−	
C. palmatum	+	−	
C. pennatum	+	+	O
C. pentagonum	+	−	O
C. platycorne	+	−	O
C. trichoceros	+	+	O
C. tripos	+	+	O
C. vulter	+	−	O
Dinophysis ovum	+	+	
Noctiluca scintillans	−	+	N
Peridinium spp.	+	+	
Prorocentrum spp.	−	+	
Protoperidinium depressum	+	−	N
P. elegans	+	−	
P. oceanicum	+	−	
Pyrocystis fusiformis	−	+	
P. noctiluca	+	+	O
Pyrophacus horologium	−	+	O
P. lunula	+	−	
Gephyrocapsa oceanica	+	+	N
Dictyocha fibula	+	−	O

+：生息，−：生息せず
remarks　N：沿岸性種，O：外洋性種

付表

付表 4 東京湾に出現する動物プランクトン
●は東京湾の生息種を示す（原生動物と浮遊期の幼生は除く）．

Phylum Protozoa
  Subclass Actinopodia
    Order Radiolarida
        Acanthometron pellucidum J. Müller
        Pleurospis costata（J. Müller）？
        Sticholonche zanclea Hertwig
        spp.
  Subclass Rhizopodia
    Order Foraminiferida
        Globigerina bulloides d'Orbigny
        sp.
  Subclass Ciliatea
    Order Gymnostomatida
        Didinium gargantua Meunier
        Tiarina fusus（Claparède & Lachmann）
        spp.
    Order Oligotrichida
        Lohmanniella spp.
        Strombidium spp.
        Strombilidium spp.
    Order Tintinnida
        Amphorellopsis acuta（Schmidt）
        Codonellopsis morchella（Cleve）
        Coxliella ampla（Jörgensen）
        C. decipiens Jörgensen emended ?
        C. longa（Brandt）
        Coxliella sp.
        Eutintinnus lusus-undae Entz
        E. rectus Wailes
        E. tubulosus Ostenfeid
        E. tubus Stokes
        E. turris Kofoid & Campbell
        Favella brevis Kofoid & Campbell ?
        F. campanula（Schmidt）
        F. ehrenbergii（Claparède & Lachmann）
        F. taraikaensis Hada
        Helicostomella fusiformis（Meunier）
        H. longa（Brandt）
        H. subulata（Ehrenberg）
        Metacylis mereschkowskii Kofoid & Campbell
        Parundella major（Wailes）
        Protorhabdonella simplex（Cleve）
        Salpingella lineata（Entz, Sr.）
        Stenosemella parvicollis（Marshall）
        S. ventricosa（Claparède & Lachmann）
        Tintinnidium mucicola（Claparède & Lachmann）
        Tintinnopsis ampla Hada
        T. angustior Jörgensen
        T. aperta var. *tocantinensis* Kofoid & Campbell
        T. beroidea Stein
        T. corniger Hada
        T. directa Hada
        T. gracilis Kofoid & Campbell
        T. karajacensis var. *rotundata* Kofoid & Campbell
        T. kofoidi Hada
        T. lohmanni Laackmann
        T. nana Lohmann
        T. radix（Imhof）

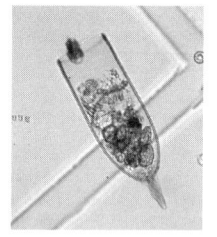

Favella ehrenbergii

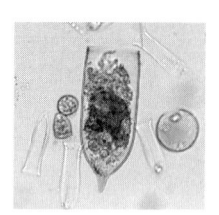

Favella taraikaensis

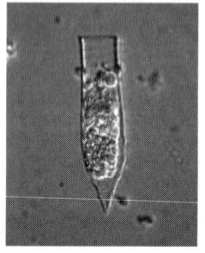

Helicostomella fusiformis

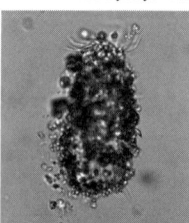

Tintinnidium mucicola

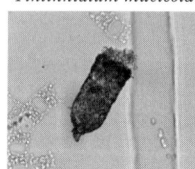

Tintinnopsis beroidea

      T. strigosa Meunier
      T. tubulosa Levandor
      T. tubulosoides Meunier
      Tintinnopsis sp.
      Undella hyalinella Kofoid & Campbell
Phylum Rotifera
  Subclass Monogonontia
    Order Epiphanoida
      Lepadella sp.
    Order Notommatoida
      Trichocerca spp.
      Synchaeta spp.
Phylum Cnidaria
  Class Hydrozoa
    Order Siphonophora
      spp.
  Subclass Ephyridae
    Order Semaeostomae
      ● *Aurelia aurita*（Lamarck）
      Dactylometra pacifica Goette
Phylum Ctenophora
  Class Tentaculata
    Order Lobata
      Bolinopsis mikado Moser
    Order Beroidea
      Beroe cucumis Fabrecius
Phylum Mollusca
  Class Cephalopoda
    Suborder Teuthoidea
      Sepiola birostrata Sasaki
Phylum Arthropoda
  Class Crustacea
    Order Cladocera
      ● *Evadne tergestina* Claus
      E. spinifera P. E. Müller
      ● *Penilia avirostris* Dana
      Podon leuckarti G. O. Sars
      ● *P. polyphemoides* Lauckart
  Subclass Ostracoda
      Conchoecia spp.
      Cypridina noctiluca Kajiyama
      Euconchoecia bifurcata Chen & Lin
      spp.
  Subclass Copepoda
    Order Calanoida
      Acartia danae Giesbrecht
      A. negligens Dana
      ● *A. omorii* Bradford
      ● *A. sinjiensis* Mori
      A. steueri Smirnov
      Acrocalanus longicornis Giesbrecht
      A. monacyus Giesbrecht
      Bradyidius armatus（Brady）
      Calanus pacificus Brodsky
      C. sinicus Brodsky
      Candacia bipinnata Giesbrecht
      C. bradyi Scott
      Candacia sp.
      Canthocalanus pauper（Giesbrecht）
      ● *Centropages abdominalis* Sato
      C. bradyi Wheeler

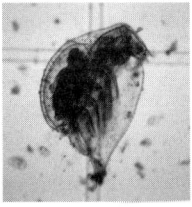

Penilia avirostris

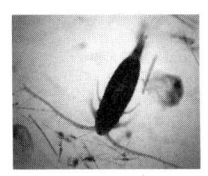

Acartia omorii

付表

  C. furcatus（Dana）
  C. longicornis Mori
  C. orsinii Giesbrecht
  C. yamadai Mori
  Clausocalanus arcuicornis（Dana）
  C. farrani Sewell
  C. furcatus（Brady）
  C. minor Sewell
  C. pergens Farran
  Clausocalanus spp.
  Ctenocalanus vanus Giesbrecht
  Eucalanus attenuatus（Dana）
  E. californicus（Johnson）
  E. crassus Giesbrecht
  E. mucronatus（Brady）
  E. pileatus Giesbrecht
  E. subcrassus Giesbrecht
  E. subtenuis Giesbrecht
  Euchaeta plana Mori
  Euchaeta sp.
  Euchirella rostrata（Claus）
  Gaidius sp.
  Heterorhabdus papilliger（Claus）
  H. spinifrons（Claus）
  Labidocera acuta（Dana）
  L. rotunda Mori
  L. japonica Mori
  Labidocera sp.
  Lucicutia flavicornis（Claus）
  Mecynocera clausi Thompson
  Metridia sp. ?
  Microcalanus sp ?
  Neocalanus gracilis（Dana）
  Paracalanus aculeatus Giesbrecht
  P. denudatus Sewell
  P. elegans Andronov
● *P. parvus*（Claus）
  Paracalanus spp.
  Pareuchaeta elongata（Esterly）
  P. russelli Farran
  Pareuchaeta spp.
● *Parvocalanus crassirostris*（Dahl）
  Pleuromamma gracilis（Claus）
  P. xiphias Giesbrecht
  Pleuromamma spp.
● *Pseudodiaptomus marinus* Sato
● *P. inopinus* Burckhardt
  Rhincalanus cornutus Dana
  R. nasutus Giesbrecht
  Scolecithricella dentata（Giesbrecht）
  Scolecithricella sp.
  Scolecithrix danae（Lubbock）
● *Sinocalanus tenellus*（Kikuchi）
  Spinocalanus abyssalis Giesbrecht
  Stephos sp. ?
  Temora discaudata Giesbrecht
● *T. turbinata*（Dana）
  Undinula darwini（Lubbock）
  U. vulgaris（Dana）
  spp.
Order Cyclopoida

     Oithona atlantica Farran
     O. attenuata Farran
     O. brevicornis Giesbrecht
●   *O. davisae* Ferrari & Orsi
     O. frigida Giesbrecht
     O. hamata Rosendorn
     O. longispina Nishida
     O. nana Giesbrecht
     O. plumifera Baird
     O. setigera Dana
     O. similis Claus
     O. simplex Farran
     O. tenuis Rosendorn
     Oithona sp.
   Order Harpacticoida
     Euterpina acutifrons（Dana）
     Macrosetella gracilis（Dana）
     Microsetella norvegica（Boeck）
     spp.
   Order Poecilostomatoida
     Corycaeus affinis McMurrich
     C. agilis Dana
     C. andrewsi Farran
     C. asiaticus F. Dahl
     C. crassiuscalus Dana
     C. dahli Tanaka
     C. flaccus Giesbrecht
     C. lautus Dana
     C. limbatus G. Brady ?
     C. pacifica F. Dahl
     C. robustus Giesbrecht
     C. subtilis M. Dahl
     C. typicus Krøyer
●   *Hemicyclops japonicus* Itoh & Nishida
     Oncaea clevei Früchtl
     O. conifera Giesbrecht
     O. media Giesbrecht
     O. mediterranea（Claus）
     O. subtilis Giesbrecht ?
     O. venusta Philippi
     spp.（including *Saphirella-like* copepod）
  Subclass Malacostraca
   Order Mysidacea
     Hyperythrops zimmeri Ii
     Mysidopsis surugae Murano
     Pseudomma surugae Murano
   Order Cumacea
     spp.
   Order Amphipoda
     Hyperia shizogeneios Stebbing
     spp.
   Order Euphausiacea
     spp.
   Order Decapoda
     Lucifer hanseni Nobili
Phylum Chaetognatha
  Class Sagittoidea
   Order Phragmophora
     Eukrohnia hamata（Mobius）
   Order Aphragmophora
     Sagitta bedoti Beranck ?

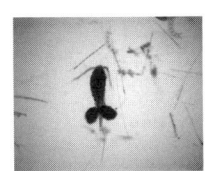

Oithona davisae

付表

      ● *S. crassa* Tokioka
        S. enflata Grassi
        S. hexaptera d'Orbigny
        S. nagae Alvariño
        S. neglecta Aida
        S. pseudoserratodentata (Tokioka)
        S. pulchra (Doncaster)
Phylum Prochordata
    Class Appendiculata
        Order Appendicularia
           Fritillaria sp.
         ● *Oikopleura dioica* (Fol)
           O. intermedia Lohmann
           O. longicauda (Vogt)
           O. rufescens Fol
    Class Thaliacea
        Order Doliolida
           Dolioletta gegenbauri f. *tritonis* Herdman
           spp.

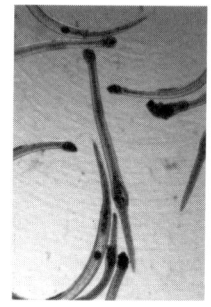

Sagitta crassa

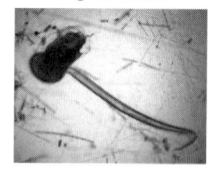

Oikopleura dioica

Larval form
Phylum Cnidaria
        Ceriantharia: juvenile
Phylum Mollusca
        Gastropoda: juvenile
        Bivalvia: veliger
Phylum Nemertinea
        Heteronemertea: juvenile
Phylum Annelida
        Polychaeta: trochophore, mitraria, juvenile
Phylum Arthropoda
        Balanomorpha: nauplius
        Macrura: juvenile
        Brachyura: zoea, megalopa, juvenile
        Stomatopoda: alima
Phylum Echinodermata
        Holothuroidea: auricularia
        Echinoida: echinopluteus
        Euasteroidea: bipinnaria
        Ophiuroidea: ophiopluteus
Phylum Prochordata
        Ascidiacea: appendicularia
Phylum Osteichthyes
        Fish: juvenile

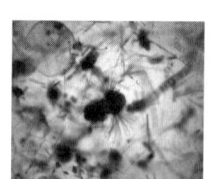

Polychaeta : larvae

付表 5 1970 年以後における東京湾および日本国内外の環境にかかわる動き

年	東京湾関連	国内外における環境保全関係など
1969–71		大分県臼杵湾日比海岸で埋立地に建設予定のセメント工場による公害を懸念した漁家の主婦らが建設反対の訴訟を起こす.日本最初の公害予防裁判.
1970	横浜市 5 漁協への漁業補償は,戦後のみで 4,045 億円に達する.	第 64 回国会は「公害国会」とも呼ばれ,水質汚濁防止法など公害関連 14 法案が可決成立.
1971	習志野市民を中心に,習志野と幕張の埋立反対運動を展開.	イラン・ラムサールにおいて「湿地および水鳥の生息地としての国際的重要な湿地に関する条約」(通称,ラムサール条約)が作成され,1975 年から発効.
	川崎市 4 漁協 878 人に対し 207 億円の漁業補償.	環境庁設立.
1972–73	千葉の市民団体が,「東京湾の埋立と干潟保全」請願を国会に提出・採択される.	
1972	横浜・金沢沿岸住民が金沢地先埋立に反対を表明.	
	横浜・金沢地先埋立に対し,富岡,柴,金沢漁協が共同で反対の文書を事業主体である横浜市に提出.	
1973	金沢の市民が反対署名をまとめ,神奈川県に提出.	第 1 次オイルショック.公有水面埋立法改正.
	千葉県は大規模埋立を取りやめる.「市川 II 期・京葉港 II 期埋立計画」凍結,「木更津盤洲埋立計画」を解除.	第 1 回緑の国勢調査.
		「環境権」を法的根拠とした海面埋立に反対する市民が,大分県豊後市で火力発電所建設差し止め請求訴訟を起こす.
1975		水島コンビナート三菱石油タンク石油流出事故.
		兵庫県高砂市市民による「入浜権」宣言.
1976	第 2 回全国干潟シンポジウムが千葉市で開催.	
1977	国は,国設鳥獣保護区特別地域の設定を約束.後に谷津干潟と呼ばれる.	
	横浜弁護士会「東京湾環境保全法」を提案.	
1979–1981		第 2 次オイルショック.
1980	横浜・金沢地先に人工海浜がオープン.	
1981	六都県市首脳会議(東京都,神奈川県,千葉県,埼玉県,横浜市,川崎市)において,「東京湾横断道路」建設を合意.	
	金沢,柴,富岡,本牧の 4 漁協は解散と同時に,横浜市漁協に編成される.	
1983	政府は景気刺激策として,東京湾横断道路を推進.市川 I 期埋立事業終了.	
1984	千葉県企業庁「市川 II 期地区計画」再開.	
	千葉県金田地区地元住民,漁業補償やインターチェンジ建設などを条件に,東京湾横断道路の建設に賛成.	
1986	東京弁護士会「東京湾保全基本法試案要綱」の提言.	
	東京湾横断道路の建設に関する特別措置法が成立し,事業化が確定.	
1987	金田漁協などが,東京湾横断道路橋脚部の干潟埋立計画反対を表明.	
1988	金田漁協 874 人に対し 247 億円の漁業補償.	
	谷津干潟,日本初の自然干潟サンクチュアリー(野鳥の聖域)として,国設鳥獣保護区となる.	
	横浜・金沢地先に潮干狩り場がオープン.	

付表

年		
1990	「市川Ⅱ期地区・京葉港Ⅱ期地区計画基本構想」策定.	日本がラムサール条約の加入書に寄託.
1991	日本自然保護協会, 三番瀬埋立反対を表明.	「日本湿地ネットワーク」結成.
	第6次空港整備5箇年計画が閣議決定. 首都圏空港調査を位置づける.	
1992	国交省中央港湾審議会で, 環境庁三番瀬開発に関して異例の注文.	環境と開発に関する国連会議（通称, 地球サミット）が, リオ・デ・ジャネイロで開催.
	千葉県環境会議, 知事の諮問機関として設置.	
1993	日本海洋学会海洋環境問題委員会が, 三番瀬埋立に関する見解を表明（日本海洋学会海洋環境問題委員会, 1993）.	環境基本法制定.
	谷津干潟がラムサール条約の指定となる.	
	横浜・金沢地先に, 遊園地, マリーナや水族館を併設した人工島, 八景島がオープン.	
1994	多くの市民団体が千葉県環境会議に, 三番瀬埋立反対の要望書を提出.	
1995	千葉県環境会議, 三番瀬の生態系についての補足調査, 土地利用の吟味について専門委員会の設置を県に提言.	
	金田の市民団体, 県知事宛に三番瀬埋立反対請願書提出.	
1996	空港審議会, 首都圏の新海上拠点空港の事業着手を目指す必要性を答申.	日本海洋学会海洋環境問題委員会が, 中海本庄工区干拓事業の環境影響評価に関して提言.
	第7次空港整備5箇年計画の閣議決定. 東京国際空港（通称, 羽田空港）の将来的限界に対応し, 首都圏に新たな拠点空港事業着手を構想.	
	海洋関連の学会連合, 第1回東京湾海洋環境シンポジウム開催.	
1997	東京湾横断道路共用開始.	農水省による有明海の一部, 諫早湾の干拓事業本格化. 潮受け堤防を閉じる.
	財政構造改革の推進に関する特別措置法の成立. 第7次空港整備5箇年計画が7箇年となる. 首都圏第3空港に向け調査着手.	国連気候変動枠組条約第3回締結会議（地球温暖化防止京都会議, COP3）で, 温室効果ガスの国別削減などを定めた京都議定書を採択.
1998	第2回東京湾海洋環境シンポジウム「貧酸素水塊：－その形成過程・挙動・影響そして対策－」を開催.	特定非営利活動促進法（通称, NPO法）施行.
1999	環境庁長官, 三番瀬視察.	愛知県藤前干潟埋立中止.
	日本自然保護協会, 日本野鳥の会, 世界自然保護基金日本委員会（WWF Japan）, 三番瀬埋立見直しを申し入れ.	
	日本湿地ネットワーク, 三番瀬埋立中止の要望書を千葉県知事宛に提出.	
	環境庁が千葉県に三番瀬計画の見直しを求める.	
2000	環境庁が千葉県に数回にわたり三番瀬計画の見直しを要請.	循環型社会形成推進基本法策定.
	国土交通省, 第1回首都圏第3空港調査検討会開催.	
	第3回東京湾海洋環境シンポジウム「沿岸埋立と市民生活」を開催.	
2001	千葉県, 三番瀬埋立計画を白紙に戻す.	長野県知事「脱ダム」宣言.
	第6回首都圏第3空港調査検討会, 首都圏の空港容量不足の喫緊性に鑑み, 暫定的に羽田空港の再拡張が現実的とするまとめを出す.	有識者による事業再評価（時のアセス）委員会が「諫早湾干拓事業見直し」を答申.
	内閣府都市再生本部, 羽田空港第4滑走路整備を決定.	有識者による有明海異変原因究明の第3者委員会が「短・中・長期の開門調査」を提言.
		環境庁が環境省になる.

年		
2002	千葉県三番瀬再生計画検討会議（通称，三番瀬円卓会議）を設置．	持続可能な開発に関する世界サミット（ヨハネスブルグ）開催．
	内閣府都市再生本部に東京湾再生推進会議が発足．	自然再生法可決．
	第7回首都圏第3空港調査検討会，2015年をめどに首都圏第3空港候補地（東京湾内5ヵ所，浦賀水道2ヵ所，外房1ヵ所）を継続審議とする．	有明海・八代海再生特別措置法制定．
		新生物多様性国家戦略策定．
		自然再生推進法制定．
		熊本県知事，球磨川にある発電用ダムを老朽化により撤去を表明．日本初の「廃ダム」
		着手40年とされる中海・宍道湖の淡水化事業の中止決定．
2003	神奈川県知事，羽田空港の附帯施設「神奈川口構想」の事業化を国土交通省に要請．	第3回世界水フォーラム（京都）開催．
	第4回東京湾海洋環境シンポジウム「東京湾の環境回復の目標と課題」を開催．	農林水産省，官僚OBによる「中・長期開門調査検討会議」を設置し，「開門困難」と報告（2004年調査見送り）．
		熊本県川辺川ダム利水訴訟で，農水省，福岡高裁で，農林水産省敗訴．
		国土交通省，淀川流域委員会「ダムは原則として建設しない」とする提言．
		東京でヒートアイランド対策をアピールするため，NPOなどによる「打ち水大作戦」始まる．
2004	三番瀬円卓会議から，三番瀬再生計画案提出．	
2005	日本海洋学会海洋環境問題委員会（2005）が，「東京国際空港再拡張事業に係わる環境影響評価準備書」に対する意見書を，国土交通省に提出．	京都議定書発効．
	日本海洋学会海洋環境問題委員会が，「東京国際空港再拡張事業の環境影響評価のあり方に関する見解」を発表．	国土交通省河川局，淀川流域のダム5つのうち3つの継続を打ち出す．
	千葉県，三番瀬再生会議設置．	ゴミ減量化に向け，処理の有料化が自治体に徐々に広がり始める．
2006	千葉県，三番瀬再生計画（基本計画）策定．	日本最大のダム湖となる岐阜県徳山ダムが貯水を開始．
	日本野鳥の会，羽田空港と川崎市を結ぶ「神奈川口構想」に関して見直しを，国土交通省および関連自治体に要請．	国土交通省，淀川流域委員会を主軸とする「淀川方式」を休止．ダム建設推進を示唆．
	第5回東京湾海洋環境シンポジウム「東京湾：人と自然の関わりの再生－提言と政策－」を開催．	「景観は法的利益」，国立マンション訴訟で最高裁初判断．
2007	日本野鳥の会，神奈川口構想の連絡道路に関して計画的アセスメント協議会の設置を，国土交通省および関連自治体に要望書を提出．	長野県新知事，ダム建設推進するとし，脱「脱ダム」を表明．
	羽田空港，第4滑走路建設開始．	国土交通省，淀川水系の河川整備計画で，4ダムを建設推進する意向を明らかにし，ダム凍結方針を撤回．
	千葉県，三番瀬再生計画（事業計画）策定．	海洋基本法制定
		気候変動に関する政府間パネル（IPCC）が第4次評価報告書を承認．
		政府の「環境立国戦略」提言原案が，中央環境審議会の特別部会で示される．
		科学技術振興機構の「失敗百選」に選ばれ，走り出したら止まらない公共事業といっ国民的批判と不信を生み出したとされる諫早湾干拓の主要工事が終了．
		農林水産省，川辺川利水事業の休止を表明．
		UNEP「第4次地球環境概況」を発表．
		環境省，主要な干潟を調査した結果で，ヨシ原など塩性湿地で78種の生物が見つかり，6割の46種は絶滅の危機が高いと報告．

付表

2008	東京湾再生推進会議，データを共有し，各種事業に役立てることを目的に，8都県市に市民団体や漁業関係者など多様な主体が参加して，水質の一斉調査を実施．		国土交通省近畿地方整備局の諮問機関【淀川水系流域委員会】が，4ダム建設に関して適切ではないという意見書をまとめる．
			国土交通省近畿地方整備局淀川水系整備計画案に4ダム建設を盛り込む．
			淀川水系の4ダムについて，大戸川ダム建設に，大阪，京都，滋賀，三重の知事が反対を表明．
	日本野鳥の会，羽田空港と川崎市を結ぶ「神奈川口構想」の代替案「多摩川河口ウエットランド構想」を発表．		止まらぬ巨大公共事業のダム建設の象徴，岐阜・徳山ダム完成．
			国土交通省，利根川・荒川両水系での将来の水需要について，初めて下方修正する計画をまとめる．水資源開発基本計画に盛り込むもので，20年ぶりの計画変更を閣議決定．
			熊本県知事，川辺川ダム建設反対を表明．
			国土交通省，ダム事業のあり方を見直すプロジェクトチームを発足．
			環境省【地球温暖化影響・適応研究委員会】，気候変動の悪影響が予測超す早さとし，2020-2030年の想定影響を報告．
			生物多様性基本法施行．
			2009年度政府予算の財務省原案が各省庁に内示され，川辺川・大戸川ダム両事業費が盛り込まれず，同年度の事業は休止．
2009	国土交通省，羽田空港の発着枠拡大をめざす方針を決定．5本目の滑走路新設を検討に入る．		環境省，海中公園の指定区域を広げる方針を固め，自然公園法改正案を国家に提出．岩礁・干潟も対象に加え，必要に応じてレジャーボート規制を行う．
	国土交通相，羽田空港を24時間使える国際的な拠点空港にしていく方針を明言．		環境省，2007年代3次生物多様性国家戦略に「経済的な視点を導入する」との項目を新たに盛り込む改定案を示し，中央環境審議会の小委員会に提出．
	東京湾の環境問題の議論を活性化させることを目的に，東京湾沿岸の都県の市議・区議，民主党の衆院議員計9名が，「東京湾湾岸再生議員連盟」結成．		国土交通相，八ツ場ダム，川辺川ダム建設中止を明言．143ダム事業も見直していくとの方針を示す．八ツ場ダムに関し，6都県に対し，地方負担金返還を検討する方針を明示．
			国土交通相，国と道府県の143ダム事業のうち，本体未着工の89を，2010年度の新しい治水基準により検証すると表明し，事実上の凍結とした．
			日本とアメリカ両政府「航空自由化（オープンスカイ）協定」を締結することで合意．
			広島地裁，鞆の浦埋立・架橋計画に対する住民訴訟の判決で歴史的景観に「国民の財産ともいうべき公益」を認定．
			広島県知事，鞆の浦埋立・架橋計画を事実上白紙に戻す意向を表明．
			国連気候変動サミットで，鳩山首相，アメリカ，中国などの削減努力を前提に，1990年比で25%という2020年までの日本の温室効果ガスの削減目標を国際的に公約し，排出量取引導入を明言．
			第15回国連気候変動枠組み条約締約国会議(COP15)は，温室効果ガスの排出削減量を義務づけない政治合意文書「コペンハーゲン合意」を承認．
			政府は，国連生物多様性条約締約国会議（COP10)でめざす2010年以降の新たな合意目標として，「2050年までに生物多様性を現状以上に豊かにする」と提案することで，条約事務局に提出を決定．

おわりに

　本書を出版するにあたり，多くの研究者は何を考えて執筆しているのであろう．私の個人的な感想であるが，一つには，沿岸物理学の大家，宇野木早苗先生が第7章で述べた過剰な環境開発における「自責の念」というのがあると思う．また，東京海洋大学で行われた沿岸モニタリングのシンポジウムで，恩師の一人である同大学のTI先生（ここではご本人の同意を得ていないのでイニシャルにさせていただく）は，「私が東京湾でモニタリング研究を続ける理由，それは『怒り』です」といわれていたのが忘れられない．先生は子供の頃，夢の島で潮干狩りをしたが，それが今は埋立地になってしまっていることから，この現状を憂えてのことといわれていた．この「怒り」というのも貴重なワードだ．こうした体験に通底するもの，それは経済成長を追い求め，必要以上に自然に負荷をかけてしまった人間活動への思いであろう．私の恩師，東京水産大学名誉教授の村野正昭先生も，高校時代にお台場で水泳を楽しんだそうである（先生は，同大学名誉教授の有賀祐勝先生と共に東京湾低次生態系モニタリングを始められた方である）．まさに人の記憶をはぐくんだ景観が急速に作り替えられていった現場が東京湾なのである．

　確かに経済成長は日本人の生活を物質的に豊かにし，衛生面でも重要な役割を果たし，生活レベルを急激に押し上げた．それは疑問の余地のないところである．ただ，その経済成長が度を超したものとなり（将来ビジョンなく邁進したために），後世の人々に環境的不公平を生んでしまったこともまた事実である．C・ダグラス・ラミスは著書「経済成長がなければ私たちは豊かになれないのだろうか」（平凡社，2000年）のなかで「自然が残っていれば，まだ発展できる？」と問い，豊かさの質について考察している．確かに経済成長は，敗戦後の日本の最優先課題であったことは確かで，その当時の答えは「イエス」であっただろう．しかし，今は本書にあるように「ノー」に変わりつつある．そういう意味で今の日本はまさに転換期を迎えているのである．これまでの右肩上がりのフォアキャスティング思考は，徐々に将来のリスクを見越して現在を行動するバックキャスティング思考に変化し，慎重で思慮深い判断をする人々が増えてきている．このことはこれからの東京湾や東京湾流域ばかりでなく，日本国土を変えていくと考えられる．そのためにこの本に書かれている提言が役に立つことができれば幸いである．

　東京湾には多くの課題があるが，ここでは二つの点をあげておきたい．まず，環境と生物の関係あるいは環境負荷に対する生態系全体の応答が必ずしもよく解っていない．すなわち，まだまだ私たちの知識は東京湾では不足しているし，それを調べる人の数も少ないということである．もう一つは，自然の復元力を発揮できるだけの規模の場が湾に確保できていないということである．アマモ場再生が進んでいるが，それは湾のほんの少しの海岸線であり，今後これ以上再生面積を増やそうとすれば，当然埋立地を壊すか，埋立地の前に浅場を造成するしかない．しかし，造成は湾の水体を小さくして，度重なればますます湾の健康を蝕んでしまう．私たちがこれから後世の人々にどういう国土を手渡すのか，深く考える必要があろう．

　この本を書くに当たり，恒星社厚生閣の河野元春氏には並々ならぬご苦労をおかけした．最初の出版社で発行不可能になったとき，これを救ってくれたのは河野氏であった．作業が遅れる中，根気よく激励していただいた．この場を借りて深く感謝の意を表す．また，最初の出版予定2008年が，

おわりに

私の執筆担当である第4章から6章がなかなかできあがらず東京湾海洋環境研究委員会委員各位と分担執筆者各位に，ただならぬご心配をおかけした．この場をお借りして深謝したい．最後まで見守っていただいたおかげで本書は結実した．ここではすべてのお名前を記すことはできないが，情報を提供いただいた方々，激励いただいた多くの方々にこの場を借りて感謝したい．

2011年1月17日厳冬の横浜にて
野村英明

索　引

━━━━【数字・英字】━━━━

210-Pb 法　101
3R　38, 41
COD（底質）　111, 112, 113, 115, 117
PCBs　118, 119, 120, 122

━━━━【あ行】━━━━

アオギス　160, 171, 180
青潮　94, 97, 98, 138
赤潮　107, 109, 242
アサリ　166, 176, 177, 351
アマモ（場）　161, 162, 163, 205, 349, 361
アミ類　133
アメニティー　331
磯附（百姓）村　219, 221
一次汚濁　26, 139
入会（地）　221, 322, 323, 324, 326, 328, 329, 338
入浜権　234
渦位保存の法則　76
ウナギ　170, 171, 247, 248, 283
海風　58, 59
埋立　5, 45
栄養塩トラップ　31, 32
エコラベル　257
エスチュアリー循環（河口循環）
　　　29, 75, 76, 79, 80
越流水　21, 22, 263, 264
江戸前漁師ライセンス（仮称）　261
塩性湿地　140, 141
塩素量　83
鉛直循環流　29, 32, 33, 34, 76
塩分　81, 82, 83, 84, 85, 86
オイルボール　22

━━━━【か行】━━━━

カイアシ類　128, 130, 132, 133
海水交換　78, 80
海水浴　181
海底地形　52, 53

外来種（移入種）
　　　142, 148, 149, 155, 156, 157, 161, 355
化学的酸素要求量（COD）　83, 84, 86, 87, 88, 89, 90, 91, 92, 93, 96
河口干潟　140, 141
風ベクトル　62, 63
河川維持用水　282
河川形態　13
ガラモ場　161, 163
環境教育　239, 292, 294
環境権　234
含水比　54, 114
間接流入流域　8
気候変動　239
汽水域　29, 283, 284
期待種数 ES（50）　353
共振潮汐　72
強熱減量（IL）　112, 115, 117
漁獲量（高）　166, 167, 168, 242, 244, 351
漁業権　166, 167, 235, 236, 258, 259
魚類相　157, 158, 159, 160
クシクラゲ類　134
クラゲ類　134
クルージング　183
クロロフィル　99, 109, 175
珪酸（ケイ素）　103, 104, 106, 107
下水道システム　17, 21
下水道普及率　18, 21, 22
原単位法　102
合流式下水道　14, 21
港湾　51
古東京湾　216, 217
ゴミ（廃棄物）埋立処分場　35, 39, 40, 41, 43
コモンズの悲劇　326

━━━━【さ行】━━━━

再生（形成）シナリオ　365
里山里海　322
里山里海（さと山・さと海，里山海）
　　　215, 218, 222, 223
──コンソーシアム　321, 322, 333

索引

里やま・里うみサンドイッチプラン
　　　　　337, 355, 356
三次汚濁　139
潮干狩り　178, 179
シールズ数　162
自然共生型流域圏　321
シャコ　144
重金属　121, 123, 124, 125
集水域　7
循環型社会形成推進基本法　38
循環流　75
上水道　21
縄文海進　3
植物プランクトン　126, 368, 373
食料自給率　254
シラウオ　195, 247, 248
シルト・粘土　111, 113
浸出水　43, 44
水温　81, 82, 83, 84, 85, 86, 90, 91
　　──変化　64
水銀　124, 126
吹送流　75, 77
スナメリ　199, 247, 248
生態系（環境）サービスへの支払い　336
生態系サービス　253, 309
生物多様性　160, 239
堰　282, 283
潟湖干潟　140, 141
全硫化物（TS）　115, 117
ソーシャル消費　267

━━━━【た行】━━━━

ダイオキシン　117, 118, 119
第三海堡　53
多自然型工法　269
立浦　219, 221
ダム　6, 19, 20, 34, 282, 283
多面的機能　273
淡水供給量　81
地下浸透　264
窒素　90, 91, 100, 101, 102, 105, 106,
　　　107, 245
千葉方式　236
潮汐　71
　　──周期　71, 72

潮流　74
直接流入流域　8
釣り　179, 180
底質　56
底生動物（ベントス）　114, 136
底層DO　245, 247, 314
データバンク　291
洞海湾　298
東京緑地計画　11, 279
東京湾アライアンス　293
東京湾海岸線延長　69
東京湾環境保全法（提案）　238
東京湾漁業機構（仮称）　261
東京湾研究所（仮称）　289, 333
東京湾再生推進会議　240, 310
東京湾再生目標　244
　　──中期目標　244
　　──長期目標　246
東京湾自治体環境保全会議　317
東京湾の望ましい姿　241
東京湾干潟面積　70
東京湾平均水深　9, 69
東京湾保全基本法試案　238, 276
東京湾面積　9, 69, 70
東京湾モデル　338
東京湾容積　9, 69
東京湾流域　2, 7, 8, 9, 19
東京湾流域再生特別措置法（仮称）　276
統合的管理　321
動物プランクトン　128, 376
透明度　99, 246, 247
土地利用　11
利根川東遷　3, 4

━━━━【な行】━━━━

ナショナルトラスト　234
二次汚濁　26, 139
日射量　88, 90, 91
日本型コモンズ　323, 326
ノリ（養殖）　166, 168, 169, 172, 174
ノンポイントソース　272

━━━━【は行】━━━━

バイオーム（生物群系）　252
廃棄物（一般・産業）　36, 37

バックキャスティング　267
ヒートアイランド　56, 57, 60, 268, 269
干潟　139, 140, 141
　——依存種　141, 142
　——固有種　141, 142
　——ネットワーク　141, 142
　——の消失　45
貧酸素（水塊）　27, 89, 172, 243, 245, 247
貧酸素化スパイラル　139
フォアキャスティング　267
付着生物　138, 150, 152, 153, 154, 155, 156
分潮　72, 73, 75
分流式下水道　21
ポイントソース　272

―――【ま行】―――

前浜干潟　140, 141
澪筋　53
ミキシングダイアグラム　102, 103
水循環　19, 20
密度　81, 82, 84
ミレニアム生態系評価　251
無生物域　27, 137
面源負荷量　16
毛顎類　131, 132
モニタリング　288, 289, 290, 334

―――【や行】―――

屋形船　183
谷津　217, 223, 224
湧昇　77
有鐘繊毛虫類　129, 130
溶出速度　115, 116
溶存酸素濃度（DO）　81, 82, 89, 90, 93, 94, 95, 96

―――【ら行】―――

ラムサール条約　237
ランドスケープ　7
流域管理　321
流域人口　8, 9, 10
流域水系　12
流域ネットワーク　333
流域面積　19
流砂系　35, 252, 283

粒度（底質）　111, 112
流入（汚濁）負荷量　16, 27
流入河川　71
リン　90, 91, 100, 101, 102, 104, 105, 106, 107, 175, 245
レッドフィールド比　101

```
┌──────────┐
│ 版権所有 │
│ 検印省略 │
└──────────┘
```

東京湾
人と自然のかかわりの再生

2011年2月28日　初版1刷発行

東京湾海洋環境研究委員会　編
(とうきょうわんかいようかんきょうけんきゅういいんかい)

発行者　片　岡　一　成
製本・印刷　㈱シ　ナ　ノ

発行所／㈱恒星社厚生閣
〒160-0008　東京都新宿区三栄町8
TEL：03(3359)7371／FAX：03(3359)7375
http://www.kouseisha.com/

©東京湾海洋環境研究委員会, 2011
(定価はカバーに表示)

ISBN978-4-7699-1238-5 C3040

JCOPY　＜(社)出版者著作権管理機構　委託出版物＞
本書の無断複写は著作権上での例外を除き禁じられています．複写される場合は，その都度事前に，(社)出版者著作権管理機構(電話03-3513-6969，FAX03-3513-6979，e-maili:info@jcopy.or.jp)の許諾を得て下さい．

大阪湾 ― 環境の変遷と創造

生態系工学研究会 編
B5 判/148 頁/並製/定価 3,150 円

浜辺がほとんど無い大阪湾．市民の憩いの場として，また漁業の発展のためどう再生するかが問われている．生態系工学研究会がこれまで主催してきた基礎講座を基に，大阪湾の再生を考える上で必要な物理学，化学，生物学，生態学，工学，かつ歴史的な基本的事柄を簡潔にまとめる．各章にQ&Aを設け，核心的な事柄をわかりやすく説明．

里海創生論

柳 哲雄 著
A5 判/164 頁/並製/定価 2,520 円

著者が提唱した「里海」という言葉は，内閣合議事項「環境立国戦略」の中でも取り上げられ，様々な疑問や指摘が寄せられるようになった．それに答えるべく「人手と生物多様性」，「里海の漁業経済的側面」，「法律的側面」，「景観生態学的側面」，「科学と社会の関連」等を考察し，各地で展開されている里海創生の具体例を紹介する．

「里海」としての沿岸域の新たな利用

山本民次 編
A5 判/156 頁/並製/定価 3,780 円

水産学シリーズ 167 巻．今や世界的な概念となった里海．しかし里海創生といっても各地全て同じ内容とはならない．地域の特性にふまえた里海づくりとは？ 利用者間のルール作りなど今問題となっている点に切り込む．産官学民さまざまな視点でこれからの里海のありかたを考え，国際発信に向けての取り組みも紹介する．

市民参加による 浅場の順応的管理

瀬戸雅文 編
A5 判/162 頁/並製/定価 3,045 円

水産学シリーズ 162 巻．漁場環境の変動性や，生態系の複雑性，さらに漁業者減少や高齢化，市民の環境保全に対する意識の高揚など，浅場の環境を取り巻く様々な変化を前提とした漁場づくりの基本手順やノウハウについて具体例をもとに概説したはじめての書．順応的管理をキーワードに資源の持続的な利用について考える．

瀬戸内海を里海に

瀬戸内海研究会議 編
B5 判/118 頁/並製/定価 2,415 円

自然再生のための単なる技術論やシステム論ではなく，人と海との新しい共生の仕方を探り，「自然を保全しながら利用する，楽しみながら地元の海を再構築していく」という視点から，瀬戸内海の再生の方途を包括的に提示する．豊穣な瀬戸内海を実現するための核心点を簡潔に纏めた本書は，自然再生を実現していく上でのよき参考書．

里海論

柳 哲雄 著
A5 判/112 頁/並製/定価 2,100 円

「里海」とは，人手が加わることによって生産性と生物多様性が高くなった海を意味する造語．公害等による極度の汚染状態をある程度克服したわが国が次に目指すべき「人と海との理想的関係」を提言する．人工湧昇流や藻場創出技術，海洋牧場など世界に誇る様々な技術に加え，古くから行われてきた漁獲量管理や藻狩の効果も考察する．

有明海の生態系再生をめざして

日本海洋学会 編
B5 判/224 頁/並製/定価 3,990 円

諫早湾締め切り・埋立は有明海の生態系にいかなる影響を及ぼしたか．干拓事業と環境悪化との因果関係，漁業生産との関係を長年の調査データを基礎に明らかにし，再生案を纏める．本書に収められたデータならびに調査方法等は今後の干拓事業を考える際の参考になる．各章に要旨を設け，関心のある章から読んで頂けるようにした．

明日の沿岸環境を築く
環境アセスメントへの新提言

日本海洋学会 編
B5 判/220 頁/並製/定価 3,990 円

埋立，干拓など開発事業による海洋生態破壊をいかに防ぐか．1973年発足以来環境問題に取り組んできた日本海洋学会環境問題委員会が総力を挙げて作成．第Ⅰ章過去の環境アセスメントの実例と新たな問題の整理．第Ⅱ章長良川河口堰，三番瀬埋立てなどの問題点．第Ⅲ章生態系維持のためのアセスメントの在り方．第Ⅳ章社会システムの在り方．

海の環境微生物学

石田祐三郎・杉田治男 編
A5 判/239 頁/並製/定価 2,940 円

海の環境汚染はより深刻になっている．本書は，こうした中で海の物質循環を支える微生物について，その種類，性質，役割を，また人工有機化合物などによる汚染の現状など基本的事柄をわかりやすくまとめ，かつ環境修復に応用可能な微生物についての基礎的知見と応用例などを紹介した海洋微生物学に関する入門書である．

環境配慮・地域特性を生かした 干潟造成法

中村 充・石川公敏 編
B5 判/146 頁/並製/定価 3,150 円

消滅しつつある生物の宝庫干潟をいかに創り出すか．本書は，人工干潟の造成の企画立案・目標の設定・環境への配慮・住民との関係，具体的な造成の手順など分かり易く解説．既に造成されている干潟造成の事例（東京湾・三河湾・英虞湾など）を挙げ教訓など貴重な意見を紹介．また重要な点をポイント欄で平易に解説する．

価格表示は税込み